全国大学生电子设计竞赛"十三五"规划教材

全国大学生电子设计竞赛
技能训练(第3版)

黄智伟　黄国玉　主编

北京航空航天大学出版社

内 容 简 介

本书为“全国大学生电子设计竞赛‘十三五’规划教材”之一。针对全国大学生电子设计竞赛的特点，为使学生全面、系统地掌握一些在电子竞赛作品制作过程中必需的基本技能，本书从7个方面系统介绍了元器件的种类、特性与选用；印制电路板的设计与制作；元器件和导线的安装与焊接；元器件的检测，电压、分贝、信号参数、时间和频率及电路性能参数的测量，噪声和接地对测量的影响；电子产品调试和故障检测的一般方法，模拟电路、数字电路和整机的调试与故障检测；设计总结报告的评分标准写作要求与示例以及应注意的一些问题；赛前培训、赛前试题分析、赛前准备工作和赛后综合测评等内容。

本书内容丰富实用，叙述简洁清晰，工程实践性强，注重培养学生制作、装配、调试与检测等实际动手能力。可作为高等院校电子信息工程、通信工程、自动化、电气控制类等专业学生参加全国大学生电子设计竞赛的培训教材，也可作为参加各类电子制作、课程设计、毕业设计的教学参考书，还可作为工程技术人员进行电子产品设计与制作的参考书。

图书在版编目(CIP)数据

全国大学生电子设计竞赛技能训练 / 黄智伟，黄国玉主编. -- 3版. -- 北京：北京航空航天大学出版社，2020.1

ISBN 978-7-5124-3244-4

Ⅰ.①全… Ⅱ.①黄… ②黄… Ⅲ.①电子电路－电路设计－高等学校－教材 Ⅳ.①TN702

中国版本图书馆CIP数据核字(2020)第008125号

全国大学生电子设计竞赛技能训练(第3版)

黄智伟　黄国玉　主编

责任编辑　胡晓柏　张　楠

*

北京航空航天大学出版社出版发行

北京市海淀区学院路37号(邮编100191)　http://www.buaapress.com.cn

发行部电话：(010)82317024　传真：(010)82328026

读者信箱：emsbook@buaacm.com.cn　邮购电话：(010)82316936

涿州市新华印刷有限公司印装　各地书店经销

*

开本：710×1 000　1/16　印张：29.25　字数：623千字

2020年1月第3版　2020年1月第1次印刷　印数：3 000册

ISBN 978-7-5124-3244-4　定价：89.00元

序

全国大学生电子设计竞赛是教育部倡导的四大学科竞赛之一，是面向大学生的群众性科技活动，目的在于促进信息与电子类学科课程体系和课程内容的改革；促进高等院校实施素质教育以及培养大学生的创新能力、协作精神和理论联系实际的学风；促进大学生工程实践素质的培养，提高针对实际问题进行电子设计与制作的能力。

1. 规划教材由来

全国大学生电子设计竞赛既不是单纯的理论设计竞赛，也不仅仅是实验竞赛，而是在一个半封闭的、相对集中的环境和限定的时间内，由一个参赛队共同设计、制作完成一个有特定工程背景的作品。作品成功与否是竞赛能否取得好成绩的关键。

为满足高等院校电子信息工程、通信工程、自动化、电气控制等专业学生参加全国大学生电子设计竞赛的需要，我们修订并编写了这套规划教材：《全国大学生电子设计竞赛系统设计（第 3 版）》、《全国大学生电子设计竞赛电路设计（第 3 版）》、《全国大学生电子设计竞赛技能训练（第 3 版）》、《全国大学生电子设计竞赛制作实训（第 3 版）》、《全国大学生电子设计竞赛常用电路模块制作（第 2 版）》、《全国大学生电子设计竞赛 ARM 嵌入式系统应用设计与实践（第 2 版）》、《全国大学生电子设计竞赛基于 TI 器件的模拟电路设计》。该套规划教材从 2006 年出版以来，已多次印刷，一直是全国各高等院校大学生电子设计竞赛训练的首选教材之一。随着全国大学生电子设计竞赛的深入发展，特别是 2007 年以来，电子设计竞赛题目要求的深度、广度都有很大的提高。2009 年竞赛的规则与要求也出现了一些变化，如对“最小系统”的定义、“性价比”与“系统功耗”的指标要求等。为适应新形势下全国大学生电子设计竞赛的要求与特点，我们对该套规划教材的内容进行了修订与补充。

2. 规划教材内容

《全国大学生电子设计竞赛系统设计（第 3 版）》在详细分析了历届全国大学生电子设计竞赛题目类型与特点的基础上，通过 48 个设计实例，系统介绍了电源类、信号源类、无线电类、放大器类、仪器仪表类、数据采集与处理类以及控制类 7 大类赛题的变化与特点、主要知识点、培训建议、设计要求、系统方案、电路设计、主要芯片、程序设计等内容。通过对这些设计实例进行系统方案分析、单元电路设计、集成电路芯片选择，可使学生全面、系统地掌握电子设计竞赛作品系统设计的基本方法，培养学生系统分析、开发创新的能力。

《全国大学生电子设计竞赛电路设计(第 3 版)》在详细分析了历届全国大学生电子设计竞赛题目的设计要求及所涉及电路的基础上,精心挑选了传感器应用电路、信号调理电路、放大器电路、信号变换电路、射频电路、电机控制电路、测量与显示电路、电源电路、ADC 驱动和 DAC 输出电路 9 类共 180 多个电路设计实例,系统介绍了每个电路设计实例所采用的集成电路芯片的主要技术性能与特点、芯片封装与引脚功能、内部结构、工作原理和应用电路等内容。通过对这些电路设计实例的学习,学生可以全面、系统地掌握电路设计的基本方法,培养电路分析、设计和制作的能力。由于各公司生产的集成电路芯片类型繁多,限于篇幅,本书仅精选了其中很少的部分以"抛砖引玉"。读者可根据电路设计实例举一反三,并利用参考文献中给出的大量的公司网址,查询更多的电路设计应用资料。

《全国大学生电子设计竞赛技能训练(第 3 版)》从 7 个方面系统介绍了元器件的种类、特性、选用原则和需注意的问题;印制电路板设计的基本原则、工具及其制作;元器件、导线、电缆、线扎和绝缘套管的安装工艺和焊接工艺;电阻、电容、电感、晶体管等基本元器件的检测;电压、分贝、信号参数、时间和频率、电路性能参数的测量,噪声和接地对测量的影响;电子产品调试和故障检测的一般方法,模拟电路、数字电路和整机的调试与故障检测;设计总结报告的评分标准,写作的基本格式、要求与示例,以及写作时应注意的一些问题等内容;赛前培训、赛前题目分析、赛前准备工作和赛后综合测评实施方法、综合测评题及综合测评题分析等。通过上述内容的学习,学生可以全面、系统地掌握在电子竞赛作品制作过程中必需的一些基本技能。

《全国大学生电子设计竞赛制作实训(第 3 版)》指导学生完成 SPCE061A 16 位单片机、AT89S52 单片机、ADμC845 单片数据采集、PIC16F882/883/884/886/887 单片机等最小系统的制作;运算放大器运算电路、有源滤波器电路、单通道音频功率放大器、双通道音频功率放大器、语音录放器、语音解说文字显示系统等模拟电路的制作;FPGA 最小系统、彩灯控制器等数字电路的制作;射频小信号放大器、射频功率放大器、VCO(压控振荡器)、PLL-VCO 环路、调频发射器、调频接收机等高频电路的制作;DDS AD9852 信号发生器、MAX038 函数信号发生器等信号发生器的制作;DC-DC 升压变换器、开关电源、交流固态继电器等电源电路的制作;GU10 LED 灯驱动电路、A19 LED 灯驱动电路、AC 输入 0.5 W 非隔离恒流 LED 驱动电路等 LED 驱动电路的制作。介绍了电路组成、元器件清单、安装步骤、调试方法、性能测试方法等内容,可使学生提高实际制作能力。

《全国大学生电子设计竞赛常用电路模块制作(第 2 版)》以全国大学生电子设计竞赛中所需要的常用电路模块为基础,介绍了 AT89S52、ATmega128、ATmega8、C8051F330/1 单片机,LM3S615 ARM Cortex-M3 微控制器,LPC2103 ARM7 微控制器 PACK 板的设计与制作;键盘及 LED 数码管显示器模块、RS-485 总线通信模块、CAN 总线通信模块、ADC 模块和 DAC 模块等外围电路模块的设计与制作;放大器模块、信号调理模块、宽带可控增益直流放大器模块、音频放大器模块、D类放大器模块、菱形功率放大器模块、宽带功率放大器模块、滤波器模块的设计与制作；反射式光电传感器模块、超声波发射与接收模块、温湿度传感器模块、阻抗测量模块、音频信号检测模块的设计与制作；直流电机驱动模块、步进电机驱动模块、函数信号发生器模块、DDS信号发生器模块、压频转换模块的设计与制作；线性稳压电源模块、DC/DC电路模块、Boost升压模块、DC-AC-DC升压电源模块的设计与制作；介绍了电路模块在随动控制系统、基于红外线的目标跟踪与无线测温系统、声音导引系统、单相正弦波逆变电源、无线环境监测模拟装置中的应用；介绍了地线的定义、接地的分类、接地的方式，接地系统的设计原则、导体的阻抗、地线公共阻抗产生的耦合干扰，模拟前端小信号检测和放大电路的电源电路结构、ADC和DAC的电源电路结构、开关稳压器电路、线性稳压器电路，模/数混合电路的接地和电源PCB设计，PDN的拓扑结构、目标阻抗、基于目标阻抗的PDN设计、去耦电容器的组合和容量计算等内容。本书以实用电路模块为模板，叙述简洁清晰，工程性强，可使学生提高常用电路模块的制作能力。所有电路模块都提供电路图、PCB图和元器件布局图。

《全国大学生电子设计竞赛ARM嵌入式系统应用设计与实践(第2版)》以ARM嵌入式系统在全国大学生电子设计竞赛应用中所需要的知识点为基础，介绍了LPC214x ARM微控制器最小系统的设计与制作，可选择的ARM微处理器，以及STM32F系列32位微控制器最小系统的设计与制作；键盘及LED数码管显示器电路、汉字图形液晶显示器模块、触摸屏模块、LPC214x的ADC和DAC、定时器/计数器和脉宽调制器(PWM)、直流电机、步进电机和舵机驱动电路、光电传感器、超声波传感器、图像识别传感器、色彩传感器、电子罗盘、倾角传感器、角度传感器、E^2PROM 24LC256和SK-SDMP3模块、nRF905无线收发器电路模块、CAN总线模块电路与LPC214x ARM微控制器的连接、应用与编程；基于ARM微控制器的随动控制系统、音频信号分析仪、信号发生器和声音导引系统的设计要求、总体方案设计、系统各模块方案论证与选择、理论分析及计算、系统主要单元电路设计和系统软件设计；MDK集成开发环境、工程的建立、程序的编译、HEX文件的生成以及ISP下载。该书突出了ARM嵌入式系统应用的基本方法，以实例为模板，可使学生提高ARM嵌入式系统在电子设计竞赛中的应用能力。本书所有实例程序都通过验证，相关程序清单可以在北京航空航天大学出版社网站“下载中心”下载。

《全国大学生电子设计竞赛基于TI器件的模拟电路设计》介绍的模拟电路是电子系统的重要组成部分，也是电子设计竞赛各赛题中的一个重要组成部分。模拟电路在设计制作中会受到各种条件的制约(如输入信号微弱、对温度敏感、易受噪声干扰等)。面对海量的技术资料、生产厂商提供的成百上千种模拟电路芯片，以及数据表中几十个参数，如何选择合适的模拟电路芯片，完成自己所需要的模拟电路设计，实际上是一件很不容易的事情。模拟电路设计已经成为电子系统设计过程中的瓶颈。本书从工程设计和竞赛要求出发，以TI公司的模拟电路芯片为基础，通过对模拟电路芯片的基本结构、技术特性、应用电路的介绍，以及大量的、可选择的模拟电路芯片、应用电路及PCB设计实例,图文并茂地说明了模拟电路设计和制作中的一些方法、技巧及应该注意的问题,具有很好的工程性和实用性。

3. 规划教材特点

本规划教材的特点:以全国大学生电子设计竞赛所需要的知识点和技能为基础,内容丰富实用,叙述简洁清晰,工程性强,突出了设计制作竞赛作品的方法与技巧。"系统设计"、"电路设计"、"技能训练"、"制作实训"、"常用电路模块制作"、"ARM嵌入式系统应用设计与实践"和"基于TI器件的模拟电路设计"这7个主题互为补充,构成一个完整的训练体系。

《全国大学生电子设计竞赛系统设计(第3版)》通过对历年的竞赛设计实例进行系统方案分析、单元电路设计和集成电路芯片选择,全面、系统地介绍电子设计竞赛作品的基本设计方法,目的是使学生建立一个"系统概念",在电子设计竞赛中能够尽快提出系统设计方案。

《全国大学生电子设计竞赛电路设计(第3版)》通过对9类共180多个电路设计实例所采用的集成电路芯片的主要技术性能与特点、芯片封装与引脚功能、内部结构、工作原理和应用电路等内容的介绍,使学生全面、系统地掌握电路设计的基本方法,以便在电子设计竞赛中尽快"找到"和"设计"出适用的电路。

《全国大学生电子设计竞赛技能训练(第3版)》通过对元器件的选用、印制电路板的设计与制作、元器件和导线的安装和焊接、元器件的检测、电路性能参数的测量、模拟/数字电路和整机的调试与故障检测、设计总结报告的写作等内容的介绍,培训学生全面、系统地掌握在电子竞赛作品制作过程中必需的一些基本技能。

《全国大学生电子设计竞赛制作实训(第3版)》与《全国大学生电子设计竞赛技能训练(第3版)》相结合,通过对单片机最小系统、FPGA最小系统、模拟电路、数字电路、高频电路、电源电路LED灯驱动电路等80多个制作实例的讲解,可使学生掌握主要元器件特性、电路结构、印制电路板、制作步骤、调试方法、性能测试方法等内容,培养学生制作、装配、调试与检测等实际动手能力,使其能够顺利地完成电子设计竞赛作品的制作。

《全国大学生电子设计竞赛常用电路模块制作(第2版)》指导学生完成电子设计竞赛中常用的微控制器电路模块、微控制器外围电路模块、放大器电路模块、传感器电路模块、电机控制电路模块、信号发生器电路模块和电源电路模块的制作,所制作的模块可以直接在竞赛中使用。

《全国大学生电子设计竞赛ARM嵌入式系统应用设计与实践(第2版)》以ARM嵌入式系统在全国大学生电子设计竞赛应用中所需要的知识点为基础;以LPC214x ARM微控制器最小系统为核心;以LED、LCD和触摸屏显示电路,ADC和DAC电路,直流电机、步进电机和舵机的驱动电路,光电、超声波、图像识别、色彩识别、电子罗盘、倾角传感器、角度传感器，E^2PROM，SD卡，无线收发器模块，CAN总线模块的设计制作与编程实例为模板，使学生能够简单、快捷地掌握ARM系统，并且能够在电子设计竞赛中熟练应用。

《全国大学生电子设计竞赛基于TI器件的模拟电路设计》从工程设计出发，结合电子设计竞赛赛题的要求，以TI公司的模拟电路芯片为基础，图文并茂地介绍了运算放大器、仪表放大器、全差动放大器、互阻抗放大器、跨导放大器、对数放大器、隔离放大器、比较器、模拟乘法器、滤波器、电压基准、模拟开关及多路复用器等模拟电路芯片的选型、电路设计、PCB设计以及制作中的一些方法和技巧，以及应该注意的一些问题。

4. 读者对象

本规划教材可作为电子设计竞赛参赛学生的训练教材，也可作为高等院校电子信息工程、通信工程、自动化、电气控制等专业学生参加各类电子制作、课程设计和毕业设计的教学参考书，还可作为电子工程技术人员和电子爱好者进行电子电路和电子产品设计与制作的参考书。

作者在本规划教材的编写过程中，参考了国内外的大量资料，得到了许多专家和学者的大力支持。其中，北京理工大学、北京航空航天大学、国防科技大学、中南大学、湖南大学、南华大学等院校的电子竞赛指导老师和队员提出了一些宝贵意见和建议，并为本规划教材的编写做了大量的工作，在此一并表示衷心的感谢。

由于作者水平有限，本规划教材中的错误和不足之处，敬请各位读者批评指正。

黄智伟
2019年10月
于南华大学

前　言

《全国大学生电子设计竞赛技能训练》从2007年出版以来，已多次印刷，一直是全国各高等院校大学生电子设计竞赛训练的首选教材之一。随着全国大学生电子设计竞赛的深入和发展，近几年来，特别是从2007年以来，电子设计竞赛题目要求的深度、难度都有很大的提高。2009年对竞赛规则与要求也出现了一些变化，如对"最小系统"的定义、"性价比"与"系统功耗"指标要求等。为适应新形势下的全国大学生电子设计竞赛的要求与特点，需要对该书的内容进行修订与补充。

本书是《全国大学生电子设计竞赛系统设计(第3版)》、《全国大学生电子设计竞赛电路设计(第3版)》、《全国大学生电子设计竞赛制作实训(第3版)》、《全国大学生电子设计竞赛常用电路模块制作(第2版)》、《全国大学生电子设计竞赛ARM嵌入式系统应用设计与实践(第2版)》和《全国大学生电子设计竞赛基于TI器件的模拟电路设计》的姊妹篇，7本书互为补充，构成一个完整的训练体系。

全国大学生电子设计竞赛是教育部倡导的四大学科竞赛之一，全国大学生电子设计竞赛试题包括理论设计、实际制作与调试等内容，既考虑到教学的基本内容要求，又适当地反映了新技术和新器件的应用，竞赛试题一般都要求完成一个完整的电子系统的设计与制作，全面测试学生运用基础知识、实际设计制作和独立工作的能力。

全国大学生电子设计竞赛既不是单纯的理论设计竞赛，也不是实验竞赛，而是在一个半封闭、相对集中的环境和限定时间内，由一个参赛队共同设计、制作完成一个有特定工程背景的作品，作品能否制作成功是竞赛取得好成绩的关键。

本书根据全国大学生电子设计竞赛的要求与特点，系统介绍了在电子设计竞赛作品制作中必须掌握的元器件选用、印制电路板设计与制作、参数测量、装配工艺、调试与故障排查、设计报告写作、赛题解析等内容，训练学生全面、系统地掌握在电子竞赛作品制作过程中必需的一些基本技能。

全书共分7章，第1章介绍了元器件的选用，包含有电阻(位)器、电容器、电感线圈、变压器、二极管、三极管、场效应管、晶闸管、运算放大器、数字电路的种类、特性与选用原则以及应注意的问题等内容；第2章介绍了印制电路板的设计基本原则与制作等内容；第3章介绍了元器件和导线的安装与焊接，包含有元器件、导线、电缆、线扎和绝缘套管的安装与焊接工艺等内容；第4章介绍了参数测量，包含有电阻、电容、电感等基本元器件的检测，电压、分贝、信号参数、时间和频率、电路性能参数测量，噪声和接地对测量的影响等内容；第 5 章介绍了作品的调试与故障检测，包含有电子产品调试基本方法，故障检测的一般方法，模拟电路、数字电路和整机的调试与故障检测等内容；第 6 章设计报告写作，介绍了设计总结报告的评分标准、写作的基本格式、要求与示例、以及写作时应注意的一些问题等内容；第 7 章赛前准备和赛后综合测评，介绍了赛前培训、赛前试题分析、赛前准备工作和赛后综合测评实施方法、综合测评题及综合测评题分析等内容。

本书内容丰富实用，叙述简洁清晰，工程实践性强，注重培养学生制作、装配、调试与检测等实际动手能力。可作为高等院校电子信息工程、通信工程、自动化、电气控制类等专业学生参加全国大学生电子设计竞赛的培训教材，也可作为参加各类电子制作、课程设计、毕业设计的教学参考书，还可作为工程技术人员进行电子产品设计与制作的参考书。

在编写过程中，本书参考了大量的国内外著作和资料，得到了许多专家和学者的大力支持，听取了多方面的宝贵意见和建议。李富英高级工程师对本书进行了审阅。南华大学电气工程学院通信工程、电子信息工程、自动化、电气工程及自动化、电工电子、实验中心等教研室的老师，南华大学王彦教授、朱卫华副教授、陈文光教授，湖南师范大学邓月明博士，南华大学电气工程学院 2001、2003、2005、2007、2009、2011、2013 年全国大学生电子竞赛参赛队员林杰文、田丹丹、方艾、余丽、张清明、申政琴、潘礼、田世颖、王凤玲、俞沛宙、裴霄光、熊卓、陈国强、贺康政、王亮、陈琼、曹学科、黄松、王怀涛、张海军、刘宏、蒋成军、胡乡城、童雪林、李扬宗、肖志刚、刘聪、汤柯夫、樊亮、曾力、潘策荣、赵俊、王永栋、晏子凯、何超、张翼、李军、戴焕昌、汤玉平、金海锋、李林春、谭仲书、彭湃、尹晶晶、全猛、周到、杨乐、周望、李文玉、方果、黄政中、邱海枚、欧俊希、陈杰、彭波、许俊杰等人为本书的编写做了大量的工作，并得到了凌阳科技股份有限公司刘宏韬先生、威健国际贸易(上海)有限公司吴惠峰先生的帮助，在此一并表示衷心的感谢。

由于作者水平有限，错误和不足之处在所难免，敬请各位读者批评斧正。有兴趣的朋友，可以发送邮件到：fuzhi619@sina.com，与本书作者沟通；也可以发送邮件到：emsbook@buaacm.com.cn，与本书策划编辑进行交流。

黄智伟

2019 年 10 月

于南华大学

目　录

第 1 章 电子元器件的选用

1.1 电阻(位)器

1.1.1 电阻的种类与特性

电阻器通常简称为电阻，在电路中起限流、分流、降压、分压、负载及阻抗匹配等作用，还可与电容配合做滤波器，是电气设备中使用最多的元件之一。

1. 电阻器的分类

电阻器的种类繁多，按其材料可分为碳膜电阻器、金属膜电阻器和线绕电阻器，按其结构可分为固定电阻器、可变电阻器(电位器)和敏感电阻器。

① 碳膜电阻。碳膜电阻是由碳沉积在瓷质基体上制成的，通过改变碳膜的厚度或长度得到不同的电阻值。其特点是价格低，高频特性好，但精度较差。碳膜电阻是目前应用最广泛的电阻，主要应用在各种电子产品中。

② 金属膜电阻。金属膜电阻是由金属合金粉沉积在瓷质基体上制成的，通过改变金属膜的厚度或长度得到不同的电阻值。其特点是耐高温，精度高，高频特性好。金属膜电阻主要应用于精密仪器仪表等电子产品中。

③ 线绕电阻。线绕电阻是用康铜丝或锰铜丝缠绕在绝缘骨架上制成的。其特点是耐高温，精度高，噪声小，功率大，但高频特性差。线绕电阻主要应用于低频的精密仪器仪表等电子产品中。

水泥电阻是一种陶瓷绝缘功率型线绕电阻。其特点是功率大，散热好，阻值稳定，绝缘性强。水泥电阻主要应用于彩色电视机、计算机及精密仪器仪表等电子产品中。

④ 保险电阻。保险电阻在正常情况下具有普通电阻的功能，一旦电路出现故障，超过其额定功率时，它会在规定时间内断开电路，从而达到保护其他元器件的作用。保险电阻分为不可修复型和可修复型两种。

⑤ 压敏电阻。压敏电阻是一种对电压十分敏感的电阻器件，其导电性能随施加的电压呈非线性变化。当压敏电阻两端电压低于其标称值时，呈高阻状态，相当于开

路;当电压高于其标称值时,阻值急剧下降,呈低阻状态,使过电压通过它泄放,从而达到保护其他元器件的作用。一旦过电压消失,恢复高阻状态。压敏电阻应用于彩电、冰箱、洗衣机、传真机、漏电保护器等电子产品中。

⑥ 热敏电阻。热敏电阻是一种对温度十分敏感的电阻器件,其阻值随温度变化而显著变化。阻值随温度升高而减小的称为负温度系数热敏电阻,用 NTC 表示;阻值随温度升高而增大的称为正温度系数热敏电阻,用 PTC 表示。在温度测量和温度补偿等电路中通常采用 NTC 热敏电阻。彩电的消磁电阻、各种电路的过载保护等通常采用 PTC 热敏电阻,PTC 热敏电阻也可作为发热元件用于加热保温设备中。

2. 电阻器的参数和标注方法

电阻器的主要参数有标称阻值和允许误差、额定功率、温度系数、电压系数、最大工作电压、噪声电动势、频率特性及老化系数等。

(1) 标称阻值和允许误差

标称阻值是指电阻器上标出的名义阻值。而实际阻值往往与标称阻值有一定的偏差,这个偏差与标称阻值的百分比叫做允许误差。误差越小,电阻器精度越高。国家标准规定普通电阻器的允许误差分为±5%、±10%、±20%3 个等级。电阻器的标称阻值及允许误差如表 1.1.1 所列。

表 1.1.1　普通电阻标称阻值系列

系　列	误　差	标称阻值系列											
E24	±5%	1.0	1.2	1.5	1.8	2.2	2.7	3.3	3.9	4.7	5.6	6.8	8.2
		1.1	1.3	1.6	2.0	2.4	3.0	3.6	4.3	5.1	6.2	7.5	9.1
E12	±10%	1.0	1.2	1.5	1.8	2.2	2.7	3.3	3.9	4.7	5.6	6.8	8.2
E6	±20%	1.0		1.5		2.2		3.3		4.7		6.8	

注:表中阻值可乘以 10^n,其中 n 为整数。例如,2.2 这个标称阻值系列就有 0.22 Ω、2.2 Ω、22 Ω、220 Ω、2.2 kΩ、22 kΩ 等。

表示电阻器的标称阻值和允许误差的方法有直标法、色标法、文字符号法 3 种形式。

① 直标法。在电阻器表面,直接用数字和单位符号标出阻值和允许误差。例如,在电阻器上印有 22 kΩ±5%,表示该电阻器的阻值为 22 kΩ,允许误差为±5%。

② 色标法。用不同颜色的色环表示电阻器的标称阻值和允许误差。普通电阻器采用四环表示,精密电阻器采用五环表示,如表 1.1.2 所列;电阻器的标注阻值示例如图 1.1.1 所示。

表 1.1.2 电阻器色环标注法

色环	定义	色环颜色											
		黑	棕	红	橙	黄	绿	蓝	紫	灰	白	金	银
普通电阻器													
第1色环	第1位数	0	1	2	3	4	5	6	7	8	9		
第2色环	第2位数	0	1	2	3	4	5	6	7	8	9		
第3色环	10的倍率	10^0	10^1	10^2	10^3	10^4	10^5	10^6	10^7	10^8	10^9		
第4色环	允许误差/%											±5	±10
精密电阻器													
第1色环	第1位数	0	1	2	3	4	5	6	7	8	9		
第2色环	第2位数	0	1	2	3	4	5	6	7	8	9		
第3色环	第3位数	0	1	2	3	4	5	6	7	8	9		
第4色环	10的倍率	10^0	10^1	10^2	10^3	10^4	10^5	10^6	10^7	10^8	10^9		
第5色环	允许误差/%		±1	±2			±0.5	±0.25	±0.1			±5	

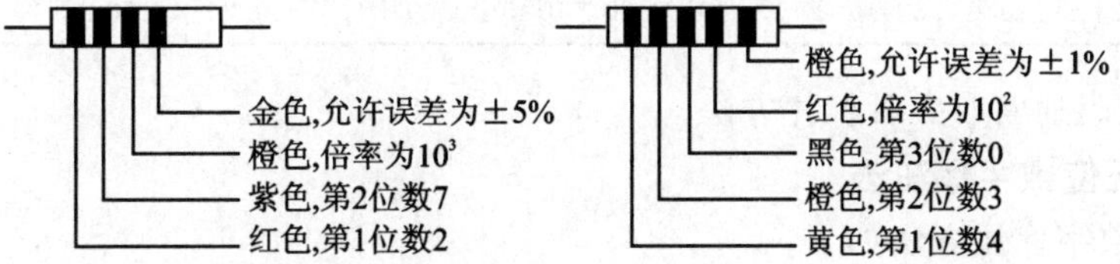

注：例如,对于普通电阻器,图示为 27×10^3 Ω,±5%,即 27 kΩ,±5%;对于精密电阻器,图示为 430×10^2 Ω,±1%,即 43 kΩ±1%。

图 1.1.1 电阻器的色标法标注阻值示例

③ 文字符号法：用数字和文字符号按一定规律组合表示电阻器的阻值,文字符号 R、k、M、G、T 表示电阻单位,文字符号前面的数字表示阻值的整数部分,文字符号后面的数字表示小数部分。例如,R1 表示 0.1 Ω,2k7 表示 2.7 kΩ,9M1 表示 9.1 MΩ。

(2) 额定功率

电阻器的额定功率为电阻器长时间工作允许施加的最大功率。通常有 1/8 W、1/4 W、1/2 W、1 W、2 W、5 W、10 W 等。

(3) 温度系数

电阻器的温度系数表示电阻器的稳定性随温度变化的特性。温度系数越大,其稳定性越差。

(4) 电压系数

电压系数指外加电压每改变 1 V 时,电阻器阻值相对的变化量。电压系数越大,电阻器对电压的依赖性越强。

(5) 最大工作电压

指电阻器长期工作不发生过热或电击穿损坏等现象的电压。

3. 片状电阻(即LL电阻)

片状电阻是一种无引线元件，简称LL(Lead - Less)电阻，分薄膜型和厚膜型两种，但应用较多的是厚膜型。厚膜片状电阻是一种质体较坚固的化学沉积膜型电阻，与薄膜电阻相比，承受的功率较大，并且高频噪声小。常用矩形片式电阻器的尺寸如表1.1.3所列。

表1.1.3 常用矩形片式电阻器的尺寸 mm

类 型	0402	0603	0805	1206	1210	2010	2512
L	1.00±0.10	1.60±0.10	2.00±0.15	3.10±0.15	3.10±1.10	5.00±0.10	6.35±0.10
W	0.50±0.05	$0.80^{+0.15}_{-0.10}$	$1.25^{+0.15}_{-0.10}$	$1.55^{+0.15}_{-0.10}$	2.60±0.15	2.50±0.15	3.20±0.15
H	0.35±0.05	0.45±0.10	0.55±0.10	0.55±0.10	0.55±0.10	0.55±0.10	0.55±0.10
A	0.20±0.10	0.30±0.20	0.40±0.20	0.45±0.20	0.45±0.20	0.60±0.25	0.60±0.25
B	0.25±0.10	0.30±0.20	0.40±0.20	0.45±0.20	0.45±0.20	0.50±0.20	0.50±0.20

LL电阻通常有三种标注方法。

(1) 三位数字标注法

三位数字标注方法如下。

标注:XXX(单位:Ω)

第3个数字表示该电阻值前两位数字后零的个数；

第2个数字表示该电阻值的第2位有效数字；

第1个数字表示该电阻值的第1位有效数字。

示例如图1.1.2所示。

图1.1.2(a)前两位数为27，第3位数字为5，即在后加5个0，为2 700 000 Ω，即阻值为2.7 MΩ。

图1.1.2(b)前两位数为10，第3位数字为0，即在10后加0个0，即阻值为10 Ω。

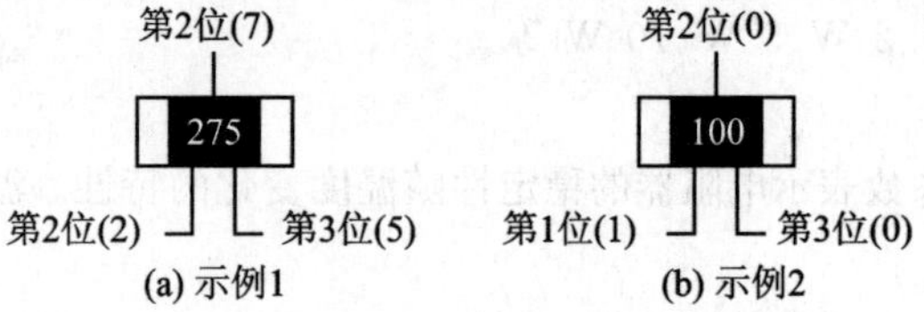

图1.1.2 片状电阻的三位数字标注法

(2) 二位数字后加 R 标注法

二位数字后加 R 标注方法如下。

标注:X X R(单位:Ω)

└ 字母 R 表示该电阻值前两位数字之间的小数点;

└ 第2个数字表示该电阻值的第2位有效数字;

└ 第1个数字表示该电阻值的第1位有效数字。

示例如图 1.1.3 所示。

图 1.1.3(a)前两位数为 51,R 表示数字 5 与数字 1 之间的小数点,即阻值为 5.1 Ω。

图 1.1.3(b)前两位数为 10,R 表示数字 1 与数字 0 之间的小数点,即阻值为 1.0 Ω。

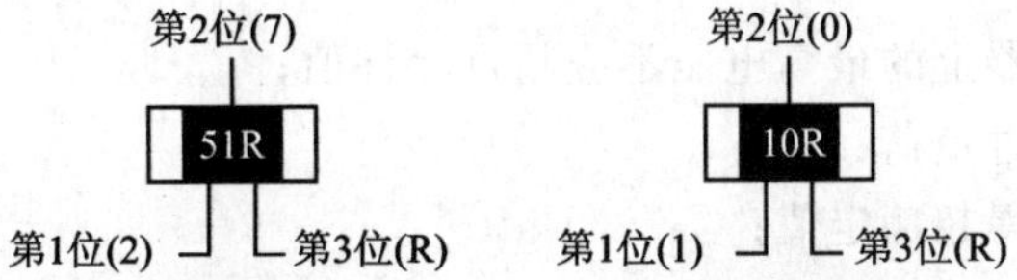

(a) 示例1　　(b) 示例2

图 1.1.3　片状电阻的二位数字后加 R 标注法

(3) 二位数字中间加 R 标注法

二位数字中间加 R 标注方法如下。

标注:X R X(单位:Ω)

└ 末尾数字表示该电阻值小数点后的有效数字;

└ 中间 R字母表示该电阻值前后两个数字之间的小数点;

└ 第1个数字表示该电阻值的第1位有效数字。

示例如图 1.1.4 所示。

图 1.1.4(a)前一位数为 9,R 表示小数点,末尾位数字为 1,即阻值为 9.1 Ω。

图 1.1.4(b)前一位数为 2,R 表示小数点,末尾位数字为 7,即阻值为 2.7 Ω。

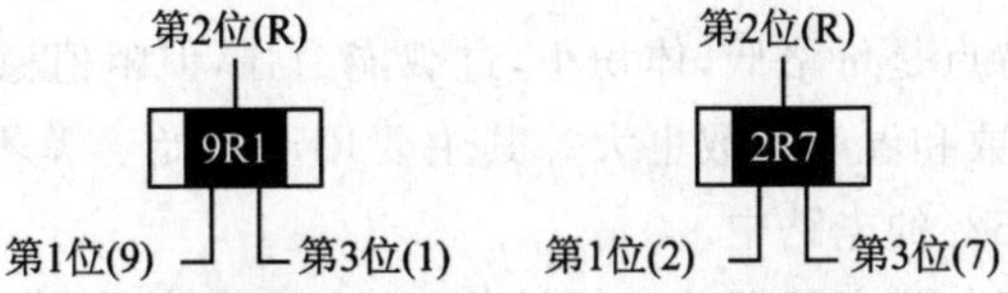

(a) 示例1　　(b) 示例2

图 1.1.4　片状电阻的二位数字中间加 R 标注法

1.1.2 电阻器的选用

1. 电阻值

首先需要选择的是电阻器的标称电阻值，然后需要了解电阻器的工作温度、过电压及使用环境等，这些均能使阻值漂移。不同结构、不同工艺水平的电阻器，电阻值的精度及漂移值不同。在选用时，应注意这些影响电阻值的因素。

2. 额定功率

电阻器的额定功率需要满足电路设计所需电阻器的最小额定功率。在直流状态下，功率 $P=I^2R$，其中 I 为流经电阻器上的电流值，选用时，电阻器的额定功率应大于这个值。在脉冲条件和间歇负荷下，电阻器能承受的实际功率可大于额定功率，但需注意：

- 跨接在电阻器上的最高电压不应超过允许值；
- 不允许连续过负荷；
- 平均功率不得超额定值；
- 电位器的额定功率是考虑整个电位器在电路中的加载情况，对部分加载情况下的额定功率值应相应下调。

3. 高频特性

在高频时，阻值会随频率而变化。线绕电阻器的高频性能最差；合成电阻器次之；薄膜电阻器具有最好的高频性能，在频率高达 100 MHz 时，大多数薄膜电阻器的有效直流电阻的阻值尚能保持基本不变，但频率进一步升高时，阻值随频率的变化变得十分显著。

4. 质量等级和质量系数

具体产品的相应质量级别和质量系数可查阅有关标准，例如，美国产品可查阅 MIL—HDBK—217，中国产品可查阅 GIB/Z299。

5. 各种电阻器的主要应用范围

碳膜电阻器的特点是价格低，体积小，过载能力强，但阻值稳定性差，热噪声和电流噪声均大，电压系数和温度系数也大。其主要用于初始容差不高于±5%，长期稳定性要求不高于±15%的电路中。

金属膜和金属氧化膜电阻器的高频性能好，电流噪声低，非线性较小，温度系数小，性能稳定；缺点是功率较小。其主要用于要求高稳定，长寿命，高精度的场合，特别适合于高频应用，如高频调谐电路等。

线绕型电阻器的特点是稳定性好，温度系数小，电压系数小，功率型的额定功率大；缺点是体积大，且不能用于高频（50 kHz 以上）。

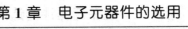

碳膜电位器价格低,但稳定性不高,可用于长期稳定性不高于±20%的场合。其主要用于调整晶体管偏压,调整 *RC* 网络的时间常数和脉冲发生器的频率等。

线绕电位器有精密型、半精密型和功率型等数种,分别用在有精度要求或功率要求的部位。

1.1.3 电阻器应用时应注意的问题

1. 电阻器的安装

电阻器安装时必须进行热设计,即考虑散热:

- 大型功率电阻器应安装在金属底座上,以便散热。
- 不能在没有散热器的情况下,将功率型电阻器直接装在接线端或印制板上。
- 功率电阻器应尽可能安装在水平位置。
- 引线长度应短些,使其与印制电路板的接点能起散热作用。但又不能太短,且最好稍弯曲,以允许热胀冷缩,若用安装架,则要考虑其热胀冷缩的应力。
- 当电阻器成行或成排安装时,要考虑通风的限制和相互散热的影响,并将其适当组合。
- 在需要补充绝缘时,需考虑随之带来的散热问题。

2. 降额应用

对于固定电阻器和电位器,影响可靠性的最重要因素为电压、功率和环境温度;而对于热敏电阻,则主要是功率和环境温度。因此,应对上述参数分别进行降额使用。因为合成电阻器为负温度和负电压系数,阻体易于烧坏,所以对其电压降额时应特别注意。各种金属膜和金属氧化膜电阻器在高频工作情况下,阻值下降;在低气压工作情况下,可承受最高工作电压将降低,降额应用时应特别注意。线绕功率电阻器可以经受比稳态工作电压高得多的脉冲电压,在使用中可作相应降额。对于电位器,应考虑随大气压力的降低,其承受最高工作电压将降低,在低气压应用时应进一步降额。

注意:不同类型和不同阻值的电阻器都有使用电压的门限值。即使功率降额幅度很大(电流很小的情况下),电压高于门限值也会被烧毁。同时,对于各种类型的电阻器,其电流也不能高于其载体容限。在降额应用电阻器时(其他电子元器件也是如此),其散热措施(本身或外置的)也是需要考虑的因素。

大量实验证明,当电阻器降额数低于10%,将得不到预期的降额效果,失效率会有所增加。因此,电阻器降额系数通常以10%作为可靠性降额设计的下限值。

3. 防静电

容差较小(如±0.1%)的金属膜电阻器易受静电损伤。对于体积小、电阻率高的薄膜电阻器,静电可使其阻值发生显著变化(一般变小),温度系数也相应变化。

4. 脉冲峰值电压

在脉冲工作时,即使平均功率不超过额定值,脉冲峰值电压和峰值功率也不允许太高,应满足下列要求:

- 碳膜电阻器峰值电压不超过额定电压的2倍,峰值功率不得高于3倍;
- 薄膜电阻器峰值电压不超过额定电压的1.4倍,峰值功率不超过额定功率4倍;
- 线绕电阻器可以承受比通常工作电压高得多的脉冲,但在使用中要相应地降额。

5. 辅助绝缘

当电阻器或电位器与地之间的电位差大于250 V时,需要采用辅助绝缘措施,以防绝缘击穿。

1.2　电容器

1.2.1　电容的种类与特性

电容器是一种储存电能的元件,由两个金属电极中间夹一层绝缘材料介质构成,在电路中起交流耦合、旁路、滤波、信号调谐等作用。

1. 电容器的分类

电容器按结构可分为固定电容器、可变电容器、微调电容器;按介质可分为空气介质电容器、固体介质(云母、独石、陶瓷、涤纶等)电容器及电解电容器;按有无极性可分为有极性电容器和无极性电容器。其中云母、独石电容器具有较高的耐压性;电解电容器有极性,且具有较大的容量。

2. 电容器的主要参数

(1) 标称容量及允许误差

电容器的外壳表面上标出的电容量值,称为电容器的标称容量。标称容量与实际容量之间的偏差与标称容量之比的百分数称为电容器的允许误差。常用电容器的允许误差有±0.5%、±1%、±2%、±5%、±10%和±20%。

(2) 工作电压

电容器在使用时,允许加在其两端的最大电压值称为工作电压,也称耐压或额定工作电压。使用时,外加电压最大值一定要小于电容器的额定工作电压,通常外加电压应在额定工作电压的 2/3 以下。

(3) 绝缘电阻

电容器的绝缘电阻表征电容器的漏电性能，在数值上等于加在电容器两端的电压除以漏电流。绝缘电阻越大，漏电流越小，电容器质量越好。品质优良的电容器具有较高的绝缘电阻，一般在兆欧级以上。电解电容器的绝缘电阻一般较低，漏电流较大。

3. 电容器的标注方法

电容器的基本单位是法拉(F)，这个单位太大，常用的单位是微法(μF)、纳法(nF)、皮法(pF)，$1\ F=10^3\ mF=10^6\ \mu F=10^9\ nF=10^{12}\ pF$。电容器的容量、误差和耐压都标注在电容器的外壳上，其标注方法有直标法、文字符号法、数字法和色标法。

(1) 直标法

直标法是将容量、偏差、耐压等参数直接标注在电容体上，常用于电解电容器参数的标注。

(2) 文字符号法

使用文字符号法时，容量的整数部分写在容量单位符号的前面，容量的小数部分写在容量单位符号的后面，例如，2.2 pF 记作 2p2，4 700 pF 等于 4.7 nF，可记作 4n7。

允许误差用 D 表示±0.5%，F 表示±1%，G 表示±2%，J 表示±5%，K 表示±10%，M 表示±20%。

(3) 数字法

在一些瓷片电容器上，常用 3 位数字表示标称电容，单位为 pF。3 位数字中，前 2 位表示有效数字，第 3 位表示倍率，即表示有效值后面"0"的个数。例如，电容器标出为 103，表示其容量为 10×10^3 pF=10 000 pF=0.01 μF；电容器标出为 682J，表示其容量为 68×10^2 pF=6 800 pF，允许误差为±5%。

(4) 色标法

这种表示方法与电阻器的色环表示方法类似，其颜色所代表的数字与电阻器的色环完全一致，单位为 pF。

4. 片式电容器

片式电容器目前使用最多的是陶瓷系列电容器、钽电容器和铝电容器。

(1) 片式多层片式瓷介电容器

多层片式瓷介电容器又称 MLC(MultiLayer Ceramic capacity)，有时也称独石电容。目前 MLC 的标准有美国的 EIA、日本的 JIS 等。国内常用的有两类：CC41 和 CT41，型号及尺寸如表 1.2.1 所列，其耐压值有 50 V 和 25 V 两种。

表 1.2.1 片式多层片式瓷介电容器外形尺寸

尺寸代号			尺寸/mm		
CC41、CT41	EIA	JIS	L	W	H
—	—	1	1.6±0.2	0.8±0.2	1.0
0805	CC0805	2	2.0±0.3	1.25±0.2	1.25
1005	CC1005	—	2.5±0.3	1.25±0.2	1.25
1206	CC1206	3	3.2±0.4	1.60±0.2	1.25
1210	CC1210	4	3.2±0.4	2.50±0.3	1.90
1805	CC1805	—	4.5±0.5	1.25±0.2	1.25
1812	CC1812	5	4.5±0.5	3.2±0.4	1.90
3220	CC1812	6	5.7±0.5	5.0±0.5	1.90

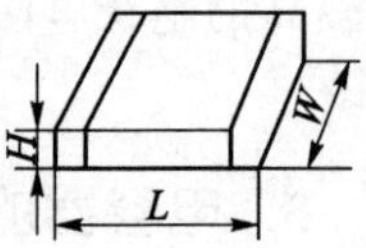

(2) 片式钽电解电容器

容量超过 0.33 μF 的表面组装元件通常使用钽电解电容器,优点是响应速度快,内部为固体电解质。矩形钽电解电容器有裸片型、模塑封装型和端帽型三种类型。日本松下公司的 TE 系列矩形钽电容的外形尺寸如表 1.2.2 所列。矩形钽电解电容器的容量范围在 0.047~100 μF,误差范围为±20%或±10%,额定耐压值为 4~35 V。

表 1.2.2 松下 TE 系列矩形钽电容 mm(in)

代码	IEA代码	L±0.2(0.008) −0.1(0.004)	W±0.2(0.008) −0.1(0.004)	H±0.2(0.008)	W_1±0.2(0.008)	A±0.3(0.012) −0.2(0.008)	S_{min}
A	3216	3.2(0.126)	1.6(0.063)	1.6(0.063)	1.2(0.047)	0.8(0.031)	1.1(0.034)
B	3528	3.5(0.138)	2.8(0.110)	1.9(0.075)	2.2(0.087)	0.8(0.031)	1.4(0.055)
C	6032	6.0(0.236)	3.2(0.126)	2.6(0.102)	2.2(0.087)	1.3(0.051)	2.9(0.114)
D	7343	7.3(0.287)	4.3(0.169)	2.9(0.114)	2.4(0.094)	1.3(0.051)	4.4(0.173)
E	7343H	7.3(0.287)	4.3(0.169)	4.1(0.162)	2.4(0.094)	1.3(0.051)	4.4(0.173)
M	4726	4.7(0.185)	2.6(0.102)	2.1(0.083)	1.4(0.055)	0.8(0.031)	2.7(0.106)
N	5846	5.8(0.228)	4.6(0.181)	3.2(0.126)	2.1(0.094)	1.3(0.051)	2.8(0.110)

(3) 片式铝电解电容器

片式铝电解电容器按外形可分为圆柱形、矩形两种类型;按封装形式可以分为金属封装型、树脂封装型。铝电解电容器的容量范围在 0.1~220 μF,误差范围为±20%,额定耐压值为 4~50 V。

1.2.2　电容器选用时应注意的问题

1. 交流电压额定值

在交流条件下工作，要考虑以下因素：

- 额定直流电压。直流电压值加上交流电压峰值不得超过此值。
- 功率损耗产生的内部温升。此值不应使全部温升(包括环境温度影响)超过最大额定温度。
- 电晕起始电平。电晕能在相当低的交流电平下产生。
- 绝缘电阻。小容量电容器的绝缘电阻单位为 MΩ。大容量电容器的绝缘电阻值用参数 RC，即电容器的时间常数表示，单位为 MΩ·μF。电解电容器以漏电流来反映绝缘电阻，单位为 μA。

2. 质量等级和质量系数

具体产品的相应质量级别和质量系数可查阅有关标准。例如，美国产品可查阅 MIL—HDBK—217，中国产品可查阅 GJB/Z299。

3. 各种电容器的特点及主要应用场合

电容器性能的一般分类如表 1.2.3 所列，各类电容器的主要应用场合如表 1.2.4 所列。

表 1.2.3　电容器性能的一般分类

适用频率范围	电容器名称	电容量范围*	耐热温度/℃
高频 (1 MHz 以上)	空气电容器	甚小	85～125
	陶瓷电容器	小、中、大	85～150(某些达到 200)
	云母电容器	小、中	70～150
	玻璃电容器	小、中	85～125
	聚苯乙烯电容器	小、中	70～85
	聚四氟乙烯电容器	小、中	200
	云母纸电容器	小、中	125～300
音频 (1～20 kHz)	铁电陶瓷	小	85～125
	氧化膜电容器	小、中	85～125
	纸介(包括金属化)	小、中、大	70～125
	聚碳酸酯	小、中、大	125
	涤纶电容器	小、中、大	125

续表 1.2.3

适用频率范围	电容器名称	电容量范围*	耐热温度/℃
低频 (几百 Hz)	铝电解电容器	大、甚大	70～125
	钽箔电解电容器	大、甚大	85～125
	烧结钽电解电容器 (液体钽)	大、甚大	85～200
	烧结钽电解电容器 (固体钽)	中、大、甚大	85～125

* 电容量范围:“甚小”表示几至几百 pF;“小”表示几百至几万 pF;“中”表示几万 pF 至 1 μF;“大”表示 1～10 μF;“甚大”表示 10 至几千 μF。

表 1.2.4　各类电容器的主要应用场合

电容器类型	应用范围								
	隔直流	脉冲	旁路	耦合	滤波	调谐	启动交流	温度补偿	储能
空气微调电容器				○	○	○			
微调陶瓷电容器				○		○			
Ⅰ类陶瓷电容器				○		○		○	
Ⅱ类陶瓷电容器			○	○	○				
玻璃电容器	○		○	○		○			
穿心电容器			○						
密封云母电容器	○	○	○	○	○	○			
小型云母电容器			○	○		○			
密封纸介电容器	○	○	○	○	○		○		
小型纸介电容器	○			○					
金属化纸介电容器	○		○	○	○		○		○
薄膜电容器	○	○	○	○	○				
直流电解电容器			○		○				
交流电解电容器							○		
钽电解电容器	○		○	○	○				○

Ⅰ类陶瓷电容器电容量范围为 0.5～80 pF,最佳允许误差为±1%。其电容量稳定性较好,随时间、温度、电压和频率的变化很小,可用在温度稳定性要求高或补偿电路中其他元件特性随温度变化的场合。Ⅱ类陶瓷电容器电容量范围为 0.5～10^4 pF,其允许误差为±10%和±20% 两种。其电压系数随介电常数的增加而非线性地变大,交流电压增加会使电容量及损耗角正切增加,温度稳定性随介电常数的增加而降低,因此不适于精密应用。

云母、玻璃电容器容量范围为 0.5～10^4 pF，最佳允许误差为±1%，具有高绝缘电阻、低功率系数、低电感和优良的稳定性等特点，特别适于高频应用，在 500 MHz 的频率范围内，性能优良。可用于要求容量较小、品质系数高以及温度、频率和时间稳定性好的电路中。可用作高频耦合和旁路，或在调谐电路中作固定电容器元件。云母、玻璃介质电容器本质上可互换。云母价廉，但体积较大。

纸和塑料或聚酯薄膜电容器电容量范围较大，可从 10 pF 至几十微法，最小允许误差为±2%，可用于要求高温下具有高而稳定的绝缘电阻，在宽温度范围内具有良好的电容稳定性的场合。金属化电容器采用金属化聚碳酸醋薄膜，有良好的自愈性能。但自愈也会明显增加背景噪声，在通信电路中使用需注意。金属化电容器在自愈中也会产生 0.5～2 V 电压的迅速波动，因此不宜在脉冲或触发电路中使用。

固体钽电解电容器的电容量范围为 0.1～470 μF，最小允许误差为±5%。固体钽电容器是军用设备中使用最广泛的电解电容器，与其他电解电容器相比，相对体积较小，对时间和温度呈良好稳定性；缺点是电压范围窄(6～120 V)，漏电流大，主要用于滤波、旁路、耦合、隔直流及其他低压电路中。在设计晶体管电路、定时电路、移相电路及真空管栅极电路时，应考虑到漏电流和损耗角正切的影响。

非固体钽电解电容器的电容量范围为 0.2～100 μF，特点是体积小，耐压高(5～450 V)，漏电流小(后两个特点都是与固体钽电解电容器相比而言的)，主要用于电源滤波、旁路和大电容量值的能量储存。无极性非固体钽电解电容器适用于交流或可能产生直流反向电压的地方，如低频调谐电路、计算机电路、伺服系统等。

铝电解电容器的特点是电容量大(1～65 000 μF)，体积小，价格低，最好用在 60～100 kHz 频率范围内。一般用于滤除低频脉冲直流信号分量和电容量精度要求的场合。由于不能承受低温和低气压，所以一般只能用于地面设备。

1.2.3 电容器应用时应注意的问题

1. 降额使用

不论是固体电容器还是可变电容器，影响电容器可靠性的最重要因素为电压和环境温度。与其他电子元器件不同的是，降额的直流电压为其直流电压与交流电压峰值之和。对于大多数电容器而言，所承受交流电压随其频率的增长和其峰值电压的增加会导致其内部温升增加，致使电容器失效。因此，在高频应用情况下，电压降额幅度应进一步加大，对于电解电容器更为敏感。在应用电容器时要特别注意：由于波动和脉冲电流而引起的电容器的温升，尤其在高温下的恶性循环将导致电容器失效。

对于固定纸/塑料薄膜电容器，在应用时，交流峰值电压与直流电压之和不得超过其规范值；对于固定玻璃轴电容器，交流电压最大值不得超过其规范值。对于固定云母电容器亦然，但对固定玻璃轴电容器应注意：脉冲电压不应超过其额定直流工作电压。对于穿心电容器，应限制在内电极额定电流之内。铝电解电容器不能在低温和低气压下正常工作，在航空电子设备中应尽量避免使用；否则应进行大幅度降额。对于有极性电容器，交流峰值电压应小于直流工作电压。在降额应用电容器时，还应注意到固体钽电容器的漏电流将随着电压和温度的增高而加大。对非固体钽电容器，在有极性条件下，不允许加反向电压，以防止大电流通过使银熔解。

一般来说，对于电子元器件，其应用应力越低，越能提高其使用可靠性，但对电容也有例外。有些电容降额太大易产生低电平失效，如聚苯乙烯电容器、云母电容器、涤纶电容器、纸介电容器等，其中聚苯乙烯电容器最为严重。低电平失效在整机中会引起信号突然中断，但又会自动恢复；有时故障不能恢复，但将设备进行检测时，又恢复正常。电容器的低电平失效和恢复是随机的，有的装机时即可发现；有的装机时不出现，在复测时出现；有的在设备作低温试验时可出现；有的要在设备使用很长时期后才出现；故障恢复后，有的很快重复出现，有的要经过很长时间，这种故障特别容易出现在间歇使用或长期不用的电子设备中。

要解决电容器低电平失效，除了从电容器的结构工艺上改进外，在整机应用中应注意在电容器降额使用时，规定低电平指标(例如规定聚苯乙烯电容器低电平指标为 1 mV)。

对电子元器件进行降额应用时，不能将它所承受的各种应力孤立看待，应进行综合权衡，例如某种应用于高温和高频下的电解电容器，由于高温和高频致使其损耗角正切($\tan\delta$)增加，而 $\tan\delta$ 的增加致使电容器温升增加，形成恶性循环而导致该电容器损坏。在此情况下，应进行较大幅值的降额应用。

2. 设计余量

不同种类电容器电容量随环境和时间会有变化，设计时必须留有余量，表 1.2.5 的数据可供参考。

表 1.2.5　各类电容器设计时应留有的电容量的余量

电容种类	余量数/(±%)	电容种类	余量数/(±%)
Ⅰ类陶瓷	1	玻璃	1
Ⅱ类陶瓷	20	纸、塑料、聚酯薄膜	2
云母	0.5	电解	很大

3. 各种电容器使用注意事项

① 钽电解电容并联使用时，每个电容器上应串联限流电阻器。电容器串联使用时，应使用平衡电阻器来确保电压的适当分配。

② 固体钽电解电容器在高阻电路中瞬时击穿可以自愈。为此，使用时回路中应串联电阻器，阻值以 3 Ω/V 为佳。

③ 清洗铝电解电容器时，不得使用氯化或氟化碳氢化合物溶剂，推荐使用甲苯、甲醇等溶剂。

④ 陶瓷介质对频率敏感，因此在不同频率上测得的电容量和容量随温度的变化都不一样。为实现高精度的补偿，应在推荐的工作频率上测试补偿特性。

⑤ 对铝电解电容器，为防止爆炸，应采取防护措施。

⑥ 电解电容器有极性，使用时必须将阳极接电源正极；否则会造成漏电流增大直至损坏。所谓“无极性”电解电容器也并未从根本上改变单向导电性的本质，因此不宜长时间用于交流电路中。

⑦ 以金属壳作负极的电解电容器，外壳应接地。当外壳不能接地时，应在外壳表面采用绝缘涂覆，将外壳作为阴极引出，这时阴极外壳应比接地外壳的电位要高，要注意外壳涂覆的厚度及绝缘性能。

1.3　电感线圈

1.3.1　电感线圈的种类与特性

电感线圈的种类繁多，常用的电感线圈(以下简称电感)有空心电感、铁芯电感、磁芯电感、铜芯电感、永磁芯电感、标准电感、可变电感、动圈电感、旋转电感、电抗电感、换能电感、写/读电感、LL 贴片电感、印刷电感及特殊电感等。

1. 电感线圈的主要参数

电感线圈的主要参数有电感量、品质因数、标称电流值、稳定性等。

(1) 电感量

电感量的基本单位是亨利，用字母 H 表示。当通过线圈的电流每秒钟变化 1 A 所产生的感应电动势是 1 V 时，线圈的电感是 1 H(亨利)。线圈电感量的大小，主要取决于线圈的圈数、绕制方式及磁芯材料等。线圈圈数越多，绕制的线圈越密集，电感量越大；线圈内有磁芯的比无磁芯的大；磁芯导磁率越大，电感量越大。

电感的换算单位有毫亨(mH)、微亨(μH)、纳亨(nH)，其单位换算关系为

$$1\ \mathrm{H}=10^{3}\ \mathrm{mH}=10^{6}\ \mu\mathrm{H}=10^{9}\ \mathrm{nH}$$

电感线圈的允许误差为±(0.2%～20%)。通常，用于谐振回路的电感线圈精度比较高，而用于耦合回路、滤波回路、换能回路的电感线圈精度比较低，有的甚至无精度要求。精密电感线圈的允许误差为±(0.2%～0.5%)。耦合回路电感线圈的允许误差为±(10%～15%)。高频阻流圈、镇流器线圈等的允许误差为±(10%～20%)。

(2) 品质因数

品质因数是衡量电感线圈质量的重要参数，用字母 Q 表示。Q 值的大小表明了线圈损耗的大小，Q 值越大，线圈的损耗就越小；反之就越大。品质因数 Q 在数值上等于线圈在某一频率的交流电压下工作时，线圈所呈现的感抗和线圈的直流电阻的

比值，即

$$Q=2\pi fL/R=\omega L/R$$

式中：Q 为电感线圈的品质因数(无量纲)；L 为电感线圈的电感量(H)；R 为电感线圈的直流电阻(Ω)；f 为电感线圈的工作电压频率(Hz)。

(3) 分布电容

任何电感线圈，其匝与匝之间、层与层之间、线圈与参考地之间、线圈与磁屏蔽之间等都存在一定的电容，这些电容称为电感线圈的分布电容。若将这些分布电容综合在一起，就成为一个与电感线圈并联的等效电容 C。

当电感线圈的工作电压频率高于线圈的固有频率时，其分布电容的影响就超过了电感的作用(见电感线圈固有频率 f_0 的计算表达式)，使电感变成了一个小电容。因此，电感线圈必须工作在小于其固有频率下。电感线圈的分布电容是十分有害的，在其制造中必须尽可能地减小分布电容。减小分布电容的有效措施有：

① 减小骨架直径；

② 在满足电流密度的前提下，尽可能地选用细一些的漆包铜线；

③ 充分利用可用绕线空间对线圈进行间绕法绕制；

④ 采用多股蜂房式线圈。

2. 电感线圈的固有频率 f_0

电感线圈的等效电路如图1.3.1所示。从电感线圈的等效电路可见，除有分布电容 C 外，还具有直流电阻 R。若电感线圈工作在直流与低频情况下，电阻 R 对线圈的正常工作影响不大，可以忽略；电容 C 因频率很低而容抗很小，也可忽略不计。这时电感线圈就可视为一个理想的电感。

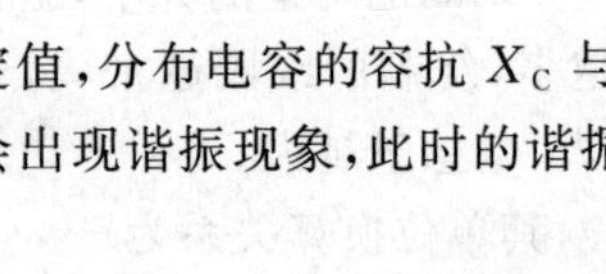

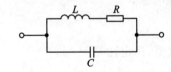

图1.3.1　电感线圈等效电路

然而，当工作频率提高之后，电阻 R 与分布电容 C 的影响作用就逐渐明显起来。当工作频率提高到某一定值，分布电容的容抗 X_C 与电感的感抗 X_L 相等(即 $X_C=X_L$)时，电感线圈自身就会出现谐振现象，此时的谐振频率 f_0 为该电感线圈的固有频率。其计算表达式为

$$f_0=\frac{1}{2\pi\sqrt{LC}}$$

式中，f_0 为电感线圈的固有频率(Hz)；L 为电感线圈的电感量(H)；C 为电感线圈的分布电容(F)。

3. 标称电流值

标称电流值是指电感线圈在正常工作时，允许通过的最大电流，也叫额定电流，若工作电流大于额定电流，线圈就会因发热而改变其原有参数，甚至被烧毁。

4. 参数稳定性

指线圈参数随环境条件变化而变化的程度。线圈在使用过程中,如果环境条件(如温度、湿度等)发生了变化,则线圈的电感量及品质因数等参数也随着改变。例如,温度变化时,由于线圈导线受热后膨胀,使线圈产生几何变形,从而引起电感量的变化。为了提高线圈的稳定性,可从线圈制作上采取适当措施,例如采用热绕法,将绕制线圈的导线通上电流,使导线变热,然后绕制成线圈。这样,导线冷却后收缩,紧紧贴在骨架上,线圈不易变形,从而提高了稳定性。湿度变化会引起线圈参数的变化,如湿度增加时,线圈的分布电容和漏电都会增加。为此要采取防潮措施,减小湿度对线圈参数的影响,可确保线圈工作的稳定性。

1.3.2 电感线圈的选用

在 *LC* 滤波电路、调谐放大电路、振荡电路、均衡电路、去耦电路等电路中都会用到电感线圈。电感线圈有一部分如阻流圈、低频阻流圈、振荡线圈和 *LC* 固定电感线圈等是标准件,而绝大多数的电感线圈是非标准件,往往要根据实际需要自行制作。

1. 磁开路式固定磁芯电感

磁开路式固定磁芯电感有立式、卧式、圆柱形、方形、扁形、片状等多种结构形式。所谓磁开路,是指电感线圈的磁回路由磁芯与空气构成。

(1) 开路固定磁芯电感元件的命名与识别

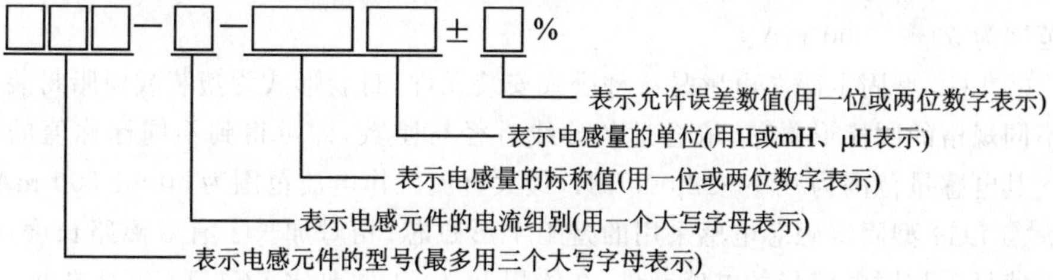

例如:

L G 1 — B — 330 μH ± 10 %

表示 LG1 型固定磁芯电感,电流组别为 B 组,电感量为 330 μH,允许误差为 ±10%。

又如:

L G 4 — C — 47 mH ± 5 %

表示 LG4 型固定磁芯电感,电流组别为 C 组,电感量为 47 mH,允许误差为 ±5%。

(2) 固定磁芯电感的电流组别

固定磁芯电感的电流组别如表 1.3.1 所列。

表 1.3.1 固定磁芯电感的电流组别

电流组别	A	B	C	D	E
最大工作电流/mA	50	150	300	700	1600

(3) 固定磁芯电感的 Q 值、温度系数

固定磁芯电感的 Q 值、温度系数如表 1.3.2 所列。

表 1.3.2 固定磁芯电感的 Q 值与温度系数

电感量范围/μH	0.10~0.15	0.18~0.82	1.00~5.60	6.80~8.20	10.0~39.0	47.0~82.0	100~330	390~820	1 000~3 300	3 900~8 200	10 000~22 000
Q 值测试频率/MHz	40	24	7.6	5.0	2.4	1.5	0.76	0.4	0.24	0.15	0.08
Q 值	≮60		≮45				≮40				
温度系数 $/(A_1\times10^{-6})$	−600~+800										

(4) 常用磁开路固定磁芯电感

① LG1 型固定磁芯电感有无屏蔽与带屏蔽的两种,封装形式为塑装或树脂封装,是一种卧式安装元件。选用不同规格的圆棒形磁芯,取合适的导线直径与匝数,即可得到不同标称值的电感量。其电感量范围为 0.1~10 000 μH,最大直流工作电流范围为 50~1 600 mA。

② LG2 型固定磁芯电感是一种卧式安装元件,封装形式为塑装或树脂封装。选用不同规格的圆棒形磁芯,取合适的导线直径与匝数,即可得到不同标称值的电感量。其电感量范围为 0.1~22 000 μH,最大直流工作电流范围为 50~1 600 mA。

③ LG4 型固定磁芯电感采用的是工字形磁芯,相对加长了有效磁路长度,提高了电感量。相同电感量的电感元件,在体积上,LG4 型要比 LG1、LG2 型的小。LG4 型电感的外形封装有多种形式,均为立式安装元件,其封装一般为塑装。选用不同规格的工字形磁芯,取合适的导线直径与匝数,即可得到不同标称值的电感量。其电感量范围为 1.0~82 000 μH,最大直流工作电流范围为 50~700 mA。

④ LGA 型固定磁芯电感的外形结构与电阻相似,采用的是圆柱形磁芯。由于体积较小,故它们的电感量相对偏小(0.22~1 000 μH),常用于频率较高的精密电路。LGA 型电感元件均为塑装卧式元件。

(5) 标注方法

LG 型电感标注采用文字符号法、数字法、色标法,其中色标均为统一标准,可参见电阻的色码标注识别。此种色环电感在使用时容易与电阻元件混淆,应使用万用表检测认证。

① LGA 型电感元件的标注方法 1：

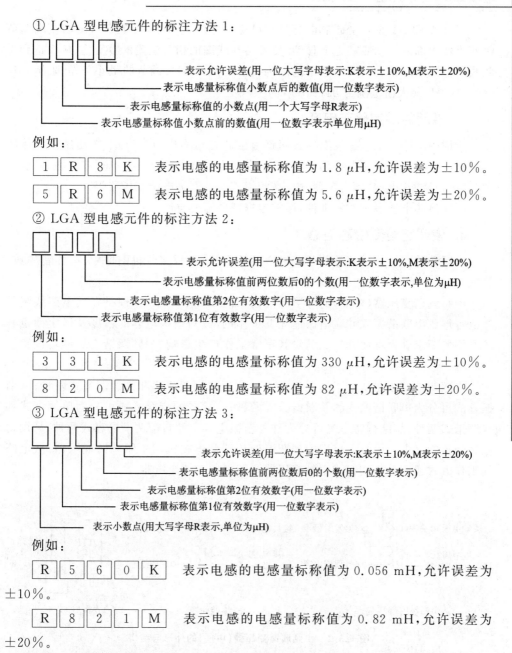

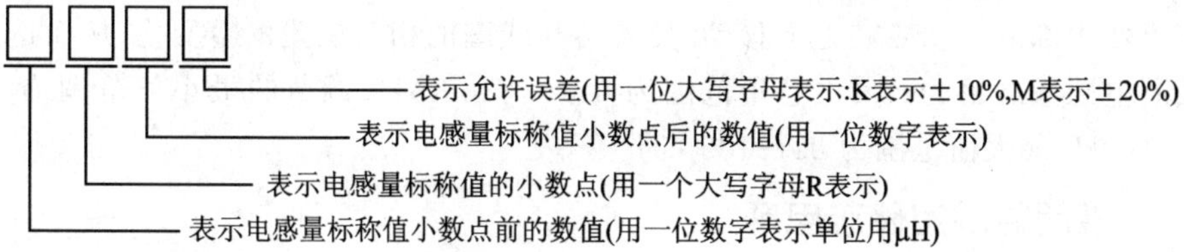

例如：

1 R 8 K　表示电感的电感量标称值为 1.8 μH，允许误差为±10%。

5 R 6 M　表示电感的电感量标称值为 5.6 μH，允许误差为±20%。

② LGA 型电感元件的标注方法 2：

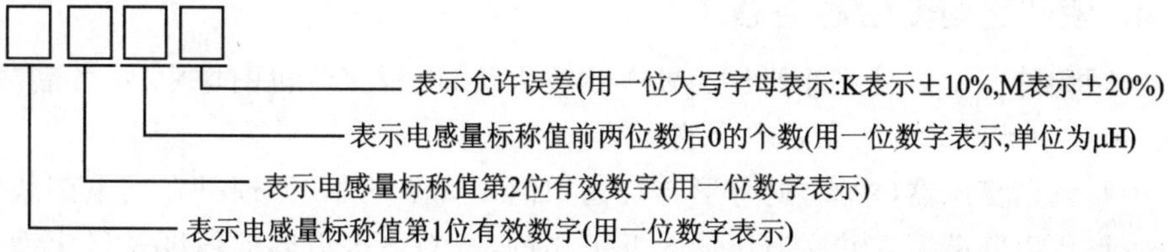

例如：

3 3 1 K　表示电感的电感量标称值为 330 μH，允许误差为±10%。

8 2 0 M　表示电感的电感量标称值为 82 μH，允许误差为±20%。

③ LGA 型电感元件的标注方法 3：

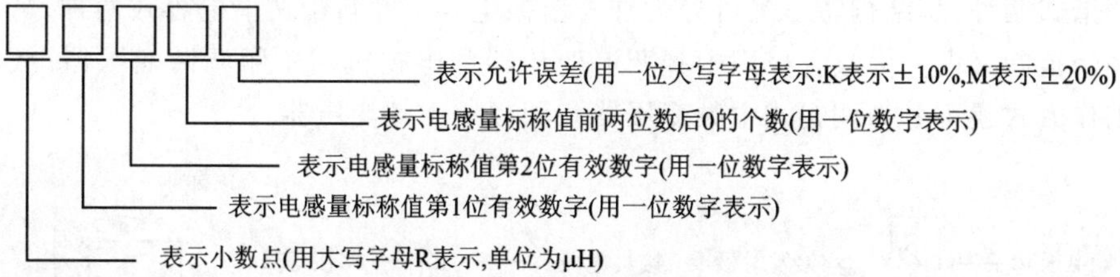

例如：

R 5 6 0 K　表示电感的电感量标称值为 0.056 mH，允许误差为±10%。

R 8 2 1 M　表示电感的电感量标称值为 0.82 mH，允许误差为±20%。

还有一些小型固定磁芯电感，其外形各有特点，但其命名基本与 LG 型相同。因篇幅有限，在此不再赘述。

2. 磁开路可变磁芯电感

可变磁芯电感是一种电感量可调的磁开路电感。可变磁芯电感通常用于高频或中频，广泛地应用在通信机、发射机、接收机及各种雷达等电子设备中。

LK1 型和 LT 型可变磁芯电感具有可旋动左端调节帽(可锁定),旋动左端调节帽即可使内部的联动磁芯上下移动,使磁芯与线圈的相对位置发生变化,从而达到微调线圈电感量之目的。其电感量范围为 0.10～100 μH,调节的最小值范围为 0.10～0.14 μH,最大值范围为 82～135 μH。

3. 磁闭路固定磁芯电感

所谓磁闭路是指电感线圈的磁回路由磁芯磁路构成,在工程上常使用铁氧体闭合磁路电感。闭路磁芯电感的类型较多,常用有磁环电感、磁罐电感、多孔磁芯电感、中/高频扼流圈、中/高频变压器、中/高频扼流圈及开关电源变压器等。

闭路磁芯电感多为非标准件,通常根据特殊需要自制。

4. 磁闭路可变磁芯电感

中频调谐变压器是超外差收音机中频放大级,电视接收机图像中放、伴音中放、鉴频、视放中不可缺少的靠磁耦合选频的电感元件。

中频调谐变压器(中周)的外形与结构如图 1.3.2 所示,原理是在其电感线圈与外电容形成串联谐振或并联谐振情况下工作的,故对谐振电容的精度及稳定性也有较严格的要求。为不使外界磁场对其正常工作产生影响,中频调谐变压器均设置了屏蔽罩。

中频调谐变压器从电感量调节方式可分为磁帽调节式和磁芯调节式两种;从谐振方式可分为串联谐振式和并联谐振式两种;从信号的耦合方式可分为单调谐式和双调谐式两种;从结构特点又可分为外配谐振电容式和自配调谐电容式两种;从用途或频带范围又可分为收音机用中频调谐变压器和电视机用中频调谐变压器;从电路的工作方式还可分为调幅式中频变压器和调频式中频变压器。

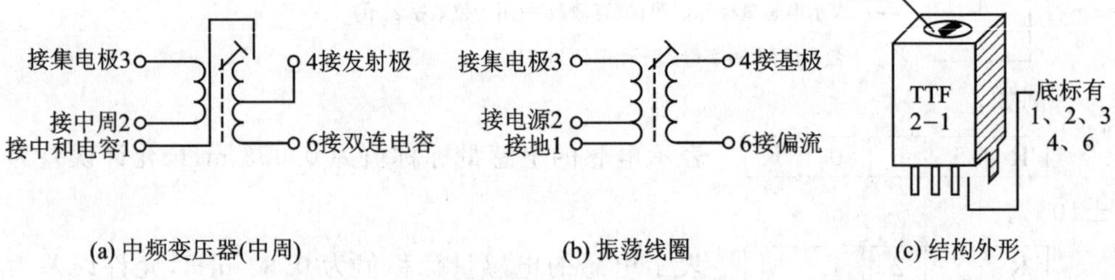

图 1.3.2　中频调谐变压器(中周)的外形与结构

5. LL 电感

所谓 LL 电感是指无引线微型电感,也称为贴片电感。LL 电感的外形、尺寸、内部结构如图 1.3.3 所示,其外形最大尺寸只有 3.2 mm。磁芯采用的是闭合磁芯,由于体积小,绕线空间小,线圈匝数受到限制,故电感量较小,Q 值也比较低。电感量范围为 0.047～33 μH。最大直流工作电流范围为 5～300 mA。

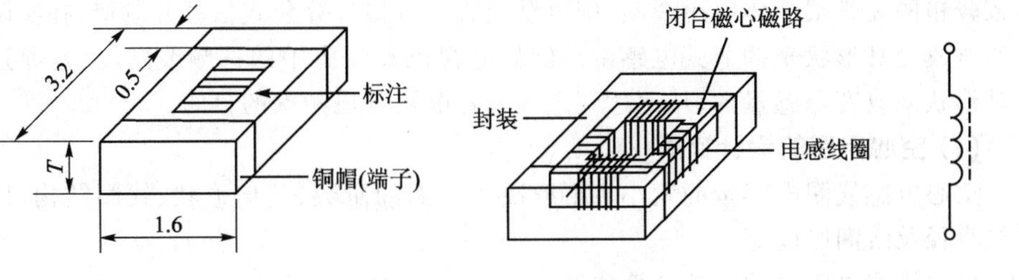

图 1.3.3 LL 电感的外形结构

因 LL 元件体积小,元件采用字母加数字标注法,标注中通常只出现 R、K、M 三个大写字母,R 表示小数点;K 表示允许误差为±10%;M 表示允许误差为±20%,单位为 μH。例如:R10K 表示电感的标称值为 0.10 μH,允许误差为±10%;3R9K 表示电感的标称值为 3.9 μH,允许误差为±10%;068M 表示电感的标称值为 0.068 μH,允许误差为±20%;330K 表示电感的标称值为 33 μH,允许误差为±10%。

6. 微型片状可调电感

外形结构不同的微型片状可调电感如图 1.3.4 所示,有单调节式和双调节式;有的调节带螺纹磁帽,有的调节带螺纹磁芯。元件制造精密,体积很小,外廓尺寸绝大部分为 7~8 mm,性能也很稳定。

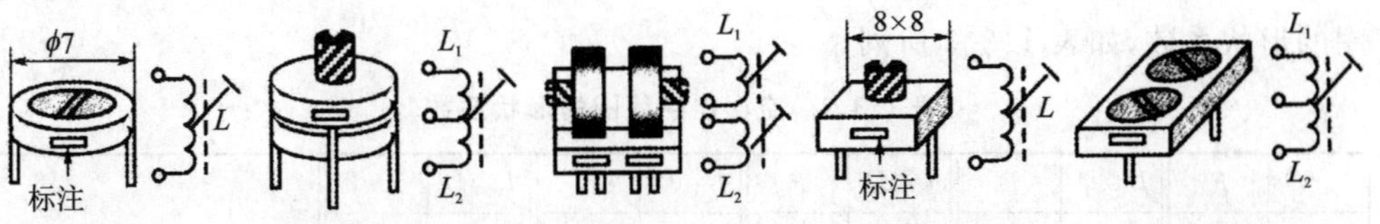

图 1.3.4 微型片状可调电感外形结构示意图

7. 空心电感

所谓空心电感,泛指磁路介质为空气的线圈。空心电感一般分为两种,一种是带骨架的,比如实验室用的线圈、收音机中的振荡线圈等;另一种是无骨架光线圈,比如电视机高频头中的选频线圈、调频收音机中的调谐线圈等。

空心电感既可以是固定电感,也可以是可调电感。空心电感的电感量均比较小,所以一般用于高频电路。因多用于高频,电感量很小,故空心电感基本属非标准件。非标准件可根据电感量要求进行设计计算,并在实验、调试中最后确定其参数。对于线径较粗的无骨架裸体电感线圈,则可靠经验用近似计算公式估算并制造,在实际中再通过改变其形状来调节其电感量。例如电视机高频头中的选频线圈,就是通过改变其形状来改变电感量的,从而达到选频于各电视频道频率的目的。

(1) 空心电感的设计计算

空心电感线圈电感量的大小主要取决于线圈的匝数、几何形状、线圈结构尺寸、导线直径及线圈厚度等。

单层线圈电感量的设计计算如下:

经验计算公式为

$$L = FN^2D \times 10^{-3}$$

式中,L 为单层线圈的电感量(μH);D 为线圈的外径(cm);N 为线圈的匝数;F 为线圈的形状系数,空心电感线圈的形状系数 F 值如表 1.3.3 所列。

近似计算公式为

$$L = \frac{N^2D}{100L_0 + 44D}$$

式中,L 为单层线圈的电感量(μH);D 为线圈的外径(cm);N 为线圈的匝数;L_0 为线圈的轴向长度(cm)。

当 $L_0 \geqslant 0.1$ 时,用此近似计算公式计算单层线圈电感量是相当准确的。

(2) 多层线圈电感量的设计计算

蜂房线圈电感量的设计计算也可参照多层线圈电感量的设计计算。

经验计算公式也为

$$L = FN^2D \times 10^{-3}$$

式中,L 为单层线圈的电感量(μH);D 为线圈的外径(cm);N 为线圈的匝数;F 为线圈的形状系数,如表 1.3.3 所列。

表 1.3.3 空心电感线圈的形状系数

L_0/D	F	L_0/D	F	L_0/D	F	L_0/D	F	L_0/D	F
0.01	34.5	0.15	17.5	0.70	8.56	3.50	2.51	9.00	1.05
0.02	30.2	0.20	15.8	0.75	8.20	4.00	2.22	10.0	0.95
0.03	27.5	0.25	14.4	0.80	7.87	4.50	2.00	12.0	0.80
0.04	25.3	0.30	13.3	0.85	7.59	5.00	1.82	15.0	0.62
0.05	24.4	0.35	12.4	0.90	7.28	5.50	1.66	20.0	0.48
0.06	23.3	0.40	11.6	0.95	7.02	6.00	1.53	25.0	0.39
0.07	22.3	0.45	11.0	1.00	6.80	6.50	1.42	30.0	0.32
0.08	21.8	0.50	10.4	1.20	6.00	7.00	1.33	35.0	0.29
0.09	20.7	0.55	9.85	1.50	5.06	7.50	1.27	40.0	0.24
0.10	20.0	0.60	9.35	2.00	4.04	8.00	1.17	45.0	0.21
0.12	18.9	0.65	8.92	2.50	3.36	8.50	1.11	50.0	0.20

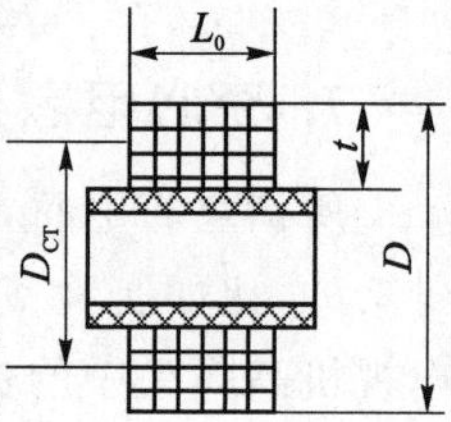

近似计算公式为

$$L=\frac{0.08N^2 {D_{CT}}^2}{9L_0+3D_{CT}+10t}$$

式中,L 为单层线圈的电感量(μH);D_{CT} 为线圈的中径(cm);N 为线圈的匝数;L_0 为线圈的轴向长度(cm);t 为线圈的厚度(cm)。

(3) 电感线圈的绕制方法

电感线圈常用的绕制方法有以下 4 种。

① 乱绕法。常规的乱绕法是指用手工或绕线机不需要排线地将铜线乱绕在绝缘骨架上;还有一种脱模乱绕法,即用手工或绕线机将铜线乱绕或排绕在专用模具上,然后脱模成型的绕线方法。

乱绕式电感线圈的特点是绕制工艺简单;品质因数 Q 值居中;多用于低压,低、中频场合。

② 排绕法。是指用一般绕线机或排线绕线机每一圈都整齐排列地将铜线绕制在绝缘骨架上的绕线方法。多层绕制时,层间必须加垫层绝缘纸或黄蜡绸,以保证层间的绝缘强度。

排绕式电感线圈的特点是:绕制工艺烦琐;品质因数 Q 值低;分布电容大;耐压较高;电感量大;多用于低、中压,低频场合。

③ 间绕法。是指用手工或绕线机每一圈间均留有相同间隔地将铜线整齐绕制在绝缘骨架上的绕线方法。为了提高间绕线圈的稳定性,一般采取三种办法:一种是绕制过程中涂高频胶,使铜线牢牢固定在骨架上;一种是绕制过程中给铜线中注入一定电流使铜线发热而增长,绕制完毕,撤销电流后,铜线冷缩,紧紧地箍在骨架上;最后一种是根据工作频率计算出合适的匝间距(即螺距),在骨架表面加工单头螺纹槽,绕制时将铜线嵌入槽中。

间绕式电感线圈的特点是:绕制工艺简单;品质因数 Q 值较高;分布电容很小;耐压较高;电感量小;适用于甚高频与超高频场合。

④ 蜂房式绕法。即用专用蜂房式绕线机将铜线按蜂房式结构规则地绕制在绝缘骨架上的绕线方法。蜂房式电感线圈的绕制方式与其他方法有所不同。在绕制过程中,其骨架做圆周方向旋转的同时,还做轴向摆动,通常,骨架每旋转一周要轴向摆动 2~3 次。这样一来,导线每绕一圈就要在轴向来回折弯 2~3 次。

蜂房式电感线圈的特点是:绕制工艺较复杂;品质因数 Q 值最高;分布电容最小;体积小,电感量大;常用于高频场合。

电感线圈绕法示意图如图 1.3.5 所示。

(4) 自行绕制电感时的注意事项

① 根据线路需要选定绕制方法。在绕制空心电感线圈时,要依据电路的要求、电感量的大小以及线圈骨架直径的大小确定绕制方法。间绕式线圈适合在高频和超高频电路中使用,在圈数小于 3~5 圈时,可不用骨架就能具有较好的特性,

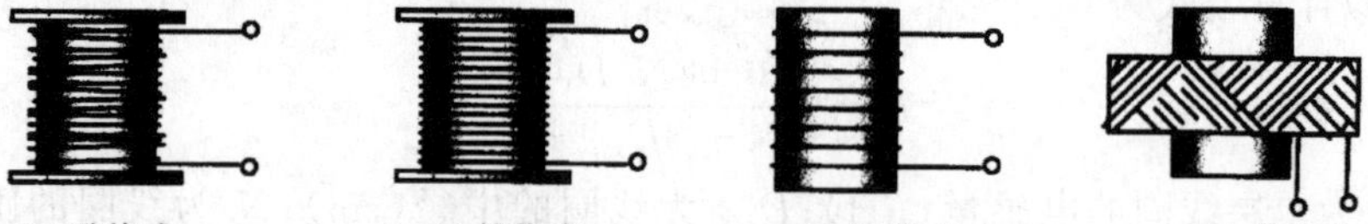

图 1.3.5 电感线圈常用的四种绕制形式示意图

Q 值较高，可达 150～400，稳定性也高。单层密绕式线圈适用于短波、中波回路中，其 Q 值范围为 0～250，并具有较高的稳定性。

② 根据线圈载流量、工作频率和机械强度选用适当的导线。线圈不宜用过细的导线绕制，以免增加线圈电阻，使 Q 降低。同时，导线过细，其载流量和机械强度都较小，容易烧断或碰断线。因此，在确保线圈的载流量和机械强度的前提下，要选用适当的导线绕制。

③ 绕制线圈抽头应有明显标志。带有抽头的线圈应用明显标志，这样有利于安装和维修。

④ 根据线圈的频率特点选用不同材料的铁芯。工作频率不同的线圈，有不同的特点。在音频段工作的电感线圈，通常采用硅钢片或坡莫合金钢为磁芯材料。低频用铁氧体作为磁芯材料，其电感量较大，可高达几亨到几十亨。在几百千赫到几兆赫之间，如中波广播段的线圈，一般采用铁氧体心，并用多股绝缘线绕制。频率高于几兆赫时，线圈采用高频铁氧体作为磁芯，也常用空心线圈。此情况不宜用多股绝缘线，而宜采用单股粗镀银线绕制。在 100 MHz 以上时，一般不能用铁氧体心，只能用空心线圈；如要做微调，则可用铜心。用于高频电路的阻流圈，除了电感量和额定电流应满足电路要求外，还必须注意分布电容不宜过大。

(5) 提高线圈 Q 值的措施

品质因数 Q 是反映线圈质量的重要参数，绕制线圈应把**提高 Q 值、降低损耗**作为考虑的重点。

① 根据工作频率选用线圈的导线。工作于低频段的电感线圈，一般采用漆包线等带绝缘的导线绕制。工作频率高于几十千赫，而低于 2 MHz 的电路中，采用多股绝缘的导线绕制线圈，这样可有效增加导体的表面积，从而可以克服集肤效应的影响，使 Q 值比相同截面积的单根导线绕制的高 30%～50%。在频率高于 2 MHz 的电路中，电感线圈应采用单根粗导线绕制，导线的直径一般为 0.3～1.5 mm。采用间绕的电感线圈，常用镀银铜线绕制，以增加导线表面的导电性。这时不宜选用多股导线绕制，因为多股绝缘线在频率很高时，线圈绝缘介质将引起额外的损耗，其效果不如单根的导线好。

② 选用优质的线圈骨架，减少介质损耗。在频率较高的场合，如短波波段，由于普通的线圈骨架的介质损耗显著增加，因此，应选用高频介质材料，如高频瓷、聚四氟乙烯、聚苯乙烯等作为骨架，并采用间绕法绕制。

③ 选择合理的线圈尺寸可减少损耗。外径一定的单层线圈(直径范围为 20～30 mm),当绕组长度 L 与外径 D 的比值 $L/D=0.7$ 时,其损耗最小;外径一定的多层线圈 $L/D=0.2\sim0.5$,当绕组厚度 t 与外径 D 的比值 $t/D=0.25\sim0.1$ 时,其损耗最小。绕组厚度 t 和绕组长度 L 与外径 D 之间满足 $3t+2L=D$ 的情况下,损耗也最小。采用屏蔽罩的线圈,其 $L/D=0.8\sim1.2$ 时最佳。

④ 选用合理的屏蔽罩直径。用屏蔽罩会增加线圈的损耗,使 Q 值降低,因此屏蔽罩的尺寸不宜过小。然而屏蔽罩的尺寸过大,会增大体积,因而要选用合理的屏蔽罩直径尺寸。当屏蔽罩的直径 D_S 与线圈直径 D 之比满足 $D_S/D=1.6\sim2.5$ 时,Q 值降低不大于 10%。

⑤ 采用磁芯可使线圈圈数显著减少。线圈中采用磁芯,减少了线圈的圈数,不仅减少了线圈的电阻,还有利于 Q 值的提高,而且缩小了线圈的体积。

⑥ 线圈直径适当选大些,利于减小损耗。在可能的情况下,线圈直径选得大一些,有利于减小线圈的损耗。对于一般接收机,单层线圈直径取 12～30 mm,多层线圈取 6～13 mm,但从体积考虑,不宜超过 20～25 mm 的范围。

⑦ 减小绕制线圈的分布电容。尽量采用无骨架方式绕制线圈,或者绕制在凸筋式骨架上的线圈,能使分布电容减小 15%～20%;分段绕法能使多层线圈分布电容减小 1/3～1/2。对于多层线圈来说,直径 D 越小,绕组长度 L 越小或绕组厚度 t 越大,分布电容越小。经过浸渍和封涂后的线圈,其分布电容将增大 20%～30%。

1.3.3　电感线圈应用时应注意的问题

1. 电感线圈的一般检测

在选择和使用电感线圈时,首先要对线圈进行检测,判断其质量的好坏和优劣。要准确测量电感线圈的电感量和品质因数 Q,一般需要用专门仪器,测试方法较为复杂。在实际工作中,一般仅检测线圈的通断和 Q 值的大小。可先用万用表测量线圈的直流电阻,再与原确定的阻值或标称阻值相比较,若所测阻值比原确定阻值或标称阻值增大许多,甚至阻值无穷大,则可判断线圈断线;若所测阻值极小,则可判定是短路(局部短路很难比较出来)。有这两种情况出现,可以判定此线圈是坏的,不能用。如果检测电阻与原确定阻值或标称电阻相差不大,则可判定此线圈是好的。

对电源滤波器中使用的低频阻流线圈,其 Q 值大小并不太重要,电感量大小对滤波效果影响较大。低频阻流线圈在使用中多通过较大电流,为防止磁饱和,其铁芯要顺插,使其具有较大的间隙。为防止线圈与铁芯发生击穿现象,二者之间的绝缘应符合要求。因此,在使用前还应检测线圈与铁芯之间的绝缘电阻。

对于高频线圈,电感量测试起来更为麻烦,一般都根据线路中的使用效果做适当调整,以确定其电感量是否合适。

对于多个绕组的线圈,还要用万用表检测各绕组之间是否短路;对于具有铁芯和金属屏蔽罩的线圈,要检测其绕组与铁芯或金属屏蔽罩之间是否短路。

2. 线圈安装要注意的问题

线圈的安装时,应注意以下几个问题:

① 线圈的安装位置应符合设计要求。线圈的安装位置与其他元器件的相对位置要符合设计的规定,否则将会影响整机的正常工作。例如,半导体收音机中的高频线圈与磁性天线的位置要适当合理安排;天线线圈与振荡线圈应相互垂直,这就避免了相互耦合的影响。

② 在安装前要对线圈进行外观检查。应检查线圈的结构是否牢固,线匝是否有松动和松脱现象,引线接地有无松动,磁芯旋转是否灵活,有无滑扣等。

③ 在调试过程中需要对线圈微调的,应考虑微调方法。例如,单层线圈可采用移开靠端点的数个线圈的方法,即预先在线圈的一端绕上3～4圈,在微调时,移动其位置就可以改变电感量。这种调节方法可以实现微调±(2%～3%)的电感量。在短波和超短波回路中的线圈,常留出半圈做微调,移开或折转这半圈使电感量发生变化,实现微调。而对于多层分段线圈的微调,可以移动一个分段的相对距离来实现,可移动分段的圈数应为总圈数的20%～30%,这种微调的范围可达10%～15%。具有磁芯的线圈,可以通过调节磁芯在线圈管中的位置实现线圈电感量的微调。

④ 安装线圈应注意保持原线圈的电量感。在使用中不要随便改变线圈的形状、大小和线圈间的距离,否则会影响线圈原来的电感量,尤其是频率越高,即圈数越少的线圈。因此,目前射频电路中采用的高频线圈,一般用高频蜡或其他介质材料进行密封固定。另外应注意,在维修中不要随便改变或调整原线圈的位置,以免导致失谐故障。

⑤ 可调线圈的安装应便于调整。可调线圈应安装在机器易于调节的位置,以便于调整线圈的电感量达到最佳的工作状态。

3. 电感线圈的稳定性

湿度和温度是影响线圈稳定性的主要因素。

(1) 湿度的影响与预防措施

如果环境湿度过高,则由于大气的压力会使水分充满电感线圈。尽管有的线圈做过浸漆处理或简单密封处理,还是会不同程度地造成电感线圈的绝缘强度降低,分布电容增大,品质因数降低,漏电损耗增加。其预防措施如下:

① 小型电感采用密封塑装,与环境隔绝;

② 高压工作下的电感线圈应在制造后做正规的浸漆老化处理;

③ 用电磁线绕制的耦合线圈与蜂房式线圈在制造过程中应及时喷涂绝缘防水胶。

(2) 温度的影响与改善措施

当环境温度或电感线圈在通电运行过程中自身温度升高时,一则会引起磁路磁阻的变化,二则会使整个电感线圈因铜线的受热膨胀而使体积增大或发生几何变形,破坏线圈的基本稳定性,从而引起线圈电感量变化,分布电容增大,品质因数降低。其改善措施如下:

① 匝数少的电感线圈可通入电流使铜线预热绕制,匝数多的电感线圈可预先将线材置于高温环境中一段时间再进行绕制;

② 在绕线空间允许的情况下,尽可能地增大铜线的直径,以减少通电运行中电感线圈自身的温升;

③ 增加通风散热措施,有效地减小电感线圈的温升。

1.4 变压器

1.4.1 变压器的种类与特性

变压器可以用来完成升压、降压、阻抗变换及耦合等功能。变压器种类很多,常见的有电源变压器、输入和输出变压器、中频变压器等。

由于工作频率及用途的不同,不同类型变压器的主要参数也不同。例如,电源变压器的主要参数有额定功率、额定电压、电压比、额定频率、工作温度、电压调整率和绝缘性能等;一般低频变压器的主要参数有电压比、频率特性、非线性失真、效率和屏蔽性能等。

(1) 变压比

设 N_1 和 N_2 分别为变压器的初、次级线圈的圈数。初级线圈两端接入交流电压 u_1,使铁芯内产生交变磁场,这个交变磁场耦合到次级线圈并产生感应电动势 u_2,u_2 的大小是由初、次级的线圈比来决定的。若 $N_1>N_2$,则次级的感应电压 u_2 小于初级线圈的电压 u_1,这种变压器叫做降压变压器;若 $N_1<N_2$,则次级的感应电压 u_2 大于初级线圈的电压 u_1,这种变压器叫做升压变压器。如果忽略磁芯、线圈等的损耗,初、次级线圈的电压和圈数之比的关系为 $N_1/N_2=u_1/u_2=n$,n 叫做变压器的变压比,也叫圈数比。

(2) 电流与电压的关系

如果不考虑电能在变压器中的损耗,次级线圈的输出功率 P_2 应等于初级线圈的输入功率 P_1。又 $P_1=u_1I_1$,$P_2=u_2I_2$,I_1、I_2 分别为变压器初、次级电流,则有 $u_1/u_2=I_2/I_1=n$。由此可见,变压器初、次级电压之比等于次级电流 I_2 与初级电流 I_1 之比。

(3) 阻抗变换

当变压器的次级负载阻抗 Z_2 发生变化时,初级阻抗 Z_1 会立即受次级的反射而变化,这种变化关系叫做反射阻抗。变压比 n 不同时,其次级阻抗反射到初级的阻抗 Z_1 也各不相同。在忽略损耗的前提下,变压器的初、次级阻抗比等于圈数比的平方，即 $Z_1/Z_2=n^2$。

(4) 效 率

变压器的次级接上负载后，在次级回路输出功率。当考虑变压器本身的损耗时，变压器的输入功率为

$$\text{输入功率}(P_{in})=\text{输出功率}(P_{out})+\text{损耗功率}(P_c)$$

通常取输出功率与输入功率之比的百分数来表示变压器的效率，即

$$\eta=\frac{P_{out}}{P_{out}+P_c}\times 100\%$$

变压器的损耗主要是由线圈内阻引起的铜损耗和由铁芯所引起的铁损耗所造成的。

(5) 频率特性

由于变压器初级电感和漏感的影响，对不同频率分量的信号传输能力并不一样，使传输信号产生失真。例如，频率响应是音频变压器的一项重要指标，要求音频变压器对不同频率的音频信号都能按一定的电压比做不失真的传输。由于变压器初级电感、漏感及分布电容量的影响，实际上并不能实现这一点。初级电感越小，低频信号电压失真越大；漏感和分布电容量越大，对高频信号电压的失真越大。在实际应用中，对不同用途的音频变压器，其频率响应要求不同，可以采取适当增加初级电感量，展宽低频特性，减少漏感，展宽高频特性等方法，使音频变压器的频率响应达到指标要求。

(6) 额定电压和电压比

额定电压是指变压器工作时，初级线圈上允许施加的电压值。电压比是指电源变压器初级电压与次级电压的比值。

(7) 额定功率和额定频率

电源变压器的额定功率是指在规定的频率和电压下，变压器可长期工作而不超过限定温升时的输出功率。由于变压器的负载通常不是纯电阻性的，所以常用伏安值来表示变压器的容量。变压器铁芯的磁通密度与频率紧密相关，电源变压器在设计时必须确定其使用频率(额定频率)。

(8) 电压调整率

电压调整率是表示电源变压器负载电压与空载电压差别的参数，用百分数表示为

$$\text{电压调整率}=\frac{\text{空载电压}-\text{负载电压}}{\text{空载电压}}\times 100\%$$

电压调整率数值越小，表明变压器线圈电阻越小，电压稳定性能越好。

(9) 绝缘电阻

为确保变压器安全使用，要求变压器各线圈间、线圈与铁芯间应具有良好的绝缘性能，能够在一定时间内承受比工作电压更高的电压而不被击穿，要求变压器具有较

大的抗电强度。变压器的绝缘电阻主要包括各绕组之间的绝缘电阻,绕组与铁芯之间的绝缘电阻,各绕组与屏蔽层的绝缘电阻。

变压器的绝缘电阻越大,性能越稳定。如果变压器受潮湿或过热工作,那么绝缘电阻都将大大降低,所以应保持其工作环境散热通风。

(10) 空载电流

电源变压器次级开路时,初级仍有一定电流,此电流称为空载电流。空载电流中,供铁芯建立磁通的部分称为磁化电流;另一部分由铁芯引起,称为铁损电流。电源变压器空载电流大小基本上等于磁化电流。

电源变压器的技术参数还包括升温和温度等级、过荷能力、杂散磁场干扰的大小等。

1.4.2 变压器的选用

变压器的种类和型号很多,在选用变压器时要注意:

① 要根据不同的使用目的选用不同类型的变压器。

② 要根据电子设备的具体电路要求选好变压器的性能参数。

③ 要对其重要参数进行检测和对变压器质量好坏进行判别。

1. 电源变压器的选用

(1) 检查变压器的绝缘电阻和输出电压

首先用摇表检测变压器的绝缘电阻。电源变压器的绝缘电阻的大小与变压器的功率和工作电压有关,功率越大,工作电压越高,对其绝缘电阻的要求也高。对于工作电压很高的电源变压器,其绝缘电阻应大于1 000 MΩ,在一般情况下,绝缘电阻应不低于450 MΩ。如果电源变压器的绝缘电阻明显降低,与要求值相差较大,则不能选用。

然后,检测电源变压器输出电压是否正常。将电源变压器初级线圈加上220 V交流电,用万用表交流电压挡测其输出电压值,同时听交流声是否大,断电后摸一下铁芯外部,看温度是否正常。如果测量输出电压正常,交流声不大,温度没上升,说明变压器正常。如果无输出电压,则说明变压器线圈有开路;如果输出电压偏大或偏小或温度上升,其变压器线圈圈数比不对或有短路现象,则不能选用。

(2) 电源变压器应加静电屏蔽层

电源变压器初级线圈直接与交流220 V市电相接,交流市电中各种高频信号和其他干扰信号可能通过电源变压器进入电子设备内部,干扰电子电路正常工作。静电屏蔽是在初级、次级线圈之间用铝箔、铜箔或漆包线缠绕一层,并将其中一端接地来实现屏蔽,使由市电进入变压器初级线圈的干扰信号通过静电屏蔽直接入地。

(3) 变压器各线圈接线端

电源变压器多数是将其输出电压值、负载阻抗直接标在次级线圈旁边,使用时正确连好各线圈接线端即可。如果各接线端标志不清楚或脱落时,应通电测量各接线端的电压和阻抗后,做好标注。

(4) 变压器的安装

变压器的安装必须坚固,不能有松动,以防止在搬运过程中因振动而脱落。

2. 输出、输入变压器的选用

输出变压器主要用于音响设备等功率放大级的末级和负载之间,用以使功放末级和扬声器之间得到最佳阻抗匹配。输入变压器主要用于收音机、录音机和音响设备等的低放和功放之间,可使级与级之间的阻抗匹配和相位变换。

(1) 选用绝缘性能好的变压器

对晶体管收音机用的输入、输出变压器,可用150 V摇表测量其绝缘电阻,应大于100 MΩ;对功率较大、工作电压较高的音响设备用的输出、输入变压器,其绝缘电阻应大于500 MΩ。

(2) 判断输入、输出变压器的初、次级

一般来说,输入变压器两组线圈的直流电阻较大,初级多为几百欧,次级多为100~200 Ω;而输出变压器初级为几十到上百欧,次级为零点几欧到几欧。一般来讲,直流电阻大的是初级,直流电阻小的是次级。对于推挽输入、输出变压器,根据抽头的个数可以方便区分其初、次级。

3. 中频变压器的选用

中频变压器不仅能变换电压、电流及阻抗,而且还谐振于某一固定频率,可以选择出某一频率的信号。

(1) 选用中频变压器时,要注意配套选用

例如,收音机的单调谐中频变压器一套三只,每只的特性不一样,如果换用中频变压器,最好配用原来用的型号和序号。为了区别级数和序号,通常中频变压器的磁芯顶部均涂有颜色,以表示属于哪一级。例如,TTF-1-1型(白色)、TTF-1-2型(红色)、TTF-1-3型(绿色)分别表示第一级、第二级和第三级,选用时不能随便调换。

(2) 在选择和使用中频变压器前,可对其各线圈进行检测

因中频变压器的圈数比较少,很少发生匝与匝之间的短路现象,因此,可用一般万用表测量各线圈的通断、有无断路即可。为了更可靠些,还可以测一下各线圈与外壳之间是否碰线。

(3) 常用电子设备正确选用中频变压器的型号

调幅收音机用的中频变压器可选用TTF-1-1型、TTF-1-2型、TTF-1-3型、TTF-2型、BZX-19型、BZX-20型、TF7-01型、TF7-02型等型号。

调频收音机用的中频变压器可选用TP-10型、TP-12型、TP-14型、TP-15型、TP-04型、TP-06型、TP-08型、TP-09型等型号。

黑白电视机中用的中频变压器有 LS0410 系列、LS0012 型、LS0015 型、SZH 系列、10LV335 系列等型号。目前,黑白电视机的中频变压器大部分已被滤波器等其他元器件代替。

彩色电视机中用的中频变压器,按结构和磁芯调节方式的不同也分为多种。用于图像载波和同频检波的中频变压器可选用 M1501 型、10KRC3709 型、IV10TH01 型、IV10TC02 型等型号。用于伴音鉴频电路的中频变压器可选用 M1501 型、10KRC3706 型、10KR3742 型、10KRC3707 型、1KR3744 型等型号。10K 和 10A 型中频变压器适用于彩色电视机的鉴频、带通、载波放大电路。10K 型中频变压器有 10LV336 型、10LV338 型、10TV315 型、10TS325 型、10TS326 型等。在这些型号中,TS 表示伴音电路部分用中频变压器,彩色电视机的伴音电路可选用 10TS325 型、10TS324 型等中频变压器;LV 表示吸收部分用中频变压器,如 10LV3310 型、10LV3351 型等型号;TV 表示通道部分用中频变压器,在 10A 型中频变压器有 10TV216 型、10TV218 型等型号。

1.5　二极管

1.5.1　二极管的种类与特性

二极管是内部具有一个 PN 结,外部具有两个电极的半导体器件,P 型区的引出线称为正极或阳极,N 型区的引出线称为负极或阴极。单向导电性是二极管的重要特性,即正向导通,反向截止。二极管的种类如图 1.5.1 所示。

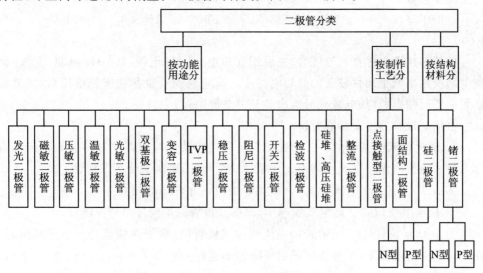

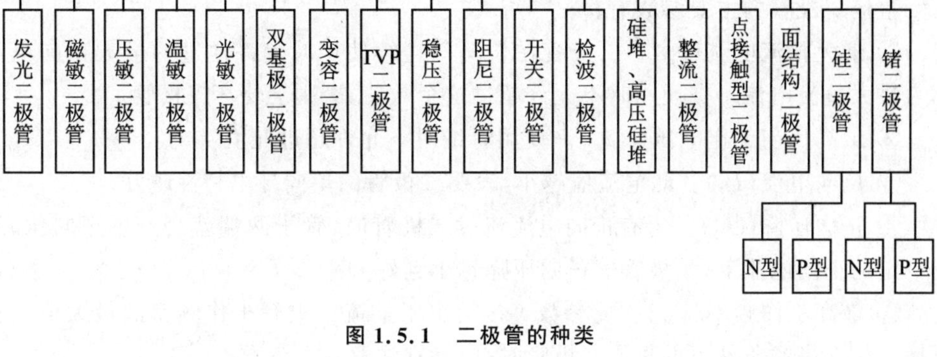

图 1.5.1　二极管的种类

二极管的封装形式有多种形式，其中表面贴装二极管分为圆柱形和片状两种。圆柱形二极管的外形尺寸有 ϕ1.5 mm×3 mm 和 ϕ2.7 mm×5.2 mm 两种，通常用于稳压、开关和一些通用二极管，其功耗为 0.5～1 W，靠色带近的为负极，外形及尺寸如图 1.5.2 所示。片状二极管的尺寸一般为 3.8 mm×1.5 mm×1.1 mm，一般通过二极管的电流为 150 mA，耐压 50 V。

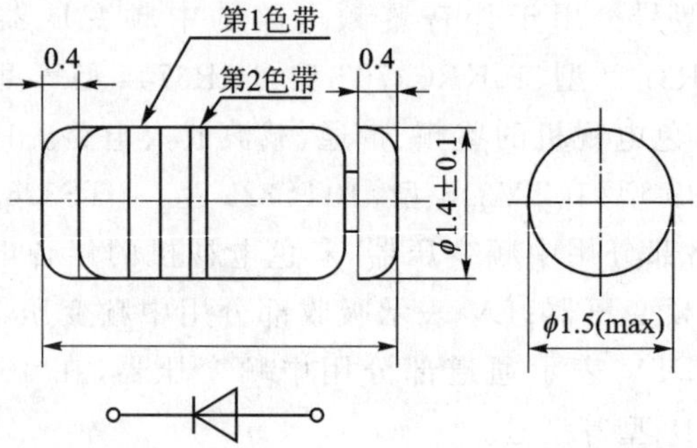

图 1.5.2 圆柱形无引脚二极管外形尺寸

1.5.2 二极管的选用

1. 整流二极管

整流二极管是一种面接触型的二极管，工作频率低，允许通过的正向电流大，反向击穿电压高，允许的工作温度高。整流二极管的作用是将交流电变成直流电。国产的整流二极管的型号有 2DZ 系列等。常用的整流二极管有 1N4001～1N4007(1 A，50～1 000 V)、1N5391～1N5399(1.5 A，50～1 000 V)、1N5400～1N5408(3 A，50～1 000 V)。

低频整流管也称普通整流管，主要用在市电 50 Hz 电源、100 Hz 电源(全波)整流电路及频率低于几百赫兹的低频电路中。高频整流管也称快恢复整流管，主要用在频率较高的电路(如电视机行输出和开关电源电路)中。

整流二极管的主要参数有：

① 最大整流电流(I_F)。二极管在长时间连续使用时允许通过的最大正向电流称为最大整流电流。在使用时不允许超过这个数值，否则会烧坏二极管。

② 最高反向工作电压(U_{RM})。使用时绝对不允许超过此值。

③ 反向电流(I_R)。此电流值越小，表明二极管的单向导电特性越好。

④ 正向压降(U_R)。当有正向电流流过二极管时，管子两端就会产生正向压降。在一定的正向电流下，二极管的正向压降越小越好。

⑤ 最高工作频率(f_m)。此参数直接给出了整流二极管工作频率的最大值。在更换工作在高频条件下的整流二极管时，应特别注意这个参数。

2. 整流桥组件

(1) 内部结构

整流桥全桥组件是一种把4只整流二极管按全波桥式整流电路连接方式封装在一起的整流组合件，内部电路和电路符号如图1.5.3所示。

全桥组件的主要参数有两项：额定正向整流电流 I_O 和反向峰值电压 U_{RM}。常见的全桥正向电流为0.05～100 A，反向峰压为25～1 000 V。

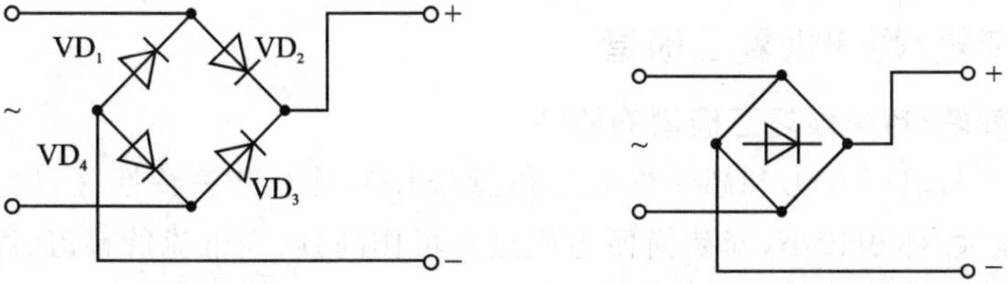

(a) 内部电路　　　　(b) 电路符号

图1.5.3　全桥组件的内部电路和电路符号

(2) 主要参数的标注方法

全桥组件的主要参数的标注方法有：

① 直接用数字标注。例如：QL1A/100或QL1A100表示正向电流为1 A，反向峰值电压为100 V。

② 用数字表示 I_O 值，用字母表示 U_{RM}。U_{RM} 不直接用数字表示，而用英文字母A～M代替，如表1.5.1所列。

表1.5.1　A～M的字母表示法

字　母	A	B	C	D	E	F	G	H	J	K	L	M
电压/V	25	50	100	200	300	400	500	600	700	800	900	1 000

例如：QL2AF表示一个电流为2 A，峰压为400 V的全桥组件。

③ 不少型号的全桥组件只标出电压的代表字母，而不表明具体的电流值，这些全桥需要去查产品手册。

此外，市场上还有大量进口的全桥组件。其中有些可从它们的型号上直接读出A～M和 I_O 数值。例如，RB156为1.5 A，600 V全桥。对于型号较为复杂的全桥组件，选用时应查阅相关的产品手册。

(3) 全桥组件的引脚排列规律

全桥组件的引脚排列规律如下：

① 长方体全桥组件输入、输出端直接标注在器件表面上，“～”为交流输入端，“＋”、“－”为直流输出端。

② 圆柱体全桥组件的表面若只标“+”,那么在“+”的对面是“-”极端,余下两脚便是交流输入端。

③ 扁形全桥组件除直接标正、负极与交流接线符号外,通常以靠近缺角端的引脚为正极(部分国产为负极),中间为交流输入端。

④ 大功率方形全桥组件由于工作电流大,使用时要另外加散热器。散热器可由中间圆孔加以固定。此类产品一般不印型号和极性,可在侧面寻找正极标记。正极的对角线上的引脚端是负极端,余下两引脚接交流端。

3. 快恢复/超快恢复二极管

(1) 快恢复/超快恢复二极管的特性

快恢复二极管(FRD)和超快恢复二极管(SRD)具有开关特性好,反向恢复时间短,正向电流大,体积较小,安装简便等优点。可作高频、大电流的整流、续流二极管,在开关电源、脉宽调制器(PWM)、不间断电源(UPS)、高频加热、交流电机变频调速等电路中应用。

反向恢复时间 t_{rr} 是快恢复/超快恢复二极管的一个重要参数,其定义是电流流过零点由正向转换成反向,再由反向转换到规定值 I_{rr} 时的时间间隔。它是衡量高频续流、整流器件性能的重要技术参数。快恢复二极管的反向恢复时间 t_{rr} 一般为几百纳秒,正向压降约 0.6 V,正向电流达几安至几千安,反向峰值电压为几百伏到几千伏。超快恢复二极管反向恢复时间更短,可低至几十纳秒。

(2) 快恢复/超快恢复二极管的外形及符号

20~30 A 以下的快恢复/超快恢复二极管大多采用 TO-220 封装。30 A 以上的管子一般采用 TO-3P 金属壳封装。更大容量的管子(几百安至几千安)的管子则采用螺栓形或平板形封装。从内部结构看,可分成单管、对管(亦称双管)两种。在对管内部包含两只快恢复二极管,根据两管接法的不同,又分为共阴对管和共阳对管。图 1.5.4(a)是 C20-04 型快恢复二极管(单管)的外形及符号,图 1.5.4(b)、(c)、(d)分别是 C92-02(共阴对管)、MUR1680A(共阳对管)、MUR3040PT(共阴对管,管顶带小散热板)超快恢复二极管外形与符号。它们均采用 TO-220 塑料封装。常见快恢复/超快恢复二极管有 ES1A(400 V/0.75 A/1.5 μs)、EU1(400 V/0.35 A/0.4 μs)、RC2(600 V/1.5 A/0.3 μs)、S5295G(400 V/0.5 A/0.4 μs)等。

(3) 快恢复/超快恢复二极管使用时应注意的事项

① 有些单管有 3 个引脚,中间的为空脚,一般在出厂时剪掉,但也有的没有剪掉。

② 若在对管中有一只管子损坏,则可作单管使用。

③ 在开关电源电路中(如彩色电视机和多频显示器开关电源的输出电路和行输出电路),整流二极管和行输出阻尼二极管大都在 15.6 kHz 或 31.5 kHz 以上的高频电路中工作,因此必须使用快恢复/超快恢复二极管。

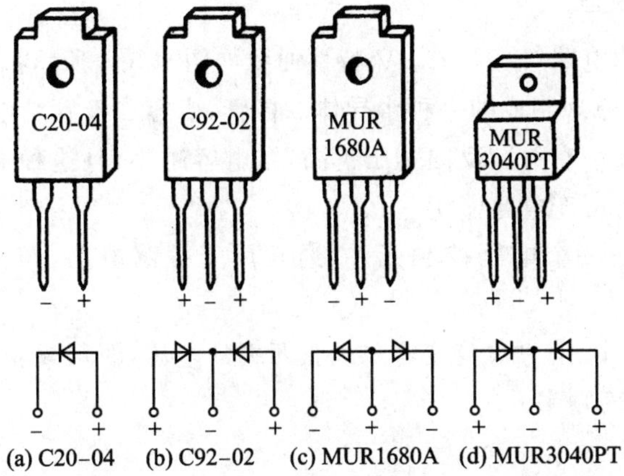

图 1.5.4　快恢复二极管的外形及符号

4. 硅高速开关二极管

硅高速开关二极管具有良好的高频开关特性，其反向恢复时间仅为几纳秒。典型的硅高速开关二极管产品有 1N4148 和 1N4448(100 V/0.2 A/4 ns)。1N4148 和 1N4448 可代替国产 2CK43、2CK44、2CK70～2CK73、2CK77、2CK83 等型号的开关二极管。但使用时必须注意：因为 1N4148、1N4448 型硅高速开关二极管的平均电流只有 150 mA，所以仅适于在高频小电流的工作条件下使用，不能在开关稳压电源等高频大电流电路使用。

5. 肖特基二极管

肖特基二极管属于低功耗、大电流、超高速半导体器件，其反向恢复时间可小到几纳秒，正向导通压降仅 0.4 V 左右，而整流电流可达到几千安。

肖特基二极管在构造原理上与 PN 结二极管有很大区别。其缺点是反向耐压较低，一般不超过 100 V，适宜在低电压、大电流的条件下工作，例如，在计算机主机开关电源的输出整流两极就采用了肖特基二极管。

6. 稳压二极管

稳压二极管又称齐纳二极管，是一种工作在反向击穿状态的特殊二极管，用于稳压(或限压)。稳压二极管工作在反向击穿区，不管电流如何变化，稳压二极管两端的电压基本维持不变。稳压二极管的外形与整流二极管相同，电路符号如图 1.5.5 所示。

常见稳压二极管有 1N4729～1N4753，最大功耗为 1 W，稳定电压范围为 3.6～36 V，最大工作电流为 26～252 mA。

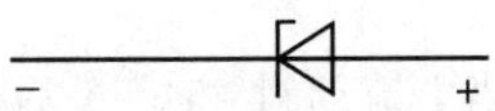

图 1.5.5　稳压二极管的电路符号

7. 变容二极管

变容二极管的电路符号和 $C-V$ 特性曲线如图 1.5.6 所示。变容二极管是利用PN 结结电容可变原理制成的一种半导体二极管,变容二极管结电容的大小与其 PN 结上的反向偏压大小有关。反向偏压越高,结电容越小,且这种关系是呈非线性的。变容二极管可作为可变电容使用。

变容二极管是一个电压控制元件,通常用于振荡电路,与其他元件一起构成VCO(压控振荡器)。

在 VCO 电路中,通过改变变容二极管两端的电压,便可改变变容二极管电容的大小,从而改变振荡频率。

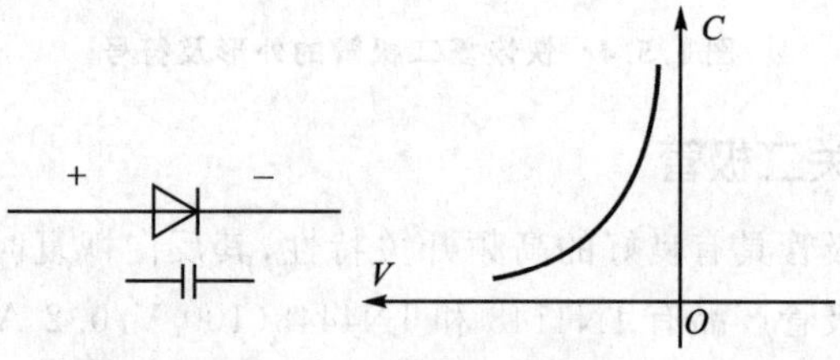

(a) 电路符号　　(b) $C-V$特性曲线

图 1.5.6　变容二极管的电路符号和 $C-V$ 特性曲线

8. 发光二极管

发光二极管有多种,较常用的有单色发光二极管、变色发光二极管、闪烁发光二极管、电压型发光二极管、红外发光二极管和激光二极管等。

(1) 单色发光二极管

单色发光二极管(LED)是一种将电能转化为光能的半导体器件,其电路符号如图 1.5.7 所示。

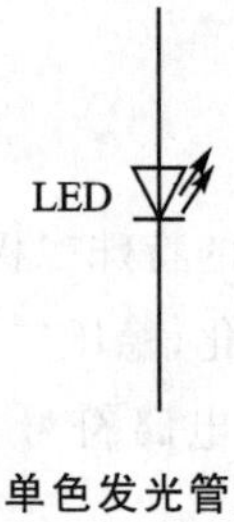

图 1.5.7　单色发光管的电路符号

单色发光二极管的内部结构也是一个 PN 结,其伏安特性与普通二极管相似,死区电压比普通二极管要大,约为 2 V。除具有普通二极管的单向导电性外,还具有发光能力。根据半导体材料不同,可发出不同颜色的光来。比如:磷化稼 LED 发绿色光和黄色光,砷化稼 LED 发红色光等。

一般情况下,LED 的正向电流为 10～20 mA,当电流在 3～10 mA 时,其亮度与电流基本成正比,但当电流超过 25 mA 后,随电流的增加,亮度几乎不再加强。超过 30 mA 后,就有可能把发光管烧坏。

(2) 变色发光二极管

能发出不同颜色光的发光二极管称为变色发光二极管,典型的产品有:红-绿-橙、红-黄-橘红、黄-纯绿-浅绿等。红-绿-橙变色发光二极管的外形及符号如图 1.5.8 所示。

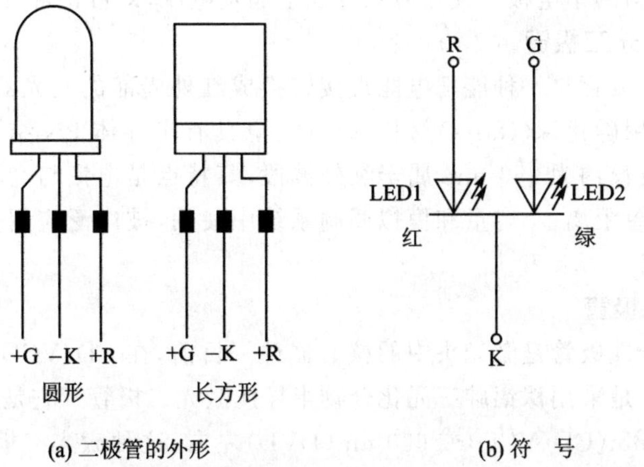

图 1.5.8 变色发光二极管的及符号

(3) 闪烁发光二极管

闪烁发光二极管(BTS)是一种特殊的二极管,主要用作故障过程的控制报警及显示器件。闪烁发光二极管由一块 IC 电路和一只发光二极管相连,然后用环氧树脂全包封而成,电源电压一般为 3～5 V(有的也为 3～4.5 V)。闪烁发光二极管的内部结构、外形和电路符号如图 1.5.9 所示。

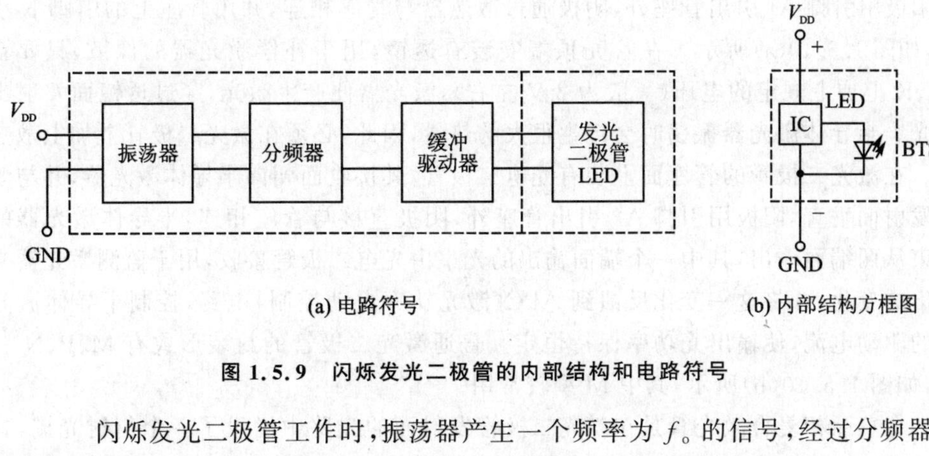

图 1.5.9 闪烁发光二极管的内部结构和电路符号

闪烁发光二极管工作时,振荡器产生一个频率为 f_o 的信号,经过分频器分频后,获得一个频率为 1.3～5.2 Hz 的信号,再由缓冲驱动器进行电流放大,输出一个足够大的驱动电流,使得发光二极管发光。闪烁发光二极管使用时无需外接任何元件,只要在两只引出脚上加一定电压,即可自行产生闪烁光,其闪烁频率为 1.3～

5.2 Hz。使用时要分清闪烁发光二极管的正、负极性，不能接反。

(4) 电压型发光二极管

一般的发光二极管属于电流型控制器件，使用时必须加限流电阻才能正常发光。在电压发光二极管的管壳内除发光二极管之外，还要集成了一个与发光二极管串联的限流电阻，引出两个电极。使用时只要加上额定电压，即可正常发光。

(5) 红外发光二极管

红外发光二极管是一种能把电能直接转换成红外光能的发光器件，也称为红外发射二极管，采用砷化稼(GaAs)材料制成的，也具有半导体 PN 结结构。红外发光二极管的峰值波长约为 950 nm，属于红外波段，其特点是电流与光输出特性的线性较好，适合于在短距离、小容量和模拟调制系统中使用，被广泛应用于红外线遥控系统中的发射电路。

(6) 激光二极管

半导体激光二极管是激光头中的核心器件。目前，在 CD、VCD、DVD 中使用的激光二极管大多是采用稼铝砷三元化合物半导体激光二极管。它是一种近红外激光管，波长在 780 nm(CD/VCD)或 650 nm(DVD)左右，这种激光二极管具有体积小、重量轻、功耗低、驱动电路简单、调制方便、耐机械冲击、抗振动等优点。但对过电压、过电流、静电干扰极为敏感，若在使用中不加注意，则容易使谐振腔局部受损而损坏。

普通激光二极管主要由半导体激光器、光电二极管、散热器、管帽、管座、透镜及引脚组成。一种发射窗为斜面，俗称“斜头”；另一种发射窗为平面，俗称“平头”。斜头一般用于 CD 唱机，平头一般用于 VCD 机。在管壳底板上的边缘各有一个“V”形缺口和一个凹形缺口作为定位标记。激光二极管的直径较小，一般为 5.6 mm。

半导体激光器置于管内中央的顶端，激光发射面垂直于透镜与光电二极管接收面，其阳极用引脚 A1 引出管座外，阴极通过散热器与管座相连，并用管座上的引脚 K 引出，如图 1.5.10(a)所示。在管壳顶端安装有透镜，用于补偿激光器的像散，只要在 A1、K 上加上规定的电压(一般为 2 V 左右)，激光器便产生激光，穿过透镜面发射出激光。半导体激光器振荡时会产生很大的热量，因此，必须在激光二极管上加上散热器。在激光二极管的管座面上装有光电二极管，其接收面朝向半导体激光器，并与激光发射面垂直，阳极用引脚 A2 引出管座外，阴极直接与管座相连，半导体激光器的光束从两端面输出，其中一个端面输出的光束由光电二极管接收，用于监测激光器光输出的变化，并将这一变化反馈到 APC(激光功率自动控制)电路，控制半导体激光器的驱动电流，使输出光功率保持恒定。普通激光二极管的封装形式有 M、P、N 三种，如图 1.5.10(b)所示，其中 M 型较常用。

全息照相复合激光管是在激光二极管发射面的光路中增设了一个衍射光栅，在其顶部增设了一个全息照相镜片，在激光二极管侧面排列了一个光敏接收器，采用了多引脚形式从底座上引出，内部结构如图 1.5.11(a)所示，引脚排列有两种，一种是圆形的，如图 1.5.11(b)所示；一种是长方形的，如图 1.5.11(c)所示。常见的型号有

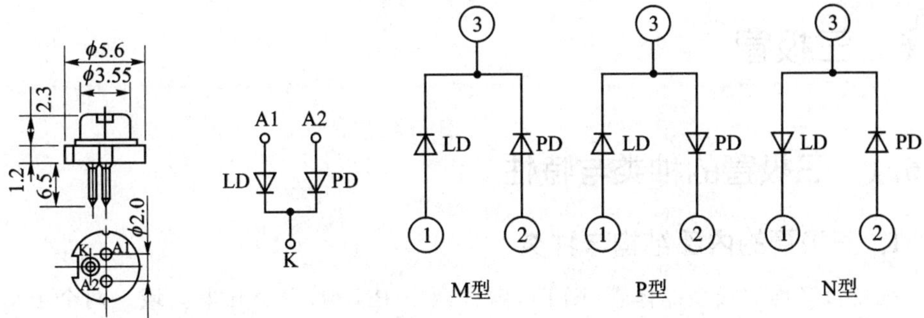

(a) 激光二极管引脚及其等效电路 (b) 封装形式

图 1.5.10 普通激光二极管的封装形式

30P2HIPT、30PAMPT、30PAMM、30AJ33N、30PAHIUN、30PAHZGT、30PAJ9TN、30PAFDLT 等。

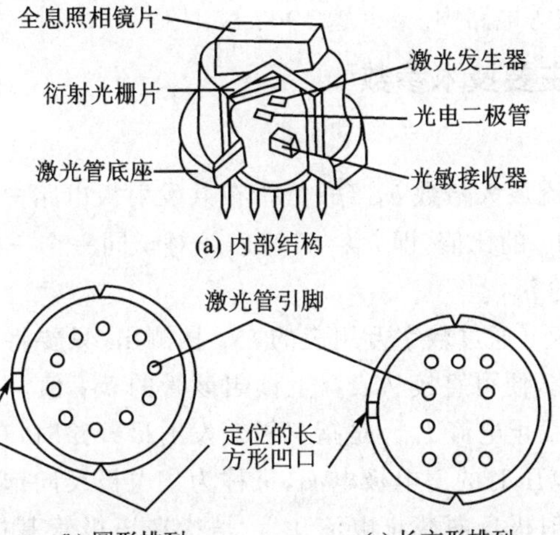

(a) 内部结构

(b) 圆形排列 (c) 长方形排列

图 1.5.11 全息照相复合激光二极管内部结构

(7) 红外接收二极管

红外接收二极管亦称红外光电二极管，是一种特殊的光电二极管，在家用电器的遥控接收器中广泛应用。这种二极管在红外光线的激励下能产生一定的电流，其内阻的大小由入射的红外光决定。不受红外光时，内阻较大，为几兆欧以上，受红外光照射后内阻减小到几千欧。红外接收二极管的灵敏点是在 940 nm 附近，与红外发光二极管的最强波长对应。

在用于遥控接收器时，由于红外接收二极管的输出阻抗非常高(约为 1 MΩ)，要求与其接口的集成电路及其他元件的阻抗实现匹配，并要求合理配置元器件的安装位置及布线，以减少干扰。

1.6　三极管

1.6.1　三极管的种类与特性

1. 三极管的内部结构与种类

三极管又称双极型晶体管(BJT),内含两个 PN 结,三个导电区域。两个 PN 结分别称作发射结和集电结,发射结和集电结之间为基区。从三个导电区引出三根电极,分别为集电极 C、基极 B 和发射极 E。

三极管的种类很多,按半导体材料不同,分为锗管和硅管;按功率不同,分为小功率和大功率三极管;按工作频率不同,分为低频管、高频管和超高频管;按用途不同,分为放大管、开关管、阻尼管、达林顿管等;按结构不同,分为 NPN 管和 PNP 管;按封装不同,分为塑封、玻封、金属封等类型。三极管的用途非常广泛,主要用于各类放大、开关、限幅、恒流、有源滤波等电路中。

2. 三极管的主要技术参数

(1) 直流参数

① 共发射极直流放大倍数 $h_{FE}(\beta)$是指在共发射极电路中,无变化信号输入的情况下,三极管 I_C 与 I_B 的比值,即 $h_{FE}=I_C/I_B$。对于同一个三极管而言,在不同的集电极电流下有不同的 h_{FE}。

三极管的 h_{FE} 值可通过数字万用表的 h_{FE} 挡测出,只要将三极管的 B、C、E 对应插入 h_{FE} 的测试插孔,便可直接从表盘上读出该管的 h_{FE} 值。

② 集电极反向截止电流 I_{CBO} 是指三极管发射极开路时,在三极管的集电结上加上规定的反向偏置电压时的集电极电流,又称为集电极反向饱和电流。

③ 集电极—发射极反向截止电流 I_{CEO} 是指在三极管基极开路情况下,给发射结加上正向偏置电压,给集电结加上反向偏置电压时的集电极电流,俗称穿透电流。

I_{CEO} 与 I_{CBO} 有如下关系:

$$I_{CEO}=(1+h_{FE})\cdot I_{CBO}$$

由上式可知,I_{CEO} 约比 I_{CBO} 大 h_{FE} 倍。

I_{CEO} 和 I_{CBO} 都随温度的升高而增大,锗管受温度影响更大,这两个反向截止电流反映三极管的热稳定性,反向电流小,三极管的热稳定性就好。

(2) 交流参数

① 共发射极电流放大倍数 β 是指将三极管接成共发射极电路时的交流放大倍数,等于集电极电流 I_C 变化量 ΔI_B。与基极电流 ΔI_B 两者之比,即 $\beta=\Delta I_C/I_B$。

β 与直流放大倍数 h_{FE} 关系密切,一般情况下两者较为接近,但从含义来讲有明显区别,且在不少场合,两者并不等同,甚至相差很大。β 和 H_{FE} 的大小除了与三极管结构和工艺有关外，还与管子的工作电流（直流偏置）有关，工作电流 I_C 在正常情况下改变时，β 和 H_{FE} 也会有所变化；若工作电流变得过小或过大，则 β 和 h_{FE} 也将明显变小。其中，β 值的范围很大，小的数十倍，大的几百倍甚至近千倍。

② 共基极电流放大倍数 α 是指将三极管接成共基极电路时的交流放大倍数，β 等于集电极电流 I_C 变化量 ΔI_C 与输入电流 ΔI_E 两者之比，即 $\alpha = I_C/I_E$。

α 和 β 都是交流放大倍数，这两个电流放大倍数存在如下关系：

$$\beta = \frac{\alpha}{1-\alpha}, \quad \alpha = \frac{\beta}{1+\beta}$$

③ 三极管的频率参数主要有截止频率 f_α、f_β 与特征频率 f_T 以及最高振荡频率 f_m。

f_α 称为共基极截止频率或 α 截止频率，在共基极电路中，电流放大倍数 α 值在工作频率较低时基本为一个常数，当工作频率超过某一值时，α 值开始下降，当 α 值下降至低频值 α_0（例如 f 为 1 kHz）的 $1/\sqrt{2}$（即 0.707 倍）时所对应的频率为 f_α。

f_β 称为发射极截止频率或 β 截止频率，在发射极电路中，电流放大倍数 β 值下降至低频值 β_0。的 $1/\sqrt{2}$ 时所对应的频率为 f_β。

同一只晶体管的 f_β 值远比 f_α 值要小，这两个参数有如下关系：

$$f_\alpha \approx \beta f_\beta$$

在实际使用中，工作频率即使等于 f_β 或 f_α 时，三极管仍可有相当的放大能力。例如某晶体管的 β 在 1 kHz 时测试为 100（即 $\beta_0=100$），当 $f=f_\beta$ 时，$\beta=100\times70.7\%=70.7$，这说明晶体管在 $f=f_\beta$ 工作时仍有相当高的放大倍数。由于 α 值在较宽的频率范围内比较均匀，而且 $f_\alpha \leqslant f_\beta$，所以高频宽带放大器和一些高频、超高频、甚高频振荡器常用共基极接法。一般规定，$f_\alpha<3$ MHz 称为低频管，$f_\alpha>3$ MHz 称为高频管。f_T 称为特征频率，晶体管工作频率超过一定值时，β 值开始下降，当 β 下降为 1 时，所对应的频率就叫做特征频率 f_T。当 $f=f_T$ 时，晶体管就完全失去了电流放大功能。有时也称为增益带宽乘积（f_T 等于三极管的频率 f 与放大系数 β 的乘积）。

f_m 称为最高振荡频率，定义为三极管功率增益等于 1 时的频率。

(3) 极限参数

三极管的极限参数主要有集电极最大电流 I_{CM}、集电极最大允许功耗 P_{CM}、集电极—发射极击穿电压 BV_{CEO}（U_{BR}）和集电极-基极击穿电压 BV_{CBO}，使用时不允许超过极限参数值，会造成三极管损坏。

3. 贴片三极管

贴片三极管采用塑料封装，封装形式有 SOT、SOT23、SOT223、SOT25、SOT343、SOT220、SOT89、SOT143 等，外形尺寸如图 1.6.1～图 1.6.3 所示。其中 SOT23 是通用的表面组装晶体管，有三条引线，功耗一般为 150～300 mW；SOT89

适合于较高功率场合，管子底部有金属散热片和集电极相连，功率一般在 0.3～2 W；SOT143 有 4 条引线，一般是射频晶体管或双栅场效应管。

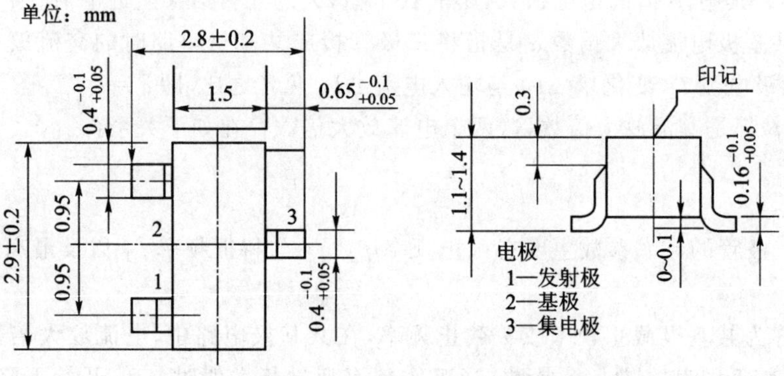

图 1.6.1　SOT 23 封装尺寸(小功率三极管)

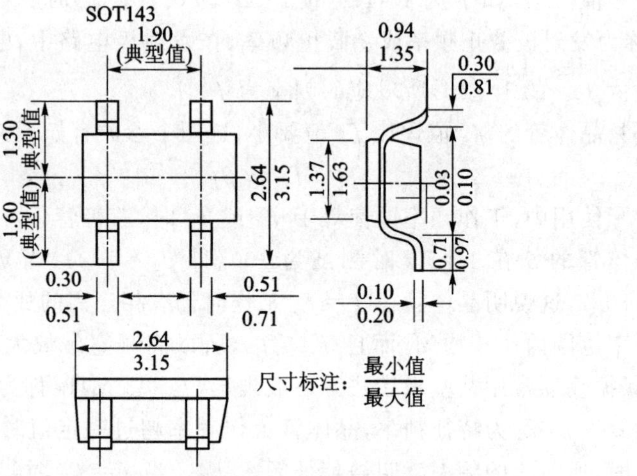

图 1.6.2　STO143 封装尺寸(高频晶体管和场效应管)

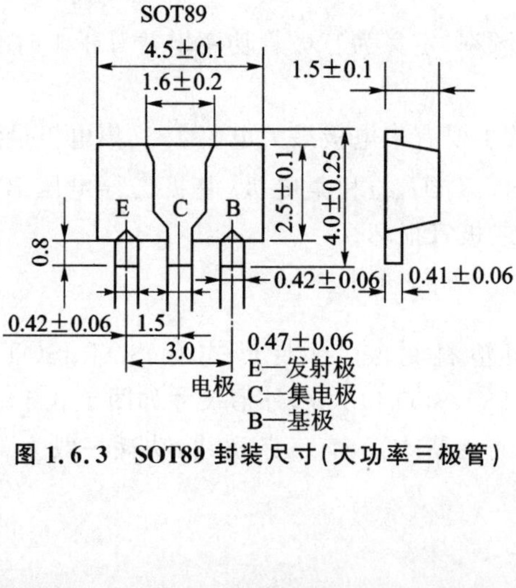

图 1.6.3　SOT89 封装尺寸(大功率三极管)

1.6.2 三极管的选用

1. 中小功率三极管

通常把最大集电极电流 I_{CM}<1 A 或最大集电极耗散功率 P_{CM}<1 W 的三极管统称为中小功率三极管。主要特点是功率小、工作电流小。中小功率三极管的种类很多,体积有大有小,外形尺寸也各不相同。

2. 大功率三极管

通常把最大集电极电流 I_{CM}>1 A 或最大集电极耗散功率 P_{CM}>1 W 的三极管称为大功率三极管。主要特点是功率大,工作电流大,多数大功率三极管的耐压也较高。大功率三极管多用于大电流、高电压的电路。大功率三极管在工作时极易因过压、过流、功耗过高或使用不当而损坏,因此,正确选用和检测十分重要。

大功率三极管一般分为金属壳封装和塑料封装两种。对于金属壳封装方式的管子,通常金属外壳即为集电极 C,而对于塑封形式的管子,其集电极 C 通常与自带的散热片相通。因为大功率三极管工作在大电流状态下,所以使用时应按要求加适当的散热片。

3. 开关电源开关管

在开关电源中,除采用场效应管作为开关管之外,也有采用三极管作为开关管,开关管由于工作电压高,电流大,发热多,是最易损坏的元件之一。几种常见开关三极管的主要技术参数如表 1.6.1 所列。

表 1.6.1 几种常见开关三极管主要技术指标

型 号	BV_{CBO}/V	I_{CM}/A	P_{CM}/W
BU208A	1 500	5	50
BU508A	1 500	8	125
C1875	1 500	3.5	50
C3481	1 500	5	120

4. 对 管

为了提高功率放大器的功率、效率和减小失真,通常采用推挽式功率放大电路。在推挽式功率放大电路中,一个完整的正弦波信号的正、负半周分别由两个管子一推一拉(挽)共同来完成放大任务。这两个管子的工作性能必须一样,事先要进行挑选配对,这种管子称为对管。

对管有同极性对管和异极性对管。同极性对管指两个管子均用 PNP 型或 NPN 型三极管。但在电路输入端,必须要有一个倒相电路,把输入信号变为两个大小相等、相位相反的信号,供对管来放大。异极性对管是指两个管子中一个采用 PNP 型,另一个采用 NPN 型管，它可以省去倒相电路。两个管子又叫互补对管，例如 2SA1015 和 2SC1815，2N5401 和 2N5551，2SA1301 和 2SC3280 等均可组成互补对管。它们的主要技术参数如表 1.6.2 所列。其中 A1015 和 C1815 为小功率对管，可作音频放大器或作激励、驱动级。2N5401 和 2N5551 为高反压中功率对管。A1301 和 03280 为高反压大功率对管，比较理想输出功率为 80 W，极限功率为 120 W。

表 1.6.2 功率放大器对管主要技术参数

型 号	BV_{CBO}/V	I_{CM}/A	P_{CM}/W
A1015 和 C1815	50	0.15	0.4
2N5401 和 2N5551	60	0.6	0.6
A1301 和 C3280	160	12	120

挑选对管时，不管是同极性对管还是异极性对管，它们的半导体材料(锗或硅)应相同。这样可以减小因温度变化造成管子参数变化的不一致，如 9012 和 9013、8050 和 8550 等均是同一硅材料的异极性对管。另外，作为对管还要求两管子的参数尽可能一样，如耐压、集电极最大允许电流和最大允许耗散功率、电流放大倍数等。

除采用两只分立三极管组成的对管外，也有一种把两只性能一致的三极管封装成一体的复合对管，它的内部包含两只对称性很好的三极管。此类对管一般有两种结构类型，一种为硅 PNP 型高频小功率差分对管，另一种为硅 NPN 型小功率差分对管。引脚排列如图 1.6.4 所示。利用差分对管可构成性能优良的差分放大器，用作仪器仪表的输入级和前置放大级，使用起来十分方便。差分对管的引脚排列是有一定规律的，其中，靠近管壳的两引脚分别为 E_1 和 E_2，VT_1 按顺时针方向排列为 E_1、B_1、C_1，VT_2 按反时针方向排列为 E_2、B_2、C_2。

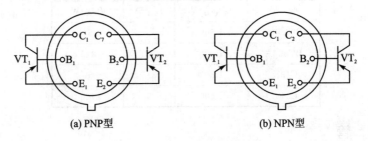

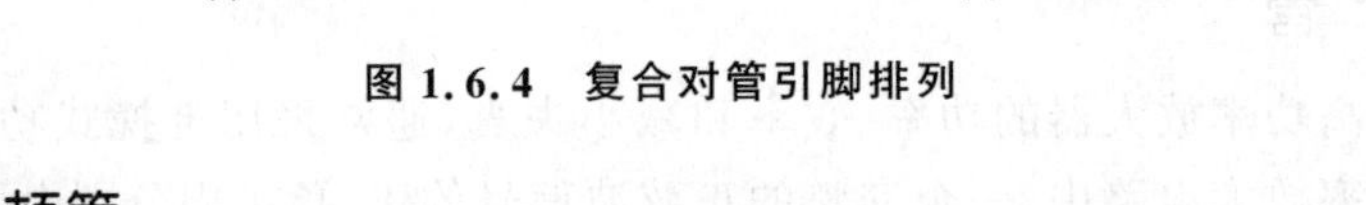

(a) PNP型　　(b) NPN型

图 1.6.4 复合对管引脚排列

5. 达林顿管

达林顿管采用复合连接方式，将两只或更多只晶体管的集电极连在一起，而将第 1 只晶体管的发射极直接耦合到第 2 只晶体管的基极，依次级连而成，最后引出 E、B、C 三个电极。其放大倍数是各三极管放大倍数的乘积，因此其放大倍数可达几千。达林顿管主要分为两种类型，一种是普通达林顿管，另一种是大功率达林顿管。

(1) 普通达林顿管

普通达林顿管内部无保护电路，功率通常在 2 W 以下，内部结构如图 1.6.5 所示。普通型达林顿管由于其电流增益极高，所以当温度升高时，前级二极管的基极漏电流将被逐级放大，结果造成整体热稳定性能变差。当环境温度较高、漏电严重时，有时易使管子出现误导通现象。

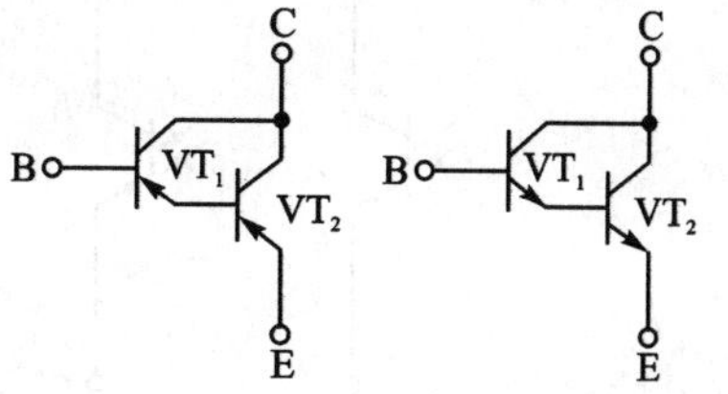

PNP型　　NPN型

图 1.6.5　普通达林顿管内部结构

(2) 大功率达林顿管

大功率达林顿管在普通达林顿管的基础上增加了保护功能，从而适应了在高温条件下工作时功率输出的需要。其内部结构原理图如图 1.6.6 所示。

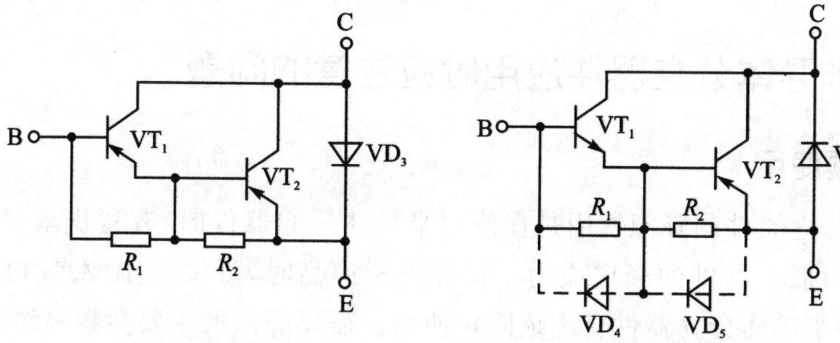

(a) PNP型　　(b) NPN型

图 1.6.6　大功率达林顿管的内部结构

大功率达林顿管在 C 和 E 之间反向并接了一只起过压保护作用的续流二极管 VD_3，当感性负载(如继电器线圈)突然断电时，通过 VD_3 可将反向尖峰电压泄放掉，从而保护内部晶体三极管不被击穿损坏。另外，在晶体三极管 VT_1 和 VT_2 的发射结上还分别并入了电阻 R_1 和 R_2，作用是为漏电流提供泄放支路，因此称之为泄放电阻。因为 VT_1 的基极漏电流比较小，所以 R_1 的阻值通常取得较大，一般为几千欧；VT_1 的漏电流经放大后加到 VT_2 的基极上，加之 VT_2 自身存在的漏电流，使得 VT_2 基极漏电流比较大，因此 R_2 的阻值通常取得较小，一般为几十 欧。

6. 光电三极管

光电三极管是一种在光电二极管的基础上发展起来的光电元件。它不但能实现光电转换，而且具有放大功能。光电三极管有 PNP 和 NPN 两种类型，且有普通型和达林顿型之分，电路图形符号如图 1.6.7 所示。

光电三极管可等效为光电二极管和普通三极管的组合元件，如图 1.6.7 所示。其基集 PN 结就相当于一个光电二极管，在光照下产生的光电流 I_L 输入到三极管的基极进行放大，在三极管的集电极输出的光电流可达 βI_L。光电三极管的基极输入的是光信号，通常只有发射极 E 和集电极 C 两个引脚。

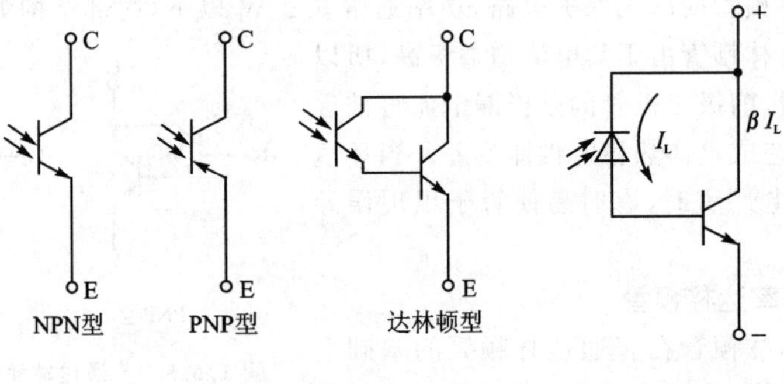

(a) 电路符号　　(b) 等效电路

图 1.6.7　光电三极管的电路符号和等效电路

1.6.3　半导体分立器件应用时应注意的问题

1. 降额使用

半导体分立器件的降额使用是在使用半导体分立器件时，有意识地使器件实际所承受的应力低于器件的额定应力。设计电子产品时，可按 GJB/Z35《电子元器件降额准则》对半导体分立器件合理地降额使用。需要降额的主要参数是结温、电压和电流。

2. 容差设计

设计电子产品时，应适当放宽半导体分立器件的参数允许变化范围(包括半导体分立器件的制造容差、温度漂移、时间漂移、辐射导致的漂移等)，以保证半导体分立器件的参数在一定范围内变化时，电子产品仍能正常工作。

只要可能，电路的性能应基于器件(晶体管、二极管)最稳定的参数之上。设计人员在电路的设计中应留有足够的余量，以便适应由于参数漂移引起的电气性能的改变。这些参数包括晶体管的 H_{FE} 和 I_{CBO}、二极管的 V_F 和 I_S，可能减少或增加到规定数值的两倍。对于公差、温度和时间造成的元器件性能的变化，应该采用一般现实的限制；对于在使用(寿命)期间稳定性较差的特性，应采用比稳定性较好的特性更宽的限制。

在半导体器件的寿命期内参数值会在规定的限制范围内发生变化，因此，就长寿命可靠性来说，设计方案应当允许表 1.6.3 所列的参数漂移。

3. 防过热

温度是影响半导体分立器件寿命的重要因素。防过热的主要目的在于把半导体分立器件的结温控制在允许的范围内。

表 1.6.3　器件参数容限

参　数	二极管	晶体管	硅可控整流器
初始增益	—	±10%	
匹配增益	—	±20%	
漏电流(断路)	+100%	±100%	—
恢复、开关时间	+20%	+20%	—
正向、饱和结电压降	+10%	+10%	+100%
正向、匹配结电压降	—	±50%	
齐纳调整结电压降	±20%	—	
齐纳基准结电压降	±10%	—	

一般情况下，硅半导体器件的最高结温为 175 ℃，而锗为 100 ℃，但为了提高可靠性，经常把硅器件最高结温定在 175 ℃以下(甚至低到 100 ℃)。

半导体分立器件的结温与热阻、功耗及环境温度有关。热阻包括内热阻、外热阻和接触热阻。内热阻取决于半导体分立器件的设计、材料、结构和工艺，是半导体分立器件自身的属性，一般能在产品详细规范中查到。

为了合理控制外热阻及接触热阻，使用半导体分立器件时应进行可靠性热设计。其要点如下：

① 功率半导体分立器件应装在散热器上。散热器的表面积应满足热设计要求。

② 工作于正常大气条件下的型材散热器应使肋片沿其长度方向垂直安装，以便于自然对流。散热器上有多个肋片时，应选择肋片间距大的散热器。

③ 半导体分立器件外壳与散热器间的接触热阻应尽可能小。要尽量增大接触面积，接触面保持光洁，必要时接触面可涂上导热膏或加热绝缘硅橡胶片，借助于合适的紧固措施保证紧密接触等。

④ 散热器进行表面处理，使其粗糙度适当并使表面呈黑色，以增强辐射换热。

⑤ 对热敏感的半导体分立器件，安装时应远离耗散功率大的元器件。

⑥ 工作于真空环境中的半导体分立器件，散热器设计时应以只有辐射和传导散热为基础。

4. 防静电

静电放电对半导体分立器件造成的损伤往往具有隐蔽性和发展性，即静电放电造成的损伤有时难以检查出来，要经过一定时间之后暴露，导致半导体分立器件完全失效，这一点使得防静电措施更有必要。

对于静电敏感的半导体分立器件，防静电措施应贯彻于其应用(包括测试、装配、运输和储存等)的每一个环节中。

5. 防瞬态过载

电子设备在正常工作或故障时，可能发生某些电应力的瞬态过载(例如启动或断开的浪涌电压、浪涌电流、感性负载反电势等)使半导体分立器件受到损伤。为防止瞬态过载造成的损伤，可采取以下措施：

① 选择过载能力满足要求的半导体分立器件。

② 对线路中已知的瞬态源采取瞬态抑制措施。例如，对感性负载反电势可采取与感性负载并联的电阻与二极管串联网络来加以抑制。当然，若用瞬变抑制管取代一般二极管，则抑制效果更好。

对可能经受强瞬态过载的半导体分立器件，应对其本身采取瞬态过载的防护措施，例如在干扰进入通路时，安装由阻容元器件和钳位器件构成的瞬态抑制网络。

6. 防寄生耦合

具有放大功能的半导体分立器件组成的电路，工作在高频或超高频时，必须防止由于寄生耦合而产生的寄生振荡。防寄生耦合可根据具体情况，采取以下措施：

(1) 防电源内阻过大，引起放大电路产生振荡的实施要点

① 去耦电容器的容量应根据电源负载电流交流分量的大小确定。一般情况下，电路的速度越高，它从电源所取电流的脉冲分量越大。

② 去耦电容器的品种应选择等效串联电阻和等效串联电感小的电容器，一般选择瓷介电容器中的独石电容器，但需注意其低压失效的问题。

③ 去耦电容器的安装位置应尽量靠近半导体分立器件组成的放大电路的电源引线，以减小连线电感对去耦效果的影响。

④ 应充分考虑去耦电容量增大带来的电源启动过冲电流增大的副作用。因此必须避免不合理地增大去耦电容器的容量，并在必要时采取抑制电源启动过冲电流的措施，例如使电源具有“软启动”或采用电感器或电阻器加去耦电容器组成的“T”形滤波器。

(2) 造成布线寄生耦合的原因及影响耦合强度的因素

① 布线电阻自耦合由半导体分立器件组成的放大电路的自身电流在自身连线电阻上的压降造成，布线电阻互耦合由其他电路的电流在公共连线电阻上的压降造成。布线电阻自耦合和互耦合随连线长度增加，截面积减少而增强。

② 布线电容自耦合由半导体分立器件组成的放大电路自身的交变电压通过自身两条连线之间的电容造成。布线电容互耦合由其他电路的交变电压通过各自有关连线之间的耦合造成。布线电容自耦合和互耦合随各自表面积增大、相互间距离减少以及介质常数增大而增强。

7. 类型选择

在半导体分立器件选用时应注意其类型选择。表 1.6.4 列出晶体管类型选择规则，供选用时参考。

表 1.6.4　晶体管类型选择

应　用	应用要求	选择类型
小功率放大	低输出阻抗(小于 1 MΩ)	高频晶体管
	高输入阻抗(大于 1 MΩ)	场效应晶体管
	低频低噪声	场效应晶体管
功率放大	工作频率 10 kHz 以上	高频功率晶体管
	工作频率 10 kHz 以下	低频功率晶体管
开关	通态电阻小	开关晶体管
	通态内部等效电压为 0	场效应晶体管
	功率、低频(5 kHz 以下)	低频功率晶体管
	大电流开关或作可调电源	闸流晶体管
光电转换放大	—	光电晶体管
电位隔离	浮地	光电耦合器

1.7　场效应管

1.7.1　场效应管的种类与特性

场效应管(FET)是一种电压控制的半导体器件，与三极管一样有 3 个电极，即源极 S、栅极 G 和漏极 D，分别对应于(类似于)三极管的 E 极、B 极和 C 极。

场效应管可以分为两大类：一类为结型场效应管，简写成 JFET；另一类为绝缘栅场效应管，也叫金属氧化物-半导体绝缘栅场效应管，简称为 MOS 场效应管。

场效应管根据其沟道所采用的半导体材料不同，可分为 N 型沟道和 P 型沟道两种。MOS 场效应管有耗尽型和增强型之分。

场效应管具有输入阻抗高、开关速度快、高频特性好、热稳定性好、功率增益大、噪声小等优点，在电子电路中得到了广泛应用。

1.7.2　场效应管的选用

1. 结型场效应管

结型场效应管(JFET)利用加在 PN 结上反向电压的大小控制 PN 结的厚度，改变导电沟道的宽窄，实现对漏极电流的控制作用。结型场效应管可分为 N 沟道结型场效应管和 P 沟道结型场效应管。

(1) 结型场效应管的特性

描述结型场效应管特性的曲线有两种：在一定的漏源电压下，栅源极电压 U_{GS} 和漏源电流 I_{DS} 的相互关系，叫做转移特性。在一定的栅源电压下，漏源电压 U_{DS} 和漏源电流 I_{DS} 的关系称为漏极特性或输出特性。在某一栅源电压下，对应有一条曲线表示漏源电压和漏源电流的关系，所以对不同的栅压形成一组曲线。

结型场效应管的符号及特性曲线如图 1.7.1 所示。

种 类	符 号	漏极特性	转移特性
N沟道	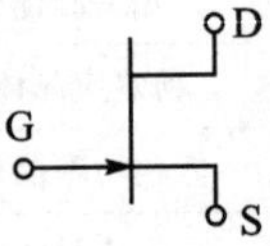	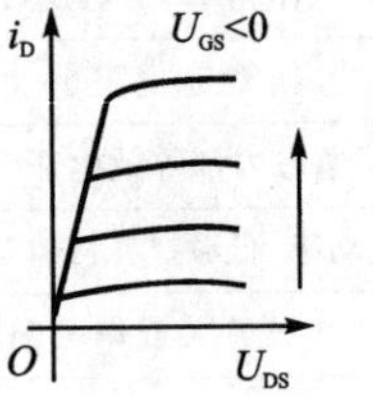	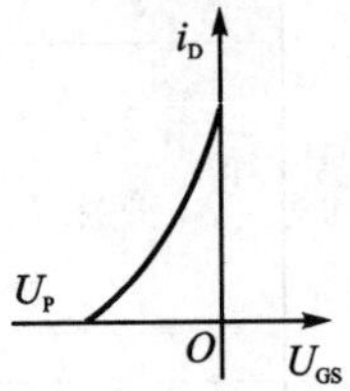
P沟道	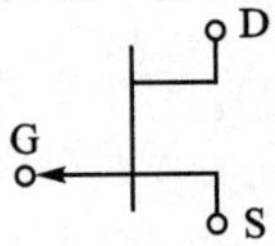	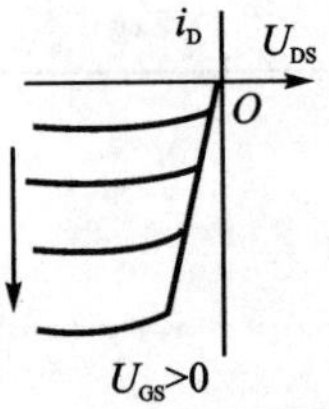	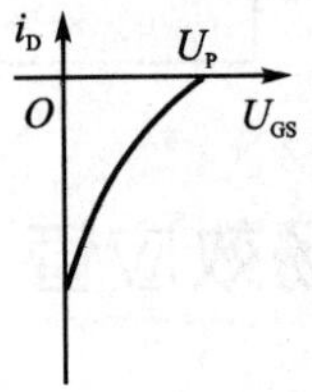

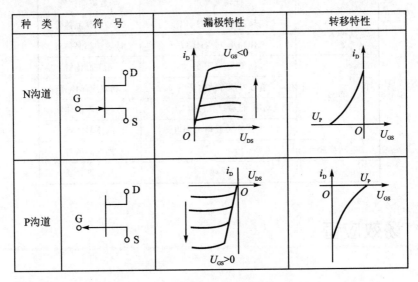

图 1.7.1 结型场效应管的符号及特性曲线

(2) 结型场效应管的主要参数

① 饱和漏源电流 I_{DSS}：在一定的漏源电压下，当栅压 $U_{GS}=0$ 时(栅源两极短路)的漏源电流。

② 夹断电压 U_p：在一定的漏源电压下，使漏源电流 $I_{DS}=0$ 或小于某一小电流值时的栅源偏压值。

③ 直流输入电阻 R_{GS}：在栅源极之间加一定电压的情况下，栅源极之间的直流电阻。

④ 输出电阻 R_D：当栅源电压 U_{GS} 为某一定值时，漏源电压的变化与其对应的漏极电流的变化之比。

⑤ 跨导 gm：在一定的漏源电压下，漏源电流的变化量与引起这个变化的相应栅压的变化量的比值，单位为 $\mu A/V$，即 $\mu\Omega$(微姆)。这个数值是衡量场效应管栅极电压对漏源电流控制能力的一个参数，也是衡量场效应管放大能力的重要参数。

⑥ 漏源击穿电压 U_{DSS}：使 I_D 开始剧增的 U_{DS}。

⑦ 栅源击穿电压 U_{GSS}：反向饱和电流急剧增加的栅源电压。

2. 绝缘栅场效应管

结型场效应管(JFET)的输入电阻可达 $10^8\Omega$。绝缘栅场效应管是 G 极与 D、S 完全绝缘的场效应管,输入电阻更高。它是由金属(M)作电极,氧化物(O)作绝缘层和半导体(S)组成的金属-氧化物-半导体场效应管,因此,也称为 MOS 场效应管。

(1) 绝缘栅场效应管的符号与特性曲线

绝缘栅型场效应管分为增强型和耗尽型两种,根据半导体材料的不同,每一种又可分为 N 沟道和 P 沟道两类。这样,总共有 N 沟道增强型场效应管、N 沟道耗尽型场效应管、P 沟道增强型场效应管和 P 沟道耗尽型场效应管 4 种场效应管。绝缘栅场效应管的符号及特性曲线如图 1.7.2 所示。

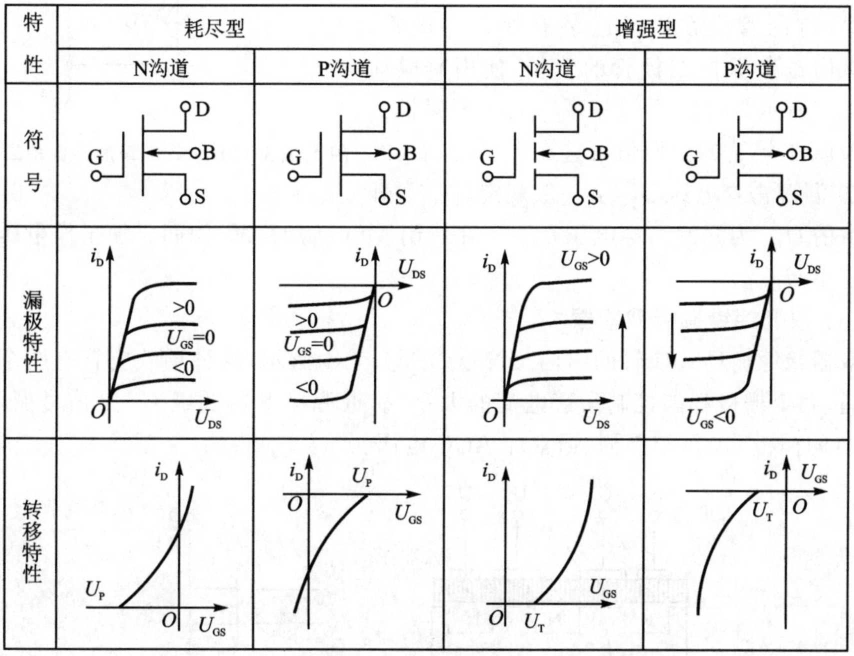

图 1.7.2　4 种绝缘栅场效应管的符号及特性曲线

(2) 绝缘栅场效应管的参数

① 夹断电压 U_p：对于耗尽型绝缘栅场效应管,在一定的漏源 U_{DS} 电压下,使漏源电流 $I_{DS}=0$ 或小于某一小电流值时的栅源偏压值。

对于增强型绝缘栅场效应管,在一定的漏源 U_{DS} 电压下,使沟道可以将漏源极连接起来的最小 U_{GS} 即为开启电压 U_T。

② 饱和漏源电流 I_{DSS}：对于耗尽型绝缘栅场效应管,在一定的漏源电压 U_{DST} 下,当栅压 $U_{GS}=0$ 时的漏源电流。

③ 直流输入电阻 R_{GS}：在栅源极之间加一定电压的情况下,栅源极之间的直流

电阻。

④ 输出电阻 R_D：当栅源电压 U_{GS} 为某一定值时，漏源电压的变化与其对应的漏极电流的变化之比。

⑤ 跨导 gm：在一定的漏源电压下，漏源电流的变化量与引起这个变化的相应的栅压的变化量的比值。

⑥ 栅源击穿电压 U_{GSS}：反向饱和电流急剧增加的栅源电压。应注意的是，栅、源之间一旦击穿，将造成器件的永久性损坏。因此在使用中，加在栅、源间的电压不应超过 20 V，一般电路中多控制在 10 V 以下。为了保护栅、源间不被击穿，有的管子在内部已装有保护二极管。对于无内藏装保护二极管的管子，使用时应如图 1.7.3 所示，在栅、源间并联一只限压保护二极管 VD，二极管的稳压值可选在 10 V 左右。

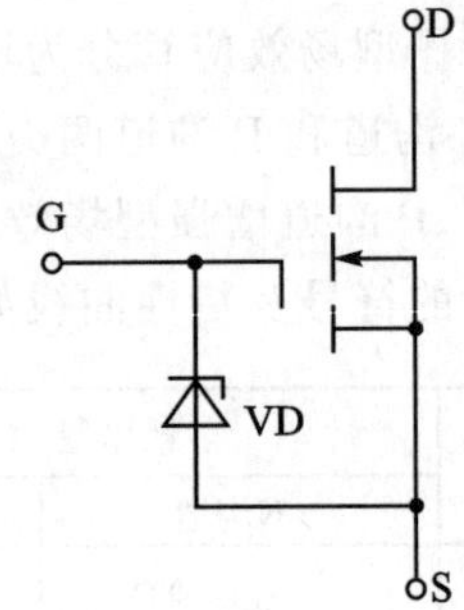

图 1.7.3 MOS 效应管加装保护二极管

⑦ 漏源击穿电压 U_{DSS}：一般规定，使 I_D 开始剧增的 U_{DS} 为漏源击穿电压 U_{DSS}。在使用 MOS 管时，漏、源间所加工作电压的峰值应小于 U_{DSS}。

(3) 双栅绝缘栅场效应管

双栅绝缘栅场效应管的结构及符号如图 1.7.4 所示，这种场效应管有两个串联的沟道，两个栅极都能控制沟道电流的大小，靠近源极 S 的栅极 G_1 是信号栅，靠近漏极 D 的栅极 G_2 是控制栅，通常加 AGC 电压。

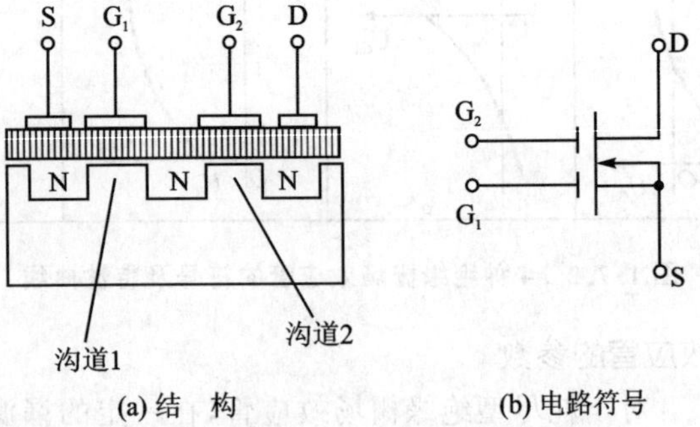

(a) 结 构　　(b) 电路符号

图 1.7.4 双栅场效应管内部结构和电路符号

(4) 绝缘栅场效应管使用注意事项

MOS 管的输入阻抗很高，因此，静电会导致管子损坏。使用时要注意以下几点：

① 选管时，要注意实际电路中各极电流电压的数值都不能超过手册中规定的额定值。

② 存放或使用时(取下或焊上)要将 3 条引脚短路，然后再操作。3 个电极电位

相等就不会使栅、源感应电压过高，导致绝缘层击穿，尤其要注意：千万不能将栅极悬空。存放时，要放在屏蔽盒中。

③ 焊接时，要先将手和电烙铁都接触一下地线，放掉静电，避免产生高压。或用电烙铁的余温去焊接。

④ 最好带防静电手套或穿上防静电的衣服再去接触场效应管。

1.8　晶闸管(可控硅)

1.8.1　晶闸管的种类与特性

晶闸管也叫可控硅(SCR)，是一种"以小控大"的功率(电流)型器件，有单向晶闸管、双向晶闸管、可关断晶闸管等，在交流无触点开关、调光、调速、调压、控温、控湿及稳压等电路中应用。

单向晶闸管也叫单向可控硅，是一种三端器件，共有控制极(门极)G、阳极A和阴极K三个电极。单向晶闸管种类很多，按功率大小来区分，有小功率、中功率和大功率三种规格。小功率晶闸管多采用塑封或金属壳封装；中功率晶闸管的控制极引脚比阴极细，阳极带有螺栓；大功率晶闸管的控制极上带有金属编织套。

双向晶闸管是在单向晶闸管的基础上发展而成的，它不仅能代替两只反极性并联的单向晶闸管，而且仅需一个触发电路，是目前比较理想的交流开关器件，其英文名称为TRIAC(三端双向交流开关)。

可关断晶闸管(GTO)亦称门控晶闸管。其主要特点是：当门极加负向触发信号时能自行关断。可关断晶闸管既保留了普通晶闸管耐压高、电流大等优点，又具有自关断能力，使用方便，是理想的高压、大电流开关器件。

1.8.2　晶闸管的选用

1. 单向晶闸管

常见单向晶闸管封装有螺栓形封装、金属壳封装和塑封形式。单向晶闸管的结构、等效电路和电路符号如图1.8.1所示。

单向晶闸管由PNPN 4层半导体构成。当阳极A和阴极K之间加上正极性电压时，A、K不能导通。只有当控制极G加上一个正向触发信号时，A、K之间才能进入深饱和导通状态。而A、K两电极一旦导通，即使去掉G极上的正向触发信号，A、K之间仍保持导通状态，只有使A、K之间的正向电压足够小或在两者间施以反向电压时，才能使其恢复截止状态。

单向晶闸管在下述3种情况下不导通：一是阳极A和阴极K间加负电压(阳负、阴正)，此时等效的两只三极管均因反向偏置而不导通；二是阳极A和阴极K间加正

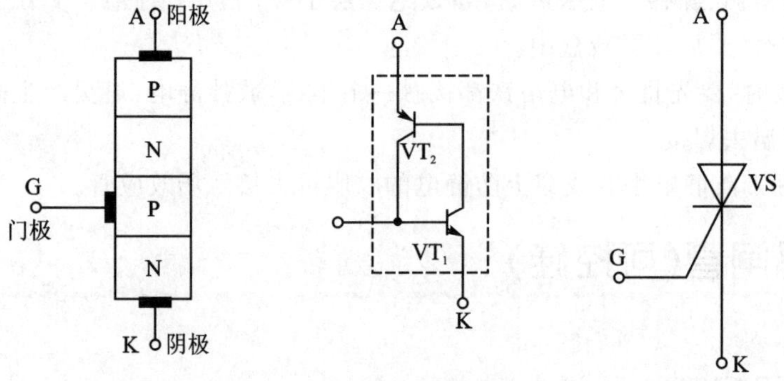

(a) 结 构　　(b) 等效电路　　(c) 电路符号

图 1.8.1 单向晶闸管的结构、等效电路和电路符号

电压,但没有最初的控制极触发电压 U_G,晶闸管因得不到最初的触发电流,不能形成正反馈放大过程,所以不导通;三是阳极 A 和阴极 K 间导通电流小于其维持电流,即不能维持其内部等效三极管的饱和状态,因而晶闸管也不导通。

一个性能良好的晶闸管,其截止时漏电流应很小,触发导通后其压降也应很小。目前,单向晶闸管已经广泛用于可控整流、交流调压、逆变电源以及开关电源等电路中。

2. 双向晶闸管

双向晶闸管是一个三端双向交流开关。常见双向晶闸管外形如图 1.8.2 所示。双向晶闸管的结构与电路符号如图 1.8.3 所示。双向晶闸管的 3 个电极分别是 T_1、T_2、G。与单向可控硅相比,主要是能双向导通,且具有 4 种触发状态。如图 1.8.4 所示,当 G 极和 T_2 相对于 T_1 的电压为正时,导通方向为 $T_2 \rightarrow T_1$,此时 T_2 为阳极,T_1 为阴极;当 G 极和 T_1 相对于 T_2 的电压为负时,导通方向也为 $T_2 \rightarrow T_1$,T_2 为阳极,T_1 为阴极;当 G 极和 T_1 相对于 T_2 为正时,导通方向为 $T_1 \rightarrow T_2$,此时 T_1 变为阳极,T_2 变为阴极;当 G 极和 T_2 相对于 T_1 为负时,则导通方向仍为 $T_1 \rightarrow T_2$,T_1 为阳极,T_2 为阴极。

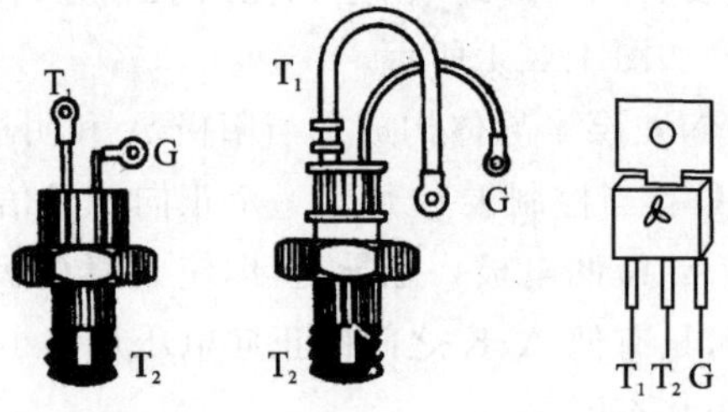

图 1.8.2 常见的双向晶闸管外形

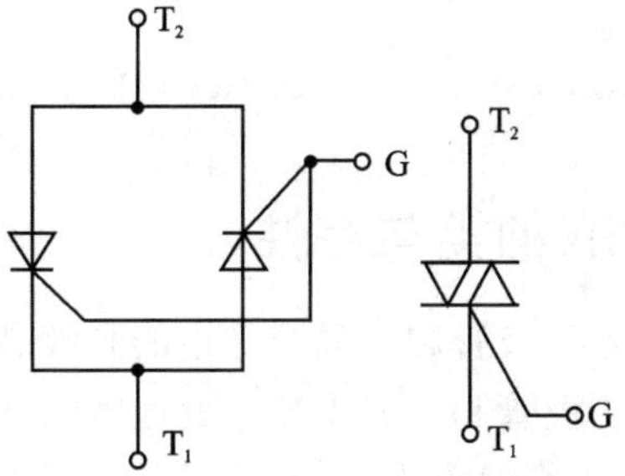

图 1.8.3　双向晶闸管的结构与电路符号

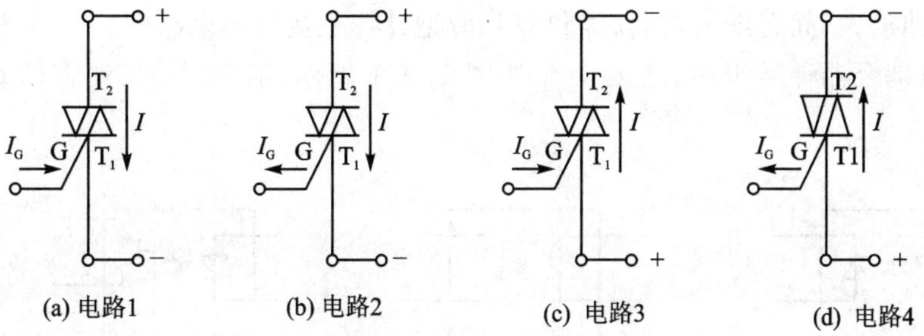

图 1.8.4　双向晶闸管的 4 种导通状态

双向可控硅也具有去掉触发电压后仍能导通的特性，只有当 T_1、T_2 间的电压降低到不足以维持导通或 T_1、T_2 间的电压改变极性，又恰逢没有触发电压时，可控硅才被阻断。

3. 可关断晶闸管

可关断晶闸管也属于 PNPN 四层三端器件，其结构及等效电路与普通晶闸管相同。大功率可关断晶闸管多采用圆盘状或模块封装形式，它的 3 个电极分别为阳极 A、阴极 K 和门极（亦称控制极）G。尽管它与普通晶闸管的触发导通原理相同，但两者的关断原理及关断方式截然不同。普通晶闸管在导通之后即处于深度饱和状态，而可关断晶闸管导通后只能达到临界饱和，所以给门极加上负向触发信号即可关断。

可关断晶闸管有一个重要参数就是关断增益 β_{off}，它等于阳极最大可关断电流 I_{ATM} 与门极最大负向电流 I_{GM} 之比，一般为几倍至几十倍，β_{off} 值愈大，说明门极电流对阳极电流的控制能力愈强。显然，β_{off} 与晶体管电流放大系数 h_{FE} 有相似之处。

1.9 光电耦合器

1.9.1 光电耦合器的种类与特性

光电耦合器由一只发光二极管和一只受光控的光敏晶体管(常见为光敏三极管)组成。光电耦合器的发光二极管和一只受光控的光敏晶体管封装在同一管壳内。当输入端加电信号时,发光二极管发出光线,光敏晶体管接受光照之后就产生光电流,由输出端引出,从而实现了“电→光→电”的转换。由于光电耦合器具有抗干扰能力强、使用寿命长、传输效率高等特点,可广泛用于电气隔离、电平转换、级间耦合、开关电路、脉冲放大、固态继电器、仪器仪表和微型计算机接口等电路中。

光电耦合器种类很多,主要类型如图 1.9.1 所示,有管式、双列直插式等封装形式。

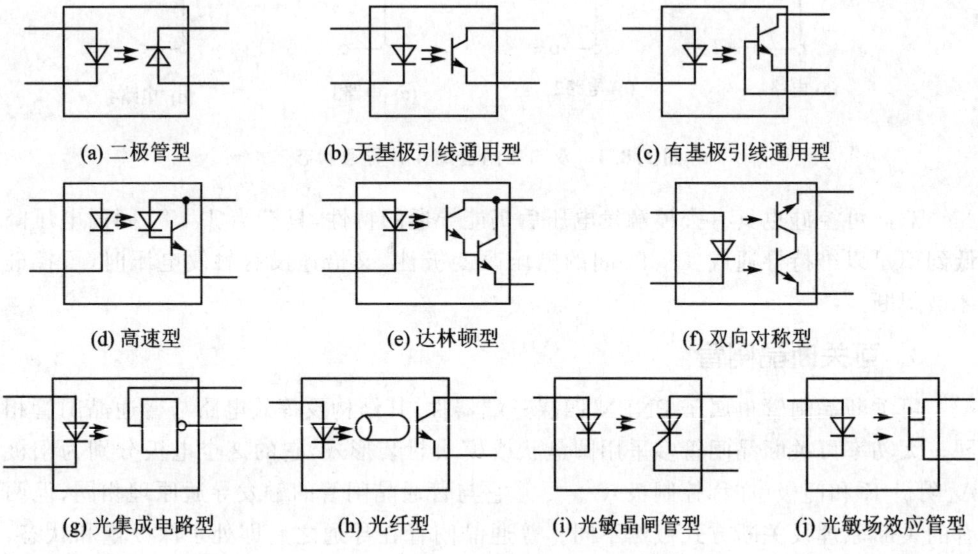

图 1.9.1 光电耦合器的主要类型

1.9.2 光电耦合器的选用

常用的光电耦合器型号有 PC817、PC818、PC810、PC812、PC507、TLP521、TLP621(封装形式见图 1.9.2(a)),TLP632、TLP532、TLP519、TLP509、PC504、PC614、PC714(封装形式见图 1.9.2(b))和 TLP503、TLP508、TLP531、PC503、PC613、4N25、4N26、4N27、4N28、4N35、4N36、4N37、TIL111、TIL112、TIL114、

TIL115、TIL116、TIL117、TLP631、TLP535(封装形式见图1.9.2(c))。

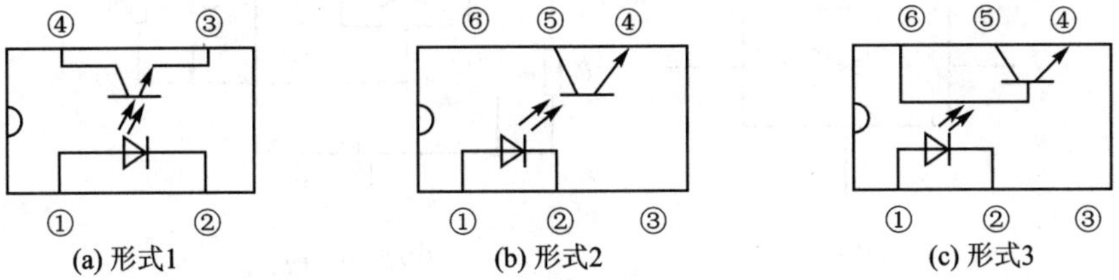

图1.9.2　常用的光电耦合器引脚端封装形式

1.10　霍尔元件

1.10.1　霍尔元件的种类与特性

霍尔元件有基本霍尔元件、线性型霍尔传感器和开关型霍尔传感器等。霍尔效应是指当半导体上通过电流，并且电流的方向与外界磁场方向相垂直时，在垂直于电流和磁场的方向上产生霍尔电动势的现象。利用霍尔效应制成的半导体元件叫霍尔元件。霍尔元件的工作原理示意图如图1.10.1所示，在半导体薄片两端通以控制电流 I，并在薄片的垂直方向施加感应强度为 B 的磁场，则在垂直于电流和磁场方向上将产生电势为 U_H 的霍尔电势，它们之间的关系为

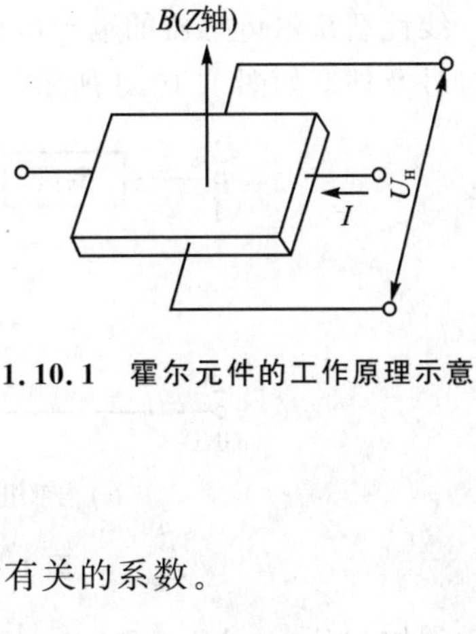

图1.10.1　霍尔元件的工作原理示意图

$$U_H = K_H IB$$

式中，K_H 为霍尔灵敏度，是一个与材料和几何尺寸有关的系数。

1.10.2　霍尔元件的选用

1. 基本霍尔元件

霍尔元件通常有4个引脚，即两个电源端和两个输出端，电路符号和典型应用电路如图1.10.2所示。E 为直流供电电源，R_P 为控制电流 I 大小的电位器。I 通常为几十至几百毫安；R_L 是 U_H 的负载。霍尔元件具有结构简单、频率特性优良(从直流到微波)、灵敏度高、体积小、寿命长等突出特点，因此被广泛用于位移量测量、磁场测量、接近开关以及限位开关电路中。

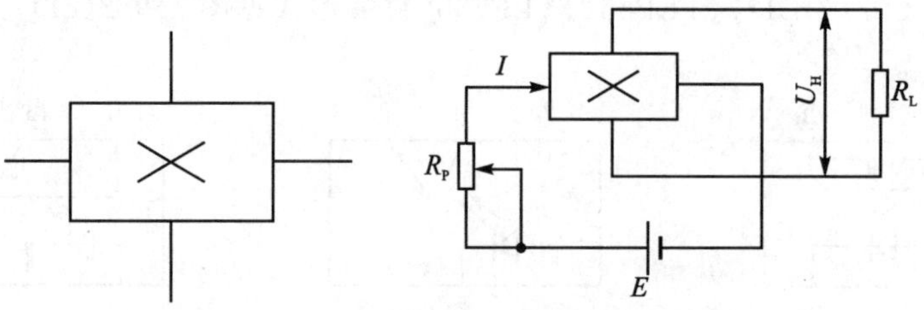

(a) 符　号　　　(b) 应用电路

图 1.10.2　霍尔元件的符号和应用电路

2. 线性型霍尔传感器

霍尔传感器将霍尔元件与放大器、温度补偿电路及稳压电源做在同一个芯片上，因而能产生较大的电动势，克服了霍尔元件电动势较小的不足。具有灵敏度高、可靠性好、无触点、功耗低、寿命长等优点，很适合在自动控制、仪器仪表及测量物理量的传感器中使用。

霍尔传感器也称为霍尔集成电路，分为线性型和开关型两种。

线性型霍尔传感器的输出电压与外加磁场强度呈线性关系，其内部结构框图、电路符号及外形如图 1.10.3 所示。

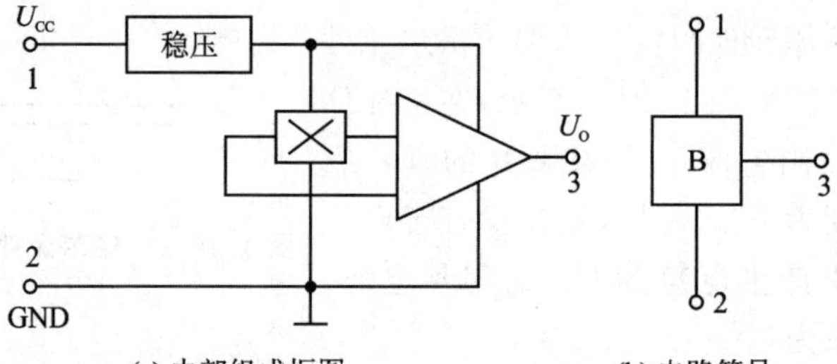

(a) 内部组成框图　　　(b) 电路符号

图 1.10.3　线性型霍尔传感器

例如：Allegro MicroSystems 公司生产的 UGN3503U/UA 霍尔效应传感器能够精确检测极小的磁通密度变化，灵敏度为 $U_{OUT}=1.75$ mV/G，磁通密度 $B=0\sim 900$ G，输出带宽为 23 kHz，工作电源电压范围为 4.5～6 V，工作温度范围为 −20～85 ℃。

UGN3503 采用 SOT89 或者 TO－243AA 封装，引脚端 1 为电源正端，引脚端 2 为接地，引脚端 3 为输出。

UGN3503 的芯片内部包含霍尔敏感元件、线性放大器和射极跟随器。UGN3503 在磁场为 0 时(G=0)，输出电压是电源电压的一半；当 S 磁极出现在霍尔传感器标记面时，输出电压高于磁场为 0 时的输出电平；当 N 磁极出现在霍尔传感器标记面时，输出电压低于磁场为 0 时的输出电平。瞬时和比例输出电压电平取决于器件最敏感面的磁通密度。用 6 V 电源可得到最大灵敏度，但会增加电源电流消耗，并使输出对称性不好。传感器输出通常采用电容耦合至放大器。

UGN3503 可用于运动检测器、齿轮传感器、接近检测器和电流检测传感器等领域。应用时，需要将一个永久偏置磁铁用环氧黏结剂黏贴到环氧封装的背面，在封装背面存有铁磁材料，能使磁通聚集。例如，若霍尔效应集成电路用来检测铁磁材料的存在，则磁铁 S 极接近封装背面；若集成电路用来检测铁磁的不存在，则磁铁 N 极接近背面。

3. 开关型霍尔传感器

开关型霍尔传感器由霍尔元件、放大器、整形电路以及集电极开路输出的三极管等部分组成，其内部电路和工作电路如图 1.10.4 所示。当磁场作用于霍尔传感器时，产生一个微小的霍尔电压，经放大器放大及整形后使三极管导通，输出低电平；当无磁场作用时，三极管截止，输出为高电平。

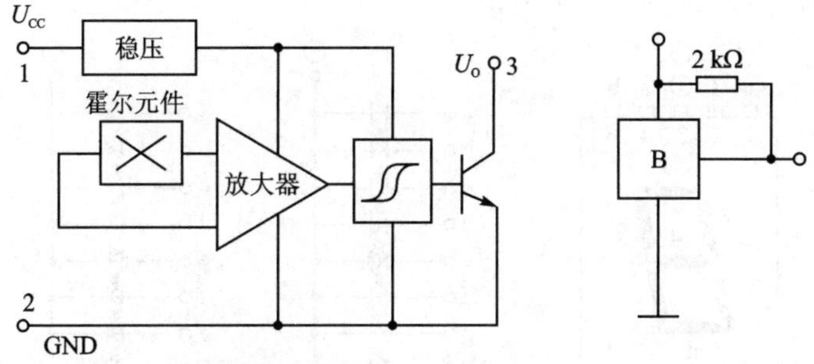

(a) 内部组成框图　　(b) 工作电路

图 1.10.4　开关型霍尔传感器

例如：Allegro MicroSystems 公司生产的 UGN3132/3133 器件是用双极性磁场（即 N、S 交变场）磁启动的霍尔开关电路，电源电压为 4.5～24 V，连续输出电流为 25 mA，磁通密度不受限制，输出关断电压为 25 V，具有反向电压保护，反向电压为 35 V，具有极好的温度稳定性，工作温度为 －20～85 ℃或者 －40～125 ℃。UGN3132/3133 采用 SOT89 或者 TO－243AA 封装，引脚端 1 为电源正端，引脚端 2 为接地，引脚端 3 为输出（OC 形式）。

UGN3132/3133 的芯片内部包含有稳压电路、霍尔效应电压产生电路、信号放大器、施密特触发器和一个集电极开路输出电路。集电极开路输出电路可连续输出 25 mA 电流，可直接控制继电器、双向可控硅、可控硅、LED 和灯等负载。有输出自举电路，也可直接与双极型和 MOS 逻辑电路连接。

1.11 显示器件

1.11.1 显示器件的种类与特性

显示器器件种类繁多，型号和性能各异。常用的显示器件有LED数码管、黑白显像管、彩色显像管、示波管、真空荧光显示屏和液晶显示屏等。

1.11.2 显示器件的选用

1. LED数码管

LED(发光二极管)数码管是一种常用的数字显示器件。LED数码管分共阳极与共阴极两种，内部结构如图1.11.1所示。使用时按规定使某些笔段上的发光二极管发光，即可显示0～9的一系列数字。

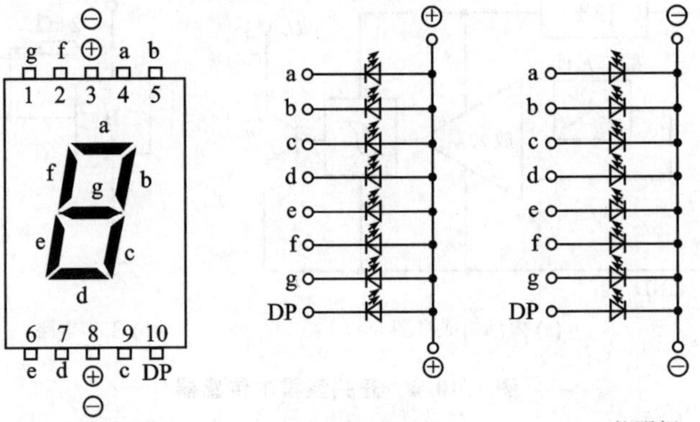

(a) 封装形式　　(b) 共阳极　　(c) 共阴极

图1.11.1 LED数码管的内部结构

a～g代表7个笔段的驱动端，亦称笔段电极，DP是小数点。第3脚与第8脚内部连通，“＋”表示公共阳极，“－”表示公共阴极。对于共阳极LED数码管，将8只发光二极管的阳极(正极)短接后作为公共阳极。其工作特点是：当笔段电极接低电平，公共阳极接高电平时，相应笔段可以发光。共阴极LED数码管将发光二极管的阴极(负极)短接后作为公共阴极，当驱动信号为高电平，负端接低电平时，才能发光。

LED数码管属于电流控制型器件，使用LED数码管时，工作电流一般选10 mA/段左右，既保证亮度适中，又不会损坏器件。

LED数码管种类繁多，型号各异，分类如下。

(1) 根据显示位数划分

根据器件所含显示位数的多少，可划分为一位、双位、多位LED显示器。一位LED显示器就是通常说的LED数码管，两位以上的一般称作显示器。双位LED数码管是将两只数码管封装成一体，其特点是结构紧凑，成本较低，典型产品有LC5012-11S(红双、共阴极)，引脚排列如图1.11.2所示。

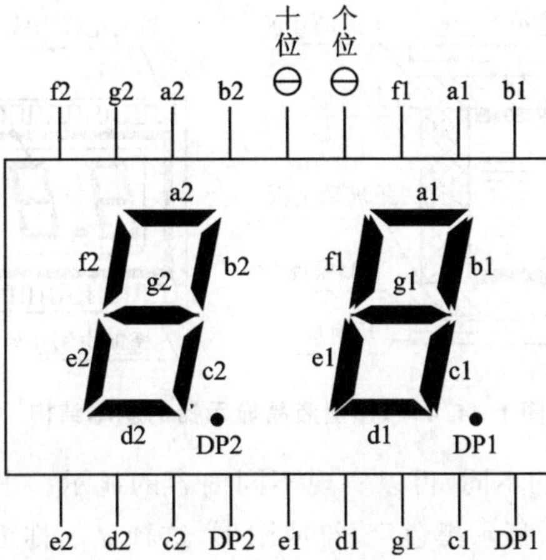

图1.11.2 LC5012-11S双位数码显示器引脚排列

为简化外部引线数量和降低显示器功耗，多位LED显示器一般采用动态扫描显示方式。其特点是将各位同一笔段的电极短接后作为一个引出端，并且各位数码管按一定顺序轮流发光显示，只要位扫描频率足够高，就不会观察到闪烁现象。

(2) 按字形结构划分

划分为数码管、符号管两种。常见符号管的外形如图1.11.3所示。其中，"+"符号管可显示正(+)、负(−)极性，"±1"符号管能显示+1或−1。"米"字管的功能最全，除显示运算符号+、−、×、/之外，还可显示A～Z共26个英文字母，常用作单位符号显示。

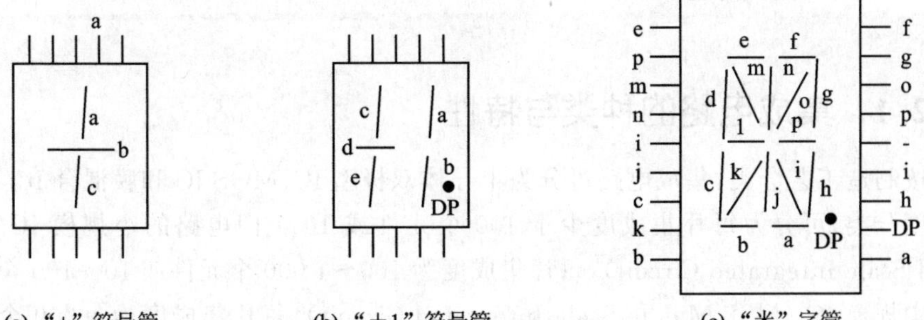

(a) "+"符号管　(b) "±1"符号管　(c) "米"字管

图1.11.3 LED符号管外形

2. TN型液晶显示器

将上下两块制作有透明电极的玻璃，通过四周的胶框封接后，形成一个几微米厚的盒。在盒中注入TN型液晶材料。在通过特定工艺处理的盒中,TN型液晶的棒状分子平行地排列于上下电极之间,如图1.11.4所示。

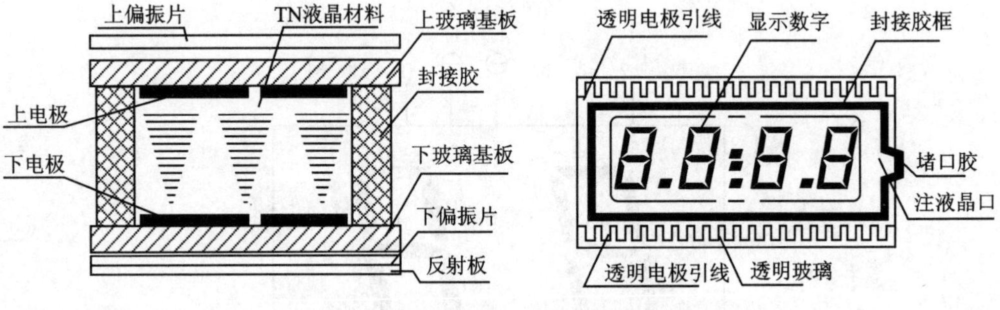

图1.11.4 TN型液晶显示器的基本结构

根据需要制作电极的不同,可以实现不同内容的显示。平时液晶显示器呈透亮背景,电极部位加电压后,显示黑色字、符或图形,这种显示称正显示。若将图1.11.4中的下偏振片转成与上偏振片的偏振方向一致进行装配,则正相反,平时背景呈黑色,加电压后显示字符部分呈透亮,这种显示称为负显示。后者适用于背光源的彩色显示器件。

液晶显示器的一个最突出的特点就是其本身不发光,用电来控制对环境照明的光在显示部位的反射(或透射)方法而实现显示。因此在所有的显示器件中,它的功耗最低,每平方米在1 pW以下,与低功耗的CMOS电路匹配,作为各种便携的袖珍型仪器仪表等终端显示。

液晶显示器自1968年问世以来,发展速度之快,型号之繁多,应用范围之广,已远远超过其他显示器件。

1.12 集成电路

1.12.1 集成电路的种类与特性

按制造工艺分类,集成电路可分为半导体双极型IC、MOS IC和膜混合IC等;按集成度分类,可分为每片集成度少于100个元件或10个门电路的小规模IC(SSI,Small Scale Integrated Circuit),每片集成度为100～1 000个元件或10～100个门电路的中规模IC (MSI,Middle Scale Integrated Circuit),每片集成度为1 000个元件或100个门电路以上的大规模IC(LSI,Large Scale Integrated Circuit),每片集成度为10万个元件或1万个门电路以上的超大规模IC(VLSI, Very Large Scale Integrated Circuit);按电路功能分类,可分为模拟集成电路、数字集成电路、专用集成电路等。

1. 运算放大器电路

运算放大器一般可分为通用型、精密型、低噪声型、高速型、低电压低功率型及单电源型等几种。本节以美国 TI 公司的产品为例，说明各类的主要特点。

(1) 通用型运算放大器

通用型运算放大器的参数是按工业上的普通用途设定的，各方面性能都较差或中等，价格低廉，其典型代表是工业标准产品 μA741、LM358、OP07、LM324、LF412 等。

(2) 精密型运算放大器

要求运算放大器有很好的精确度，特别是对输入失调电压 U_{IO}、输入偏置电流 I_{IB}、温度漂移系数、共模抑制比 K_{CMR} 等参数有严格要求。例如，U_{IO} 不大于 1 mV，高精密型运算放大器的 U_{IO} 只有几十微伏，常用于需要精确测量的场合。其典型产品有 TLC4501/TLC4502、TLE2027/TLE2037、TLE2022、TLC2201、TLC2254 等。

(3) 低噪声型运算放大器

低噪声型运算放大器属于精密型运算放大器，要求器件产生的噪声低，即等效输入噪声电压密度 $\sigma_{Vn} \leqslant 15\ \text{nV}/\sqrt{\text{Hz}}$。另外需要考虑电流噪声密度，它与输入偏流有关。双极型运算放大器通常具有较低的电压噪声，但电流噪声较大，而 CMOS 运算放大器的电压噪声较大，但电流噪声很小。低噪声型运算放大器的产品有 TLE2027/TLE2037、TLE2227/TLE2237、TLC2201、TLV2362/TLV2262 等。

(4) 高速型运算放大器

高速型运算放大器要求运算放大器的运行速度快，即增益带宽乘积大、转换速率快，通常用于处理频带宽、变化速度快的信号。双极型运算放大器的输入级是 JFET 的运算放大器，通常具有较高的运行速度。典型产品有 TLE2037/TLE2237、TLV2362、TLE2141/TLE2142/TLE2144、TLE2071、TLE2072/TLE2074、TLC4501 等。

(5) 低电压低功率型运算放大器

用于低电压供电，例如 3 V 电源电压运行的系统或电池供电的系统。要求器件耗电小(500 μA)，能低电压运行(3 V)，最好具有轨对轨(Rail to Rail)性能，可扩大动态范围。主要产品有 TLV2211、TLV2262、TLV2264、TLE2021、TLC2254、TLV2442、TLV2341 等。

(6) 单电源型运算放大器

单电源运算放大器要求用单个电源电压(典型电压为 5 V)供电，其输入端和输出端的电压最低可达 0 V。多数单电源型运算放大器是用 CMOS 技术制造的。单电源型运算放大器也可用于对称电源供电的电路，只要总电压不超过允许范围即可。另外，有些单电源型运算放大器的输出级不是推挽电路结构，当信号跨越电源中点电压时，会产生交越失真。

表示运算放大器性能的参数有：单/双电源工作电压、电源电流、输入失调电压、输入失调电流、输入电阻、转换速率、差模输入电阻、失调电流温漂、输入偏置电流、偏置电流温漂、差模电压增益、共模电压增益、单位增益带宽、电源电压抑制、差模输入电压范围、共模输入电压范围、输入噪声电压、输入噪声电流、失调电压温漂、建立时间、长时间漂移等。

不同的运算放大器参数差别很大，使用运算放大器前需要对参数进行仔细分析。

2. 数字集成电路

数字集成电路产品的种类繁多，目前中小规模数字集成电路最常用的是TTL系列和CMOS系列，又可细分为74xx系列、74LSxx系列、CMOS系列和HCMOS系列等。按工艺类型进行的分类的数字集成电路如表1.12.1所列。

数字集成电路种类繁多，每个品种的技术参数也很多，使用集成电路前必须仔细阅读技术参数表，才能正确地使用器件。同一系列数字集成电路中逻辑功能相同的数字集成电路，其外部引脚相同，如74系列中42输入与非门有7400、74LS00、74HC00、74ALS00、74HCT00等，外部封装与引脚都相同，尽管它们有着相同的逻辑功能和外形，但技术参数却不相同，使用中是否能直接代换需要根据技术参数来决定。

表1.12.1　数字集成电路按工艺类型的分类

系　列	子系列	代　号	名　称	时间/ns	工作电压/V	功耗/μW
TTL系列	TTL	74	普通TTL系列（某些资料上称为N系列或STD系列）	10	74系列：4.75～5.25 54系列：4.5～5.5	10 000
	HTTL	74H	高速TTL系列	6		22 000
	LTTL	74L	低功耗TTL系列	33		1 000
	STTL	74S	肖特基TTL系列	3		19 000
	ASTTL	74AS	先进肖特基TTL系列	3		8 000
	LSTTL	74LS	低功耗肖特基TTL系列	9.5		2 000
	ALSTTL	74ALS	先进低功耗肖特基TTL系列	3.5		1 000
	FTTL	74F	快速TTL系列	3.4		4 000
CMOS系列	CMOS	40/45	互补型场效应管系列	125	3～18	1.25
	HCMOS	74HC	高速CMOS系列	8	2～6	2.5
	HCTMOS	74HCT	与TTL电平兼容型HCMOS系列	8	4.5～5.5	2.5
	ACMOS	74AC	先进CMOS系列	5.5	2～5.5	2.5
	ACTMOS	74ACT	与TTL电平兼容型ACMOS系列	4.75	4.5～5.5	2.5

1.12.2 集成电路的选用

1. 集成电路的命名方法

集成电路的品种很多，即使对专业技术人员而言，正确合理地运用集成电路都是一件不容易的事情。

如果不认识集成电路的符号或标志，也不知道如何去查阅资料，那么在应用集成电路时就会觉得很困难。

不同的厂家对集成电路产品有各自的型号命名方法。从产品型号上可大致反映出该产品在厂家、工艺、性能、封装和等级等方面的内容。

各集成电路制造厂家的产品型号，一般由“前缀”“器件”“后缀”三部分组成。

“前缀”部分常表示公司代号、功能分类和产品系列等；

“器件”部分常表示芯片的结构、容量和类别等；

“后缀”部分常表示封装形式、使用温度范围等内容，如图 1.12.1 所示。

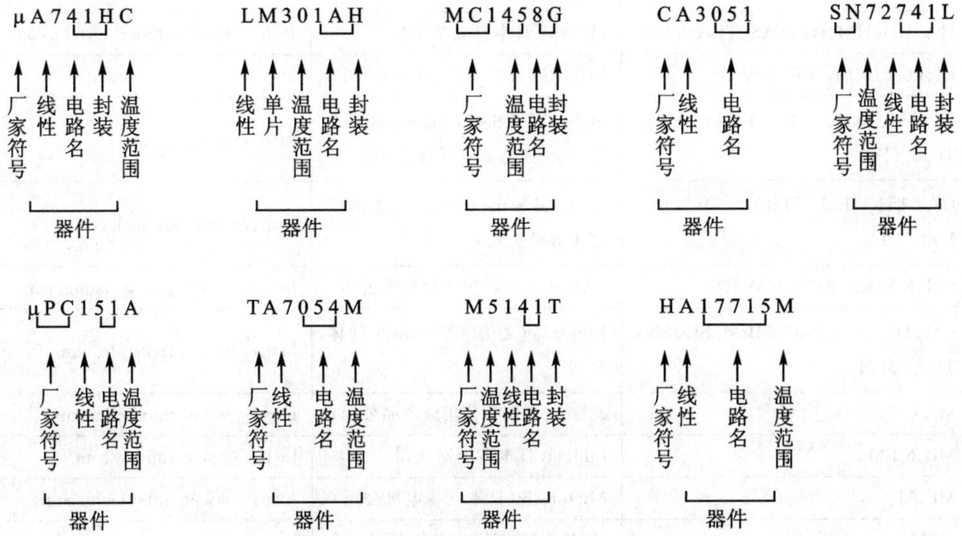

图 1.12.1 集成电路型号的命名方法

部分集成电路生产厂商的型号前缀和网址如表 1.12.2 所列。

表 1.12.2 部分集成电路生产厂商的型号前缀和网址

型号前缀	对应国外生产厂商	互联网网址
AC、TP、SN、TCM、TL、TMS	Texas Instruments[TI](美国得克萨斯仪器公司)	http://www.ti.com
AD、MA、MC	Analog Devices(美国模拟器件公司)	http://www.analog.com

续表 1.12.2

型号前缀	对应国外生产厂商	互联网网址
AM	Advanced Micro Devices(美国先进微电子器件公司)	http://www.advantagememory.com
AM	Data-Intersil(美国戴特-英特锡尔公司)	http://www.datapoint.com
AN、DBL、MN、OM	PanaSonic(日本松下电器公司)	http://www.panasonic.com
BX、CT、CX、CXA、CXD、KC	SONY(日本索尼公司)	http://www.sony.com
CA、HEF、LF、LM、MC、SA、SAA、SAK、SE、TBA、TCA、TDA、UA、EFB、ESM、NE、SG、TAA、TEA	NXP(荷兰恩智浦半导体公司)	http://www.nxp.com
CD、LMLUALFLFCM、SH、TBA	FairChild(美国仙童公司)	http://www.fairchildsemi.com
EEA、EF、EGC、TBA、UAA、TDA、TDB、TEA	Thomson-CSF(法国汤姆逊半导体公司)	http://www.thomson.com
HA、HD、HM、HZ、SAS、TBA、TDA	Hitachi(日本日立公司)	http://semiconductor.hitachi.com
IR、IX、LH、LK、LR、LSC	SHARP(日本夏普(声宝)公司)	http:/www.sharp.com
L、LM、M.、NE、TAA、TBA、TCA、TDA	SGS-ATES Semiconductor(意大利SGS-亚特斯半导体公司)	http:/www.st.com
LF、LH、LM、TBA、TP、LP、MM、TDA	National Semiconductor(美国国家半导体公司)	http:/www.national.com
LM、KA、KB、KDA、KM、KS	SAMSUNG(韩国三星电子公司)	http://www.sec.samsung.com
LM、TCA、UA、MC、MLM、SG、SN、TDA、ULN	Freescale(美国飞思卡尔半导体公司)	http://www.freescale.com
MAX	Maxim(美国美信集成产品公司)	http://www.maxim-ic.com
MB、MBM	Fujitsu(日本富士通公司)	http://www.fujitsu.com
MF、M	Mitsubishi(日本三菱电机公司)	http://www.mitsubishi.com
MSM	OKI(美国OKI半导体公司)	http://www.oki.com
S、SAS、SDA、TBA、TPA、TUA、UAA、SO、TAA、TCA、TDA	Siemens(德国西门子公司)	http://www.siemens.com
SAB、SAS、TBA、TCA、TDA	AEG-Eelefunken(德国德律风根公司)	http://www.telefunken.de/en-gl/index_e.aspl
SG、TCM、TL	Silicon General(美国通用硅片公司)	http://www.ssil.com
SI、STR、L、LA、LB、LC、LM、STK	Sanken(日本三肯电子公司)	http://www.sanken-elec.co.jp
TBA、UPA、UPB、UPC、UPD、TDA	NEC Electron(日本电气公司)	http://www.nec-global.com

续表 1.12.2

型号前缀	对应国外生产厂商	互联网网址
TC、T、TA、TM、TMM	Toshiba(日本东芝公司)	http://www.toshiba.com
ULN、ULS、ULX	Sppague Electric(美国史普拉格电子公司)	http://www.sharp.com
YM	Yamaha(日本雅马哈公司)	http://www.yamaha.co.jp

2. 常见集成电路的封装

随着集成电路安装工艺技术的发展,集成电路的封装技术也在不断进步,目前的封装形式和规格不下数百种。为满足不同的应用场合,同一型号的集成电路一般有不同形式的封装,在使用集成电路前一定要查清集成电路的封装,特别是在设计印制电路板时,初学门者往往会发生印制电路板做完后,在组装器件时因封装不对而造成印制电路板报废的情况。以下是集成电路常见的几种封装形式。

(1) 圆形金属外壳封装

圆形金属外壳封装如图 1.12.2 所示。引脚数法是:将引脚朝上,从管键开始,顺时针计数,如图 1.12.2(b)所示。

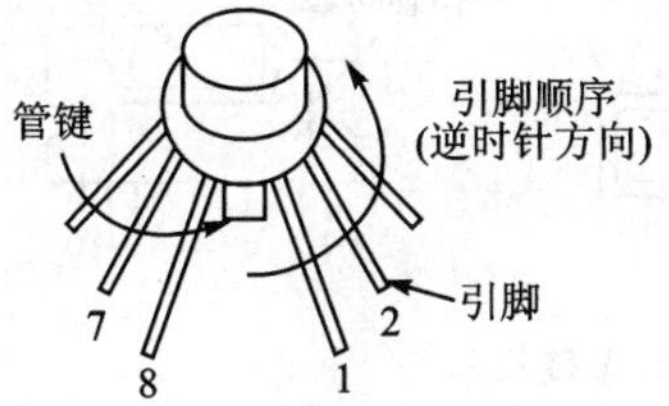

(a) 引脚外形图

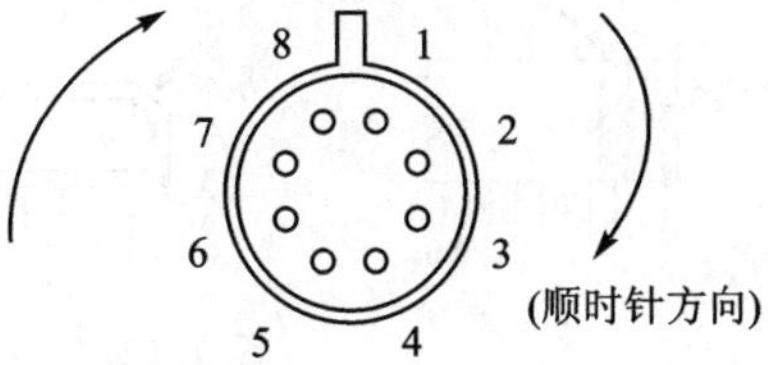

(b) 顺时针数法

图 1.12.2 圆形金属外壳封装

(2) DIP 封装

DIP 封装又称为双列直插式封装,如图 1.12.3(a)所示,引脚数法如图 1.12.3(b)所示。引脚数一般为 8、14、16、20、24、28、32、40 等。引脚的间距为 2.54 mm(0.1 in),集成电路的宽度一般有两种,引脚数在 24 以下的为 7.62 mm(0.3 in),引脚在 24 以上的为 15.24 mm(0.6 in),24 脚的集成电路两种宽度均有。

(3) 单列直插式封装

单列直插式封装的形式很多,如图 1.12.4 所示。识别其引脚时应使引脚向下,面对型号或定位标记,自定位标记一侧的头一只引脚数起,依次为 1、2、3、…。这一类集成电路上常用的定位标记为色点、凹坑、色带、缺角、线条等。

在此需要指出的是:有些厂家生产的集成电路,同一种芯片为了便于在印制板上灵活安装,其封装外形有多种。例如,为适应双声道立体声音频功率放大电路对称性安装的需要,其引脚排列顺序对称相反。一种按常规排列,即自左向右;另一种则

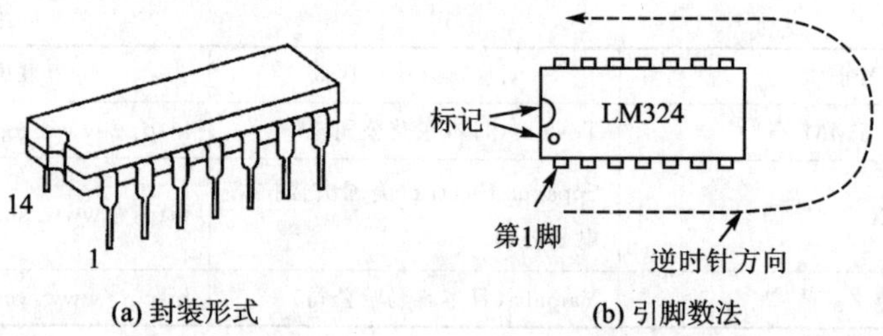

图 1.12.3 DIP 封装形式与引脚数法

自右向左，如图 1.12.5 所示。但有少数这类器件上没有引脚识别标记，这时应从它的型号上加以区别，若其型号后缀中有一个字母 R，则表明其引脚顺序为自右向左反向排列，应用时要细心。

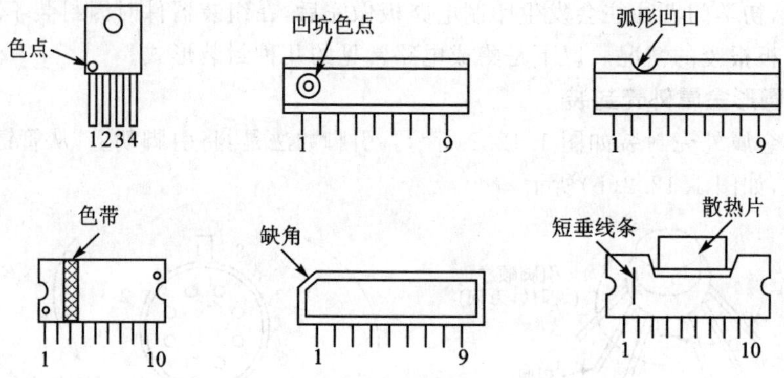

图 1.12.4 单列直插式封装

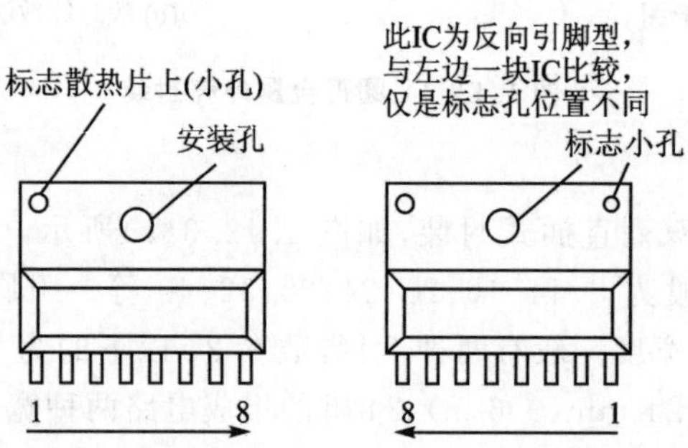

图 1.12.5 两种不同封装排列

(4) 贴片封装

贴片封装(SOP)种类很多，此类封装安装时只需焊接在印制电路板表面，印制电路板不需打孔，因此也称为贴片封装，如图 1.12.6 所示。SOP 封装引脚的间距为 1.27 mm(0.05 in)，集成电路的宽度(含引脚)为 6 mm(0.236 in)。SOP 封装的集成电路体积小，可大大减少印制电路板的面积。由于焊盘及焊盘间间距很小，手工焊接比较困难，故焊接该类集成电路时需要较好的焊接技术。

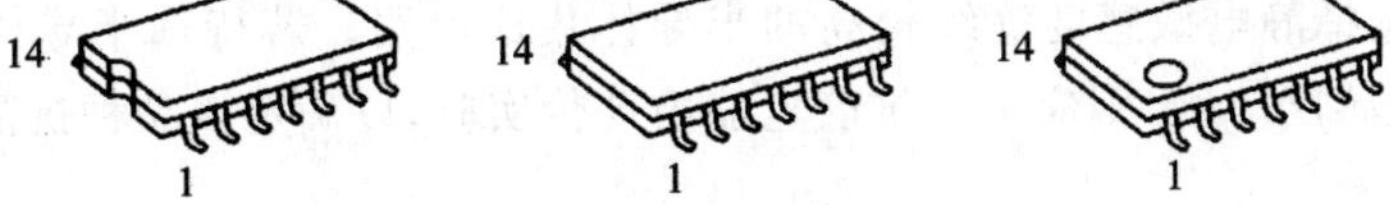

(a) SOP封装　(b) SOL封装　(c) TSSOP封装

图 1.12.6　贴片封装形式

在小外形封装 SOP 以后，逐渐派生出 SOJ（J 型引脚小外形封装）、TSOP（薄小外形封装）、VSOP（甚小外形封装）、SSOP（缩小型 SOP）、TSSOP（薄的缩小型 SOP）、SOT（小外形晶体管）及 SOIL（小外形集成电路）等，各封装引脚间距、外形尺寸不断缩小。目前规模化生产使用的集成电路多采用贴片封装形式。

(5) PLCC 封装

贴片式封装都是直接焊接在印制电路板上，但是对于使用中需要取下更换的集成电路十分不方便。PLCC 封装采用了 J 型引脚，使用时既可使用贴片方式焊接在印制电路板上，也可使用 PLCC 插座安装在印制电路板上，如图 1.12.7 所示。

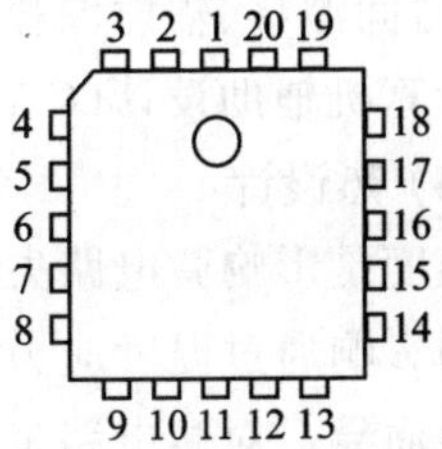

图 1.12.7　PLCC 封装形式

(6) COB 和 BGA 封装

COB 封装即通常所称的“软”封装、“黑胶”封装，它将集成电路晶片直接粘在印制电路板上，用引脚来实现与印制电路板的连接，最后用黑胶包封。这类电路成本低，主要应用于电子表、游戏机、计算器等电子产品中。

BGA 封装的引脚为球形引脚，且球形引脚置于电路底面，不再从四边引出。BGA 封装进一步减小了集成电路器件的体积，是现代超大规模集成电路封装的发展方向。

1.12.3　集成电路应用时应注意的问题

1. 集成电路选择的一般程序和要求

① 根据对应用部位的电性能以及体积、价格等方面的要求，确定所选半导体集成电路的种类和型号。

② 根据对应用部位的可靠性要求，确定所选半导体集成电路应执行的规范（或技术条件）和质量等级。

③ 根据对应用部位其他方面的要求，确定所选半导体集成电路的封装形式、引线涂覆、辐射强度保证等级及单粒子敏感度等。

④ 对大功率半导体集成电路，选择内热阻足够小者。

⑤ 选择抗瞬态过载能力足够强的半导体集成电路。

⑥ 选择导致锁定最小注入电流和最小过电压足够大的半导体集成电路。

⑦ 尽量选择静电敏感度等级较高的半导体集成电路。若待选半导体集成电路未标明静电敏感度等级,则应进行抗静电能力评价实验,以确定该品种抗静电能力的平均水平。

2. 确保半导体集成电路的应用可靠性所采取的措施

(1) 降额使用

设计电子产品时,对微电路所承受的应力应在额定应力的基础上按GB/Z35《电子元器件降额准则》降额。

(2) 容差设计

设计电子产品时,应了解所采用微电路的电参数变化范围,包括制造容差、温度漂移、时间漂移、辐射漂移等,并以此为基础,借助有效的手段进行容差设计。应尽量利用计算机辅助设计(CAD)手段进行容差设计。

(3) 热设计

温度是影响微电路失效率的重要因素。在微电路工作失效率模型中,温度对失效率的影响通过温度应力系数体现。温度应力系数是温度的函数,其形式因微电路的类型而异。对微电路来说,温度升高10～20 ℃约可使湿度应力系数增加一倍。防过热的目的是将微电路的芯片结温控制在允许范围内,对高可靠设备,要求控制在100 ℃以下。微电路的芯片结温决定于自身功耗、热阻和热环境。因此,将芯片结温控制在允许范围内的措施包括自身功耗、热阻和热环境的控制。

(4) 防静电

对于静电敏感电路,防静电措施可参考有关著作和国家军用标准。对于静电敏感的CMOS集成电路,在使用中除严格遵守有关的防静电措施外,还应注意:

① 不使用的输入端应根据要求接电源或接地,不得悬空;

② 作为线路板输入接口的电路,其输入端除加瞬变电压抑制二极管外,还应对地接电阻器,其阻值一般取0.2～1 MΩ;

③ 当电路与电阻器、电容器组成振荡器时,电容器存储电荷产生的电压可使有关输入端的电压短时高于电源电压。为防止这一现象,应在该输入端串联限流电阻器,其阻值一般取定时电阻的2～3倍;

④ 作为线路板输入接口的传输门,每个输入端都应串接电阻器,其值一般取50～100 Ω;

⑤ 作为线路板输入接口的逻辑门,每个输入端都应串联电阻器,其值一般取100～200 Ω;

⑥ 对作为线路板输入接口的应用部位,应防止其输入电位高于电源电位(先加信号源,后加线路板电源就可导致这一现象的发生)。

(5) 防瞬态过载

瞬态过载严重时，会使半导体集成电路完全失效。轻微时，也可能导致半导体集成电路产生损伤，使其技术参数降低、寿命缩短。对此必须采取防瞬态过载措施。

(6) 防寄生耦合

寄生耦合可能导致数字电路误码和模拟电路自激。防寄生耦合包括防电源内阻耦合和防布线寄生耦合两个方面。

① 防电源内阻耦合。防电源内阻耦合的主要措施是在线路板的适当位置安装电源去耦电容器，以减少电路引出端处的电源输出阻抗。电源去耦电容器配置的原则如下：

(a) 对于动态功耗电流较大的电路，每个电路的每个电源引出端配一只小容量电源去耦电容器，其品种一般采用独石瓷介电容器，容量一般限制在 0.01～0.1 μF；

(b) 对于动态功耗电流较小的电路，几个相距较近电路接同一电源的引出端，共用一只小容量电源去耦电容器，其品种和容量同(a)项；

(c) 必要时，每块线路板配一只或几只大容量电源去耦电容器，其品种一般采用固体担电容器，容量一般取 10 μF。

应根据半导体集成电路的有关参数(例如动态功耗电流尖峰)和它所在线路板的情况(例如板上电路总数)确定电源去耦电容器的具体配置。

对于 54HC/HCT、54HCS/HCTS、54AC/ACT 以及 54LS、54ACS 和 54F 系列中的中规模集成电路，按上述原则中的(a)项实施；对上述系列中的小规模集成电路以及 4000B 系列中的中规模集成电路，按上述(b)项实施。

② 防布线寄生耦合。半导体集成电路的布线包括与其引出端直接相连的连线和由它构成线路的连线。应借助于正确的布线设计减小布线寄生耦合。布线设计的原则如下：

(a) 信号线的长度尽量短，相邻信号线间的距离不应过近；

(b) 若信号中含有高频分量且对精度要求不特别高的电路，则其地线设计采用大面积接地带方式，要点为电路的地引出端尽量通过短而粗的连线与接地带相连；

(c) 信号的主要成分为低频分量且对精度要求很高的电路，其地线设计采用汇聚于一点的分别布线方式，要点为每个电路的每个地引出端都有其专用地线，它们最后汇聚于线路板或电子设备的一个点。

3. 运算放大器选用时应注意的事项

① 若无特殊要求，应尽量选用通用型运放。当一个电路中有多个运放时，建议选用双运放(如 LM358)或四运放(如 LM324 等)。

② 应正确认识、对待各种参数，不要盲目片面追求指标的先进，例如，场效应管输入级的运放，其输入阻抗虽高，但失调电压也较大，低功耗运放的转换速率也必然较低。各种参数指标是在一定的测试条件下测出的，若使用条件和测试条件

不一致，则指标的数值也将会有差异。

③ 当用运放作弱信号放大时，应特别注意选用失调以及噪声系数均很小的运放，如ICL7650。同时应保持运放同相端与反相端对地的等效直流电阻等。此外，在高输入阻抗及低失调、低漂移的高精度运放的印刷底板布线方案中，其输入端应加保护环。

④ 当运放用于直流放大时，必须妥善进行调零。有调零端的运放应按标准推荐的调零电路进行调零。

⑤ 为了消除运放的高频自激，应参照推荐参数在规定的消振引脚之间接入适当的电容消振，同时应尽量避免两级以上放大级级连，以减小消振困难。为了消除电源内阻引起的寄生振荡，可在运放电源端对地就近接去耦电容，考虑到去耦电解电容的电感效应，常常在其两端在并联一个容量为 0.01～0.1 μF 的瓷片电容。

4. TTL 电路选用时应注意的事项

(1) 电　源

① 稳定性应保持在±5%之内；

② 纹波系数应小于 5%；

③ 电源初级应有射频旁路。

(2) 去　耦

每使用 8 块 TTL 电路就应当用一个 0.01～0.1 μF 的射频电容器对电源电压进行去耦。去耦电容的位置应尽可能地靠近集成电路，二者之间的距离应在 15 cm 之内。每块印制电路板也应用一只容量更大些的低电感电容器对电源进行去耦。

(3) 输入信号

① 输入信号的脉冲宽度应长于传播延迟时间，以免出现反射噪声。

② 要求逻辑“0”输出的器件，其不使用的输入端应接地或与同一门电路的在用输入端相连。

③ 要求逻辑“1”输出的器件，其不使用的输入端应连接到一个大于 2.7 V 的电压上。为了不增加传输延迟时间和噪声敏感度，所接电压不要超过该电路的电压最大额定值 5.5 V。

④ 不使用的器件，其所有的输入端都应按照使功耗最低的方法连接。

⑤ 在使用低功耗肖特基 TTL 电路时，应保证其输入端不出现负电压，以免电流流入输入钳位二极管。

⑥ 时钟脉冲的上升时间和下降时间应尽可能短，以便提高电路的抗干扰能力。

⑦ 通常，时钟脉冲处于高态时，触发器的数据不应改变。若有例外，应查阅有关的数据规范。

⑧ 扩展器应尽可能地靠近被扩展的门，扩展器的节点上不能有容性负载。

⑨ 在长信号线的接收端应接一个 0.5～1 kΩ 的上拉电阻，以便增加噪声容限和

缩短上升时间。

(4) 输出信号

① 集电极开路器件的输出负载应连接到小于等于最大额定值的电压上,所有其他器件的输出负载应连接到 U_{CC} 上。

② 长信号线应该由专门为其设计的电路驱动,如线驱动器、缓冲器等。

③ 从线驱动器到接收电路的信号回路线应是连续的,应采用特性阻抗约为 100 Ω 的同轴线或双绞线;

④ 在长信号线的驱动端应加一只小于 51 Ω 的串联电阻,以便消除可能出现的负过冲。

(5) 并联应用

① 除三态输出门外,有源上拉门不得并联连接。只有一种情况例外,即并联门的所有输入端和输出端均并联在一起,而且这些门电路封装在同一外壳内。

② 某些 TTL 电路具有集电极开路输出端,允许将几个电路的开集电极输出端连接在一起,以实现"线与"功能。但应在该输出端加一个上拉电阻,以便提供足够的驱动信号,提高抗干扰能力,上拉电阻的阻值应根据该电路的扇出能力确定。

5. CMOS 电路选用时应注意的事项

(1) 电　源

① 稳定性应保持在±5%之内。

② 纹波系数应小于 5%。

③ 电源初级应有射频旁路。

④ 如果 CMOS 电路自身和其输入信号源使用不同的电源,则开机时应首先接通 CMOS 电源,然后接通信号源;关机时应该首先关闭信号源,然后关闭 CMOS 电源。

(2) 去　耦

每使用 10~15 块 CMOS 电路就应当用一个 0.01~0.1 μF 的射频电容器对电源电压进行去耦。去耦电容的位置应尽可能地靠近集成电路,二者之间的距离应在 15 cm 之内。每块印制电路板也应用一只容量更大的低电感电容器对电源进行去耦。

(3) 输入信号

① 输入信号电压的幅度应限制在 CMOS 电路电源电压范围之内,以免引发门锁。

② 多余的输入端在任何情况下都不得悬空,应适当地连接到 CMOS 电路的电压正端或负端上。

③ 当 CMOS 电路由 TTL 电路驱动时,应该在 CMOS 电路的输入端与 U_{CC} 之间连一个上拉电阻。

④ 在非稳态和单稳态多谐振荡器等应用中,允许 CMOS 电路有一定的输入电

流(通过保护二极管),但应在其输入加接一只串联电阻,将输入电流限制在微安级的水平上。

(4) 输出信号

① 输出电压的幅度应限制在 CMOS 电路电源电压范围之内,以免引发门锁。

② 长信号线应该由专门为其设计的电路驱动,如线驱动器、缓冲器等。

③ 应避免在 CMOS 电流的输出端接大于 500 pF 的电容负载。

④ CMOS 电路的扇出系数应根据其输出容性负载量来确定,通常可按下式计算:

$$F_O = \frac{0.8C_L}{C_i}$$

式中,F_O 为扇出系数,C_L 为 CMOS 电路的额定容性负载电容,0.8 是容性负载的降额系数,C_i 为 CMOS 电路的额定输入电容。

(5) 并联应用

除三态输出门外,有源上拉门不得并联连接。只有一种情况例外,即并联门的所有输入端均并联在一起,而且这些门电路封装在同一外壳内。

6. 对集成电路使用条件应注意的问题

使用环境包括电源种类、工作速度的要求、外界干扰情况、体积要求、可靠性要求和环境温度等。

① 功耗问题。设计一个便携式设备,使用电池供电,就必须选择功耗极低的 CMOS 电路。

② 工作频率问题。若电路工作频率高于 10 MHz,就不能选用 4000 系列器件,因为 4000 系列器件的最高工作频率为 7 MHz。

③ 工作温度问题。例如:民用级 74LSXX 系列的器件,其工作温度为 0~70 ℃。当产品工作温度低于 0 ℃时就可能会出现故障。

④ 抗干扰问题。若产品工作环境中有较大的电气设备等强干扰源时,除需采取抗干扰措施外,最好选用电源电压较高的 CMOS 电路,电源电压较高时,器件的噪声容限也较高。

⑤ 新器件问题。选择一个器件前必须对同类器件的性能有比较详细的了解,特别是一些新型器件的出现,对于产品的研发经常起着事半功倍作用的器件。

⑥ 功能问题。在选择器件时尽可能选择规模较大的器件,既可以简化设计,降低系统成本,还能降低故障率。

⑦ 设计思路问题。例如:译码器是数字集成电路中常用的组合电路器件,但要完成 8 位二进制数的译码,需要使用多片译码器器件和部分门电路,比较复杂。很多情况下,不需要将 8 位二进制数的状态全部译码出来,只需要少量几个译码结果,放弃使用通用译码器而采用可编程逻辑器件译码,这样不但使用方便,电路简单,效果良好,还提高了系统的保密性能。一个良好的设计思路往往会带来令人意想不到的

效果。

⑧ 市场供求和价格因素。选择器件必须了解市场行情,并不是所有能在手册中查找到的器件在市场上都能买到。即使在市场上能买到样片,批量生产时也可能会出现生产厂家已经停止生产,市场缺货的情况。如果市场上也没有同类替代器件,就只好重新修改设计,报废所设计的印制电路板,造成了时间和材料的浪费。

产品价格是产品在市场竞争中的重要因素,器件的价格直接影响产品成本,因此在满足产品技术条件的前提下,设计者要尽可能地降低成本。器件的市场价格不仅取决于器件的质量、集成度和本身的技术含量,还取决于商家的进货渠道、经营策略等,更重要的是取决于市场供求关系。一个有经验的设计者在设计某个电路时往往会做出几套方案,然后根据器件价格等因素筛选。

1.13 石英晶体

1.13.1 石英晶体的种类与特性

石英晶体是一种各向异性的结晶体,从一块晶体上按一定的方位角切下的薄片称为晶片(可以是正方形、矩形或圆形等),然后在晶片的两个对应表面上涂敷银层并装上一对金属板,就构成石英晶体谐振器,石英晶体谐振器具有压电谐振现象,等效电路如图 1.13.1 所示。

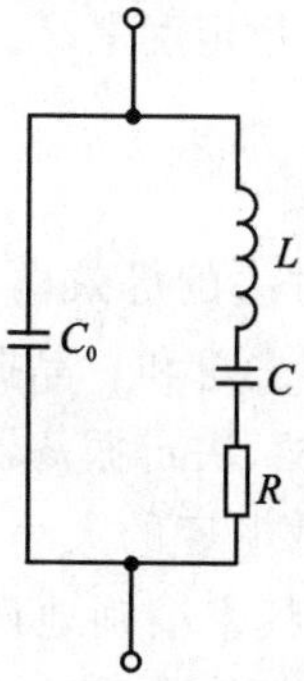

(a) 石英晶体的等效电路

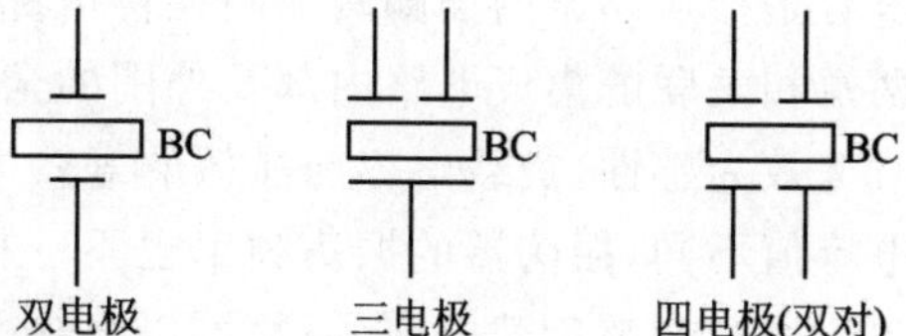

(b) 石英晶体的电路符号

图 1.13.1 石英晶体谐振器的等效电路与电路符号

石英晶体具有很高的品质因数,其品质因数 Q 在 10 000~500 000 的范围内。

石英晶体具有串联和并联两种谐振现象,可构成并联晶体振荡器和串联晶体振荡器,前者石英晶体是以并联谐振的形式出现,而后者石英晶体则是以串联谐振的形式出现。

由石英谐振器组成的振荡器，其最大特点是频率稳定度极高，例如，10 MHz 的振荡器，一日内的频率变化小于 0.1～0.01 Hz，甚至还小于 0.000 1 Hz。

晶振元件按封装外形分，有金属壳、玻壳、胶木壳和塑封等几种；按频率稳定度分，有普通型和高精度型；按用途分，有彩电用、手机用、手表用、电台用、录像机用、影碟机用、摄像机用等。主要是按工作频率及体积大小上的分类，性能一般差别不大，只要频率和体积符合要求，其中很多晶振元件是可以互换使用的。

1.13.2 石英晶体的选用

1. 石英晶体的型号

国产晶振元件的型号由 3 部分组成，其中第 1 部分表示外壳形状和材料，如 B 表示玻璃壳，J 表示金属壳，S 表示塑封型；第 2 部分表示晶片切型，常与切型符号的第 1 个字母相同，如 A 表示 AT 切型、B 表示 BT 切型等；第 3 部分表示主要性能及外形尺寸等，一般用数字表示，也有最后再加英文字母的，如 JA5 为金属壳 AT 切型晶振元件，BA3 为玻壳 AT 切型晶振元件。从型号上无法知道晶振元件的主要电特性，需查产品手册或相关资料。

2. 石英晶体的参数

晶振元件的主要电参数是标称频率 f_0、负载电容 C_L、激励电平(功率)和温度频差等。

(1) 标称频率

石英晶体有一个标称频率，当电路工作在该频率时，频率稳定度最高。标称频率是在石英晶体上并接一定的负载电容条件下测定的。

(2) 负载电容

负载电容是指从晶振的插脚两端向振荡电路的方向看进去的等效电容，即指与晶振插脚两端相关联的集成电路内部及外围的全部有效电容之总和。晶振在振荡电路中起振时等效为感性，负载电容与晶振的等效电感形成谐振，决定振荡器的振荡频率。负载电容值不同，振荡器的振荡频率也不一样，改变负载电容的大小，就可以改变振荡频率。通过调整负载电容，一般可以将振荡器的振荡频率精确地调整到标准值。在晶振产品资料中，提供的负载电容可以作为一个测试条件，也可以作为一个使用条件。负载电容参数偏离会使振荡频率偏离标准值，偏离过大时，会使振荡器起振困难造成停振。

晶振的负载电容有高、低两类之别。低者一般仅为十几皮法(pF)至几百皮法，而高者则为无穷大，两者相差悬殊，决不能混用，否则会使振荡频率偏离。两类不同负载电容的晶振使用方式绝然不同。低负载电容晶振都串联几十皮法容量的电容器；而高负载电容晶振不但不能串联电容器，还必须并联数皮法小容量电容器(外电路的分布电容有时也能取代这个并联小电容)，如图 1.13.2 所示。

每个晶振的外壳上除了清晰地标明标称频率外，还以型号及等级符号区分其他性能参数的差异。如同为标称频率4.43 MHz的国产晶振，JA18A为低负载电容，仅有16 pF，电路中串有电容；而JA18B则是高负载电容，为无穷大，电路中不能串有电容。选用时必须明辨等级符号A或B。

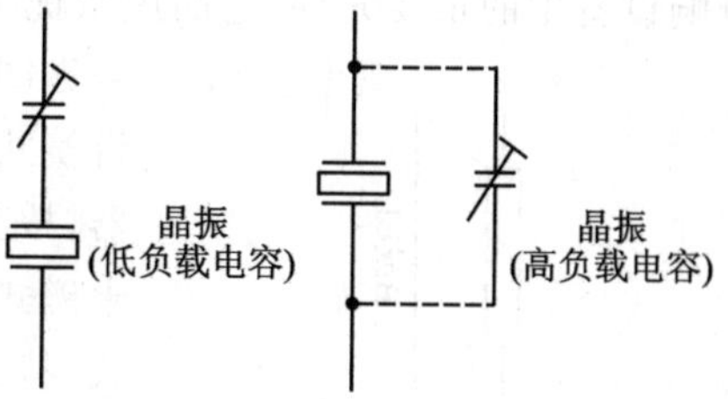

图 1.13.2　两类不同负载电容的晶振

(3) 激励电平

激励电平(功率)是指晶振元件工作时会消耗的有效功率。激励电平应大小适中，过大会使电路频率稳定度变差，过小会使振荡幅度减小和不稳定，甚至不能起振。一般激励电平不应大于额定值，但也不要小于额定值的50%。

(4) 温度频差

温度频差是指在工作温度范围内的工作频率相对于基准温度下工作频率的最大偏离值，该参数实际代表了晶振的频率温度特性。

3. 晶振元件和VCO组件的区别

晶振元件和VCO(压控振荡器)组件是两类不同的器件，例如手机的13 MHz晶振和13 MHz VCO组件。

13 MHz晶振是一个元件，本身不能产生振荡信号，必须配合外电路才能产生13 MHz信号。而13 MHz VCO组件将由13 MHz晶体、变容二极管、三极管、电阻和电容等构成的13 MHz振荡电路封装在一个屏蔽盒内，组件本身就是一个完整的晶振振荡电路，可以直接输出13 MHz时钟信号。VCO组件引脚端封装形式如图1.13.3所示，有4个端口：OUT(输出端)、U_{CC}(电源端)、AFC控制端及GND(接地端)。

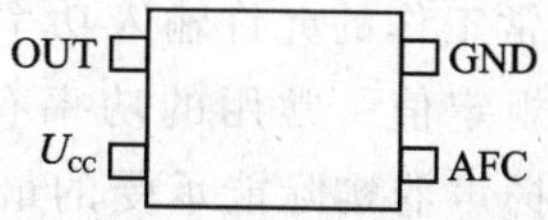

图 1.13.3　13 MHz VCO的引脚端封装形式

1.14　电声器件

电声器件是将电信号转换为声音信号或将声音信号转换成电信号的换能元件。在电子产品中得到了广泛应用。

1.14.1　扬声器的选用

1. 扬声器的特性及种类

扬声器又称喇叭，是一种电声转换器件，它将模拟的话音电信号转化成声波。是音响设备中的重要元件，它的质量优劣直接影响音质和音响效果。扬声器的电路符号如图 1.14.1 所示。扬声器的品种较多，有电动式、舌簧式、晶体式和励磁式等。常用的是电动式扬声器，按其所采用的磁性材料来分，有永磁和恒磁两种。永磁式扬声器磁铁小，安装在喇叭内部，又称为内磁式，特点是漏磁小，体积小，但价格稍贵。恒磁式扬声器的磁体体积较大，安装在喇叭外部，又称为外磁式，特点是漏磁大，体积大，但价格便宜。电动式扬声器由纸盆、音圈、音圈支架、磁铁、盆架等组成，当音频电流通过音圈时，音圈产生随音频电流而变化的磁场，这一变化磁场与永久磁铁的磁场发生相吸或相斥作用，导致音圈产生机械振动，并且带动纸盆振动，从而发出声音。

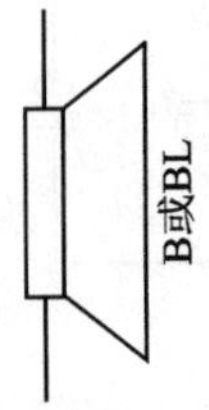

图 1.14.1　扬声器的电路符号

2. 扬声器的主要技术参数

扬声器的主要技术参数有标称阻抗、额定功率、频率响应、灵敏度及谐振频率等。

(1) 标称阻抗

标称阻抗又称额定阻抗，扬声器的交流阻抗值。在这个阻抗上，扬声器可获得最大的输出功率。选用扬声器时，其标称阻抗一般应与音频功率放大器的输出阻抗相符。通常，口径小于 90 mm 的扬声器的标称阻抗是用 1 000 Hz 的测试信号测出的；大于 90 mm 的扬声器的标称阻抗是用 400 Hz 测试频率测出的。额定阻抗一般印在磁钢上。

(2) 标称功率

标称功率又额定功率，是指扬声器能长时间正常工作的允许输入功率。扬声器在额定功率下工作是安全的，失真度也不会超出规定值。常用的功率有 0.1 W、0.25 W、1 W、3 W、5 W、10 W、60 W、120 W 等。扬声器实际能承受的最大功率要比额定功率大，瞬时或短时间内音频功率超出额定功率值不会导致扬声器损坏。

(3) 频率响应

频率响应又称有效频率范围，是指扬声器重放音频的有效工作频率范围。国产普通纸盆 130 mm(5 in)扬声器的频率响应大多为 0.12～10 kHz，相同尺寸的优质发烧级同轴橡皮边或泡沫边扬声器可达 0.055～21 kHz。

(4) 特性灵敏度

特性灵敏度简称灵敏度，是指在规定的频率范围内，在自由场条件下，反馈给扬声器 1 W 粉红噪声信号，在其参考轴上距参考点 1 m 处能产生的声压。扬声器灵敏度越高，其电声转换效率就越高。

(5) 谐振频率

谐振频率是指扬声器有效频率范围的下限值。通常谐振频率越低，扬声器的低音重放性能就越好。重低音扬声器的谐振频率多为 20～30 Hz。

1.14.2　压电陶瓷蜂鸣片和蜂鸣器的选用

1. 压电陶瓷蜂鸣片

压电陶瓷蜂鸣片的外形结构及电路符号如图 1.14.2 所示。蜂鸣片通常是用锆钛酸铅或铌镁酸铅压电陶瓷材料制成。在陶瓷片的两面制备上银电极，经极化、老化后，用环氧树脂把它与黄铜片(或不锈钢片)粘贴在一起成为发声元件。当在沿极化方向的两面施加振荡电压时，交变的电信号使压电陶瓷带动金属片一起产生弯曲振动，并随此发出声音。

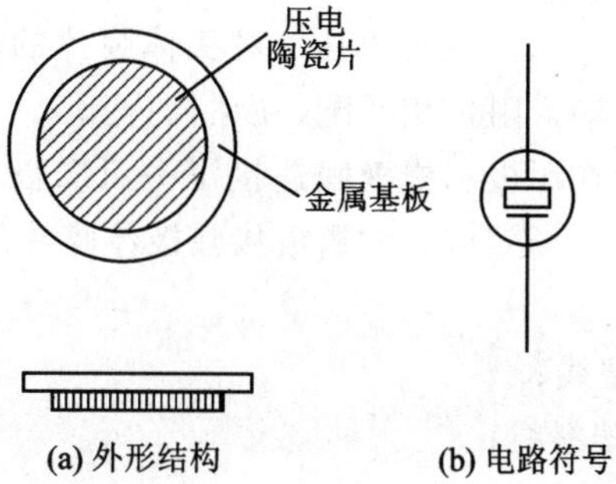

图 1.14.2　压电陶瓷蜂鸣片的外形结构和电路符号

压电陶瓷蜂鸣片的声响可达 120 dB，体积小，重量轻，厚度薄，耗电省，可靠性高，价格低廉，常作为各种电子产品上的讯响器。

2. 压电陶瓷蜂鸣器

压电陶瓷蜂鸣器主要由多谐振荡器和压电陶瓷蜂鸣片组成，并带有电感阻抗匹配器与微型共鸣箱，外部采用塑料壳封装，是一种一体化结构的电子讯响器。压电陶瓷蜂鸣器的内部结构框图如图 1.14.3 所示。

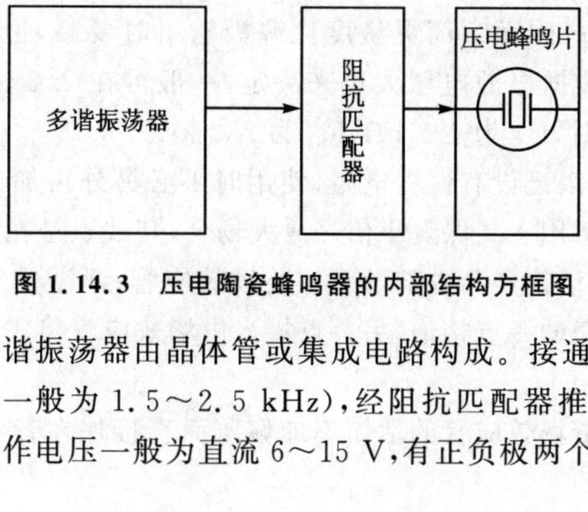

图 1.14.3　压电陶瓷蜂鸣器的内部结构方框图

图 1.14.3 中，多谐振荡器由晶体管或集成电路构成。接通电源后，多谐振荡器起振，输出音频信号(一般为 1.5～2.5 kHz)，经阻抗匹配器推动压电蜂鸣片发声。国产压电蜂鸣器的工作电压一般为直流 6～15 V，有正负极两个引出线。

1.14.3　驻极体话筒的选用

传声器俗称话筒，是将声音信号转换为电信号的电声元件。其电路符号如图1.14.4所示。

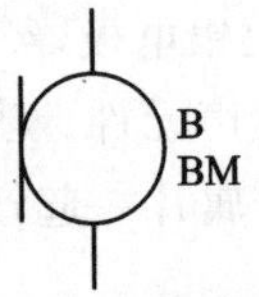

图1.14.4　传声器的电路符号

驻极体话筒具有体积小，结构简单，电声性能好，价格低等特点，广泛用于无线话筒及声控等电路中。驻极体话筒由声电转换和阻抗变换两部分组成。声电转换的关键元件是驻极体振动膜。当驻极体膜片遇到声波振动时，产生了随声波变化的交变电压。驻极体膜片的输出阻抗值很高，约几十兆欧。为了与音频放大器输入阻抗相匹配，在话筒内接入一只结型场效应晶体管来进行阻抗变换。场效应管在源极和栅极间连接了一只二极管，目的是在场效应管受强信号冲击时起保护作用。场效应管的栅极接驻极体膜片的金属极板。驻极体话筒的输出线有：

源极S，一般用蓝色塑线；

漏极D，一般用红色塑料线；

地，连接金属外壳的编织屏蔽线。

驻极体话筒引出端有三端式(源极输出)和两端式(漏极输出)两种，与电路连接有4种连接方式，如图1.14.5所示。

源极输出类似晶体三极管的射极输出，需用3根引出线，漏极D接电源正极，源极S与地之间接一电阻R_S来提供源极电压，信号由源极经电容C输出，编织线接地起屏蔽作用。源极输出的输出阻抗小于2 kΩ，电路比较稳定，动态范围大。但输出信号比漏极输出小。

漏极输出类似晶体三极管的共发射极放大器，只需两根引出线，漏极D与电源正极间接一漏极电阻R_D，信号由漏极D经电容C输出。源极S与编织线一起接地。漏极输出有电压增益，因而话筒灵敏度比源极输出时要高，但电路动态范围略小。R_S和R_D的大小要根据电源电压大小来决定，一般可在2.2～5.1 kΩ间选用。例如，电源电压为6 V时，R_S为4.7 kΩ，R_D为2.2 kΩ。

有些驻极体话筒内已设有偏置电阻，使用时不必另外再加偏压电阻。采用此种接法的驻极体话筒，适用于高保真小信号放大场合，其缺点是在大信号下容易发生阻塞。另有少数驻极体话筒产品内部没有加装场效应管；两个输出接点可以任意接入电路，但最好把接外壳的一点接地，另一点接入由场效应管组成的高阻抗输入前置放大器。

应该指出的是，带场效应管的话筒不加偏压而直接加在音频放大器输入端是不能工作的。

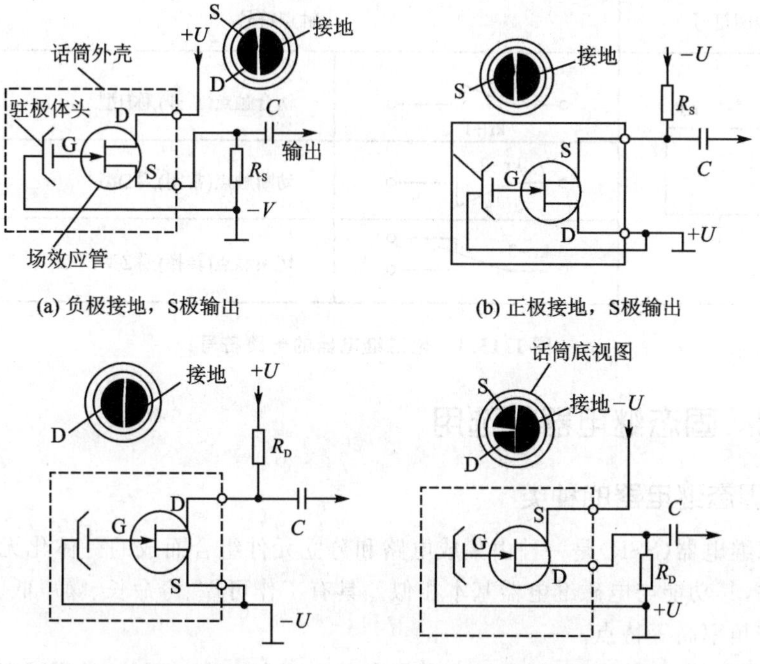

图 1.14.5 驻极体话筒的连接方式

1.15 继电器

1.15.1 普通电磁继电器的选用

电磁继电器是一种用较小电流来控制较大电流的一种自动开关。根据供电的不同，电磁继电器主要分为交流继电器和直流继电器两大类。这两大类继电器又有许多种不同规格。

电磁继电器是由铁芯、线圈、衔铁、触点以及底座等构成的。当线圈中通过电流时，线圈中间的铁芯被磁化，产生磁力，将衔铁吸下，衔铁通过杠杆的作用推动簧片动作，使触点闭合；当切断继电器线圈的电流时，铁芯失去磁力，衔铁在簧片的作用下恢复原位，触点断开。电磁继电器的线圈一般只有一个，但有时其带触点的簧片根据需要设置为多组。电磁继电器的电路符号如图 1.15.1 所示。

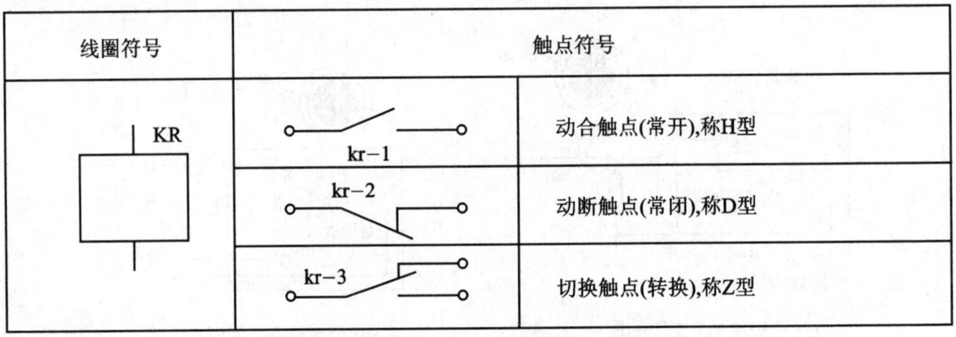
线圈符号
触点符号
KR
kr−1
动合触点(常开),称H型
kr−2
动断触点(常闭),称D型
kr−3
切换触点(转换),称Z型

图 1.15.1　电磁继电器的电路符号

1.15.2　固态继电器的选用

1. 固态继电器的种类

固态继电器(SSR)是一种由集成电路和分立元件组合而成的一体化无触点电子开关器件,其功能与电磁继电器基本相似。具有工作可靠、寿命长、噪声低、开关速度快和工作频率高等特点。

固态继电器的种类很多,常用的主要有直流型和交流型两种,常用固态继电器的外形如图 1.15.2 所示,直流型固态继电器和交流型固态继电器内部结构及电路符号如图 1.15.3 和图 1.15.4 所示。直流型和交流型 SSR 都采用光电耦合方式作为控制端与输出端的隔离和传输。

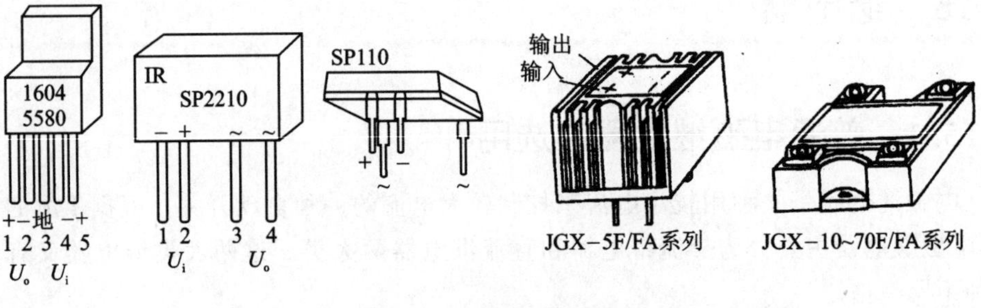

图 1.15.2　常见固态继电器的外形

2. 固态继电器使用时应注意的事项

① 对印制板安装式的 SSR,在布置印制板的输入控制与输出功率线时,应充分考虑到输入与输出间绝缘电压的要求,输入与输出线之间应留有充分的绝缘距离。

② 使用平面安装式固态继电器时,应确保所使用安装表面的平面度小于 0.2 mm,表面应光滑,表面粗糙度应小于 0.8 μm。

③ SSR 的控制方式有过零控制及移相控制两种,用户使用时要正确选用型号,

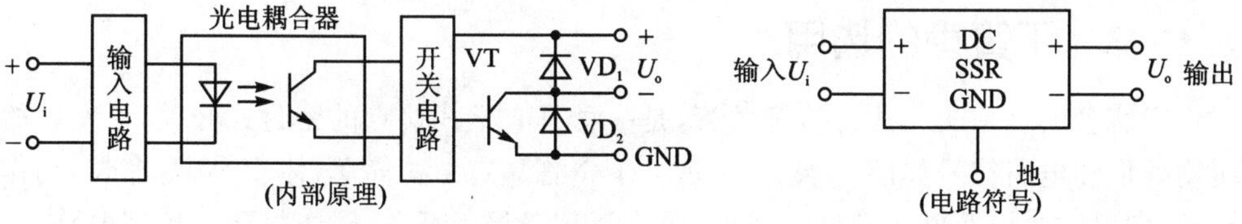

(a) 五端DC SSR内部结构和电路符号

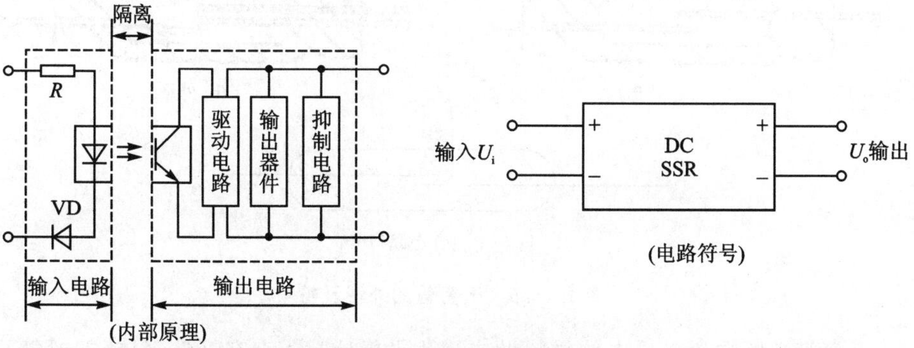

(b) 四端DC SSR内部结构和电路符号

图 1.15.3　直流型固态继电器内部据结构及电路符号

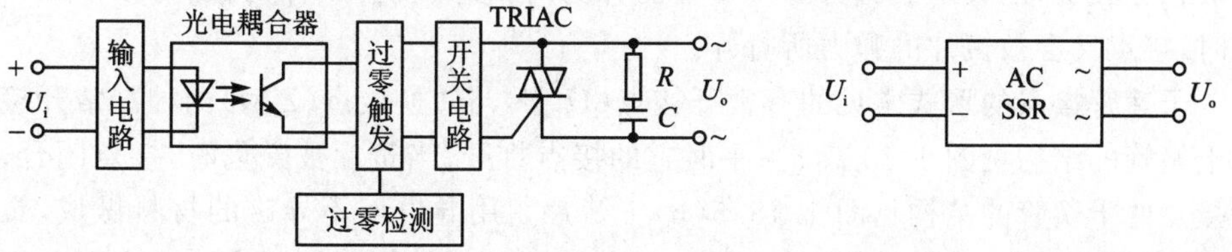

(a) 内部结构　　　(b) 电路符号

图 1.15.4　交流固态继电器原理图及电路符号

以免搞错，使用移相控制的交流固态继电器时，应注意对电网的谐波影响，必要时应接入串联滤波器。

④ 选用 SSR 要留有足够的安全裕量，以防负载短路或瞬时过电压引起的冲击，并应在输出端与负载之间串联适量的快速熔断器，在控制感性负载或容性负载时，一定要考虑负载的启动特性。

⑤ 对电流较大(一般大于 40 A)的 SSR，一般在使用中需加风扇散热，使用中要特别注意安装平面与 SSR 之间的接触热阻及散热问题，可以在散热面涂上硅脂后再安装。

⑥ 对内部未集成 *RC* 吸收网络的 SSR，使用中应在外部并接 *RC* 吸收电路。*RC* 吸收网络中 *R* 与 *C* 之间及 *RC* 与 SSR 之间的引线要尽可能短。

⑦ 在高温环境中 SSR 要降额使用。

1.15.3 干簧管的选用

干簧管的全称叫干式舌簧开关管，是一种具有干式接点的密封式开关，干簧管的实物外形和电路符号如图 1.15.5 所示。干簧管具有结构简单，体积小，寿命长，动作灵活，防腐防尘以及便于控制等优点，可广泛用于接近开关、防盗报警等控制电路中。

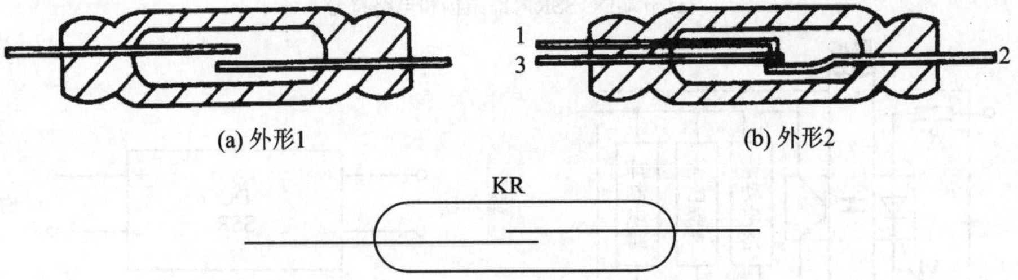

(a) 外形1　(b) 外形2　(c) 电路符号

图 1.15.5 干簧管的外形及符号

干簧管把既导磁又导电的材料做成簧片平行地封入充有惰性气体(如氮气、氦气等)的玻璃管中组成开关元件。簧片的端部重叠并留有一定间隙以构成接点。当永久磁铁靠近干簧管使簧片磁化时，簧片的接点部分就感应出极性相反的磁极，异性的磁极相互吸引，当吸引的磁力超过簧片的弹力时，接点就会吸合；当磁力减小到一定值时，接点又会被簧片的弹力所打开。

干簧管接点的形式常见的有常开接点(H 型)与转换接点(Z 型)两种。常开接点的干簧管的结构见图 1.15.5(a)，平时它的接点打开，当簧片被磁化时，接点闭合；转换接点的干簧管的结构见图 1.15.5(b)。簧片 1 用导电而不导磁的材料做成，簧片 2、3 仍是用既导电又导磁的材料制成。一般靠弹性使簧片 1、3 闭合。当永久磁铁靠近它时，簧片 2、3 被磁化而吸引，使接点 2、3 闭合。这样就构成了一个转换开关。干簧管的簧片接点间隙一般约 1～2 mm，两簧片的吸合时间极短，通常小于 0.15 ms。

1.16 电子元器件的电浪涌防范措施

除了正确选择元器件之外，电子元器件可靠性应用还需要严格控制器件使用时的工作条件和非工作条件，防止各种不适当的应力或操作给元器件带来损伤。

在电子元器件在使用过程中，电浪涌引起的电过应力(EOS)损伤或烧毁是最常见的失效模式之一。电浪涌是一种随机的、短时间的高电压和强电流冲击，虽然其平均功率很小，但瞬时功率却非常之大。电浪涌对电子元器件的破坏性很大，轻则引起逻辑电路出现误动作或导致器件的局部损伤，重则引发热电效应(如双极晶体管的二次击穿、CMOS 电路的门锁效应等)，使器件特性产生不可逆的变化，甚至造成元器件内部铝金属互连线的烧熔飞溅等永久性损坏。电子元器件的集成密度越高，几何尺寸越小，越容易因受到电浪涌引起的电过应力的损伤。

1.16.1 电路开关工作状态产生浪涌电流的防范措施

输出电路工作在开关状态，即电路状态翻转时，其工作电流会有很大的变化。例如，在图1.16.1所示的具有图腾柱输出结构的TTL电路中，当状态翻转时，由于晶体管内储存电荷的释放需要一定的时间，其输出部分的两个晶体管 VT_1 和 VT_2 会有约10 ns的瞬间同时导通，这相当于电源对地短路。一个门电路在此转换瞬间会产生幅度为30 mA左右的浪涌电流。

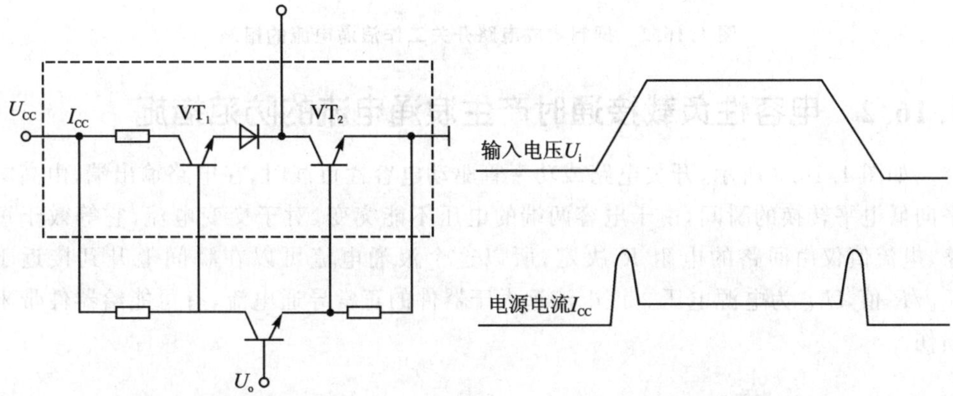

(a) 图腾柱输出结构的TTL电路　　(b) 状态转换时的浪涌电流

图1.16.1 数字集成电路开关工作时产生的浪涌电流

对于大规模集成电路或高密度印制板组件，一块电路或组件上会有几十乃至成百上千个门同时翻转，所形成的浪涌电流十分可观。如图1.16.1所示，若有33块TTL电路同时翻转，则瞬态电流可达1 A，而变化时间只有10 ns。一般稳压电源的频率特性只有10 kHz数量级，对于10 ns级的瞬态电流变化是难以实现稳定调节的。这种电浪涌效应就会造成电源电流剧烈的波动，会给产生浪涌的原电路及电路中的其他器件造成危害，还会通过电磁辐射影响邻近的电路或设备。

对于数字集成电路开关工作时产生的浪涌电流，可以在集成电路附近接旁路电容(也称去耦电容)加以抑制，如图1.16.2所示。由于这种浪涌电流具有很高的频率成分，根据经验，一般可以在每5～10块(具体数目与所用电路的类型有关)集成电路旁接一个0.01～0.1 μF左右的电容；最好每一块大规模集成电路或运算放大器也能旁接一个电容。去耦电容应该是低电感的高频电容，小容量电容一般选用圆片陶瓷电容器或多层陶瓷电容器，大电容最好选用钽电解电容器或金属化聚酯电容器，不宜采用铝电解电容器，因为它的电感比上述电容器大近一个数量级。另外，在印制线路板的电源输入端处，也应旁接一个100 μF左右的钽电容和一个0.05 μF左右的陶瓷电容。

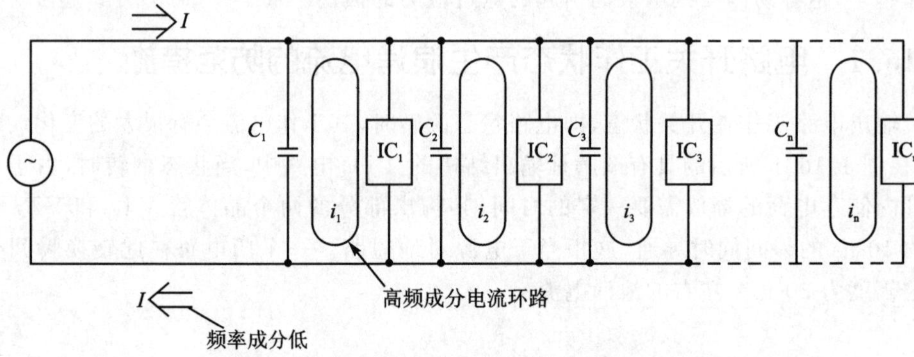

图 1.16.2　抑制集成电路开关工作浪涌电流的措施

1.16.2　电容性负载接通时产生浪涌电流的防范措施

如图 1.16.3 所示，开关电路或功率管驱动电容性负载时，在电路输出端，由高电平向低电平转换的瞬间，由于电容两端的电压不能突变，对于交变电流，它等效于短路，电流值仅由回路的电阻 R 决定，所以这个浪涌电流可以在瞬间上升到接近于 U_{CC}/R 值，U_{CC} 为电源电压。该电流远大于器件的正常导通电流，有可能给器件带来损伤。

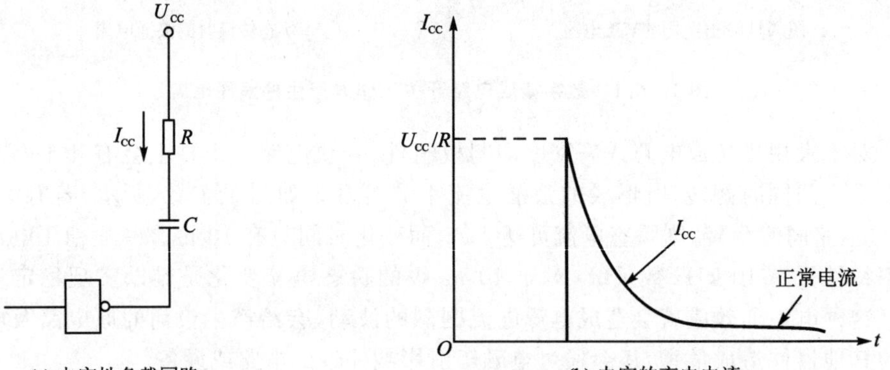

(a) 电容性负载回路　　(b) 电容的充电电流

图 1.16.3　电容性负载接通时的浪涌电流

可以在电容性负载上串联一个电感，抑制电容性负载接通时的浪涌电流，如图 1.16.4(a)所示。也可以在接通瞬间串入一个限流电阻，当电容性负载充电到一定程度之后，再撤销这个限流电阻，如图 1.16.4(b)所示。

如果 TTL 电路输出端接有电容负载，当电路输出由低电平向高电平或由高电平向低电平切换时，将出现充电电流或放电电流。当电容量较大时，充放电电流很大，从而使电路内部的输出晶体管受损。解决方法是降低电容容量，在电容上接入串联电阻，或者不采用容性负载设计。

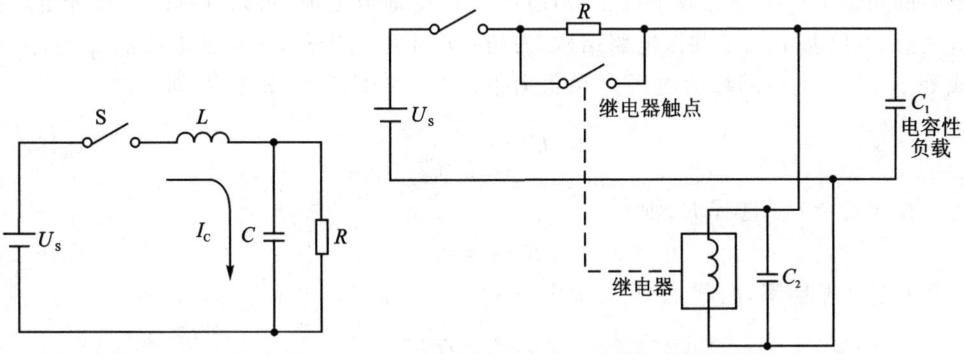

(a) 接入限流电感　　(b) 电容性负载接通后自动断开限流电阻

图 1.16.4　电容性负载接通时冲击电流的抑制措施

1.16.3　电感性负载断开时产生浪涌电压的防范措施

在高压功率开关电路中，常采用功率管驱动变压器、继电器等电感负载。如图1.16.5(a)所示，当电路输出由通态向断态转换的瞬间，由由于电感负载上流动的电流突然被中断，在电感中会产生与原来电流方向相反的浪涌电流，在电感的两端会形成一种反冲电压，其大小为 $U_L = -L\mathrm{d}i/\mathrm{d}t$，其波形如图 1.16.5(b)所示。正常情况下，电流越大或者电感量越大，所产生的反冲电压也越大。反冲电压的幅值有可能比电源电压高 10～100 倍，极易引起器件的击穿。

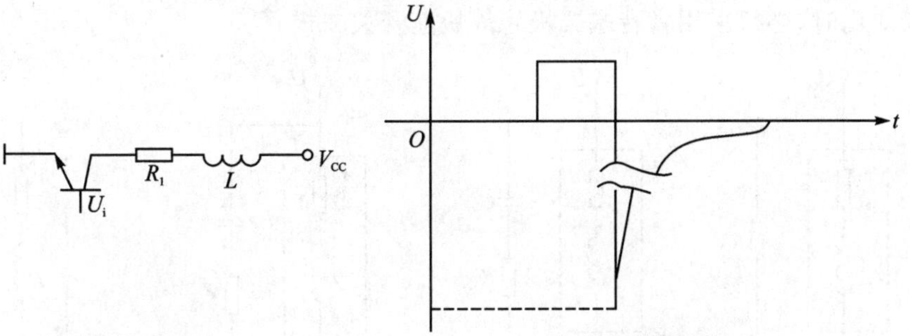

(a) 电感负载电路　　(b) 电感的反冲电压波形

图 1.16.5　电感性负载接通时的浪涌电压

为了保护功率驱动器件，抑制电感负载产生的瞬态反冲电压，可采用以下措施：

① 如图 1.16.6(a)所示，在电感负载上并接一个电阻 R。当 $R \approx R_C$ 时，瞬态反冲电压可以限制在与电源电压近似的幅值上。但电阻 R 要消耗功率，会使电路的功耗增加。

② 如图 1.16.6(b)所示，在电感负载上并接一个 RC 支路。当电感中有正常电流时，RC 支路并无电流；当电感中的电流突然中断时，电容 C 被反向电压瞬间充电，

电容的初始工作状态等效于短路，则通过电阻 R 泄放电流，可以抑制瞬态反冲电压。应注意，电路基本上是共振电路结构，为防止产生阻尼振荡，应保证电路的 Q 值小于或等于 1/2。电路的峰值电压 U 可根据条件 $I^2/2=CV^2/2$ 来选择，即

$$U=\frac{1}{\sqrt{L/C}} \tag{1.16.1}$$

按照 $Q=1/2$ 选择 R，则有

$$R=4\pi fL \tag{1.16.2}$$

f 是共振频率，由式 1.16.3 决定

$$f=\frac{1}{2}\pi\sqrt{LC} \tag{1.16.3}$$

应根据负载电感 L 的大小和峰值电压 U 的要求，选择 R 和 C 的值，也可根据经验公式来估算，电阻可按

$$\frac{U_{\mathrm{CC}}}{0.1\ \mathrm{A}}<R<R_{\mathrm{L}} \tag{1.16.4}$$

取值。电容值一般为每 1 A 负载取 1 μF 左右。

③ 如图 1.16.6(c)所示，在电感负载上并接二极管。该二极管的反向击穿电压应该大于驱动晶体管的输出端工作电压。在负载正常通电时，二极管反偏，无电流流过；当瞬态反冲电压产生时，二极管导通，将电感上的瞬态反冲电压抑制到 0.6 V 左右。应用在交流电路时，二极管反向恢复时间会对电路的速度和工作频率产生影响，为此可串入电阻 R，以缩短衰减时间，减少瞬间二极管电流和电压的上冲。当作为高速开关应用时，必须采用肖特基二极管等快速开关二极管。

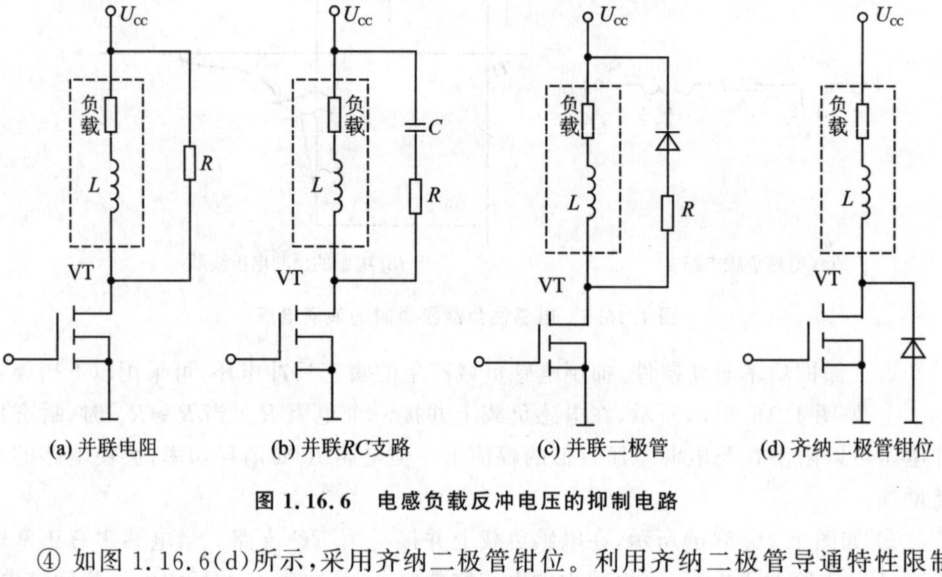

图 1.16.6 电感负载反冲电压的抑制电路

④ 如图 1.16.6(d)所示，采用齐纳二极管钳位。利用齐纳二极管导通特性限制浪涌脉冲的尖峰，可将大部分瞬间过电压都“吸收”掉。齐纳二极管的基准电压应该

大于驱动晶体管的工作电压,但小于驱动管的最大额定电压。

应注意的是,上述保护回路中流动的闭环电流,是一种含有高频成分的干扰电流,而且瞬时值很大。它可以通过布线形成较强的辐射,对邻近电路造成影响。所以接入时应尽量缩短电路本身的引线,并尽可能地靠近电感,要绝对避免用很长的线将保护电路装接在其他地方。

继电器作为电感性负载,在闭合断开时,会产生强烈的浪涌电压。不仅如此,当继电器的机械触点断开造成电感性负载的电流突然中断时,电感内部的能量要通过触点间的火花放电或者辉光放电而消耗掉,显然,这也会造成强烈浪涌噪声。当触点间电压较低时(如为十几伏),只发生火花放电;如果电压很高(如高于 300 V),就会发生更为强烈的辉光放电。

继电器产生的浪涌噪声也可采用图 1.16.6 给出的方法进行抑制。例如,在继电器线圈的两端并接钳位二极管,可以抑制电感反冲电压引起的浪涌;若继电器线圈或触点的外接连线较长,则在连线的两头都应加钳位二极管,以防止连线自身的电感和电容引起反冲脉冲电压。

1.16.4 驱动白炽灯时产生浪涌电流的防范措施

当用功率开关器件驱动白炽灯时,驱动器件要承受两种浪涌电流,即冷电阻浪涌电流和闪烁浪涌电流。冷电阻浪涌电流发生在灯泡刚刚开启的瞬间。当白炽灯未点亮时,灯丝是冷的,电阻很小,在电路接通的瞬间,灯丝上突然流过比稳定时大 5～15 倍的浪涌电流,灯丝受热后电阻变大,电流才变小而稳定下来。例如,小型灯泡的正常稳定电流是 50 mA,则浪涌电流瞬间可达 0.5 A 左右。闪烁浪涌电流则发生在充气灯具的失效期间,灯丝烧毁,形成电弧,在 2～4 ms 内,浪涌电流可达几十安培。

为防止这种浪涌电流对器件带来的破坏,如图 1.16.7(a)所示,可在输出端接入分流电阻。在灯暗的时候,经分流电阻流过一定的暗电流,以减少浪涌电流。也可采用专门的限流电路来限制浪涌,如图 1.16.7(b)所示。

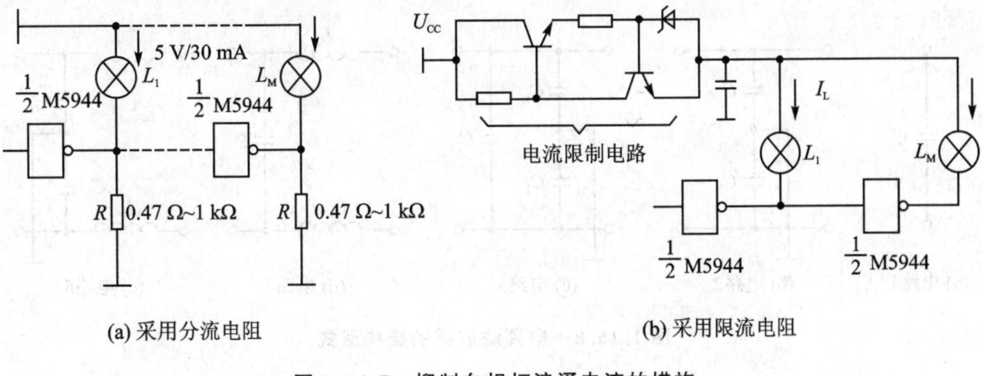

图 1.16.7 抑制白炽灯浪涌电流的措施

为了防止浪涌损伤，一是要选用额定值高的器件，不能仅按照稳定状态的额定值来选用器件；二是采用抗浪涌性能好的器件，如采用 VMOS 功率管，而不采用双极型功率管。

1.16.5　供电电源引起的浪涌干扰的防范措施

1. 交流供电电源引起浪涌干扰的防范措施

在电网中产生浪涌电压的原因大致有以下几种：电网上因直接受到雷击或雷电感应所产生的浪涌电压；大型耗电设备(如风机、空调器、电动机等)和大功率负载在接通或断开的瞬间产生的浪涌电压；电网上所连接的电气设备电源对地短路引起的电网波动；各种电气设备工作时产生的浪涌反馈给电网等。其中，雷击产生的浪涌电压幅度最大。

为了抑制电网电压的波动，可在交流电源输入端加上电源滤波器。电源滤波器能够很大衰减高于电源频率的其他频率成分，不仅能够抑制电网传入的干扰和噪声，也可以抑制电路本身产生的干扰信号输出。

常用的几种电源滤波器构成如图 1.16.8 所示。图 1.16.8(a)中的电容 C 并接在电源两端，可以滤除加在电源线之间的串模干扰，并接在电源与地之间，可以滤除加在电源线与地之间的共模干扰。图 1.16.8(b)和图 1.16.8(e)电路用于滤除电源中的共模干扰，图 1.16.8(d)则用于滤除串模干扰。L_1 和 L_2 一般可选几百兆亨左右，C 取 0.047～0.22 μF。图 1.16.8(c)中，C_1 和 C_2 对滤除共模干扰起作用，C_3 对滤除串模干扰起作用，C_1 和 C_2 一般选用 2 200 pF 左右，C_3 取 0.047～0.22 μF。

电源滤波器所采用的电容器均要求高频特性好，引线电感小。安装电源滤波器时，应注意必须加接地的金属屏蔽罩，滤波器的输入与输出线应使用屏蔽线，而且要互相隔离，不要捆扎在一起。电源线应该先经过电源滤波器再进入开关，不要先经过开关再进行滤波。

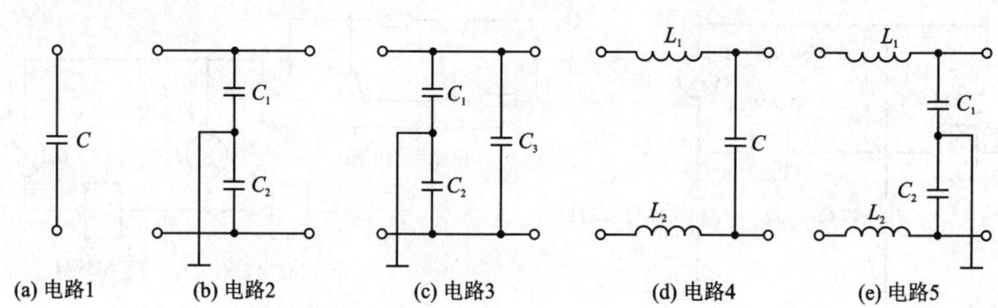

图 1.16.8　电源滤波器的结构形式

2. 直流稳压电源引起的浪涌干扰的防范措施

直流稳压电源可分为线性稳压电源和开关稳压电源两大类。开关稳压电源容易产生电浪涌。为了避免开关电源中产生的浪涌噪声对负载电路的影响，可以在开关电源的两根输出线套上一个铁氧体磁珠，见图1.16.9(a)，其等效于一个抗共模扼流圈，可以有效地抑制电流脉冲引起的高频噪声干扰。开关电源的输出线采用双绞线形式，见图1.16.9(b)，相当于构成了一个多级π型滤波器。实验表明，使双绞线穿过铁氧体磁珠，可使噪声从原来的200 mV降至40 mV左右。

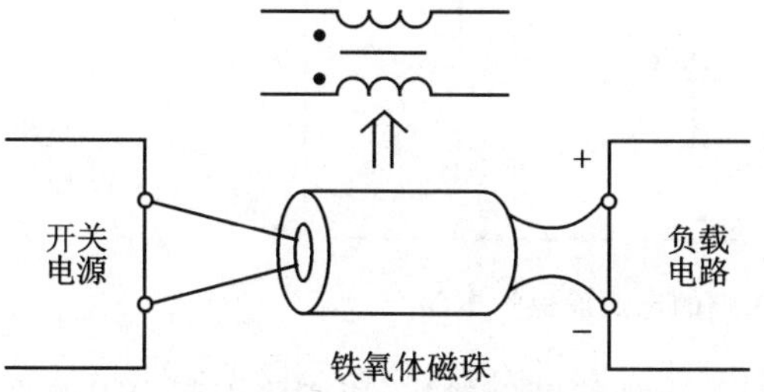

(a) 套上铁氧体磁铁

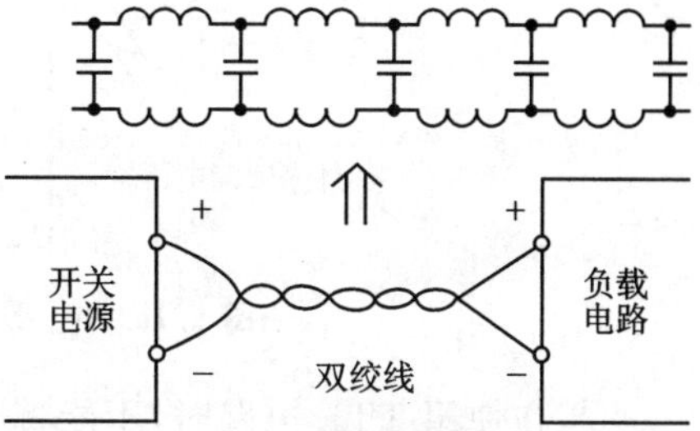

(b) 采用双绞线

图1.16.9　抑制开关电源噪声传播的方法

线性稳压电源引起的浪涌，多发生在电源的接通和断开的瞬间。性能不好的稳压电源，在电压建立或消失时出现的电压过冲可能比正常的稳定电压高几倍。电子元器件与阴极射线管装在同一台设备里使用时，如果信号线靠近高压电路，就会受到高压放电所产生的浪涌电压的影响。为此，可在器件输入端增加*RC*电路来吸收电浪涌，如图1.16.10所示。在不影响电路正常工作的前提下，*RC*时间常数应按能充分吸收电浪涌脉冲的原则来选择。高频电路中的晶体管基极，不能采用电容接地，可在基极串联适当电阻来削弱电浪涌信号的影响。

可以用宽带、高灵敏度的示波器检查直流电压纹波，在直流电压纹波中的尖峰电压可能会远远超过规定的允许值。这种尖峰电压是由直流电源滤波不良引起的，会直接引起元器件损坏，用普通的直流电压表检测不出来。

1.16.6　TTL电路防浪涌干扰的措施

TTL集成电路的防浪涌干扰的措施有：

① 具有图腾柱或达林顿输出结构的TTL电路不允许并联使用，只有三态或具有集电极开路输出结构的电路可以并联使用。当若干个三态逻辑门并联使用时，只允许其中一个门处于使能状态(“0”态或“1”态)，其他所有门应处于高阻态。当将集电极开路门输出端并联使用时，只允许其中一个门电路处于低电平输出状态，其他门则应处于高电平输出状态。

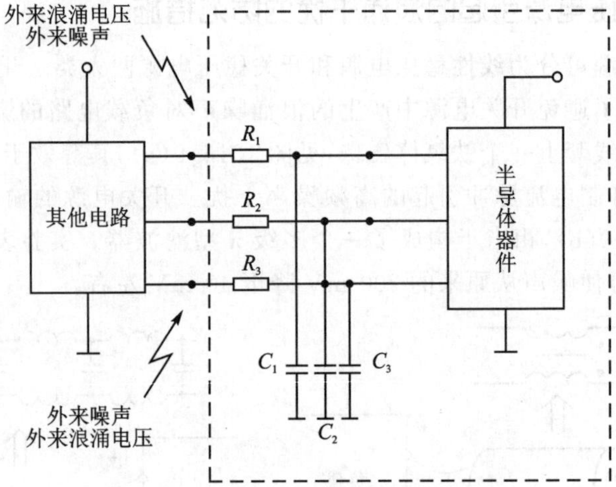

图 1.16.10 器件输入端的电浪涌保护电路

② 在使用 TTL 电路时，不能将电源 U_{CC} 和地线颠倒错接；否则将引起很大的电流而有可能造成电路失效。

③ 电路的各个输入端不能直接与高于+5.5 V 和低于−0.5 V 的低内阻电源连接。因为低内阻电源能提供较大的电流，会由于过流而烧毁电路。

④ 当将一些集电极开路门电路的输出端并联而使电路具有"线与"功能时，通常应在其公共输出端加接一个上拉负载电阻 R_L 到 U_{CC} 端。

⑤ TTL 电路的输出端不允许与电源短路，对地短路也应尽量避免。当一个管壳内封装有若干个单元电路时，不允许其中的几个单元电路的输出端同时瞬间接地。当几个输出端同时接地时，将有数百毫安流过电路，从而引起电路的过热或过流而将电路损坏。个别输出端不得不接地时，接地时间也不要超过 1 s。

⑥ 有时 TTL 逻辑电路的多个输入端并未全部使用，如果未使用的输入端悬空，相当于输入端处于阀值电平，特别容易使电路受到各种干扰脉冲的影响，不能可靠地工作。同时这些悬空输入端相当于浮置 PN 结电容，会使电路的开关速度变慢，对甚高速器件影响更大。

因此，必须对 TTL 电路的悬空输入端进行处理。具体方法是：

(a)"与"门和"与非"门电路的悬空输入端处理办法如图 1.16.11(a)所示。最简单的方法是将"与非"门电路不使用的"与"输入端和触发器不使用的置位、复位端直接连到电源 U_{CC} 上，使输入端处于电路中的最高电位上，从而不易受外界干扰。但当 U_{CC} 的瞬时值超过 5.5 V 时，输入端容易受到损坏，而且还会产生较大的反向电流流入电路中。因此，最好是将不用的输入端通过一个 1 kΩ 左右的电阻接到 U_{CC} 上，一个 1 kΩ 电阻可以接 1～25 个不用的输入端。也可把电路不使用的输入端并联到同一块电路的一个在使用的输入端上。

(b)“与或非”门的悬空输入端处理办法如图 1.16.11(b)所示。如果前级驱动器有足够的驱动能力，则可将“与或非”门不使用的“与”输入端直接连到该“与或非”门的已使用的某一个输入端上，也可把不使用的“或”输入端接地。

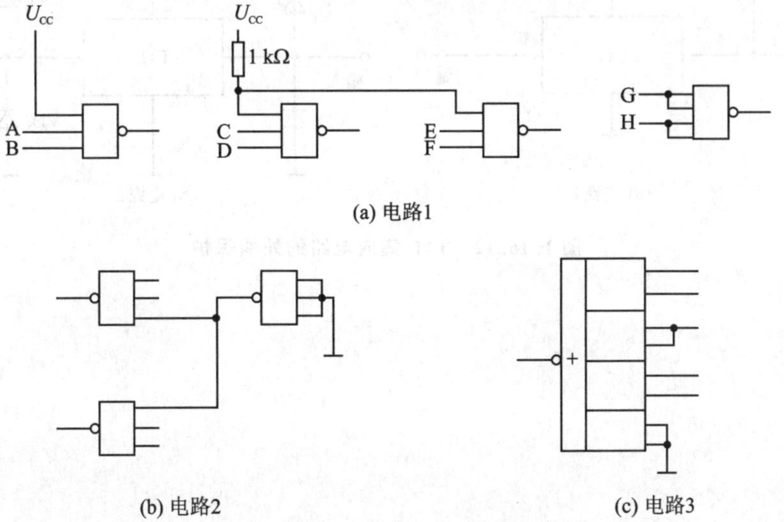

图 1.16.11　TTL 电路不使用输入端的处理方法

(c) 要绝对避免悬空的输入端带开路长线。

⑦ 当使用集成度较高的门电路芯片时，如“二输入端四与非门”“六反相器”等，有可能出现闲置不用的门电路。这时，应使这些不用的门电路处于截止状态，以减少整个电路的功耗，有助于提高系统的可靠性。应将闲置“与非”门、“与或非”或反相门的所有输入端接地。或如前所述，其他“与非”门不使用的输入端可接到同块使用的输入端上，如图 1.16.11(c)所示。

⑧ 对于大多数的 TTL 电路，如果加上具有非常缓慢的上升沿和下降沿的波形，则在其输出端容易出现不稳定的振荡现象，因此 TTL 电路的上升和下降时间不能过长。作为一般要求，构成逻辑电路时，该时间不能长于 1 μs；时序电路的时钟脉冲输入时，不能长于 150 ns。如果不得不在输入端加长上升或下降时间的信号，则应接入施密特电路经过波形整形之后，再输入到 TTL 电路。

为了防止浪涌电压对 TTL 电路造成的破坏，可加如图 1.16.12 所示的保护电路。在图 1.16.12(a)中，二极管 VD_1 用来防止输入电压超过电源电压 U_{CC}，电容器 C_1 用来吸收电源线上的高频瞬变电压。在图 1.16.12(b)中，二极管 VD_1 和 VD_2 把正向输入电压限制在 U_{CC} 以下，并使负输入电压接地；二极管 VD_3 防止输出电压降到地线电压；电容器 C_1 同样是用来吸收电源线上的高频瞬变电压的。三个保护二极管 VD_1、VD_2 和 VD_3 最好采用瞬变电压抑制二极管。

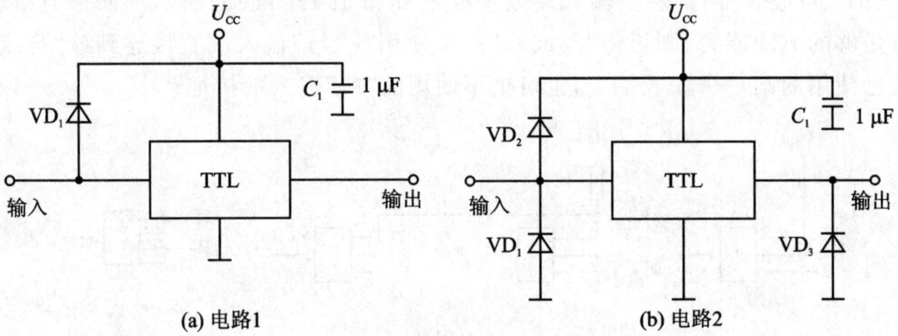

图 1.16.12　TTL 集成电路的外围保护

第2章

印制电路板的设计与制作

印制电路板 PCB(Printed Circuit Board)简称为印制板,是安装电子元器件的载体,在电子设计竞赛中应用广泛。

印制电路板的设计工作主要分为原理图设计和印制电路板设计两部分。在掌握了原理图设计的基本方法后,可以进入印制电路板设计,学习印制电路板的设计方法。

完成印制电路板设计,需要设计者了解电路工作原理,清楚所使用的元器件实物,了解 PCB 板的基本设计规范,才能设计出适用的电路板。

2.1 印制电路板设计的基础知识

2.1.1 印制电路板的类型

一般来说,印制电路板材料是由基板和铜箔两部分组成的。基板可以分无机类基板和有机类基板两类。无机类基板有陶瓷板或瓷釉包覆钢基板,有机类基板采用玻璃纤维布、纤维纸等增强材料浸以酚醛树脂、环氧树脂、聚四氟乙烯等树脂黏合而成。铜箔经高温、高压敷在基板上,铜箔纯度大于99.8%,厚度约在18~105 μm。

印制电路是在印制电路板材料上采用印刷法制成的导电电路图形,包括印制线路和印刷元件(采用印刷法在基材上制成的电路元件,如电容器、电感器等)。

根据印制电路的不同,可以将印制电路板分成单面印制板、双面印制板、多层印制板和软性印制板。

① 单面印制板仅在一面上有印制电路,设计较为简单,便于手工制作,适合复杂度和布线密度较低的电路使用,在电子设计竞赛中使用较多。

② 双层印制板在印制板正反两面都有导电图形,用金属化孔或者金属导线使两面的导电图形连接起来。与单面印制板相比,双面印制板的设计更加复杂,布线密度也更高。在电子设计竞赛中,也可以手工制作。

③ 多层印制板是指由三层或三层以上导电图形构成的印制电路板,导体图形之间由绝缘层隔开,相互绝缘的各导电图形之间通过金属化孔实现导电连接。多层印制电路板可实现在单位面积上更复杂的导电连接,并大大提升了电子元器件装配和

布线密度，叠层导电通路缩短了信号的传输距离，减小了元器件的焊接点，有效地降低了故障率，在各导电图形之间可以加入屏蔽层，有效地减小信号的干扰，提高整机的可靠性。多层印制板的制作需要专业厂商。

④ 软性印制板也称为柔性印制板或挠性印制板，是采用软性基材制成的印制电路板。特点是体积小，质量轻，可以折叠、卷缩和弯曲，常用于连接不同平面间的电路或活动部件，可实现三维布线。其挠性基材可与刚性基材互连，用以替代接插件，从而有效地保证在振动、冲击、潮湿等环境下的可靠性。软性印制板的制作需要专业厂商。

一个典型的四层印制电路板结构如图 2.1.1 所示。有顶层、中间层和底层。在焊接面除了有导线和焊盘，还有防焊层(Mask)，防焊层留出焊点的位置，将印制板导线覆盖住。防焊层不粘焊锡，甚至可以排开焊锡，这样在焊接时，可以防止焊锡溢出造成短路。另外，防焊层有顶层防焊层(Top Solder Mask)和底层防焊层(Bottom Solder Mask)之分。

在印制电路板的正面或者反面通常还会印上如元器件符号、公司名称、跳线设置标号等必要的文字，印文字的一层通常称之为丝印层(Silkscreen Overlay)。丝印层也有顶层丝印层和底层之分，顶层丝印层称为顶层覆盖层(Top Overlay)，底层丝印层称为底层覆盖层(Bottom Overlay)。

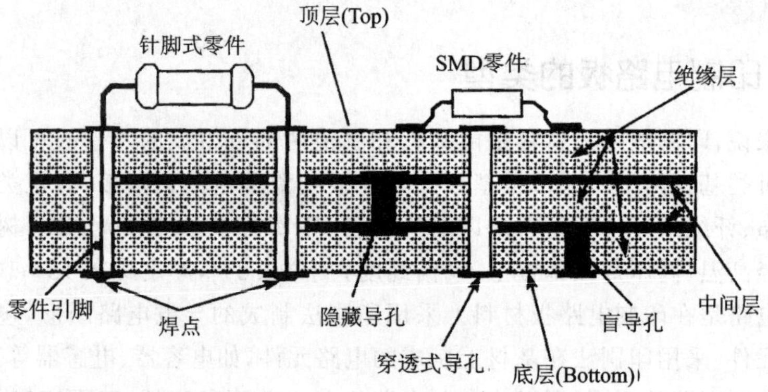

图 2.1.1 典型四层印制电路板结构

2.1.2 元器件封装形式

电路板用来装配元器件，要保证元器件的引脚和印制电路板上布局的焊点一致，在印制电路板设计时就必须要知道确定的零件封装形式。

元器件封装形式确定焊接到电路板上实际元器件的外观尺寸和焊点位置，在印制板设计中，纯粹的元器件封装形式只是指元器件的外观和焊点位置，仅为一个空间的概念。因此不同的元器件可以共用同一个封装形式。另一方面，相同种类的元器件也可以有不同的封装形式,例如电阻,其封装形式有 AXIAL0.4、AXIAL0.3、AXIAL0.6 等。因此,在取用元器件时,不仅要知道元器件的名称,还要知道元器件的封装形式。

元器件的封装形式可以在设计电路图时指定,也可以在引进网络表时指定。设计电路图时,可以在零件属性对话框中的 FootPrint 设置项内指定,也可以在引进网络表时指定零件封装。

元器件的封装形式可以分为针脚式封装和表面贴装式(STM)封装两大类。对针脚式封装的元器件焊接时,先要将引脚端插入焊盘导通孔,然后再进行焊锡;而对 STM 封装的元器件焊接时,直接将引脚端焊接在焊盘上即可。

元器件封装的编号一般为元器件类型+焊点距离(焊点数)+元器件外形尺寸,可以根据元器件封装编号来判别元器件包装的规格。如 AXIAL0.4 表示此元器件包装为轴状,两焊点间的距离约等于 10 mm(400 mil);DIP16 表示双排引脚的元器件封装,两排共 16 个引脚;RB.2/.4 表示极性电容类元器件封装,引脚间距离为 200 mil,零件直径为 400 mil,这里".2"和"0.2"都表示 200 mil。

在使用 SCH 设计电路时,除了 Protel DOS Schematies Libraries.ddb 中的元器件库以外,其他元器件库都是有确定的元器件封装的,如 74LS74 的默认封装为 DIP16。而 Protel DOS Schematic Libraries.ddb 零件库中的一些常用元器件没有现成的元器件封装,对于常用的元器件可以自定义元器件封装,如表 2.1.1 所列。

表 2.1.1 Protel DOS Schematic Libraries.ddb 元器件库常用封装

常用零件	常用零件封装	零件封装图形
电阻类或无极性双端类零件	AXIAL0.3~AXIAL1.0	
二极管类零件	DIODE 0.4、DIODE 0.7	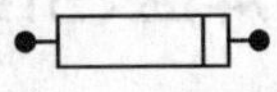
无极性电容类零件	RAD 0.1、RAD 0.4	
有极性电容类零件	RB.2/.4~RB.5/1.0	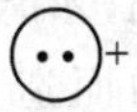
可变电阻类	VR_1~VR_5	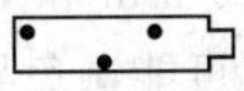

2.1.3 导线宽度与间距

导线用于连接各个焊点,是印制电路板最重要的部分,印制电路板设计都是围绕如何布置导线来进行的。

与导线有关的另一种线,常称为飞线,也称预拉线。飞线是在引入网络表后,系统根据规则自动生成的，用来指引布线的一种连线。飞线与导线是有本质区别的。飞线只是一种形式上的连线，它只是在形式上表示出各个焊点间的连接关系，没有电气的连接意义。导线则是根据飞线指示的焊点间连接关系布置的，具有电气连接意义的连接线路。

1. 导线宽度

导线的最小宽度主要由流过导线的电流值决定，其次需要考虑导线与绝缘基板间的黏附强度。对于数字电路集成电路，通常选 0.2～0.3 mm 就足够了。对于电源和地线，只要布线密度允许，应尽可能用采用宽的布线。例如，当铜箔厚度为 0.05 mm，宽度为 1～1.5 mm 时，若通过 2 A 电流，则温升不高于 3℃。

印制导线的载流量可以按 20 A/mm^2(电流/导线截面积)计算，即当铜箔厚度为 0.05 mm 时，宽度为 1 mm 的印制导线允许通过 1 A 电流。因此可以认为，导线宽度的毫米数即等于载荷电流的安培数。

2. 导线的间距

导线的最小间距主要由线间绝缘电阻和击穿电压决定，导线越短，间距越大，绝缘电阻就越大。当导线间距为 1.5 mm 时，其绝缘电阻超过 10 MΩ，允许电压为 300 V 以上；当间距 1 mm 时，允许电压为 200 V。一般选用间距 1～1.5 mm 完全可以满足要求。对集成电路，尤其数字电路，只要工艺允许可使间距很小，甚至可以小于 0.2 mm，但这在业余条件下自制电路板就不可能做到了。

为了方便加工，避免印制电路板上导线、导孔、焊点之间相互干扰，必须在它们之间留出一定的间隙，这个间隙就称为安全间距(Clearance)。安全间距可以在布线规则设计时设置。

2.1.4 焊盘、引线孔和过孔(导孔)

1. 引线孔的直径

印制电路板上，元器件的引线孔钻在焊盘的中心，孔径应比所焊接的引线直径大 0.2～0.3 mm，才能方便地插装元器件；但孔径也不能太大，否则在焊接时容易因为元器件的晃动而造成虚焊，使焊点的机械强度变差。设计时优先采用 0.6 mm、0.8 mm、1.0 mm 和 1.2 mm 等尺寸。在同一块电路板上，孔径的尺寸规格应当少一些。要尽可能避免异形孔，以降低加工成本。

2. 焊盘的外径

引线孔及其周围的铜箔称为焊盘。与此类似，SMT 电路板上的焊盘是指形成焊点的铜箔。

焊盘用来放置焊锡、连接导线和元器件引脚，所有元器件通过焊盘实现电气连接。为了确保焊盘与基板之间的牢固黏结，引线孔周围的焊盘应该尽可能大，并符合焊接要求。

① 在单面板上，焊盘的外径一般应当比引线孔的直径大 1.3 mm 以上；在高密度的单面电路板上，焊盘的最小直径可以比引线孔的直径大 1 mm。如果外径太小，焊盘就容易在焊接时粘断或剥落；但也不能太大，否则生产时需要延长焊接时间，用锡量太多，并且也会影响印制板的布线密度。

② 在双面电路板上，由于焊锡在金属化孔内也形成浸润，提高了焊接的可靠性，所以焊盘的外径可以比单面板的略小。当引线孔的直径≤1 mm 时，焊盘的最小直径应是引线孔直径的 2 倍。

3. 过孔(导孔)

过孔(导孔)的作用是连接不同板层间的导线。过孔有三种，即从顶层贯通到底层的穿透式过孔、从顶层通到内层或从内层通到底层的盲导孔和内层间的隐藏导孔，如图 2.1.1 所示。

从上面看上去，过孔有两个尺寸，即通孔直径和过孔直径，如图 2.1.2 所示。通孔和过孔之间的孔壁，是由与导线相同的材料构成，用于连接不同板层的导线。

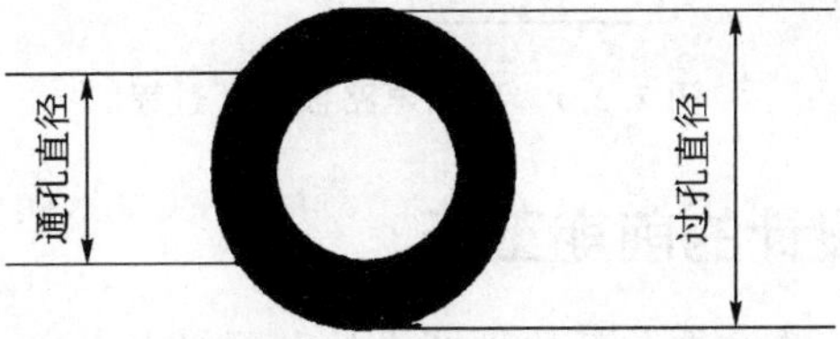

图 2.1.2　过孔结构示意图

2.1.5　网络、中间层和内层

网络和导线有所不同，网络上还包括焊点，因此在提到网络时不仅指导线而且还包括和导线相连的焊点。

中间层和内层是两个容易混淆的概念。

- 中间层是指用于布线的中间板层，该层中布的是导线；
- 内层是指电源层或地线层，该层一般情况下不布线，由整片铜箔构成。

2.2　印制电路板的设计步骤

印制电路板的具体设计步骤如图 2.2.1 所示。

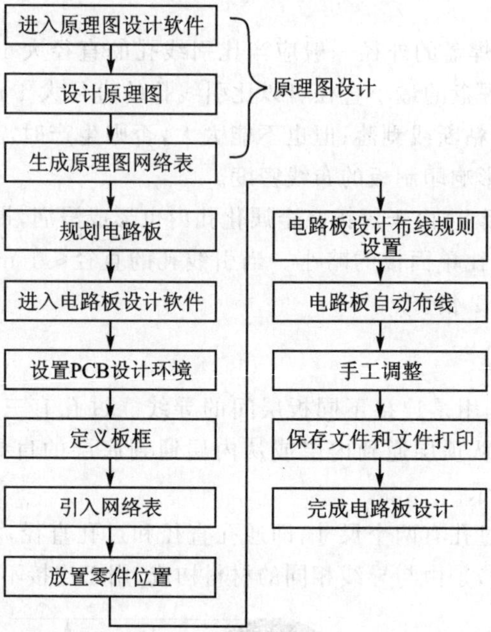

图 2.2.1 印制电路板设计过程

2.2.1 电路板设计的前期工作

电路板设计前期工作主要包括原理图设计和网络表生成。首先利用原理图设计工具(如 Protel 等)绘制原理图,并且生成对应的网络表。在电路比较简单,或者已经有了网络表等情况下,也可以不进行原理图的设计,直接进入印制板设计。在印制板设计系统中,可以直接取用零件封装,人工生成网络表。

2.2.2 规划电路板

可以说,印制线路板的元器件的布局和导线的连接是否正确是决定作品能否成功的一个关键问题。采用相同元器件和参数的电路,由于元器件布局设计和导线电气连接的不同会产生完全不同的结果,其结果可能存在很大的差异。因此,在绘制印制电路板之前,设计者必须对电路板进行初步规划,必须从元器件布局、导线连接和作品整体的工艺结构等方面综合考虑。电路板需要多大的尺寸,采用什么样的连接器,元件采用什么样的封装形式,元件的安装位置等,需要根据 PCB 板具体的安装位置综合考虑。对于使用元器件较少的电路,可以采用单面板,所用器件较多的电路通常采用双面板甚至采用多层电路板。注意,在电子设计竞赛中,不要采用多层电路板设计。一个合理的设计既可消除因布线不当而产生的噪声干扰,同时也便于生产中的安装、调试与检修等。

规划电路板是一个十分重要的工作,直接影响后续工作的进行。如果规划不好,会对后面的工作造成很大的麻烦，甚至使整个设计工作无法继续进行。

2.2.3　设置PCB设计环境和定义边框

进入PCB设计系统后，首先需要设置PCB设计环境，包括设置格点大小和类型、光标类型、板层参数、布线参数等。大多数参数都可以采用系统默认值，而且这些参数经过设置之后，符合个人的习惯，以后无需再去修改。在这个步骤里，还要规划好电路板，包括电路板的尺寸大小等。

2.2.4　引入网络表和修改元器件封装

网络表是自动布线的灵魂，也是原理图设计与印制电路板设计的接口，只有将网络表装入后，才能进行印制电路板的自动布线。

在原理图设计的过程中，往往不会涉及元器件的封装问题。因此，在原理图设计时，可能会忘记元器件的封装，在引进网络表时可以根据实际情况来修改或补充元器件的封装。

当然，也可以直接在PCB设计系统内人工生成网络表，并且指定元器件封装。

2.2.5　布置元器件位置

正确装入网络表后，系统将自动载入元器件封装，并可以自动优化各个元器件在电路板内的位置。目前，自动放置元器件的算法还是不够理想，即使是对于同一个网络表，在相同的电路板内，每次的优化位置都是不一样的，还需要手工调整各个元件的位置。

布置元器件封装位置也称元器件布局。元器件布局是印制电路板设计的难点，往往需要丰富的电路板设计实际经验。合理布局也是电路板设计的关键点之一，合理的元器件布局可以为印制电路板布线带来很大方便。

2.2.6　布线规则设置

布线规则是设置布线时的各个规范，如安全间距、导线形式等，这个步骤不必每次设置，按个人的习惯，设定一次就可以了。布线规则设置也是印制电路板设计的关键之一，需要丰富的实践经验。

2.2.7　自动布线及手工调整

PCB的自动布线功能相当强大，只要参数设置合理，元件布局妥当，系统自动布线的成功率几乎是100%。注意，布线成功不等于布线合理，有时会发现自动布线导线拐弯太多等问题，还必须要进行手工调整。

2.2.8　文件保存及打印输出

最后是文件保存和打印输出，设计工作结束。当然，如果自己制版，可以直接通过 PCB 生成类似数控代码的制版指令。

2.3　元器件的布局

虽然 Protel99SE 等 EDA 工具提供了功能强大的自动布局功能，但是其布局的结果往往是不尽人意的，还需要进行手工布局调整。元器件布局是设计 PCB 的第一步，是决定印制板设计是否成功和是否满足使用要求的最重要的环节之一，是印制板设计中最耗费精力的工作，往往要经过若干次布局比较，才能得到一个比较满意的布局结果。

元器件布局是将元器件排放在一定面积的印制板上，应当从机械结构、散热、电磁干扰及布线的方便性等方面综合考虑元器件的布局，可以通过移动、旋转和翻转等方式调整元件的位置，使之满足电路设计要求。一个好的元器件布局，首先要满足电路的技术性能，其次要满足安装尺寸、空间的限制。

2.3.1　元器件布局的一般要求

元器件布局的一般要求如下：

① 器件优先，首先确定主集成电路、晶体管等器件的位置。

② 单面为主，所有的元件均应布置在印制板的同一面上（顶层）。如果布置不下，那么可以采用贴片电阻、贴片电容、贴片 IC 等布置在底层。

③ 排列整齐，在保证电气性能的前提下，元器件应排列要紧凑，放置在栅格上且相互平行或垂直排列，不允许重叠，输入和输出元器件应尽量远离。元器件在整个板面上应分布均匀、疏密一致。

④ 注意电压，某些元器件或导线之间可能存在较高的电位差，应加大它们之间的距离，以免因放电、击穿引起以外短路。带高压的元器件应尽量布置在调试时手不易触及的地方。

⑤ 注意电流，强调注意元器件电流的大小，应保证焊点和导线能够允许该电流流过。

⑥ 留出边缘，元器件不能够顶边布置，离印制板的边缘至少应有两个板厚。

⑦ 注意引脚端方向，对于四个引脚以上的元器件，不可进行翻转操作，否则将导致该元器件安装插件时，引脚端位置不能一一对应。使用 IC 时，一定要特别注意 IC 座上定位槽放置的方位是否正确，并注意各个 IC 脚位是否正确，例如，第 1 脚只能位于 IC 座的右下角线或者左上角，而且紧靠定位槽（从焊接面看）。

2.3.2　核心元件

以电路的核心元件为中心，围绕它，按照信号走向进行布局，应注意：

① 通常以电路的核心元件为中心，按照信号的流向，逐个安排各个单元功能电路核心元件的位置，围绕核心元件进行其他元器件的布局，应尽可能靠近核心元件。

② 一般情况下，信号的流向安排为从左到右或从上到下，输入、输出、电源、开关、显示等元器件的布局应便于信号流通，使信号尽可能保持一致的方向。

2.3.3　屏　蔽

印制板的元器件布局应加强屏蔽，防止电磁干扰，一般要求如下：

① 相互远离，对电磁场辐射较强，以及对电磁感应较灵敏的元器件，应加大它们相互之间的距离并加以屏蔽，元器件放置的方向应与相邻的印制导线交叉。

② 避免混杂和交错，电压高低和信号强弱的元器件应尽量避免相互混杂、交错安装在一起。

③ 相互垂直，对于会产生磁场的变压器、扬声器、电感等元器件，在布局时应注意减少磁力线对印制导线的切割，相邻元件的磁场方向应相互垂直，减少彼此间的电磁耦合。

④ 屏蔽干扰源，对干扰源进行屏蔽，屏蔽罩应良好地接地。

⑤ 减少分布参数，在高频电路中，要考虑元器件之间分布参数对性能的影响。

2.3.4　通风散热

印制板的元器件布局时应注意通风散热，抑制热干扰，一般要求如下：

① 对于功率元器件、发热的元器件，应优先安排在利于散热的位置，并与其他元件隔开一定距离，必要时可以单独设置散热器或小风扇，以降低温度，要注意热空气的流向，以减少对邻近元器件的影响。

② 热敏元件应紧贴被测元件，并远离高温区域和发热元器件，以免受到其他发热元器件影响，引起误动作。

③ 双面放置元器件时，底层一般不要放置容易发热的元器件。

2.3.5　机械强度

印制板的元器件布局时应注意印制板的机械强度，一般要求如下：

① 重心平衡与稳定，一些重而大的元件尽量安置在印制板上靠近固定端的位置，并降低重心，以提高机械强度和耐振、耐冲击能力，以及减少印制板的负荷和变形，保持整个 PCB 板的重心平衡与稳定。

② 对于重量和体积较大的元器件，不能只靠焊盘来固定，应采用支架或卡子、胶粘等方法加以固定。

③ 可以将一些笨重的元件，如变压器、继电器等安装在辅助底板上，并利用采用支架或卡子、胶粘等将其固定，以缩小体积或提高机械强度。

④ 印制板的最佳形状是矩形(长宽比为 3:2 或 4:3)，当板面尺寸大于 200 mm×150 mm 时，要考虑印制板所能够承受的机械强度，可以采用金属边框加固。

⑤ 要在印制板上留出固定支架、定位螺孔和连接插座所用的位置，在布置接插件时，应有一定的空间使得安装后的插座能方便地与插头连接，而不至于影响其他部分。

2.3.6 可调元器件的布局

对于电位器、可变电容器、可调电感线圈或微动开关等可调元件的布局应考虑整机的结构要求。若为机外调节，则其位置要与调节旋钮在机箱面板上的位置相适应；若为机内调节，则应放置在印制板上能够方便调节的位置。调节方向是：顺时针调节时，升高或者加大；逆时针调节时，降低或者减少。

例如，电位器在调压器中用来调节输出电压，故设计电位器应满足“顺时针调节时，输出电压升高；逆时针调节时，输出电压降低”的原则。在可调恒流充电器中电位器用来调节充电电流的大小，设计电位器时应满足“顺时针调节时，电流增大”。电位器安放位置应当满足整机结构安装及面板布局的要求，因此应尽可能放置在板的边缘，旋转柄朝外。

2.4 印制电路板的布线

采用印制导线将元器件连接起来的过程称为布线，布线可以采用自动布线和手工布线两种方法，自动布线后往往需要采用手工布线进行调整。本节介绍手工布线。

布线和布局密切相关，布局的好坏直接影响着布线的布通率。布线受布局、板层、电路结构、电性能要求等多种因素影响，布线结果又直接影响电路板性能。进行布线时要综合考虑各种因素，才能设计出高质量的印制板。

2.4.1 基本布线方法

1. 直接布线

首先把最关键的一根或几根导线从开始点到终点直接布设好，然后把其他次要的导线绕过这些导线布设，常用的技巧是利用元件跨越导线来提高布线效率，布不通的线可以利用顶层飞线(跳线)解决，如图 2.4.1 所示。飞线(跳线)是单面印制线路板布线常用的一种方法。

2. *X*—*Y* 坐标布线

X—*Y* 坐标布线是一种双面印制板布线方法。布设在印制板一面的所有导线都

与印制线路板的 X 轴平行,而布设在另一面的所有导线都与印制线路板的 Y 轴平行,两面的导线正交,印制板两面导线的相互连接通过孔(金属化孔、导线)实现,如图 2.4.2 所示。

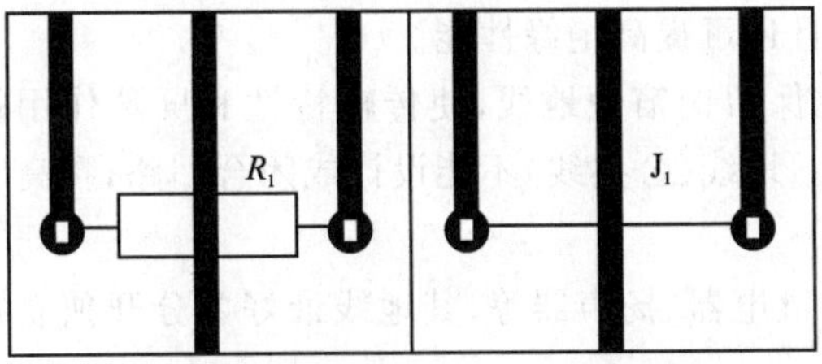

图 2.4.1 单面板布线处理方法

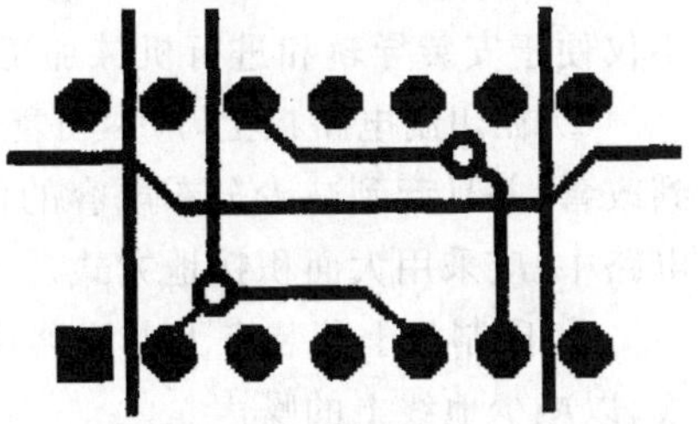

图 2.4.2 双面板布线

2.4.2 印制板布线的一般要求

1. 布线板层选择

印制板布线可以采用单面、双面或多层,电子设计竞赛中一般应首先选用单面印制板,其次是双面印制板。竞赛过程中不能够选用多层板。在训练过程中,为满足设计要求时,选用多层板,需要找专业厂商加工。

2. 布线方向

设计应按一定顺序方向进行,例如可以按由左往右或由上而下的顺序进行。在满足电路性能及整机安装与面板布局要求的前提下,从焊接面看,元器件的排列方位尽可能保持与原理图相一致,布线方向最好与电路图走线方向相一致,这样做便于电路的检查、调试及检修。

3. 信号线的走线

① 输入、输出端的导线应尽量避免相邻平行,平行信号线之间要尽量留有较大的间隔,最好加线间地线,起到屏蔽的作用。

② 双面印制板两面的导线应互相垂直、斜交或弯曲走线,避免平行,减少寄生耦合。

③ 信号线高电平、低电平悬殊时,要加大导线的间距;在布线密度比较低时,可加粗导线,信号线的间距也可适当加大。

④ 阻抗高的走线尽量短,阻抗低的走线可长一些,因为阻抗高的走线容易发出和吸收信号,引起电路不稳定。电源线、地线、无反馈元器件的基极走线、发射极引线等均属低阻抗走线。

4. 地线的布设

① 一般将公共地线布置在印制板的边缘，便于印制板安装在机架上，也便于与机架地相连接。印制地线与印制板的边缘应留有一定的距离(不小于 2 倍板厚)，这不仅便于安装导轨和进行机械加工，而且还可提高绝缘性能。

② 在印制电路板上，应尽可能多地保留铜箔做地线，使传输特性和屏蔽作用得到改善，并且起到减少分布电容的作用。地线(公共线)不能设计成闭合回路，在高频电路中，应采用大面积接地方式。

③ 印制板上若装有大电流器件，如继电器、扬声器等，其地线最好要分开独立布线，以减少地线上的噪声。

④ 模拟电路与数字电路的电源、地线应分开布线，这样可以减小模拟电路与数字电路之间的相互干扰。

⑤ 为避免各级电流通过地线时产生相互间的干扰，特别是末级电流通过地线对第一级的反馈干扰以及数字电路部分电流通过地线对模拟电路产生干扰，通常采用地线割裂法使各级地线自成回路，然后再分别一点接地。即各部分的地是分开的，不直接相连，然后再分别接到公共地的一点上。

同一级电路的接地点应尽量靠近，并且本级电路的电源滤波电容也应接在该级接地点上。例如，本级晶体管基极、发射极的接地点不能离得太远，否则两个接地点间的铜箔太长会引起干扰与自激，采用“一点接地法”的电路，工作较稳定，不易自激。

⑥ 总地线必须严格按高—中—低逐级按弱电到强电的顺序排列原则，切不可随便翻来覆去乱接，级与级间宁肯接线长，也要遵守这一规定。特别是高频电路的接地线安排要求更为严格，如有不当，就会产生自激，以致无法工作。高频电路常采用大面积包围式地线，以保证有良好的屏蔽效果。

⑦ 公共地线，功放电源引线等强电流导线应尽可能宽，以降低布线电阻及其电压降，可减小寄生耦合而产生的自激。

5. 模拟电路的布线

模拟电路的布线要特别注意弱信号放大电路部分的布线，特别是输入级的输入端是最易受干扰的地方。所有布线要尽量缩短长度，要尽可能的紧挨元器件，电源线、高频回路等尽量不要与弱信号输入线平行布线。

6. 数字电路的布线

频率较低的数字电路布线，采用 X—Y 坐标布线，布通即可，一般不会出现太大的问题。对于工作频率较高的数字电路如单片机、FPGA 等，时钟工作频率从几十到几百兆赫时，布线时要考虑分布参数的影响。要遵守高速数字电路的布线原则。

7. 高频电路的布线

① 在高频电路布线中，高频去耦电容和扼流圈应靠近高频器件安装，以保证电

源线不受本级产生的高频信号的干扰。另一方面，也可将外来干扰滤除，防止高频干扰通过空间或电源线等途径传播。

② 高频电路布线要考虑分布参数的影响，引脚之间的引线越短越好，引线层间的过孔越少越好。引线最好采用直线形式，如果需要转折，则可采用 45°折线或圆弧线，可以减少高频信号对外的辐射和相互间的耦合。

8. 信号屏蔽

① 印制板上的元器件屏蔽，可以在元件外面套上一个屏蔽罩（注意不要与元器件的外壳和引脚端短路），在印制板的另一面对应于元件的位置再罩上一个扁形屏蔽罩（或屏蔽金属板），将这两个屏蔽罩在电气上连接起来并接地，即可构成一个近似完整的屏蔽盒。

② 印制导线如果需要进行屏蔽，在要求不高时，可采用印制导线屏蔽。对于多层板，一般可以利用电源层和地线层对信号线进行屏蔽，如图 2.4.3 所示。

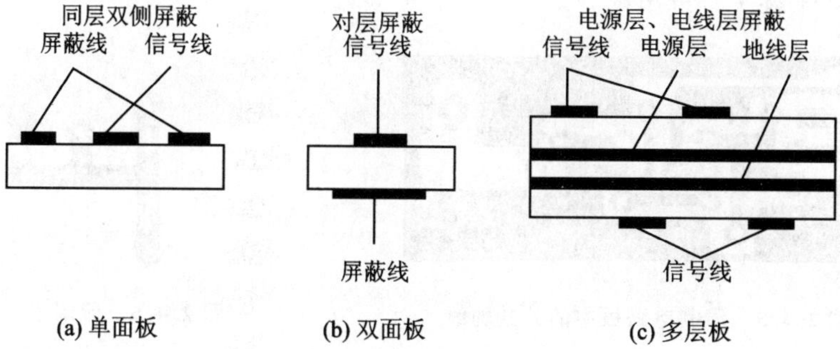

图 2.4.3　印制导线屏蔽方法

2.4.3　导线走向与形状要求

① 印制线的布设要合理运用印制板上的有效面积，尽量保持不连通导线间的最大间距，保证焊盘与不连通导线间等距布设。另外，印制走线要尽量保持自然平滑，避免产生尖角。因为，过尖外角处的铜箔容易出现翘起或剥离，从而影响印制电路板的可靠性。在高频电路和布线密度高的情况下，直角和锐角会影响电气性能。拐弯的印制导线一般应取圆弧形。

② 从两个焊盘间穿过的导线尽量均匀分布。一些印制板走线的示例如图 2.4.4 所示，其中上面为不合理的走线形式，下面为推荐的走线形式。在图 2.4.4(a)中 3 条走线间距不均匀；图 2.4.4(b)中走线出现锐角；图 2.4.4(c)、(d)中导线转弯不合理；图 2.4.4(e)中印制导线尺寸大于焊盘直径；图 2.4.4(f)中印制导线分枝；图 2.4.4(g)中印制导线与焊盘不等距。

③ 在印制板版面允许的情况下，对公共地线尽可能多地保留铜箔，最好能够使

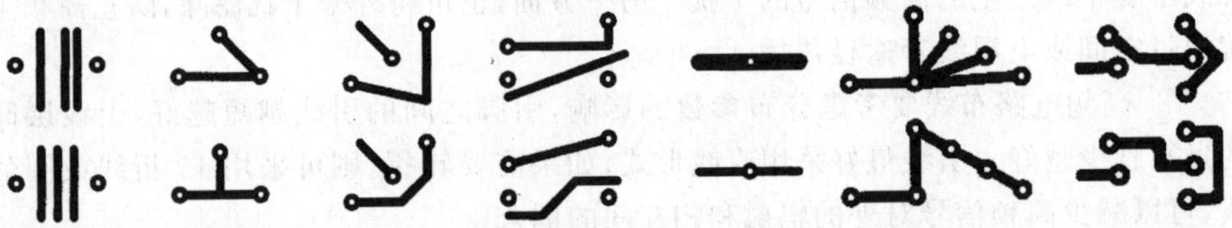

图 2.4.4 印制电路板导线走向与形状

铜箔的宽度保持在 1.5～2 mm。最小也不要小于 1 mm。图 2.4.5 为印制电路板中的公共地线。

④ 如果印制线的宽度大于 3 mm，则应在印制线的中间进行开槽处理，以防止印制线过宽，在焊接或温度变化时，铜箔鼓起或剥落，如图 2.4.6 所示。

⑤ 在印制线布设时，还要根据焊接工艺和实际电路的特点，充分考虑地线干扰、电磁干扰及电源干扰等情况。

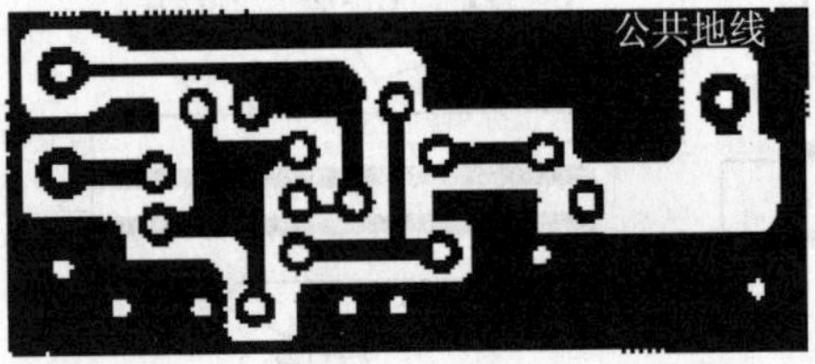

图 2.4.5 印制电路板中的公共地线

图 2.4.6 印制线的开槽

2.4.4 元器件引线焊盘的形状和尺寸

1. 焊盘的形状

在印制电路板上，焊盘的形状也具有特殊的意义，不同形状的焊盘所适应的电路情况也不相同。通常，焊盘的形状主要有圆形焊盘、岛形焊盘、矩形焊盘、椭圆形焊盘以及不规则焊盘等。

(1) 岛形焊盘

如图 2.4.7 所示，焊盘与焊盘之间的连线合为一体，犹如水上小岛，故称为岛形焊盘。岛形焊盘常用于元件的不规则排列，特别是当元器件采用立式不规则固定时更为普遍。电视机、收录机等低挡民用电器产品中大多采用这种焊盘形式。岛形焊盘适合于元器件密集固定，并可大量减少印制导线的长度与数量，能在一定程度上抑制分布参数对电路造成的影响。此外，焊盘与印制导线合为一体以后，铜箔的面积加大，使焊盘和印制导线的抗剥离强度增加，因而能降低所用的覆铜板的档次，降低产品成本。

(2) 圆形焊盘

圆形焊盘与引线孔是同心圆，如图 2.4.8 所示。圆形焊盘的外径一般是孔径的 2～3 倍。

设计时，如果板面的密度允许，特别是在单面板上，焊盘不宜过小，因为太小的焊盘在焊接时容易受热脱落。在同一块板上，除个别大元件需要大孔以外，一般焊盘的外径应一致，这样显得美观一些。圆形焊盘多在元件规则排列的方式中使用，双面印制板也大多采用圆形焊盘。

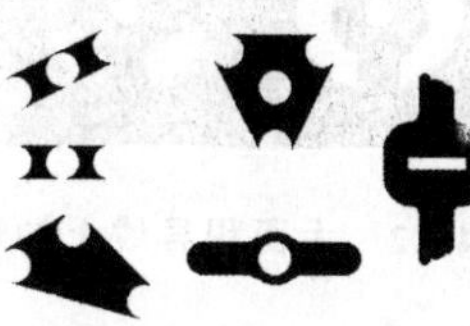

图 2.4.7　岛形焊盘

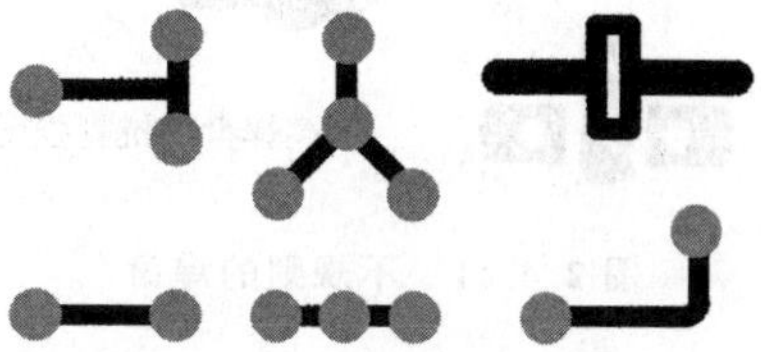

图 2.4.8　圆形焊盘

(3) 矩形焊盘

矩形焊盘的外形结构如图 2.4.9 所示。这种焊盘设计精度要求不高，结构形式也比较简单，一般在一些大电流的印制板中采用这种形式可获得较大的载流量。而且，由于其制作方便，非常适合在手工制作的印制板中使用。

(4) 椭圆形焊盘

椭圆形焊盘的外形结构如图 2.1.10 所示。典型封装的 DIP、SIP 集成电路两引脚之间的距离只有 2.54 mm，如此小的间距里还要走线，只好将圆形焊盘拉长，改成椭圆形的长焊盘。这种焊盘已经成为一种标准形式。

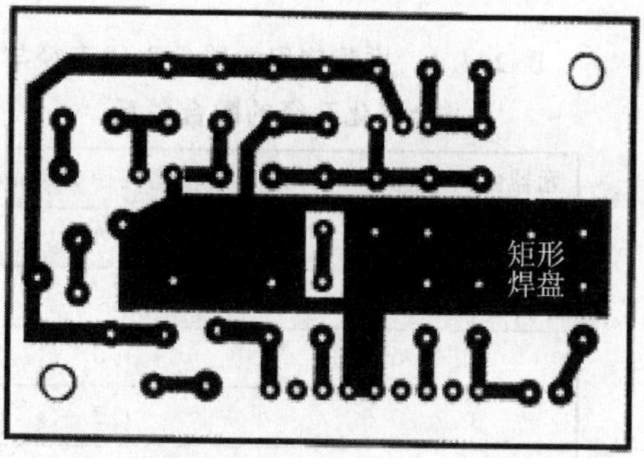

图 2.4.9　矩形焊盘

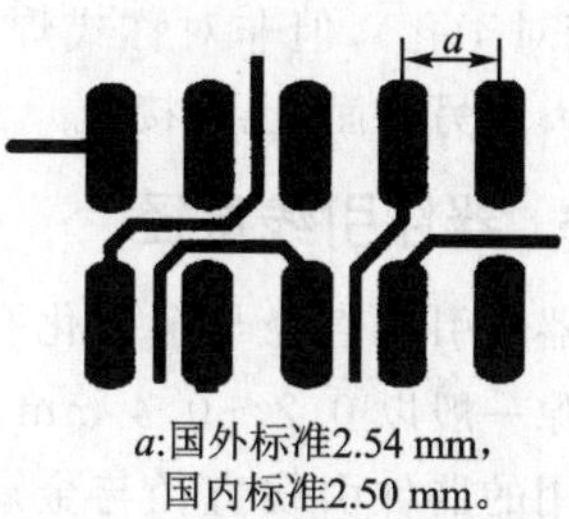

图 2.4.10　椭圆形焊盘

(5) 不规则的焊盘

在印制电路的设计中，不必拘泥于一种形式的焊盘，可以根据实际情况灵活变换。由于线条过于密集，焊盘与邻近导线有短路的危险，所以可以通过改变焊盘的形状来确保安全，如图 2.4.11 所示，在布线密度很高的印制板上，椭圆形焊盘之间往往通过 1 条甚至 2 条信号线。另外,对于特别宽的印制导线和为了减少干扰而采用的大面积覆盖接地上,对焊盘的形状要进行如图 2.4.12 所示的特殊处理,因为大面积铜箔的热容量大而需要长时间加热,热量散发快而容易造成虚焊,在焊接时受热量过多会引起铜箔鼓胀或翘起。

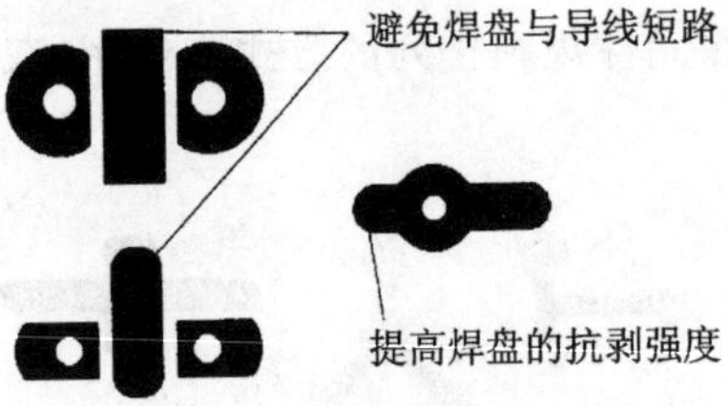

图 2.4.11　不规则的焊盘

图 2.4.12　大面积导线上的焊盘

2. 双面印制板的焊盘尺寸

为了保证焊接质量,避免大面积的铜箔存在。双面印制板的焊盘尺寸应遵循下面最小尺寸原则:

① 非过孔最小焊盘尺寸:$D-d=1.0$ mm;

② 过孔最小焊盘尺寸:$D-d=0.5$ mm。

焊盘元件面和焊接面的比值 D/d 应优先选择以下数值:

① 酚醛纸质印制板非过孔:$D/d=2.5\sim3.0$;

② 环氧玻璃布印制板非过孔:$D/d=2.5\sim3.0$;

③ 过孔:$D/d=1.5\sim2.0$。

其中,D 为焊盘直径,d 为孔直径。

元件面和焊接面焊盘最好对称式放置(相对于孔),但非对称式焊盘(或一面焊盘大于另一面)也可接受。

3. 器件引线直径

器件引线直径与金属化孔配合的直径间隙一般以 0.2～0.4 mm 为理想,推荐使用的器件引线直径与金属化孔径的配合关系如表 2.4.1 所列。

表 2.4.1　推荐使用的器件引线直径与金属化孔径的配合关系

元器件引线直径 d/mm	金属化孔径 D/mm
<0.5	0.8
0.5～0.6	0.9
0.6～0.7	1.0
0.7～0.9	1.2
0.9～1.1	1.4,1.6

2.4.5　表面安装元器件的焊盘形状和尺寸

1. 表面安装元器件的焊盘形状和尺寸基本要求

表面安装元器件的焊盘形状和尺寸对焊盘的强度及焊接可靠性起着决定性作

用。表面安装元器件焊盘的基本要求如下：

① 焊盘间的中心距。对于同一元器件的相邻焊盘来说，焊盘间的中心距（中心距离）应等于表面安装元器件的引脚间的中心距离。

② 焊盘的宽度。任何一种表面安装元器件，其焊盘宽度都应等于引脚端部焊头的宽度加上一个常数，具体数值的大小可根据实际板上的空间调整确定。

③ 焊盘的长度。表面安装元器件所用焊盘的长度，主要取决于元器件引脚端部焊头或引脚端高度和深度。焊盘的长度比其宽度更为重要。

2. 矩形片状元器件焊盘形状与尺寸

常见的矩形片状元器件的外形如图 2.4.13(a)所示，对焊盘的要求如图 2.4.13(b)所示，焊盘中各部分尺寸要求如下：

➢ $A=W$ 或 $A=W-3$(mm)；

➢ $B=H+T\pm0.3$(mm)；

➢ $G=L-2T$(mm)。

图 2.4.13(b)焊盘结构十分简单，也便于焊接，但焊接质量主要取决于焊盘的长度 B，而不是宽度 A。故在设计 B 时，可根据印制板上的实际空间适当加长一些。

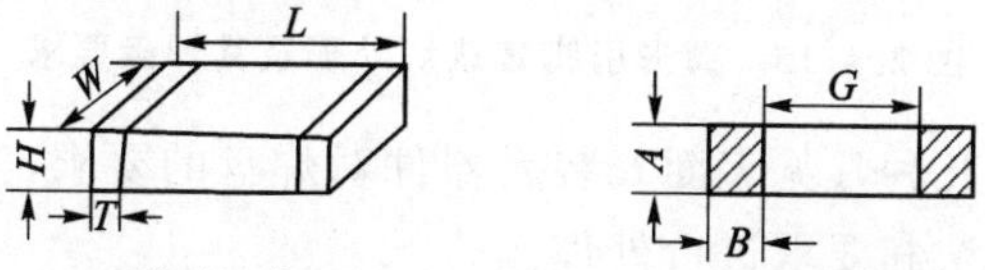

(a) 外形尺寸　(b) 焊盘结构

图 2.4.13　矩形片状器件的外形及其焊盘要求

3. 圆柱形片状元器件焊盘形状与尺寸

常见的圆柱表片状元器件的外形如图 2.4.14(a)所示，其焊盘的要求如图 2.4.14(b)所示，焊盘中各部分尺寸要求如下：

➢ $A=d+0.2$(mm)；

➢ $B=d+T+0.5$(mm)；

➢ $G=L^{+2}_{-0.2}$(mm)；

➢ $E=0.4$(mm)。

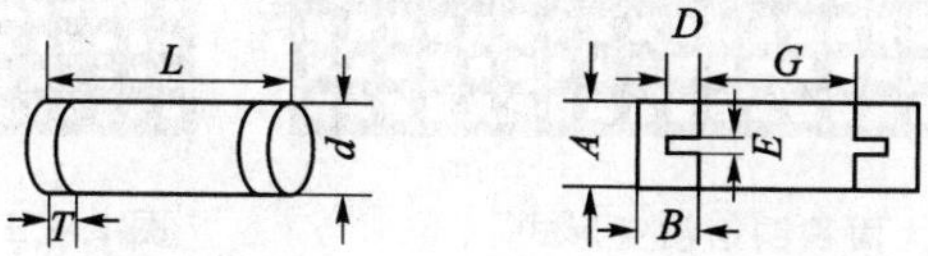

(a) 外形尺寸　(b) 焊盘结构

图 2.4.14　圆柱形片状元器件的外形及其焊盘要求

图 2.4.14(b)焊盘中间有凹槽,故元器件较容易放稳,不会移位,从而使焊接较为方便。

4. 翼形引脚 SOP 集成电路焊盘形状与尺寸

常见的翼形引脚 SOP 集成电路的外形如图 2.4.15(a)所示,其焊盘形状如图 2.4.15(b)所示,焊盘中各部分尺寸要求如下:

- $A=W+0.2$(mm);
- $B=F+0.6$(mm);
- $G=L+0.4$(mm)。

图 2.4.15(b)焊盘的间距与引脚间距相同,可以采用接焊方式进行焊接。

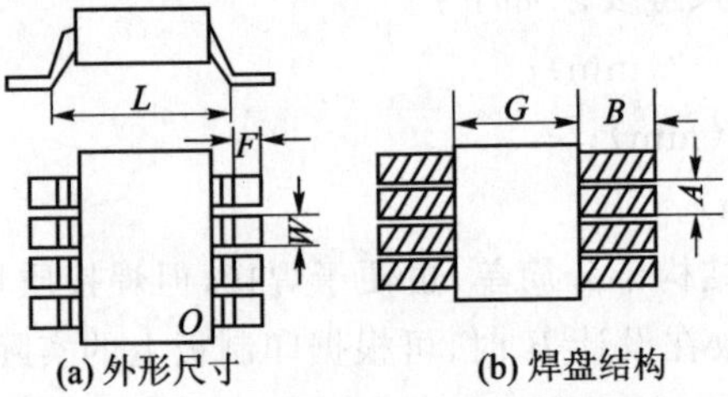

图 2.4.15　翼形引脚集成块外形及其焊盘要求

以上介绍的仅是几种常见表面安装元器件对焊盘的要求,其他类型的表面安装元器件可参考以上方法和要求进行处理。

2.4.6　大面积铜箔的处理

在电源和地线、高频电路等布线中,会使用到大面积的铜箔布线。为防止长时间受热时,铜箔与基板间的黏合剂产生的挥发性气体无法排除,热量不易散发,以致铜箔产生膨胀和脱落现象,需要在大面积的铜箔面上开窗口(镂空),镂空形式如图 2.4.16 所示,大面积铜箔上的焊盘形式如图 2.4.17 所示。

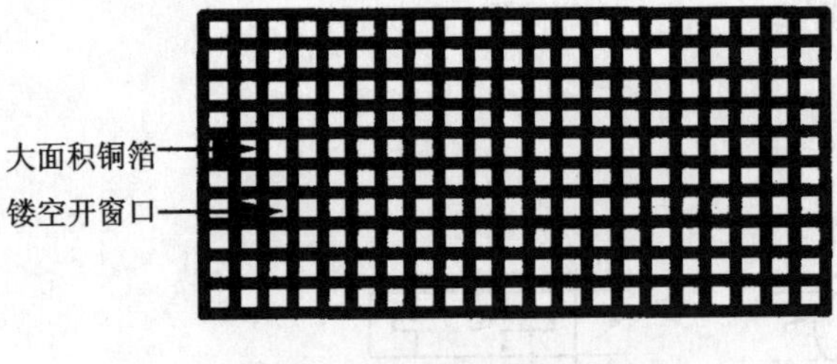

图 2.4.16　大面积铜箔镂空形式

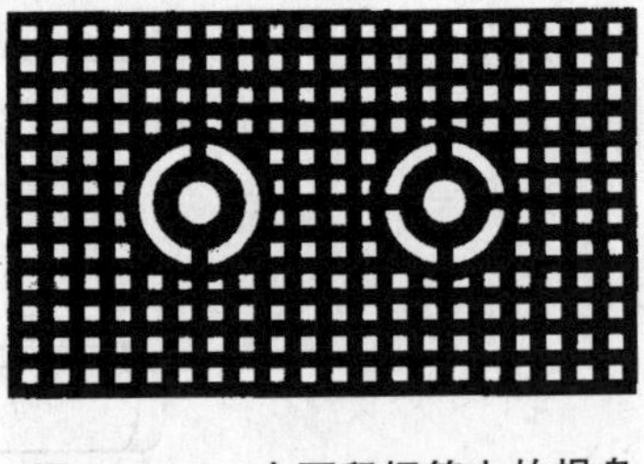

图 2.4.17　大面积铜箔上的焊盘

2.5　印制电路板的制作

印制电路板的制作是电子设计竞赛设计的必不可少的环节。印制电路板的制作方法有多种，本节介绍适合电子设计竞赛需要，使用 Create－SEM 等高精度电路板制作仪手工制作电路板过程，主要分为五个步骤：打印菲林、曝光、显影、腐蚀和打空、双面连接及表面处理。每个环节的都关系到制板的成功与否，因此制作过程中必须认真、仔细。

Create－SEM 高精度电路板制作仪线径宽度最小可达 0.1 mm(4 mil)，是电子设计竞赛理想的印制板制作设备。

竞赛中，将 PCB 图送到电路板厂制作一般需要 2～3 天的时间，而且需要支付较高的制板费，而采用 Create－SEM 电路板制作仪仅只需 1 小时，用低廉的费用就可制作出一块高精度的单/双面板，特别是竞赛中当某电路板需要频繁修改试验时，Create－SEM 电路板制作仪将以最低的成本、最快的速度满足需要。

Create－SEM 电路板制作仪标准配置如表 2.5.1 所列。

表 2.5.1　Create－SEM 电路板制作仪标准配置

序　号	名　称	数　量	主要参数
01	UV 紫外光程控电子曝光箱	1 台	最大曝光面积为 210 mm×297 mm(A4)
02	Create－MPD 高精度专用微钻	1 台	可配各种尺寸的钻头(0～6 mm)10 000 rad/min
03	Create－AEM 全自动蚀刻机	1 套	含蚀刻槽、防爆加热装置、鼓风装置
04	单面纤维感光电路板	1 块	面积为 203 mm×254 mm
05	双面纤维感光电路板	1 块	面积为 203 mm×254 mm
06	菲林纸	1 盒	面积为 210 mm×297 mm～A4
07	三氯化铁	1 盒	400 g
08	显影粉(20 g)	1 包	配 400 mL 水，24 小时内有效，显影 1 200 cm^2
09	0.9 mm 高碳钢钻头	4 支	普通直插元件脚过孔
10	0.4 mm 高碳钢钻头	4 支	过孔钻头
11	1.2 mm 高碳钢钻头	2 支	钻沉铜孔时专用
12	沉铜环	100 个	用作金属化过孔
13	过孔针	100 个	过孔专用
14	1 000 mL 防腐胶罐	1 个	显影药水配置专用
15	防腐冲洗盆	2 个	盛三氯化铁溶液、显影药水
16	工业防腐手套	1 双	显影、腐蚀时专用
17	制板演示光盘	1片	供使用者学习、观摩整个制板流程用
18	制板说明书	1 本	说明全套制板流程及各注意事项

2.5.1　打印菲林纸

打印菲林纸是整个电路板制作过程中至关重要的一步，建议用激光打印机打印，以确保打印出的电路图清晰。制作双面板需分两层打印，而单面板只需打印一层。由于单面板比双面板制作简单，下面以打印双面板为例，介绍整个打印过程。

1. 修改 PCB 图

在 PCB 图的顶层和底层分别画上边框，边框尺寸、位置要求相同(即上下层边框重合起来，以替代原来 KeepOutLay 层的边框)，以保证曝光时上下层能对准。

为保证电路板的焊盘和引线孔尺寸适中，确保钻孔时引起的孔中心小偏移不影响电路板的电气连接，建议将一般接插器件引线孔外径设置为 72 mil 以上，内径设置为 20 mil 以下(内径宜小不宜大，电路板实际引线孔的内径大小由钻头决定，此内径适当设置小可确保钻头定位更准确)。对于过孔，建议将外径设置为 50 mil，内径设置为 20 mil 以下。

2. 设置及打印

① 选择正确的打印类型。以 HP1000 打印机为例，首先设置打印机，单击 File 的下拉菜单 Setup Printer 项，出现图 2.5.1 所示的提示框，按图示选择正确的打印类型。

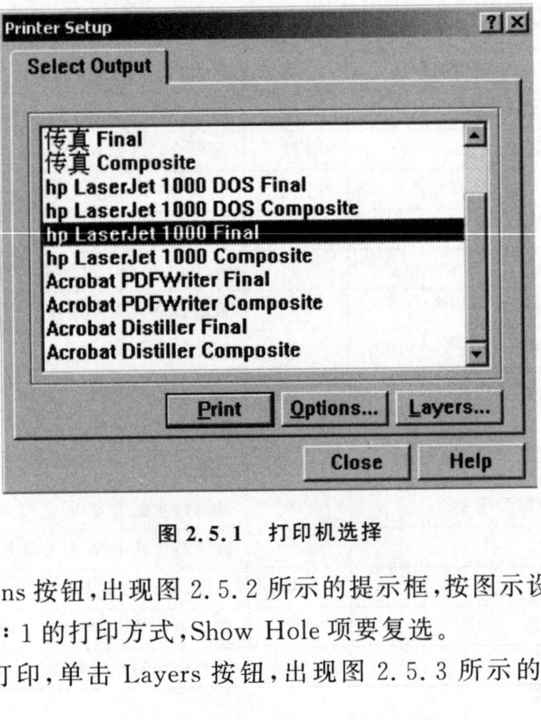

图 2.5.1　打印机选择

② 单击 Options 按钮，出现图 2.5.2 所示的提示框，按图示设置好打印尺寸，特别要注意设置成 1∶1 的打印方式，Show Hole 项要复选。

③ 设置顶层打印，单击 Layers 按钮，出现图 2.5.3 所示的提示框，按图示设置好。

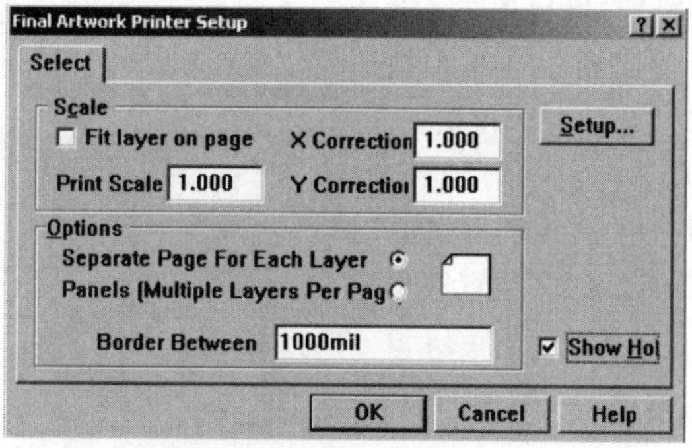

图 2.5.2　打印机尺寸设置

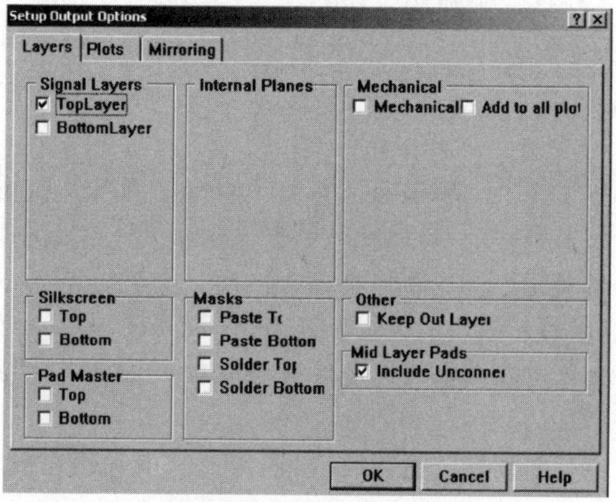

图 2.5.3　设置顶层打印

④ 特别注意顶层需镜像，单击图 2.5.3 中的 Mirroring 按钮，出现图 2.5.4 所示

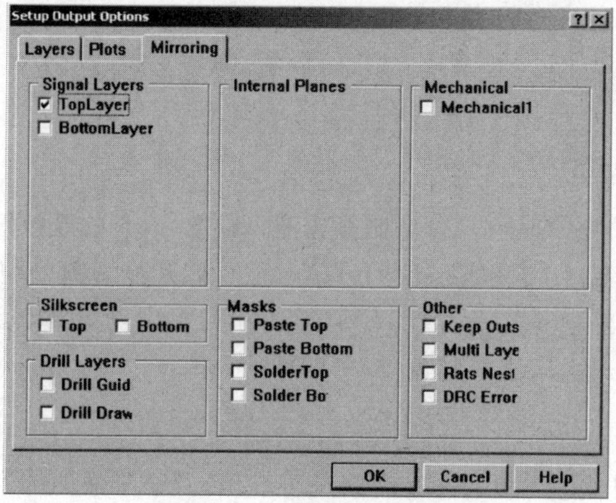

图 2.5.4　顶层镜像设置

的提示框，按图示设置好，然后单击 OK 按钮退出顶层设置，退回到图 2.5.1 提示框，单击 Print 按钮，开始打印顶层。

⑤ 设置底层打印，与设置顶层打印一样，单击 Layers 按钮，出现图 2.5.5 所示的提示框，按图示设置好(注意底层不要镜像)，单击 OK 按钮退出底层设置，退回到图 2.5.1 提示框，单击 Print 按钮，开始打印底层。

⑥ 打印。为防止浪费菲林纸，可以先用普通打印纸打印测试，待确保打印正确无误后，再用菲林纸打印。

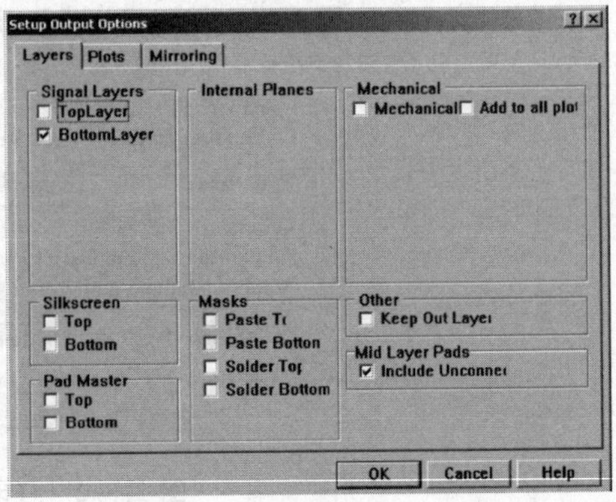

图 2.5.5 底层打印设置

2.5.2 曝 光

先从双面感光板上锯下一块比菲林纸电路图边框线大 5 mm 的感光板，然后用锉刀将感光板边缘的毛刺锉平，将锉好的感光板放进菲林纸夹层测量一下位置，以感光板覆盖过菲林纸电路图边框线为宜。

测量正确后，取出感光板，将其两面的白色保护膜撕掉，然后将感光板放进菲林纸中间夹层中。菲林纸电路图框线周边要有感光板覆盖，以使线路在感光板上完整曝光。

在菲林纸两边空处需要贴上透明胶，以固定菲林纸和感光板。贴胶纸时一定要贴在板框线外。

打开曝光箱，将要曝光的一面对准光源，曝光时间设为 1 min，按下 START 键，开始曝光。当一面曝光完毕后，打开曝光箱，将感光板翻过来，按下 START 键曝光另一面，同样，设置曝光时间为 1 min。

2.5.3 显 影

1. 配制显影液

以显像剂与水的比例为 1∶20 调制显像液。以 20 g/包的显影粉为例，将 1 000 mL 防腐胶罐装入少量温水(温水以 30～40 ℃为宜)，拆开显影粉的包装，把整包显影粉倒入温水里，将胶盖盖好，上下摇动，使显影粉在温水中均匀溶解。再往胶罐中掺自来水，直到 450 mL 为止，盖好胶盖，摇匀即可。

2. 试 板

试板目的是测试感光板的曝光时间是否准确，及显影液的浓度是否适合。

将配好的显影液倒入显影盆，并将曝光完毕的小块感光板放进显影液中，感光层向上,如果放进半分钟后感光层腐蚀一部分,并呈墨绿色雾状飘浮,2 min 后绿色感光层完全腐蚀,证明显影液浓度合适,曝光时间准确;当将曝光好的感光板放进显影液后,线路立刻显现并部分或全部线条消失,则表示显影液浓度偏高,需加点清水,盖好后摇匀再试。反之,如果将曝光好的感光板放进显影液后,几分钟后还不见线路的显现,则表示显影液浓度偏低,需向显影液中加几粒显影粉,摇匀后再试;反复几次,直到显影液浓度适中为止。

3. 显 影

取出两面已曝光完毕的感光板,把固定感光板的胶纸撕去,拿出感光板并放进显影液里显影。约半分钟后轻轻摇动,可以看到感光层被腐蚀完,并有墨绿色雾状飘浮。当这面显影好后,翻过来看另一面显影情况,直到显影结束,整个过程大约 2 min。当两面完全显影好后,可以看到,线路部分圆滑饱满,清晰可见,非线路部分呈现黄色铜箔。最后把感光板放到清水里,清洗干净后拿出,并用纸巾将感光板的水分吸干。

调配好的显影液可根据需要倒出部分使用,但已显像过的显影液不可再加入到原液中。显像液温度控制在 15~30 ℃。原配显像液的有效使用期为 24 h。20 g 显像剂约可供 8 片 10 cm×15 cm 单面板显像。感光板自制造日期起,每放置 6 个月,显像液浓度则需增加 20%。

2.5.4 腐 蚀

腐蚀就是用 $FeCl_3$ 溶液将电路板非线路部分的铜箔腐蚀掉。

首先,把 $FeCl_3$ 包装盒打开,取适量 $FeCl_3$ 放进胶盘里,把热水倒进去,$FeCl_3$ 与水的比例为 1∶1,热水的温度越高越好。把胶盘拿起摇晃,让 $FeCl_3$ 尽快溶解在热水中。为防止线路板与胶盘摩擦损坏感光层,避免腐蚀时 $FeCl_3$ 溶液不能充分接触线路板中部,可使用透明胶纸做一个支架,即将透明胶纸粘贴面向外,折成圆柱状贴到电路板四个脚的板框线外,保持电路板平衡。

然后,将贴有胶纸的面向下,把它放进 $FeCl_3$ 溶液里进行腐蚀。因为腐蚀时间跟 $FeCl_3$ 的浓度、温度以及是否经常摇动有很大的关系,所以要经常摇动,以加快腐蚀。腐蚀过程中可以看到,线路部分在绿色感光层的保护下留了下来,非线路部分的铜箔全部被腐蚀掉。当线路板两面非线路部分铜箔被腐蚀掉后将其拿出来,腐蚀过程全部完成约 20 min。

最后将电路板放进清水里,待清洗干净,拿出并用纸巾将其附水吸干。

2.5.5 打 孔

首先,选择好合适的钻头,以钻普通接插件孔为例,选择 0.95 mm 的钻头,安装好钻头后,将电路板平放在钻床平台上,打开钻床电源,将钻头压杆慢慢往下压,同时调整电路板位置，使钻孔中心点对准钻头，按住电路板不动，压下钻头压杆，这样就打好了一个孔。提起钻头压杆，移动电路板，调整电路板其他钻孔中心位置，以便钻其他孔，注意，此时钻孔为同型号。对于其他型号的孔，更换对应规格的钻头后，按上述同样的方法钻孔。

打孔前，最好不要将感光板上残留的保护膜去掉，以防止电路板被氧化。

不需用沉铜环的孔选用 0.95 mm 的钻头，需用沉铜环的孔用 1.2 mm 的钻头，过孔需用 0.4 mm 钻头。

2.5.6 穿 孔

穿孔有两种方法，可使用穿孔线，也可使用过孔针。使用穿孔线时，将金属线穿入过孔中，在电路板正面用焊锡焊好，并将剩余的金属线剪断，接着穿另一个过孔，待所有过孔都穿完，正面都焊好后，翻过电路板，把背面的金属线也焊好。

使用过孔针更简单，只需从正面将过孔针插入过孔，在正面用焊锡焊好，待所有过孔都插好过孔针并焊好后，再反过来将背面焊好。

2.5.7 沉 铜

穿孔也可以采用沉铜技术。沉铜技术成功地解决了普通电路板制板设备不能制作双面板的问题。沉铜技术替代了金属化孔这一复杂的工艺流程，使得能够成功地手工制作双面板。

沉铜时，先用尖镊子插入沉铜环带头的一端，再将其从电路板正面插入电路板插孔中，用同样的方法将所有插孔都插好沉铜环；然后从正面将沉铜环边沿与插孔周边铜箔焊接好，注意，不要把焊锡弄到铜孔内，这样将正面沉铜环都焊好后，整个电路板就做好了，背面铜环边沿留在焊接器件时焊接。

2.5.8 表面处理

在完成电路板的过孔及沉铜后，需要进行印制电路板表面处理。具体做法是：

① 用天那水洗掉感光板残留的感光保护膜，再用纸巾擦干，以方便元器件的焊接。

② 在焊接元器件前，先用松节油清洗一遍线路板。

③ 在焊接完元器件后，可用光油将线路板裸露的线路部分用光油覆盖，以防氧化。

2.6 锉 削

在印制板电路等工件的加工过程中往往需要对工件的尺寸、形状、位置和表面光洁度等进行加工，这个加工过程称之为锉削，可采用机械完成。在电子设计竞赛中，手工锉削是基本的方法，锉刀是最基本的工具。

2.6.1　锉刀的结构与形状

锉刀是一把多刃的切屑工具，结构如图 2.6.1 所示，锉刀刀背多是齿纹，呈交叉排列，形成许多小刀齿。锉刀的规格以其工作长度表示。

锉刀种类可分为钳工锉、异形锉和整形锉。异形锉和整形锉又称为什锦锉。

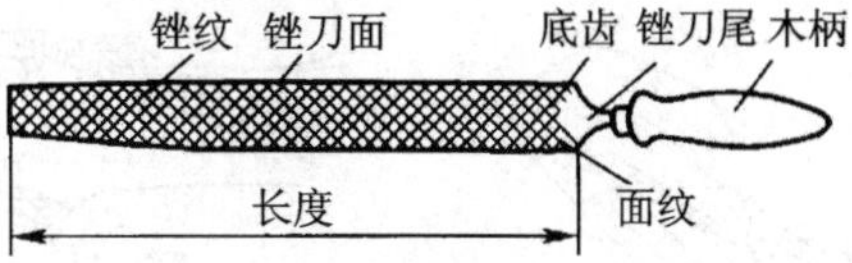

图 2.6.1　锉刀各部分的名称

钳工锉按其断面形状的不同，分为齐头扁锉(板锉)、方锉、半圆锉、圆锉和三角锉等，如图 2.6.2 所示。

异形锉用于加工零件的特殊表面，很少应用。

整形锉主要用于加工精细的工件，如模具、样板等，它由 5、6、10 或 12 把组成一组，如图 2.6.3 所示。

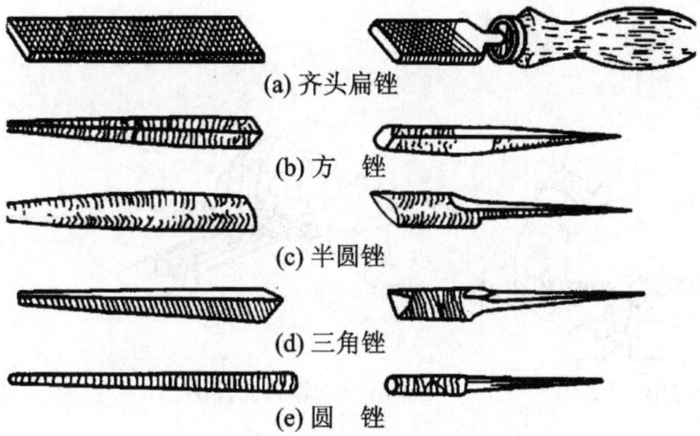

图 2.6.2　钳工锉刀的种类

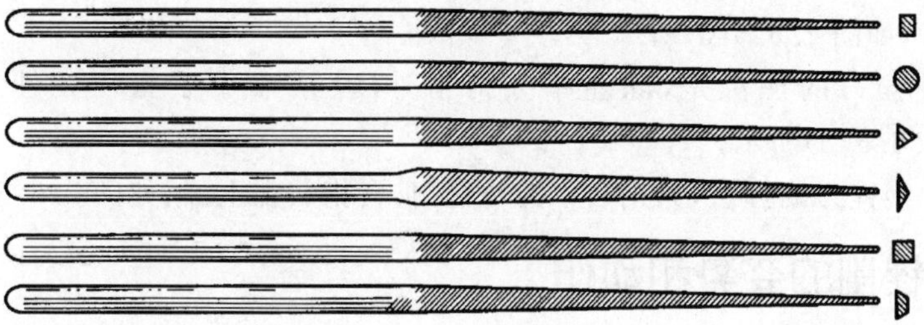

图 2.6.3　6 把一组的整形锉

2.6.2　锉刀的握法

锉刀的握法随锉刀的大小及工件的不同而改变。

较大型锉刀的握法，如图 2.6.4 所示。右手拇指放在锉刀柄上面，手心抵住柄端，其余手指由下而上也紧握刀柄，如图 2.6.4(a)所示；左手在锉刀上的放法有 3 种，如图 2.6.4 (b)所示；两手结合起来握锉姿势如图 2.6.4(c)所示。

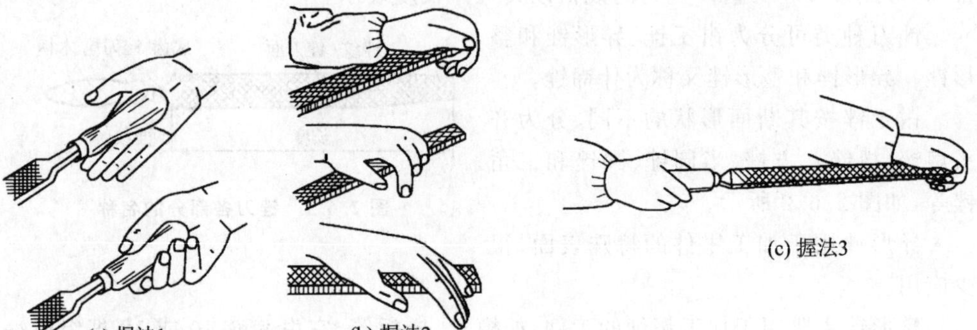

(a) 握法1　　(b) 握法2　　(c) 握法3

图 2.6.4　较大锉刀的握法

中、小型锉刀的握法，如图 2.6.5 所示。

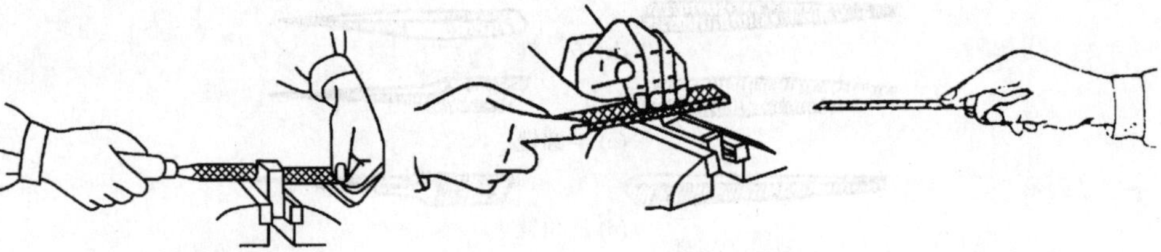

(a) 中型锉刀的握法　　(b) 小型锉刀的握法　　(c) 最小型锉刀的握法

图 2.6.5　中、小型锉刀的握法

- 握中型锉刀时，右手的握法与握大型锉刀一样，左手只需大拇指和食指轻轻地扶持，如图 2.6.5(a)所示；
- 小型锉刀的握法是，除左手大拇指外，其余 4 个手指压在锉刀上面，如图 2.6.5(b)所示；
- 最小型锉刀的握法，只用右手握住锉刀，食指放在上面，如图 2.6.5 (c)所示。

2.6.3　锉削的姿势和动作

锉削时的站立位置如图 2.6.6 所示。两手握住锉刀放在工件上面，身体与钳口方向约成 45°角，右臂弯曲，右小臂与锉刀锉削方向成一直线，左手握住锉刀头部，左手臂呈自然状态，并在锉削过程中，随锉刀运动稍做摆动。锉削时，身体的重心应放在左脚上约与台虎钳纵向轴线延长线成 30°，右脚离左脚一弓步，锉削时的姿势如图 2.6.7 所示，向前推锉刀是锉刀切削过程，而返回时不须加力或双手稍将锉刀提离工作面,便于切屑落下。

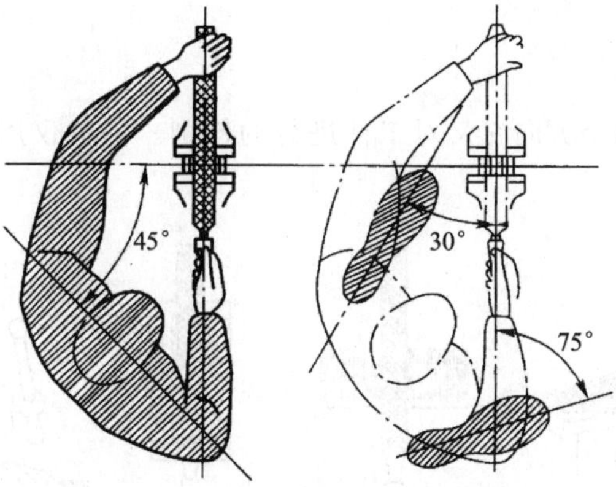

图 2.6.6 锉削时的站立位置

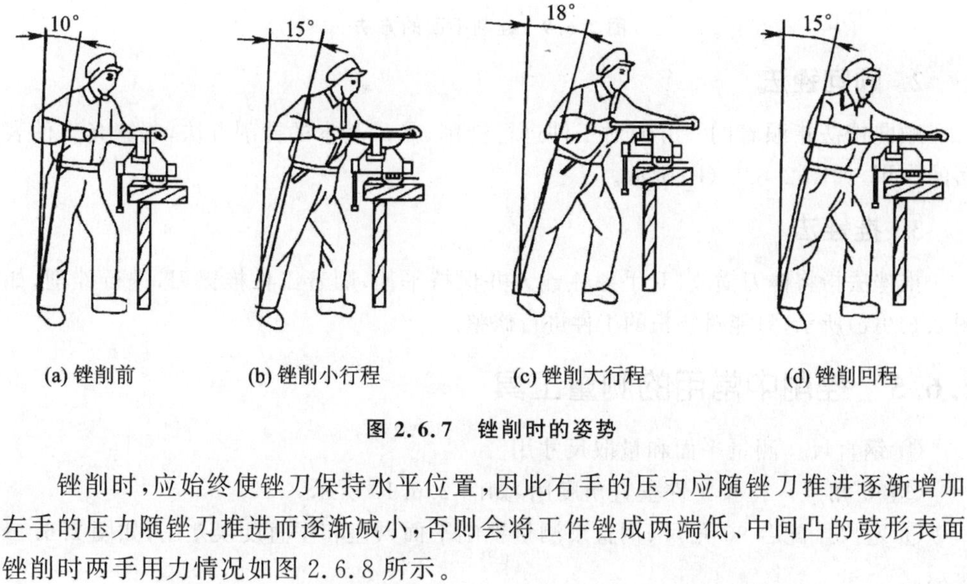

(a) 锉削前　(b) 锉削小行程　(c) 锉削大行程　(d) 锉削回程

图 2.6.7 锉削时的姿势

锉削时,应始终使锉刀保持水平位置,因此右手的压力应随锉刀推进逐渐增加;左手的压力随锉刀推进而逐渐减小,否则会将工件锉成两端低、中间凸的鼓形表面。锉削时两手用力情况如图 2.6.8 所示。

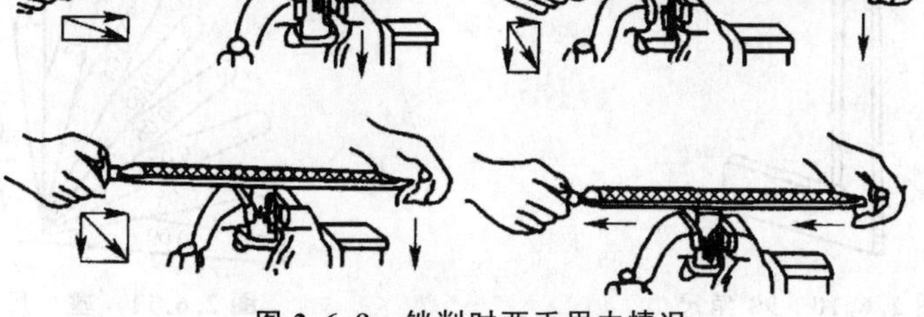

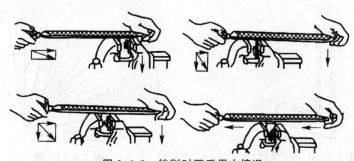

图 2.6.8 锉削时两手用力情况

2.6.4　锉削平面的方法

1. 交叉锉法

交叉锉法指从两个方向交叉对工件进行的锉削。一般仅用于粗锉，如图 2.6.9 (a)所示。

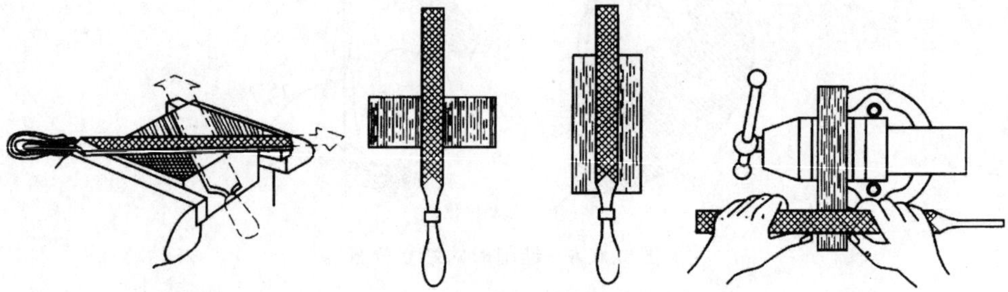

(a) 交叉锉法　　(b) 顺向锉法　　(c) 推锉法

图 2.6.9　锉削平面的方法

2. 顺向锉法

顺向锉法指顺着同一方向对工件进行锉削，是最基本的锉削方法，起锉光工件表面的作用，如图 2.6.9 (b)所示。

3. 推锉法

推锉法指将锉刀横放，双手握住锉刀并保持平衡，顺着工件推锉刀，进行锉削，如图 2.6.9(c)所示，只能对狭长的工件进行修整。

2.6.5　锉削中常用的测量工具

① 钢直尺。测量平面和量取尺寸用。

② 90°角尺。检查工件垂直角度用，如图 2.6.10 所示。

③ 塞尺。配合 90°角尺、钢直尺测量锉削平面误差和垂直度误差用，如图 2.6.11 所示。

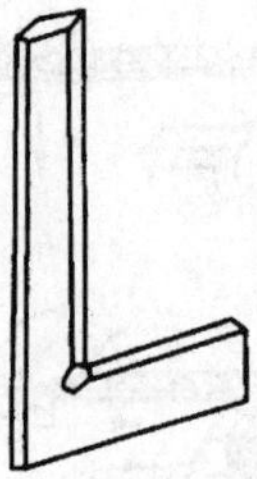

图 2.6.10　90°角尺

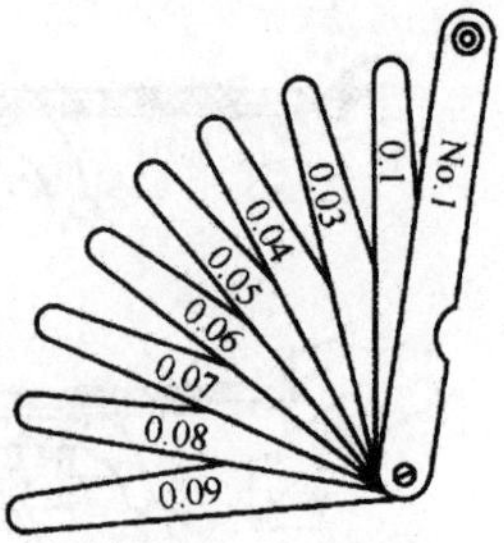

图 2.6.11　塞　尺

④ 游标卡尺。测量工件的外形、孔距、孔径、槽宽长度时用，如图 2.6.12 所示。

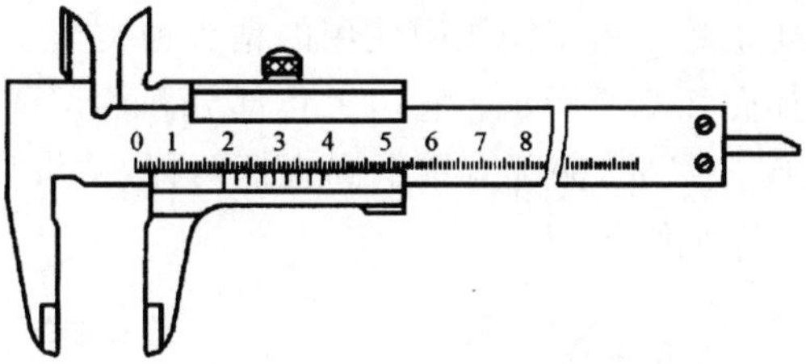

图 2.6.12　游标卡尺

2.7　钻孔和扩孔

2.7.1　钻　孔

钻孔是电子竞赛中不可少的一个加工过程，如装配连接的螺钉孔、印制板插装孔等。钻孔是用钻头在实体材料上加工孔的一种方法，钳工钻孔有两种方法：一种是在钻床上钻孔；另一种是用电钻钻孔。台钻结构示意图如图 2.7.1 所示。

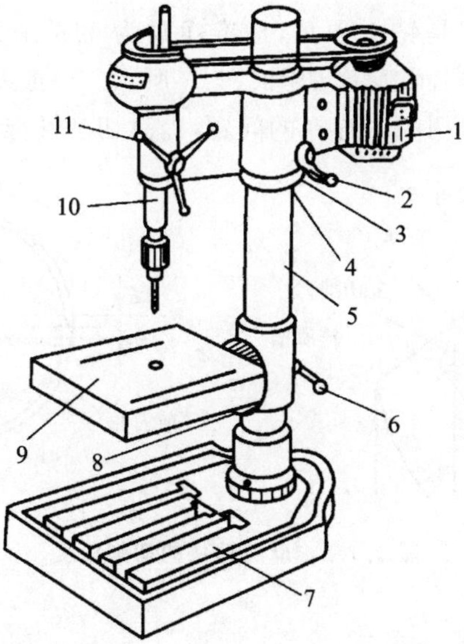

1—电动机，2—手柄，3—螺钉，4—保险环，5—立柱，6—受柄，
7—底座，8—螺钉，9—工作台，10—主轴，11—手柄

图 2.7.1　台钻结构示意图

1. 钻头的结构

钻头是钻削的主要工具。钳工操作中使用的钻头种类繁多,通常使用的是麻花钻头。钻头主要结构如图 2.7.2 所示。它由工作部分和柄部两部分组成,工作部分又由切削部分和导向部分组成,柄部有锥柄和直柄两种,钻头直径小于 $\phi 13$ mm 采用直柄,大于 $\phi 13$ mm 采用锥柄。

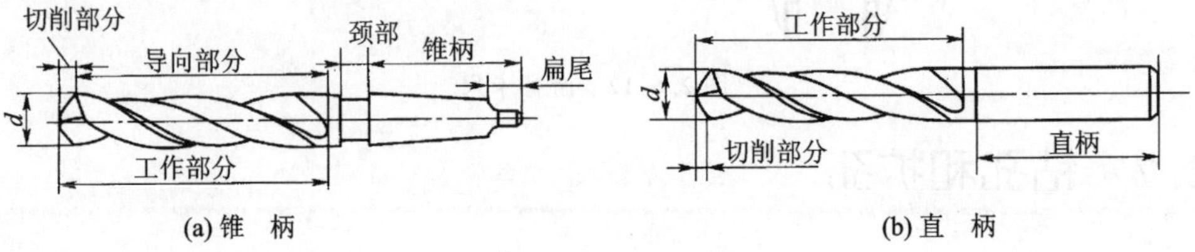

图 2.7.2 钻头的结构

2. 钻头的材料

麻花钻头一般用高速工具钢,经过铣削、热处理淬硬、磨削制成。

3. 钻头的切削角度

两个主刃组成的角即是钻头顶角,标准净角为 118°±2°,但顶角不是固定不变的,它根据钻孔的材料不同而改变,如图 2.7.3 所示。一般要求麻花钻头在使用前必须检查、修磨角度,以改善切削中存在的问题,提高切削性能。

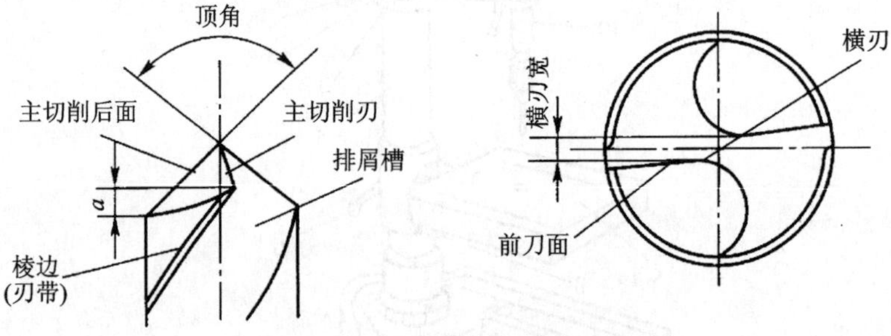

图 2.7.3 麻花钻头的切削角度

2.7.2 扩 孔

扩孔是用扩孔钻对工件上已有孔进行扩大的加工方法,如图 2.7.4(a)所示。扩孔时的背吃刀量 α_P(单位为 mm)为

$$\alpha_P = 1/2(D - d)$$

式中,D 为扩孔后直径(mm),d 为预加工孔直径(mm)。

扩孔钻由工作部分、颈部和柄部组成。工作部分又分切削部分和导向部分。工

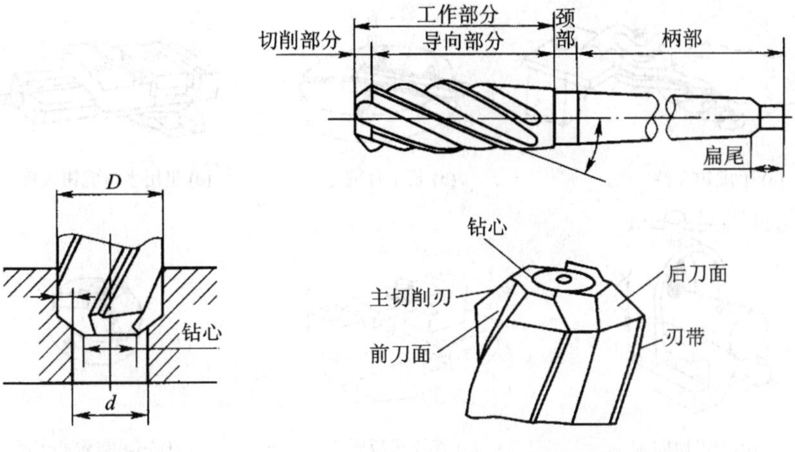

(a) 扩　孔　　　　(b) 扩孔钻结构

图 2.7.4　扩孔及扩孔钻

作部分上有 3～4 条螺旋槽,将切削部分分成 3～4 个刀瓣,形成了切削刃和前刀面,如图 2.7.4(b)所示,增加了切削的齿数,提高了导向性能。工作部分螺旋角较小,使钻心处的厚度增加,提高了切削的稳定性,改善了扩孔加工的切削条件。

2.7.3　钻孔和扩孔时应注意的一些问题

钻孔和扩孔时一般要求如下:

1. 工件的装夹

① 钻孔时,工件的装夹方法应根据钻削孔径的大小及工件形状来决定。

② 一般钻削直径小于 8 mm 的孔时,可用手握牢工件进行钻孔。

③ 若工件较小,则可用手虎钳夹持工件钻孔,如图 2.7.5 (a)所示。

④ 长工件可以在工作台上固定一个物体,将长工件紧靠在该物体上进行钻孔,如图 2.7.5(b)所示。

⑤ 在较平整、略大的工件上钻孔时,可夹持在机用平口虎钳上进行,如图 2.7.5 (c)所示。若钻削力较大,可先将机用平口虎钳用螺栓固定在机床工作台上,然后再钻孔。

⑥ 在圆柱表面上钻孔时,应将工件安放在 V 形块中固定,如图 2.7.5 (d)所示。

⑦ 钻孔直径在 10 mm 以上或不便用机用平口虎钳装夹的工件用压板夹持,如图 2.7.5(e)所示。

⑧ 在圆柱工件端面钻孔时可选用三爪自定心卡盘来装夹,如图 2.7.5 (f)所示。

2. 划线后直接进行钻孔

在钻孔前,划好孔中心线,对孔中心冲眼。钻孔时首先将钻头中心对准冲眼,先

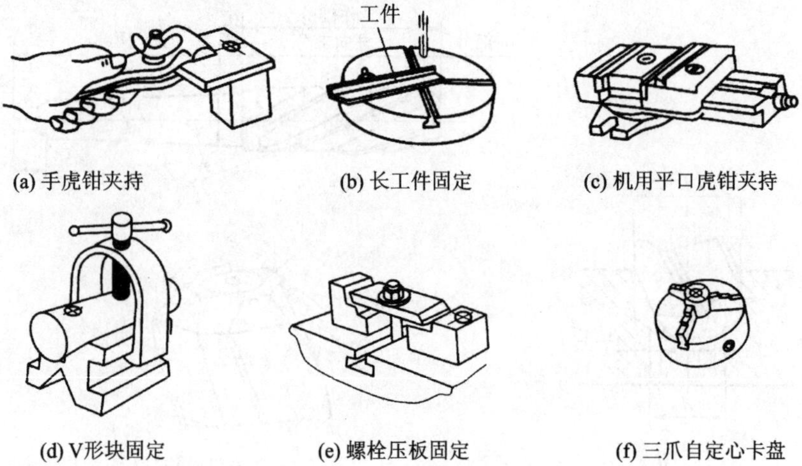

图 2.7.5　工件装夹方法

试钻一个浅孔，检查两个中心是否重合，如果完全一致，则可继续钻孔；如果发现误差，则必须纠正，使两个中心重合后才能钻孔。

3. 钻孔的切削量

钻孔的切削进给量是根据工件材料性质、切削厚度、孔径大小而确定的。如果选用不当，将会给操作者带来危害及设备事故，特别要注意孔即将穿通时的进给量大小。钻深孔时要经常把钻头提拉出工件的表面，以便及时清除槽内的钻屑和散热。

4. 注意事项

① 工件紧固牢靠，钻头刀刃及几何角度正确、合适，钻孔前应尽量减小进给力。

② 钻头松紧必须用专用钥匙。

③ 快穿孔时，应减小进刀量，自动进刀时，最好改为手动。

④ 钻孔时，若钻头温度过高，应加冷却润滑液。

⑤ 清理切屑时，不许用手，应用刷子来清除。

⑥ 停机时，应让主轴自然停止，不可用手指去刹住。

⑦ 不能戴手套操作，袖口必须扎紧，女工必须戴工作帽。

⑧ 严禁在开机状态下装拆工件或检验工件。变换主轴转速时，必须在停机状态下进行。

第3章 元器件和导线的安装与焊接

3.1 电子元器件安装前的预处理

3.1.1 电子元器件的引线镀锡

电子元器件通过引线焊接到印制板，相互连接在一起，引线的可焊性直接影响作品的可靠性。元器件的引线在生产、运输、存储等各个环节中，由于接触空气，表面会产生氧化膜，使引线的可焊性下降。在焊接前，电子元器件的引线镀锡是必不可少的工序，其操作步骤如下。

(1) 校直引线

在手工操作时，可以使用平嘴钳将元器件的引线夹直，不能够用力强行拉直，以免将元器件损坏。轴向元器件的引线应保持在轴心线上，或是与轴心线保持平行。

(2) 清洁引线表面

采用助焊剂可以清除金属表面的氧化层，但它对严重的腐蚀、锈迹、油迹、污垢等并不能起作用，而这些附着物会严重影响焊接质量。因此，元器件引线的表面清洁工作十分必要。

一般情况下，镀铅锡合金的引线可以在较长的时间内保持良好的可焊性，免除清洁步骤；较轻的污垢可以用酒精或丙酮擦洗；镀金引线可以使用绘图橡皮擦除引线表面的污物；严重的腐蚀性引线只有用刀刮或用砂纸打磨等方法去除，手工刮脚时采用小刀或断锯条等带刃的工具，沿着引线从中间向外刮，边刮边转动引线，直到把引线上的氧化物彻底刮净为止。

注意： 不要划伤引线表面，不得将引线切伤或折断，也不要刮元件引线的根部，根部应留 1～3 mm。

(3) 引线镀锡

镀锡是将液态焊锡对被焊金属表面进行浸润，在金属表面形成一个结合层，利用这个结合层将焊锡与待焊金属两种材料牢固连接起来。为了提高焊接的质量和速度，需要在电子元器件的引线或其他需要焊接的待焊面镀上焊锡。目前，很多元器件引线经过特殊处理，在一定的期限范围内可以保持良好的可焊性，完全可免去镀锡的工序。

对于镀铅锡合金的引线,可以先试一下是否需要镀锡。对于一些可焊性差的元器件,如用小刀刮去氧化膜的引线,镀锡是必须的。用蘸锡的焊烙铁沿着蘸了助焊剂的引线加热,从而达到镀锡的目的。

在批量处理元器件引线时中,也可以使用锡锅进行镀锡。锡锅应保持焊锡在液态,注意锡锅的温度不能过高;否则液态锡的表面将很快被氧化。将元器件适当长度的引线插入熔融的锡铅合金中,待润湿后取出即可。

电容器、电阻器的引线插入熔融锡铅中,元件外壳距离液面保持 3 mm 以上,浸入时间为 2～3 s。

半导体器件对温度比较敏感,引线插入熔融锡铅中,器件外壳距离液面保持 5 mm 以上,如图 3.1.1 所示,浸入 1～2 s,时间不能够过长;否则大量热量会传到器件内部,造成器件变质、损坏。通常可以通过浸蘸酒精、助焊剂将引线上的余热散去。

良好的镀锡层表面应该均匀光亮,无毛刺、无孔状、无锡瘤。

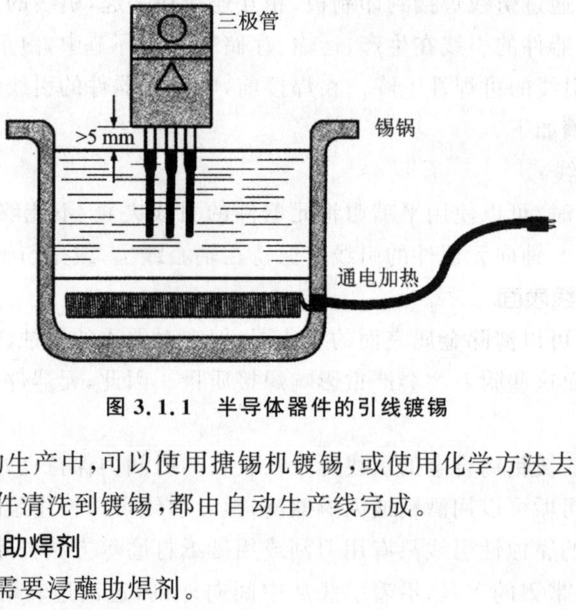

图 3.1.1　半导体器件的引线镀锡

在中等规模的生产中,可以使用搪锡机镀锡,或使用化学方法去除氧化膜。大规模生产中,从元器件清洗到镀锡,都由自动生产线完成。

(4) 引线浸蘸助焊剂

引线镀锡后,需要浸蘸助焊剂。

3.1.2　电子元器件的引线成型

不同类型的电子元器件的引线是多种多样的。在安插到印制电路板之前,对引线进行成型处理是必要的。元器件的引线要根据焊盘插孔的要求做成需要的形状,引线折弯成型要符合安装的要求。

轴向双向引出线的电子元器件通常可以采用卧式跨接和立式跨接两种形式,如图 3.1.2 所示。对于一些对焊接温度十分敏感的元器件,可以在引线上增加一个绕环,如图 3.1.3 所示。

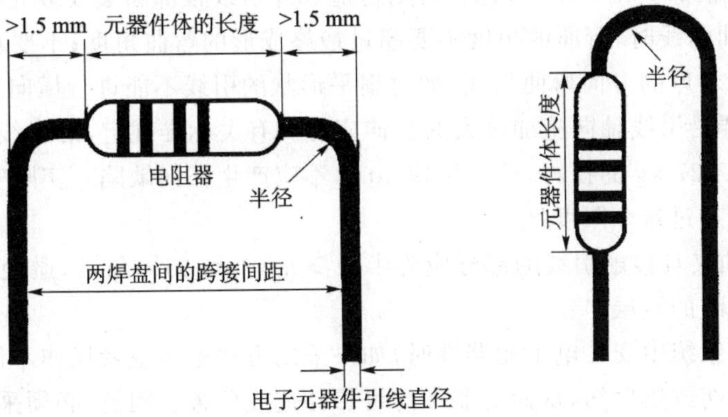

图 3.1.2　引线的卧式跨接和立式跨接形式

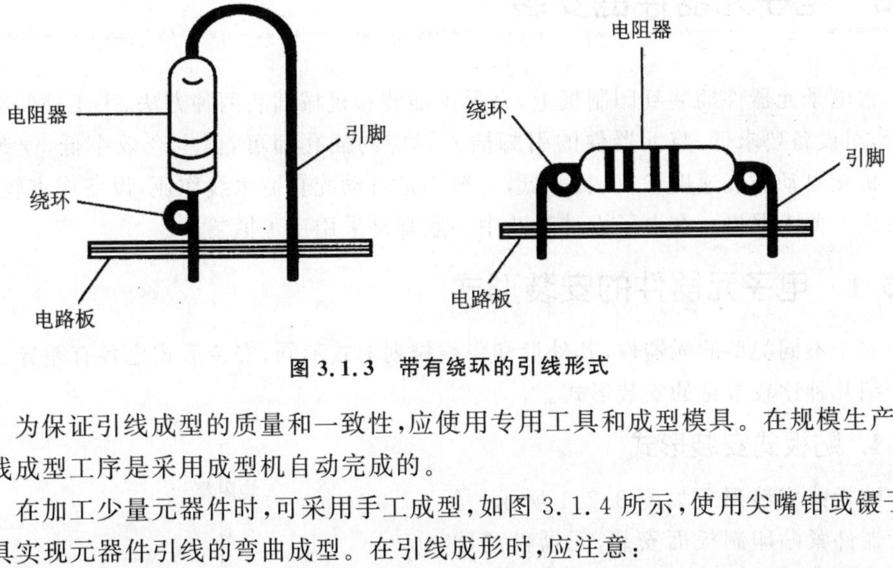

图 3.1.3　带有绕环的引线形式

为保证引线成型的质量和一致性，应使用专用工具和成型模具。在规模生产中，引线成型工序是采用成型机自动完成的。

在加工少量元器件时，可采用手工成型，如图 3.1.4 所示，使用尖嘴钳或镊子等工具实现元器件引线的弯曲成型。在引线成形时，应注意：

① 在引线弯曲时，应使用专门的夹具固定弯曲处和器件管座之间的引线，不要拿着管座弯曲，如图 3.1.4 所示。夹具与引线的接触面应平滑，以免损伤引线镀层。

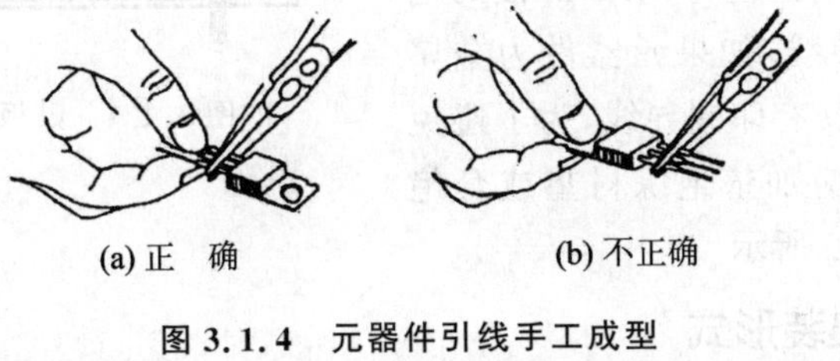

(a) 正　确　　　　(b) 不正确

图 3.1.4　元器件引线手工成型

② 引线弯曲点应与管座之间保持一定的距离 L。当引线被弯曲为直角时，$L \geqslant 3$ mm；当引线弯曲角小于 90 时，$L \geqslant 1.5$ mm。对于小型玻璃封装二极管，引线弯曲

处距离管身根部应在 5 mm 以上；否则易造成外引线根部断裂或玻壳裂纹。

③ 弯曲引线时，弯曲的角度不要超过最终成形的弯曲角度；不要反复弯曲引线；不要在引线较厚的方向弯曲引线，如对扁平形状的引线不能进行横向弯折。

④ 不要沿引线轴向施加过大的拉伸应力。有关标准规定，沿引线引出方向无冲击地施加 0.227 kg 的拉力，至少保持 30 s，不应产生任何缺陷。实际安装操作时，所加应力不能超过这个限度。

⑤ 弯曲夹具接触引线的部分应为半径≥0.5 mm 的圆角，以避免使用它弯曲引线时损坏引线的镀层。

在整机系统中安装电子元器件时，如果采用方法不当或者操作不慎，容易给器件带来机械损伤或热损伤，从而对器件的可靠性造成危害。因此，必须采用正确的安装方法。

3.2 电子元器件的安装

将电子元器件插装到印制板上，有手工插装和机械插装两种方法，手工插装简单易行，对设备要求低，将元器件的引脚插入对应的插孔即可，但生产效率低，误装率高。机械自动插装速度快，误装率低，一般都是自动配套流水线作业，设备成本较高，引线成型要求严格。在电子设计竞赛中一般都是采用手工插装。

3.2.1 电子元器件的安装形式

对于不同类型的元器件，其外形和引线排列形式不同，安装形式也各有差异。下面介绍几种比较常见的安装形式。

1. 贴板式安装形式

贴板式安装形式如图 3.2.1 所示，是将元器件紧贴印制板面安装，元器件离印制板的间隙在 1 mm 左右。贴板安装引线短，稳定性好，插装简单，但不利于散热，不适合高发热元器件的安装。双面焊接的电路板因两面都有导线，如果元器件为金属外壳，元器件下面又有印制导线，为了避免短路，元器件壳体应加垫绝缘衬垫或套绝缘套管，如图 3.2.2 所示。

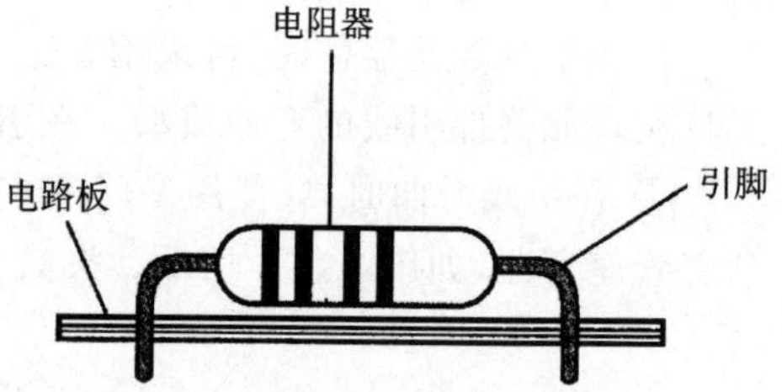

图 3.2.1　贴板式安装形式

2. 悬空式安装形式

发热元器件、怕热元器件一般都采用悬空式安装的方式。悬空式安装形式如图 3.2.3 所示，是将元器件壳体距离印制板面间隔一定距离安装，安装间隙在 3～

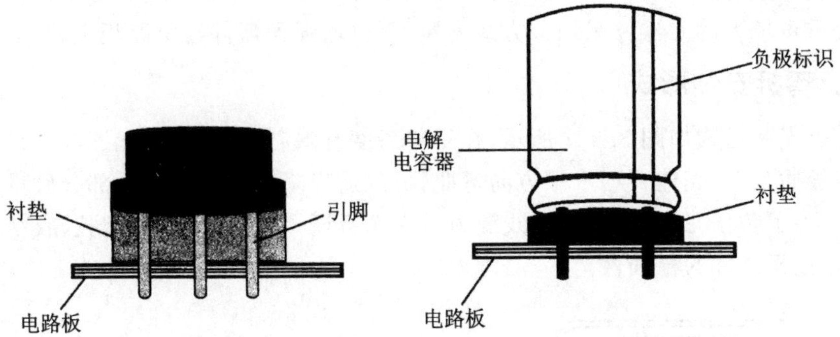

图 3.2.2　壳体加垫绝缘衬垫或套绝缘套管

8 mm。为保持元器件的高度一致，可以在引线上套上套管。

3. 垂直式安装形式

在印制板的部分高密度安装区域中可以采用垂直安装形式进行安装，垂直式安装形式如图 3.2.4 所示，是将轴向双向引线的元器件壳体竖直安装。质量大且引线细的元器件不宜用此形式。在垂直安装时，对于短引线的引脚焊接，大量的热量被传递，为了避免高温损坏元器件，可以采用衬垫等阻隔热量的传导。

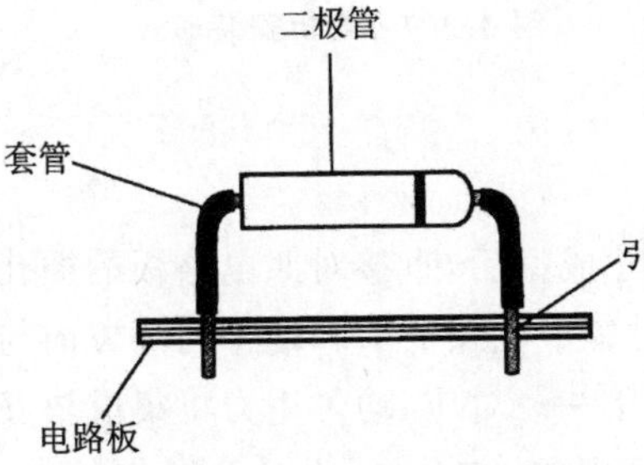

图 3.2.3　悬空式安装形式

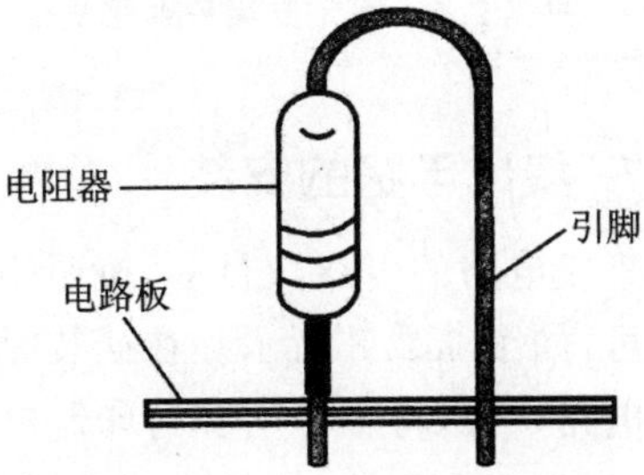

图 3.2.4　垂直安装形式

4. 嵌入式安装形式

嵌入式安装形式如图 3.2.5 所示，是将元器件部分壳体埋入印制电路板的嵌入孔内。一些需要防震保护的元器件可以采用该方式，以增强元器件的抗震性，降低安装高度。

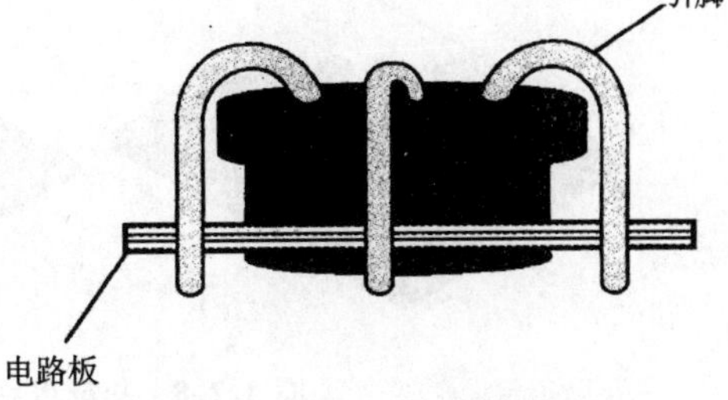

图 3.2.5　嵌入式安装形式

5. 固定支架安装形式

安装固定支架形式如图 3.2.6

所示，是采用固定支架将元器件固定在印制电路板上。一些小型继电器、变压器、扼流圈等重量较大的元器件采用该方式安装，可以增强元器件在电路板上的牢固性。

6. 弯折安装形式

弯折安装形式如图 3.2.7 所示，在安装高度有限制时，可以将元器件引线垂直插入电路板插孔后，壳体再朝水平方向弯曲，可以适当降低安装高度。部分质量较大的元器件，为了防止元器件歪斜、引线受力过大而折断，弯折后应采用绑扎、胶粘固等措施，以增强元器件的稳固性。

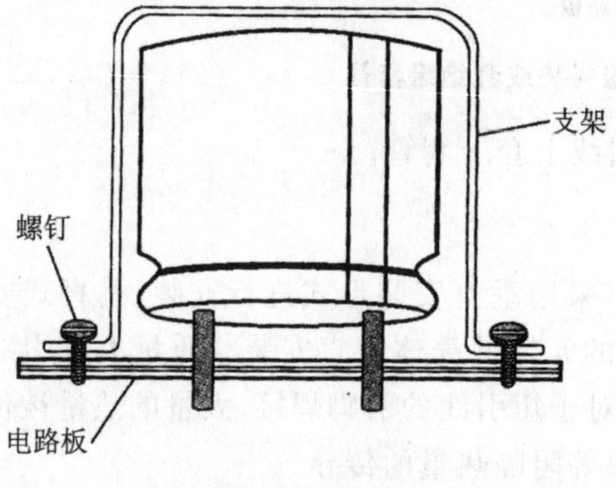

图 3.2.6　固定支架安装形式

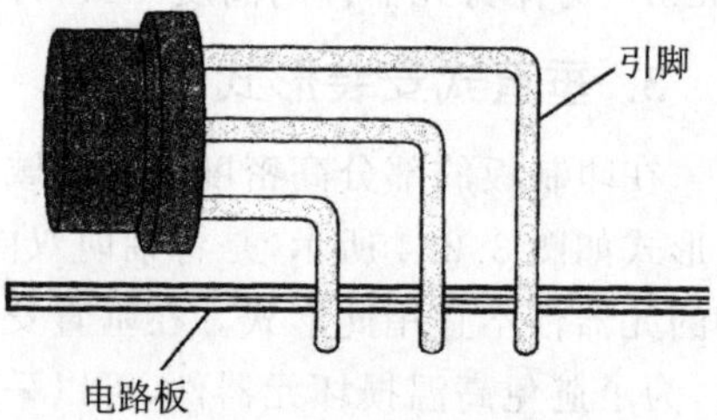

图 3.2.7　弯折安装形式

7. 集成电路的安装

集成电路的引线数目多，按照印制板焊盘尺寸成型后，直接对照电路板的插孔插入即可，如图 3.2.8 所示。在插装时，注意插入时集成电路的引脚端排列的方向与印制板电路一致，将各个引脚与印制电路板上的插孔一一对应，均匀用力将集成块安插到位，引脚逐个焊接，不能出现歪斜、扭曲、漏插等现象。在电子设计竞赛作品中，建议采用插座形式安装，一般不要直接将集成电路安装在印制板上。在安装集成电路时，一定要注意防止静电损伤，尽可能使用专用插拔器安插集成电路。

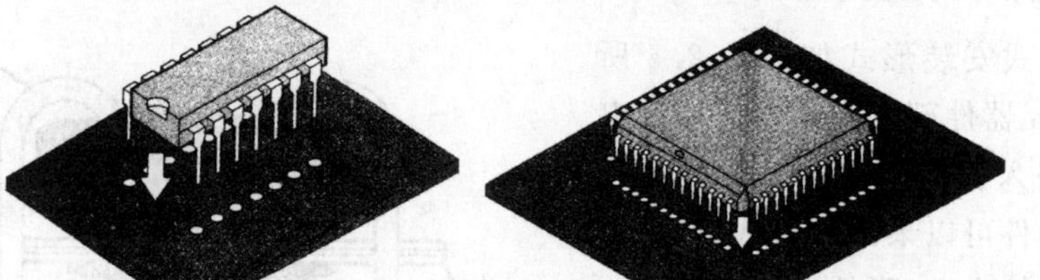

图 3.2.8　集成电路的安装形式

8. 开关、电位器、插座等安装

开关、电位器、插座等常被安装在设备的控制面板上，具体的安装方法如图 3.2.9～图 3.2.11 所示，自上而下，分别将螺母、齿形垫圈、底板、止转销、螺母等紧固件一一旋紧在开关、电位器、插座的螺纹上即可。

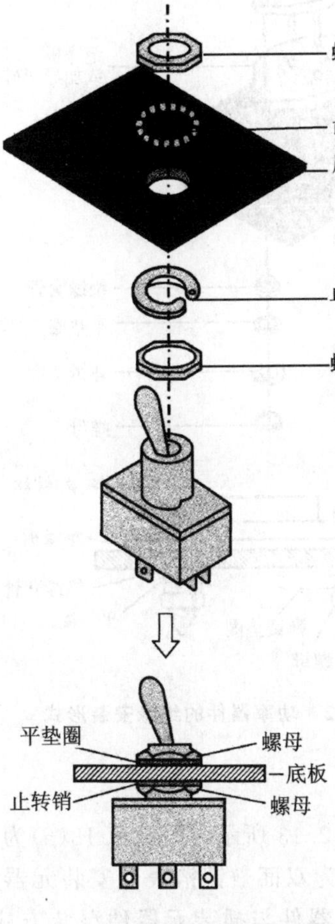

图 3.2.9　开关的组装

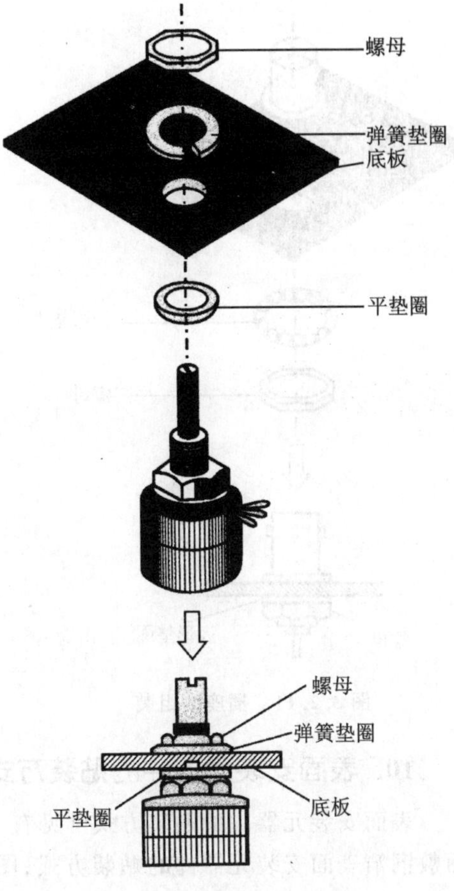

图 3.2.10　电位器的组装

9. 功率器件的安装

部分金属大功率三极管、稳压器等体积庞大，质量较大，这样的器件需要固定在面板或者电路板上，增强其安装的稳固性。一些功率较大，发热量较高的功率器件需要配置散热片，散热片可以采用专门的散热器，也可以利用机箱、面板等。功率器件与散热片之间先用导热硅胶黏合，再使用螺钉螺母紧固安装。为了与面板或者电路板绝缘，需要采用绝缘安装形式，如图 3.2.12 所示，一般采用 $\phi 3$ mm 的螺钉螺母配合绝缘板、绝缘套管、平垫圈、弹簧垫圈、螺母等进行安装。

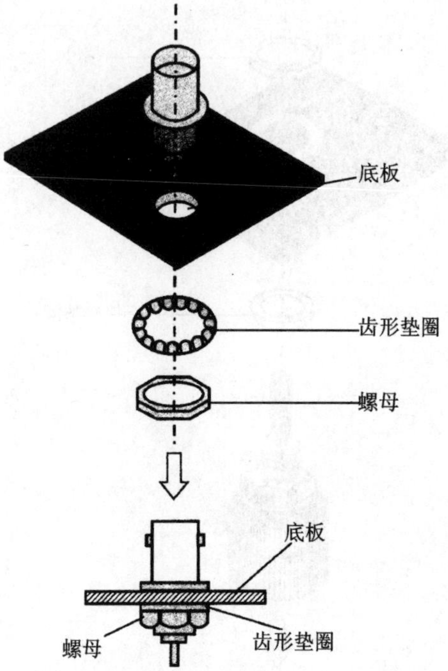

图 3.2.11 插座的组装

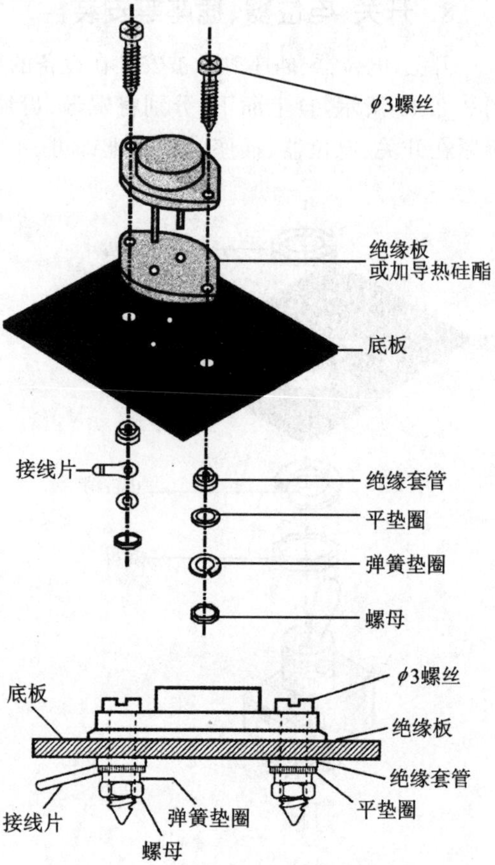

图 3.2.12 功率器件的绝缘安装形式

10. 表面安装元器件的贴装方式

表面安装元器件的贴装方式常见有 4 种，如图 3.2.13 所示。图 3.2.13(a)为单面敷铜箔表面安装元器件的贴装方式；图 3.2.13(b)为双面敷铜箔表面安装元器件的贴装方式；图 3.2.13(c)为单面敷铜箔表面安装元器件与插装元器件混装方式；图 3.2.13(d)为双面敷铜箔表面安装元器件与插装元器件混装方式。

11. 扁平电缆与接插件的连接

扁平电缆与接插件之间的连接通常采用穿刺连接形式。如图 3.2.14 所示，将需要连接的扁平电缆置入接插件的插座上槽和插座下槽之间，电缆的线芯对准插座簧片中心缺口，将插座上槽和插座下槽压紧，使插座簧片穿过电缆的绝缘层，利用插座上槽和插座下槽的凹凸将扁平电缆夹紧即可。

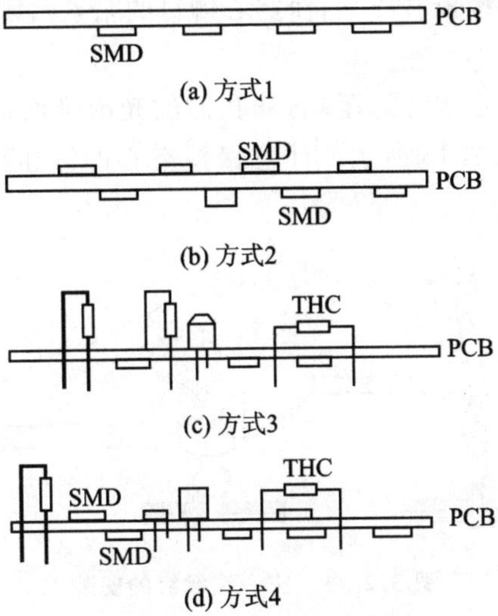

图 3.2.13 表面安装元器件的贴装方式示意图

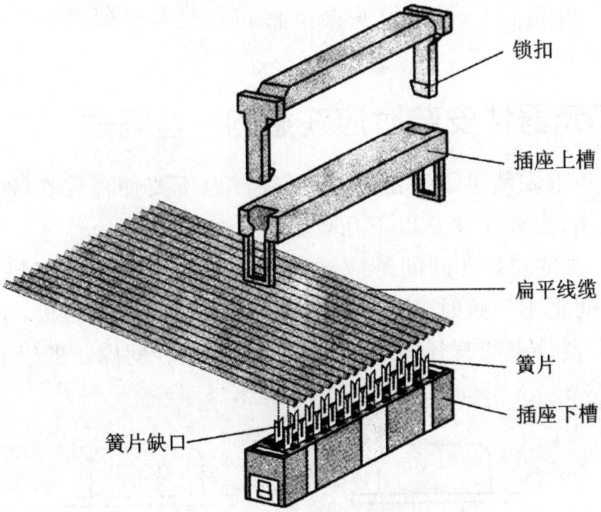

图 3.2.14 扁平电缆与接插件的连接

12. 空心铜铆钉的安装

在电子制作中，空心铜铆钉常作为一个焊点，用来完成电气连接。通常空心铆钉被铆接在印制板上。铆接空心铆钉时应注意：

① 根据插入空心铆钉的连接线选择空心铆钉的直径，根据印制板等板材的厚度选择空心铆钉的长度，一般为 1.5～2.5 mm。

② 将空心铆钉穿过需要铆接板材的通孔。

③ 将空心铆钉与铆接板材压紧，使空心铆钉的帽紧贴铆接板材。可以使用专门的压紧冲。

④ 将涨孔冲放在空心铆钉的尾端，涨孔冲的光滑锥面部分伸入空心铆钉，使用榔头捶打涨孔冲，如图 3.2.15 所示。注意保持空心铆钉和涨孔冲的中心轴线重合，与铆接板材垂直。

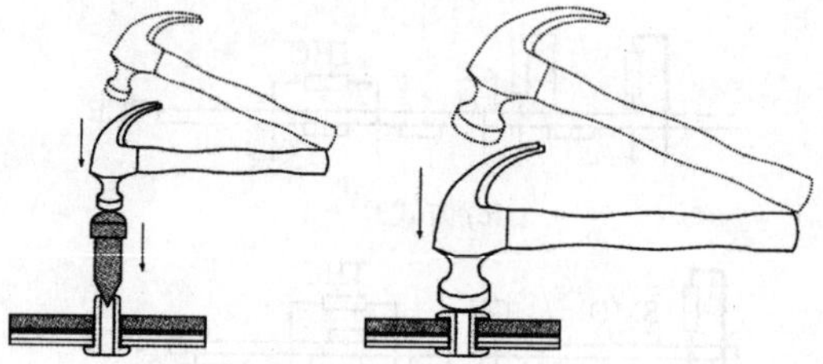

图 3.2.15　空心铜铆钉的安装

⑤ 空心铆钉的尾管受涨变形，变成圆环状铆钉头，紧紧扣住被铆板材，如图 3.2.15 所示。

若击打力度、角度不正确，铆钉头会呈梅花状或是歪斜、凹陷、缺口和明显的开裂，都会影响铆接的质量。

3.2.2　电子元器件安装时应注意的一些问题

在印制电路板上安装电子元器件时，必须注意不要使器件在插入时或插入后受到过大的应力作用，主要应注意以下几点：

① 印制板上器件安装孔的间距应与器件本身的引线间距相同。当安装孔间距与器件引线原始间距不一致时，应先将引线成型后再插入印制板，不要强行插入，如图 3.2.16 所示。器件引线直径与金属化孔配合的直径间隙一般以 0.2～0.4 mm 最为理想。

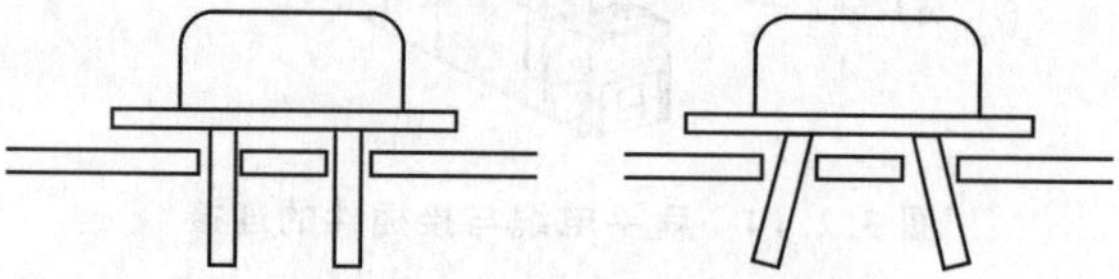

(a) 正　确　　　(b) 不正确

图 3.2.16　引线间距与安装孔之间的配合情况

② 由于元器件引线与印制板及焊点材料的热膨胀系数不一致，在温度循环变化或高温条件下会引入机械应力，有可能导致焊点的拉裂、印制线的翘起、元器件破裂和短路等问题，因此，引线成形和安装在印制板上时，应采取消除热应力的措施：

(a) 轴向引线的柱形元器件(如二极管、电阻、电容等),在搭焊和插焊时,引线长度应留有不短于 3 mm 的热应变余量,具体方法参见图 3.2.17,其中对于安装密度较大的印制板组件,可采用预先折弯(带圆弧)或环形结构,以便达到较大的热应变余量,如图 3.2.17(b)和(c)所示。

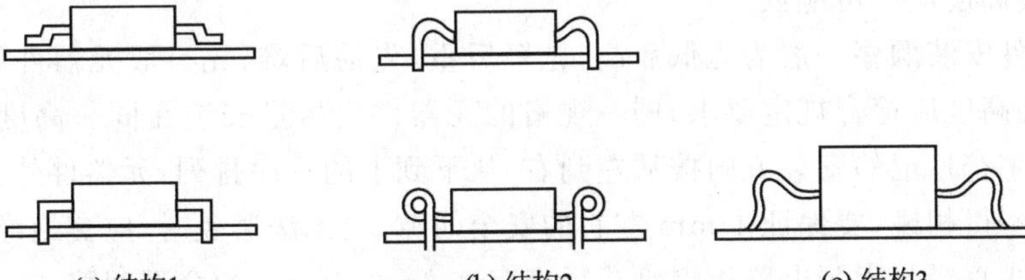

(a) 结构1　(b) 结构2　(c) 结构3

图 3.2.17　消除热应力的二极管安装方法

(b) 三极管的安装也应采取相应措施。图 3.2.18 给出了几种晶体三极管在印制板上的安装形式,图 3.2.18(a)为引线直接穿过印制板,未留余量,故效果较差;图 3.2.18(b)在管座与印制板之间留有适当间隙,有利于消除热应变影响,但会削弱器件通过印制板的散热作用,对小功率管效果较好;图 3.2.18(c)在图 3.2.18(b)的基础上增加了导热衬垫(或在间隙内填充导热化合物),改善了散热效果;图 3.2.18(d)为倒装型,图 3.2.18(e)为侧弯安装型,二者均有较大的热应变余量,效果较好。

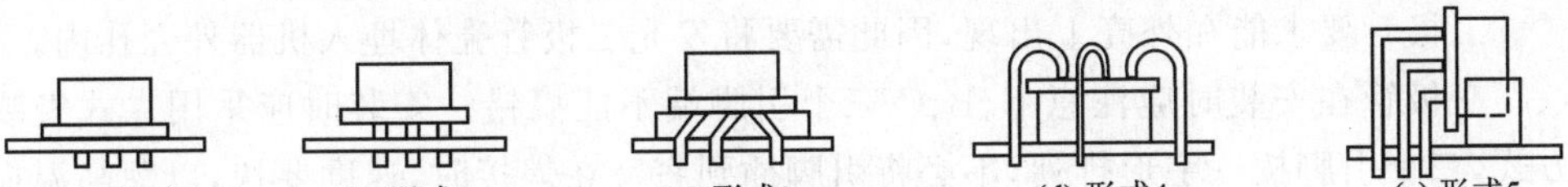

(a) 形式1　(b) 形式2　(c) 形式3　(d) 形式4　(e) 形式5

图 3.2.18　消除热应力的晶体三极管安装方法

(c) 双列直插封装集成电路的引线很硬,很难留出热应变余量,可将电路外壳用导热材料翻结到印制板或印制板上的导热条上。这种导热材料应具有一定的弹性,在温度循环变化时,产生弹性伸缩,从而缓和热不匹配应力对器件的影响。为了达到较好的效果,黏合剂的厚度应控制适当,一般范围为 0.1～0.3 mm。双列直插器件的安装方式通常见图 3.2.19,其中图 3.2.19(a)无热应变余量,效果差;图 3.2.19(b)采用弹性导热材料,效果较好;图 3.2.19(c)留有小间隙释放应变,对小功率器件较合适;图 3.2.19(d)是图 3.2.19(b)和图 3.2.19(c)两种方法的综合运用。

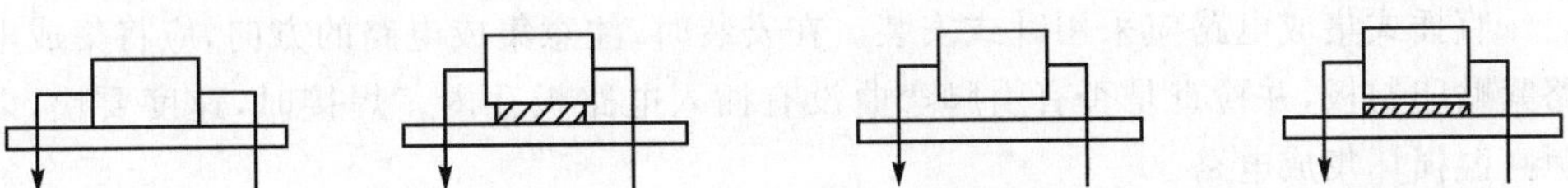

(a) 方式1　(b) 方式2　(c) 方式3　(d) 方式4

图 3.2.19　消除热应力的双列直插器件安装方法

③ 应通过轻按器件使之插入印制板，不要用钳子等工具强拉引线插入。

④ 器件固定在印制板后，不要再进行有可能引入机械应力的装配，如安装散热片等。

⑤ 安装后的器件要处于自然状态，不得受到拉、压、扭等应力。在保证散热的前提下，安装高度应尽可能低。

元器件安装顺序一般为先低后高，先轻后重，先易后难，先一般元器件后特殊元器件；安装高度应符合规定要求，同一规格的元器件应尽量安装在同一高度上；应注意元器件字符标记的安装方向按从左到右、从下到上的顺序排列；元器件外壳与引线相互之间不得相碰，要保证 1 mm 左右的安全间隙，当无法避免时，应套绝缘套管；元器件的引线直径与印制电路板焊盘孔径应有 0.2～0.4 mm 的合理间隙。

电阻器采用垂直安装方式时，应考虑到电阻器两端的电位的高低，应该把高电位的引脚放在下面，低电位的引脚放在上面，这样做可以减轻发生短路故障时造成的损坏程度。若是普通电阻器，则可以紧贴于电路板上水平安装。

有极性的元器件，安装时的极性不能搞错，可在安装前应套上不同颜色的套管。如二极管采用垂直安装方式时，应注意二极管的极性，并且将二极管的负极放在上面，正极放在下面。在焊接时，速度要快，以免高温损坏二极管。对于玻璃封装的二极管，在弯折引脚时，要注意弯折处不能太靠近管体，以免损坏二极管。

发光二极管在安装时要注意二极管的极性，长脚的是正极，短脚的是负极。

二极管要求能在外壳上出现，因此需要将发光二极管壳体埋入机器外壳孔内。

三极管在安装时应注意 E、B、C 三个引脚端不能搞错。安装时应采用立式安装方式，三个引脚按一字形排列，不必将引脚插到底。在焊接时，速度要快，以免高温损坏三极管。

电解电容器在安装时应注意引脚的极性。电解电容器在立式安装时不需要弯折引脚。注意电容器的引脚预电路板的安装孔距一致。将电容器尽量插到底。体积较大的电容器，可以在下方打一点硅胶，用于固定电容器。

瓷片电容器应采用立式安装方式，尽量将瓷片电容器插到底，同时要将元器件的型号标识一面朝向外侧。

一些特殊的元器件，如 MOS 集成电路等，在安装时应防止静电损坏器件，不要用手直接接触器件引线和印制板上铜箔，注意电烙铁是否漏电，有条件的话可以在等电位工作台上进行安装。

直插式集成电路应采用卧式安装。在安装时，注意集成电路的方向，应将集成电路紧贴印制板，并检查是否有引脚弯曲没有插入电路板孔内。焊接时，速度要快，以免高温损坏集成电路。

开关、插座等元件在安装时应将引脚尽量插到底，保持元件与电路板垂直。在焊接时，速度要快，以免高温使元件的塑料变形损坏。注意拧紧安装螺母。

采用绝缘安装形式将功率器件固定在面板或者电路板上时，注意拧紧螺钉螺母，保持绝缘板、绝缘套管绝缘性能良好，器件不能够与面板或者电路板短路。功率器件与散热片之间一定要涂上导热硅胶黏合。

3.3　常用焊接工具与焊接材料

在电子产品整机组装过程中，焊接是连接各电子元器件及导线的主要手段。焊接分为熔焊、钎焊及接触焊接三大类，在电子装配中主要使用的是钎焊。采用锡铅焊料进行焊接称为锡铅焊，简称锡焊。

手工电烙铁焊接是电子设计竞赛中使用的一种基本焊接方法。利用电烙铁加热被焊元器件引线、焊盘和锡铅焊料，熔融的焊料润湿已加热的金属表面使其形成合金，焊料凝固后使被焊接件连接在一起。

在锡焊的过程中，首先需要加热焊接面达到需要的温度，使焊料和焊接面受热，焊料受热熔化，使焊料浸润整个焊接面。加热后呈熔融状态的焊料沿着焊件的凹凸表面，焊料与焊件金属表面的原子相互扩散，在两者界面形成新的合金。然后停止加热，焊接面结晶、凝固，形成由焊料层、合金层和工件金属表层组成的结合结构。

焊接之前，需要检查焊接面是否具备良好的可焊性。在焊接时，需要正确选用电烙铁的功率大小和烙铁头的形状，以及助焊剂和焊料。助焊剂和焊料种类很多，效果也不一样。使用时必须根据工件金属材料、焊点表面状况、焊接的温度及时间、焊点的机械强度、焊接方式等需要综合考虑，选择合适的电烙铁、助焊剂和焊料。

3.3.1　电烙铁

电烙铁是手工焊接的主要工具，根据不同的加热方式，可以分为直热式、恒温式、吸焊式、感应式、气体燃烧式等。

直热式电烙铁又可以分为外热式电烙铁和内热式电烙铁。内热式电烙铁的结构如图 3.3.1 所示，由手柄、连接杆、弹簧夹、烙铁芯、烙铁头组成。由于烙铁芯安装在烙铁头里面，所以发热快，热利用率高。烙铁芯由镍铬电阻丝缠绕在瓷管上制成，一

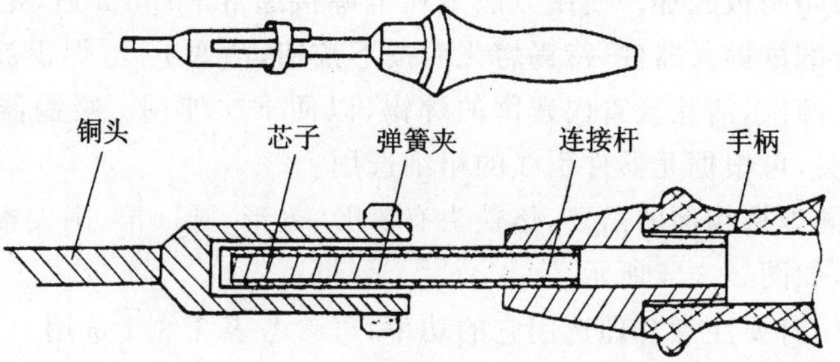

图 3.3.1　内热式电烙铁的外形与结构

般20 W电烙铁的电阻力为2.4 kΩ左右,35 W电烙铁其电阻为1.6 kΩ左右。其特点是体积小、重量轻、耗电低、发热快,热效率高达85%～90%以上,热传导效率比外热式电烙铁高。其规格有20 W、30 W、50 W等多种,主要用来焊接印制电路板,是手工焊接最常用焊接工具。

恒温式电烙铁的烙铁头温度可以控制,烙铁头可以始终保持在某一设定的温度。其工作原理是,在恒温电烙铁头内装有带磁铁式的温度控制器,控制通电时间而实现温度控制,即接通电源后,烙铁头的温度上升,当达到设定的温度时,传感器里的磁铁达到居里点而磁性消失,从而使磁芯触点断开,这时停止向烙铁芯供电;当温度低于居里点时,磁铁恢复磁性,与永久磁铁吸合,触点接通,继续向电烙铁供电。如此反复,自动控温。外形和内部结构如图3.3.2所示。恒温电烙铁采用断续加热,耗电少,升温速度快,在焊接过程中焊锡不易氧化,可减少虚焊,提高焊接质量,烙铁头也不会产生过热现象,使用寿命较长。根据控制方式不同,可分为电控恒温电烙铁和磁控恒温电烙铁。

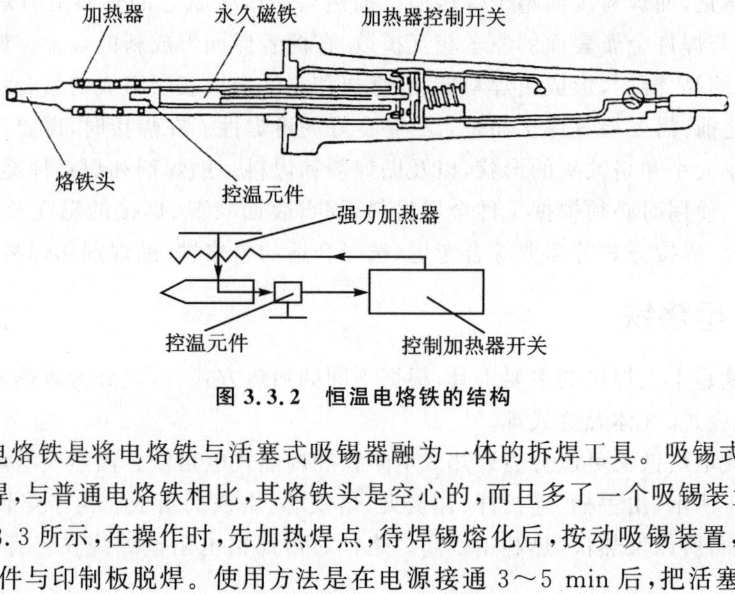

图3.3.2 恒温电烙铁的结构

吸锡电烙铁是将电烙铁与活塞式吸锡器融为一体的拆焊工具。吸锡式电烙铁主要用于拆焊,与普通电烙铁相比,其烙铁头是空心的,而且多了一个吸锡装置,内部结构如图3.3.3所示,在操作时,先加热焊点,待焊锡熔化后,按动吸锡装置,焊锡被吸走,使元器件与印制板脱焊。使用方法是在电源接通3～5 min后,把活塞按下并卡住,将吸锡头对准欲拆元器件,待锡熔化后按下按钮,活塞上升,焊锡被吸入吸管。用力推动活塞三、四次,清除吸管内残留的焊锡,以便下次使用。吸锡器配有两个以上直径不同的吸头,可根据元器件引线的粗细选用。

为适应不同焊接物面的需要,烙铁头有凿形、锥形、圆面形、圆尖锥形和半圆沟形等不同的形状,如图3.3.4所示。

电烙铁使用时要注意合理选用它的功率,可参考表3.3.1选用。

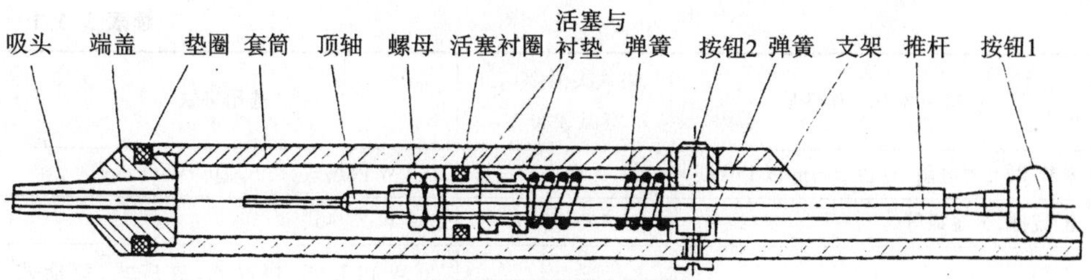

(a) 活塞式吸锡器内部结构

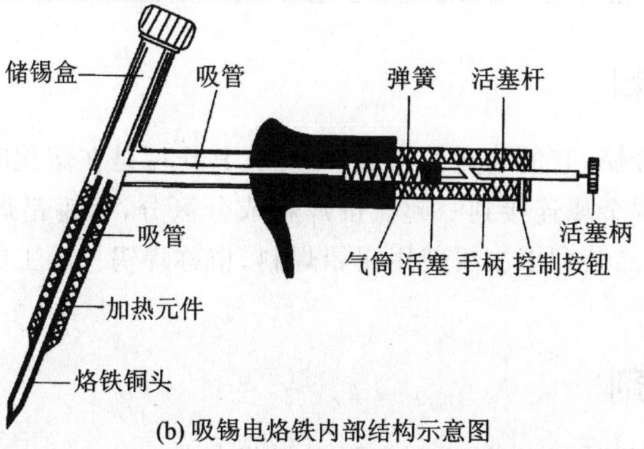

(b) 吸锡电烙铁内部结构示意图

图 3.3.3　吸锡装置内部结构示意图

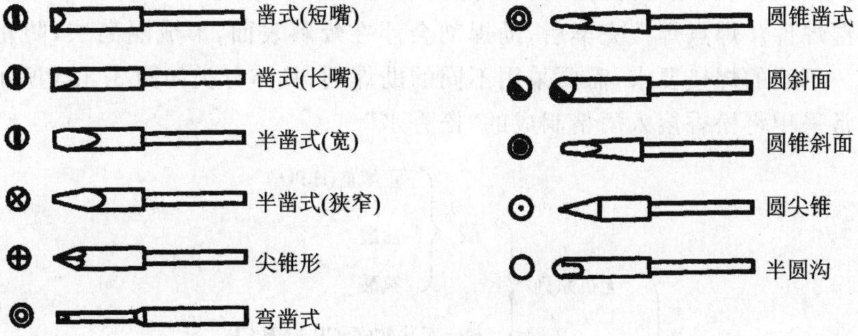

图 3.3.4　烙铁头的形状

表 3.3.1　电烙铁功率选用

焊接对象及工作性质	烙铁头温度/℃ (室温、220 V)	选用烙铁
一般印制电路板、安装导线	300～400	20 W 内热式、恒温式，30 W 外热式、恒温式
集成电路	300～400	20 W 内热式、恒温式
焊片、电位器、2～8 W 电阻、大电解电容器、大功率管	350～450	30～50 W 内热式、恒温式、50～75 W 外热式

续表 3.3.1

焊接对象及工作性质	烙铁头温度/℃ (室温、220 V)	选用烙铁
8 W以上大电阻,直径2 mm以上导线	400～550	100 W内热式、150～200 W外热式
汇流排、金属板等	500～630	300 W外热式
维修、调试一般电子产品		20 W内热式、恒温式、感应式、储能式、两用式

3.3.2 焊 料

焊料是易熔金属,它的熔点低于被焊金属,其作用是在熔化时能在被焊金属表面形成合金而将被焊金属连接到一起。按焊料成分区分,有锡铅焊料、银焊料、铜焊料等,在一般电子产品装配中主要使用锡铅焊料,俗称焊锡。手工电烙铁焊接常用管状焊锡丝。

3.3.3 焊 剂

焊剂根据作用不同分为助焊剂和阻焊剂两大类。

助焊剂的作用就是去除引线和焊盘焊接面的氧化膜,在焊接加热时包围金属的表面,使之与空气隔绝,防止金属在加热时氧化,同时可降低焊锡的表面张力,有助于焊锡润湿焊件。焊点焊接完毕后,助焊剂会浮在焊料表面,形成隔离层,防止焊接面的氧化。不同的焊接要求,需要采用不同的助焊剂,具体分类如图3.3.5所示。手工焊接时常采用将松香溶入酒精制成的“松香水”。

- 焊剂
  - 无机系列
    - 酸
      - 正酸盐(H_3PO_4)
      - 盐酸
      - 氟酸
    - 盐—氯化物($ZnCl_2$、NH_4Cl)
  - 有机系列
    - 有机酸(硬脂酸、乳酸、油酸、氨基酸)
    - 有机卤素(盐酸苯胺等)
    - 胺基酸胺、尿素$CO(NH_4)2$、乙二胺等
  - 松香系列
    - 松香
    - 活化松香
    - 氢化松香

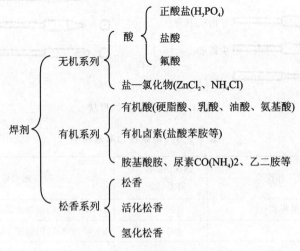

图 3.3.5 助焊剂分类及主要成分

阻焊剂的作用是限制焊料只在需要的焊点上流动，把不需要焊接的印制电路板的板面部分覆盖保护起来，使其受到的热冲击小，防止起泡、桥接、拉尖、短路、虚焊等。

3.3.4　拆焊工具

拆焊是焊接的反操作。在调试、维修需要更换元器件时，拆焊是必需的。拆焊时首先要将焊点熔化解开，移走焊接点上的焊锡，再卸下元器件。拆焊的技术要求比焊接高，拆焊过程很容易损坏元器件和印制板的焊盘。

为了拆焊顺利地进行，在拆焊过程中要使用一些专用的拆焊工具，如吸锡器、捅针和钩形镊子等工具。捅针可用硬钢丝线或 6～9 号注射器针头改制，其作用是清理锡孔的堵塞，以便重新插入元器件，捅针外形如图 3.3.6 所示。集成电路引脚端多，需要专门的拆焊工具。

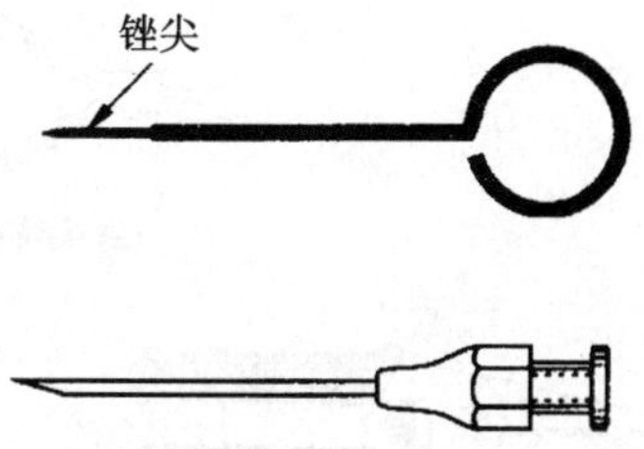

图 3.3.6　捅　针

热风枪又称贴片元件拆焊台，专门用于表面贴片元器件(SMD)的焊接和拆卸。热风枪由控制电路、空气压缩泵和热风喷头等组成。其中控制电路是整个热风枪的温度、风力控制中心；空气压缩泵是热风枪的心脏，负责热风枪的风力供应；热风喷头是将空气压缩泵送来的压缩空气加热到可以使 BGA 集成电路上焊锡熔化的部件。其中头部还装有可以检测温度的传感器，把温度信号转变为电信号送回电源控制电路板。各种喷嘴可用于装拆不同的表面贴元器件。使用热风枪时应注意其温度和风力的大小，可经过实际操作掌握不同情况下温度和风力的调节。风力太大容易将元件吹飞，温度过高容易将电路板吹鼓、线路吹裂。

使用热风工作台焊接集成电路时，焊料应该使用焊锡膏，不能使用焊锡丝。可以先用手工点涂的方法往焊盘上徐敷焊锡膏，贴放元器件以后，用热风嘴沿着芯片周边迅速移动，均匀加热全部引脚焊盘，就可以完成焊接。

假如用电烙铁焊接时，发现有引脚桥接短路或者焊接的质量不好，也可以用热风工作台进行修整：往焊盘上滴涂免清洗助焊剂，再用热风加热焊点使焊料熔化，短路点在助焊剂的作用下分离，使焊点表面变得光亮圆润。

3.3.5　其他辅助工具

1. 钳　子

钳子根据功能及钳口形状又可分为尖嘴钳、斜口钳、剥线钳、平头钳等。

不同的钳子有不同的用途，尖嘴钳头部较细长，如图 3.3.7(a)所示，常用来弯曲元器件引线、在焊接点上绕接导线和元器件引线等；斜口钳外形如图 3.3.7(b)所示，常用来剪切导线；平嘴钳外形如图 3.3.7(c)所示，钳口平直无纹路，可用来校直或夹弯元器件的引脚和导线；平头钳(克丝钳)外形如图 3.3.7(d)所示，头部较宽，适用于螺母紧固的装配操作；剥线钳外形如图 3.3.7(e)所示，专用于剥有包皮的导线，使用时注意将包皮放入合适的槽口，剥皮时不能剪断导线。

在电子产品组装过程中，正确使用不同的钳子是重要的。尖嘴钳不允许使用在装卸螺母等大力钳紧情况，不允许在锡锅或其他高温环境中使用。平嘴钳不允许用来夹持螺母或需施力较大的部位。不允许使用斜口钳剪切螺钉、较粗的钢丝，以免损坏钳口。不允许将平头钳当作敲击工具使用。

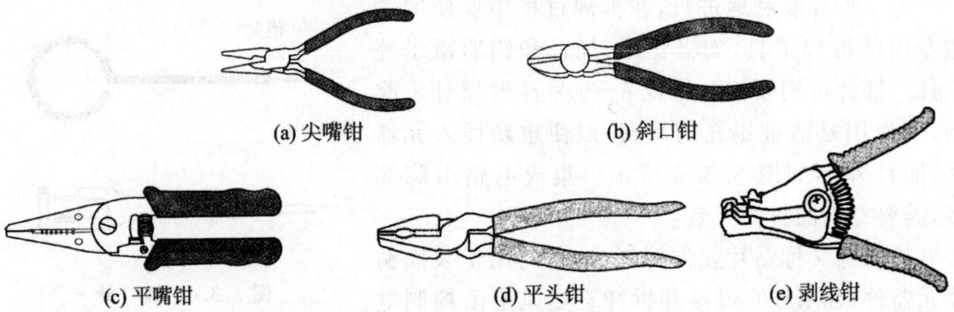

图 3.3.7　钳子功能及钳口形状

2. 镊　子

镊子的主要用途是夹紧导线和元器件，在焊接时防止其移动，用镊子夹持元器件引脚，在焊接时还起散热作用。镊子还可用来摄取微小器件，或在装配件上绕接较细的导线等。

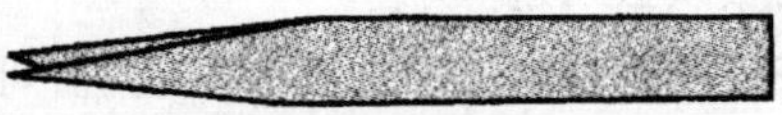

图 3.3.8　镊　子

镊子有尖嘴和圆嘴两种形式，尖嘴镊子如图 3.3.8 所示。尖嘴镊子用于夹持较细的导线，圆嘴镊子用于弯曲元器件引线和夹持元器件焊接等。对镊子的要求是弹性强，合拢时尖端要对正吻合。

3. 起　子

起子又称改锥、螺丝刀，如图 3.3.9 所示，主要用来拧紧螺钉。螺钉有不同的尺寸，螺钉槽常见的有“十”字形和“一”字形。安装不同尺寸和不同形式螺钉槽的螺钉，需要采用相对应尺寸大小和相同字形的起子。

在调节中频变压器和振荡线圈的磁芯，为避免金属起子对电路调试的影响，需要使用无感起子。无感起子一般是采用塑料、有机玻璃或竹片等非铁磁性物质为材质制作，如图 3.3.10 所示。

图 3.3.9　起　子

图 3.3.10　无感起子

3.4　手工锡焊的基本方法

3.4.1　电烙铁和焊锡丝的握拿方式

电烙铁和焊锡丝的握拿方式如图 3.4.1 和图 3.4.2 所示，最常用的姿势是握笔式；反握法适合操作大功率的电烙铁；正握法适合操作中等功率烙铁或带弯头的焊烙铁。

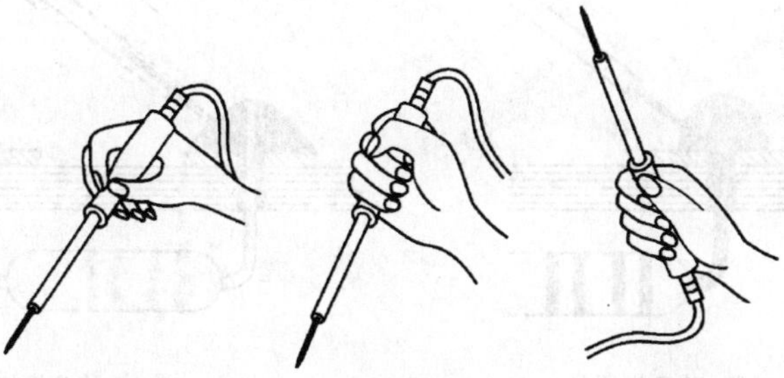

(a) 握笔法　(b) 反握法　(c) 正握法

图 3.4.1　焊烙铁的握拿

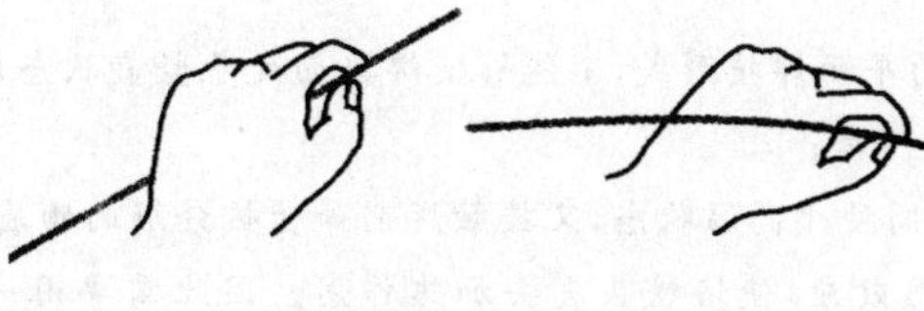

图 3.4.2　焊锡丝的握拿

大量和长期吸入焊剂加热挥发出的化学物质对人体是有害的，焊接时操作者头部(鼻子、眼睛)和电烙铁的距离应保持在 30 cm 以上。

3.4.2　插装式元器件焊接操作的基本步骤

插装式元器件焊接操作的基本步骤如图 3.4.3 所示。

(1) 准备焊接

准备好被焊件、焊锡丝和电烙铁，如图 3.4.3(a)所示，左手拿焊锡丝，右手握经过预上锡的电烙铁。

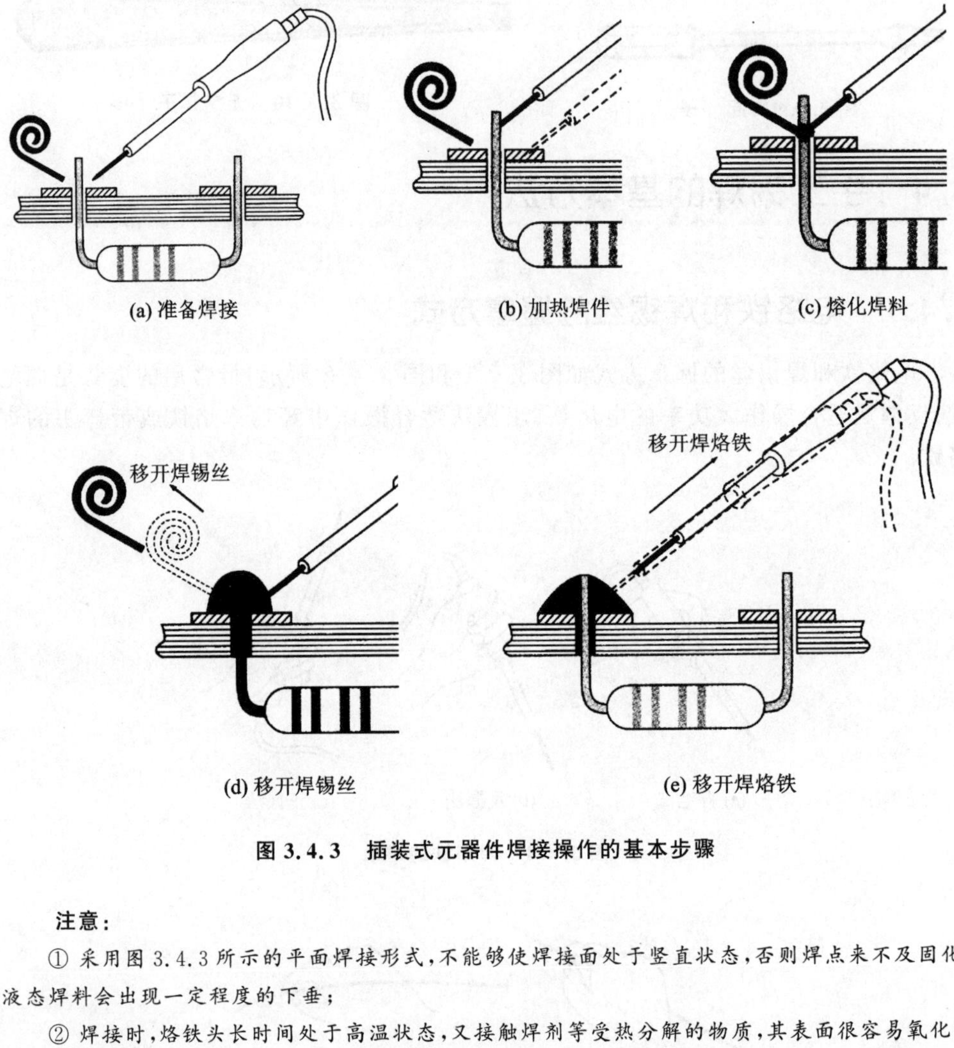

(a) 准备焊接　(b) 加热焊件　(c) 熔化焊料　(d) 移开焊锡丝　(e) 移开焊烙铁

图 3.4.3　插装式元器件焊接操作的基本步骤

注意：

① 采用图 3.4.3 所示的平面焊接形式，不能够使焊接面处于竖直状态，否则焊点来不及固化，液态焊料会出现一定程度的下垂；

② 焊接时，烙铁头长时间处于高温状态，又接触焊剂等受热分解的物质，其表面很容易氧化而形成一层黑色杂质，形成隔热效应，使烙铁头失去加热作用。因此需要用一块湿布或湿木棉清洁烙铁头，以保证烙铁头的焊接能力。

(2) 加热焊件

如图 3.4.3(b)所示，将烙铁头接触到焊接部位，使元器件的引线和印制板上的焊盘均匀受热。

注意： 烙铁头对焊接部位不要施加力量，加热时间不能够过长。加热时间过长，烙铁头产生的高温会损伤元器件、使焊点表面的焊剂挥发，使塑料、电路板等材质受热变形。

(3) 熔化焊料

在焊接部位的温度达到要求后，将焊丝置于焊点部位，即被焊接部位上烙铁头对称的一侧，使焊料开始熔化并润湿焊点，如图 3.4.3(c)所示。

注意：烙铁头温度比焊料熔化温度高 50 ℃较为适宜。加热温度过高，会引起焊剂没有足够的时间在被焊面上漫流而过早挥发失效；焊料熔化速度过快影响焊剂作用的发挥等。

(4) 移开焊锡丝

在熔化一定量的焊锡后将焊丝移开，如图 3.4.3(d)所示，融化的焊锡过多和过少都会降低焊点的性能。过量的焊锡会增加焊接时间，降低焊接速度，还可能造成短路，也会造成成本浪费。焊锡过少不能形成牢固的焊接点，会降低焊点的强度。

(5) 移开烙铁头

当焊锡完全润湿焊点，扩散范围达到要求后，需要立即移开烙铁头。烙铁头的移开方向应该与电路板焊接面大致成 45°，移开速度不能太慢，如图 3.4.3(e)所示。

烙铁头移开的时间、移开时的角度和方向会对焊点形成有直接关系。如果烙铁头移开方向与焊接面成 90°时，焊点容易出现拉尖现象。烙铁头移开方向与焊接面平行时，烙铁头会带走大量焊料，降低焊点的质量。

注意：对于一般的焊点，整个焊接时间应控制在 2～3 s 内；掌握好各步骤之间的停留时间；在焊料尚未完全凝固之前，不能移动被焊接的元器件。焊接操作需要通过不断练习才能够掌握。

3.4.3 插装式元器件焊点质量检查

1. 焊点质量检测

在电子设计竞赛中，目测焊点外观是主要的检测方法。目测焊点是否符合标准焊点外形，在检查时，除目测外还要用指触、镊子拨动、拉线等方法检查有无导线断线、焊盘剥离等缺陷。

目测检查后，可通电检查。通电检查是检验电路性能的关键步骤，可以发现一些焊接上的缺陷。

在正规电子产品生产工程中，可以采用例行试验进行检测。例行试验用模拟产品储运、工作环境、通过温度循环、振动、掉落等加速恶化的方法，将电子产品焊接的缺陷暴露出来。

2. 标准焊点形状

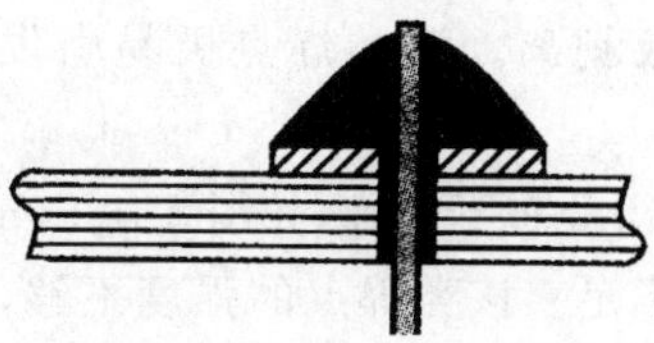

图 3.4.4 手工焊烙铁锡焊的标准焊点形状

手工电烙铁锡焊的标准焊点形状如图 3.4.4 所示。一个高质量的焊点要求：焊料与印制板焊盘和元器件引脚的金属界面形成牢固的合金层，具有良好的导电性能。焊点连接印制板焊盘和元器件引脚，必须具有一定的机械强度。焊点上的焊料要适量，在印制电路板焊接时，焊料布满焊盘，外形以焊接的元器件导线为中心，匀称、成裙形拉开，焊料的连接面呈半弓形凹面，焊料与焊件交界平滑，接触角尽可能小。焊点表面应清洁、光亮且色泽均匀、无裂纹、无针孔、无夹渣、无毛刺。

3. 典型的不良焊点形状

典型的不良焊点外观形状如图 3.4.5 所示。

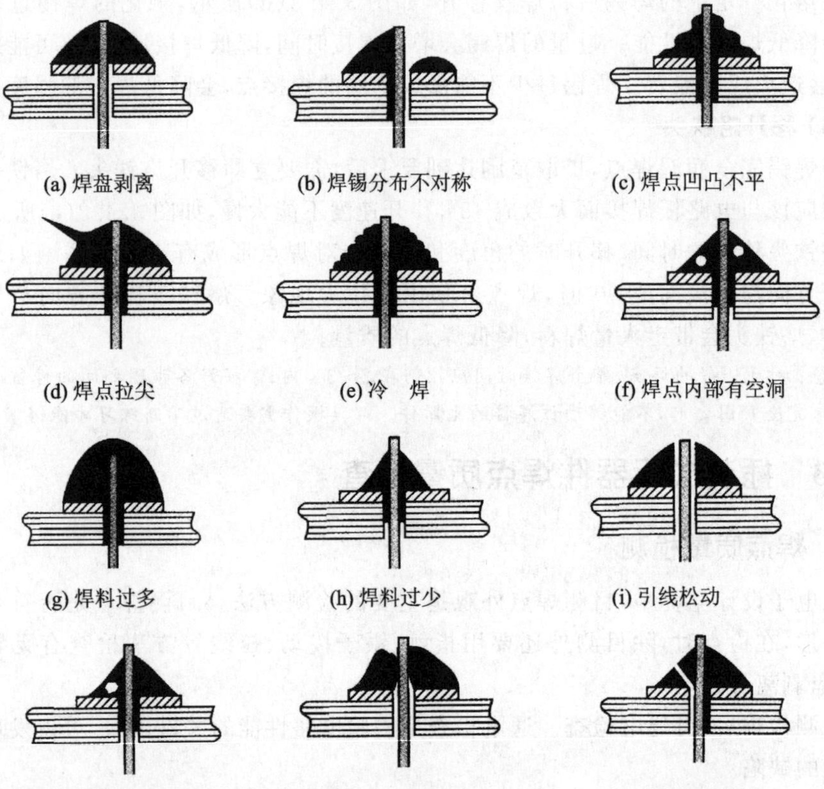

(a) 焊盘剥离　(b) 焊锡分布不对称　(c) 焊点凹凸不平

(d) 焊点拉尖　(e) 冷　焊　(f) 焊点内部有空洞

(g) 焊料过多　(h) 焊料过少　(i) 引线松动

(j) 焊点夹杂松香渣　(k) 虚　焊　(l) 焊点表面有孔

图 3.4.5　典型的不良焊点外观

① 焊盘剥离，如图 3.4.5(a)所示。产生的原因是焊盘加热时间过长，高温使焊盘与电路板剥离。该类焊点极易引发印制板导线断裂、造成元器件断路、脱落等故障。

② 焊锡分布不对称，如图 3.4.5(b)所示。产生的原因是焊剂或焊锡质量不好，或是加热不足。该类焊点的强度不够，在外力作用下极易造成元器件断路、脱落等故障。

③ 焊点发白，凹凸不平，无光泽，如图 3.4.5(c)所示。产生的原因是烙铁头温度过高，或者是加热时间过长。该类焊点的强度不够，在外力作用下极易造成元器件断

路、脱落等故障。

④ 焊点拉尖,如图 3.4.5(d)所示。产生的原因是烙铁头移开的方向不对,或者是温度过高使焊剂大量升华。该类焊点会引发元器件与导线之间的"桥接",形成短路故障。在高压电路部分,将会产生尖端放电而损坏电子元器件。

⑤ 冷焊,焊点表面呈豆腐渣状,如图 3.4.5(e)所示。产生的原因是烙铁头温度不够,或者是焊料在凝固前,元器件被移动。该类焊点强度不高,导电性较弱,在受到外力作用时极易产生元器件断路的故障。

⑥ 焊点内部有空洞,如图 3.4.5(f)所示。产生的原因是引线浸润不良,或者是引线与插孔间隙过大。该类焊点可以暂时导通,但是时间一长,元器件容易出现断路故障。

⑦ 焊料过多,如图 3.4.5(g)所示。产生的原因是焊锡丝未及时移开。

⑧ 焊料过少,如图 3.4.5(h)所示。产生的原因是焊锡丝移开过早。该类焊点强度不高,导电性较弱,在受到外力作用时极易产生元器件断路的故障。

⑨ 引线松动,元器件引线可移动,如图 3.4.5(i)所示。产生的原因是焊料凝固前,引线有移动,或者是引线焊剂浸润不良。该类焊点极易引发元器件接触不良、电路不能导通。

⑩ 焊点夹杂松香渣,如图 3.4.5(j)所示。产生的原因是由于焊剂过多,或者加热不足所造成的。该类焊点强度不高,导电性不稳定。

⑪ 虚焊是由于焊料与引线接触角度过大,如图 3.4.5(k)所示。产生的原因是焊件表面不清洁,焊剂不良,或者是加热不足,该类焊点的强度不高,会使元器件的导通性不稳定。

⑫ 焊点表面有孔,如图 3.4.5(l)所示。产生的原因是引线与插孔间隙过大。该类焊点的强度不高,焊点容易被腐蚀。

⑬ 焊点表面的污垢,尤其是焊剂的有害残留物质。产生的原因是未及时清除。酸性物质会腐蚀元器件引线、接点及印制电路,吸潮会造成漏电甚至短路燃烧等故障。

3.4.4 表面安装元器件的焊接方法

表面安装元器件的焊接方法与插装式元器件的焊接方法差别较大。

1. 焊接特点

插装式元器件通过引线插孔进行焊接,焊接时不会移位,由于元器件与焊盘分别设置在印制电路板的两面,故元器件的焊接较为容易和方便。

由于表面安装元器件的焊盘与元器件在印制电路板的同一面,无固定孔,在焊接过程中很容易移位。焊接的端子形状也不一样,焊盘细小,焊接要求高。故在焊接时应仔细小心,以防出现焊接不良现象或损坏被焊件。

2. 焊接工具要求

表面安装元器件时,对所使用的工具有以下要求:

① 电烙铁,在对一般表面安装元器件进行焊接时,电烙铁的功率不要超过40 W,采用25 W较为合适,最好是采用功率与温度为可调控制的电烙铁。

② 选用的烙铁头部要尖,最好是采用带有抗氧化层的烙铁头。

③ 可以自制一个固定夹具。自制的用于焊接片状元器件的固定夹具外形如图3.4.6所示。以下是具体制作方法。

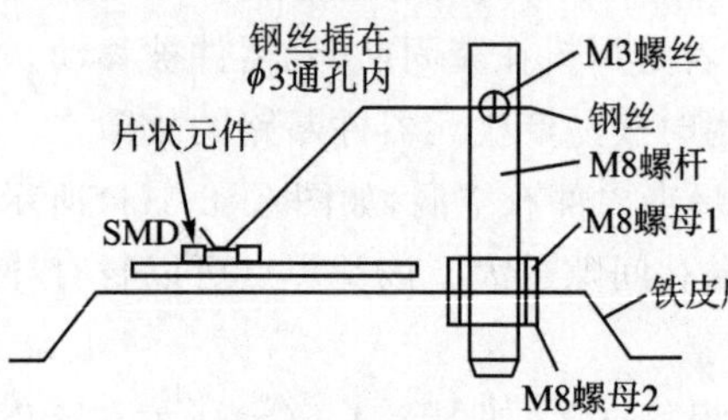

图3.4.6 自制的用于焊接片状元器件的固定夹具

(a) 自制铁皮底座。铁皮底座示意图如图3.4.7所示。找一块铁皮,按图3.4.7的要求下料,去毛刺、钻孔,加工好后备用。

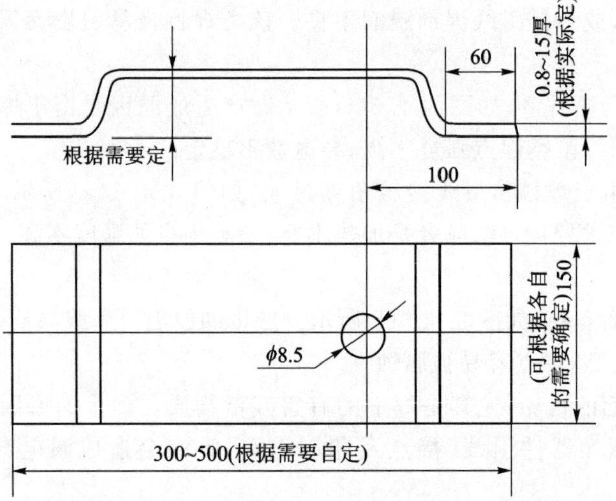

图3.4.7 铁皮底座示意图

(b) 自制螺杆。找一根M8的长螺丝钉截去其螺钉头部;如果其长度不能满足要求,可另外用圆钢(8 mm)按图3.4.8自制一根,并钻孔,攻丝后备用。

(c) 自制钢丝。找一根ϕ2~2.5 mm(长度根据需要而定)的钢丝,按图3.4.6中所示的钢丝形状弯制成形后备用。

(d) 夹具组装。先将一只M8螺母旋入螺杆上,然后再将螺杆插入铁皮底座的8.5 mm孔内,用螺母2将螺杆固定在铁皮底座上,螺杆的高度可以通过调节螺母在螺杆的上下高度来确定。将钢丝插螺杆ϕ3 mm的小孔内,钢丝的位置可由M3螺钉进行固定。钢丝的位置可以在ϕ3 mm的小孔中移动,以便调节其头部压片状元器件的位置。

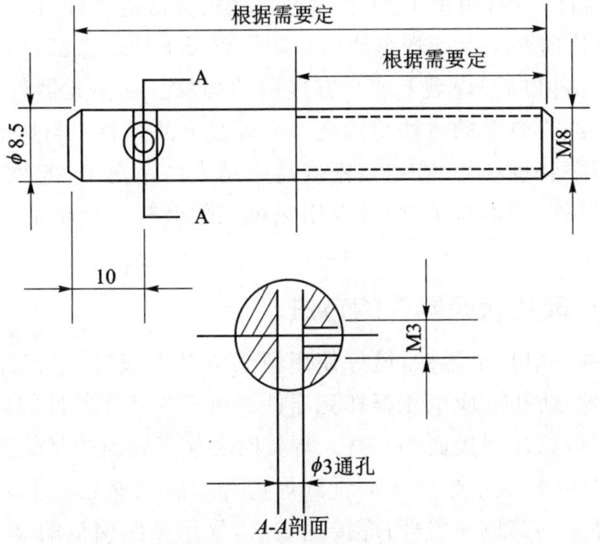

图 3.4.8　焊接片状元器件夹具用螺杆示意图

3. 手工贴装 SMT 元器件

手工贴装 SMT 元器件，俗称手工贴片。在电子竞赛中，对于 SMT 元器件往往需要手工贴片焊接。

① 手工贴片之前，需要先在电路板的焊接部位涂抹助焊剂和焊膏。可以用刷子把助焊剂直接刷涂到焊盘上，也可以采用简易印刷工装手工印刷焊锡膏或采用手动点胶机滴涂焊膏。

② 采用手工贴片工具贴放 SMT 元器件。手工贴片的工具有：不锈钢镊子、吸笔、3～5 倍台式放大镜或 5～20 倍立体显微镜、防静电工作台、防静电腕带。

③ 手工贴片的操作方法。

(a) 贴装 SMC 片状元件：用镊子夹持元件，把元件焊端对齐两端焊盘，居中贴放在焊膏上，用镊子轻轻按压，使焊端浸入焊膏。

(b) 贴装 SOT：用镊子夹持 SOT 元器件本体，对准方向，对齐焊盘，居中贴放在焊膏上，确认后用镊子轻轻按压元器件本体，使引脚不小于 1/2 厚度浸入焊膏中。

(c) 贴装 SOP、QFP：器件第 1 脚或前端标志对准印制板上的定位标志，用镊子夹持或吸笔吸取器件，对齐两端或四边焊盘，居中贴放在焊膏上，用镊子轻轻按压器件封装的顶面，使器件引脚不小于 1/2 厚度浸入焊膏中。贴装引脚间距在 0.65 mm 以下的窄间距器件时，应该在 3～20 倍的显微镜下操作。

(d) 贴装 SOJ、PLCC：与贴装 SOP、QFP 的方法相同，只是由于 SOJ、PLCC 的引脚在器件四周的底部，需要把印制板倾斜 45°角来检查芯片是否对中，引脚是否与焊盘对齐。

(e) 贴装元器件以后，用手工、半自动或自动的方法进行焊接。

④ 在手工贴片前必须保证焊盘清洁。新电路板上的焊盘都比较干净，但返修的电路板在拆掉旧元件以后，焊盘上就会有残留的焊料。贴换元器件到返修位置上之前，必须先用手工或半自动的方法清除残留在焊盘上的焊料。当然能使用电烙铁、吸锡线和吸锡器，但要特别小心，在组装密度越来越大的情况下，此操作比较困难并且容易损坏其他元器件；假如有条件，可以用热风工作台吹熔残留的焊料，然后用真空吸锡泵将焊料吸走。

4. 手工焊一般片状元器件的方法

用电烙铁焊接 SMT 元器件，最好使用恒温电烙铁，若使用普通电烙铁，烙铁的金属外壳应该接地，防止感应电压损坏元器件。由于片状元器件的体积小，烙铁头的尖端要细，截面积应该比焊接面小一些。焊接时要注意随时擦拭烙铁尖，保持烙铁头洁净；焊接时间要短，一般不超过 4 s，看到焊锡开始熔化就立即抬起烙铁头；焊接过程中，烙铁头不要碰到其他元器件；焊接完成后，要用带照明灯的 2～5 倍放大镜，仔细检查焊点是否牢固、有无虚焊现象；假如焊件需要镀锡，先将烙铁尖接触待镀锡处约 1 s，然后再放焊料，焊锡熔化后立即撤回烙铁。

焊接电阻、电容、二极管一类两端元器件时，先在一个焊盘上镀锡；然后，右手持电烙铁压在镀锡的焊盘上，保持焊锡处于熔融状态，左手用镊子夹着元器件推到焊盘上，先焊好一个焊端；最后再焊接另一个焊端，如图 3.4.9 所示。

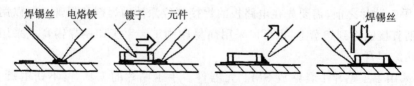

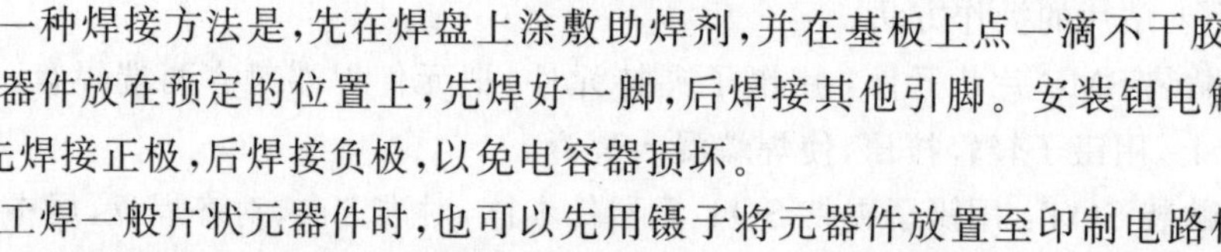

图 3.4.9　手工焊接 SMT 元件

另一种焊接方法是，先在焊盘上涂敷助焊剂，并在基板上点一滴不干胶，再用镊子将元器件放在预定的位置上，先焊好一脚，后焊接其他引脚。安装钽电解电容器时，要先焊接正极，后焊接负极，以免电容器损坏。

手工焊一般片状元器件时，也可以先用镊子将元器件放置至印制电路板对应的位置上，再将印制电路板放在固定夹具的铁皮底座上，调整好钢丝的位置和高度。先用手指轻轻抬起钢丝，再将要焊接的元器件和印制电路板置于钢丝头部下端，放下钢丝以后就会将元器件夹住了。如果夹力不够，可再适当调整 2 只螺母的位置，以元器件不会出现移位，确保焊接准确为原则。

压紧后的片状元器件，就可用电烙铁对其进行焊接了，焊接时间控制在 3 s 以内，用直径为 0.6～0.8 mm 的焊锡丝配合电烙铁进行焊接。这种方法特别适用于对矩形片状元器件和小型三极管的焊接。

5. 手工焊接片状集成电路的方法

手工焊接片状集成电路的方法较多，这里介绍金属编制带法和拉焊法两种方法。

(1) 金属编制带法

① 固定。在集成电路与印制电路板接触的面(塑封部分)上涂适量的普通胶水，然后把集成电路放在印制电路板上，并调整其左右位置使其各引脚与焊盘位置准确，并用手压住集成电路，使其被胶水粘住。等胶水干后，才可进入下一步工序。

② 涂助焊剂。用螺丝刀蘸松香酒精助焊液涂在要焊的集成电路引脚及焊盘上(如没有这种液体助焊剂，也可撒上一些新的松香粉末，注意，一定要用新松香)。

③ 焊接。用电烙铁对需要焊接的集成电路引脚同时加热，然后用另一只手送上焊锡丝，以使焊锡丝熔化后通过助焊剂将集成电路引脚与焊盘焊在一起。顺次将一侧的引脚同时焊好后，再拿走焊锡丝和烙铁。用电烙铁焊集成电路全部引脚的示意图如图 3.4.10 所示。

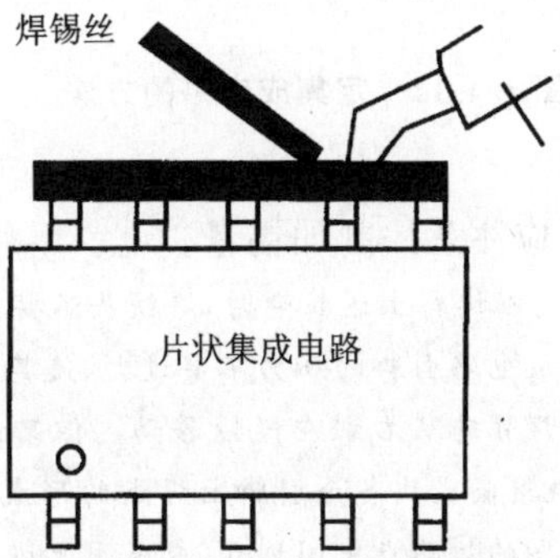

图 3.4.10　用电烙铁焊集成电路全部引脚示意图

④ 让引脚间焊锡分开。找一根编织带或多芯导线，加热集成块引脚上的焊锡及编织带，利用金属编织带可以沾锡的特点，就可以将一排引脚上多余的焊锡吸干净。这样，就可使引脚间不应连接的引脚正常地分开。利用编织带使集成块引脚间焊锡分开示意图如图 3.4.11 所示。

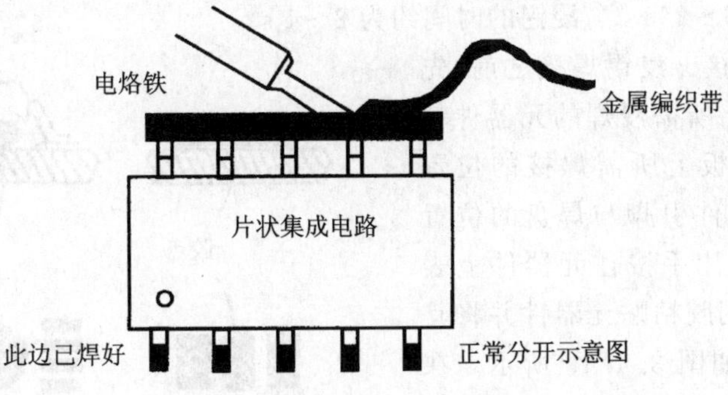

图 3.4.11　利用编织带使集成块引脚间焊锡分开示意图

必须注意： 在上述焊接集成电路以及吸除多余焊锡的过程中，对集成电路加热的时间不要太长，一般应控制在 2～3 s，加热时间过长会使集成电路过热而损坏。

(2) 拉焊法

① 工具和材料的选用。烙铁头可选用扁平式的，宽度在 1.8～2.6 mm 范围内，

采用直径为0.8～1.1 mm范围内的焊锡丝作为焊料。

② 准备。焊接前，要先检查焊盘是否有污垢，如不干净，可用无水酒精(纯度为95%以上)对其进行清洗。再对元器件进行检查，看其引脚有无变形，若变形，可用镊子对其进行整形。然后在引脚及其焊盘上涂上助焊剂。

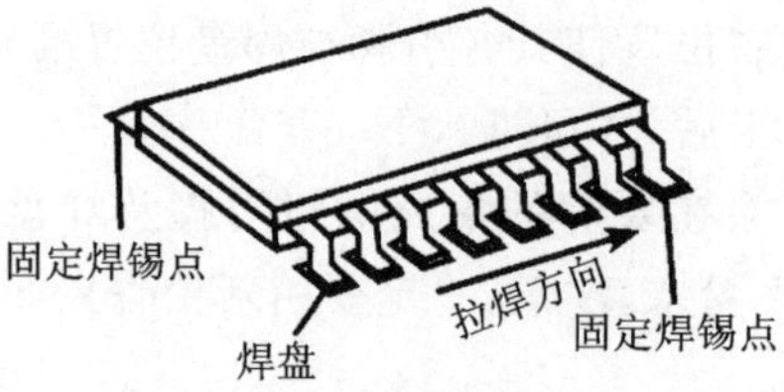

图3.4.12　定集成电路的方法

③ 焊接。将片状元器件放在需要焊接的位置上，先将其对角线上的两个引脚焊牢固，使集成电路固定住，固定集成电路的方法如图3.4.12所示。观察集成电路各引脚与其焊盘间的位置有无偏差，当有偏差时，应将其调整准确。将烙铁头擦干净后蘸上焊锡，一只手握电烙铁从右向左对引脚加热，同时用另一只手持焊锡丝不断加锡，但应注意控制加锡量。

注意： 在进行上述拉焊时，烙铁头不要对集成电路的根部加热，以免导致器件过热而损坏。烙铁头对集成电路引脚的压力不要过大，使其处于“飘浮”在引脚上的状态，进而利用焊锡的张力，引导熔融的焊锡珠从右到左慢慢移动。但只能向一个方向飘浮拉焊，不可往返加焊。在拉焊过程中，仔细观察集成块各个引脚上焊点的形成和加锡量是否均匀。若出现焊接短路现象，可用尖针针头将焊融的短路点中间划开，或采用上述编制带将短路点分开的方法。

6. 浸锡焊接法

浸锡焊接就是采用简易的锡炉代替波峰焊接机来进行片状元器件焊接的一种方法。

① 准备及要求。采用浸锡焊接法来对片状元器件进行焊接时，所使用焊锡的温度应控制在235～255 ℃，浸锡的时间约为2～4 s。

② 浸锡焊接。浸锡焊接之前，先用环氧树脂胶将所需浸焊的元器件粘贴在印制电路板上所需焊接的位置上，但应将元器件引脚与焊盘的位置调整准确以后，用手按住元器件上表面使其固定。用胶粘贴元器件并将其固定的示意图如图3.4.13所示。在阴凉处使紧固胶干后，在元器件引脚及其焊盘上涂上助焊剂以后，就可用不锈钢镊子夹住印制电路板送至锡炉进行浸锡。

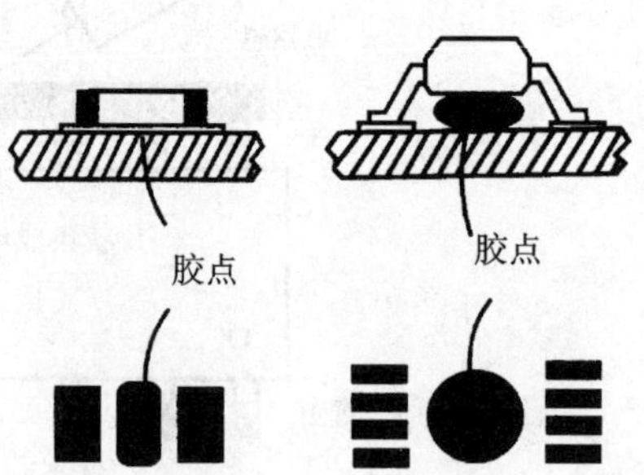

图3.4.13　胶粘贴元器件并将其固定的示意图

7. 使用热风枪焊接

在焊盘上涂上焊料，用胶粘贴元器件并将其固定后，可以使用热风枪进行焊接。

热风枪是一种重量轻、使用方便的片状元器件焊装工具。用其可以焊装大外形，多引线，任意形状的元器件。由于其局部加热不与工件接触，因此与电烙铁相比成功率较高，但必须具备一整套与不同元器件配合使用的管嘴，故使用成本较高，一般多为电子产品制造厂家使用。

热风枪是利用热空气来熔化焊点的，通常热风枪温度高达 400 ℃。为了能准确地控制并引导热气流到所需的焊盘和元器件引脚，需要给热风口加上与元器件对应的特殊专用管嘴，以防止影响邻近其他元器件。当进行焊接时，用其对焊盘进行热风整平，以及使焊剂再流焊，从而完成表面片状元器件的焊装。

虽然用电烙铁焊接表面安装元器件经济而方便，但由于受元器件引脚数量与形状的限制，并且对操作的要求较高，需要经过多次练习与试验才会掌握，否则易损坏元器件焊盘而导致不良后果。

8. 焊接后的处理

对表面安装的元器件进行焊接以后，要及时对焊件进行清理与检查，对于焊点较密的印制电路板，可用放大镜配合来对焊点进行检查。

(1) 理想焊点

表面安装元器件焊好以后，较为理想的焊点如图 3.4.14 所示。

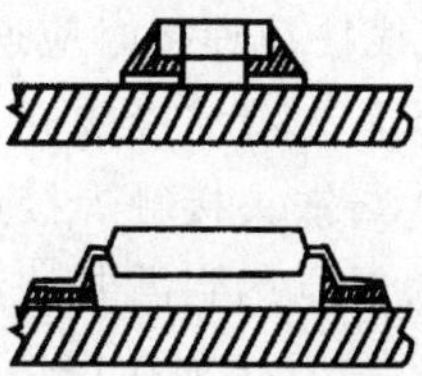

图 3.4.14 表面安装元器件理想焊点示意图

(2) 连焊焊点的处理

由于表面安装元器件大多用在体积较小、密度较高的电子产品上，故在焊接时较容易出现连焊现象，如图 3.4.15 所示。对此，应对其进行修整，即使在电气性能上要求其连通，但也应将其连焊处挑开；否则，会由于应力不一样而较容易导致元器件出现裂纹而使其可靠性不良。

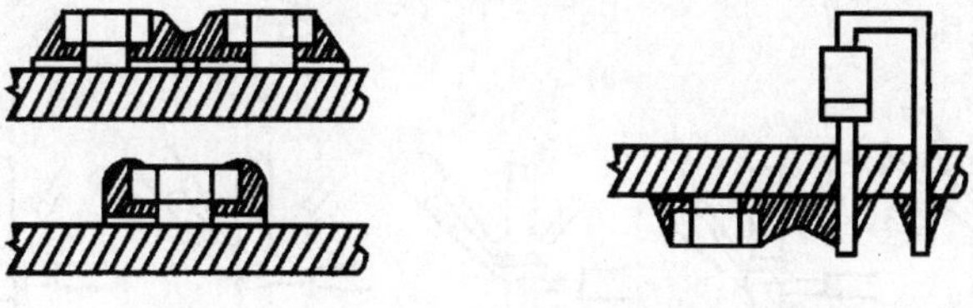

图 3.4.15 表面安装元器件连焊焊点示意图

(3) 锡过量焊点的处理

在对表面安装元器件进行焊接时，加锡量不可过多，应注意控制加锡量。图 3.4.15 是锡量过多所致。锡量过多的焊点，可用烙铁与编织带配合，去除一些焊锡，对于本来就应连在一起的焊点，如操作不便也可不作处理，影响不是很大。

3.5　焊接过程中应注意的一些问题

3.5.1　印制电路板的焊接

印制电路板的装配和焊接是在整个电子产品的制作的主要工程，焊接时应遵守焊接操作的基本步骤，还要注意：

① 应选择 20～35 W 内热式或恒温式电烙铁，温度不超过 300 ℃。一般选用小型圆锥形烙铁头。

② 加热时，烙铁头应同时接触印制板上铜箔和元器件引线，对直径较大的焊盘(大于 5 mm)的焊盘可绕焊盘转动加热。

③ 在双层印制板的焊接时，焊锡要润湿填充到焊盘孔内。

④ 焊后应剪去多余的引线，并清洁印制板。

3.5.2　接线柱的焊接

接线柱在焊接时应遵守焊接操作的基本步骤，还要注意：

① 首先清洁接线柱，镀锡后，将导线绕接在接线柱上，如图 3.5.1 所示。

② 烙铁头接触焊接点，使接线柱和导线的焊接部位均匀受热。

③ 焊点达到需要的温度后，将焊丝置于焊点部位，即焊烙铁头对称的一侧接线柱，而不是直接加在焊烙铁头上，使焊料开始熔化并润湿焊点。

④ 当熔化一定量的焊锡后将焊丝移开，融化的焊锡不能过多也不能过少。

⑤ 当焊锡完全润湿焊点，扩散范围达到要求后，移开焊烙铁，注意移开焊烙铁的方向应该在 45°的方向上，移开速度不能太慢。

⑥ 接线柱通常固定在注塑件上，加热的时间一定要控制，不能够太长，要防止塑料件过热变形。

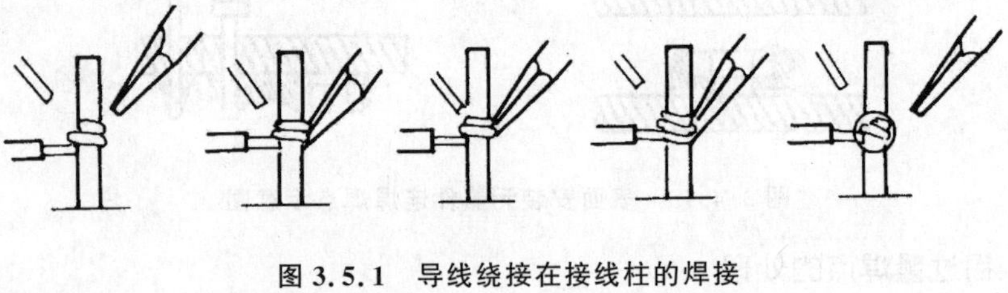

图 3.5.1　导线绕接在接线柱的焊接

3.5.3　开关、插接件等铸塑元件的焊接

各种开关、插接件等元器件都是采用热注塑方式制成的，其机体材料为聚氯乙烯、聚乙烯、酚醛树脂等，这些材料受热容易变形，导致元器件失效或降低性能。因

此,焊接时应遵守焊接操作的基本步骤,并注意:

① 首先清洁开关、插接件等元器件的接线柱、片,镀锡。

② 在焊接时焊烙铁头选用小型圆锥烙铁头。

③ 焊接时加助焊剂量要少,融化的焊锡不能过多,也不能过少。

④ 烙铁头在任何方向均不要对接线柱、片施加压力。

⑤ 焊接时间越短越好。

⑥ 在印制板上焊接开关、插座时,注意各焊点之间不要桥接短路。

3.5.4 继电器、波段开关等弹片类元件的焊接

继电器、波段开关等弹片类元件的簧片制造时,为保证电接触性能,加了一定的预应力使之产生适当的弹力。若在安装施焊过程中对簧片加外力,则会破坏接触点的电接触性能,造成元件失效。因此,焊接时应遵守焊接操作的基本步骤,还要注意:

① 加热时间要短。

② 不可对焊点任何方向施加力。

③ 加助焊剂量要少,焊锡量宜少,注意不要流到簧片上。

3.5.5 集成电路的焊接

集成电路焊接时必须非常小心,为防止集成电路过热损坏,烙铁头的温度要控制在200 ℃以内。因此,焊接时应遵守焊接操作的基本步骤,还要注意:

① 集成电路的镀金引脚端不要用刀刮,需要清洁时,只需酒精擦洗或用绘图橡皮擦除即可。

② 集成电路焊前不要用手触摸引脚端,工作台最好做防静电处理。

③ 焊接时间尽可能短,最好使用恒温230 ℃的焊烙铁,一般不要超过3 s。

④ 选择圆锥形烙铁头。

⑤ 引脚端焊接顺序可选择为接地端→输出端→电源端→输入端。

⑥ 电子设计竞赛作品制作时,集成电路建议采用插座形式安装。

3.5.6 表面安装元器件的焊接

表面安装元器件尺寸小,焊接要求高,除选择自己熟练的焊接方法,焊接时应遵守焊接操作的基本步骤外,还要注意:

① 矩形片状电容器外形尺寸有大有小,外形较小的焊接较为困难,外形较大的焊接较容易,但由于焊接温度不均匀,故其容易出现裂纹以及其他热损伤。

② 焊接表面安装元器件的电烙铁以及采用浸锡焊接所使用的焊锡炉,均应有较好的接地装置,以防止静电击穿元器件。

③ 注意表面安装元器件的特殊要求。在焊接表面安装元器件之前,应先了解各种不同的片状元器件有无特殊的要求,例如焊接温度及装配方式等。有些元器件是

不能采用浸锡的方法来进行焊接的，例如铝电解电容器、片状电位器等。

④ 浸锡焊接的次数。对于采用浸锡焊接的印制电路板，其浸锡焊接的次数通常最好只浸一次。浸锡次数太多将会导致印制电路板弯曲，元器件开裂等不良后果。

⑤ 热风枪的正确使用。使用热风枪时，应注意风速、温度等，可用镊子轻轻扶好元器件。

3.6　拆　焊

3.6.1　插装式元器件的拆焊

1. 拆焊时应注意的一些问题

在电子产品的生产过程中，由于装错、损坏或调试、维修需要拆换元器件。在实际操作中拆焊比焊接难度更大。拆焊时应注意：

① 集成电路等拆焊时需要采用专用的拆焊工具。

② 拆焊前，首先用吸锡工具吸去焊接点的焊料。

③ 拆焊时一定需要将焊锡熔解，不能够过分地用力拉、摇、扭元器件，以免损坏元器件和焊盘。

④ 拆焊的加热时间和温度较焊接时要长、要高，但是要严格控制温度和加热时间，以免高温损坏元器件、焊盘和其他元器件。

2. 拆焊方法

(1) 用镊子进行拆焊

一般电阻、电容、晶体管等引脚不多，且每个引线能相对活动的元器件可用镊子和电烙铁直接拆焊。

如图 3.6.1 所示，将印制板竖起来夹住，一边用烙铁加热待拆元件的焊点，一边用镊子或尖嘴钳夹住元器件引线轻轻拉出。

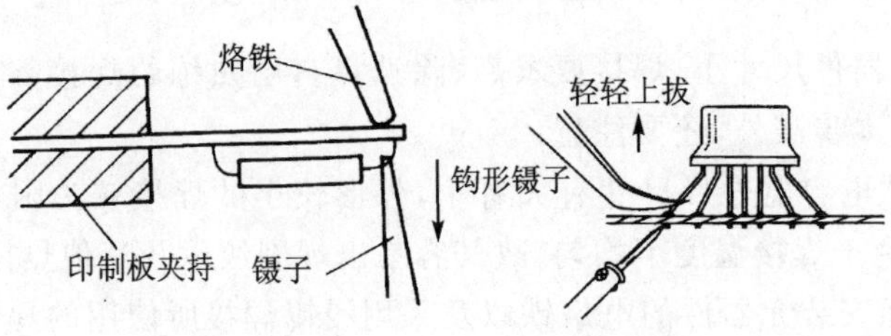

图 3.6.1　镊子拆焊方法

① 对于印制电路板中引线较多、焊点之间距离较大的元器件，一般采用分点拆焊的方法，如图 3.6.1 所示。操作过程如下：

(a) 首先固定印制电路板，同时用镊子从元器件面夹住被拆元器件的一根引线。

(b) 用电烙铁对被夹引线上的焊点进行加热，以熔化该焊点上的焊锡。

(c) 待焊点上焊锡全部熔化，将被夹的元器件引线轻轻从焊盘孔中拉出。

(d) 然后用同样的方法拆焊被拆元器件的另一根引线。

(e) 用烙铁头清除焊盘上多余焊料。

② 对于拆焊印制电路板中引线之间焊点距离较小的元器件，如三极管等，多采用集中拆焊的方法如图 3.6.2 所示。操作过程如下：

(a) 首先固定印制电路板，同时用镊子从元器件面夹住被拆元器件。

(b) 用电烙铁对被拆元器件的各个焊点快速交替加热，以同时熔化各焊点上的焊锡。

(c) 待焊点上焊锡全部熔化，将夹着的被拆元器件轻轻从焊盘孔中拉出。

(d) 用烙铁头清除焊盘上多余焊料。

③ 在拆卸引脚较多、较集中的元器件时（如天线线圈、振荡线圈等），采用同时加热的方法比较有效。

(a) 用较多的焊锡将被拆元器件的所有焊点焊连在一起。

(b) 用镊子钳夹住被拆元器件。

(c) 用 35 W 内热式电烙铁头，对被拆焊点连续加热，使被拆焊点同时熔化。

(d) 待焊锡全部熔化后，及时将元器件从焊盘孔中轻轻拉出。

(e) 清理焊盘，用一根不沾锡的钢针从焊盘面插入孔中，如焊锡封住焊孔，则需用烙铁熔化焊点。

④ 采用医用空心针头拆焊，如图 3.6.3 所示。

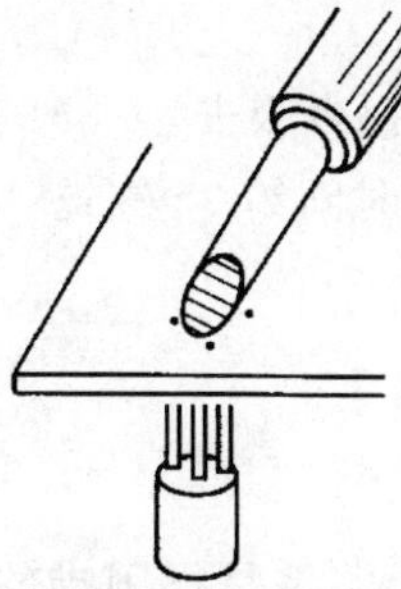

图 3.6.2 集中拆焊示意图

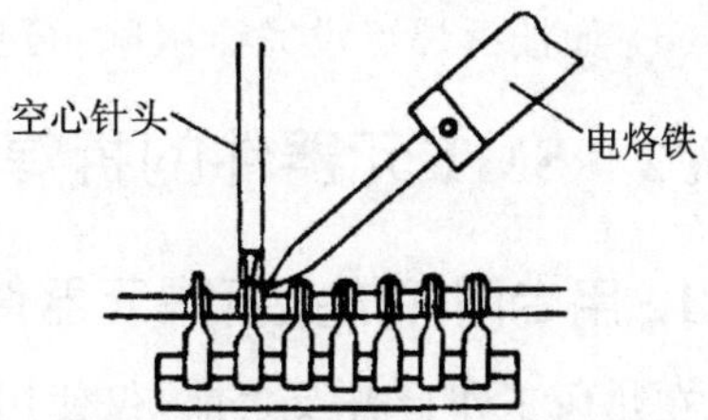

图 3.6.3 用医用空心针头拆焊

(a) 当需要拆下多个焊点且引线较硬的元器件时，例如要拆下多线插座。可以采用以下方法：将医用针头用钢锉锉平，作为拆焊的工具。

(b) 将铜编织线的部分涂上松香焊剂，然后放在将要拆焊的焊点上，再把电烙铁放在铜编织线上加热焊点，待焊点上的焊锡熔化后，就被铜编织线吸去，如焊点上的焊料一次没有被吸完，则可进行第 2 次，第 3 次，……，直至吸完。当编织线吸满焊料后，就不能再用，就需要把已吸满焊料的部分剪去。

(c) 一边用烙铁熔化焊点，一边把针头套在被焊的元器件引线上，直至焊点熔化后，将针头迅速插入印制电路板的孔内，使元器件的引线脚与印制板的焊盘脱开。

(2) 用专用吸锡烙铁进行拆焊

对焊锡较多的焊点，可采用吸锡烙铁去锡脱焊。拆焊时吸锡电烙铁加热和吸锡同时进行，拆焊操作方法如图 3.6.4 所示。

(a) 吸锡时，根据元器件引线的粗细选用锡嘴的大小。

(b) 吸锡电烙铁通电加热后，将活塞柄推下卡住。

(c) 锡嘴垂直对准被吸焊点，待焊点焊锡熔化后，再按下吸锡烙铁的控制按钮，焊锡即被吸进吸锡烙铁中。反复几次，直至元器件从焊点中脱离。

(3) 用吸锡带进行拆焊

吸锡带是一种通过毛细吸收作用吸取焊料的细铜丝编织带，使用吸锡带去锡脱焊，操作简单，效果较佳。拆焊操作方法如图 3.6.5 所示。

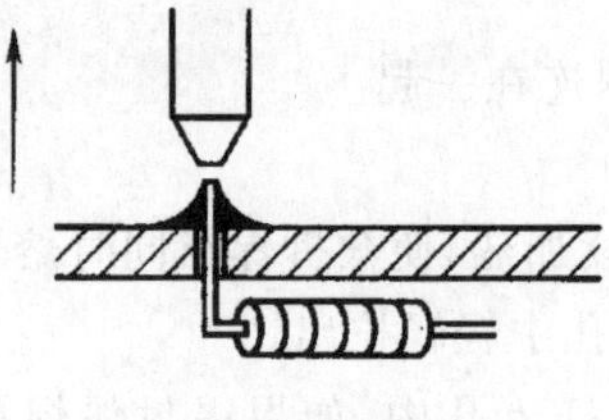

图 3.6.4　吸锡器拆焊示意图

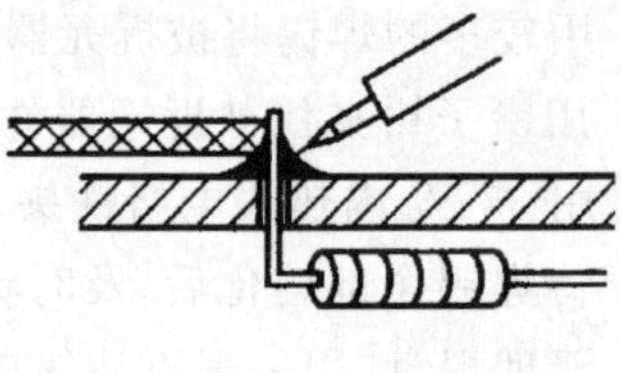

图 3.6.5　吸锡带拆焊示意图

(a) 将铜编织带(专用吸锡带)放在被拆的焊点上。

(b) 用电烙铁对吸锡带和被拆焊点进行加热。

(c) 一旦焊料溶化时，焊点上的焊锡逐渐熔化并被吸锡带吸去。

(d) 如被拆焊点没完全吸除，可重复进行。每次拆焊时间约 2～3 s。

3.6.2　SMT 元器件的拆焊

1. 用专用加热头拆焊元器件

在热风工作台普及之前，仅使用电烙铁拆焊 SMT 元器件是很困难的。同时用两把电烙铁只能拆焊电阻、电容等两端元件或二极管、三极管等引脚数目少的元器件，如图 3.6.6 所示。要拆焊晶体管和集成电路，须使用专用加热头。

采用长条加热头可以拆焊翼型引脚的 SO、SOL 封装的集成电路，操作方法如图 3.6.7 所示：将加热头放在集成电路的一排引脚上，按图中箭头的方向来回移动加热头，以便将整排引脚上的焊锡全部熔化。注意：当所有引脚上的焊锡都熔化并被吸锡铜网线吸走，引脚与电路板之间已经没有焊锡后，用镊子将集成电路的一侧撬离印制板。然后用同样的方法拆焊芯片的另一侧引脚，就可以将集成电路取下来。但是，用长条加热头拆卸下来的集成电路，即使电气性能没有损坏，一般也不再重复使用，这是因为芯片的引脚变形比较大，把它们恢复到电路板上去的焊接质量不能保证。

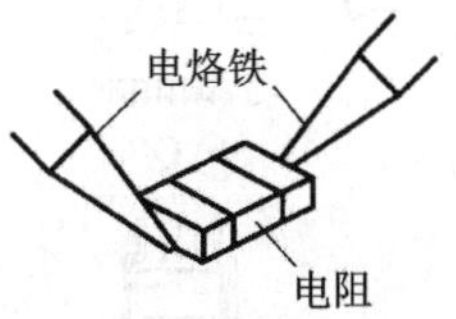

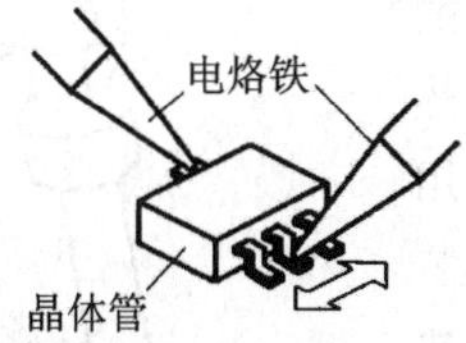

图 3.6.6　用两把电烙铁拆焊两端元件或晶体管

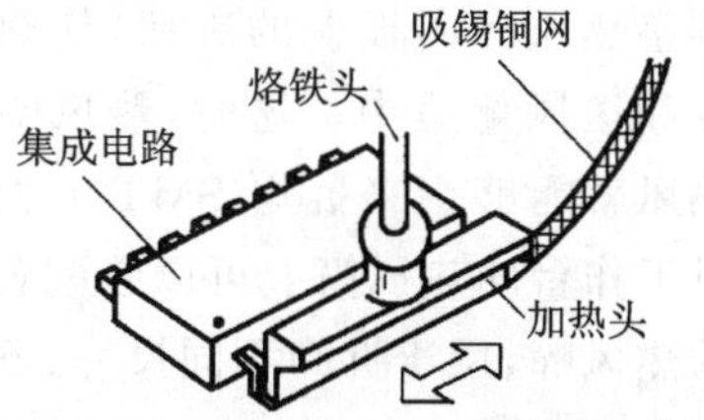

图 3.6.7　用长条加热头拆焊集成电路的方法

S 型、L 型加热头配合相应的固定基座，可以用来拆焊 SOT 晶体管和 SO、SOL 封装的集成电路。头部较窄的 S 型加热片用于拆卸晶体管，头部较宽的 L 型加热片用于拆卸集成电路。使用时，选择两片合适的 S 型或 L 型加热片用螺丝固定在基座上，然后把基座接到电烙铁发热芯的前端。先在加热头的两个内侧面和顶部加上焊锡，再把加热头放在器件的引脚上面，约 3～5 s 后，焊锡熔化，然后用镊子轻轻将器件夹起来，如图 3.6.8 所示。

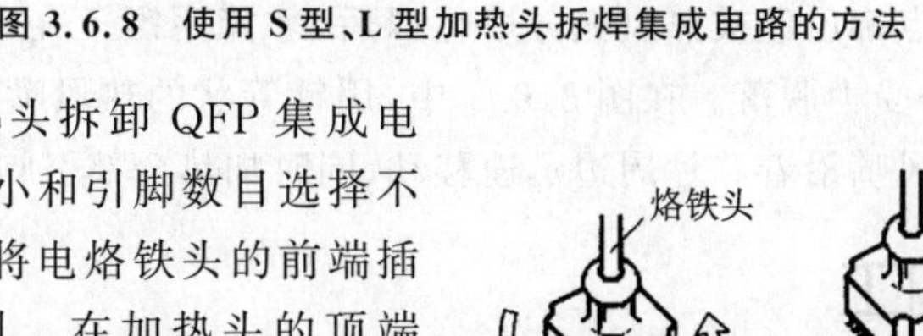

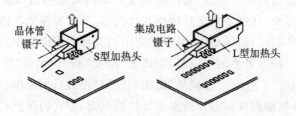

图 3.6.8　使用 S 型、L 型加热头拆焊集成电路的方法

使用专用加热头拆卸 QFP 集成电路，根据芯片的大小和引脚数目选择不同规格的加热头，将电烙铁头的前端插入加热头的固定孔。在加热头的顶端涂上焊锡，再把加热头靠在集成电路的引脚上，约 3～5 s后，在镊子的配合下，轻轻转动集成电路并抬起来，如图 3.6.9 所示。

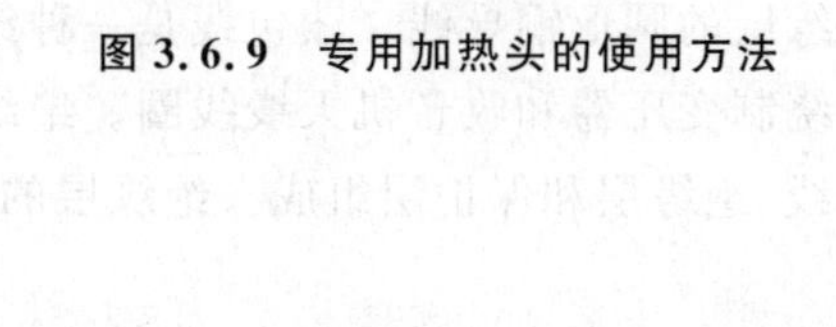

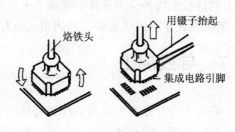

图 3.6.9　专用加热头的使用方法

2. 用热风工作台拆焊 SMT 元器件

用热风工作台拆焊 SMT 元器件很容易操作,比使用电烙铁方便得多,能够拆焊的元器件种类也更多。

按下热风工作台的电源开关,就同时接通了吹风电动机和电热丝的电源,调整热风台面板上的旋钮,使热风的温度和送风量适中。这时,热风嘴吹出的热风就能够用来拆焊 SMT 元器件。热风工作台的热风筒上可以装配各种专用的热风嘴,用于拆卸不同尺寸、不同封装方式的芯片。如图 3.6.10 所示为用热风工作台拆焊集成电路的示意图,其中,图 3.6.10(a)是拆焊 PLCC 封装芯片的热风嘴;图 3.6.10(b)是拆焊 QFP 封装芯片的热风嘴;图 3.6.10(c)是拆焊 SO、SOL 封装芯片的热风嘴;图 3.6.10(d)是针管状的热风嘴。针管状的热风嘴使用比较灵活,不仅可以用来拆焊两端元件,有经验的操作者也可以用它来拆焊其他多种集成电路。

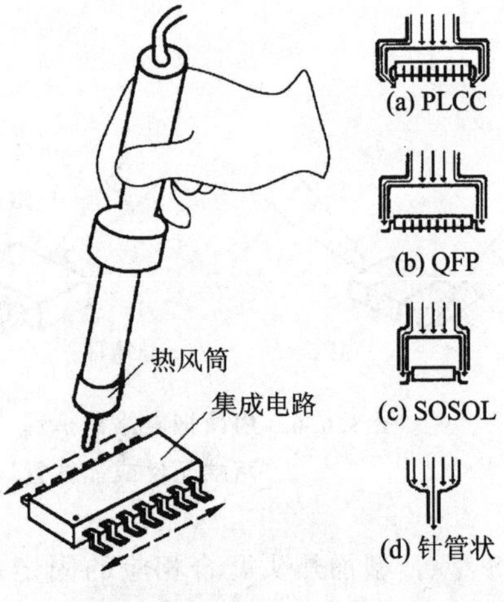

图 3.6.10　用热风工作台拆焊 SMT 元器件

使用热风工作台拆焊元器件,要注意调整温度的高低和送风量的大小:温度低,熔化焊点的时间过长,让过多的热量传到芯片内部,反而容易损坏器件;温度高,可能烤焦印制板或损坏器件;送风量大,可能把周围的其他元器件吹走;送风量小,加热的时间则明显变长。初学者使用热风台,应该把"温度"和"送风量"旋钮都置于中间位置("温度"旋钮刻度"4"左右,"送风量"旋钮刻度"3"左右);如果担心周围的元器件被吹走,可以用胶带粘贴到待拆芯片周围元器件的上面,把它们保护起来。必须特别注意:全部引脚的焊点都已经被热风充分熔化以后,才能用镊子夹取元器件,以免印制板上的焊盘或线条受力脱落。在图 3.6.9 中,用针管状的热风嘴拆焊集成电路的时候,箭头描述了热风嘴沿着芯片周边迅速移动、同时加热全部引脚的焊点。

3.7　导线加工

在电子设计竞赛中常用的线材有裸线、漆包线、绝缘电线和电缆。裸线一般是没有绝缘层的圆形铜导线。漆包线是一种绝缘线,绝缘层是由涂漆或包绕纤维构成,常用来绕制变压器和收音机天线线圈。绝缘电线和电缆是常用的安装线和安装电缆,由芯线、绝缘层和保护层组成。绝缘层的作用是为了防止漏电,一般由橡皮或塑料包绕在芯线外构成。保护层在绝缘层的外部，有金属护层和非金属护层两种。金属护层有铝套、铅套、皱纹金属套和金属编织等。非金属护层大多采用橡皮、塑料等。

3.7.1　绝缘导线的加工步骤

绝缘导线加工可分剪裁、剥头、捻头(多股导线)、上锡、清洁、标记等工序。

① 剪裁。将导线尽量拉平直，然后利用斜口钳裁剪成所需尺寸，剪裁长度允许有 5%～10%的正误差，不允许出现负误差。

② 剥头。剪裁后，将导线端头的绝缘层剥离。剥线钳是常用的剥头工具。使用剥线钳剪裁剥头时，将规定剥头长度的导线插入刃口内，压紧剥线钳，刀刃切入绝缘层内，随后夹抓住导线，拉出剥下的绝缘层。

若没有剥线钳，也可以使用电工刀或剪刀代替，在规定长度的剥头处切割一个圆形线口，然后切深(注意，不要割透绝缘层而损伤导线)，接着在切口处多次弯曲导线，靠弯曲时的张力撕破残余的绝缘层，最后轻轻地拉下绝缘层。

绝缘导线的塑料等绝缘层加热后会产生难闻的有毒气体，不要采用电烙铁等加热进行剪裁剥头。

③ 捻头(多股导线)。多股导线剥去绝缘层后，要进行捻头以防止芯线松散。捻头时要顺着原来的合股方向旋捻，螺旋角一般在 30°～45°，如图 3.7.1 所示，捻线时用力要均匀，不宜过猛；否则易将细线捻断。

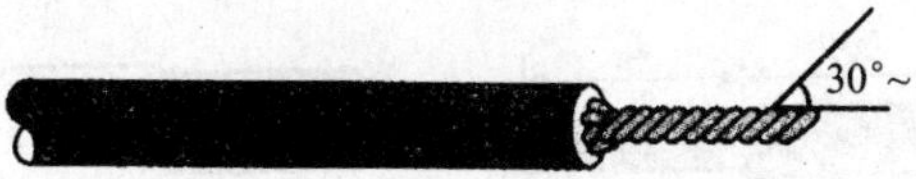

图 3.7.1　导线的捻头

④ 上锡。绝缘导线经过剥头与捻头之后，为了防止氧化，以提高焊接质量。应在较短的时间内进行上锡。加工导线数量少时，可以采用电烙铁上锡。加工导线数量多时，可以采用锡锅上锡，将捻好头的导线蘸上助焊剂，然后将导线垂直插入锡锅中。

注意：不应触到绝缘层端头，浸渍层与绝缘层之间留有大于 3 mm 的间隙，浸锡时间控制在 1～3 s。

⑤ 清洁。上锡后，可以用酒精等清洗液清除导线端头残留的焊料或焊剂，不允许用机械方法刮擦，以免损伤芯线。

⑥ 标记。导线端子作标记是为了安装、焊接、检修和维修方便。使用多根绝缘导线时，标记是不可少的。工厂加工生成时常在导线两端印上印字标记或色环标记等。在电子设计竞赛中，可以采用不同颜色的套管、胶布等作色环标记或者印字标记。导线标记一般作在导线绝缘端头的 10～20 mm 处。

3.7.2 屏蔽导线的加工步骤

1. 屏蔽导线不接地端头的加工

屏蔽导线在内外两层绝缘层中间有一层铜质编织套。屏蔽导线不接地时端头的加工过程具体如下：

① 将屏蔽导线拉直，根据要求裁剪成所需尺寸，剪裁长度允许有 5%～10%的正误差，不允许出现负误差，如图 3.7.2(a)所示。

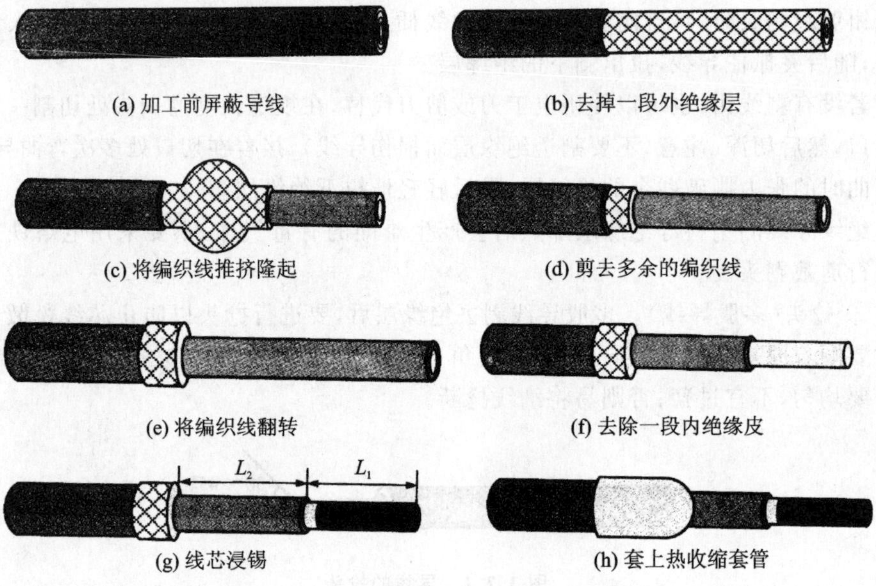

(a) 加工前屏蔽导线　(b) 去掉一段外绝缘层

(c) 将编织线推挤隆起　(d) 剪去多余的编织线

(e) 将编织线翻转　(f) 去除一段内绝缘皮

(g) 线芯浸锡　(h) 套上热收缩套管

图 3.7.2 屏蔽导线不接地时端头的加工过程

② 采用小刀切开外绝缘护套，深度直达铜质编织套层，撕下外绝缘护套，去掉一段外绝缘层，如图 3.7.2(b)所示。

③ 较细、较软的铜编织线，左手拿住屏蔽线的外绝缘层，用右手指向左推编织线，使编织网线推挤隆起，如图 3.7.2(c)所示。

④ 使用剪刀将推挤隆的编织网线剪掉一部分，如图 3.7.2(d)所示。

⑤ 将编织网线翻转，如图 3.7.2(e)所示。

⑥ 再使用剥线器去掉一段内绝缘层，如图 3.7.2(f)所示。

⑦ 将裸露的线芯上锡，如图 3.7.2(g)所示，L_2 的长度取决于工作电压，工作电压大于 500 V，L_2 为 10～20 mm；工作电压在 500～1 000 V，L_2 为 20～30 mm；工作电压为3 000 V，L_2 大于 30 mm。

⑧ 最后在编织网线部分套上热收缩套管，如图 3.7.2(h)所示。

2. 屏蔽导线接地端头的加工

屏蔽导线接地时端头的加工具体如下：

① 将屏蔽导线拉直，根据要求裁剪成所需尺寸，剪裁长度允许有5%～10%的正误差，不允许出现负误差。

② 采用小刀切开外绝缘护套，深度直达铜质编织套层，撕下外绝缘护套，去掉一段外绝缘层。

③ 使用小刀将铜编织网划破，如图3.7.3所示。

④ 拧紧编织网线。如果编织网线较粗，也可以使用剪刀将编织网线剪掉一部分，只留下细细一缕，然后拧紧，上锡，直接作为接地线。

⑤ 再使用剥线器去掉一段内绝缘层，露出线芯。

⑥ 也可以在拧紧的编织网线上焊接一小段引线，如图3.7.4所示，用于接地。如图3.7.4所示。L_2 的长度取决于工作电压，工作电压大于500 V，L_2 为10～20 mm；工作电压在500～1 000 V，L_2 为20～30 mm；工作电压为3 000 V，L_2 大于30 mm。

图3.7.3　将裸露的编织线剪开

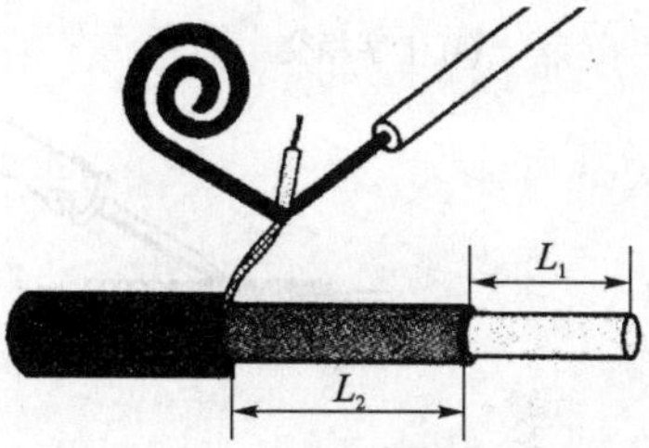

图3.7.4　编织线焊上一段引出线

⑦ 将裸露的线芯上锡。

注意： 绝缘同轴射频电缆加工时，因流经芯线的电流频率很高，要特别注意芯线与金属屏蔽层的距离。如果芯线不在屏蔽层中心位置，则会造成特性阻抗不准确，信号传输反射损耗增加。

3.8 导线的连接

3.8.1 两条粗细相同导线的连接

(1) 方法1

① 去掉两条导线接线端一定长度的绝缘层，露出的线芯上锡后，将两根导线的线芯拧在一起，如图3.8.1所示。

② 将两根导线拉直，用电烙铁将结合处焊接好，如图3.8.2所示。

③ 连接处用一段热缩套管套上，加热后，套管收缩封住拧接部位，可以防止焊接

部位氧化。连接处也可以采用电胶布进行捆扎。

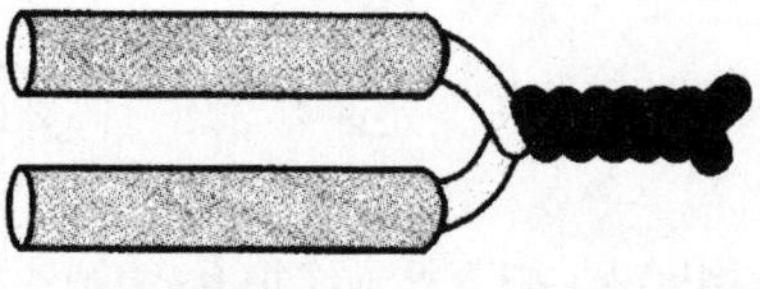

图 3.8.1　把线芯拧在一起

图 3.8.2　电焊烙铁焊接

(2) 方法 2

去掉两条导线接线端一定长度的绝缘层，露出的线芯上锡后，将两根导线的线芯拧在一起，焊接后用一段热缩套管套上，加热后，套管收缩封住拧接部位，如图 3.8.3 所示。

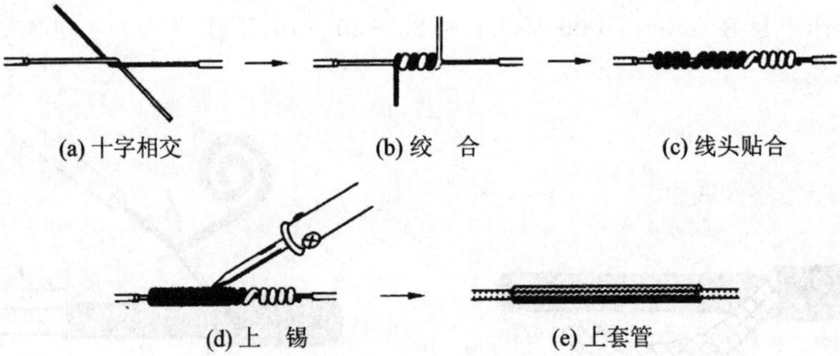

(a) 十字相交　(b) 绞　合　(c) 线头贴合　(d) 上　锡　(e) 上套管

图 3.8.3　单股线芯的连接

3.8.2　两条粗细不同导线的连接

① 去掉两条导线接线端一定长度的绝缘层，露出的线芯上锡后，将细导线的线芯拧在粗导线上，如图 3.8.4 所示。

② 将两根导线拉直，用电烙铁将结合处焊接好，如图 3.8.5 所示。

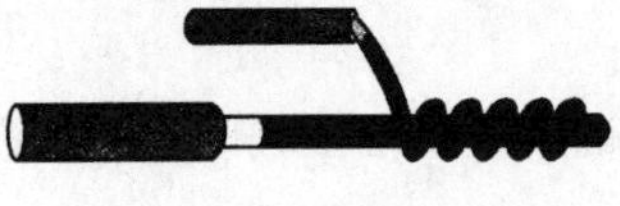

图 3.8.4　线芯拧在一起

图 3.8.5　焊烙铁焊接

③ 连接处用一段热缩套管套上，加热后，套管收缩封住拧接部位，可以防止焊接

部位氧化。连接处也可以采用电胶布进行捆扎。

3.9 导线成型

在整机的装配工作中，应该用线绳或线扎搭扣等把导线扎束成型，制成各种不同形状的线扎。导线成型是布线工艺中的重要环节。在导线成型之前，要根据整机机壳内部各部件、整件所处的位置、导线的走向，先按 1∶1 的比例绘制线扎图，按线扎图制作好后，再将线扎安装到机器上。在电子设计竞赛时，导线成型一般用手工弯曲。手工弯曲成型，可先按布线图在木板上画出线把图，在图形的弯曲处钉一只铁钉，将准备好的裸铜线从一端开始按布线图成型，然后再按布线图焊接其他分支地线。

常用的线扎方法有线绳绑扎、黏合剂结扎、线扎搭扣绑扎、塑料线槽布线、塑料胶带绑扎、活动线扎等。

3.9.1 线绳绑扎

线绳绑扎是一种比较稳固的扎线方式，比较经济，但是工作量较大。线绳有棉线、亚麻线、尼龙线等。这些线可放在温度不高的石蜡中浸一下，以增加绑扎线的涩性，使线扣不易松脱。

1. 起始结的打法

起始结的打法如图 3.9.1 所示。

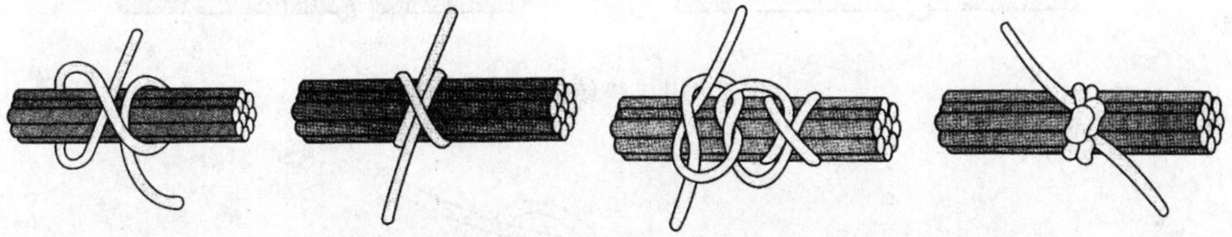

图 3.9.1 起始结的打法

2. 中间单线结的打法

中间单线结的打法如图 3.9.2 所示。

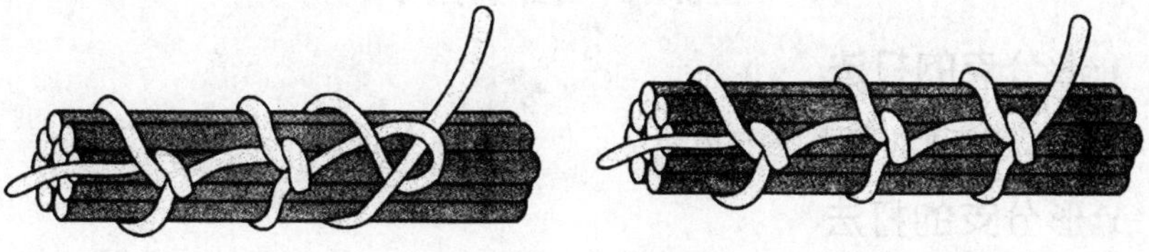

图 3.9.2 中间单线结的打法

3. 中间双线结的打法

中间双线结的打法如图 3.9.3 所示。

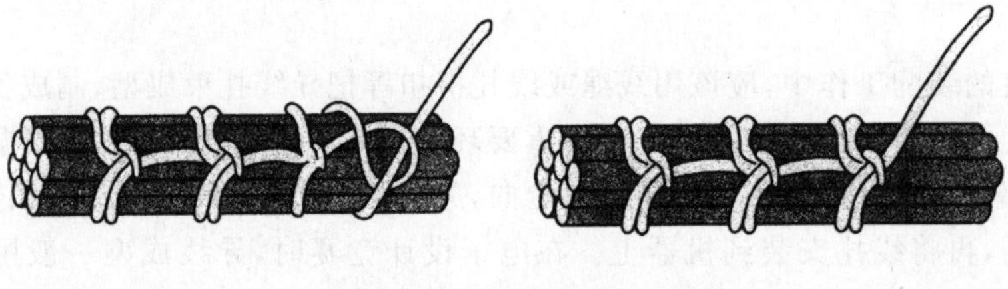

图 3.9.3 中间双线结的打法

4. 终结的打法

终结的第 1 种打法如图 3.9.4 所示，第 2 种打法如图 3.9.5 所示。

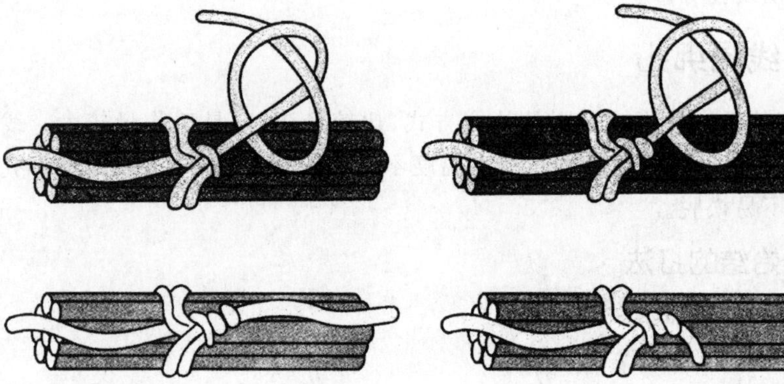

图 3.9.4 终结的打法 1

图 3.9.5 终结的打法 2

5. T 形分支的打法

T 形分支的打法如图 3.9.6 所示。

6. Y 形分支的打法

Y 形分支的打法如图 3.9.7 所示。

图 3.9.6　T形分支扎线的打法

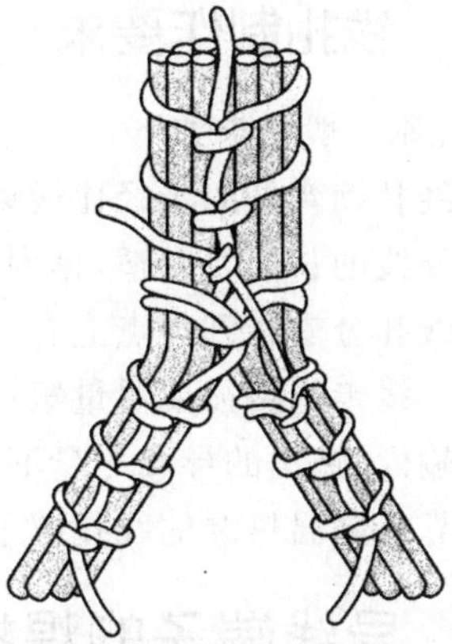

图 3.9.7　Y形分支扎线的打法

3.9.2　其他扎线方法

1. 黏合剂结扎

多根塑料绝缘导线可以采用黏合剂黏合成线束。在黏合时，把待黏导线拉伸并列(紧靠)在玻璃上，然后用毛笔蘸黏合剂涂敷在这些塑料导线上，待黏合剂凝固以后便可获得一束平行塑料导线。

2. 线扎搭扣绑扎

用线扎搭扣绑扎十分方便，线把也很美观，更换导线也方便，但搭扣只能使用一次。用线扎搭扣绑扎导线时，不可拉得太紧，以防破坏搭扣。

3. 塑料线槽布线

对机柜、机箱、控制台等大型电子装置，一般可采用塑料线槽布线的方法，成本较高，但排线比较简单，更换导线也十分容易。线槽固定在机壳内部，线槽的两侧有很多出线孔，将准备好的导线一一排在槽内，可不必绑扎。导线排完后盖上线槽盖板即可。

4. 塑料胶带绑扎

塑料胶带绑扎简便可行，制作效率比线绳绑扎高，效果比线扎搭扣好，成本比塑料线槽低，在洗衣机等家电中已较普遍采用。

5. 活动线扎的加工

插头等接插件，因需要拔出插件，其线扎也需经常活动，所以这种线扎应先把线扎拧成15°左右，当线扎弯曲时，可使各导线受力均匀。

3.9.3　线扎制作要求

线扎制一般要求如下：

① 线扎拐弯处的半径比线束直径大两倍以上。

② 导线的长短要合适，排列要整齐。

③ 线扎分支线到焊点应有 10～30 mm 的余量，不要拉得过紧。

④ 导线走的路径要尽量短一些。

⑤ 输入、输出的导线尽量不排在一个线扎内。

⑥ 靠近高温热源的线扎应采取隔热措施。

3.10　导线端子的焊接

3.10.1　导线与元器件之间的焊接

导线与元器件之间的焊接方式有钩焊、搭焊、插焊和网焊等几种形式，如图 3.10.1 所示。

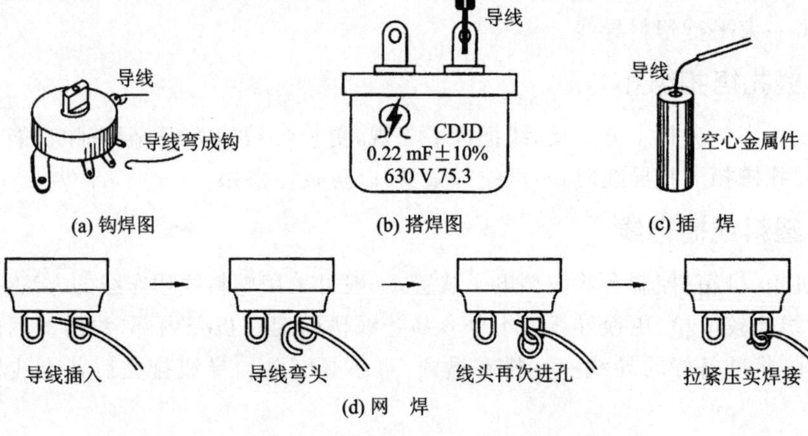

图 3.10.1　导线与元器件之间的焊接方式

3.10.2　导线与印制电路板的焊接

导线与印制电路板连接是一种最简单、廉价而且可靠的方式，不需要任何接插件，只需将导线与印制板板上对应的对外连接点与板外元器件或其他部件直接焊牢即可。导线焊接到印制电路板时，需要在印制电路板上设计导线连接焊盘。采用导线焊接方式应注意以下几点：

① 印制电路板的导线连接焊盘尽可能在板的边缘，并按一定尺寸排列，以利于

焊接、维修，避免因整机内部乱线而导致整机可靠性降低，如图 3.10.2 所示。

② 为提高导线与导线连接焊盘的机械强度，引线应通过印制板上的穿线孔，再从线路板元件面穿过，焊在焊盘上，以免将焊盘或印制导线拽掉，如图 3.10.2 所示。

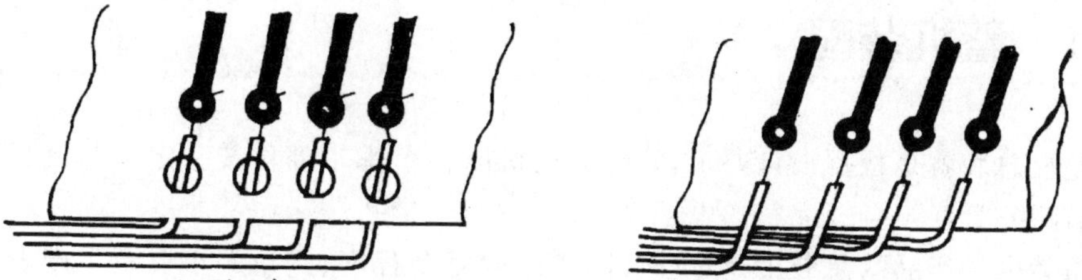

(a) 正 确　(b) 错 误

图 3.10.2 印制电路板导线连接焊盘对外引线焊接方式

③ 将导线排列或捆扎整齐，通过线卡或其他紧固件将线与板固定，避免导线因移动而折断，方法如图 3.10.3 所示。

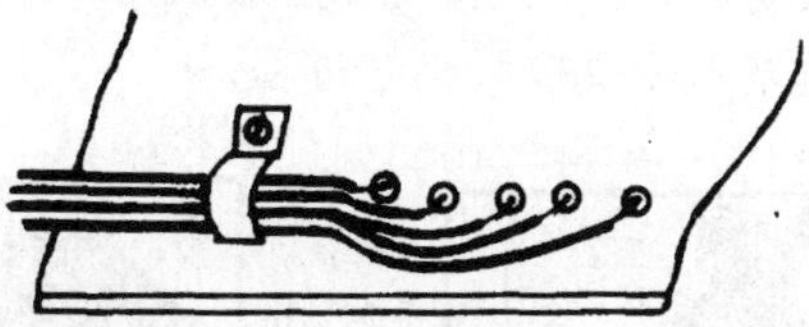

图 3.10.3 引线与印制电路板固定

④ 同一电气性质的导线最好用同一颜色的导线，以便于维修。例如电源导线采用红色，地线导线采用黑色等。

⑤ 如果导线端子焊接在印制电路板表面，要求线芯埋入焊锡，绝缘外皮距离焊锡 1～2 mm 左右，如图 3.10.4(a)所示。导线端子焊接有缺陷状态如图 3.10.4(b)～(h)所示。

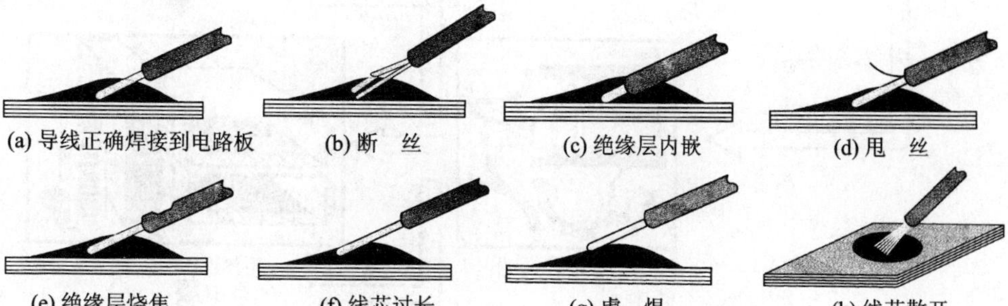

(a) 导线正确焊接到电路板　(b) 断 丝　(c) 绝缘层内嵌　(d) 甩 丝

(e) 绝缘层烧焦　(f) 线芯过长　(g) 虚 焊　(h) 线芯散开

图 3.10.4 导线端子焊接在印制电路板表面

(b)为断丝，部分线芯熔断，原因很可能是烙铁的温度过高。

(c)为绝缘层内嵌，焊接时，绝缘层切除太短，绝缘层内嵌会影响导线的导通性。

(d)为甩丝，焊接前，导线端头去皮后进行捻头处理，可以很好地避免甩丝现象。

(e)为绝缘层烧坏，烙铁头温度很高，绝缘层一般都是塑料材质，离烙铁头太近，就会烧坏。

(f)为线芯过长，导线端头绝缘层切除过多，线芯外露过多，容易引发短路、线芯氧化故障。

(g)为虚焊,焊接时,导线线芯应尽量埋入焊锡。

(h)为线芯散开,焊接前,导线端头去皮后应进行捻头处理。

3.11　整机装配

整机总装就是根据设计要求,将组成整机的各个基本部件按一定工艺流程进行装配、连接,最终组合成完整的电子设备。

虽然电子产品的总装工艺过程会因产品的复杂程度、产量大小以及生产设备和工艺的不同而有所区别,但总的来说,都可以简化为“装配准备”“连接线的加工与制作”“印制电路板装配”“单元组件装配”“箱体装联”“整机调试”和“最终验收”等几个重要阶段,整机总装的工艺流程简图如图 3.11.1 所示。电子设计竞赛作品的整机总装也基本需要按照整个过程。

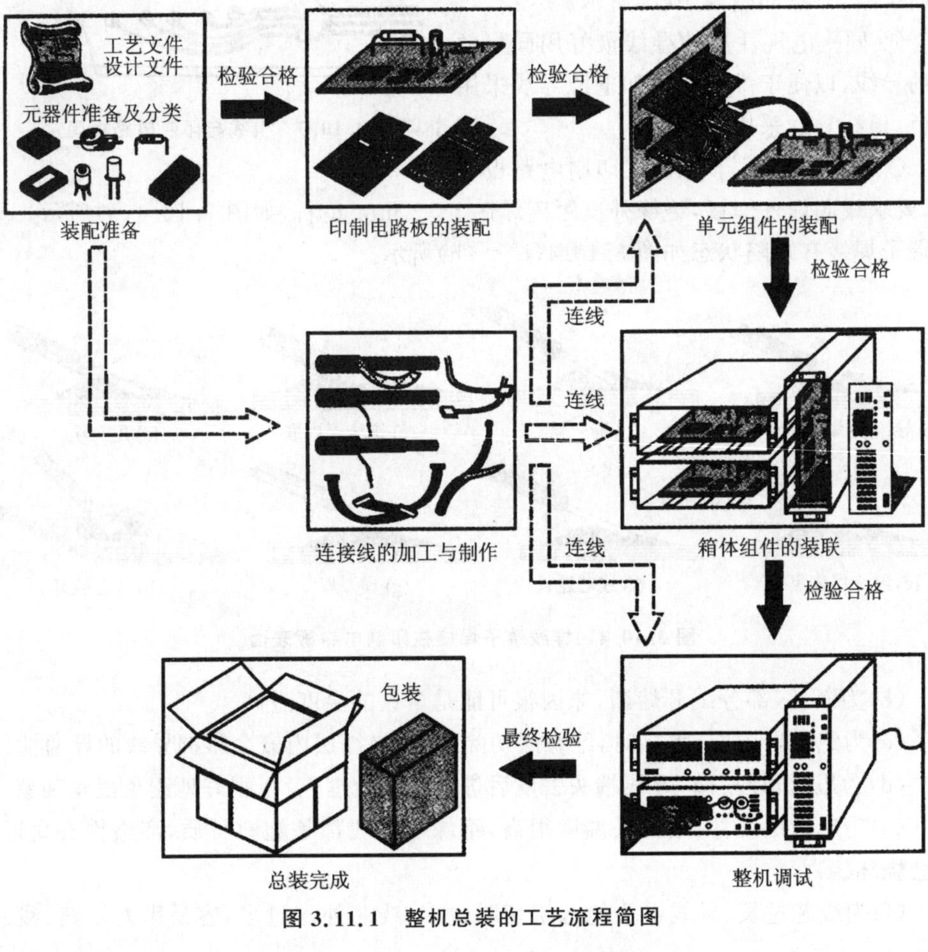

图 3.11.1　整机总装的工艺流程简图

1. 装配准备

装配准备主要就是根据设计产品要求，从数量和质量两方面对所有装配过程中所要使用的元器件、装配件、紧固件以及线缆等基础零部件进行准备。

“数量上”的准备就是要保证装配过程中零部件的配套，即不能“过多”或不能“过少”。“过多”就是指某些零部件超出了额定装配数量，这样就会在装配过程中造成不必要的浪费，也会造成另外需要这些元器件的竞赛小组不能得到这些元器件。“过少”则是某些零部件的数量达不到额定装配数量，或者有些零部件的数量没有考虑到装配过程中的损耗，这样就会在整机装配过程中因缺少某些零部件而造成作品无法成功，使竞赛失败。

“质量上”的准备就是要对所有参与装配的零部件进行质量检验。需要对总装时所使用的各种零部件进行质量检测，检测合格的产品才能作为原材料送到下一个工序。

注意： 任何未经检验合格的装配零部件都不得安装或使用，对已检验合格的装配零部件必须做好整形、清洁工作，保证在总装之前，所有零部件都是符合装配要求的合格产品。

2. 印制电路板装配

印制电路板装配的过程主要是将电容器、电阻器、晶体管、集成电路以及其他各类插装或贴片元器件等电子器件，按照设计文件的要求安装在印制电路板上。这是作品组装中最基础的一级组装过程。

在印制电路板装配阶段需要对所安装电子元器件的安装工艺和焊接工艺等进行检测，如漏焊、虚焊及由于焊接不当或元器件安装不当而造成的元器件损坏等。

3. 连接线的加工与制作

连接线的加工与制作主要就是按照设计文件，对整个装配过程中所用到的各类数据线、导线、连接线等进行加工处理，使其符合设计的工艺要求。除了要严格确保连接线的质量外，连接线的规格、尺寸、数量等都有应满足设计要求。导线数量较多时，每一组连接线的导线数、长度及规格都有所不同，需要分别加工、编号。

在连接线的加工与制作环节中，需要对加工制作好的连接线缆及接头进行检测，检测所制作的连接线是否畅通，是否符合工艺要求。

4. 单元组件装配

单元组件装配就是在“印制电路板装配”的基础上，将组装好的印制电路板通过接插件或连线等方法组合成具有综合功能特性的单元组件。例如，电源电路单元组件、带显示的单片机最小系统等。

在单元组件装配阶段需要对单元组件的装配工艺和功能进行检测。技术指标与其他单元组件有关的单元组件,测试的标准往往以功能实现作为衡量尺度。部分独立的单元组件,需要测试功能和技术两方面指标。

5. 箱体装联

箱体装联就是在“单元组件装配”的基础上,将组成电子产品的各种单元组件组装在统一的箱体、柜体或其他承载体中,最终成为一件完整的作品。

在这一过程中,除了要完成单元组件间的装配外,还需要对整个箱体进行布线、连线,以方便各组件之间的线路连接。箱体的布线要严格按照设计要求,否则会给安装以及以后的检测和维护工作带来不便。

在箱体装联阶段主要是对装联的工艺和所实现的功能要求进行检测。在这一过程中,常出现的问题就是连接线的布设不合理,连接接口故障或因装联操作不当而造成单元电路板上的元件损坏等。

6. 整机调试

整台电子产品组装完成后,就需要对整机进行调试。整机调试主要包括调整和测试两部分工作。

调整工作包括功能调整和电气性能调整两部分内容。功能调整就是对电子产品中的可调整部分(如可调元器件、机械传动器件等)进行调整,使作品能够完成正常的工作过程,具有基本的功能。电气性能调整是指对整机的电性能进行调整,使整个作品能够达到预定的技术指标。

测试则是对组装好的整机进行功能和性能的综合检测,整体测试作品是否能够达到预定技术指标,是否能够完成预定工作。

通常,对整台作品的调整和测试是结合进行的,即在调整的过程中不断测试,看能否能够达到预期指标,如果不能,则继续调整,直到最终符合设计最初的要求。

7. 验　收

在作品总装过程中,最终验收是收尾环节,它主要是对调整好的作品进行各方面的综合检测,以确定该产品是否达到设计要求。

在整机总装的过程中,每一个环节都需要严格的检测,以确保最终所装配的作品性能可靠。在整个总装流程中,遵循着从个体到整体,从简单到复杂,从内部到外部的装配顺序。每个环节之间都紧密连接,环环相扣,每道工序之间都存在着继承性,所有的工作都必须严格地按照设计要求操作。只有这样,才能保证整机总装的顺利进行、作品的可靠性和成功。

3.12 静电保护

3.12.1 静电的产生和危害

1. 静电的产生

静电是一种电能,它是由机械能转化而来的。静电主要是由两种不同性质的绝缘物体通过接触、摩擦、高速运动、冲流、剥离等方式在一种物体上积聚正电荷,另一种物体上积聚等量的负电荷而形成的。

当两个不同的物体相互接触时就会使一个物体失去一些电荷,而另一个物体得到一些电荷。若在分离的过程中电荷难以中和,电荷就会积累而产生静电。除了不同物质之间接触摩擦会产生静电外,相同物质之间也会产生静电。

高速运动中的物体会与空气发生摩擦,从而产生静电。

液体类物质与固体类物质接触时,在接触界面形成整体为电中性的偶电层。当此两物质做相对运动时,由于偶电层被分离,电中性受到破坏而出现的带电过程称为冲流起电。

剥离两个紧密结合的物体时,引起电荷分离而使两物体分别带电的过程称为剥离起电。静电存留于物体表面。

2. 静电的危害

物体带电后,就会在其周围形成电场,当电场强度超过附近电解质的抗电强度时,电场力就会使介质中束缚的电子脱离原子核而成为自由电子。这时,介质就变为导体并产生静电放电。

在电子产品生产过程中,由静电击穿引起的元器件损坏是最普遍、最严重的危害。静电放电可能会造成元器件硬击穿或软击穿。硬击穿会一次性造成整个器件的永久性失效,如器件的输出与输入开路或短路。软击穿则可使器件的局部受损,但不影响其工作,只是降低其性能,使电路时好时坏,且不易被发现,从而成为故障隐患。软击穿很难被检测出来,而软击穿造成的故障会使受损器件随时失效。若器件多次软击穿,也会变成永久性损坏。

3.12.2 静电敏感器件的分级

对静电反应敏感的器件称为静电敏感元器件(SSD)。静电敏感器件主要是半导体器件、超大规模集成电路,特别是金属化膜半导体(MOS 集成电路),例如肖特基垫垒二极管、点接触、二极管等微波器件、MOSFET 器件、声表面波(SAW)器件、结型场效应晶体管(JFET)、电荷耦合器件(CCD)、精密稳压二极管、运算放大器(OPAMP)、薄膜电阻器、MOS 集成电路、使用 SSD 元器件构成的混合电路、超高速集成电路(UHSIC)及可控硅整流器等。静电敏感器件的静电承受能力与器件本身的尺寸、结构以及所使用的材料有着密切的关系。

根据国家军用标准《电子产品防静电放电控制大纲》的分级方法可将静电敏感器件分为 3 级。静电敏感度在 0～1 999 V 的元器件为 1 级；静电敏感度在 2 000～3 999 V 的元器件为 2 级；静电敏感度在 4 000～15 999 V 的元器件为 3 级；而静电敏感度超过 3 级的元器件、组件和设备被认为非静电敏感产品。根据 SSD 分级，可针对不同的 SSD 器件，采取不同的静电防护措施。

3.12.3 静电源

在电子产品制造中，人体的活动，人与衣服、鞋袜等物体之间的摩擦、接触和分离等产生的静电是电子产品制造中主要静电源之一。人体静电是导致器件产生硬(软)击穿的主要原因。人体活动产生的静电电压约 0.5～2 kV。另外，空气相对湿度对静电电压影响也非常大，环境的相对湿度与人体活动带电的关系如表 3.12.1 所列。

表 3.12.1 相对湿度与人体活动带电的关系

活动方式	静电电压/V	
	相对温度	
	10%～20%	65%～90%
在乙烯地板上行走	12 000	250
在合成地毯上行走	35 000	1 500
在铺地毯的工作台上滑动塑料盒	18 000	1 500
坐在泡沫塑料椅垫上	18 000	1 500
坐在普通椅子上	6 000	100
拿起塑料袋	7 000	600
用塑料薄膜包装印制电路板	16 000	3 000
用氟利昂溶液喷洗插件板	15 000	5 000
从印刷板上撕下胶带	12 000	1 500
用橡皮擦印制电路板	12 000	1 000

如果经常工作在干燥环境下，由于人体的活动，每个人都会携带一些静电。有时两个都携带静电的人接触瞬间会有被电击的感觉，其反应程度称之为电击感度。人体携带静电电压与电击感度的关系如表 3.12.2 所列。

在电子产品制造中，除了人体产生静电外，还有一些其他的静电源。

(1) 化纤或棉制工作服

穿着化纤或棉制工作服的工作人员在工作时与工作台、工作椅等发生摩擦后，会在工作服表面产生 6 000 V 以上的静电电压，并使人身带电。这时，如果人体与静电敏感元器件接触就会放电，很容易造成器件的损坏。

表 3.12.2 静电电压与电击感度的关系

静电电压/kV	电击感度
1.0	没有感觉
2.0	手指外侧有感觉,但不疼痛(发出微弱的放电声)
3.0	有针刺感、哆嗦感但不疼痛
4.0	有较强的针刺感,手微痛(若光线较暗,能看到放电微光)
5.0	从手掌到前腕感到疼痛
6.0	手指感到剧痛后腕有强烈电击感
7.0	手指、手掌剧痛,有麻木感

(2) 工作鞋

橡胶或塑料鞋底的工作鞋的绝缘电阻器高达 10^{13} Ω 以上,当鞋底与地面发生摩擦时也会产生静电,使人体带电。

(3) 树脂、漆膜、塑料膜封装的器件表面

大多数元器件采用树脂、漆膜、塑料膜进行封装。这些器件放入包装中运输时,器件表面与包装材料摩擦能产生几百伏的静电电压,如果对敏感器件放电会致使其损坏。

(4) 高分子材料制作的包装和容器

使用 PP(聚丙烯)、PE(聚乙烯)、PS(聚苯乙烯)PVR(聚氨酯)、PVC 和聚酯、树脂等高分子材料制作的包装、元器盒和周转箱,这些包装和容器间的摩擦碰撞都会产生 1～3.5 kV 的静电电压对元器件放电。

(5) 普通的工作台面

工作人员在工作时与工作台面会经常摩擦,这就会在工作台面上产生静电电压。当将元器件放置在该工作台上时也会对元器件进行放电。

(6) 工作车间的地面

因混凝土、打蜡抛光地板、橡胶板等绝缘地面的绝缘电阻器高,使人体上产生的静电无法释放,而且这些地面也会因摩擦产生静电。

(7) 电子生产设备

焊烙铁、波峰焊机、再流焊炉、贴装机、调试和检测等设备内的高压变压器、交/直流电路都会在设备上感应出静电。如果这些设备对静电释放措施不好,就会引起静电对敏感器件放电。

此外,还有烘箱内热空气循环流动与箱体摩擦、CO_2 低温箱冷却箱内的 CO_2 蒸气也会产生静电电压,对在处理中的元器件放电。

上面介绍的这些静电源可见,在电子产品生产过程中,静电的产生是无法避免的,它的存在会随时随地给电子元器件带来损坏。

3.12.4 静电的防护方法

在电子产品生产组装过程中,需要通过静电防护措施来降低静电产生的危害。消除静电产生是对静电敏感器件进行静电防护最好办法。指导思想是:

① 对可能产生静电的地方要防止静电积聚,通过采取一定的措施使静电产生的同时将其泄漏,以消除静电的积聚,并将静电控制在元器件可以承受的范围之内。

② 对已经存在的静电积聚迅速消除掉,即时释放。当绝缘物体带电时,电荷不能流动,无法进行泄漏,可利用静电消除器产生异性离子来中和静电荷。当带电的物体是导体时,采用简单的接地泄漏办法,使其所带电荷完全消除。要构成一个完整的静电安全工作区,至少应包括有效的静电台垫、专用地线和防静电腕带等。

静电防护常用的几种方法有:

1. 防静电材料

防静电材料一般采用表面电阻器为 1×10^5 Ω 以下的静电导体,或表面电阻器为 $1\times10^5\sim1\times10^8$ Ω 的静电亚导体。常用的静电防护材料多为混入导电炭黑橡胶,其表面电阻器在 1×10^6 Ω 以下。金属和绝缘材料不能作防静电材料,因为金属是导体,漏放电流大,会损坏器件;绝缘材料又非常容易产生摩擦起电。

2. 泄漏与接地

将可能产生或已经产生静电的部位接地,为静电提供释放通道。一般采用埋大地线的方法建立"独立"的地线,注意,地线与大地之间的电阻器需小于 10 Ω。

静电防护材料如台面垫、地垫、防静电腕带等通过 1 MΩ 的电阻器接到通向独立大地线的导体上,具体的情况可参阅 SJ/T10630—1995 电子元器件制造防静电技术要求。

串接 1 MΩ 电阻器是为了确保对地泄放小于 5 mA 的电流,称为软接地。设备外壳和静电屏蔽罩通常是直接接地,称为硬接地。

3. 导体带静电的消除

导体上的静电可以用接地的方法使静电释放到大地。在防静电工程中,静电释放的时间一般要求在 1 s 内,电压降至 100 V 以下的安全区。这样可以防止因释放时间过短,释放电流过大而对静电敏感器件造成损坏。因此,静电防护系统中通常用 1 MΩ 的限流电阻器,将释放电流限制在 5 mA 以下,这是为操作安全设计的。如果操作人员在静电防护系统中不小心触及 220 V 的电压,也不会带来危险。

4. 非导体带静电的消除

对于绝缘体上的静电,因为电荷不能在绝缘体上流动,所以不能用接地的方法消除静电,可采用以下措施。

(1) 使用离子风机(枪)

离子风机(枪)可以产生正、负离子来中和静电源的静电。它可以消除高速贴片机贴片过程中因元器件的快速运动而产生的静电。

(2) 使用静电消除剂

静电消除剂属于表面活性剂。可以通过擦拭的方法,将静电消除剂涂抹在仪器和物体表面,静电消除剂就会形成极薄的透明膜,可以提供持久高效的静电耗散功能,能有效消除摩擦所产生的静电积聚,防止静电干扰及灰尘吸附现象。

(3) 控制环境湿度

通过增加环境湿度也可以提高非导体材料的表面电导率,从而使物体表面不易积聚静电。

(4) 采用静电屏蔽

静电屏蔽是通过屏蔽罩或屏蔽笼对易产生静电的设备、仪器等进行有效接地。

5. 工艺控制法

工艺控制法是从对工艺流程中材料的选择、装备安装和操作管理等过程采取预防措施,控制静电的产生和电荷的聚集,尽量减少在生产过程中产生的静电荷以达到降低静电危害的目的。

3.12.5　静电防护器材及静电测量仪器

在电子产品生产过程中,静电防护器材及静电测量仪器是静电防护工程中必不可少的。

1. 静电防护器材

(1) 人体静电防护系统

人体静电防护系统包括防静电腕带、工作服、帽、手套、鞋袜等。人体静电防护系统具有静电泄露和屏蔽功能,可以有效地将人身上的因摩擦产生的静电进行释放。

(2) 防静电地面

防静电地面可以有效地将工作车间中的工作人员、释放静电设备等携带的静电通过地面释放到大地,它包括防静电水磨石地面、防静电橡胶地面、PVC 防静电塑料地板、防静电地毯、防静电活动地板等。这些防静电地面所使用的材料各不相同,铺设及检测要求可参照 SJ/T10694—1996 电子产品制造防静电系统测试方法。

(3) 防静电操作系统

防静电操作系统指的是在电子产品生产工艺流程中经常与元器件接触摩擦的防护设备,这些设备包括工作台垫、防静电包装袋、防静电料盒、防静电周转箱、防静电物流小车、防静焊烙铁及工具等设备。

2. 静电测量仪器

(1) 静电场测试仪

静电场测试仪是用于测量台面、地面等表面电阻值。平面结构场合和非平面场合要选择不同规格的测量仪。

(2) 腕带测试仪

腕带测试仪是用来测量腕带是否有效。由于腕带的抗静电材料受人为原因而失效的可能性较大,在每天上班前都应进行检测腕带是否有效。

(3) 人体静电测试仪

人体静电测试仪是用于测量人体携带的静电量、人体双脚之间的阻抗以及测量人体之间的静电差和腕带、接地插头、工作服等是否阻抗有效。它还可以作为入门放电的设备,直接将人体静电隔在车间之外。

(4) 兆欧表

兆欧表又叫绝缘电阻器表,是一种专门用来测量绝缘电阻器的仪表。在电子产品组装过程中,使用兆欧表可以测量所有导电型、抗静电型及静电泄放型表面的阻抗或电阻器。

兆欧表自身带有高压电源,能够反映出绝缘体在高压条件下工作的真正阻值。在使用兆欧表时必须注意,因为兆欧表在工作时自身会产生高压。若使用不当,不仅会造成人身事故,还会损坏元器件和设备。

3.12.6 防静电技术指标要求

电子产品制造中防静电技术指标要求如下:

① 防静电地极接地电阻器小于 10 Ω。

② 地面或地垫:表面电阻值为 $10^5 \sim 10^{10}$ Ω,摩擦电压小于 100 V。

③ 墙壁的电阻值为 $5\times10^4 \sim 10^9$ Ω。

④ 工作台面或垫:表面电阻值为 $10^6 \sim 10^9$ Ω,摩擦电压小于 100 V;对地系统电阻器 $10^6 \sim 10^8$ Ω。

⑤ 工作椅面对脚轮电阻器 $10^6 \sim 10^8$ Ω。

⑥ 工作服、帽、手套摩擦电压<300 V;鞋底摩擦电压<100 V。

⑦ 腕带连接电缆电阻器 1 MΩ;佩带腕带时系统电阻器 1～10 MΩ;脚跟带(鞋束)系统电阻器 $0.5\times10^5 \sim 10^8$ Ω。

⑧ 物流车台面对车轮系统电阻器为 $10^6 \sim 10^9$ Ω。

⑨ 料盒、周转箱、PCB架等物流传递器具的表面电阻值为 $10^3 \sim 10^8$ Ω,摩擦电压为 100 V。

⑩ 包装袋(盒)的摩擦电压<100 V。

⑪ 人体综合电阻器 $10^6 \sim 10^8$ Ω。

第 4 章 参数测量

4.1 电子测量基础知识

4.1.1 电子测量

1. 电子测量的含义

测量是为确定被测对象的量值而进行的实验过程，测量仪器将测量的量值用指针或显示器显示出来。为确定被测量的量值，要把它与标准量进行比较，因此所获得的测量结果的量值总要包括两部分，即数值（大小及符号）和用于比较的标准量的单位名称。例如电源电压为 220 V，电容为 10 pF，线圈的电感为 1 mH 等。

电子测量是测量学的一个重要分支，从广义上讲，凡是用电子仪器进行的测量都称为电子测量；从狭义上讲，电子测量是指利用电子仪器来测量电的量值。电的量值包括：电能量（电压、电流、功率）、电路参数（电阻、电容、电感、阻抗、品质因数）、电信号特性（波形、频率、相位）等。电子测量是把被测量与已知标准量进行比较，而确定出被测量值的过程。标准量往往隐藏在仪器的内部。

2. 电子测量的特点

与其他一些测量相比，电子测量具有以下几个明显的特点。

① 测量频率范围宽。电子测量仪器可测量频率范围为 $10^{-6}\sim10^{12}$ Hz，不同测量频率范围内的电子测量仪器具有不同的测量方法和测量原理。

② 测量量程范围宽。量程指电子测量仪器所能够测试参数的范围。被测电参量的上限值和下限值相差很大，因而要求测量仪器具有足够宽的量程。例如，一块数字电压表可测量 nV～kV 的电压。

③ 测量准确度很高。测量准确度是决定测量技术水平和测量结果可靠性的关键。电子仪器的准确度比其他仪器高很多，尤其是频率、时间和电压的测量。采用原子频标和原子秒作基准，使时间的测量误差减少到 $10^{-13}\sim10^{-14}$ 量级。用标准电池作基准，可使电压的测量误差减少到 10^{-6} 量级。

④ 测量速度快。由于电子测量是通过电子运动和电磁波的传播来进行的，具有其他测量方法通常无法类比的速度。现在的测量系统由于利用计算机和计算机网

络,使电子测量、测量结果处理和传输,都以极高的速度进行。

⑤ 容易实现自动遥测。利用各种传感器、电子仪器、计算机和通信技术相结合,可以实现测量仪器智能化,使测量过程自动化。

3. 电子测量的内容

电子测量的内容很多,大致可分为四大类。

① 电路元件参数:包括电阻、电抗、阻抗、电感、电容、品质因数、介质常数及导磁率等。

② 电能量:包括电压、电流、功率、电场强度、电磁干扰及噪声等。

③ 信号特征:包括频率、相位、幅度、上升沿、下降沿、调制度、频谱及信噪比等。

④ 电路性能:包括灵敏度、选择性、频带宽度、分辨率、增益、衰减、驻波比、反射系数及噪声系数等。

4. 电子测量的基本方法

测量一个对象的量值可以采取不同的测量方法。例如,测量电阻两端的电压可以用电压表直接测量,也可以用电流表测量其通过的电流,再进行换算而得出电阻两端电压;测量电阻、电压、电流可以用指针式的仪表,也可以用数字式的仪表。为了实现测量的目的,获得最佳的测量效果,正确的选择测量的方法十分重要。常见的电子测量方法有以下几种。

(1) 按被测量性质分类

① 时域测量。测量与时间有函数关系的量,即测量被测对象在不同时间的特性。例如,用示波器测量被测信号的波形、幅度、周期、上升沿和下降沿等瞬态过程。

② 频域测量。测量与频率有函数关系的量,即测量被测对象在不同频率时的特性。例如,用扫频仪测量电视机图像的幅频特性。

③ 数据域测量。对数字逻辑量进行测量,即测量数字系统的逻辑特性。例如,数据域测量可以同时观察多条数据通道上的逻辑状态或显示某条数据线上的时序波形,也可以用计算机分析大规模集成电路芯片的逻辑功能。

④ 随机量测量。主要是对各种噪声、干扰信号等随机量进行测量。

(2) 按测量手段分类

① 直接测量法。对某一未知量直接进行测量,从而得到被测量值的测量方法称为直接测量。测量电参数时,可由仪器的表盘或显示器直接读出被测量的数值,例如,用频率计测量频率,用电流表串入电路中测量电流,都属于直接测量。直接测量可以直接得出被测量电参数,直观迅速。

② 间接测量法。先用仪器测量一个与被测量有间接关系的间接量,再通过这一间接量与被测量之间的函数关系,通过计算而得到测量结果的测量方法称为间接测量。例如,测量已知电阻两端的电压,再根据部分电路的欧姆定律计算出流过电阻上的电流,电阻消耗的功率可以用公式 $P=U^2/R$(U 是电阻两端的电压,R 是电阻的阻

值),求出功率。

③ 组合测量法。在测量中,被测量值不能一次得出结果,需要通过测量几个未知量,然后通过被测量与这几个未知量之间的方程组求解,得到被测量结果。例如,要测量电阻与温度的关系式 $R_t=R_{20}[1+\alpha(t-20)+\beta(t-20)^2]$ 中的 α 和 β,式中 R_t 和 R_{20} 分别为 t 和 20 ℃时的电阻值,α 和 β 为要用实验方法测定的标准电阻温度系数,R_{20} 值是已知量。在测量中,首先用间接测量方法测出标准电阻在某一温度 t_1 时的两端的开路电压 U_1 和流过的电流 I_1,计算出 $R_{t_1}=U_1/I_1$,再测出内 t_2 时的 U_2 和 I_2,计算出 $R_{t_2}=U_2/I_2$,再列以下方程组:

$$\begin{cases} R_{t_1}=R_{20}[1+\alpha(t_1-20)+\beta(t_1-20)^2] \\ R_{t_2}=R_{20}[1+\alpha(t_2-20)+\beta(t_2-20)^2] \end{cases}$$

解出 α 和 β。

除了上述几种常见的分类方法外,电子测量技术还有许多其他分类方法,比如,动态与静态测量技术、模拟与数字测量技术、实时与非实时测量技术、有源与无源测量技术、点频和扫频与广频测量技术等。

4.1.2 电子测量仪器

电子测量仪器种类繁多,根据测量精度的要求不同,既有高精度的,也有普通的和简易的。根据用途分类,有专业用仪器和通用仪器。专业用仪器是指各专业中测量特殊参量的仪器,如心电图仪;通用仪器则用于测量电子元件、电路及电路调试和维修等方面。

1. 常见的电子测量仪器

(1) 集中参数测量仪器

① 用途:测量电阻、电容及电感值。

② 典型仪器:Q 表、万能电桥及电容电感测量仪。

(2) 器件参数测量仪器

① 用途:测量各种电子器件的参数,如晶体二极管的输入特性,晶体三极管的放大倍数。

② 典型仪器:晶体管特性图示仪。

(3) 电能量测量仪器

① 用途:测量电能的量,包括电流、电压及电功率。

② 典型仪器:电流表、电压表、电平表、多用表及功率表。

(4) 信号发生器

① 用途:提供测量所需的各种波形的信号,如用仪器产生低频、高频、脉冲等信号,用于电子产品的调试和维修。

② 典型仪器:低频信号发生器、高频信号发生器、脉冲信号发生器和函数发

生器。

(5) 时间频率测量仪器

① 用途：用于测量周期性曲线的频率、周期、相位及脉冲数。

② 典型仪器：频率计。

(6) 信号波形测量仪器

① 用途：观察电信号电压或电流与时间之间的关系。

② 典型仪器：示波器。

(7) 网络参数测量仪器

① 用途：测量网络的频率特性、相位特性、噪声特性等。

② 典型仪器：网络分析仪、扫频仪。

(8) 数据域测试仪器

① 用途：研究以离散时间或事件为自变量的数据流。

② 典型仪器：逻辑分析仪。

(9) 计算机仿真测量

① 用途：可以避免受实验时间和设备的限制，方便设计电路。

② 典型软件：Multisim10。

2. 电子测量仪器的使用常识

电子测量仪器是由电阻、电容、电感、晶体管、集成电路等多种电子元件及零部件构成的，仪器会受到温度、电压、电流、湿度、振动、电磁干扰等因素的影响。如何保证电子测量仪器正常工作，获取准确的测量数据，保障电子测量仪器的完好和测量人员的操作安全，是电子测量仪器使用的首要问题。要使电子测量仪器正常工作，必须要注意其使用条件和使用方法。

(1) 电源和仪器的连接

1) 供电电源电压

采用交流电源供电的国内外电子测量仪器的供电电源电压有 220 V/50 Hz、110 V/60 Hz、240 V 和 270 V 等。使用仪器前，首要问题是确定仪器的供电要求，交流市电一般为 220 V/50 Hz，仪器供电要求为 110 V 时，要注意电源转换，否则将烧毁仪器。

2) 仪器的连接

仪器的电源插头插座应该采用“三芯”式，插座的“中芯”应与大地相连接，插头的“中芯”应与仪器的外壳相连接，这样可以防止仪器机壳带电及出现安全隐患。

仪器的放置既要考虑到仪器连线的方便，又要考虑到仪器的通风散热。使用多台仪器完成一项电子测量任务时，测试线的连接要尽量短，以减少信号在测试线上的衰减，同时应尽量减少测试线的交叉，以免信号相互串扰产生寄生振荡等干扰。

仪器上标有“⊥”符号的测试端口称为技术接地点，测量时应与被测电路的技术接地点连在一起。

(2) 环境因素

为了达到最佳测量效果,国际电工委员会(IEC)对不同电子测量仪器的工作环境分别作了规定,我国也制定了相应的部颁标准(S12075—1982)。根据电子测量的性质和各种电子测量仪器的技术要求不同,温度、湿度、冲击、振动等环境因素对测量的影响也不同。从环境影响角度考虑,可以把电子测量仪器分成三类:

① 高精度仪器。测量精度高,对室内温度、湿度要求越高。安装高精度仪器的房间要安装空调,以保证仪器正常使用。

② 通用仪器。对温度、湿度的要求不高,用于一般的室温环境,允许受到一般的振动和冲击。目前一般学校和维修部门使用的仪器大多属于这一种。

③ 特殊仪器。是指在特殊环境使用的仪器。它可以在气温较低或有大量热源的高温环境下工作,使用时允许受到振动和冲击。

4.1.3 测量术语

1. 灵敏度和分辨率

灵敏度表示测量仪器对被测量变化的敏感程度。一般定义为测量仪器指示值增量与被测量增量之比。响应可以是仪器指针的偏转角大小,也可以是数码显示器中的数变化。在四位数字电压表中假定输入电压为 1 V,数字显示为 1 000,其灵敏度用 S 表示为:$S=1\ 000/1$ V。有时也用 $1/S$ 的概念来描述,例如,示波器上的 0.05 V/div、0.1 V/div、0.2 V/div、0.5 V/div、1 V/div、2 V/div、5 V/div 和 10 V/div,就是用$1/S$ 的概念来表示各挡灵敏度的高低。

灵敏度的另一种表述方式为分辨率,定义为测量仪器所能够区分的被测量的最小变化量,实际上就是灵敏度的倒数。在数字电压表中的分辨率就是量化误差,例如,一个数字电压表的分辨率为 1 μV,表示该数字电压表显示器上末位跳变 1 个字时,对应的输入电压变化量为 1 μV。

2. 真值与约定真值

被测量对象真实的、没有误差的值称为真值,真值是一个理想概念。由于测量仪器本身和使用方法、使用环境及人的观察都在不同程度上存在误差,测量中的误差是无法避免的,无法通过测量得到真值。因此,测量中通常用约定真值来代替真值。约定真值是根据测量误差的要求,用高一级或数级的标准仪器或计量器具测量所得的值。

3. 等精度测量与非等精度测量

在同等条件下,即所用仪器、所用方法、周围环境条件、测量者的细心程度都不变,对同一被测电量进行多次的测量时,每次测量结果都有同样的可靠性,即每次测量结果的精度都是相等的,则称为等精度测量。

若在每一次测量时测量条件都不同,其测量结果的可靠性程度也是不一样的,则称这样进行的一系列测量为非等精度测量。

4.1.4　测量误差

1. 测量误差的来源

在测量过程中,通过电子测量所获得的数据、图形等测量结果,会受到仪器设备、测量方法、环境条件和测量人员的操作、观察角度等的影响,使测量结果与实际值(真值)有差异,这种差异称为测量误差。

测量误差是不可避免的,其大小直接影响到测量结果的精确度。因此在测量过程中,查找误差的来源,尽可能防止误差和减小误差,对测量结果进行正确处理,使测量结果接近被测量对象的实际情况是十分必要的。

误差的来源有以下几个方面:

① 仪器误差。仪器本身的电路设计、安装、机械部分不完善所引入的误差称为仪器误差,主要包括读数误差、内部噪声误差、稳定性误差、动态误差、其他误差等,是测量误差的主要来源之一。

② 使用误差。泛指测量过程中因操作不当而引起的误差,也称操作误差。如用万用表测量电压或电流,由于选择挡位不正确造成的误差;测量电阻时,没有进行欧姆校零而产生的误差。

③ 人身误差,是由于人的感觉器官所产生的误差。是测量者的分辨能力、责任心等主观因数,造成测量数据不准确所引起的误差。人的听力、视力及动作都会产生人身误差。

④ 影响误差,是测量工作环境要求不一致,受外界环境影响(如温度、湿度、气压、电磁场、光照、声音、放射线、机械振动等)产生的误差。影响误差也称为环境误差。

⑤ 理论误差。测量仪器所采用的测量方法建立在近似公式或不完整的理论基础上,以及用近似值计算测量结果时所引起的误差称为理论误差。

例如:用谐振式波长计测频率时,常用下式来获得测量结果:

$$f_0 = \frac{1}{2\pi\sqrt{KC}}$$

严格地讲,这个公式是不完善的,它是在假定 L、C 中的损耗 r_L 与 r_C 均为0的前提下才准确。精确测量时,应采用下式计算

$$f_0 = \frac{1}{2\pi\sqrt{KC}}\sqrt{\frac{1-r_L^2 C/L}{1-r_C^2 C/L}}$$

2. 测量误差的性质与分类

按照测量误差的特点与性质,误差可分为:

① 系统误差。在一定条件下，多次测量同一个量值时，如果误差的大小和符号固定不变，或按某种函数规律变化，那么这种误差称为系统误差。它表明了一个测量结果偏离真值或实际值的程度，一般用准确度来表征系统误差大小，准确度越高，系统误差越小。

② 随机误差。在相同条件下，多次测量同一个量值时，每次测量时的误差大小、正负没有规律，但多次测量的平均值趋于零的误差，称为随机误差，又称为偶然误差。随机误差没有确切的函数关系，它服从随机变量的规律，通过大量的观测，可以确定出其统计规律。

③ 粗大误差。在一定条件下，测量值明显偏离其实际值所对应的误差称为粗大误差。粗大误差产生的原因有测量方法不当、测量者的粗心及影响较大的偶然因素等。

3. 测量误差的表示方法

测量误差有绝对误差、相对误差、允许误差等表示方法。

(1) 绝对误差

被测量对象的测量值(仪器上的显示值)x 减去被测量对象的真值 A_0，所得的数据 Δx 叫做绝对误差，即

$$\Delta x = x - A_0 \tag{4.1.1}$$

绝对误差 Δx 是一个具有大小、正负和量纲的数值。由于真值 A_0 无法求到，故式 4.1.1 只有理论意义。

在实际测量中，常用高一级标准仪器的显示值作为实际值 A(约定真值)代替真值。这时绝对误差表示为

$$\Delta x = x - A \tag{4.1.2}$$

x 与 A 之差称为仪器的示值误差。由于式 4.1.2 以代数差的形式给出误差的绝对值大小及其符号，故通常称为绝对误差。

与绝对误差 Δx 大小相等，符号相反的量值，称为修正值，一般用 C 表示：

$$C = -\Delta x = A - x \tag{4.1.3}$$

通过检定，可以由高一级标准仪器给出受检仪器的修正值。利用修正值，可以求出实际值

$$A = C + x \tag{4.1.4}$$

例如，某电压表的量程为 10 V，通过检定而得出其修正值为 −0.02 V。若用这只电压表测电路中的电压，其示值为 7.5 V，则得被测量电压的实际值为

$$A = C + x = [(-0.02) + 7.5]\ \mathrm{V} = 7.48\ \mathrm{V}$$

(2) 相对误差

绝对误差可以说明测量值偏离实际值的程度，但不能够说明测量的准确程度。实际测量过程中，常用相对误差来表示仪器测量精度的高低。

1) 实际相对误差

用绝对误差 Δx 与被测量的实际值 A 的百分比值来表示的相对误差称为实际相对误差,用 r_A 表示,即

$$r_A = \Delta x / A \times 100\% \tag{4.1.5}$$

如上例,已知 $\Delta x = -C = 0.02$ V,$A = 7.48$ V,所以

$$r_A = \Delta x / A \times 100\% = 0.02/7.48 = 0.27\%$$

2) 示值相对误差

用绝对误差 Δx 与仪器的示值 x 的百分比值来表示的相对误差称为示值误差。用 r_X 表示

$$r_X = \Delta x / x \times 100\% \tag{4.1.6}$$

如上例,已知 $\Delta x = 0.02$ V,x=7.5 V,所以

$$r_X = \Delta x / x \times 100\% = 0.02/7.5 = 0.27\%$$

由上可知,当 r_A 及 r_X 之值不大时,A 与 x 很接近,一般两者的差异很小。当误差本身较大时,就应当注意两者的区别。

3) 满度相对误差

用绝对误差 Δx 与仪器的满度值 x_m 百分比值来表示的误差称为满度误差,用 r_m 表示。

即

$$r_m = \Delta x / x_m \times 100\%$$

电子仪器是按 r_m 值来进行分级的,例如,0.5 级的电子仪器,就表明其 r_m 在 ±0.5%内,并在其面板上标有 0.5 的符号。如果该仪器同时有几个量程,则所有量程有 r_m 在±0.5%内。我国生产的电子仪器精度一般分有 7 级:0.1,0.2,0.5,1.0,1.5,2.5,5.0。

4. 减小测量误差的方法

熟悉测量仪器,掌握正确的测量方法,分清误差的来源,采用有效方法,可以减小测量误差。

(1) 减小方法误差

根据被测量对象特性和测量要求,采用合理的测量方法,选用合理精度的仪器,建立一个合理的测试环境。

(2) 减小使用误差

熟悉仪器的使用方法,严格遵守操作规程,提高使用技巧和对各种现象的分析能力。

(3) 减小人身误差

除人的耳、眼等感觉器官所产生的不可克服的误差因素外,应尽量提高操作技巧和改进方法,减小人身误差。

(4) 减小仪器误差

仪器误差主要来自仪器本身,要定期维护和校准,正确保养、使用仪器仪表是减

小仪器误差的重要环节。

(5) 正确处理测量数据

测量结果可以是数字,也可以是图形。以数字方式表示的测量结果就是数据。测量数据的处理,就是从测量中得到的原始数据中求出被测量的最佳估计值,并计算精确程度。

1) 有效数字

有效数字为组成数据的每个必要数字,即从左边第1个非零数字开始,直至右边最后1个数字为止的所有数字。例如0.0436,4、3、6是有效数字,0.0436是3位有效数字;又如0.0075010,7前面的3个0不是有效数字,7及后面的数字都是有效数字,0.0075010是5位有效数字;再如,6 300是4位有效数字,63×10^2是2位有效数字。

在数字中间或末尾的0都是有效数字,而在第1个非零数字前面的0都不是有效数字。有效数字末尾的0表示准确程度。如5.80表示测量结果准确到百分位,最大绝对误差不大于0.005;5.8表示测量结果准确到十分位,最大绝对误差不大于0.05。

2) 有效数字的处理

在测量时,往往要对测量结果的几个有效数据进行处理与运算,这样就存在有效数字的位数的取舍问题。

取舍原则是:运算过程中有效数字的位数根据其中准确度最差的数据的有效数字进行取舍。

对有效数字舍入时,应尽量减小舍入造成的误差,有效数字的舍入规则如下:

- 删略部分最高位数字大于5时,向前进1。
- 删略部分最高位数字小于5时,舍去。
- 删略部分最高位数字等于5时,5后面只要有非零数字,去5进1。如果5后面全是0或无数字,当5前面一位数是奇数时,去5进1;当5前面一位数是偶数时,去5不进1。

例如,将下列数字保留到小数点后一位:13.43,10.58,14.75,24.25。

解:13.43→13.4;10.58→10.6;14.75→14.8;24.25→24.2。

3) 有效数字的运算

对于加、减运算,有效数字的取舍以小数点后有效数字位数最少的项为准;对于乘、除运算,有效数字的取舍决定于有效数字最少的一项数据,而与小数点无关。

例如,对下列数据式子进行有效数字的计算:6.362+2.4+2.315;24.31×0.42÷2.09。

解:

$$6.362+2.4+2.355=6.4+2.4+2.4=11$$

$$24.1\times0.42\div2.09=24\times0.42\div2.1=27$$

5. 测量结果的评价

通常用精度高低来描述测量结果误差的大小。误差小，则精度高。精度是指在测量中所测数值与真值接近的程度。精度与误差大小相对应，可用误差大小来表示精度的高低。精度可分为：

- 准确度：反映系统误差的影响程度。
- 精密度：反映随机误差的影响程度。
- 精确度：反映系统误差和随机误差综合的影响程度。

有时精度在数量上可用相对误差来表示，如某一测量结果的相对误差为 0.01%，可笼统地称其精度为 10^{-4}。如果纯属随机误差引起，就称其精密度为 10^{-4}。如果是系统误差与随机误差共同引起，则可称其精确度为 10^{-4}。

对于一个具体测量来说，准确度高的未必精密，精密度高的也未必准确。但精确度高，准确度和精密度都高。因此，测量都应力求既精密又准确，即精确度要高。

利用图 4.1.1 所示的射击靶，可以加深对准确度、精密度、精确度的理解。图 4.1.1(a)中弹着点很分散，相当于精密度很差；图 4.1.1(b)中弹着点集中，但偏向一方，相当于精密高但准确度差；图 4.1.1(c)中弹着点集中靶心，相当于既精密又准确。

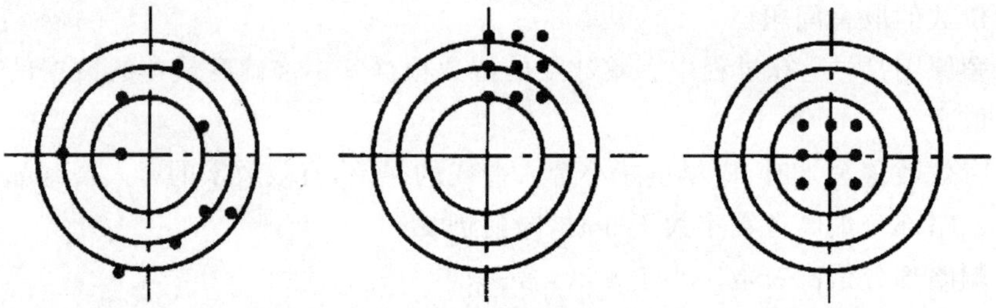

(a) 弹着点分散　　(b) 弹着点集中　　(c) 弹着点集中靶心

图 4.1.1　准确度、精密度、精确度的理解示意图

4.2　元器件的检测

4.2.1　固定电阻器的检测

在测量前，可以根据对被测电阻的色环、直接标识的阻值数来选择合适的万用表量程。固定电阻器的测量分在路和非在路测量两种情况。

(1) 非在路测量

非在路测量是指对电阻直接测量或者把电阻从印制电路板焊下一脚再进行测

量。当被测电阻的阻值较大时,尤其是测量几百千欧的大阻值电阻,不能用手同时接触被测电阻的两个引脚;否则人体的电阻会与被测电阻器并联影响测量的结果。对于几欧的小电阻,应注意使表笔与电阻引出线的良好接触,必要时可将电阻两引线上的氧化物刮掉后,再进行检测。

(2) 在路测量

在路测量指对安装在印制电路板上,并与电路的其他元器件连接在一起的电阻器进行测量。在路测量只能大致判断电阻的好坏,不能准确测量电阻的数值。

在路测量时,会受到与被测电阻器并联的电阻、晶体二极管、晶体三极管的影响,一般指针式万用表的读数应小于或等于实际被测电阻器的阻值。采用数字万用表来在路测量电阻器的阻值,两表笔间的测量电压较小,测量时受晶体二极管、三极管的影响较小,测量的准确度较高。

4.2.2　电位器的检测

电位器检测时,首先检测一下电位器两端片之间的阻值,正常应为其标称值,然后检测它的中心端片与电阻体的接触情况。将万用电表调在电阻挡上,将一只表笔接电位器的中心焊接片,另一只表笔接其余两端片中的任意一个,慢慢旋转电位器的转柄从一个极端位置旋转(或滑动)至另一个极端位置,其阻值则应从 0(或标称值)连续变化到标称值(或 0)。整个旋转(或滑动)过程中,表针不应有任何跳动现象。

对于直线式电位器,当旋转(或滑动)均匀时,其表针的移动也应是均匀的;对指数式或对数式电位器,当旋转(或滑动)均匀时,其表针的移动则是不均匀的。开始较快(或较慢),结束时则较慢(或较快)。另外,在电位器转柄的旋转(或滑动)过程中,应感觉平滑,不应有过松过紧现象,也不应出现响声。

对于同步双联或多联电位器,还应检测其同步性能,可以在电位器触点动的整个过程中选择 4 到 5 个分布间距较均匀的检测点,在每个检测点上分别侧双联或多联电位器中每个电位器的阻值,各相应阻值应相同,误差一般在 1%～5%,否则说明同步性能差。

对带开关的电位器,旋动或推拉电位器柄,随着开关的断开和接通,应有良好手感,同时可听到开关触点弹动发出的响声。当开关接通时,用万用表 R×1 挡检测,阻值应为 0 或接近于 0;当开关断开时,用万用表 R×10 kΩ 或 R×1 kΩ 挡检测,阻值应为无穷大。若开关为双联型,则两个开关都应符合这个要求。

4.2.3　压敏电阻的检测

压敏电阻简称 VSR,是一种非线性电阻元件,它的阻值与两端施加的电压值大小有关。当两端电压大于一定的值(压敏电压值)时,压敏电阻的阻值急剧减小;当压敏电阻两端的电压恢复正常时,压敏电阻的阻值也恢复正常。常用于家用电器的市

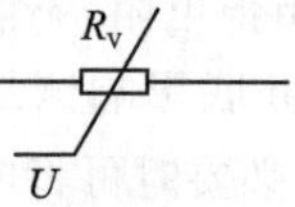

图 4.2.1 压敏电阻的电路符号

电进线端起过压保护作用。压敏电阻的电路符号如图 4.2.1 所示。

用指针式万用表的 R×10 kΩ(10.5 V)挡测量压敏电阻两端间的阻值,应为无穷大;若表针有偏转,则是压敏电阻漏电流大、质量差。

4.2.4 光敏电阻的检测

光敏电阻的阻值对光线非常敏感,无光线照射时,光敏电阻呈现高阻状态,当有光线照射时,电阻迅速减小。光敏电阻的电路符号如图 4.2.2 所示。

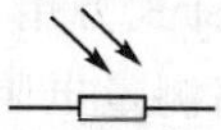

图 4.2.2 光敏电阻的电路符号

改变光线照度(例如利用交流调压器来改变灯泡的照度),同时用指针式万用表检测光敏电阻的阻值,会看到指针随照度的变化而摆动,可以判定光敏电阻器阻值变化范围和好坏。

4.2.5 固定无极性电容器的检测

1. 检测 10 pF 以下和 10 pF~0.01 μF 的小电容

10 pF 以下的固定电容器容量太小,用指针万用表进行测量时,只能定性地检查其是否有漏电、内部短路或击穿现象。测量时,可选用万用表 R×10 kΩ 挡,用两表笔分别任意接电容的两个引脚,阻值应为无穷大。若测出阻值(指针向右摆动)或阻值为 0,则说明电容漏电损坏或内部击穿。

10 pF 以下的固定电容器,可采用数字万用表的电容挡测量其容量,只需将电容的两脚插入数字万用表的 Cx 插座内,将数字万用表置于相应的挡位即可。

2. 检测 0.01 μF 以上的电容器

对于 0.01 μF 以上的电容,采用万用表的 R×10 kΩ 挡,可直接测试电容器有无充电过程以及有无内部短路或漏电,并可根据指针向右摆动的幅度大小估计出电容器的容量。

测试时,先用两表笔任意触碰电容的两引脚端,然后调换表笔再触碰一次,如果电容是好的,万用表指针会向右摆动一下,随即向左迅速返回无穷大位置。电容量越大,指针摆动幅度越大。如果反复调换表笔触碰电容两引脚,万用表指针始终不向右摆动,则说明该电容的容量已低于 0.01 μF 或者已经没有容量。测量中,若指针向右摆动后不能再向左回到无穷大位置,说明电容漏电或已经击穿短路。

采用数字万用表的电容挡测量 0.01 μF 以上的电容的容量,只需将电容的两脚插入数字万用表的 Cx 插座内,将数字万用表置于相应的挡位即可。

4.2.6 电解电容的检测

采用数字万用表的电容挡测量电解电容的容量,只需将电容的两脚插入数字万用表的 Cx 插座内,将数字万用表置于相应的挡位即可。由于数字万用表电容测量挡量程有限,一般最大只能测量 20 μF,因此,数字万用表只能对部分电解电容进行测量。

采用指针式万用表测量电解电容的方法如下。

1. 挡位的选择

电解电容的容量较大,测量时应针对不同容量选用合适的量程。根据经验,在一般情况下,1～47 μF 间的电容可用 R×1 kΩ 挡测量,大于 47 μF 的电容可用 R×100 Ω 挡测量。

2. 测量漏电阻

将万用表红表笔接电解电容的负极,黑表笔接正极,在接触的瞬间,万用表指针即向右偏转较大幅度(对于同一电阻挡,容量越大,摆幅越大),接着逐渐向左回转,直到停在某一位置。此时的电阻值便是电解电容的正向漏电阻。此值越大,说明漏电流越小,电容性能越好。然后,将红、黑表笔对调,万用表指针将重复上述摆动现象。但此时所测阻值为电解电容的反向漏电阻,略小于正向漏电阻,即反向漏电流比正向漏电流要大。实际使用经验表明,电解电容的漏电阻一般应在几百千欧以上;否则,将不能正常工作。在测试中,若正向、反向均无充电的现象,即表针不动,则说明该电容的容量已消失或内部断路;若所测阻值很小或为 0,说明电容漏电大或已击穿损坏,不能再使用。

3. 检测大容量电解电容器的漏电阻

用万用表检测电解电容器的漏电阻,是利用表内的电池给电解电容充电的原理进行的。一旦将万用表电阻挡位确定下来,充电的时间长短便取决于电容的容量大小。对于同一电阻挡而言,容量越大,充电时间越长,例如,选用 R×1 kΩ 挡测量一只 4 700 μF 的电解电容,待其充完电显示出漏电阻,约需 10 min,显然时间过长,不太实用。但是,万用表不同电阻挡的内阻是不一样的。电阻挡位越高,内阻越大;电阻挡位越低,内阻越小。一般万用表的 R×1 Ω 挡的内阻仅是 R×10 kΩ 挡的千分之一。利用万用表这一特点,采用变换电阻挡位的方法,可以比较快速地将大容量电解电容器的漏电阻测出。

具体操作方法是:先使用 R×10 Ω 或 R×1 Ω 低阻挡(视容量而定)进行测量,使电容器很快充足电,指针迅速向左回旋到无穷大位置。这时再拨到 R×1 kΩ 挡,若指针停在无穷大处,则说明漏电极小,用 R×1 kΩ 挡已经测不出来,若指针又缓慢向右摆动,最后停在某一刻度上,此时的读数即是被测电解电容的漏电阻值。通常,

10 000 μF 以上大容量电解电容器的漏电阻在 100 kΩ 左右是基本正常的。

4. 极性判别

对于正、负极标志不明的电解电容器，可利用上述测量漏电阻的方法判别极性。即先任意测一下漏电阻，记住其大小，然后交换表笔再测出一个阻值。两次测量中阻值大的那次便是正向接法，即黑表笔接的是正极，红表笔接的是负极。

4.2.7　可变电容器的检测

(1) 检查转轴机械性能

用手轻轻旋动转轴，应感觉十分平滑，不应感觉有时松时紧甚至有卡滞现象。将转轴向前、后、上、下、左、右等各个方向推动时，转轴不应有松动的现象。

(2) 检查转轴与动片连接是否良好可靠

用一只手旋动转轴，另一只手轻摸动片组的外缘，不应感觉有任何松脱现象。转轴与动片之间接触不良的可变电容器是不能再继续使用的。

(3) 检查动片与定片间有无碰片短路或漏电

将万用表置于 R×10 kΩ 挡，一只手将两个表笔分别接可变电容器的动片和定片的引出端，另一只手将转轴缓缓旋动几次，万用表指针都应在无穷大位置不动。在旋动转轴时，如果指针有时指向 0，说明动片和定片之间存在碰片短路点；如果旋到某一角度万用表读数不是无穷大而是出现一定阻值，说明可变电容器动片与定片之间存在漏电现象。对于双连或多连可变电容器，可用同样的方法检测其他组动片与定片之间有无碰片短路或漏电现象。

4.2.8　电感线圈的检测

电感线圈的绕组通断、绝缘等状况可用万用表的电阻挡进行检测。

(1) 在路检测

将万用表置 R×1 Ω 挡或 R×10 Ω 挡，用两表笔接触在路线圈的两端，表针应指示导通否则线圈断路。该法能够粗略、快速测量线圈是否烧断。

(2) 非在路检测

将电感线圈从线路板上焊开一脚，或直接取下，把万用表转到 R×10 Ω 挡并准确调零，测线圈两端的阻值，如线圈用线较细或匝数较多，则指针应有较明显的摆动，一般为几欧姆至十几欧姆之间；如阻值明显偏小，则可判断线圈匝间短路。不过有许多线圈线径较粗，电阻值为欧姆级甚至小于 1 Ω，这时可采用数字万用表可以较准确地测量 1 Ω 左右的阻值。

电感线圈的电感量需要采用电感测量仪进行测量。

4.2.9　电源变压器的检测

(1) 绝缘性能检测

采用万用表 R×10 kΩ 挡分别测量铁芯与初级，初级与各次级，铁芯与各次级，静电屏蔽层与初、次级，次级各绕组间的电阻值，阻值均应为无穷大。否则，说明变压器绝缘性能不良。

(2) 检测线圈通断

将万用表置于 R×1 Ω 挡，分别测量变压器初、次级各个绕组线圈的电阻值。一般初级线圈电阻值应为几十至几百欧，变压器功率越小，电阻值越大；次级线圈电阻值一般为几至几十欧，电压较高的次级线圈电阻值较大。测试中，若某个绕组的电阻值为无穷大，则说明此绕组已断路。

(3) 判别初、次级线圈

电源变压器初级引脚和次级引脚一般都是分别从两侧引出的，并且初级绕组多标有 220 V 字样，次级绕组则标出额定电压值，如 15 V、24 V、35 V 等，可根据这些标记进行识别。通常，电源变压器的初级绕组所用漆包线的线径是比较细的，且匝数较多，而次级绕组所用线径都比较粗，且匝数较少，因此，初级绕组的直流铜阻要比次级绕组的直流铜阻大得多。可以通过用万用表电阻挡测量变压器各绕组的电阻值的大小来辨别初、次级线圈。

注意： 有些电源变压器带有升压绕组，升压绕组所用的线径比初级绕组所用线径更细，铜阻值更大，测试时要注意正确区分。

(4) 检测空载电压

将电源变压器的初级接 220 V 市电，用万用表交流电压挡依次测出次级各绕组的空载电压值，应符合要求值，允许误差范围一般为：高压绕组为±10%，低压绕组为±5%，带中心抽头的两组对称绕组的电压差应为±12%。

测量时需要注意的是，初级输入电压应保证为 220 V，不能过高或过低，因为初级输入电压的大小将直接影响到次级输出的电压。若初级加入的 220 V 电压偏差太大，则将使次级电压偏离正常值，容易造成误判。

(5) 检测判别各绕组的同名端

在使用电源变压器时，有时为了得到所需的次级电压，可以将两个或多个次级绕组以如图 4.2.3 所示的方法串联使用。

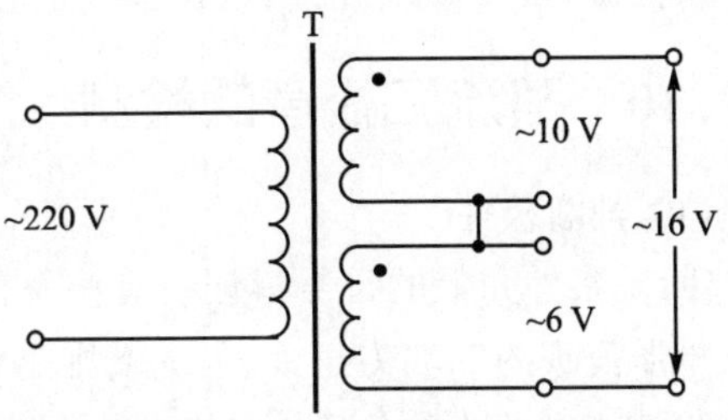

图 4.2.3　变压器次级绕组串联的方法

将两个或多个次级绕组串联起来使用时，各绕组的同名端必须正确连接，否则变压器将不能正常工作。检测判别电源变压器各绕组同名端的测试电路如图 4.2.4 所示。在图 4.2.4 中,E 为 1.5 V 干电池,经测试开关 S 与变压器 T 的初级绕组相接。以测试次级绕组 A 为例,将万用表置于直流 2.5 V 挡(或直流 0.5 mA 挡)。假定电池 E 正极接变压器初级线圈 a 端,负极接 b 端,万用表的红表笔接 c 端,黑表笔接 d 端。当开关 S 接通的瞬间,变压器初级线圈的电流变化将引起铁芯的磁通量发生变化。根据电磁感应原理,次级线圈将产生感应电压,此感应电压使接在次级线圈两端的万用表的指针迅速摆动后又返回零点。观察万用表指针的摆动方向,就能够判别出变压器各绕组的同名端。若指针向右摆,说明 a 与 c 为同名端,b 与 d 为同名端;反之,若万用表指针向左摆,则说明 a 与 d 是同名端,而 b 与 c 为同名端。用此方法可以依次将其他各绕组的同名端准确地判别出来。

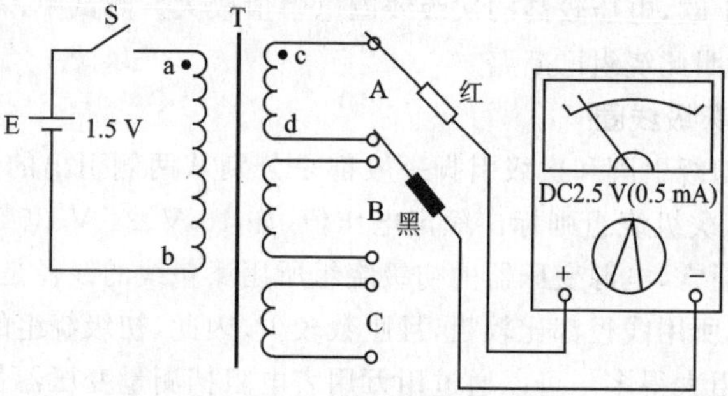

图 4.2.4 判别变压器同名端的方法

检测判别时需要注意以下几点:

① 在测试各次级绕组的整个操作过程中,干电池 E 的正、负极与初级绕组的连接应始终保持同一种接法,即无论测哪一个次级绕组,初级绕组和电池的接法不变;否则,将会产生误判。

② 若待测的电源变压器为升压变压器(即次级电压高于初级电压),通常把电池 E 接在次级绕组上,而把万用表接在初级绕组上进行检测。

③ 接通电源的瞬间,万用表指针要向某一方向偏转,但断开电源时,由于自感作用,指针也会向相反的方向倒转,如果接通和断开电源的间隔时间太短,则很可能只观察到断开时指针的偏转方向,这样会将测量结果搞错。因此,接通电源后要间隔几秒钟再断开,或者多测几次,以保证测量结果的准确可靠。

4.2.10 整流二极管的检测

(1) 判断极性

① 观察外壳上的符号标记。有些整流二极管的外壳上,标有二极管的符号,带有三角形箭头的一端为正极,另一端则是负极。

② 观察外壳上的色环。在整流二极管的外壳上,通常标有白色的色环,带色环的一端为负极。

③ 用万用表测量判别二极管的正负极。将万用表置于 R×100 Ω 或者 R×1 kΩ 挡,先用红、黑表笔任意测量二极管两引脚间的电阻值,然后交换表笔再测量一次。如果二极管是好的,则两次测量结果必定出现一大一小。以阻值较小的一次测量为准,黑表笔所接的一端为正极,红表笔所接的一端则为负极。

(2) 鉴别质量好坏

采用万用表检测时,可按下述方法步骤进行:

① 将万用表置于 R×1 kΩ 挡,黑表笔接二极管正极,红表笔接负极,检查被测管的单向导电性。由于 R×1 kΩ 挡提供的测试电流较小,所以测出的正向电阻应为几千欧至十几千欧。然后交换表笔,测量被测管的反向电阻,正常时应为无穷大。

② 将万用表置于 R×1 Ω 挡对管子进行一次复测。R×1 Ω 挡所提供的测试电流比较大,R×1 Ω 挡的最大测试电流为几十至一百多毫安,所测得的正向电阻应为几欧至几十欧,反向电阻仍为无穷大。

若测得的二极管正向电阻太大或反向电阻太小,则表明二极管的整流效率不高;若测得正向电阻为无穷大(万用表指针不动),则表明二极管的内部断路;若测得的反向电阻接近于 0,则表明二极管已经击穿。

(3) 检测最高工作频率

用万用表 R×1 kΩ 挡进行测试,一般正向电阻小于 1 kΩ 的多为高频管,大于 1 kΩ 的多为低频管。

(4) 检测最高反向击穿电压 U_R

对于交流电来说,最高反向工作电压也就是二极管承受的交流峰值电压。需要指出的是,最高反向工作电压并不是二极管的击穿电压。一般情况下,二极管的击穿电压要比最高反向工作电压高得多(约高 1 倍左右)。检测二极管反向击穿电压通常可采用以下两种方法:

① 采用万用表 R×1 kΩ 挡测量一下二极管的反向电阻,若万用表指针微动或不动,则一般被测管的反压能达 150 V 以上。反向电阻越小,管子的耐压越低。这是一种粗略的检测方法。

② 采用专用测试仪器或者电路进行测试。

4.2.11 全桥组件的检测

(1) 判断极性

将万用表置于 R×1 kΩ 挡,黑表笔任意接全桥组件的某个引脚,用红表笔分别测量其余 3 个引脚,如果测得的阻值都为无穷大,则此时黑表笔所接的引脚为全桥组件的直流输出正极;如果测得的阻值都为 4～10 kΩ,则此时黑表笔所接"－"的引脚为全桥组件的直流输出负极,剩下的两个引脚就是全桥组件的交流输入脚。

(2) 判定好坏

全桥组件的内部结构如图 4.2.5 所示。首先将万用表置于 R×10 kΩ 挡,测量一下全桥组件交流电源输入端③、④脚的正、反向电阻值。从图 4.2.5 可见,无论红、

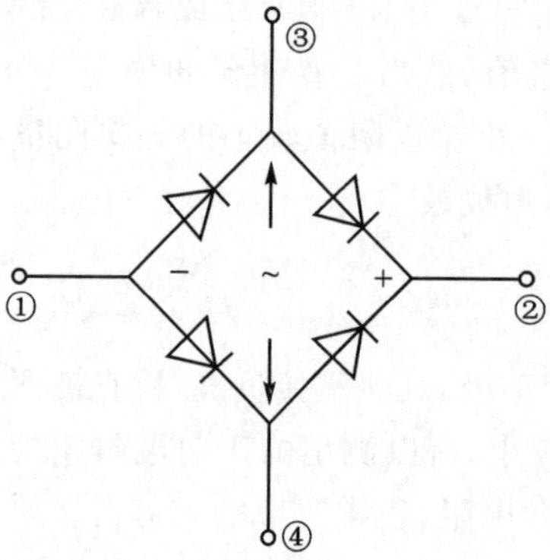

图 4.2.5　全桥组件的内部结构

黑表笔怎样交换测量，左右两边的两个二极管都有一个处于反向接法，所以良好的全桥组件③、④脚之间的电阻值应为无穷大。当4个二极管之中有一个击穿或漏电时，都会导致③、④脚之间的电阻值变小。因此，当测得③、④引脚之间的电阻值不是无穷大时，说明全桥组件中的4个二极管中必定有一个或多个漏电；当测得的阻值只有几千欧时，说明全桥组件中有个别二极管已经击穿。

对于全桥组件中的开路性和正向电阻变大等性能不良的故障，可以通过测量①、②脚之间的正向电阻加以判断。用万用表R×1 kΩ挡进行测试，①、②脚之间的正向电阻值一般在8～10 kΩ之间，如果测得①、②脚之间的正向电阻值小于6 kΩ，说明4个二极管中有一个或两个已经损坏；如果测得①、②脚间的正向电阻值大于10 kΩ，则说明全桥组件中的二极管存在正向电阻变大或开路性故障。

4.2.12　快恢复/超快恢复二极管的检测

采用万用表检测快恢复/超快恢复二极管的方法与检测塑封硅整流二极管的方法基本相同。

采用R×1 kΩ挡检测其正向电阻，正向电阻一般为4.2 kΩ左右，反向电阻为无穷大；再采用R×1 Ω挡复测一次，一般正向电阻为几欧，反向电阻仍为无穷大。

4.2.13　硅高速二极管的检测

采用万用表检测硅高速开关二极管的方法与检测普通二极管的方法相同。但要注意，硅高速开关二极管的正向电阻较大。用R×1 kΩ电阻挡测量，一般正向电阻值为5～10 kΩ，反向电阻值为无穷大。

4.2.14　肖特基二极管的检测

肖特基二极管的内部结构与等效电路如图4.2.6所示，要判断出肖特基二极管的3个引脚端功能，可按以下方法进行检测。测试时，将万用表置于R×1 Ω挡。

① 测量①、③引脚端正反向电阻值均为无穷大，说明这两个电极无单向导电性。

② 黑表笔接①脚，红表笔接②脚，测得的阻值为无穷大；红、黑表笔对调后测得阻值为几欧，说明②、①两脚具有单向导电特性，且②脚为正，①脚为负。

③ 将黑表笔接③脚，红表笔接②脚，测得阻值为无穷大，调换红、黑表笔后测得阻值为几欧，说明②、③两脚具有单向导电特性，且②脚为正，③脚为负。

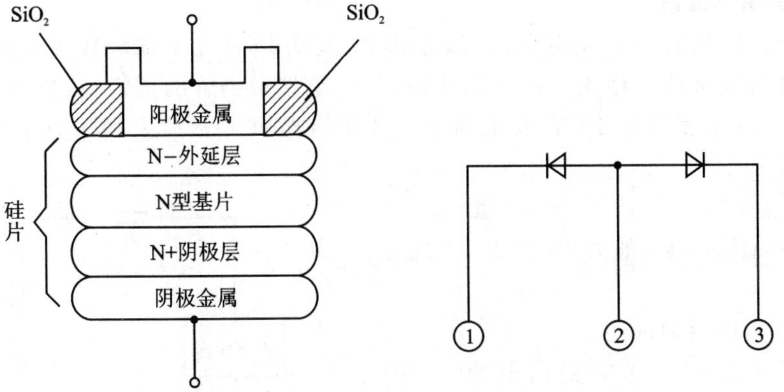

图 4.2.6 肖特基二极管的内部结构与等效电路

根据上述 3 步测量结果，可知被测管内部结构为一只共阳对管，②脚为公共阳极，①、③脚为两个阴极。

4.2.15 稳压二极管的检测

(1) 判断极性

采用万用表 R×1 kΩ 挡，先将红、黑两表笔任接稳压管的两端，测出一个电阻值，然后交换表笔再测出一个阻值，两次测得的阻值应该是一大一小。所测阻值较小的一次为正向接法，此时，黑表笔所接一端为稳压二极管的正极，红表笔所接的一端则为负极。稳压二极管的正向电阻一般为 10 kΩ 左右，反向电阻为无穷大。

(2) 稳压二极管与普通二极管的鉴别

常用稳压二极管的外形与普通小功率整流二极管的外形基本相似，也可以使用万用表电阻挡将稳压二极管与普通整流二极管鉴别出来。具体方法是：

首先判断被测管的正、负电极。然后将万用表拨至 R×10 kΩ 挡上，黑表笔接被测管的负极，红表笔接被测管的正极，若此时测得的反向电阻值比用 R×1 kΩ 挡测量的反向电阻小很多，说明被测管为稳压二极管；反之，如果测得的反向电阻值仍很大，说明该管为整流二极管或检波二极管。

注意： 万用表 R×1 kΩ 挡内部使用的电池电压为 1.5 V，一般不会将被测管反向击穿，所以测出的反向电阻值比较大。而采用 R×10 kΩ 挡测量时，万用表内部电池的电压，一般都在 9 V 以上，当被测管为稳压二极管，且稳压值低于电池电压值时，即被反向击穿，使测得的电阻值大为减小。但如果被测管是一般整流或检波二极管时，则无论用 R×1 kΩ 挡还是 R×10 kΩ 挡测量，所得阻值将不会相差很悬殊。当被测稳压二极管的稳压值高于万用表 R×10 kΩ 挡的电压值时，用这种方法是无法进行区分鉴别的。

(3) 稳压二极管稳压值的检测

稳压二极管工作于反向击穿状态，采用万用表可以测出其稳压值大小。常用方法有两种：

1) 简易测试法

这种方法只需一块万用表即可,方法是:将万用表置于 R×10 kΩ 挡,并准确调零。红表笔接被测稳压二极管的正极,黑表笔接被测管的负极,待指针摆到一定位置时,从万用表直流 10 V 电压刻度上读出其数据。然后采用下列公式计算稳压值:

被测稳压值(V)=(10 V－读数值)×1.5

用此法可以测出稳压值为 15 V 以下的稳压二极管。

2) 外接电源测试法

采用一台 0～30 V 稳压电源与一个 1.5 kΩ 电阻,按图 4.2.7 连接。

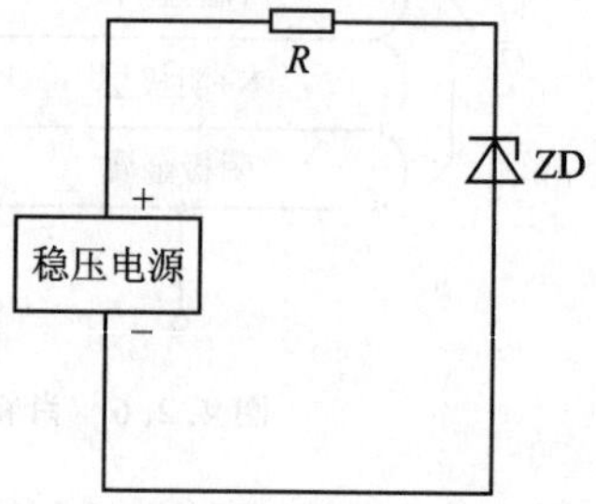

图 4.2.7 稳压二极管外接电源测试法

测量时,首先将稳压电源的输出电压调在 15 V,用万用表电压挡直接测量 ZD 两端电压值,万用表的读数即为稳压二极管稳压值。若测得的数值为 15 V,则可能该二极管并未反向击穿,这时可将稳压电源的输出电压调高到 20 V 或以上,再按上述方法测量。

4.2.16 变容二极管的检测

将万用表置于 R×10 kΩ 挡,黑表笔接正极,红表笔接负极,测量阻值应为几千欧至 200 kΩ 左右(此值为被测变容二极管的正向电阻,且随变容二极管型号不同而异);调换表笔测量(测量变容二极管的反向电阻),其阻值应为无穷大。若指针略有偏转,说明变容二极管反向漏电,质量不佳或已损坏。若测得的正反向电阻均为 0 和无穷大,则说明被测变容二极管已击穿或已开路损坏。

4.2.17 发光二极管的检测

(1) 单色发光二极管正负极的判断

1) 目测法

发光二极管的管体一般都是用透明塑料制成的,将管子拿起置较明亮处,从侧面仔细观察两条引出线在管体内的形状,较小的一端便是正极,较大的一端则为负极。

2) 万用表测量法

发光二极管的开启电压为 2 V,而万用表置于 R×1 kΩ 挡及其以下各电阻挡时,表内电池电压仅为 1.5 V,比发光二极管的开启电压低,管子不能导通,因此,用万用表检测发光二极管时,必须使用 R×10 kΩ 挡。使用 R×10 kΩ 挡时,表内接有 9 V 或 15 V 高压电池,测试电压高于管子的开启电压,当正向接入时,能使发光二极管导通。检测时,将两表笔分别与发光二极管的两引脚相接,如果万用表指针向右偏转过半,同时发光二极管能发出一微弱光点,则表明发光二极管是正向接入,此时黑表笔所接的是正极,而红表笔所接的是负极。接着再将红、黑表笔对调后与发光二极管的两引脚相接,这时为反向接入,万用表指针应指在无穷大位置不动。如果不管正向接入还是反向接入,万用表指针都偏转某一角度甚至为0,或者都不偏转,则表明被测发光二极管已经损坏。

(2) 变色发光二极管的检测

变色发光二极管的检测电路如图4.2.8所示。将万用表置于R×10 Ω挡,在黑表笔上串接一只1.5 V的电池,将红表笔接K,黑表笔接R,管子应发出红色光。将红表笔接K,黑表笔接G,管子应发出绿色光。将红表笔接K,黑表笔接R和G,管子应发出橙色复合光。在测试过程中,若发现某次测量时发光二极管不亮,表明其已经损坏。

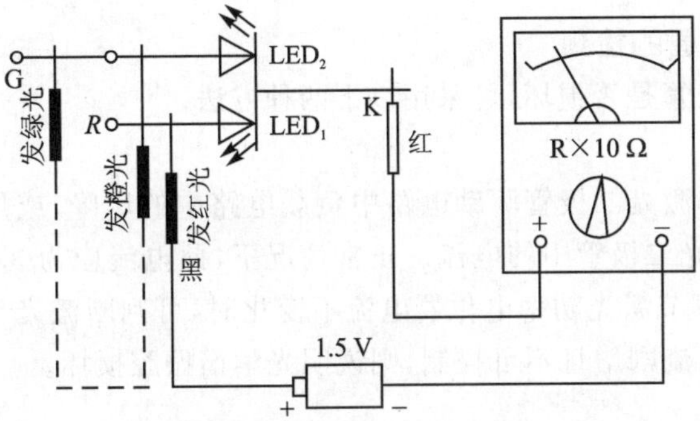

图4.2.8 变色发光二极管的检测电路

(3) 闪烁发光二极管的检测

将万用表置于R×1 kΩ挡,交换表笔两次接触闪烁发光二极管的两个引脚,仔细观察万用表指针的摆动情况。测量时,指针先向右摆动一个角度,然后在此位置上开始轻微地抖动(振荡),摆幅在一小格左右。这种现象是由于闪烁发光二极管内部的集成电路在万用表内部1.5 V电池电压的作用下开始起振工作,输出的脉冲电流使指针产生抖动。只是因为电压过低观察不到发光二极管的闪烁发光,说明万用表的黑表笔所接的引脚为闪烁发光二极管的正极,红表笔所接的引脚为闪烁发光二极管的负极。

若在检测过程中观察不到以上现象,则说明闪烁发光二极管不良。

(4) 电压型发光二极管的检测

检测电压型发光二极管(BTV)的方法与检测普通发光二极管LED的方法基本相同。将万用表置于R×10 kΩ挡,红表笔接BTV的负极,黑表笔接BTV的正极,此时所测阻值为BTV的正向电阻值,正常时一般为十几千欧。然后调换表笔测量BTV的反向电阻值,正常时为无穷大。对于不知极性的BTV,交换表笔分两次测量BTV两引脚间的电阻值,测量阻值较小的一次,黑表笔所接引脚为正极,红表笔所接引脚为负极。

(5) 红外发光二极管的检测

通常红外发光二极管的长引脚为正极,短引脚为负极。观察红外发光二极管的内部电极,内部电极较宽较大的一个为负极,而较窄较小的一个为正极。全塑封装管的侧向呈一小平面,靠近小平面的引脚为负极,另一端引脚则为正极。红外发光二极管的正负极也可以采用万用表进行判定,方法和判别一般二极管类似。

红外发光二极管发出的光波是不可见的,判断红外发光二极管的好坏,可使用万用表测量其正、反向电阻。万用表置于 R×1 kΩ 挡,若测得正向电阻在 30 kΩ 左右,反向电阻在 500 kΩ 以上,则是好的,反向电阻愈大,漏电流愈小,质量愈好。若反向电阻只有几十千欧,这种管子质量差,若正反向阻值都是无穷大或零时,则管子是坏的。

(6) 激光二极管的检测

判断激光二极管是否损坏,可采用以下两种方法。

1) 电流法

用万用表监测激光二极管驱动电路中负载电路中的压降,或用电流挡串于电路中,估算或测出激光二极管中的电流。正常情况下,此电流应为 35~60 mA,当此电流超过 100 mA,调节激光功率电位器电流不变化时,可判断激光头中的激光二极管已老化。若出现电流剧增且不可控制,则说明光学谐振腔损坏。

2) 电阻法

在断电的情况下,测量激光二极管的正反向电阻,正常时反向电阻为无穷大,正向电阻为 20~36 kΩ(使用不同的万用表,所测正向电阻会有所不同);若正向电阻大于 50 kΩ,则性能下降;若大于 90 kΩ,则已不能使用。

(7) 红外接收二极管的检测

1) 判断极性

① 从外观上识别。常见的红外接收二极管外观颜色呈黑色。识别引脚时,面对受光窗口,从左至右,分别为正极和负极。另外,在红外接收二极管的管体顶端有一个小斜切平面,通常带有此斜切平面一端的引脚为负极,另一端则为正极。

② 用万用表电阻挡测试。将万用表置于 R×1 kΩ 挡,交换表笔分两次测量红外接收二极管两引脚间的电阻值,测量阻值较小的一次,黑表笔所接引脚为正极,红表笔所接引脚为负极。

2) 检测性能好坏

判别红外接收二极管的好坏,通常采用以下两种方法:

① 将万用表置于 R×1 kΩ 挡,正常时,红外接收二极管的正向电阻为 3~4 kΩ,反向电阻应大于 500 kΩ,否则说明管子性能不良。

② 将万用表置于 R×1 kΩ 挡,红表笔接被测红外接收二极管的正极,黑表笔接负极。此时,电阻为 500 kΩ 以上。用一个好的彩电遥控器正对着红外接收二极管的

受光窗口，距离为 5～10 mm。当按下遥控器上的按键时，若红外接收二极管性能良好，一般万用表指示的电阻值应由 500 kΩ 以上减小到 50～100 kΩ。被测管子的灵敏度越高，阻值越小。用这种方法挑选性能优良的红外接收二极管十分方便，且准确可靠。

采用此方法也可以区分出发光二极管和接收二极管。

4.2.18 单向晶闸管的检测

(1) 电极判断

在单向晶闸管的芯片内部，控制极 G 和阴极 K 之间是一个 PN 结，PN 结具有单向导电特性，其正反向电阻值相差很大。控制极 G 和阳极 A 之间有两个反向串联的 PN 结，无论 A、G 两个电极的电位哪个高，两极间总是呈高阻值。

将万用表置在 R×100 Ω 挡上，分别测量可控硅任意两引出脚间的电阻值。对 3 个引脚端，调换两表笔，共进行 6 次测量，其中 5 次万用表的读数应为无穷大，一次读数为几十欧姆。读数为几十欧姆的那次，黑表笔接的引脚端是控制极 G，红表笔接的引脚端是阴极 K，剩下的 1 个引脚端为阳极 A。若在测量中不符合以上规律，则说明晶闸管损坏或性能不良。

(2) 导通特性的测试

1) 10 A 以下晶闸管导通特性的测试

将万用表置 R×1 Ω 挡，黑表笔接阳极 A 引脚端，红表笔接阴极 K 引脚端，此时万用表指针不偏转。将控制极 G 引脚端和阳极 A 引脚端瞬间短接，万用表的读数随即降到几十欧姆，说明可控硅能被触发并维持导通，导通的基本性能好，否则不能使用。

2) 10～100 A 晶闸管导通特性的测试

对于 10～100 A 大功率晶闸管，因其通态压降较大，并且 R×1 Ω 挡提供的电流低于维持电流，故晶闸管不能完全导通。

测量时可采用双表法，即把两块万用表的 R×1 Ω 挡串联起来使用(将第一块万用表的黑表笔与第二块万用表的红表笔连接)，获得 3 V 的电源电压。也可在万用表 R×1 Ω 挡的外部串联 1 到 2 节 1.5 V 电池，将电源电压提升到 3～4.2 V。采用上述方法，便可检查 10～100 A 的大功率晶闸管的导通特性。

4.2.19 双向晶闸管的检测

(1) T_2 电极判断

双向晶闸管的内部结构与电路符号如图 4.2.9 所示。由双向晶闸管的内部结构可知，G 极与 T_1 极靠近，距 T_2 极较远。因此，$G-T_1$ 之间的正反向电阻都很小。采用万用表的 R×1 Ω 挡测量可控硅任意两引出脚间的电阻值时，正常时有一组为几十欧姆，另两组为无穷大。阻值为几十欧姆时，表笔所接的两引脚端为 T_1 和 G，剩余

的一个引脚端是 T_2 极。

(2) T_1 和 G 电极判断

假定 T_1 和 G 两电极中的任意一脚为 T_1，用黑表笔接 T_1，红表笔接 T_2，将 T_2 与假定的 G 极瞬间短路，如果万用表的读数由无穷大变为几十欧姆，则说明可控硅能被触发并维持导通。

调换两表笔重复上面操作，结果相同时，假定正确。

如果调换表笔操作时，万用表瞬间指示为几十欧姆又指示为无穷大，则说明可控硅没有维持导通，原来的假定是错误的，原假定的 T_1 极实际上是 G 极，假定的 G 极实际上是 T_1 极。

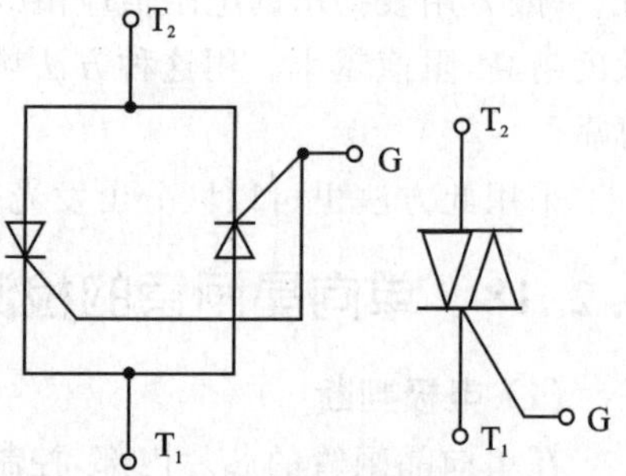

图 4.2.9 双向晶闸管的内部结构与电路符号

当测功率较大的双向可控硅时，若 R×1 Ω 挡不能触发导通时，可在黑表笔接线中串接一节干电池，干电池应和表内电池的极性顺向串联，再按上述方法测试。

4.2.20 可关断晶闸管的检测

(1) 电极判断

采用万用表 R×1 Ω 挡，测量任意两脚间的电阻，只有当黑表笔接控制极 G 引脚端，红表笔接阴极 K 引脚端时，电阻呈低阻值，其他情况下电阻值均为无穷大。由此可判定 G 极、K 极，剩下的一个引脚端就是阳极 A。

(2) 检查触发能力

采用万用表 R×1 Ω 挡，黑表笔接 A 极，红表笔接 K 极，电阻为无穷大；用黑表笔尖也同时接触 G 极，加上正向触发信号，表针向右偏转到低阻值，表明晶闸管已经导通；最后脱开 G 极，只要晶闸管维持通态，就说明被测管具有触发能力。

检测大功率可关断晶闸管时，可在 R×1 Ω 挡外面串联一节 1.5 V 的电池，以提高测试电压，使晶闸管可以可靠导通。

(3) 检查关断能力

可采用双表法检查可关断晶闸管的关断能力，如图 4.2.10 所示，将万用表Ⅰ拨至 R×1 Ω 挡，黑表笔接 A 极，红表笔接 K 极。将万用表Ⅱ拨至 R×10 Ω 挡，红表笔接 G 极，黑表笔接 K 极，施以负向触发信号，若万用表Ⅰ指针向左摆到无穷大，证明可关断晶闸管具有关断能力。

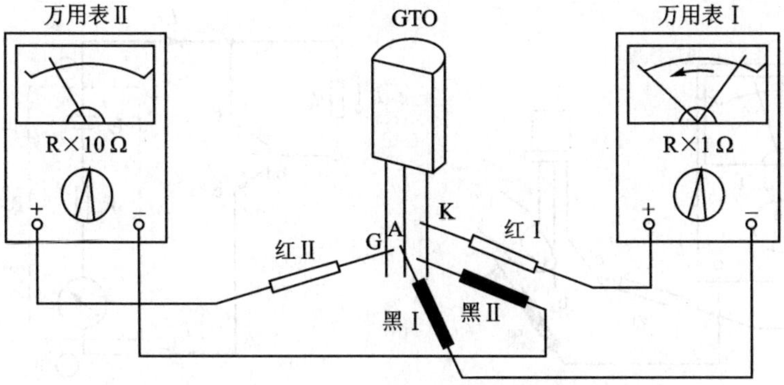

图 4.2.10 采用双表法检测可关断晶闸管的关断能力

4.2.21 中小功率三极管的检测

(1) 引脚的判断

1) 判断基极 b

采用万用电表电阻 R×1 kΩ 挡,用黑表笔接三极管的某一引脚端(假设作为基极),再用红表笔分别接另外两个引脚端,如果表针指示的两次都很小,该管便是 NPN 管,其中黑表笔所接的引脚端是基极。如果指针指示的阻值一个很大,一个很小,那么黑表笔所接的引脚端就不是三极管的基极,再另外换一引脚端进行类似测试,直至找到基极。

如果用红表笔接三极管的某一引脚端(假设作为基极),再用黑表笔分别接另外两个引脚,如果表针指示的两次都很小,则是 PNP 管,其中黑表笔所接的那一引脚端是基极。

2) 判断集电极 c 和发射极 e

① 方法一:对于 PNP 管,将万用表置于 R×1 kΩ 挡,红表笔接基极,用黑表笔分别接触另外两个引脚端时,所测得的两个电阻值会是一大一小。在阻值小的一次测量中,黑表笔所接引脚端为集电极;在阻值较大的一次测量中,黑表笔所接引脚端为发射极。

对于 NPN 管,要将黑表笔固定接基极,用红表笔去接触其余两引脚端进行测量,在阻值较小的一次测量中,红表笔所接引脚端为集电极;在阻值较大的一次测量中,红表笔所接的引脚端为发射极。

② 方法二:将万用表置 R×1 kΩ 挡,两表笔分别接除基极之外的两引脚端,如果是 NPN 型管,用手指捏住基极与黑表笔所接引脚端,可测得一电阻值,然后将两表笔交换,同样用手捏住基极和黑表所接引脚端,又可测得一电阻值,两次测量中阻值小的一次,黑表笔所对应的是 NPN 管的集电极,红表笔所对应的是发射极。测试方法和检测原理如图 4.2.11 所示。

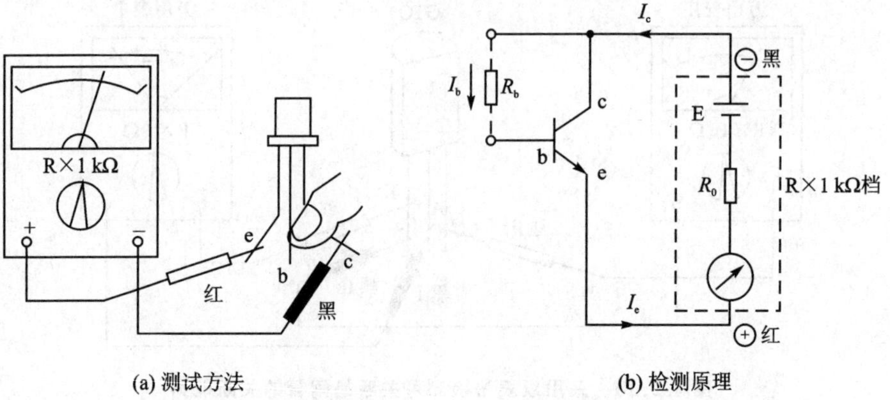

图 4.2.11 NPN 三极管集电极和发射极的测试方法和原理

从图 4.2.11(a)可见,用手指来代替基极偏置电阻 R_b,由于被测三极管的集电结上加有反向偏压,发射结加的是正向偏压,处于放大状态,此时电流放大倍数较高,所产生的集电极电流 I_C 使万用表指针明显向右偏转(即电阻较小)。如果万用表的红、黑表笔反接,被测三极管的工作电压反接,管子不能正常工作,放大倍数大大降低,从几十倍降至几倍,甚至为 0,因此,万用表指针摆幅很小甚至不动。

如果是 PNP 管,应用手指捏住基极与红表笔所接引脚,同样,电阻小的一次红表笔对应的是 PNP 管集电极,黑表笔所对应的是发射极。

③ 方法三:数字万用表上一般都有测试三极管 h_{FE} 的功能,可以用来测试三极管的集电极和发射极。首先测出三极管的基极,并且测出是 NPN 型还是 PNP 型三极管,然后将万用表置于 h_{FE} 功能挡,将三极管的引脚端分别插入基极孔、发射极孔和集电极孔,此时从显示屏上读出 h_{FE} 值;对调一次发射极与集电极,再测一次 h_{FE};数值较大的一次为插入的发射极和集电极引脚端正确。

(2) 锗管和硅管的判别

① 方法一:采用指针式万用表测量,测试电路如图 4.2.12 所示。测试时需要一节 1.5 V 干电池、一只 47 kΩ 的电阻和一只 50~100 kΩ 的电位器。将万用表置于直流 2.5 V 挡。电路接通以后,万用表所指示的便是被测管子的发射结正向压降。若是锗管,该电压值为 0.2~0.3 V;若是硅管,该电压值则为 0.5~0.8 V。

② 方法二:采用数字万用表测量三极管基极和发射极 PN 结的正向压降,硅管的正向压降一般为 0.5~0.8 V,锗管正向压降一般为 0.2~0.3 V。

(3) 高频管与低频管的判别

高频管和低频管的截止频率不同,一般情况下,二者是不能互换使用。利用其 BV_{EB} 的不同,用万用表测量发射结的反向电阻,可区分高频管和低频管。

以 NPN 管为例,将万用表置于 R×1 kΩ 挡,黑表笔接管子的发射极 e,红表笔接管子的基极 b。此时电阻值一般均在几百千欧以上。红、黑表笔接法不变,将万用表

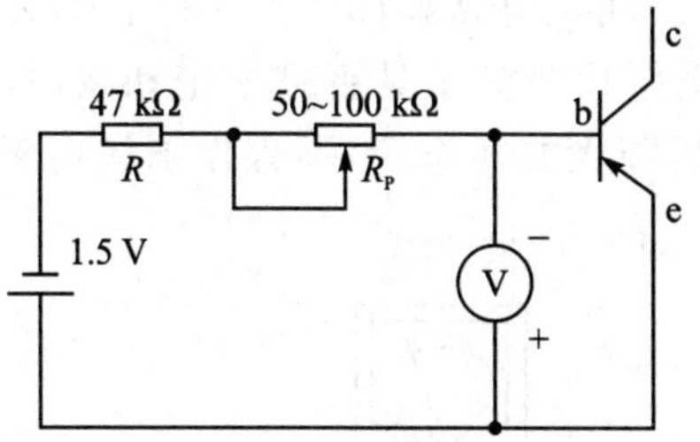

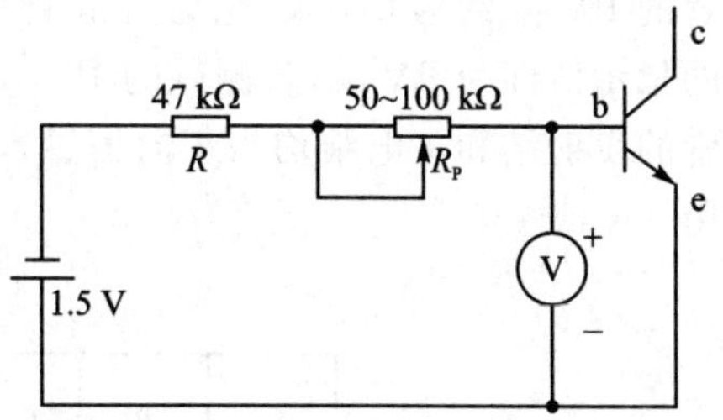

图 4.2.12　判别锗管和硅管测试电路

拨至 R×10 kΩ 高阻挡，重新测量一次 e、b 间的电阻值。若所测阻值与第一次测得的阻值变化不大，可初步断定被测管为低频管；若阻值变化较大，可初步判定被测管为高频管。

(4) 三极管穿透电流 I_{CEO} 的测试

三极管的穿透电流 I_{CEO} 近似等于三极管的放大倍数 β 和反向饱和电流 I_{CBO} 的乘积。I_{CBO} 随着环境温度的升高而增长很快，I_{CBO} 的增加必然造成 I_{CEO} 增大。而 I_{CEO} 的增大将直接影响管子工作的稳定性，在使用中，应尽量选用 I_{CEO} 小的管子。采用万用表的电阻挡，测量三极管 e—c 极之间的电阻，可间接估计 I_{CEO} 的大小。

对于 NPN 管，黑表笔接三极管的 c 极，红表笔接三极管的 e 极，对于 PNP 管，黑表笔接三极管的 e 极，红表笔接三极管的 c 极。将万用表置于电阻挡，量程一般选用 R×1 kΩ 挡，测量三极管 e—c 极之间的电阻值越大，说明三极管的 I_{CEO} 越小；反之，说明被测管的 I_{CEO} 越大。一般说来，中小功率硅管、锗材料高频管及锗材料低频管，其阻值应分别在几百千欧及十几千欧以上。如果阻值很小或测试时万用表指针来回晃动，则表明 I_{CEO} 很大，三极管的性能不稳定。

在测量三极管 I_{CEO} 的过程中，还可同时检查判断一下管子的稳定性优劣。具体方法是：测量时，用手捏住管壳约 1 min 左右，观察万用表指针漂移的情况，指针漂移摆动速度越快，说明管子的稳定性越差。

通常，e—c 间电阻比较小的三极管，热稳定性相对较差。另外，三极管的 β 值越大，I_{CEO} 越大。在要求稳定性较高的电路中不能使用 I_{CEO} 大的三极管，所使用的三极管的 β 值不要太高。

4.2.22　大功率晶体三极管的检测

检测中小功率三极管的极性、管型及性能的各种方法，原则上对大功率三极管的检测也是适用的。

大功率三极管的工作电流较大，其 PN 结的面积也较大。PN 结较大，其反向饱和电流也必然增大。测量时，若使用万用表的 R×1 kΩ 挡，会使测得的电阻值较小，容易造成误判，建议采用万用表的 R×10 Ω 或 R×1 Ω 挡来测量大功率三极管。

大功率三极管的饱和压降 BV_{CES} 的大小对功率放大器电路的影响很大，通常晶

体管的 BV_{CES} 约为 0.5 V,锗管比硅管更小一些。测试电路如图 4.2.13 所示,万用表的指示值即为 BV_{CES},若测试的 BV_{CES} 太大,则应检测管子是否进入饱和状态(三极管的发射结和集电结均为正向偏置),对饱和压降大的功率管,不宜作末级功率输出用。

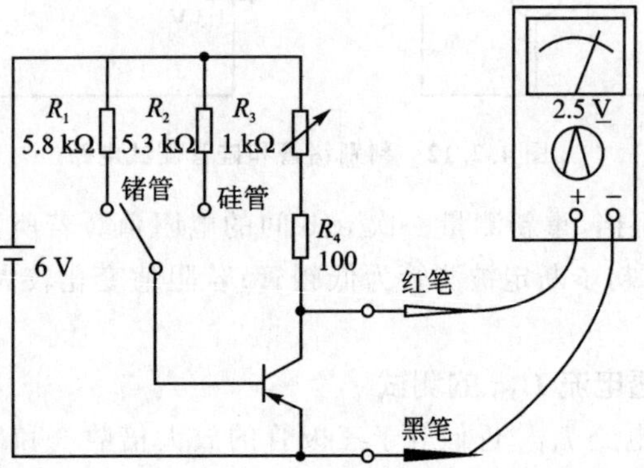

图 4.2.13 大功率三极管饱和压降测试电路

4.2.23 达林顿管的检测

(1) 普通达林顿管的检测

采用万用表可以对普通达林顿管的电极、区分 PNP 和 NPN 类型、估测放大能力等进行检测。达林顿管的 e—b 极之间包含多个发射结,需要采用万用表的 R×10 kΩ 挡进行测量。

以图 4.2.14 所示的达林顿管为例进行检测说明如下。

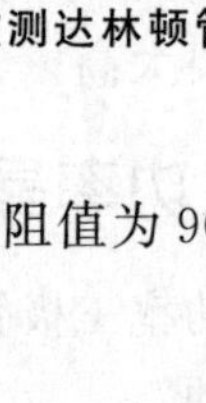

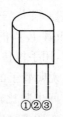

图 4.2.14 被测达林顿管引脚端排列

1) 识别基极 b 及达林顿管类型

将万用表置于 R×10 kΩ 挡,红表笔接②脚,黑表笔接①脚,测得电阻值为 11 kΩ,调换表笔再测阻值为无穷大;将红表笔接②脚,黑表笔接③脚,测得的电阻值为 5.2 kΩ,调换表笔测得阻值为无穷大;将红表笔接①脚,黑表笔接③脚,测得的电阻值为 250 kΩ,调换表笔测得电阻值为 900 kΩ。可判定②脚为基极,且被测管为 PNP 型达林顿管。

2) 判别达林顿管集电极 c、发射极 e 和检测放大能力

首先将红表笔接③脚,黑表笔接①脚,电阻值为 900 kΩ,然后保持两表笔与相应引脚接触不变,用舌尖去舔基极引脚②,此时万用表指针大幅度向右摆动到 30 kΩ 位置。最后将红、黑表笔对调,即将红表笔接①脚,黑表笔接③脚,万用表指示为 250 kΩ。保持表笔位置不动,并再次用舌尖去舔基极引脚②,此时万用表指针保持原位不动。由此可判定被测达林顿管的①脚 为发射极 e,③脚为集电极 c。测试还表明达林顿管具有放大能力。

(2) 大功率达林顿管的检测

检测大功率达林顿管的方法与检测普通型达林顿管基本相同。大功率达林顿管内部设置了二极管和电阻等保护和泄放漏电流元件,在检测时,应将这些元件对测量数据的影响加以区分,以免造成误判。具体可按下述几个步骤进行:

① 用万用表 R×10 kΩ 挡测量 b、c 之间 PN 结电阻值,应明显测出具有单向导电性能。正、反向电阻值应有较大差异。

② 在大功率达林顿管 b—e 之间有两个 PN 结,并且接有电阻 R_1 和 R_2。用万用表电阻挡检测时,若正向测量,测到的阻值是 b—e 结正向电阻值与 R_1、R_2 阻值并联的结果;若反向测量,发射结截止,测出的则是(R_1、R_2)电阻之和,大约为几千欧,且阻值固定,不随电阻挡位的变换而改变。但需要注意的是,有些大功率达林顿管在 R_1、R_2 上还分别并有二极管,因此当 b—e 之间加上反向电压(即红表接 b,黑表笔接 e)时,所测得的是(R_1+R_2)与两只二极管正向电阻之和的并联电阻值。

③ 大功率达林顿管的 e—c 之间并联有二极管,因此,对于 NPN 型管,当黑表笔接 e,红表笔接 c 时,二极管应导通,所测得的阻值即是二极管的正向电阻值;对于 PNP 型管,则红、黑表笔对调,所测阻值为二极管的正向电阻值。

④ 检测大功率达林顿管放大能力的方法与检测普通达林顿管的操作方法相同。

4.2.24 光敏三极管的检测

(1) 引脚的判断

靠近管壳的或者比较长的引脚为发射极 e,离管壳较远或较短的引脚为集电极 c。对于达林顿型光敏三极管,封装缺圆的一侧为集电极 c。

(2) 检测光敏三极管的暗电阻

将光敏三极管的受光窗口用黑纸片遮住,万用表置于 R×1 kΩ 挡,红、黑表笔分别各接光敏三极管的一个引脚,此时所测得的阻值应为无穷大。将红、黑表笔对调再测量一次,阻值也应为无穷大。测试时,如果万用表指针向右偏转指示出阻值,则说明被测光敏三极管漏电。

(3) 检测光敏三极管的亮电阻

万用表仍使用 R×1 kΩ 挡,将红表笔接发射极 e,黑表笔接集电极 c,将遮光黑纸片从光敏三极管的受光窗口处移开,并使受光窗口朝向某一光源(如白炽灯泡),此时万用表指针应向右偏转,通常电阻值范围应为 15～30 kΩ。指针向右偏转角度越大,说明被测光敏三极管的灵敏度越高。如果受光后,万用表指针向右摆动幅度很小,阻值较大,则说明光敏三极管的灵敏度低或已损坏。

4.2.25 结型场效管的检测

(1) 判别电极及沟道类型

将万用表置于 R×100 Ω 挡,用黑表笔接触假定为栅极 G 的引脚,然后用红表笔分别接触另两个引脚。若阻值均比较小(几百欧至 1 kΩ),则再将红、黑表笔交换测量一次。如阻值均很大,属 N 沟道管,且黑表接触的引脚为栅极 G,说明原来的假定是正确的。同样也可以判别出 P 沟道的结型场效应管。

由于结型场效应管的源极和漏极在结构上具有对称性,所以一般可以互换使用,通常两个电极不必再进一步进行区分,当用万用表测量源极 S 和漏极 D 之间的电阻时,正反向电阻均相同,正常时为几千欧左右。

(2) 检测放大能力

一个检测 N 沟道结型场效应管放大能力的测试电路如图 4.2.15 所示。将万用表置于直流 10 V 挡,红、黑表笔分别接漏极和源极。测试时,调节 R_P,万用表指示的电压值应按下述规律变化:R_P 向上调,万用表指示电压值升高;R_P 向下调,万用表指示电压值降低。这种变化说明管子有放大能力。在调节 R_P 过程中,万用表指示的电压值变化越大,说明管子的放大能力越强。如果在调节 R_P 时,万用表指示变化不明显或根本无变化,说明管子放大能力很小或已经失去放大能力。

(3) 检测夹断电压 U_p

一个检测 N 沟道结型场效应管夹断电压的测试电路如图 4.2.16 所示,准备一只 220 μF/16 V 的电解电容,将万用表置于 R×10 kΩ 挡,将黑表笔接电解电容正极,红表笔接电解电容的负极,对电容充电 8~10 s 后脱开表笔;再将万用表拨至直流 50 V 挡,迅速测出电解电容上的电压,并记下此值;将万用表拨回至 R×10 kΩ 挡,黑表笔接漏极 D,红表笔接源极 S,这时指针应向右旋转。指示基本为满度;将已充好电的电解电容正极接源极 S,用负极去接触栅极 G,这时指针应向左回转,一般指针退回至 10~200 kΩ 时,电解电容上所充的电压值即为 FET 的夹断电压 U_p。

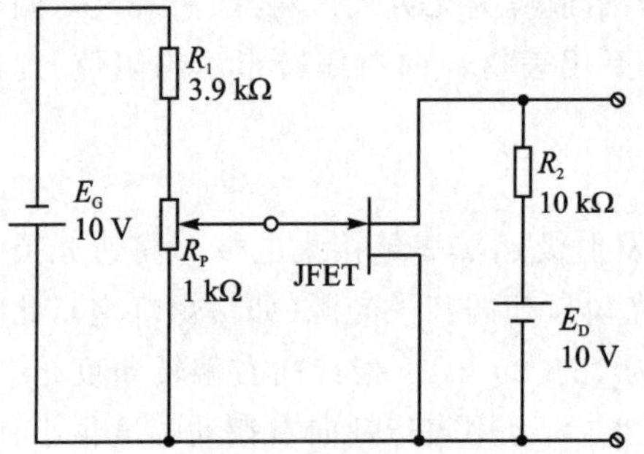

图 4.2.15 检测结型场效应管的放大能力

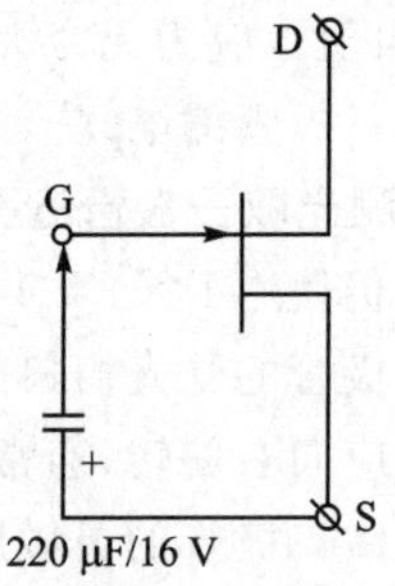

图 4.2.16 检测结型场效应管的夹断电压

测试过程中应注意,如果电容上所充的电压太高,会使 FET 完全夹断,万用表指针可能退回至无穷大。遇到这种情况,可用直流电压 10 V 挡将电解电容,适当进行放电,直到使电解电容接至栅极 G 和源极 S 后量出的电阻值在 10～200 kΩ 范围内为止。

4.2.26 绝缘栅场效应管的检测

(1) 功率型绝缘栅场效应管的检测

功率型绝缘栅场效应管(VMOSFET)具有输入阻抗高,驱动电流小,耐压高(最高耐压达 1 200 V),工作电流大(1.5～100 A),输入功率大(1～250 W),跨导线性好,开关速度快等优点。

1) 判断引脚

① 判定栅极 G。VMOSFET 的栅极 G 与其余两引脚端是绝缘的。将万用表置于 R×1 kΩ 挡,分别测量 3 个引脚端之间的电阻,如果测得某引脚端与其余两引脚端间的电阻值均为无穷大,且对换表笔测量时阻值仍为无穷大,则证明此引脚端是栅极 G。

注意: 此种测量法仅对管内无保护二极管的 VMOS 管适用。

② 判定源极 S 和漏极 D。VMOSFET 在源—漏极之间有一个 PN 结,测量 PN 结正、反向电阻的差异,可准确识别源极 S 和漏极 D。将万用表置于 R×1 kΩ 挡,先用一个表笔将被测 VMOS 管 3 个电极短接一下,然后用交换表笔的方法测两次电阻,如果管子是好的,必然会测得阻值为一大一小。其中阻值较大的一次测量中,黑表笔所接的为漏极 D,红表笔所接的为源极 S;而阻值较小的一次测量中,红表笔所接的为漏极 D,黑表笔所接的为源极 S,被测管为 N 沟道 VMOSFET。若被测管子为 P 沟道 VMOSFET,则所测阻值的大小规律正好相反。

2) 管子好坏的判别

用万用表 R×1 kΩ 挡去测量场效应管任意两引脚之间的正、反向电阻值。如果出现两次及两次以上电阻值较小(几乎为 0×kΩ),则该场效应管损坏;如果仅出现一次电阻值较小(一般为数百欧),其余各次测量电阻值均为无穷大,则还需做进一步判断(注意,以上测量方法适用于内部无保护二极管的 VMOS 管)。以 N 沟道管为例,可依次做下述测量,以判定管子是否良好。

① 将万用表置于 R×1 kΩ 挡。先将被测 VMOS 管的栅极 G 与源极 S 用镊子短接一下,然后将红表笔接漏极 D,黑表笔接源极 S,所测阻值应为数千欧。具体操作如图 4.2.17 所示。

② 先用导线短接 G 与 S,将万用表置于 R×10 kΩ 挡,红表笔接 S,黑表笔接 D,阻值应接近无穷大,否则说明 VMOS 管内部 PN 结的反向特性比较差。具体操作参见如图 4.2.18 所示。

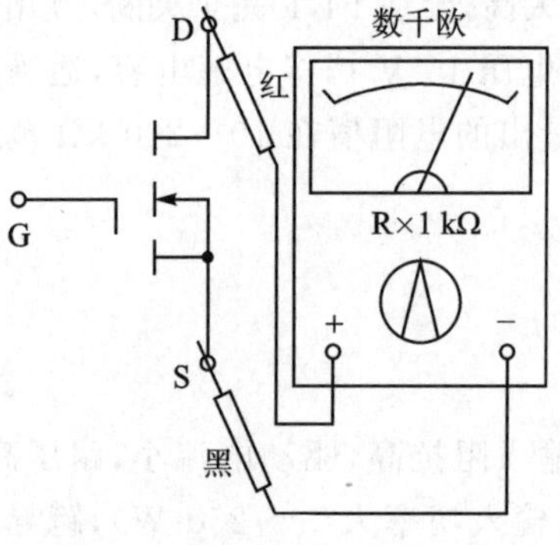

图 4.2.17　测 VMOS 的 R_{SD}

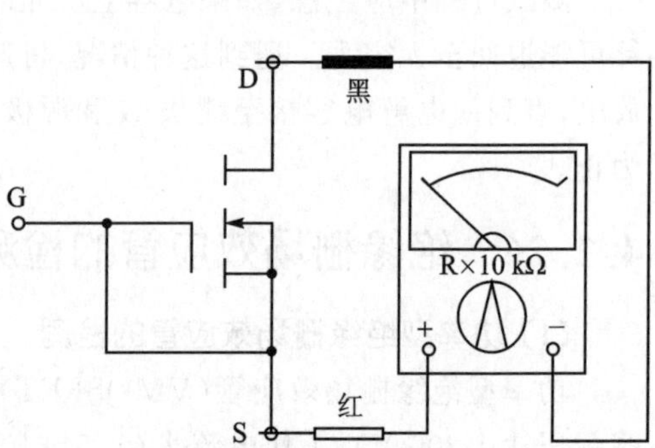

图 4.2.18　短接 VMOS 的 G、S 测 R_{DS}

③ 紧接上述测量，将 G 与 S 间短路线去掉，表笔位置不动，将 D 与 G 短接一下再脱开，相当于给栅极注入了电荷，此时阻值应大幅度减小，并稳定在某一阻值。此阻值越小，说明跨导值越高，VMOSFET 管的性能越好。如果万用表指针向右摆幅很小，说明 VMOSFET 管的跨导值较小。具体测试操作如图 4.2.19 所示。

注意：此步测试时，万用表的电阻挡一定要选用 R×10 kΩ 的高阻挡，这时表内电压较高，阻值变化比较明显。如果使用 R×1 kΩ 或 R×100 Ω 挡，会因表内电压较低而不能正常进行测试。

④ 紧接上述操作，表笔不动，电阻值维持在某一数值，用镊子等导电物将 G 与 S 短接一下，给栅极放电，万用表指针应立即向左转至无穷大。具体操作如图 4.2.20 所示。

上述测量方法是针对 N 沟道 VMOSFET 管而言，若测量 P 沟道 VMOSFET 管，则应将两表笔位置调换。

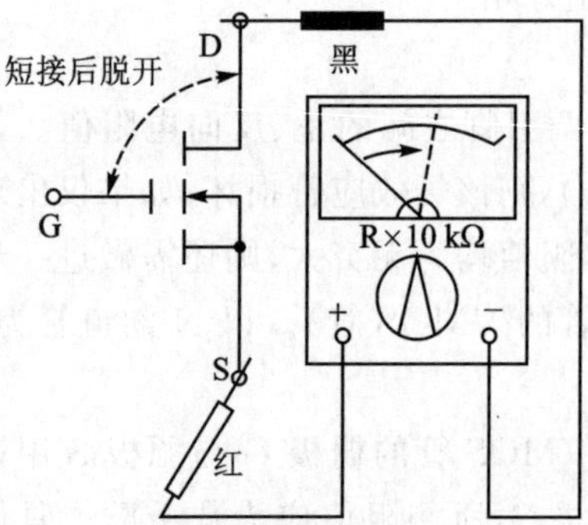

图 4.2.19　短接 VMOS 的 G、D 时测 R_{DS}

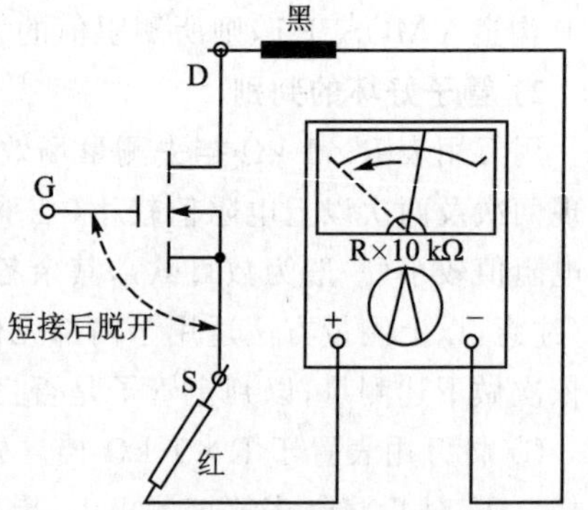

图 4.2.20　短接 VMOS 的 G、S 时的测试

(2) 双栅 MOS 场效应管的检测

1) 判断电极

如图 4.2.21 所示，目前生产的 MOS 场效应管的引脚位置排列顺序基本是相同

的,即从管子的底部看去,按逆时针方向依次是D、S、G1、G2。因此,只要用万用表电阻挡测出漏极D和源极S两引脚端,就可以将各引脚端确定。

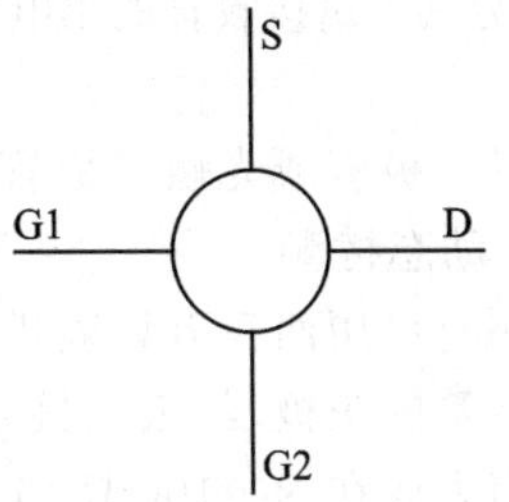

图4.2.21 双栅场效应管引脚端排列形式

检测时,将万用表置R×100 Ω挡,用红、黑表笔依次轮换测量各引脚间的电阻值,只有S和D两极间的电阻值为几十欧至几千欧之间,其余各电极间的电阻值均为无穷大。这样找到S和D极以后,再交换表笔测量这两个电极间的电阻值,其中在测得阻值较大的一次测量中,黑表笔所接的为D极,红表笔所接的为S极。测出D和S以后,G1和G2便可根据排列规律加以确定。

2) 管子好坏的判别

① 测量源极S和漏极D间电阻。将万用表置于R×10 Ω或R×100 Ω挡,测量源极S和漏极D之间的电阻值,正常时,一般在几十欧到几千欧之间,不同型号的管子略有差异。当用黑表笔接D,红表笔接S时,要比红表笔接D,黑表笔接S时所测得的电阻值大些。这两个电极之间的电阻值若大于正常值或为无穷大,说明管子存在内部接触不良或内部断极。若接近于0,则说明内部已被击穿。

② 测量其余各引脚间的电阻。将万用表置R×10 kΩ挡,表笔不分正负,测量栅极G1和G2之间、栅极与源极之间、栅极与漏极之间的电阻值。正常时,这些电阻值均应为无穷大。若阻值不是无穷大,则证明管子已经损坏。注意,这种方法无法判断内部电极开路的故障。

4.2.27 光电耦合器的检测

光电耦合器由光敏三极管和发光二极管组成,光敏三极管的导通与截止受发光二极管所加正向电压控制。当发光二极管加上正向电压时,发光二极管有电流通过发光,使光敏三极管内阻减小而导通;当发光二极管不加正向电压或所加正向电压很小时,发光极管中无电流或通过电流很小,发光强度减弱,光敏三极管的内阻增大而截止。

(1) 静态检测

在光电耦合器中,发射管(发光二极管)与接收管(光敏三极管)是互相独立的,可采用万用表单独检测这两部分。

① 利用R×100 Ω或R×1 kΩ挡测量发射管的正、反向电阻,通常正向电阻为几百欧,反向电阻为几千欧或几十千欧。如果测量结果是正反向电阻非常接近,表明发光二极管性能欠佳或已损坏。检查时,要注意不能使用R×10 kΩ挡,因为发光二极管工作电压一般在1.5~2.3 V,而R×10 kΩ挡电池电压为9~15 V,会导致发光二极管击穿损坏。

② 分别测量接收管的集电极与发射极的正、反向电阻，无论正反向测量，其阻值都为无穷大。

发光二极管或光敏三极管只要有一个元件损坏，则该光电耦合器不能正常使用。

(2) 动态检测

检测时可用两只万用表进行判别，先将一只万用表放在 R×1 Ω 挡上，黑表笔接发射二极管的正极，红表笔接发光二极管的负极，为发光二极管提供驱动电流，将另一只万用表放在 R×100 Ω 挡上，同时测量接收管的两端电阻并交换表笔，两次中有一次测得阻值较小，约几十欧，这时黑表笔接的就是接收管集电极。保持这种接法，将接发射管的万用表放在 R×100 Ω 挡上，若这时接收管两脚之间的阻值有明显的变化，增至几千欧姆，则说明光电耦合器是好的；若接收管两脚之间的阻值不变或变化不大，则说明光电耦合器损坏。

4.2.28 霍尔元件的检测

(1) 测量输入电阻和输出电阻

测量时要注意正确选择万用表的电阻挡量程，以保证测量的准确度。对于 HZ 系列产品，应选择万用表 R×10 Ω 挡测量；对于 HT 与 HS 系列产品，应采用万用表 R×1 Ω 挡测量，测量结果应与手册的参数值相符。如果测出的阻值为无穷大或 0，说明被测霍尔元件已经损坏。

(2) 检测灵敏度

采用双表法测量，测试电路如图 4.2.22 所示。将万用表Ⅰ置于 R×1 Ω 或 R×10 Ω 挡(根据控制电流 I 大小而定)，为霍尔元件提供控制电流，将万用表Ⅱ置于直流 2.5 V 挡，用来测量霍尔元件输出的电动势 U_H。用一块条形磁铁垂直靠近霍尔元件表面，此时，万用表Ⅱ的指针应明显向右偏转。在测试条件相同的情况下，万用表Ⅱ向右偏转的角度越大，表明被测霍尔元件的灵敏度(K_H)越高。

注意： 测试时霍尔元件的输入、输出端引脚端不能够搞错接反。

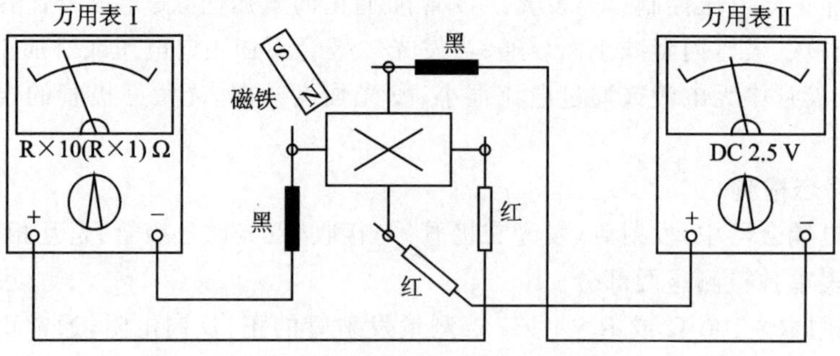

图 4.2.22 测量霍尔元件的灵敏度

4.2.29　LED数码管的检测

方法一：LED数码管的检测电路如图4.2.23所示。将3 V干电池负极引出线固定接触在LED数码管的公共负极端上，电池正极引出线依次移动接触笔画的正极端。这一根引出线接触到某一笔画的正极端时，该笔画就应显示出来。

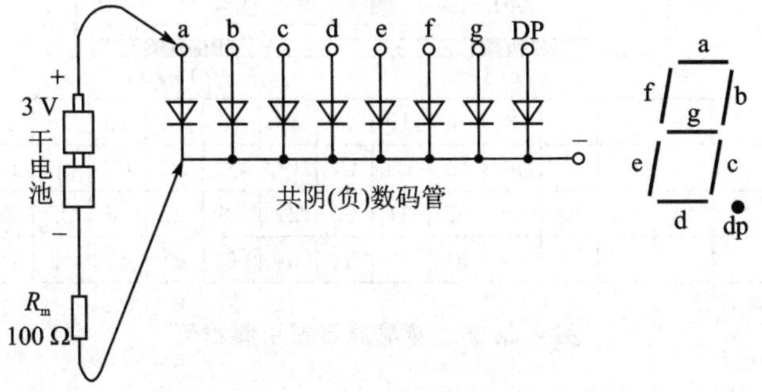

图4.2.23　LED数码管的检测

采用这种方法可以检查数码管是否有断笔(某笔画不能显示)及连笔(某些笔画连在一起)，并且可相对比较出不同笔画发光的强弱性能。检查共阳极数码管时，需要将电池正负极引出线对调一下，方法同上。

方法二：利用数字万用表的h_{EE}插口检查LED数码管的发光情况。数字万用表选择NPN挡时，C孔带正电，E孔带负电。例如，检查LTS547R型共阴极LED数码管时，从E孔插入一根单股细导线，导线引出端接负极(第3脚与第8脚在内部连通，可任选一个作为负)；再从C孔引出一根导线依次接触各笔段电极，可分别显示所对应的笔段。若按图4.2.24所示电路，将第4、5、1、6、7脚(即g、a、b、d、e)短路后再与C孔引出线接通，则显示数字"2"；将a～g段全部接C孔引线，就显示全亮笔段构成数字"8"。

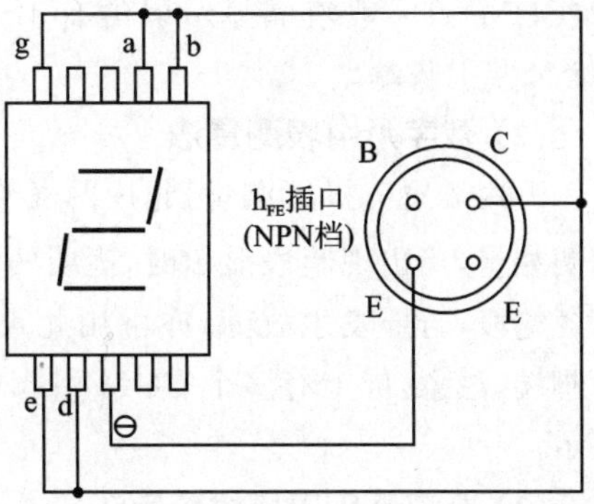

图4.2.24　共阴极LED数码管的检测

4.2.30　TN型液晶显示器件的检测

以一个三位半静态显示液晶屏为例，说明TN型液晶显示器件的检测，三位半静态显示液晶屏的引脚端如图4.2.25所示。

(1) 加电显示法

如图4.2.26所示，取两只表笔，使其一端分别与电池组的"+"和"−"相连。一

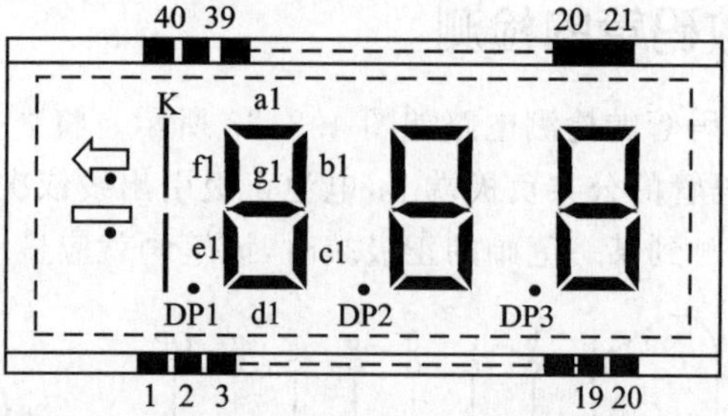

1	2	3	4	5	6	7	8	9	10	11	12	13	14	15	16	17	18	19	20
COM	-	K					DP1	E1	D1	C1	BP2	Q2	D2	C2	DP3	E3	D3	C3	B3
40	39	38	37	36	36	34	33	32	31	30	29	28	27	26	25	24	23	22	21
COM		←						g1	f1	a1	b1	L	g2	f2	a2	b2	g3	f3	a3

图 4.2.25　液晶显示器引脚排列

只表笔的另一端搭在液晶显示屏上，与屏的接触面越大越好，用另一只表笔依次接触引脚。这时与各被接触引脚有关系的段、位便在屏幕上显示出来。若遇不显示的引脚，则该引脚端必为公共脚(COM)。一般液晶显示屏的有1～3个公共引脚端。

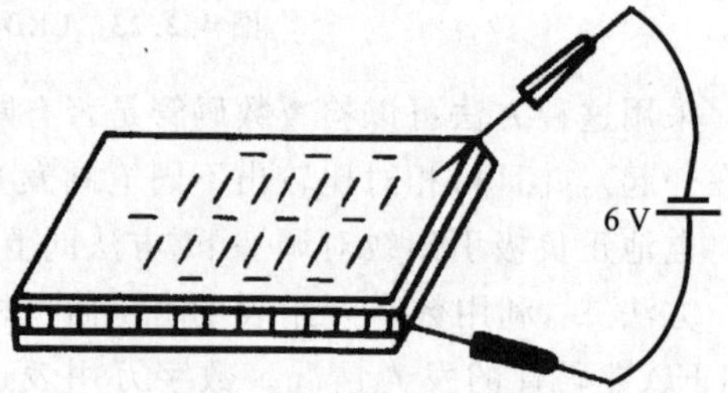

图 4.2.26　液晶加电显示法

(2) 数字万用表测量法

万用表置二极管测量挡，用两表笔两两相量，当出现笔段显示时，表明两笔中有一个引脚为BP(或COM)端，由此可确定各笔段，若屏发生故障，亦可用此查出坏笔段。对于动态液晶屏，用同法找COM引脚端(注意：屏上有多个COM引脚端)，不同的是，能在一个引出端上引起多笔段显示。

(3) 交流感应电压检查方法

在使用前对LCD可作一般的检查，方法是：取一段几十厘米长的软导线，靠近台灯或收音机、电视机的50 Hz交流电源线。用手指接触液晶数字屏的公共电极，用软导线的一端金属部分依次接触笔画电极，导线的另一端悬空，手指也不要碰导线的金属部分，如果数字屏良好的话，就能依次显示出相应的笔画来。

50 Hz的交流电可以在导线上的感应出一个电压，这个电压可能会有零点几伏到十几伏(视软导线与50 Hz电源线的距离而定)，足以驱动液晶显示屏的，而且这个感应电压源的内阻很大，不会损坏液晶显示屏，而万用表中的“高”直流电压对液晶显示屏是有害的。只要适当调整软导线与50 Hz电源线的距离，就能很清晰地显示出笔画。软导线与50 Hz电源线也不要靠得太近，以免显示过强。

4.2.31　运算放大器的检测

参照 GB 3442—82 标准，运算放大器的 U_{IO}（输入失调电压）、I_{IO}（输入失调电流）、A_{VD}（交流差模开环电压增益）和 K_{CMR}（交流共模抑制比）参数的测试原理图分别如图 4.2.27、图 4.2.28 和图 4.2.29 所示。为了保证测试精度，外接测试仪表（信号源和数字电压表）的精度应比测试要求精度高一个数量级。

(1) U_{IO}、I_{IO} 电参数测试

U_{IO}、I_{IO} 电参数测试原理方框图如图 4.2.27 所示。

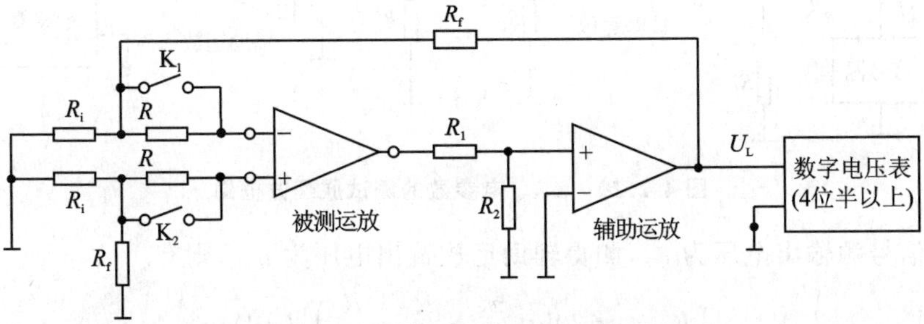

图 4.2.27　U_{IO}、I_{IO} 电参数测试原理方框图

① 在 K_1、K_2 闭合时，测得辅助运放的输出电压记为 U_{L0}，则有：

$$U_{IO}=\frac{R_i}{R_i+R_f}\cdot U_{L0} \tag{4.2.1}$$

② 在 K_1、K_2 闭合时，测得辅助运放的输出电压记为 U_{L0}；在 K_1、K_2 断开时，测得辅助运放的输出电压记为 U_{L1}，则有：

$$I_{IO}=\frac{R_i}{R_i+R_f}\cdot\frac{U_{L1}-U_{L0}}{R} \tag{4.2.2}$$

(2) A_{VD} 电参数的测试

A_{VD} 电参数的测试原理方框图如图 4.2.28 所示。

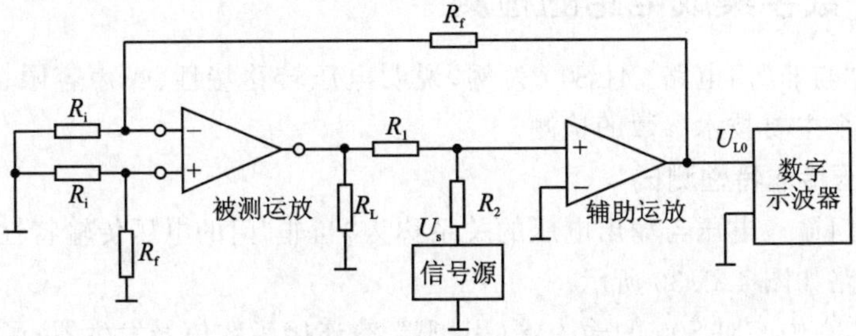

图 4.2.28　A_{VD} 电参数的测试原理与测试原理方框图

设信号源输出电压为 u_S，测得辅助运放输出电压为 u_{L0}，则有

$$A_{VD}=20\lg\left(\frac{u_S}{u_{L0}}\cdot\frac{R_i+R_f}{R_i}\right)(dB) \tag{4.2.3}$$

(3) K_{CMR} 电参数的测试

K_{CMR} 电参数的测试原理方框图如图 4.2.29 所示。

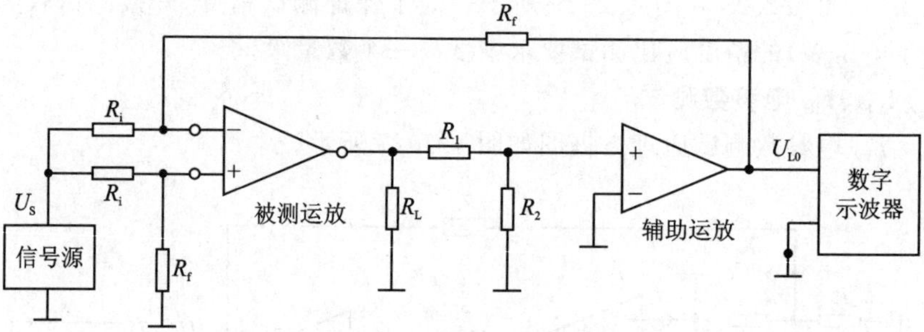

图 4.2.29 K_{CMR} 电参数的测试原理方框图

设信号源输出电压为 u_S,测得辅助运放输出电压为 u_{L0},则有

$$K_{CMR}=20\lg\left(\frac{u_S}{u_{L0}}\cdot\frac{R_i+R_f}{R_i}\right)\ (dB) \tag{4.2.4}$$

(4) 测试电路说明

① 测试采用了辅助放大器测试方法。要求辅助运放的开环增益大于 60 dB,输入失调电压和失调电流值小。

② 为了保证测试精度,要求对 R、R_i、R_f 的阻值准确测量,R_1、R_2 的阻值尽可能一致;I_{IO} 与 R 的乘积远大于 U_{IO};I_{IO} 与 $R_i//R_f$ 的乘积应远小于 U_{IO}。测试电路中的电阻值建议取:$R_i=100\ \Omega$,$R_f=20\sim100\ k\Omega$,$R_1=R_2=30\ k\Omega$,$R_L=10\ k\Omega$,$R=1\ M\Omega$。

③ 建议图 4.2.28 和图 4.2.29 中使用的信号源输出为正弦波信号,频率为 5 Hz,输出电压有效值为 4 V。

4.2.32 数字集成电路的检测

下面以“与非”门电路 74LS00 为例,说明电压转移特性、噪声容限、扇出系数和延迟时间 4 个主要技术参数的检测。

(1) 电压传输特性测试

“与非”门输入电压与输出电压的关系称为“与非”门的电压传输特性。电压传输特性测试电路如图 4.2.30 所示。

图 4.2.30 中,74LS00 的输入端(引脚端 2)连接函数信号发生器;函数信号发生器输出三角波,幅度为 2 V;示波器设置为 $X-Y$ 显示形式,将输入电压送到 X 轴,将输出电压送到 Y 轴。这样在示波器上就会显示为如图 4.2.20(b)所示曲线,该曲线的横坐标为“与非”门的输入电压,纵坐标为“与非”门的输出电压。

图4.2.30(b)中的曲线表示了每一个输入电压值所对应的输出电压值。从图4.2.30(b)中可以看出，当输入电压低于0.8 V时，输出电压保持在3.4 V；而当输入电压大于1.2 V时，输出电压保持在0.4 V左右。

当输入电压为0.8～1.2 V之间时，输出电压在0.4～3.4 V之间迅速变化，这一区间称为“逻辑不明区”，实际使用时应当避免器件工作在此区间。

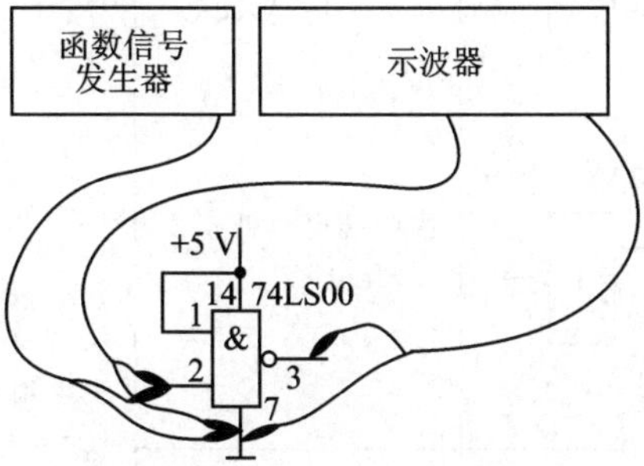

(a) 与非门电压传输特性的测试电路

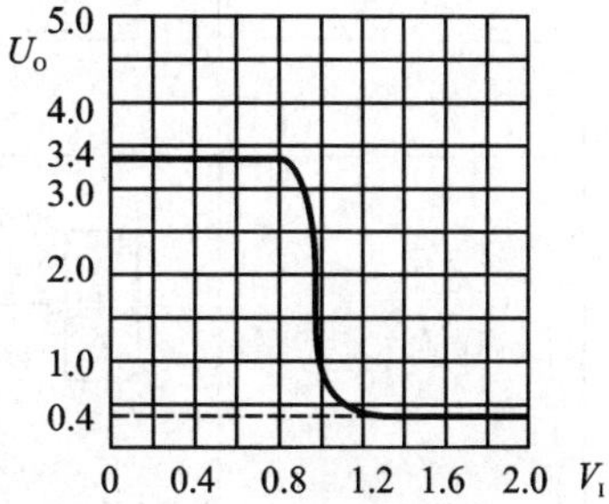

(b) 电压转移特性曲线

图4.2.30 电压传输特性测试电路

上述曲线是针对某一个具体器件测试得出的，由于参数的分散性，不同器件的曲线不可能完全一致。常见的数字集成电路的输入“0”(低电平)、输入“1”(高电平)、输出“0”(低电平)和输出“1”(高电平)四种不同状态时的电压值，如表4.2.1所列。

表4.2.1 数字集成电路的四种不同状态时的电压值(单位：V)

符　号	名　称	74系列	74LS系列	4000系列	74HC系列
U_{OH}	高电平输出电压	≥2.4	≥2.7	≥4.95	≥4.95
U_{OL}	低电平输出电压	≤0.4	≤0.4	≤0.05	≤0.05
U_{IH}	高电平输入电压	≥2.0	≥2.0	≥3.5	≥3.5
U_{IL}	低电平输入电压	≤0.8	≤0.8	≤1.5	≤1

注：本表中所有器件工作电压均为5 V。

(2) 数字集成电路的噪声容限

为保证数字集成电路信号的正确传输，必须满足 $U_{OH} \geqslant U_{IH}$ 和 $U_{OL} \leqslant U_{IL}$。但在逻辑信号传送过程中，不可避免地会受到各种干扰，信号传送过程中的主要干扰如表4.2.2所列。

逻辑信号在传送过程中会受各种干扰而发生畸变，为保证信号的正确传输，除了尽量减少各种干扰因素以外，器件本身的噪声容限指标(抗干扰能力)也是十分重要的。

表 4.2.2 信号传送过程中的主要干扰

原因	发送端	线　路	接收端	影响因素
外界干扰	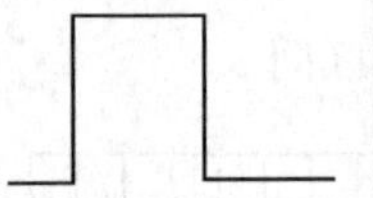	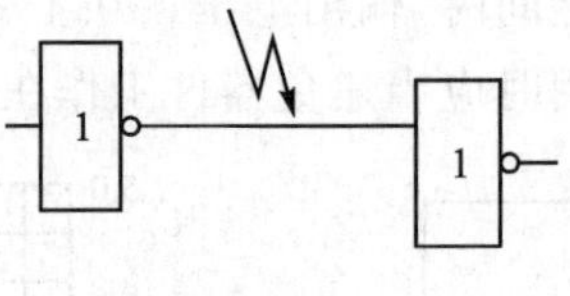	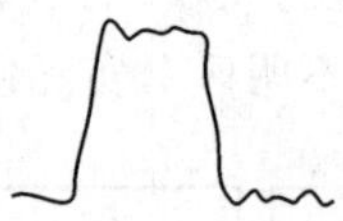	线路越长，环境干扰信号越强，工作频率越高，影响越大
导线电阻	高电位 2.7 V	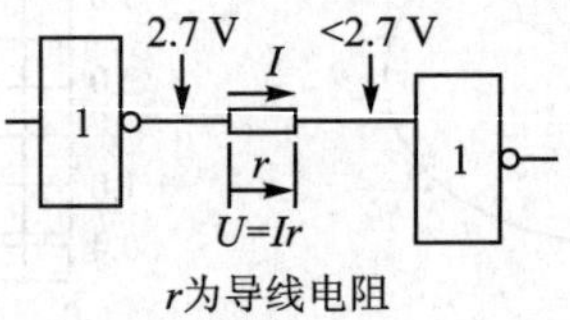	接收端电位低于发送端电位 2.7 V−Ir<2.7 V	线路越长，导线越细，负载越重（负载电流越大），影响越大
	低电位 0.4 V	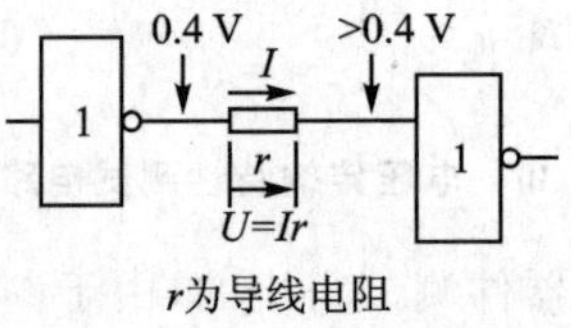	接收端电位高于发送端电位 0.4 V+Ir>0.4 V	

将表 4.2.1 中 74LS 系列的四电压参数表示在图 4.2.31 中，可以看到，当电路输出为逻辑“0”(低电平)时，输出电压最高为 0.4 V。将此信号传送到另一个电路的输入端时，只要不超过 0.8 V，输入端就能正确地接收。也就是说，允许信号在传送过程中受到干扰而产生的变化为 0.4 V，这一变化范围称为低电平噪声容限，记为 U_{nL}。同理，从图中可以看出，高电平的噪声容限 U_{nH} 为 0.7 V。

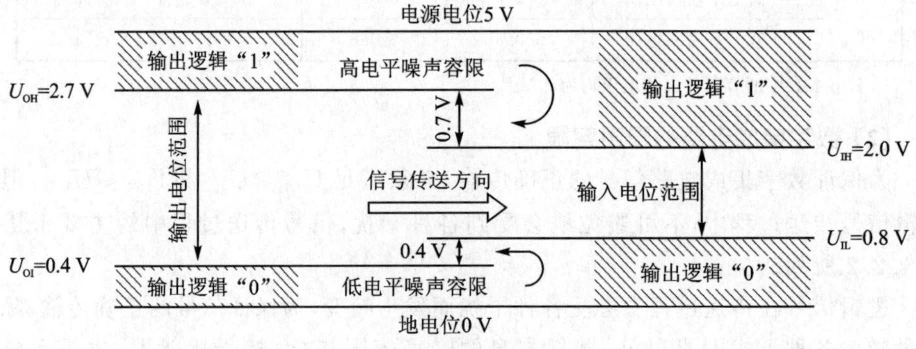

图 4.2.31 噪声容限示意图

噪声容限是用来说明数字集成电路抗干扰能力大小的参数。噪声容限大，说明抗干扰能力强;噪声容限小,说明抗干扰能力弱。根据表 4.2.1 中的四电压参数可以得到各系列器件的噪声容限。从表中数据可以看到 CMOS 系列器件的噪声容限比 TTL 系列器件的要大得多,在干扰比较强的环境中应当选用 CMOS 系列器件以提高系统的稳定性。由于 CMOS 系列器件的工作电压可以达到 15～18 V,因此使用高工作电压,电路的噪声容限也会提高。

(3) TTL 电路的驱动能力

TTL 电路的驱动能力与电路输出端能够承受的最大电流值有关,如图 4.2.32 所示,根据输出端电流的流向(流入数字集成电路内部还是从集成电路流出),可将负载分为拉电流负载和灌电流负载两种类型。

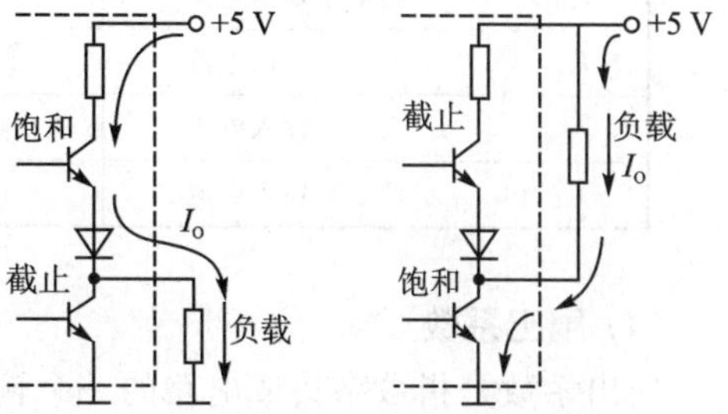

(a) 拉电流负载　　(b) 灌电流负载

图 4.2.32　负载类型

"与非"门输出电流的测量电路图 4.2.33 所示。在图 4.2.33(a)中输入端接高电平,输出为低电平,测量电路的灌电流大小。首先将 R_P 调到最大值,接通电源后逐渐减小 R_P,会发现随着 R_P 的减小,负载电流逐渐加大而输出电压逐渐升高。与非门 74LS00 的 U_{OL} 应当低于 0.4 V,当输出电压上升到 U_{OL} 时的负载电流称为低电平输出电流 I_{OL},在实际应用时负载电流不得超过此数值,才能保证电路正常工作。当负载电流继续增大,"与非"门的输出电压会继续升高,大于 0.4 V,这是由于输出电流过大造成的。电路在使用中的输出电流不能超过低电平输出电流 I_{OL}。

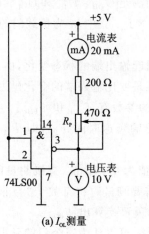

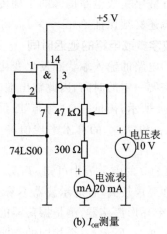

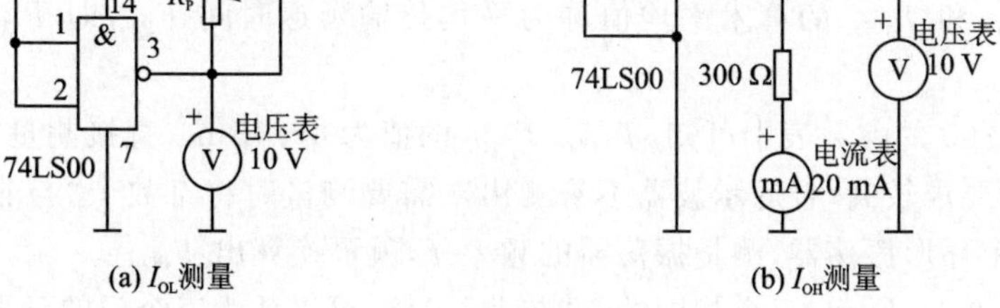

(a) I_{OL}测量　　(b) I_{OH}测量

图 4.2.33　驱动能力测量

“与非”门的拉电流测量电路如图 4.2.33(b)所示，当负载电流加大时输出电压降低，当输出电压降低到 U_{OH} 时，对应的负载电流称为高电平输出电流 I_{OH}。

数字集成电路的输入/输出电流参数如表 4.2.3 所列，注意这四个电流参数，其参考方向均为从外部电路指向数字集成电路内部。

表 4.2.3 数字集成电路的输入/输出电流参数（单位：mA）

符 号	名 称	74 系列	74LS 系列	4000 系列	74HC 系列
I_{OH}	高电平输出电流	−0.4	−0.4	−0.51	−4
I_{OL}	低电平输出电流	16	8	0.51	4
I_{IH}	高电平输入电流	0.04	0.02	0.0001	0.001
I_{IL}	低电平输入电流	−1.6	−0.4	−0.0001	0.001

(4) 扇出系数

扇出系数是指数字集成电路的一个输出端能驱动的输入端个数。由于数字集成电路对拉电流负载和灌电流负载的驱动能力不同，扇出系数分为高电平扇出系数和低电平扇出系数。低电平扇出系数＝$|I_{OL}/I_{IL}|$，高电平扇出系数＝$|I_{OH}/I_{IH}|$，实际应用时扇出系数取两者的较小值。

例如：某电路前后级均为 74LS00，则高电平扇出系数＝$|-400\ \mu A/20\ \mu A|$＝20，低电平扇出系数＝$|8\ mA/(-0.4\ mA)|$＝20，因此，74LS00 的扇出系数为 20，即一个 74LS00 的输出端最多能带 20 个 74LS00 的输入端。CMOS 电路由于输入阻抗特别大，输入电流均为 μA 级以下，故扇出系数很大。实际使用中可以不考虑 CMOS 电路的驱动能力问题。

为保证数字集成电路信号的正确传输，必须满足 $U_{OH} \geqslant U_{IH}$ 和 $U_{OL} \leqslant U_{IL}$，从驱动能力上考虑还必须保证 $I_{OH} \geqslant n \times I_{IH}$ 和 $I_{OL} \leqslant n \times I_{IL}$，其中，$n$ 为负载门的个数。

(5) 数字集成电路的延迟时间

一个门电路的输入端状态发生变化时，会引起输出端的状态变化，由于内部电路状态变化需要一定的时间，因此输出端的变化总是要比输入端的变化延迟一段时间。如图 4.2.34 所示，衡量一个“与非”门延迟时间的参数有 T_{PLH} 和 T_{PHL}。

将 T_{PLH} 和 T_{PHL} 的算术平均值称为平均传输延迟时间 T_{PD}，即 $T_{PD}=(T_{PHL}+T_{PLH})/2$。

从 74LS00 的参数表中可知，T_{PLH}、T_{PHL} 的值为 4～15 ns，直接测量时对示波器的频率特性要求较高，普通示波器不易测出。需要测量时将奇数个“与非”门串接起来，形成一个环形振荡器，测量振荡器的频率 f，就可换算出 T_{PD}。

如图 4.2.35 所示，三个相同的与“与非”串接，可以认为三个门的延迟时间相同，通过测量振荡器输出波形的周期 T，即可得到与“与非”的延迟时间 $T_{PD}=T/6$。

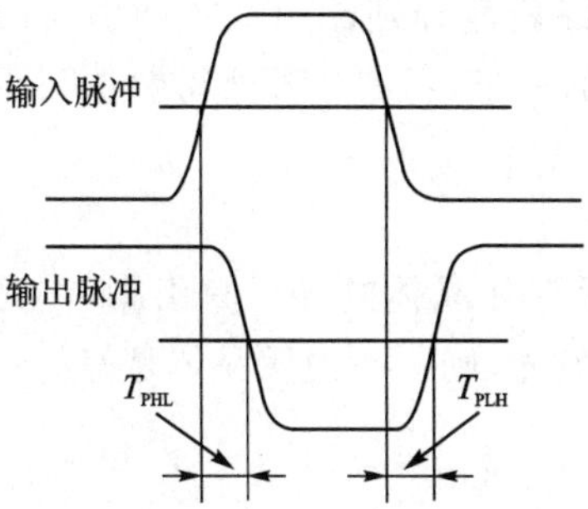

图 4.2.34 "与非"门的延迟时间

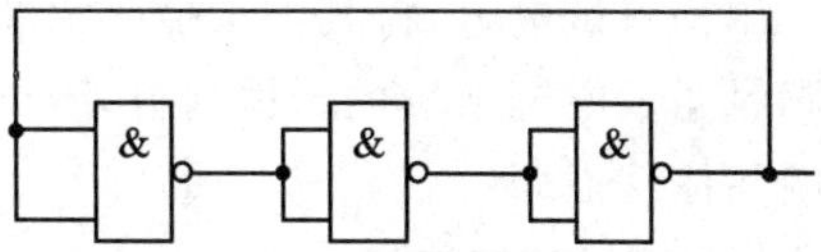

图 4.2.35 环形振荡器

在实际应用电路中，负载的特性对门电路的延迟时间会产生影响，参数表中给出的数据是在负载电阻 R_L 为 2 kΩ，负载电容 C_L 为 50 pF 条件下测得的。负载电阻和电容数值增大都会使延迟时间增长。

当系统工作的频率较低(如低于 1 MHz)时，器件的延迟时间相对于信号频率很小，可以忽略不计。但是系统频率较高时器件的延迟时间有可能造成系统工作紊乱。不同类型的数字集成电路的延迟时间有较大的差别，如 4000 系列的延迟时间比较长，选用器件时首先必须根据系统的工作频率来选择器件的种类。表 4.2.4 为常见数字集成电路的最高工作频率。

表 4.2.4 常见数字集成电路的最高工作频率

系　列	最高工作频率/MHz
74	35
74LS	45
74ALS	50
4000/4500	7
74HC/74HCT	50
74AC/74ACT	125

4.2.33 石英晶体的检测

(1) 测量电阻

用万用表 R×10 kΩ 挡测量石英晶体两引脚之间的电阻值，应为无穷大。若实测电阻值不为无穷大甚至出现电阻为 0 的情况，则说明晶体内部存在漏电或短路故障。

(2) 在路测电压

现以鉴别彩电遥控器晶体好坏为例，介绍此法的具体操作：

① 将遥控器后盖打开，找到晶体所在位置和电源负端(一般彩电遥控器均采用两节 1.5 V 干电池串联供电)。

② 将万用表置于直流 10 V 电压挡，黑表笔固定接在电源的负端。

③ 先在不按遥控键的状态下，用红表笔分别测出晶体两引脚的电压值，正常情况下，一只脚为 0 V，一只脚为 3 V(供电电压)左右。

④ 然后按下遥控器上的任一功能键，再用红表笔分别测出晶体两引脚的电压值，正常情况下，两脚电压均为1.5 V(供电电压的一半)左右。若所得数值与正常值差异较大，则说明晶体工作不正常。

(3) 电笔测试法

用一只试电笔，将其刀头插入火线孔内，用手捏住晶体的任一只引脚，将另一只引脚触碰试电笔顶端的金属部分，若试电笔氖管发光，则一般说明晶体是好的；否则，说明晶体已损坏。

(4) 测试电容法

利用数字万用表的电容挡测试晶体的静电电容。采用电容表测得的部分晶振脚间电容值如表4.2.5所列。

表4.2.5 几种晶振实测电容值

频率/MHz	电容值/pF	
	塑封或陶瓷封装	金属封装
0.4～0.503	300～900	
4.43	40	3
4.40	42	3.2
3.58	56	3.7

若晶体的电容值在上述范围，则质量良好；否则，说明晶体有问题。当然，最有效的办法还是用替换法检查，判断石英晶体的好坏。

4.2.34 电声器件的检测

(1) 扬声器的检测

① 估测阻抗和判断好坏。将万用表置R×1 Ω挡，调零后，测出扬声器音圈的直流铜阻R，然后用估算公式$Z=1.17R$算出扬声器的阻抗。例如，测得一只扬声器的直流铜阻为6.8 Ω，则阻抗$Z=1.17\times6.8=7.90$。一般电动扬声器的实测电阻值约为其标称阻抗的80%～90%，例如一只8 Ω的扬声器，实测铜阻值约为6.5～7.2 Ω。

判断扬声器是否正常的方法是：将万用表置R×1 Ω挡，把任意一只表笔与扬声器的任一引出端相接，用另一只表笔断续触碰扬声器另一引出端，此时，扬声器应发出“喀喀”声，指针亦相应摆动。如触碰时扬声器不发声，指针也不摆动，则说明扬声器内部音圈断路或引线断裂。

② 判断相位。在制作安装组合音箱时，高低音扬声器的相位是不能接反的。有的扬声器在出厂时，厂家已在相应的引出端上注明了相位，但有许多扬声器上没注明相位。

判断相位的方法是：将万用表置于最低的直流电流挡，例如50 μA或100 μA

挡，用左手持红、黑表笔分别跨接在扬声器的两引出端，用右手食指尖快速地弹一下纸盆，同时仔细观察指针的摆动方向。若指针向右摆动，则红表笔所接的一端为正端，而黑表笔所接的一端则为负端；若指针向左摆，则红表笔所接的为负端，而黑表笔所接的为正端。测试时应注意，在弹纸盆时不要用力过猛，切勿使纸盆破裂或变形将扬声器损坏；千万不要弹音圈的防尘保护罩，以防使之凹陷。

(2) 耳机的检测

例如：一个双声道耳机的耳机插头有3个引出点，一般插头后端的接触点为公共点，前端和中间接触点分别为左、右声道引出端。检测时，将万用表置R×1 Ω挡，任一表笔接在耳机插头的公共点上，然后用另一表笔分别触碰耳机插头的另外两个引出点，相应的左或右声道的耳机应发出"喀喀"声，指针应偏转，指示值分别为20 Ω或30 Ω左右，且左、右声道的耳机阻值应对称。若测量时无声，指针也不偏转，则说明相应的耳机有引线断裂或内部焊点脱开的故障。若指针摆至零位附近，说明相应耳机内部引线或耳机插头处有短路的地方。若指针指示阻值正常，但发声很轻，一般是耳机振膜片与磁铁间的间隙不对造成的。

(3) 压电陶瓷蜂鸣片的检测

将万用表拨至直流2.5 V挡，将待测压电蜂鸣片平放于木制桌面上，带压电陶瓷片的一面朝上。然后将万用表的一只表笔横放在蜂鸣片的下面，与金属片相接触，用另一只表笔在压电蜂鸣片的陶瓷片上轻轻触离。仔细观察，万用表指针应随表笔的触离而摆动，摆动幅度越大，则说明压电蜂鸣片的性能越好，灵敏度越高；若指针不动，则说明被测蜂鸣片已损坏。

(4) 压电陶瓷蜂鸣器的检测

将一个直流稳压电源的输出电压调到6 V左右，把正、负极用导线引出。当正极接压电陶瓷蜂鸣器的正极，负极接压电陶瓷蜂鸣器负极时，若蜂鸣器发出悦耳的响声，则说明器件工作正常；若通电后蜂鸣器不发声，则说明其内部有损坏元件或引线根部断线，应对内部振荡器和压电蜂鸣片进行检查修理。检测时应注意，不得使加在压电陶瓷蜂鸣器两端的电压超过规定的最高工作电压，以防止将压电陶瓷蜂鸣器烧坏。

(5) 驻极体话筒的检测

驻极体话筒是否正常，可采用以下方法进行判断。

1) 电阻法

将万用表置于R×100 Ω或R×1 kΩ挡，红表笔接驻极体话筒的芯线或信号输出点，黑表笔接引线的金属外皮或话筒的金属外壳。一般所测阻值应在0.5 Ω～3 kΩ范围内。若所测阻值为无穷大，则说明话筒开路；若测得阻值接近0时，则说明话筒有短路性故障。如果阻值比正常值小得多或大得多，都说明被测话筒性能变差或已经损坏。

2）吹气法

将万用表置于 R×100 Ω 挡，将红表笔接话筒的引出线的芯线，黑表笔接话筒引出线的屏蔽层，此时，万用表指针应有一阻值，然后正对着话筒吹一口气，仔细观察指针，应有较大幅度的摆动。万用表指针摆动的幅度越大，说明话筒的灵敏度越高；若指针摆动幅度很小，则说明话筒灵敏度很低，使用效果不佳。假如发现指针不动，可交换表笔位置再次吹气试验，若指针仍然不摆动，则说明话筒已经损坏。另外，如果在未吹气时，指针指示的阻值便出现漂移不定的现象，则说明话筒热稳定性很差，这样的话筒不宜继续使用。

对于有 3 个引出端的驻极体话筒，只要正确区分出 3 个引出线的极性，将黑表笔接正电源端，红表笔接输出端，接地端悬空；采用上述方法仍可检测鉴定话筒的性能优劣。

注意：对有些带引线插头的话筒，可直接在插头处进行测量。但要注意，有的话筒上装有一个开关(ON/OFF)，测试时要将此开关拨到“ON”的位置，而不要使开关处在“OFF”的位置；否则，将无法进行正常测试，以至于造成误判。

3）电压法

此法适用于检测装在电路上的话筒。其测试电路如图 4.2.36 所示。

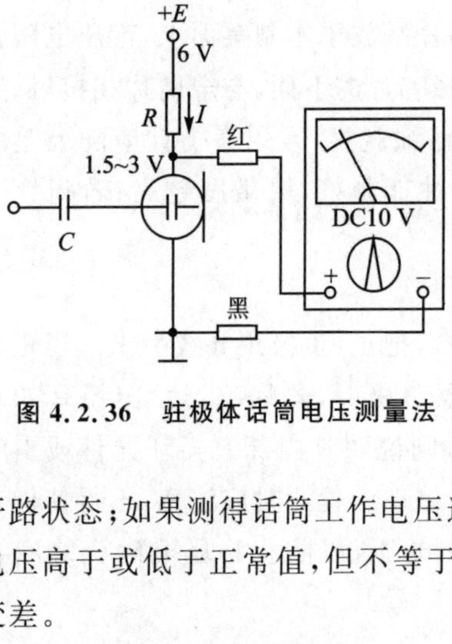

图 4.2.36　驻极体话筒电压测量法

正常时，话筒的工作电压约是电源供电电压 $+E$ 的 1/3～1/2。例如，电源供电电压为 6 V，则话筒的工作电压约为 2～3 V。这是因为电源电压加到负载电阻 R 及话筒上时，要有数毫安的工作电流，此电流使电源电压 E 在 R 上产生一定的压降。检测时，将万用表置于直流 10 V 挡，测量话筒上的工作电压。如果话筒上的工作电压接近于电源电压，则说明话筒处于开路状态；如果测得话筒工作电压近于 0，则表明话筒处于短路状态；如果话筒工作电压高于或低于正常值，但不等于电源电压或也不为 0，则说明内部场效应管性能变差。

(6) 动圈式话筒的检测

动圈话筒由永久磁铁、音膜、输出变压器等部件组成。音膜的音圈套在永久磁铁的圆形磁隙中，当音膜受声波的作用力而振动时，音圈则切割磁力线而在两端产生感应电压。由于话筒的音圈圈数很少，它的输出电压和输出阻抗都很低。为了提高它的灵敏度和满足与扩音机输入阻抗相匹配，在话筒中还装有一只输出变压器。变压器有自耦合互感两种，根据初、次级圈数比不同，其输出阻抗有高阻和低阻两种。话筒的输出阻抗在 600 Ω 以下的为低阻话筒；输出阻抗在 10 kΩ 以上的为高阻话筒。目前国产的高阻话筒，其输出阻抗都是 20 kΩ。有些话筒的输出变压器次级有两个抽头，它既有高阻输出，又有低阻输出，只要改变接头，就能改变其输出阻抗。

动圈话筒的常见故障是无声、音小、失真或时断时续。主要原因是音膜变形、音圈与磁铁相碰、音圈及输出变压器短路或断路、磁隙位置变动、磁力减小、插塞与插口接触不好或短接、话筒线短路或断路。

可使用万用表 R×10 Ω 挡来测量话筒的电阻值，检查话筒是否正常。如果话筒的音圈和变压器的初级电路正常，则在测量电阻时，话筒会发出清脆的“喀喀”的声音。

4.2.35　继电器的检测

(1) 普通电磁继电器的检测

① 判别交流或直流电磁继电器。电磁继电器分为交流与直流两种，在使用时必须加以区分。凡是交流继电器，在其铁芯顶端都嵌有一个铜制的短路环，如图 4.2.37 所示。而直流电磁继电器则没有此铜环。另外，在交流继电器的线圈上常标有“AC”字样，而在直流继电器上则标有“DC”字样，依此也可将两者加以区别。

② 判别触点的数量和类别。只要仔细观察一下继电器的触点结构，即可知道该继电器有几对触点，例如，图 4.2.38 是一种有两组转换触点(2Z)的继电器。簧片 1、2、3 组成一组，1、3 为常闭触点，1、2 为常开触点。同样，簧片 5、4、6 为另一组，4、6 为常闭触点，4、5 为常开触点。

③ 测量触点接触电阻。以图 4.2.38 所示的转换触点为例，用万用表 R×1 Ω 挡，先测量一下常闭触点 1、3 之间和 4、6 之间的电阻，阻值应为 0。然后测量一下常开触点 1、2 之间和 4、5 之间的电阻，阻值应为无穷大。接着，按下衔铁，这时常开触点闭合，1、2 之间和 4、5 之间的电阻变为 0，而常闭触点打开，1、3 之间和 4、6 之间的电阻变为无穷大。如果动静触点转换不正常，可轻轻拨动相应的簧片，使其充分闭合或打开。如果触点闭合后接触电阻极大，看上去触点已经熔化，那么被测继电器不能再继续使用。若触点闭合后接触电阻时大时小不稳定，看上去触点完整无损，只是表面颜色发黑，这时，可在触点空载情况下，给继电器线圈加上额定工作电压，使其吸合、释放几次，然后再测一下接触电阻是否恢复正常。另外，也可用细砂纸轻擦触点表面，使其接触良好。

④ 测量线圈电阻。根据继电器标称直流电阻值，将万用表置于适当的电阻挡，可直接测出继电器线圈的电阻值。例如，继电器标明 $R=1\,000$，则将万用表拨至R×100 Ω 或 R×1 kΩ 挡。然后将两表笔接到继电器线圈的两引脚，万用表指示应基本符合继电器标称直流电阻值。

如果线圈有开路现象，则可查一下线圈的引出端，看看是否线头脱落。如果断头在线圈的内部或看上去线包已烧焦，那么只有查阅数据，重新绕制，或换一个相同的线圈。

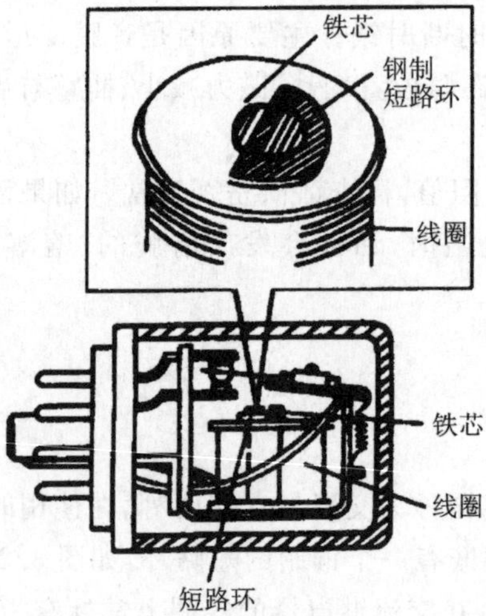

图 4.2.37　交流继电器嵌有的铜制短路环

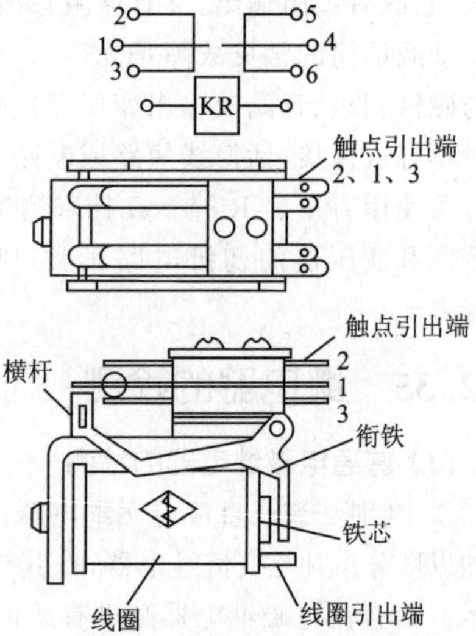

图 4.2.38　具有两组转换触点的继电器

(2) 固态继电器的检测

① 输入、输出引脚及好坏的判别。在交流固态继电器的本体上，输入端一般标有“+”、“−”字样，而输出端则不分正、负。而直流固态继电器，一般在输入和输出端均标有“+”、“−”，并注有“DC 输入”、“DC 输出”的字样，以示区别。用万用表判别时，可使用 R×10 kΩ 挡，分别测量 4 个引脚间的正、反向电阻值。其中必定能测出一对引脚间的电阻值符合正向导通、反向截止的规律：即正向电阻比较小，反向电阻为无穷大。据此便可判定这两个引脚为输入端，而在正向测量时(阻值较小的一次测量)，黑表笔所接的是正极，红表笔所接的则为负极。对于其他各引脚间的电阻值，无论怎样测量均应为无穷大。

对于直流固态继电器，找到输入端后，一般与其横向两两相对的便是输出端的正极和负极。

注意：有些固态继电器的输出端带有保护二极管，如直流五端器件，测试时，可先找出输入端的两个引脚，然后采用测量其余 3 个引脚间正、反向电阻值的方法，将公共地、输出“+”端和输出“−”端加以区别。

② 检测输入电流和带载能力。以 SP2210 型 AC-SSR 为例，其额定输入电流范围为 10～20 mA，输出负载电流为 2 A。测试电路如图 4.2.39 所示。

测试时，输入电压选用直流 6 V。将万用表置于直流 50 mA 挡接入电路。R_P 为 1 kΩ 电位器，用来限制输入电流和调整输入电流的大小。SP2210 的输出端串入 220 V 交流市电，EL 为一只 220 V/100 W 的白炽灯泡，作为交流负载。电路接通以后，调整 R_P，当万用表指示值小于 9 mA 时，灯泡处于熄灭状态，当指示电流在 10～20 mA 之间变化时，灯泡均能正常发光。说明被测 SP2210 型 AC-SSR 性能良好。

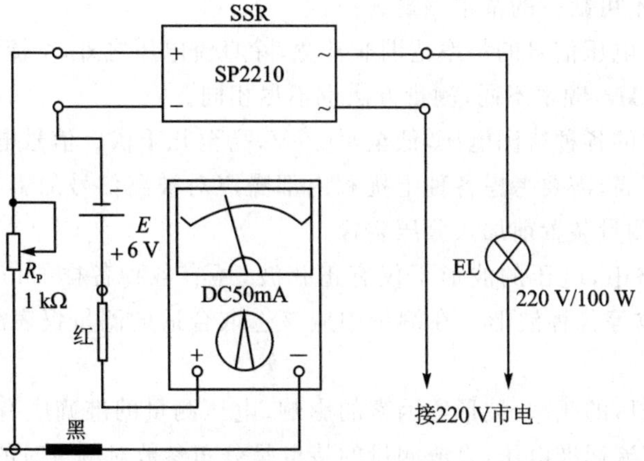

图 4.2.39 检测 AC SSR 输入电流和负载能力

按照上述方法，也可检测 DC－SSR 的性能好坏，但要将 DC－SSR 的输出端接直流电源和相应的负载。

(3) 干簧管的检测

以常开式二端干簧管为例，将万用表置 R×1 Ω 挡，两表笔分别接干簧管的两个引脚，阻值应为无穷大。用一块小磁铁靠近干簧管，此时万用表指针应向右摆至 0，说明两簧片已接通，然后将小磁铁移开干簧管，万用表指针应向左回摆至无穷大。测试时，若磁铁靠近干簧管时，簧片不能吸合（万用表指针不动或摆不到 0 位），说明其内部簧片的接点间隙过大或已发生位移；若移开磁铁后，簧片不能断开，说明簧片弹性已经减弱。这样的干簧管是不能使用的。

对于三端转换式干簧管，同样可采用上述方法进行检测。但在操作时要弄清 3 个接点的相互关系，以便得到正确的测试结果。

4.3 电压测量

4.3.1 电压测量的特点

电压是一个基本的物理量，是表征电信号的三个基本参数（电压、电流、功率）之一。在电子电路中，电路的各种工作状态往往是以电压形式表现出来的，例如控制信号、谐振、平衡、截止、饱和以及工作点的动态范围等；在非电量测量中，也多利用各类传感器装置，将非电量参数转化为电压参数。电路中的其他电参数，包括电流、功率、灵敏度等，都可以通过电压测量获得。在实际电压测量中，将电压表直接并联在被测元件两端，只要电压表的内阻足够大，就可以在几乎不影响电路工作状态的前提下得到满意的测量结果。电压测量是电子测量的基础，在电子电路和设备的测量和调试中,电压测量是不可缺少的基本测量。

电子电路中电压信号的频率范围非常宽,除直流电压之外,交流电压信号的频率范围从 $10\sim10^9$ Hz,频率不同,测量方法也不尽相同。

电子电路中的各种待测电压,低至 10^{-9} V,高至几千伏。信号电压低时,要求测量仪器的分辨率高,需要考虑各种干扰和内部噪声对被测信号的影响。信号电压高时,需要考虑在测量装置前加入分压装置。

在实际电路中,电压的波形不仅有正弦波,还有各种各样的信号波形,如三角波、方波、锯齿波等各种波形。在测量中应该选取合适的测量仪表测量不同波形的电压。

由于被测电压的频率、波形等因素的影响,电压测量的准确度有较大的差异,电压值的基准是直流标准电压,直流测量的特点是分布参数对测量时的影响可以忽略,所以直流测量的准确度较高。目前直流电压测量精确度优于 10^{-7} 量级。交流测量必须得经过交流/直流(AC/DC)变换电路变成直流后再进行测量,在变换过程中交流电压的幅值、频率等参数对变换电路的特性都有影响,同时高频信号分布参数的影响很难完全消除,因此交流测量精度要低得多,目前交流电压测量的精确度一般在 $10^{-2}\sim10^{-4}$ 量级。

由于电压表本身具有内阻,在测量过程中,不可能完全消除电压表对电路的影响。有的电压表的内阻可能小于几十欧,有的可能大于几百千欧,在实际使用中需要合理选取电压测量仪器的内阻。

在测量一些电压幅值较小的信号时,电压测量易受到外界干扰。干扰往往成为影响测量精度的主要因素,测量时需要测量精度较高、抗干扰能力较强的电压表,也需要采用一些相应的抗干扰措施,以减少外界干扰的影响。

4.3.2　交流电压的参数

1. 交流电压的量值表示

一个交流电压的大小,可用平均值、峰值和有效值等多种方式来表示。采用不同的量值表示法,其数值也是不同的。

(1) 峰　值

交流电压的峰值是指交流电压 $u(t)$ 在一个周期内(或在一段观察时间内)电压所达到的最大值,用 U(或 U_p)表示。峰值是从参考零电平开始计算的,U_p 有正负,正峰值和负峰值包括在一起时称为峰—峰值,用 U_{p-p} 表示,如图 4.3.1 所示。

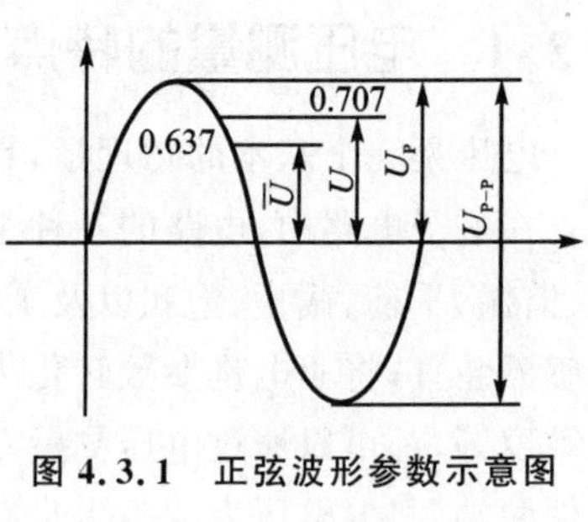

图 4.3.1　正弦波形参数示意图

(2) 平均值

平均值一般用 $\overline{U}$ 表示,在数学定义为

$$\overline{U}=\frac{1}{T}\int_0^T u(t)\mathrm{d}t \tag{4.3.1}$$

式中,T 为被测信号的周期;$u(t)$为被测交流电压。

在测量交流电压时,总是通过检波器将交流电压交换成对应的直流电压。因此,交流电压的平均值是指经过电压表的检波器后的平均值。一般电压表的检波器有半波检波器和全波检波器两种。因此,平均值也应分为半波平均值和全波平均值两种。所谓全波平均值,是指交流电压经全波检波后的全波平均值,定义为

$$\overline{U}=\frac{1}{T}\int_0^T |u(t)| \mathrm{d}t \tag{4.3.2}$$

如果不加说明,提到平均值时通常都是指全波平均值。

(3) 有效值

交流电压的有效值是指均方根值(rms),用 U 或 U_{rms} 表示。有效值比峰值和平均值用得更普遍。它的数学表达式为

$$U=\sqrt{\frac{1}{T}\int_0^T u^2(t)\mathrm{d}t} \tag{4.3.3}$$

有效值的物理意义为:在交流电压的一个周期内,一个交流电压在某电阻负载中所产生的热能,若与一个直流电压在同样的电阻负载中产生的热能相等,则该直流电压值就是该交流电压的有效值。除特殊情况外,各类交流电压表的有效值示值,都是正弦有效值。

2. 交流电压量值的相互转换

交流电压的量值可采用平均值、峰值和有效值等多种形式表示。采用的表示形式不同,数值也不同,这些数值之间可以相互转换。

(1) 波形因数 K_F

电压的有效值与平均值之比称为波形因数 K_F,即

$$K_F=\frac{U}{\overline{U}} \tag{4.3.4}$$

(2) 波峰因数 K_P

交流电压的峰值与有效值之比称为波峰因数 K_P,即

$$K_P=\frac{U_P}{U} \tag{4.3.5}$$

不同波形交流电压的参数如表 4.3.1 所列。

【例 1】 用正弦有效值刻度的峰值电压表去测量一个方波电压,表头读数为 10 V,问该方波电压的有效值是多少?

【解】 由于测量的是方波电压，非正弦波电压，故电压表的读数无直接意义，按“峰值相等则读数相等”原则，先用正弦波的峰值因数 K_P 求方波的峰值。

$$U_{P方波}=\alpha\cdot K_P=10\sqrt{2}\ \mathrm{V}=14.1\ \mathrm{V}$$

然后用方波电压的波峰因数 $K_{P方波}$（$K_{P方波}=1$）来求方波电压的有效值

$$U_{方波}=\frac{U_{方波}}{K_{P方波}}=14.1\ \mathrm{V}$$

可见，用峰值检波电压表测量非正弦电压时，若直接将示值作为被测信号峰值，将产生很大的误差，称为波形误差。如测量方波，从电表上读数 $\alpha=10$ V，而实际峰值 14.1 V。

【例 2】 用正弦有效值刻度的均值电压表测量一个三角波电压，其读数 1 V，求其有效值。

【解】 先把 $\alpha=1$ V 换算成正弦波的平均值。可得

$$\overline{U}=\frac{U}{K_F}=\frac{1\ \mathrm{V}}{1.11}=0.9\ \mathrm{V}$$

按“平均值相等则读数相等”的原则，三角波电压的平均值也为 0.9 V。然后再通过三角波电压的波形因数计算其有效值为

$$U_{三角波}=K_{P三角波}\times\overline{U}_{三角波}=1.15\times0.9\ \mathrm{V}=1.04\ \mathrm{V}$$

对于不同波形电压，K_F 值是不同的，其偏离 K_F 的程度也不同。而均值电压表是按正弦波电压 K_F 刻度的，因此，用均值电压表测量非正弦波电压时，同样要进行换算，若直接从电表读数则会产生波形误差。

表 4.3.1 不同波形交流电压的参数

名 称	波形图	波形系数 K_F	波峰系数 K_P	有效值 U	平均值 $\overline{U}$
正弦波	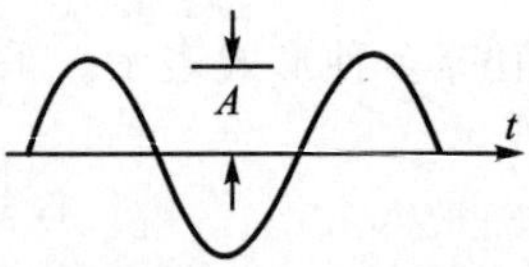	$\frac{\pi}{2\sqrt{2}}$	$\sqrt{2}$	$\frac{A}{\sqrt{2}}$	$\frac{2A}{\pi}$
半波整流	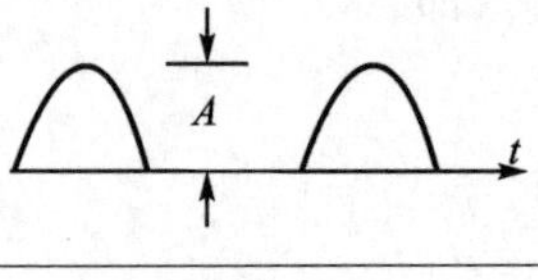	1.57	2	$\frac{A}{2}$	$\frac{A}{\pi}$
全波整流	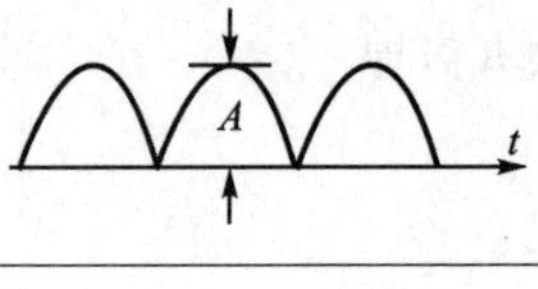	$\frac{\pi}{2\sqrt{2}}$	$\sqrt{2}$	$\frac{A}{\sqrt{2}}$	$\frac{2A}{\pi}$

续表 4.3.1

名 称	波形图	波形系数 K_F	波峰系数 K_P	有效值 U	平均值 $\overline{U}$
三角波	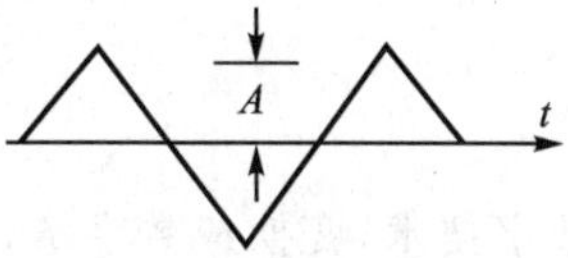	$\frac{2}{\sqrt{3}}$	$\sqrt{3}$	$\frac{A}{\sqrt{3}}$	$\frac{A}{2}$
方波	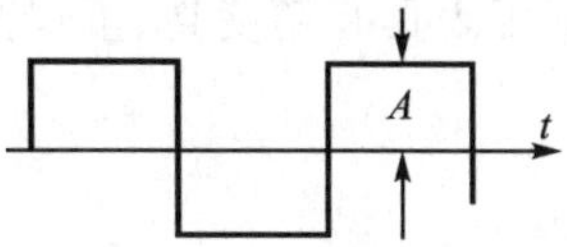	1	1	A	A
锯齿波	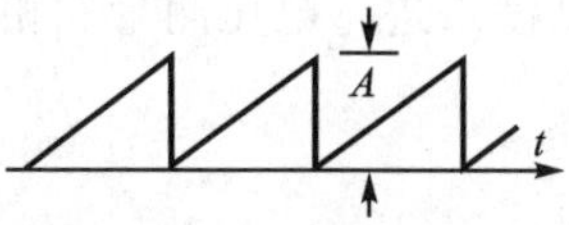	$\frac{2}{\sqrt{3}}$	$\sqrt{3}$	$\frac{A}{\sqrt{3}}$	$\frac{A}{2}$
脉冲波	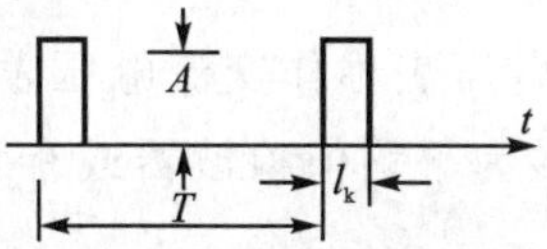	$\sqrt{\frac{T}{t_k}}$	$\sqrt{\frac{T}{t_k}}$	$\sqrt{\frac{t_k}{T}} \cdot A$	$\frac{t_k}{T} \cdot A$
隔直脉冲波	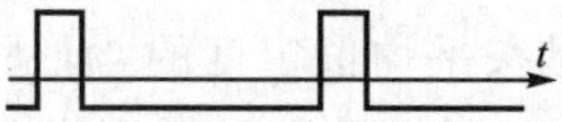	$\sqrt{\frac{T-t_k}{t_k}}$	$\sqrt{\frac{T-t_k}{t_k}}$	$\sqrt{\frac{t_k}{T-t_k}}\mathrm{A}$	$\frac{t_k}{T-t_k}A$
白噪声		1.25	3	$\frac{1}{3}A$	$\frac{1}{3.75}A$

注：$A=U_P$。

4.3.3 常用电压测量仪器

常用测量电压的仪器有模拟式电压表、电子电压表和数字式电压表三种类型的测量仪器。

1. 模拟式电压表

模拟式电压表把被测电压加到磁电式电流表上，将电压大小转换成指针偏转角度的大小来进行测量。模拟式电压表结构简单，价格低廉。特别是在测量低频电压时，测量简单，准确度较高。另外，用于长期监测或环境条件较差的场合，模拟式电压表也具有很多优点。

2. 电子电压表

通过放大-检波或者是检波-放大电路，将被测电压变换成直流电压，然后加到磁电式电流表上进行测量。低频毫伏表采用放大-检波式电路结构，高频毫伏表采用检波-放大式电路结构。根据检波特性的不同，检波法又可分成平均值检波、峰值检波、有效值检波等。

3. 数字式电压表

数字式电压表是指把被测电压的数值通过数字技术，变换成数字量，然后用数码管以十进制数字显示被测量的电压值。数字式电压表具有精度高、量程宽、显示位数多、分辨率高、易于实现测量自动化等优点。

4. 示波器

采用示波器可以将被测量电压变换成图形高度来进行电压测量。相对于前 3 种方式，精度要低一些。

4.3.4　低频交流电压的测量

通常把测量低频(1 MHz 以下)信号电压的电压表称作交流电压表或交流毫伏表。这类电压表一般采用放大-检波式，检波器多为平均值检波器或有效值检波器，分别构成均值电压表或有效值电压表。

平均值电压表中的检波器采用平均值检波器，电压表的读数与被测电压的平均值成正比。但是，平均值电压表的表头却不是按平均值定度的，而是按正弦波的有效值定度的。这就是说，一个有效值为 U 的正弦电压加到平均值电压表上时，平均值电压表的指示值也为 U 而不是 $\overline{U}$。只有将指示值 U 除以正弦波的波形系数 $K_F=1.11$，才能求得被测正弦电压的平均值 $\overline{U}$。

当用平均值电压表测量非正弦电压时，应先将读数值 U_a 除以正弦波的波形系数 $K_F=1.11$，折算成正弦波电压的平均值。由于平均值电压表的读数只与被测电压的平均值有关，与其波形无关，因此正弦波形与非正弦波形的指示值相等，也就意味着两者的平均值也相等。折算出的正弦电压的平均值也就是被测非正弦电压的平均值，将此平均值乘以被测电压的波形系数 K_F，即求得被测非正弦电压的有效值 U_{xrms}。因此，波形换算公式为

$$U_{xrmx}=\frac{U_a \cdot K_F}{1.11}=0.9K_FU_a \tag{4.3.6}$$

当被测电压不是正弦波时，直接将电压表指示值作为被测电压的有效值，必将带来较大的误差，通常称作“波形误差”，波形误差计算公式为

$$\gamma=\frac{U_a-0.9K_FU_a}{U_a}\times 100\%=(1-0.9K_F)\times 100\% \tag{4.3.7}$$

用均值表测量交流电压，除了波形误差外，还有直流微安表本身的误差，检波二极管的老化以及超过频率范围所造成的误差等。

4.3.5 高频交流电压的测量

为了避免测量放大器通频带的限制,高频交流电压表采用检波—放大式或外差式。最常用的检波放大式高频电压表都把高频二极管构成的峰值检波器放置在屏蔽良好的探头(探极)内,用探头探针直接接触被测点,把被测高频信号首先变成直流电压,这样可大大减少分布参数的影响和信号传输损失。

采用峰值检波器的电压表,称为峰值电压表。像均值电压表一样,峰值电压表也是按正弦电压的有效值定度的。这就是说,一个有效值为 U 的正弦电压加到峰值电压表上时,峰值电压表的指示值也为 U 而不是 U_P。只有将指示值 U_a 乘以正弦电压的波峰系数 $K_P=\sqrt{2}$,才能求得被测正弦电压的峰位 U_P,即

$$U_P=\sqrt{2}U_a \tag{4.3.8}$$

如果被测电压为非正弦电压,峰值电压表读数也为 U_a,就意味着该被测非正弦电压的峰值也为 $U_P=\sqrt{2}U_a$。而被测非正弦电压的有效值 U_{xrms} 等于其峰值 U_P 除以其峰值系数 K_P,因此非正弦电压的波形换算公式为

$$U_{xrmx}=\frac{U_P}{K_P}=\frac{\sqrt{2}}{K_P}U_a \tag{4.3.9}$$

4.3.6 噪声电压的测量

在电子测量中,习惯上把信号电压以外的电压统称为噪声。噪声包括外界干扰和内部噪声两大部分。外界干扰在技术上是可以消除的,噪声电压的测量主要是对电路内部产生的噪声电压进行测量。

电路中固有噪声主要有热噪声、散弹噪声和闪烁噪声等。在这三种主要类型的噪声中,闪烁噪声又称为 $1/f$ 噪声,主要对低频信号有影响,又称为低频噪声;热噪声和散弹噪声在线性频率范围内部能量分布是均匀的,因而被称为白噪声。白噪声是一种随机信号,其波形是非周期性的,变化是无规律的,电压瞬时值按高斯正态分布规律分布,噪声电压一般指的是噪声电压的有效值。

对于一个放大器,如将其输入端短路,使输入端的输入信号为0时,如果仍能从输出端测得交流电压,这个电压就是噪声电压。噪声会严重地影响放大器(或一个系统)传输微弱信号的能力。

1. 采用交流电压表测量噪声电压

由于噪声电压一般指有效值(均方根值),所以可直接采用有效值电压表测量噪声电压的有效值,也可采用平均值电压表进行噪声电压的测量,应注意的是:

① 除了有效值电压表以外,其他响应的电压表在测量非正弦波时,都会产生波形误差。所以有必要根据噪声电压的波形系数进行换算。

② 电压表的频带宽度应大于被测电路的噪声带宽。

③ 根据噪声的特性,在某些时刻噪声电压的峰值可能很高.也可能会超过表中放大器的动态范围而产生削波现象,因此在噪声测量中,平均值电压表指针应指在表盘刻度线的 1/3～1/2 之间读数,以提高测量准确度。

2. 用示波器测量噪声电压

高灵敏的宽带示波器可以用来测量噪声电压,尤其适合于测量噪声电压的峰峰值。

测量时,将被测噪声信号通过 AC 耦合方式送入示波器的垂直通道,将示波器的垂直灵敏度置于合适的挡位,将扫描速度置较低挡,在荧光屏上即可看到一条水平移动的垂直亮线,这条亮线垂直方向的长度乘以示波器的垂直电压灵敏度就是被测噪声电压的峰峰值 U_{P-P},然后利用噪声电压的波形系数进行换算,即可求出其有效值。

4.4 分贝测量

4.4.1 分贝的定义

电信号在传输过程中,功率会受到损耗而衰减,而电信号经过放大器后功率也会被放大。计量传输过程中这种功率的减少或增加的单位叫做传输单位。传输单位常用分贝(dB,DeciBel)表示。分贝是度量功率增益而规定的单位,也可以用来度量电压增益和电流增益。通常在音频放大器、通信系统等测试中应用。

1. 两个功率之比取对数

设电路的输入功率为 P_1,输出功率为 P_2,为了反映功率信号经过该电路时的变化(损耗或增益),可以取这两个功率的比值 P_1/P_2 来表示。但实践证明,人耳对声音强弱变化的感觉不是与功率变化成正比,而是与功率变化的对数值成正比。为了反映这种人耳的听觉特性,所以取功率比的对数值来定义传输单位,即

对两个功率之比取对数,就得到 $\lg P_1/P_2$,若 $P_1=10P_2$,则有

$$\lg\frac{P_1}{P_2}=\lg\frac{10P_2}{P_2}=\lg 10=1$$

这个无量纲的数 1,叫做 1 贝尔(Bel)。在实际应用中,贝尔太大,常用分贝 dB 来度量,1 贝尔等于 10 dB。所以,以 dB 表示的功率比为

$$功率比=10\lg\frac{P_1}{P_2} \tag{4.4.1}$$

当 $P_1>P_2$ 时,dB 值为正;当 $P_1<P_2$ 时,dB 值为负。

2. 电压比的对数

电压比的对数可从下列关系引出

$$\frac{P_1}{P_2}=\frac{U_1^2/R_1}{U_2^2/R_2}=\frac{U_1^2R_2}{U_2^2R_1}$$

当 $R_1=R_2$ 时,有

$$\frac{P_1}{P_2}=\frac{U_1^2}{U_2^2}$$

两边取对数,可得

$$10\lg\frac{P_1}{P_2}=20\lg\frac{U_1}{U_2}(\text{dB}) \tag{4.4.2}$$

同样,当电压 $U_1>U_2$ 时,dB 值为正;当 $U_1<U_2$ 时,dB 值为负。

4.4.2 绝对电平

如果式 4.4.1 和式 4.4.2 中的 P_2 和 U_2 为基准量 P_0 和 U_0,则与基准量比较,可引出绝对电平的定义。

1. 功率电平 dBm

以基准量 $P_0=1$ mW 作为 0 功率电平(0 dBm),则任意功率(被测功率)P_X 的功率电平定义为

$$P_W=10\lg\frac{P_x}{P_0}=10\lg\frac{P_x/\text{mW}}{1\ \text{mW}} \tag{4.4.3}$$

2. 电压电平 dBV

以基准量 $U_0=0.775$ V(正弦有效值)作为 0 电压电平(0 dBV),则任意电压(被测电压)U_X 的电压电平定义为

$$P_V=20\lg\frac{U_x}{U_0}=20\lg\frac{U_x}{0.775} \tag{4.4.4}$$

注意:这里定义的绝对电平,都没有指明阻抗大小,所以,P_X 或 U_X 应理解为任意阻抗上吸取的功率,或其两端的电压。很明显,若在 600 Ω 电阻上测量,则功率电平等于电压电平,因为在 600 Ω 电阻上吸取 1 mW 功率,其两端电压刚好为 0.775 V。

4.4.3 音量单位

音量单位是测量电声系统用的电平单位,音量单位 VU(Volume Units) 0 电平(0 VU)定义为 600 Ω 阻抗上吸取功率为 1 mW。因此,当 600 Ω 阻抗上吸取功率为 P_X(mW)时,有

$$VU=10\lg\frac{P_X}{1\ \text{mW}} \tag{4.4.5}$$

可见,若阻抗为 600 Ω,VU 在数值上等于功率电平的 dBm 值。但是必须注意,VU 是在测量复合的声频波形时使用的单位,故测量时必须用有效值电压表。

4.4.4 分贝值的测量方法

在测量放大器增益或与音响设备有关的参数时，往往不是直接测量电压或功率，而是测量它们对某一基准比值的对数值。一般取值的单位为分贝，所以简称为分贝测量。

分贝测量实质上是测量交流电压，通常采用万用表交流挡进行测量，但在读出方法上与一般的交流电压表不同。

例如：MF－20 型万用表度盘上的分贝刻度及两侧的附表如图 4.4.1 所示，其测量范围为－70～＋57 dB。分贝刻度的特点是：在刻度线中间位置有一个 0 dB 点，它是以基准功率(电压)来确定的。一般规定，在基准阻抗 $Z_0=600\ \Omega$ 上加上交流电压，使其产生 $P_0=1$ mW 的功率为基准，相当于在仪表输入端加上电压

$$U_0=\sqrt{P_0Z_0}=\sqrt{1\times10^{-3}\times600}\approx7.755\ (\text{V})$$

即在 1.5 V 刻度线上的 0.755 处定为 0 dB，被测电压有效值 $U_X>0.755$ V 时，其分贝数为正值；$U_X<0.755$ V 时，其分贝数为负值。该仪表刻度为－30～＋5 dB。

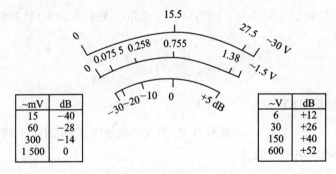

~mV	dB
15	−40
60	−28
300	−14
1 500	0

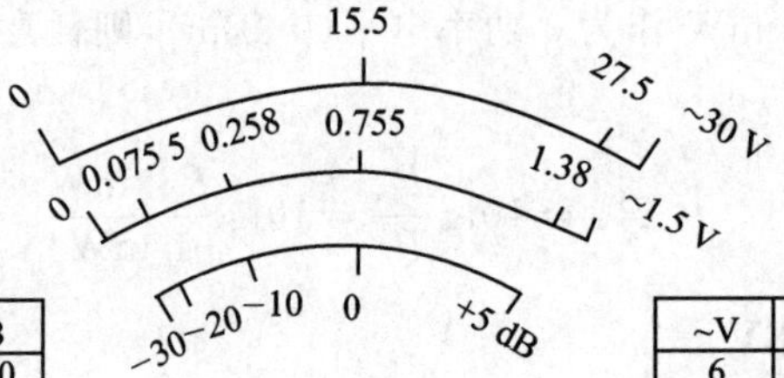

~V	dB
6	+12
30	+26
150	+40
600	+52

图 4.4.1 分贝刻度的读法

【例 1】 用 1.5 V 交流电压挡测量时，已知示值为 1.38 V，求对应的分贝值应为多少？

【解】 根据计算可知

$$20\lg=\frac{1.38}{0.755}=+5\ \text{dB}$$

万用表测量示值在 1.5 V 刻度的 1.38 V 处，对应的分贝刻度为＋5 dB。

【例 2】 分贝刻度尺是以交流电压最低挡刻度的，若被测电平较高，则应用高挡测量，如交流 30 V，交流 150 V，这时测量结果的读数应是(基准挡)分贝读数加附加分贝数。例如，用 30 V 交流电压挡测量时，已知示值为 27.5 V，求对应的分贝值应为多少？

【解】 根据计算可知

$$20\lg\frac{27.5}{0.755}=+31\ \text{dB}$$

但这时电压表指针指在＋5 dB 处，这时需用右侧附表来换算。因为 0 dB 对应 30 V 量程的 15.1 V，即

$$20\lg\frac{15.1}{0.755}=+26\ \text{dB}$$

可见，当用 30 V 量程时，被测分贝值＝分贝指示值＋26 dB(见右侧附表)。本例为(＋5)＋26＝31 dB。

【例 3】 当用 300 mV 量程测量时，已知表针指在－10 dB 处，求分贝值应为多少?

【解】 需用左侧附表来换算，此量程应减去 14 dB，即被测分贝值＝分贝指示值－14 dB。本例为(－10 dB)－14 dB＝－24 dB，依次类推。

综上所述，被测分贝值等于从表盘上读取的 dB 值与所使用量程对应附加 dB 值的代数和。只有用 1.5V 量程时，才可以从 dB 刻度上直读分贝值。

当然，分贝值的测量必须是在额定频率范围内，而且被测电压的波形是正弦波的情况下，其测量结果才是正确的。

【例 4】 试测量一个多级音频放大电路的功率增益。

【解】 多级音频放大电路如图 4.4.2 所示。设分别测量得：话筒放大器Ⅰ的输入功率为 P_1，输出功率为 P_2；电压放大器Ⅱ的输入功率为 P_2，输出功率为 P_3；功率放大器Ⅲ的输入功率为 P_3，输出功率为 P_4，则电能经过电路Ⅰ、Ⅱ、Ⅲ时，功率的变化分别为 P_1/P_2、P_2/P_3、P_3/P_4。整个电路的功率变化 P_1/P_4，为三个电路各自功率变化的乘积，即

$$P_1/P_4=(P_1/P_2)(P_2/P_3)(P_3/P_4)$$

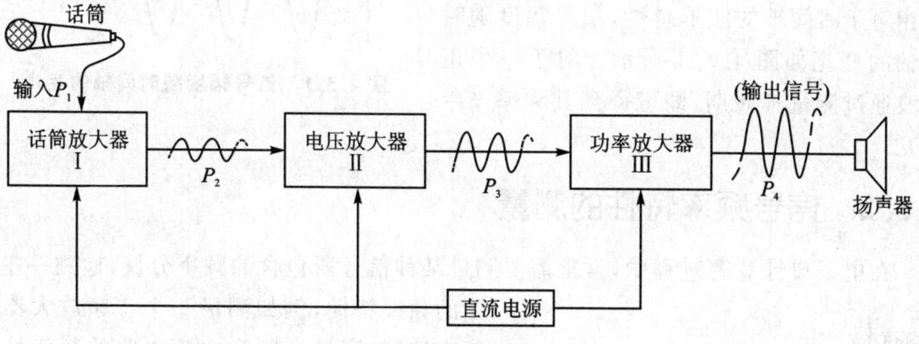

图 4.4.2　多级音频放大电路

将上式取对数，有

$$\begin{aligned}\lg(P_1/P_4)&=\lg[(P_1/P_2)(P_2/P_3)(P_3/P_4)]\\&=\lg(P_1/P_2)+\lg(P_2/P_3)+\lg(P_3/P_4)\end{aligned}$$

上式两边同时乘以 10，有

$$10\lg(P_1/P_4)=10\lg(P_1/P_2)+10\lg(P_2/P_3)+10\lg(P_3/P_4)$$

即　分贝数值 $=10\lg(P_1/P_4)=10\lg(P_1/P_2)+10\lg(P_2/P_3)+10\lg(P_3/P_4)$

整个电路功率变化(衰耗或增益)的分贝数等于每个小网络的功率变化(衰耗或增益)分贝数的代数和。另外,在式 $10\lg(P_1/P_2)$ 中,$P_1>P_2$ 时,所得分贝数为正值,表示电路使功率产生了衰耗;$P_1=P_2$ 时,所得分贝数为0,表示电路对功率既无衰耗,也无增加;$P_1<P_2$ 时,所得分贝数为负值,表示电路对功率产生增加(即放大)。

利用万用表得分贝刻度尺,可以方便地计算电路的放大倍数或衰减倍数。例如,测量出放大器的输入电压电平为 5 dB,输出电压电平为 25 dB,则放大器增益为 (25−5) dB=20 dB。

4.5　信号参数测量

4.5.1　信号波形的观测

信号波形有两种特性,一种是信号相对于时间轴的波形特性,另一种特性是信号幅度相对于频率轴的波形特性。

在电子设计竞赛过程中,经常需要观察产品中各电路的输入或输出部位的信号波形。通过对波形和幅度的观察,了解各电路单元的工作是否正常,是否有明显失真。直接观测信号的波形的最好工具是示波器。信号电压或电流相对于时间轴的变化特性,即相对于时间轴的波形特性,信号幅度随时间轴的变化如图 4.5.1 所示。对于一个正弦波通过测量其周期,即可得到其频率 $f=1/T$。

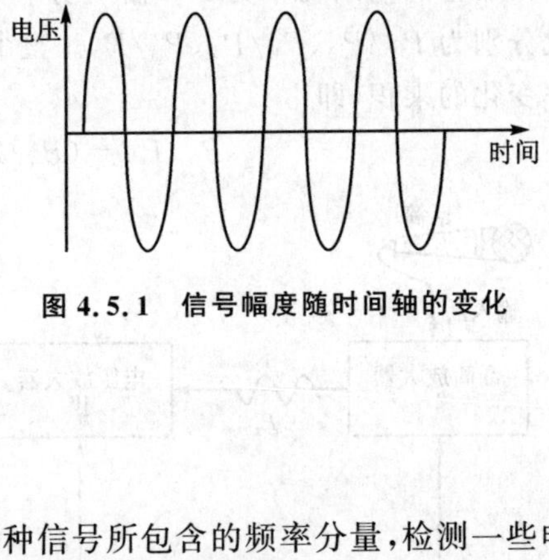

图 4.5.1　信号幅度随时间轴的变化

4.5.2　信号频率特性的测量

在电子设计竞赛过程中,常常需要测量某种信号所包含的频率分量,检测一些电路的频率特性,例如测量一个音频放大器的频率特性,测量高频和中频电路的频率特性曲线等。这就需要检测信号的频率特性。

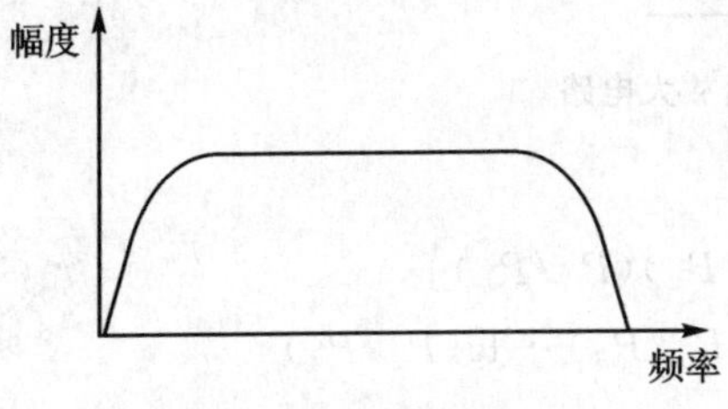

图 4.5.2　频率特性

信号的频率特性是信号幅度相对于频率轴的波形变化特性,如图 4.5.2 所示。频率特性测量包含有两个方面:一方面是对被测信号的频率成分进行测量和分析,另一方面检测一些电路的频率特性。直接观测信号的频率特性的最好工具是扫频仪。

4.5.3 交流信号的幅度测量

信号幅度的测量可分为交流信号的幅度测量和包含有交流信号的直流电压幅度测量。测量包含有交流信号的直流电压幅度，必须先确定基线(0 电平)的位置。

交流信号的幅度测量时，将被测信号通过交流耦合送入示波器输入端，即使输入耦合开关置于交流(AC)位置。调节垂直灵敏度旋钮以及扫描时间旋钮使显示波形大小适当。交流信号的测量如图 4.5.3 所示。

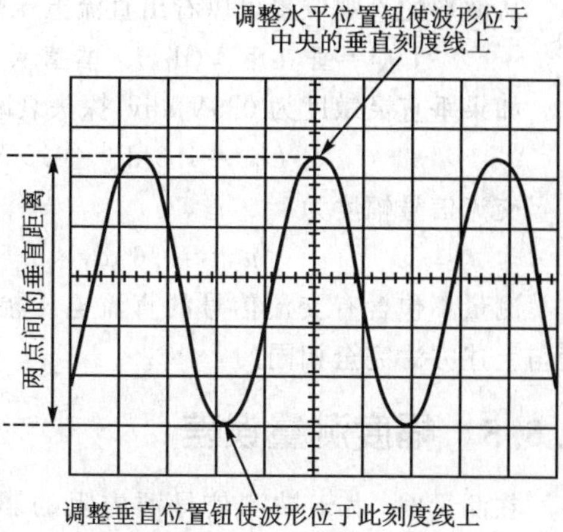

图 4.5.3 交流信号的测量

调整垂直位置旋钮使波形下部与基线(0 电平线)齐平，然后观测波形上下的垂直距离(div)，计算方法为 u_{AC}＝垂直距离(div)×垂直灵敏度值(V/div)×探头衰减比。例如，灵敏度挡为 5 mV/div，探头为 10∶1，测量的交流电压幅度为：u_{AC}＝5.4(div)×5(mV/div)×10＝270 mV。

4.5.4 包含有交流信号的直流电压幅度测量

首先将输入耦合开关置于地(GND)位置，在示波管上显示出一条水平扫描线，水平扫描线可能处于显示屏的任意位置。如果被测信号为正极性，则调节垂直位置旋钮使基线(0 电平线)处于显示屏下部 0 的位置；如果被测信号为负极性，则调节垂直位置旋钮使基线(0 电平线)处于显示屏上部 100％的位置，如图 4.5.4 所示。

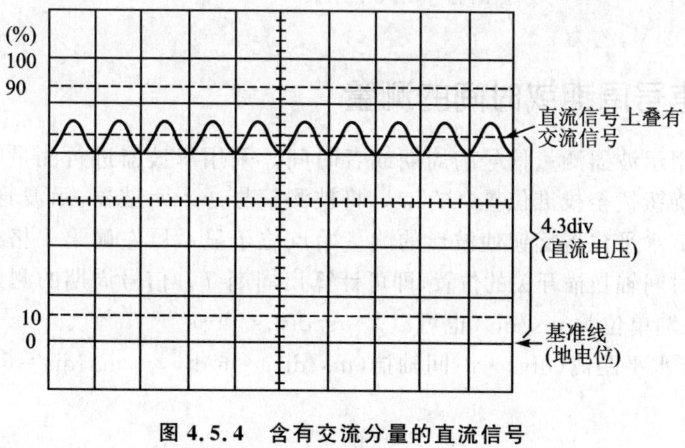

图 4.5.4 含有交流分量的直流信号

上述调节完成后，将输入耦合开关置于直流(DC)位置，将被测信号加到信号输入端，如图 4.5.4 所示，一个包含有交流信号的直流电压显示在显示屏上。

从波形的直观位置可以看出直流电压幅度为 4.3 div(格)，折合电压值为：

$$U_{DC}=\text{垂直距离(div)}\times\text{垂直灵敏度值(V/div)}\times\text{探头衰减比}$$

如果垂直灵敏度为 0.5V/div，探头衰减比为 10∶1，则测量的直流电压值为：

$$U_{DC}=4.3\ \text{div}\times 0.5\ \text{V/div}\times 10=21.5\ \text{V}$$

交流信号幅度为

$$u_{AC}=0.6\ \text{div}\times 0.5\ \text{V/div}\times 10=3\ \text{V}$$

测量不包含有交流信号的直流电压幅度与上述方法完全相同。

4.5.5　幅度测量误差

在测量时，由于被测信号源内阻的影响，所测量的电压值会产生一定的误差。如图 4.5.5 所示，被测电路信号源的内阻为 R_S，示波器的输入阻抗为 R_i，则信号源的电压 U_S 送到示波器时，示波器所测得的电压值 U_i 实际上是两个电阻的分压值，即

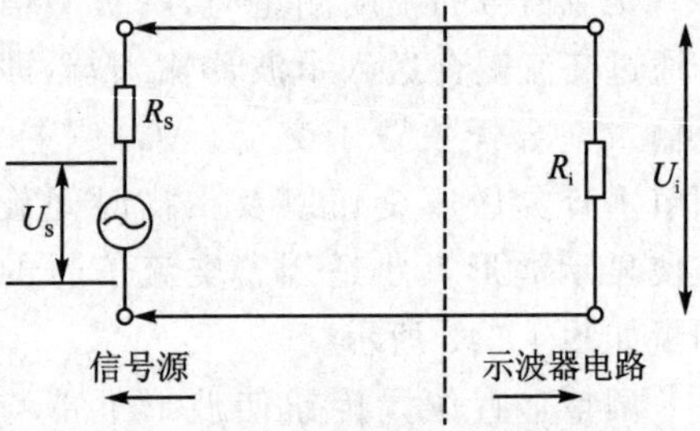

图 4.5.5　信号源内阻与示波器输入阻抗的关系

$$\text{测量电压}(U_i)=\frac{\text{输入阻抗}(R_i)}{\text{输入阻抗}(R_i)+\text{信号源内阻}(R_S)}\times\text{信号源电压}(U_S)$$

例如，信号源内阻为 0.02 MΩ，示波器输入阻抗为 1 MΩ，信号源电压为 1 V，测量电压为：

$$U_i=\frac{1\ \text{M}\Omega}{1\ \text{M}\Omega+0.02\ \text{M}\Omega}\times 1\ \text{V}=0.98\ \text{V}$$

则误差为 0.02 V，约为 2%。

4.5.6　信号周期或时间的测量

可以使用示波器测量信号的周期或者时间。采用示波器进行测量时，首先要将时间轴微调旋钮拨至校准位置(CAL)。将被测信号送入示波器，示波管上会出现信号波形。调节水平位置旋钮使波形的测量始点位于显示屏左侧第 1 格处，然后根据显示波形和时间轴扫描开关的位置，即可计算出周期 T。信号周期的测量如图 4.5.6 所示，设时间轴单位为 ms/div(也可以是 μs/div、s/div)

$$T=\text{水平距离(div)}\times\text{时间轴挡(ms/div)}=6\ \text{div}\times 1\ \text{ms/div}=6\ \text{ms}$$

频率为：

$$f=\frac{1}{T}=\frac{1}{0.006\ \text{s}}\approx 166.7\ \text{Hz}$$

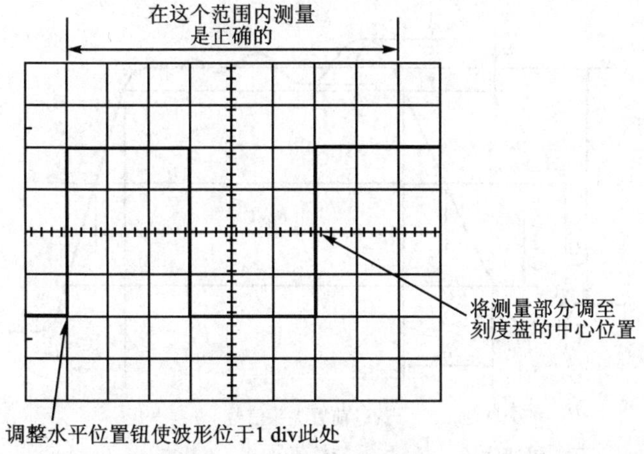

图 4.5.6　周期的测量

4.5.7　脉冲信号的脉冲宽度测量

所测量的脉冲信号波形如图 4.5.7 所示。首先调节垂直位置旋钮使脉冲信号幅度的 1/2 处与显示屏刻度的中心线重合，然后再调节水平位置旋钮，使脉冲上升沿中间位于左侧第 1 格处，最后观测脉冲信号在水平轴上的距离，即可算出脉宽 W。设时间轴单位为 μs/div（也可以是 ms/div、s/div），有 W＝6.8 div×50 μs/div＝340 μs。

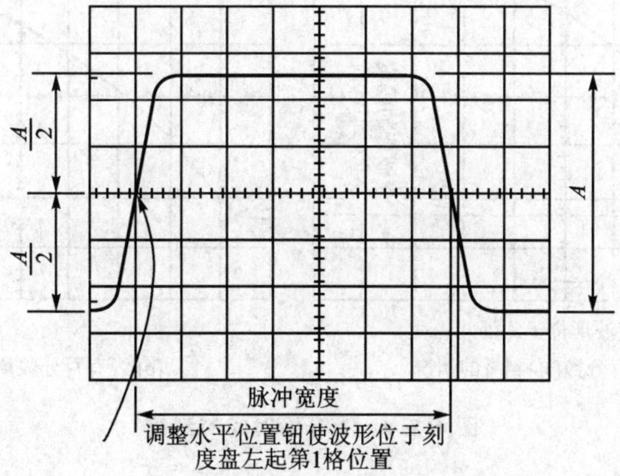

图 4.5.7　脉冲宽度的测量

4.5.8　脉冲信号的脉冲上升沿和下降沿时间测量

脉冲信号波形各参数定义如图 4.5.8 所示，脉冲上升沿是指信号由 10%上升到最大幅度的 90%时所需要的时间，而脉冲下降沿则是从 90%下降到 10%所需要的时间。上升沿时间的测量如图 4.5.9 所示。

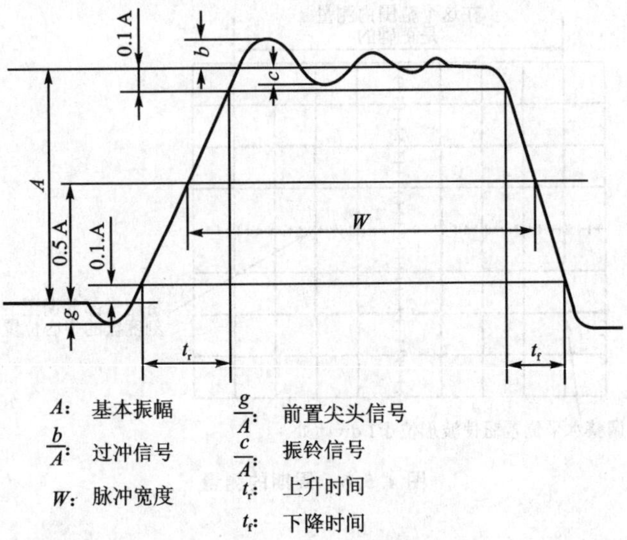

图 4.5.8　脉冲信号波形

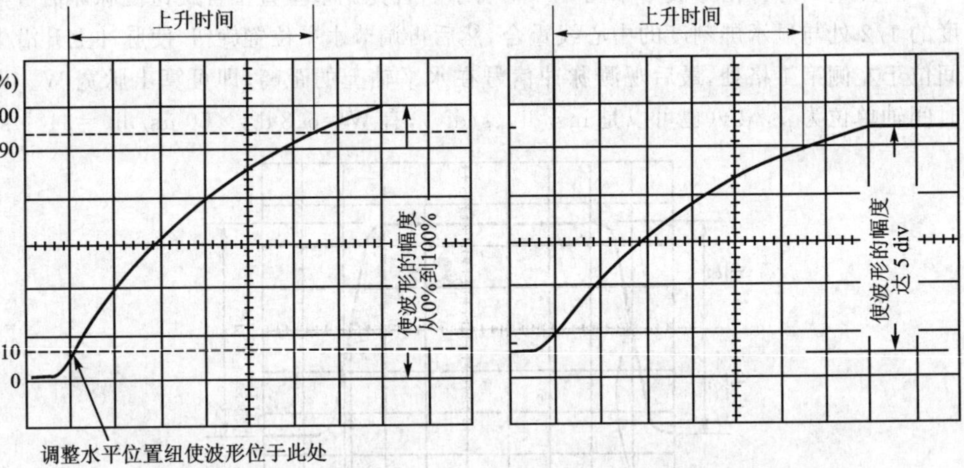

(a) 利用百分数(%)测量的情况　　(b) 没有百分数测量的情况

图 4.5.9　上升沿时间的测量

4.5.9　两个信号时间差的测量

使用双踪示波器可以测量具有同步关系的两个信号的时间差。两个信号分别加到垂直通道 1(CH－1)和通道 2(CH－2),垂直模式开关选择交替(ALT)或快速切换显示(CHOP)方式。一般信号频率较高时选 ALT 方式,频率较低时选 CHOP 方式。这样两信号的波形会同时出现在显示屏上,微调垂直位置旋钮,使显示波形的 1/2 幅度处于中间位置,观测两信号上升沿之间的水平距离,乘以扫描时间轴的标值(例如

50 μs/div)即可算出两个信号时间差的数值。两信号时间差的测量如图 4.5.10 所示。

时间差 $T=5.5\ \text{div}\times 50\ \mu\text{s/div}=275\ \mu\text{s}$。

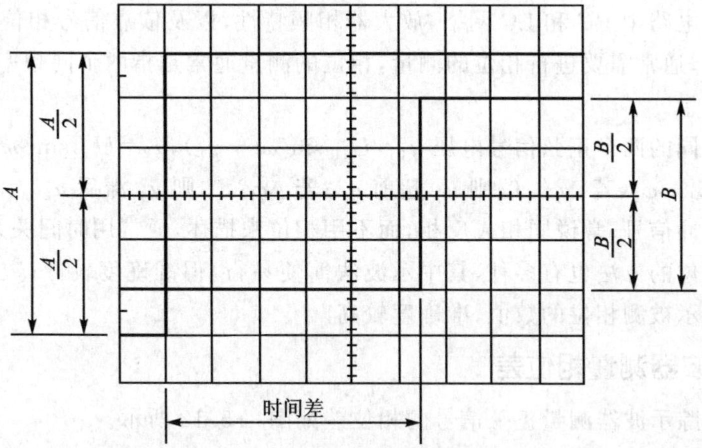

图 4.5.10 两信号时间差的测量

4.5.10 示波器延迟特性对脉冲波形测量的影响

示波器的垂直通道电路对信号有一定的延迟作用,在对脉冲上升时间的进行测量时将产生误差。通常示波器上升时间 t_1 与本身的带宽 W 有关,t_1 可由下列算式估算出:

$$t_1=\frac{0.35}{W}(\text{s})$$

若示波器的带宽为 10 MHz,则上升时间为 35 ns;若带宽为 100 MHz,则上升时间为 3.5 ns。

如果脉冲信号本身就具有一定的上升时间 t_2,当用示波器进行观测时,示波器的上升时间会使显示波形的上升时间 t 增加,示波器测量脉冲上升时间的误差如图 4.5.11 所示。

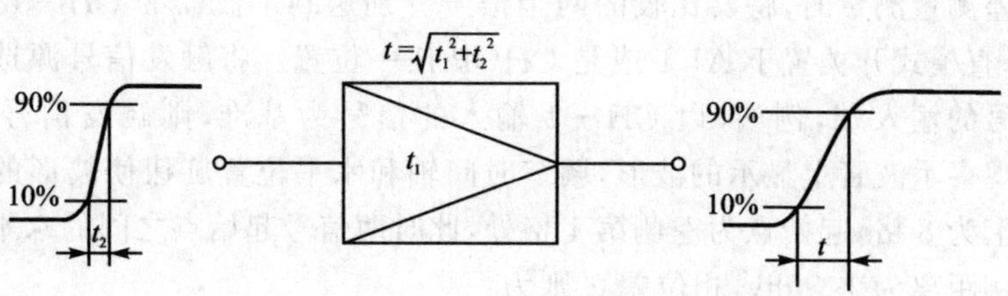

图 4.5.11 示波器测量脉冲上升时间的误差

例如,一个示波器本身的上升时间为35 ns,输入脉冲信号本身的上升沿时间为100 ns,在示波管上的显示波形的上升沿时间 $t=106$ ns,存在6%的测量误差。

4.5.11 相位差的测量

在电子电路中RC和LC网络,放大器相频特性,以及依靠信号相位传递信息的电子电路中,通常需要进行相位的测量,相位的测量通常是指两个同频率的信号之间相位差的测量。

频率相同的两个正弦信号电压 $u_1=U_{m1}\sin(\omega t+\varphi_1)$,$u_2=U_{m2}\sin(\omega t+\varphi_2)$,其相位差 $\Delta\varphi=\varphi_1-\varphi_2$,若 $\Delta\varphi>0$,则 u_1 超前 u_2;若 $\Delta\varphi<0$,则 u_1 滞后 u_2。

对于脉冲信号,常说同相或反相,而不用相位来描述,通常用时间关系来说明。

测量相位的方法也有多种,其中示波法简便易行,但准确度较低;数字式相位计可以直接显示被测相位的数值,准确度较高。

1. 示波器测量相位差

使用双踪示波器测量正弦信号的相位差如图4.5.12所示。

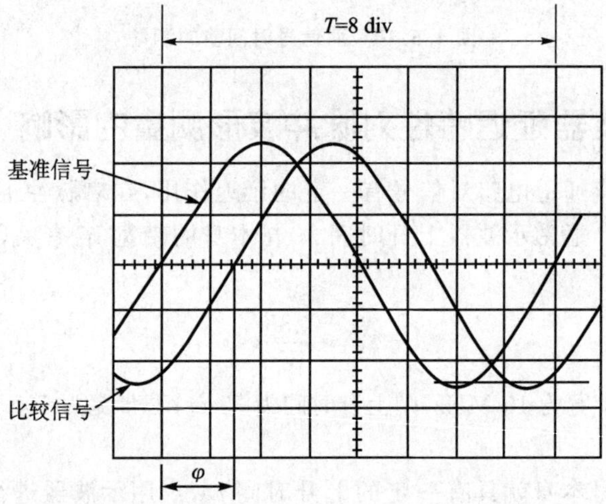

图4.5.12 正弦信号的相位差测量

相位差测量测量时,将要比较的两个信号分别送到示波器的CH-1和CH-2输入端,垂直模式开关置于ALT或是CHOP任一位置。将触发信号源选择作为比较基准信号的输入端,例如,以CH-1输入的信号为基准,则触发信号开关置于CH-1。观察示波管上显示的波形,调节时间轴和水平位置旋钮使波形的一个周期在水平轴上为8格,起始点为左侧第1格处,此时两信号起始点之间的水平距离为相位差。此例距离为1.5 div,相位差 φ 则为:

$$\varphi=1.5(\text{div})\times45^\circ(/\text{div})=67.5^\circ$$

如果相位差很小,可以使用水平轴扩展旋钮扩大10倍(或5倍),进行观测。

2. 脉冲计数法测量相位差

脉冲计数法测量相位差采用的是直读式数字相位计，其原理是基于时间间隔测量法，通过相位－时间转换器，将相位差为 φ 的两个信号(分别称参考信号和被测信号)转换成一定的时间间隔 τ 的起始和停止脉冲，如图 4.5.13(a)所示。然后用电子计数器测量其时间间隔。如果让电子计数器的时钟脉冲频率倍乘 36×10^n(n 为正整数)，则显示值即为以度为单位的相位差值，其简单原理如图 4.5.13(b)所示。

采用时间间隔测量法，其间隔时间为

$$t_\varphi = NT_0 \tag{4.5.1}$$

式中，N 是在 t_φ 时间内计数脉冲的个数；T_0 是时标信号周期。

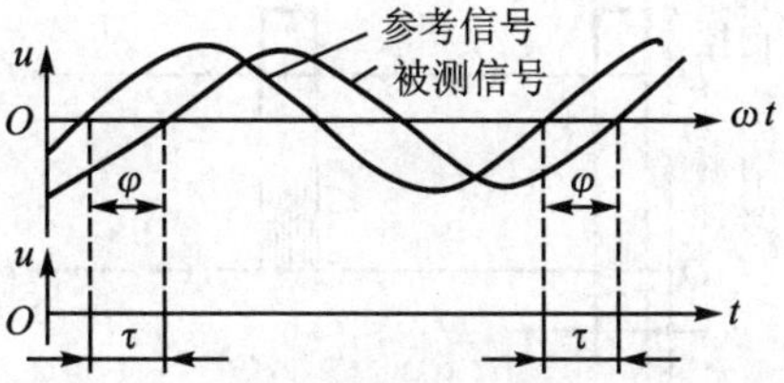

(a) 相位差波形图

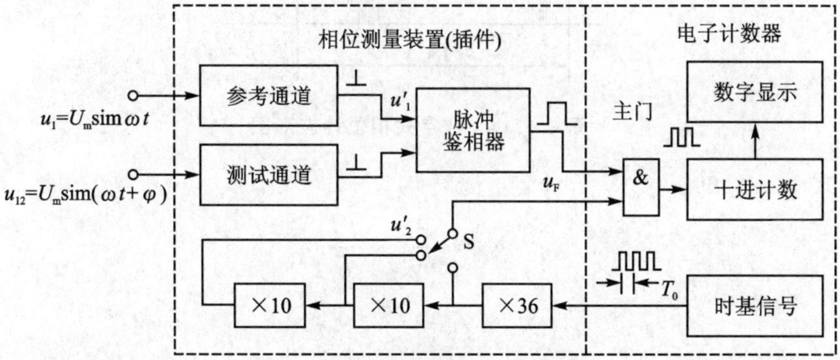

(b) 原理图

图 4.5.13　数字式相位计原理框图

数字式相位计波形图如图 4.5.14 所示，由图可知

$$\varphi = \frac{t_\varphi}{T} \times 360^\circ \tag{4.5.2}$$

将式 4.5.1 代入得

$$\varphi = \frac{NT_0}{T} \times 360^\circ = \frac{f}{f_0} N \times 360^\circ \tag{4.5.3}$$

式中，f 为被测信号频率；f_0 为时标信号频率。

若让计数器在 1 s 内连续计数，即 1 s 内有 f 个门控信号，则其累计数为 $N_1 = f_N$。

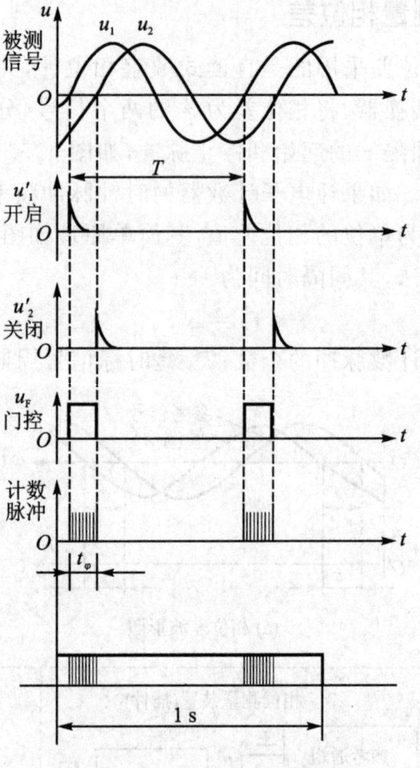

图 4.5.14　数字式相位计波形图

由式 4.5.3 知

$$N=\frac{\varphi}{360^\circ}\times\frac{f_0}{f}$$

则

$$N_1=f_N=\frac{\varphi}{360^\circ}\times f_0$$

$$\varphi=\frac{360}{f_0}\times N_1 \tag{4.5.4}$$

若取时标频率 $f_0=360$ Hz，则

$$\varphi=\frac{360^\circ}{360}N_1=N_1(^\circ) \tag{4.5.5}$$

可见，计数器在 1 s 内脉冲的累计数就是以度为单位的两个被测信号的相位差。若取 $f_0=3\ 600$ Hz，则每个计数脉冲表示 0.1°，可以提高测量准确度。

也可以用相位－频率转换器，把两信号之间的相位差变为频率，用电子计数器测量。此外可采用相位－电压转换器，把相位转换为电压，用电压表测量。

4.5.12　利用示波器的 *X*—*Y* 功能进行测量

1. 利用示波器的 *X*—*Y* 功能测量频率

利用示波器的 *X*—*Y* 功能可以进行频率测量，即利用李沙育(Lissajous)图形进行频率测量。当示波器的垂直通道和水平通道的信号输入端分别同时输入同一个信号时，在示波器上会出现如图 4.5.15 所示的波形，从图中可见，当两个信号的频率和相位不同时，显示波形不同。利用这个功能，在测量某一个未知信号的频率时，可以取一个已知的信号频率作为输入信号之一，未知频率的信号作为另一输入。在测量时通过改变已知信号的频率，同时观察示波器上的波形，根据波的形状即可判定未知信号的频率。

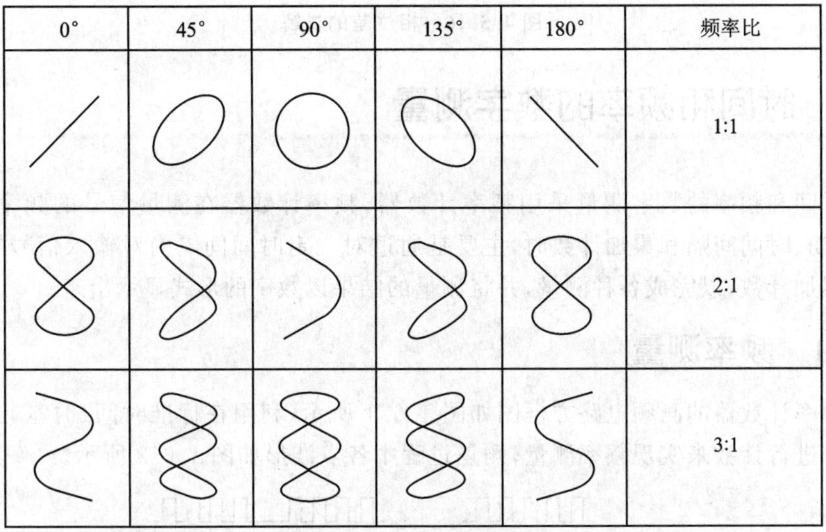

图 4.5.15　利用示波器 *X*—*Y* 功能测量信号频率的波形

2. 利用示波器的 *X*—*Y* 功能测量相位差

从图 4.5.15 可知，*X*—*Y* 功能中两个信号频率相同(1∶1)，相位不同时会有不同形状的波形，利用这种方法即可进行相同频率的相位差检测。

如果在测量过程当中，信号之间的相位差不是 0°、45°、90°、180°…这些较容易观测的值，估算误差往往比较大。在这种情况下，为减小误差可按图 4.5.16 所示的倾斜角的求解方法进行测量，然后按公式进行计算以求出精确的相位差值。即：

$$\varphi = \sin^{-1}\frac{B}{A}$$

在图 4.5.16 中，测量值 A 为 4.4 div，B 为 2.4 div。按上述公式可求得：

$$\varphi = \sin^{-1}\frac{B}{A} = \sin^{-1}\frac{2.4}{4.4} \approx 33.1°$$

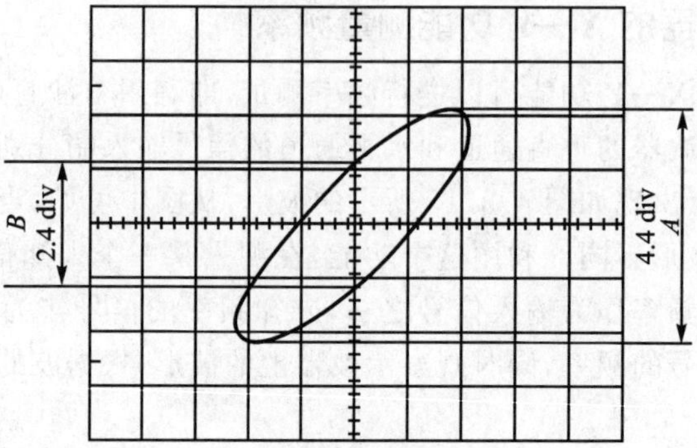

图 4.5.16　相位差的求解

4.6　时间和频率的数字测量

时间和频率的数字测量采用频率计数器，频率计数器在测量信号的频率、频率比、周期、时间间隔和累加计数时，主要是通过对一定时间间隔内对输入信号脉冲数进行累加计数，以完成各种测量，并将测量的结果以数字的形式显示出来。

4.6.1　频率测量

频率计数器的测频电路方框图如图 4.6.1 所示，利用在标准时间(时基)内对被测信号进行计数来实现频率测量，测量过程中各点波形如图 4.6.2 所示。

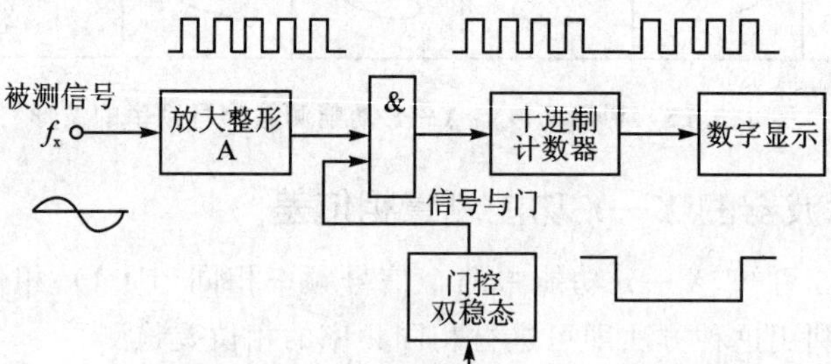

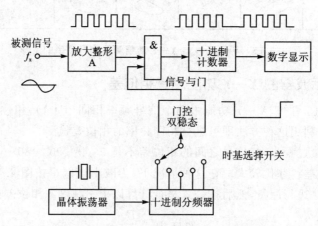

图 4.6.1　频率计数器的测频电路方框图

从图 4.6.1 中可见，被测信号通过输入放大器 A 放大整形后，加到“信号与门”(或称为主闸门)的一个输入端。标准时基信号由 1 MHz 晶体振荡器经十进制分频

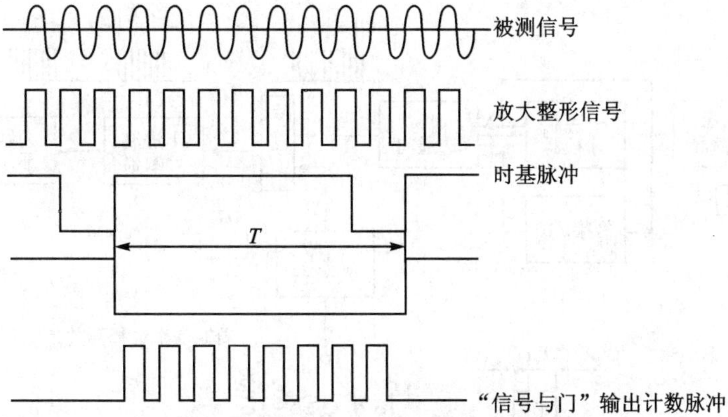

图 4.6.2　频率计数器的测频波形图

器后获得的，产生 10 s、1 s、0.1 s 等时基信号。通过时基选择开关选出所需要的时基信号，触发门控制双稳电路。门控双稳电路输出的门控信号加到"信号与门"的另一个输入端，门控信号用来控制开门时间。当经放大整形后的被测信号和门控信号同时出现在"信号与门"的输入端时，信号与门打开，此时通过"信号与门"输出的被测信号作为计数脉冲送到计数器直接计数，并显示。若设被测频率为 f_x，则

$$f_x = N/T$$

式中，N 为计数器的读数；T 为时基信号周期，也就是计数器的计数时间。

4.6.2　周期测量

频率计数器测周期的电路方框图如图 4.6.3 所示。被测周期的信号经放大整形后，触发门控双稳态电路，门控双稳态电路产生一个门控信号去控制"信号与门"的一个输入端。1 MHz 标准时基信号经分频或倍频后产生一个时标信号，送到"信号与门"的另一个输入端。门控信号开启"信号与门"，时标信号通过"信号与门"到计数器直接计数。若计数器读数为 N，标准时标信号周期为 T_0，则被测周期为

$$T_x = NT_0$$

为提高测量精度，还可以采用周期倍增技术，即将被测信号放大整形后，通过十进制分频器分频，用分频后的信号去触发门控双稳电路，使形成的门控信号比原来被测信号的周期扩大一个系数。设 M 为周期增加倍数，则通过周期倍增分频器后的被测信号周期将被扩大到 MT_x，被测周期 T_x 为

$$T_x = \frac{NT_0}{M}$$

采用周期倍增技术可使有效读数位数增加，从而达到提高精度的目的。频率计数器测量周期的波形如图 4.6.4 所示。其中，$M=10$。

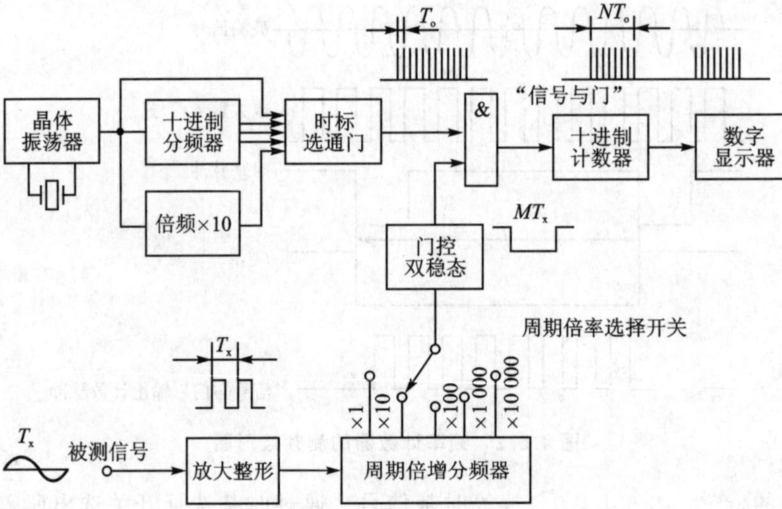

图 4.6.3　频率计数器测周期的电路方框图

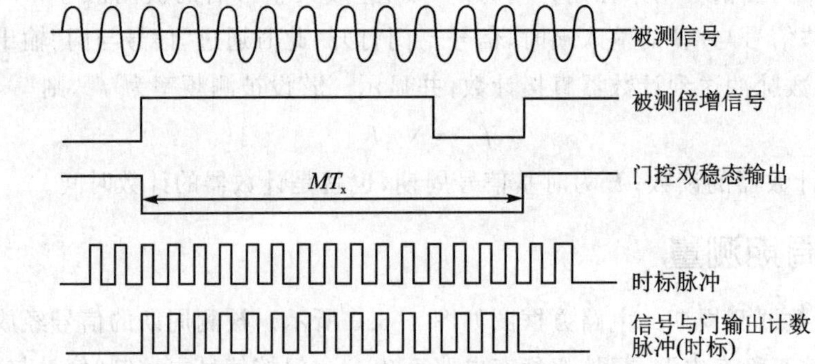

图 4.6.4　频率计数器测量周期的波形图

4.6.3　时间间隔的测量

图 4.6.5 和图 4.6.6 分别为时间间隔测量的电路方框图和波形图。被测信号通过 B、C 两放大器放大整形后，放大器 B 通过门控双稳态电路输出启动脉冲，将“信号与门”打开，放大器 B 的输出信号不能将“信号与门”关闭；放大器 C 通过门控双稳态电路输出停止脉冲，其功能正好相反，它只能将“信号与门”关闭，而不能将其开启。利用放大器 B 产生的启动脉冲信号，和放大器 C 产生的停止脉冲信号，可以进行两路脉冲之间的时间间隔、理想矩形波的宽度及空度等参数测量。

以测量脉冲宽度为例，放大器 B 输出的启动脉冲的上升沿与被测脉冲前沿对应，将门控双稳态电路置“1”态，则“信号与门”打开；而放大器 C 输出的停止脉冲的上升沿与被测脉冲后沿对应，触发门控双稳态电路置“0”态，使“信号与门”关闭。在

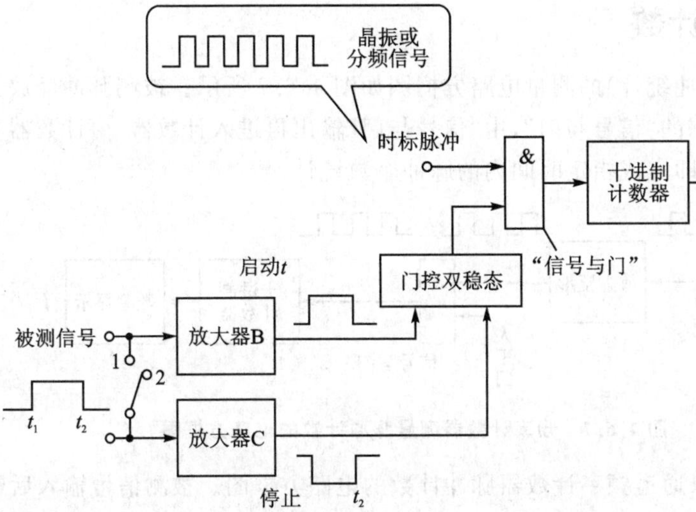

图 4.6.5 频率计数器测量时间间隔的方框图

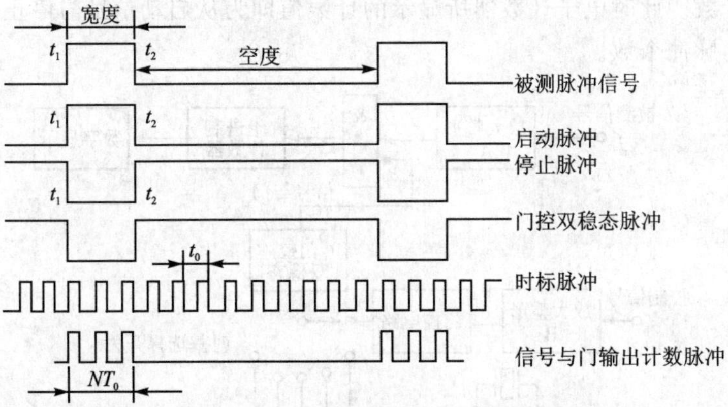

图 4.6.6 频率计数器测量时间间隔的波形图

信号与门开启的时间内,时标脉冲输入到计数器被计数,直至信号与门关闭为止。显然计数器的读数等于被测信号的脉宽。设脉冲宽度为 τ,则

$$\tau = NT_0$$

式中,N 为计数器读数;T_0 为时标信号周期。

若使放大器 B 输出的上升沿对应于被测信号后沿,放大器 C 输出的上升沿对应其前沿,即可测量被测信号的空度,计数器测出的时间等于被测信号的空度。在实际测量时,还可以通过"+"、"−"极性选择开关,用来选择停止、启动脉冲与被测信号之间的极性。

4.6.4 脉冲计数

脉冲计数(脉冲统计)的测量电路方框图如图 4.6.7 所示。被测脉冲经放大整形后输出到人工控制的“信号与门”,由“信号与门”输出再进入计数器,由计数器直接累积输出脉冲总数,即完成指定时间内的脉冲个数统计。

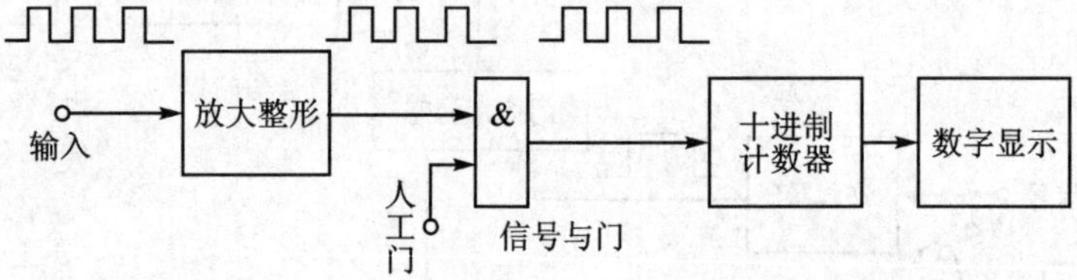

图 4.6.7 频率计数器测量脉冲计数的电路方框图

图 4.6.8 为双通道频率计数器脉冲计数的电路方框图。被测信号输入后经放大整形电路转换成脉冲信号。当控制信号输入启动信号后,时间闸门打开,计数器立即对输入信号脉冲进行累计计数;当控制信号输入停止信号时,时间闸门关闭,计数器随即停止计数。此时电子计数器所显示的计数值即为从启动信号与停止信号输入间被测信号的脉冲个数。

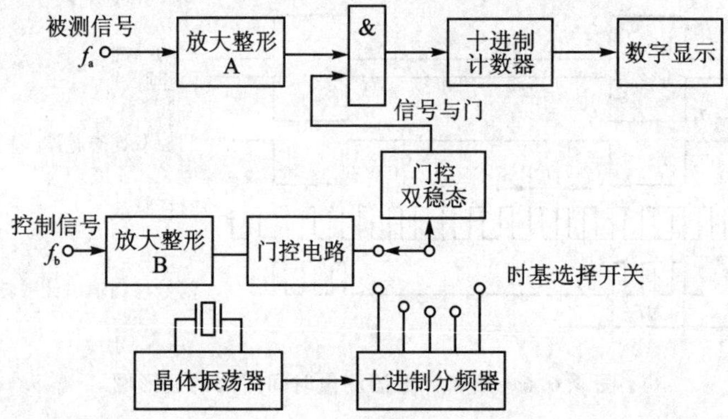

图 4.6.8 双通道频率计数器脉冲计数的电路方框图

4.6.5 频率比的测量

测量两个信号的频率比必须使用双通道或多通道的频率计数器。测量电路如图 4.6.8 所示。

与脉冲计数不同,采用两个被测信号中的一个被测信号来替换图 4.6.8 中的控制信号 f_b,利用该被测信号来控制闸门的开启时间。此时,计数器上显示的数值就是两个被测信号的频率比,即 $N=f_a/f_b$。

4.6.6　时间和频率的数字测量应注意的一些问题

1. 频率计数器的选择

频率计数器是时间和频率的数字测量的一种基础测量仪器,有高中低档产品。低档产品操作方便,量程(足够)宽,可靠性高,价格低。中高档产品有高分辨率,高精度,高稳定度,高测量速率;除具有通常通用计数器所有功能外,还有数据处理、统计分析、时域分析等功能,或者包含电压测量等其他功能。使用时可根据需要选择。

在测试通信、微波器件或产品的频率时,通常这些信号都是较复杂的,如含有复杂频率成分、调制的或含有未知频率分量的、频率固定或变化的、纯净或叠加有干扰的等。为了能正确地测量不同的信号,必须了解待测信号特性和各种频率测量仪器的性能。微波计数器一般使用频谱分析仪的分频或混频电路,另外还包含多个时间基准、合成器、中频放大器等。虽然所有的微波计数器都是用来完成计数任务的,但制造厂家都有各自的一套复杂的计数器的设计,使不同型号的计数器性能和价格会有所差别,因此,需要根据其附加特性或价格来慎重选择。

2. 对灵敏度和准确度的要求

说明书上的测试性能指标给出了测量仪器的"灵敏度"。要做精确测量,一定要保证被测信号的频率和幅度在测量仪器的指标范围之内。但有些仪器的实际性能优于说明书给出的指标。例如,微波计数器说明书给出在 20 GHz 时灵敏度为 −25 dB,那么完全可以用来成功地测量该频率点上 −30 dB 的信号。

说明书上的测试性能指标给出了测量仪器的"准确度"和"分辨率"。准确度指标表明仪器的读数接近实际信号频率的程度;而分辨率指标表明能在仪器上显示出来的最小频率变化。假如需要在 15 GHz 有 1 Hz 的分辨率,仪器必须至少显示 11 位数。高分辨率可以快速测出更小的漂移值和不稳定值,但这时的读数不能完全代表仪器的准确度。

3. 测量仪器的准确度的选择

频率计数器的时基决定仪器的频率测量准确度。大多数仪器使用的 10 MHz 参考振荡器具有 10^{-7} 或 10^{-8} 的频率准确度和稳定度。高分辨率比高精度更容易实现,因为增加显示位数比制造更稳定的振荡参考源要容易得多。

为了提高仪器的测量准确度和稳定度,可以采用一个具有小型恒温槽的参考振荡器作为时间基准。好的恒温槽温度可以稳定到零点几度,这样就可以保证在外部温度变化时振荡器的频率变化相当小。当然,仪器的固有准确度取决于制造的精度以及校准实验室对时基振荡器的校正;准确度主要取决于晶振的热稳定性,而与老化关系不大。

通过使用铯束频率标准或将 GPS 信号作为一个参考频率源送入频率计数器,可最大限度地提高频率测量准确度,可以达到 10^{-12} 到 10^{-14} 的频率测量准确度。

可能影响计数器选择和应用的还有采样时间、测量速度和跟踪速度,这些特性也会影响测量结果的准确及对结果的及时处理。

4. 校 准

频率计数器在使用前需要对其内部时间基准信号源进行测量,其工作原理与测频基本相同,时标信号被用来代替测频时的被测信号,以完成其自校作用。

4.7 电路性能参数测量

4.7.1 音频电路的频率特性测量

音频电路的频率特性是指整机或电路的频率范围以及对不同频率的响应性能。音频电路的频率特性测量用来检测音频功率放大器等电路的幅度对频率轴的变化特性,检测不同频率的信号增益及高频或低频性能等。

1. 采用双踪示波器测量音频设备的频率特性

使用双踪示波器检测音频设备频率特性的方法如图 4.7.1 所示,将低频信号发生器(信号源)的输出送到音频电路的输入端,同时也直接送入示波器 CH-1 的信号输入端,被测音频电路的输出信号送到示波器的 CH-2 信号输入端。测量时,使信号源的输出电压保持恒定。然后测量输出电压,再求出频率特性。根据测量的输入和输出电压值,即可以求出电路的增益 A。

$$增益\ A=\frac{输出电压\ U_o}{输入电压\ U_i}$$

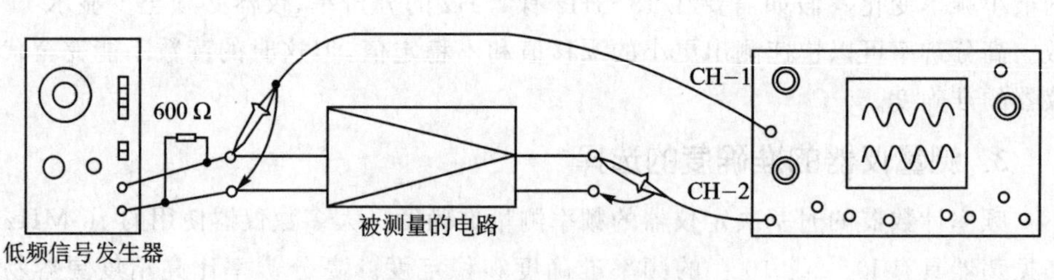

图 4.7.1 用示波器检测频率特性的方法

增益的单位通常为 dB。

$$A=20\lg\frac{U_o}{U_i}(\text{dB})$$

如果 $U_i=10\ \text{mV}$,$U_o=1\ 000\ \text{mV}$,则

$$A=20\lg\frac{1\ 000}{10}=40(\text{dB})$$

测量频率特性时,应保持信号源的输出幅度不变。改变信号源的输出信号频率,从低频到高频测量若干频率点的增益,这样就可得到电路的频率特性。例如,一个普通音频放大器在0.02～20 kHz范围内增益应当基本一致,变化量不超过±1 dB。

改用高频信号发生器和宽带示波器,采用相同的方法,也可以用来高频电路的频率特性。

2. 采用扫频信号发生器检测音频电路的频率特性

使用扫频信号发生器检测频率特性的方法如图4.7.2所示,可以直接读出频率特性的值。

扫频信号发生器可以在一定的频段范围内输出频率连续变化的信号,这样可以很方便直观地看出信号在什么频率上有衰落。

改用高频扫频信号发生器和宽带示波器,采用相同的方法,也可以用来高频电路的频率特性。

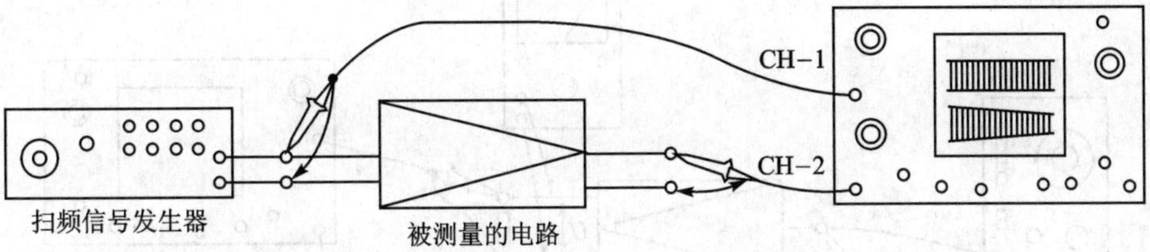

图 4.7.2　使用扫频信号发生器检测频率特性的方法

3. 采用方波信号检测音频电路的频率特性

检测音频放大器的频率特性,也可以通过输入方波信号进行检测。根据方波的形状评价频率特性如图4.7.3所示,如放大器的低频性能不好,则方波顶部有倾斜下降的情况出现;频率特性良好,则方波正常,波形方正;如果高频特性差,则波形上升不良,如放大器高频有提升,则方波前沿有尖峰出现。

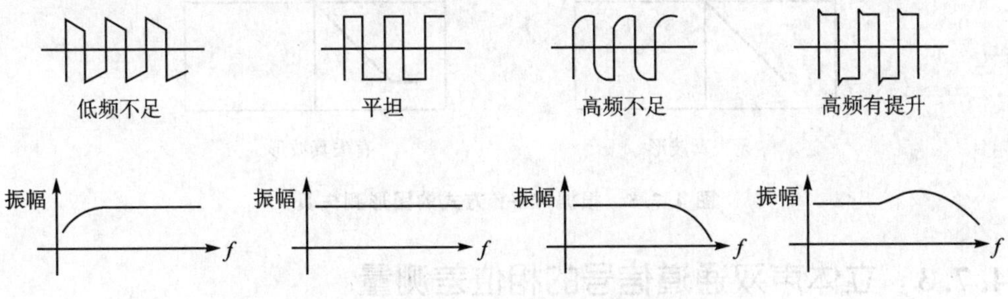

图 4.7.3　根据方波的形状评价频率特性

4.7.2　音频功率放大器最大不失真功率的测量

采用图4.7.4所示的方法可以测量音频功率放大器的最大不失真功率。

将低频信号振荡器输出的1 kHz正弦波信号送到被测放大器的输入端，同时将此信号也送到示波器的X轴输入端。

放大器的输出信号经过探头送到示波器的Y轴，同时接交流电压表。

示波器的工作在X—Y方式，在示波管上会出现李沙育图形，如图4.7.5所示。

当示波器出现变形的临界点输出时为音频功率放大器的最大不失真输出，在负载上测得电压值，就可以算出最大不失真功率。

$$P_0 = \frac{\text{放大器输出电压 } E^2}{\text{放大器负载电阻 } R_L}$$

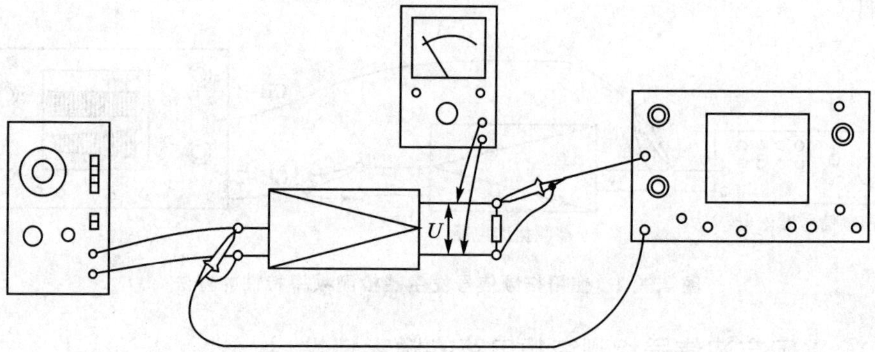

图4.7.4　功率放大器最大不失真功率的测量方法

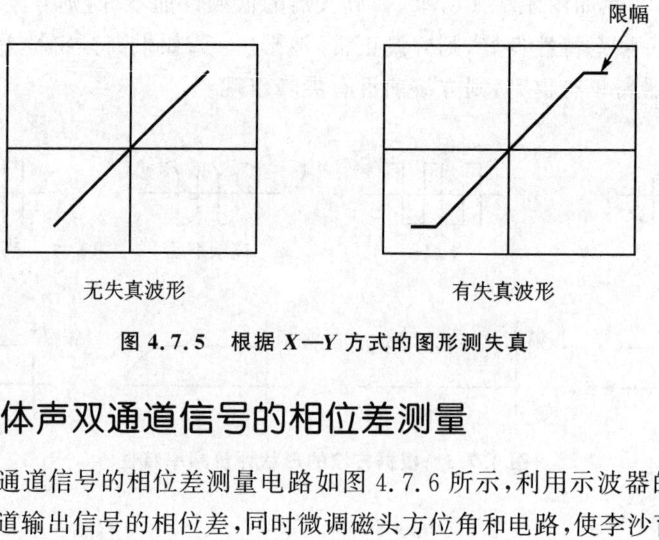

图4.7.5　根据X—Y方式的图形测失真

4.7.3　立体声双通道信号的相位差测量

立体声双通道信号的相位差测量电路如图4.7.6所示，利用示波器的X—Y功能可以观测两通道输出信号的相位差，同时微调磁头方位角和电路，使李沙育波形在0°～

90°的范围内即可。

注意：不能调节在 135°～180°的范围内。

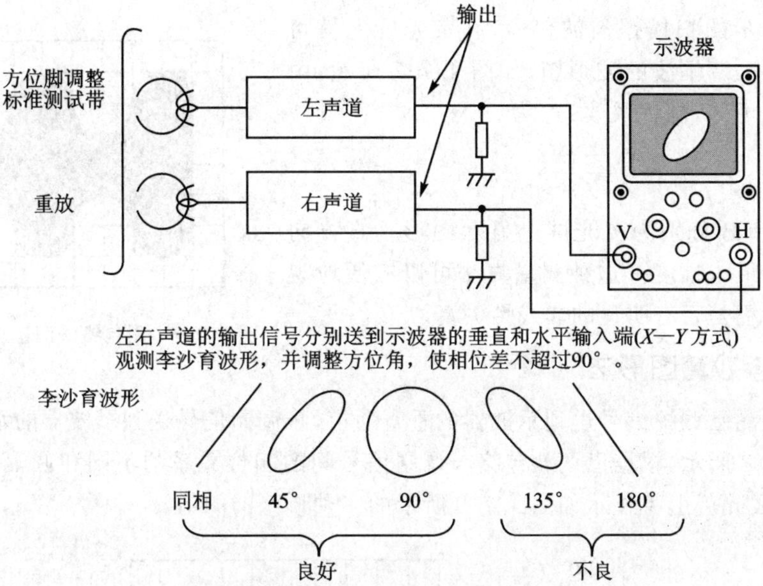

图 4.7.6　立体声双通道信号相位差测量

4.7.4　调幅度(调幅系数)*m* 的测量

单音频信号调制时，设载波信号为 $u_{\omega}(t)=U_{\omega}\cos\omega t$，调制信号为 $u_{\Omega}(t)=U_{\Omega}\cos\Omega t$，则调幅信号的表达式为

$$u_{\mathrm{AM}}(t)=U_{\omega}(1+\frac{U_{\Omega}}{U_{\omega}}\cos\Omega t)\cos\omega t=U_{\omega}(1+m_{\mathrm{a}}\cos\Omega t)\cos\omega t$$

式中，Ω 为调制信号的角频率；ω 为载波信号的角频率；m_{a} 为调幅系数。

从调幅波的表达式可以看出，已调幅波包络的最小值出现在 $\cos\omega t=-1$ 的瞬间，包络的最大值出现在 $\cos\omega t=1$ 的瞬间，设调幅波包络的最大峰峰值为 A，最小峰峰值为 B。

$$u_{\mathrm{AM}}(t)\big|_{\max}=U_{\omega}(1+m_{\mathrm{a}})\cos\omega t=\frac{A}{2}$$

$$u_{\mathrm{AM}}(t)\big|_{\min}=U_{\omega}(1-m_{\mathrm{a}})\cos\omega t=\frac{B}{2}$$

由上面两式得

$$m_{\mathrm{a}}=\frac{A-B}{A+B}\times 100\% \tag{4.7.1}$$

采用示波器测量调幅系数 m_{a} 主要有直接测量包络法和李沙育图形法。

1. 直接测量包络法

将被测已调幅信号送到示波器的垂直通道，给示波器的自身产生的与已调幅信号包络同步的扫描锯齿波信号，在荧光屏上就可以显示出已调幅波的波形图，如图 4.7.7 所示，由式 4.7.1 可知，调幅系数 m_a 为

$$m_a = \frac{A-B}{A+B} \times 100\%$$

式中，A 和 B 分别为荧光屏上显示图形垂直方向的最大和最小幅度。这种测量方法可以方便地观察调制过程是否有明显的非线性失真。

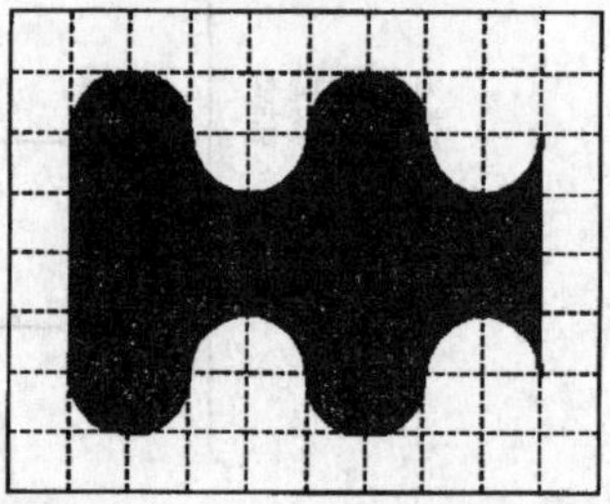

图 4.7.7 测包络法测量调幅系数

2. 李沙育图形法

将被测已调幅信号送到示波器的垂直通道，将调制信号送到示波器的水平通道，如图 4.7.8 所示，根据已调波包络与调制信号间的相位关系的不同和调幅系数的不同，在示波光屏上将显示如图 4.7.9 所示的多种形状的图形。

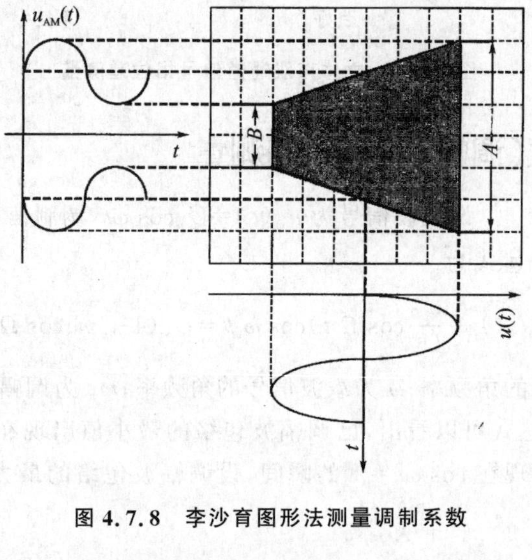

图 4.7.8 李沙育图形法测量调制系数

图 4.7.8 所示为 $m_a<100\%$，调制过程无相移，无非线性失真时，荧光屏显示的梯形图形。图 4.7.9(a)所示图形表示 $m_a=100\%$，调制过程无相移，无非线性失真；(b)所示图形表示 $m_a>100\%$，调制过程无相移，无非线性失真；(c)中 $m_a=0$，即无调制。

当已调波包络与调制信号间有相位差时，图 4.7.8 所示梯形的边界线不再是直线，而是出现椭圆(参见李沙育图形法测量相位差波形)。图 4.7.9 (d)所示图形表示 $m_a<100\%$，调制过程有相移，无非线性失真；(f)所示图形表示 $m_a< 100\%$，调制

过程有相移，无非线性失真。

当已调波包络有失真时，图 4.7.8 所示梯形的边界线不再是直线，而是出现弯曲。如图 4.7.9 (e)所示，该图形表示 $m_a<100\%$，调制过程无相移，有非线性失真。如果已调波包络有失真，且与调制信号间有相位差，图 4.7.8 所示梯形的边界线将会出现失真的椭圆。图 4.7.9(g)所示图形表示 $m_a<100\%$，调制过程有相移，有非线性失真。

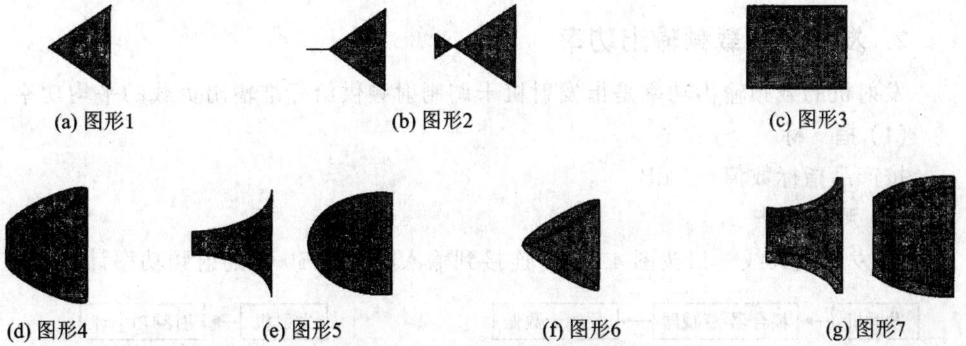

图 4.7.9 不同调制系数的图形

4.7.5 发射机测试

1. 发射机的频率误差

发射机的频率误差是测量载波频率及其标称频率数值之间的差值。

(1) 指标

根据 ITU－R(国际电信联-无线电)的相关建议，在规定的电源条件(电压、频率)和移动环境的温度范围之内，甚高频/超高频(VHF/UHF)频段无线电发射设备的频率容限和频率误差不得超过表 4.7.1 给出的值。

表 4.7.1 VHF/UHF 频段的频率容限和频率误差

频段/MHz	频率容限	频率误差/kHz
80	20×10^{-6}	1.6
160	10×10^{-6}	1.6
300	7×10^{-6}	2.1
450	5×10^{-6}	2.25
900	3×10^{-6}	2.7

(2) 测试方法

① 发射机天线端口按图 4.7.10 接上耦合器/衰减器和频率计数器。

② 发射机不调制。

③ 开启发射机，频率计数器上显示出在没有调制情况下测量的载波频率。

④ 记录频率计数器上显示的数值与标称频率之差值。此值不得超过表4.7.1中频率误差规定的数值。

⑤ 先在常温条件下测量，后在极限条件下重复测量。

注：常温条件下，大气压为64～106 kPa；温度为15～30 ℃；相对湿度为20%～85%。
极限条件下，厂家说明的最高和最低温度。

2. 发射机的载频输出功率

发射机的载频输出功率是指发射机未调制射频供给标准输出负载的平均功率。

(1) 指　标

按产品指标数值±1 dB。

(2) 测试方法

① 发射机天线端口按图4.7.11连接到输入阻抗为50 Ω的射频功率计上。

图4.7.10　发射机频率误差测试

图4.7.11　发射机载频输出功率测试

② 发射机不调制。

③ 开启发射机，记录射频功率计上显示的功率数值。

④ 先在常温条件下测量，后在极限条件下测量。

3. 杂散发射

杂散发射是指除载频和伴随标称测试音调制边带以外的频率发射，可测量任何离散频率传送到50 Ω阻抗负载上的功率电平。

(1) 指　标

在标称输出的负载上测量，当发射机载频功率小于或等于25 W时，任何一个离散频率的杂散发射功率不得超过2.5 μW。当发射机载频功率大于25 W时，任何一个离散频率的杂散发射功率应低于发射载频功率70 dB。

(2) 测试方法

① 发射机杂散发射测试电路如图4.7.12所示，发射机的音频输入端接入音频振荡器，发射机天线端接入耦合器/衰减器，耦合器/衰减器再接频谱分析仪。

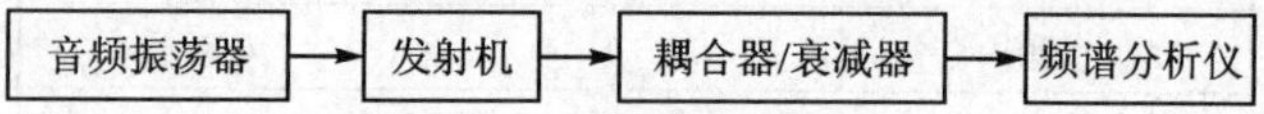

图4.7.12　发射机杂散发射测试

② 发射机不调制，打开发射机，记录载频电平，同时在30～2 000 MHz频段上选频测量(发射机工作频道和邻频道的功率除外)。并记录其杂散发射的电平。

③ 调整音频振荡器频率为 1 kHz，电平为发射机音频输入的标称值，重复②中测试。

4. 最大允许频偏

频偏是指已调射频信号的瞬时频率和未调制载波频率之间的最大差值。而最大允许频偏表示的是设备中规定的最大频偏数值。

(1) 指　标

对于 160 MHz、450 MHz、800 MHz 频段 25 kHz 频段间隔的设备，最大允许频偏为 5 kHz。测试频偏为 60%的最大允许频偏，即测试频偏为 3 kHz。

(2) 测试方法

① 如图 4.7.13 所示，发射机的音频输入端接入音频振荡器，发射机天线端接入耦合器/衰减器和频偏仪；

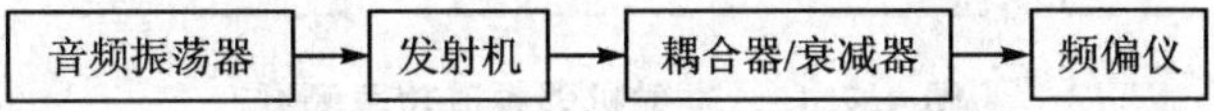

图 4.7.13　发射机最大允许频偏试测

② 调整音频振荡器输出频率为 1 kHz，电平为发射机音频输入端的标称值，则频偏仪指示值为 3 kHz；

③ 增加音频振荡器的输出电平，比标称测试调制信号电平高 20 dB，记录频偏仪指示值。此值应不超过最大允许频偏值；

④ 音频振荡器的输出电平保持不变，调整调制频率，使其范围为 0.3～3 kHz，记录频偏仪指示值。此值也应不超过最大允许频偏值。

5. 调制器的限幅特性

调制器的限幅特性表示发射机调制接近最大允许频偏的能力。

(1) 指　标

信号频率 1 kHz，电平比产生 20%最大允许频偏高 20 dB，频偏应该在最大允许频偏的 70%～100%范围内。

(2) 测试方法

① 如图 4.7.14 所示，发射机的音频输入端接入音频振荡器，发射机天线端接入耦合器/衰减器和频偏仪；

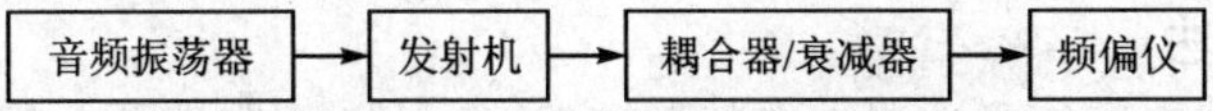

图 4.7.14　发射机调制器的限幅特性测试

② 调整音频振荡器输出频率为 1 kHz，调整音频振荡器的输出电平使频偏仪指示为 1 kHz；

③ 音频增加 20 dB，再次测量频偏值。频偏值应该在 3.5～5 kHz 范围内；

④ 先在常温下测量,后在极限条件下测量。

6. 发射机的邻频道功率

邻频道功率是规定音频调制的发射输出总功率的一部分,它落入工作在两个邻频道接收机的带内,是调制、交流音、发射机杂音产生的平均功率总和。

(1) 指 标

对于160 MHz、450 MHz、800 MHz频段,落在邻频道16 kHz带内的功率应比载频功率低70 dB(基台、车载台)和60 dB(手持台)。

(2) 测试方法

① 如图4.7.15所示,发射机的音频输入端接入音频振荡器,发射机天线端接上50 Ω阻抗的可变射频衰减器和接收机,接收机中频输出再接电平指示器。

图4.7.15 发射机邻频道功率测试

② 可变衰减器放在较大的衰减位置,使接收机的输出电平适中。

③ 调整音频振荡器输出频率为1 250 Hz,电平比发射机音频输入端的标称值(相当于频偏为3 kHz)高20 dB。

④ 接收机调到发射机的标称频率上,改变衰减器的衰减值。使电平指示器的指示值比接收机的杂音电平大5 dB,记录此时衰减器位置值为 p (dB)。

⑤ 接收机调到发射机的邻频道频率上,改变衰减器的衰减值,使电平指示器指针不变,记录此衰减值为 q (dB)。

⑥ 邻频道功率对载频功率之比是衰减器位置 p 和 q 之差,因此邻频道功率采用对载频功率之比来确定。

⑦ 对另一邻道功率重复测量。

7. 发射机的音频响应

音频响应是在调制信号电平不变,发射机频偏按照调制频率起变化的特性。

(1) 指 标

当调制频率在0.3～3 kHz范围内变化时,调制信号电平不变,调制信号电平恒定不变,幅度变化限制在+1～−3 dB范围内。

(2) 测试方法

① 发射机的音频输入端接入音频振荡器,发射机天线端接上耦合器/衰减器和频偏仪,如图4.7.16所示。

② 调整音频振荡器输出频率为1 kHz,调整音频振荡器的输出电平,使频偏仪指示为1 kHz。

③ 保持与音频振荡器输出1 kHz时相同的电平数值,调制信号频率从0.3～

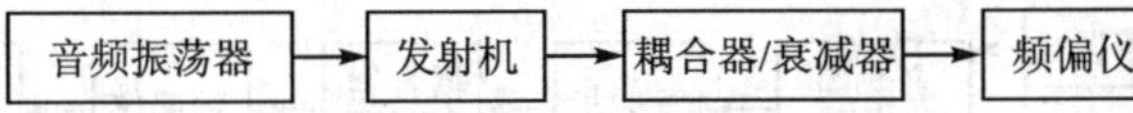

图 4.7.16 发射机音频响应测试

25 kHz 范围内变化,记录频偏仪指示值。

注:

(a) 音频幅度变化用频偏变化来表示;

(b) 由于发射机在 0.3~3 kHz 范围内具有 6 dB/每倍频程预加重网络,所以测量频偏数值应在每 6 dB/每倍频程预加重基础上,+1~-3 dB 范围内变化;

(c) 低于 300 Hz 和高于 3 kHz 时,频偏也应该衰减。

8. 发射机的谐波失真系数

已调制发射机的谐波失真系数用百分数来表示。线性解调后,音频基带内全部谐波成分的有效值电压对信号的有效值电压之比。

当使用非线性失真仪测量时,失真仪测量值中包含交流声和杂音成分。

(1) 指　标

谐波失真系数应不超过 7%。

(2) 测试方法

① 发射机的音频输入端接入音频振荡器,发射机天线端接上耦合器/衰减器,带有 300 Hz 以上的 6 dB/每倍频程去加重特性的频偏仪和非线性失真仪,如图 4.7.17 所示。

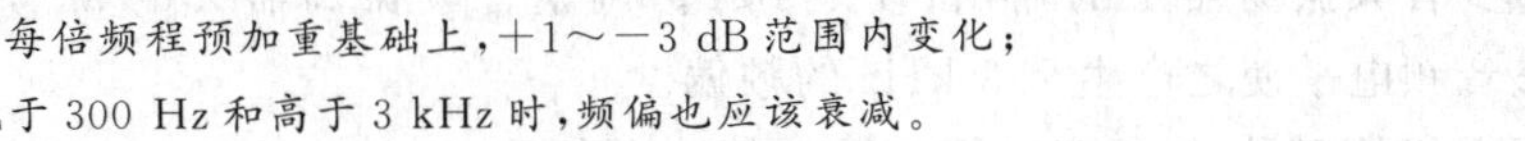

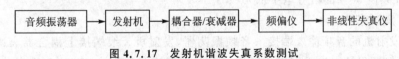

图 4.7.17 发射机谐波失真系数测试

② 在常温下测试,调制音频信号的频率分别为 300 Hz、500 Hz、1 kHz,使调制指数恒定不变(调制指数是指频偏对调制频率之比),即调制频率为 1 kHz,产生的频偏为 3 kHz。分别记录非线性失真仪指示数值,此值应小于 7%。

③ 在极限实验条件下测量,调制音频信号频率为 1 kHz,频偏为 3 kHz,记录非线性失真仪指示数值,此值应小于 7%。

9. 发射机相对音频互调产物的衰减

发射机相对互调产物的衰减是一个比值,测量频偏仪输出端希望输出信号之一的电平与发射机的非线性引起两个调制信号产生不希望输出信号成分电平之差。

(1) 指　标

音频互调产物一般由发射机输出级的非线性产生,互调衰减最少 20 dB。

(2) 测试方法

① 测试设备连接如图 4.7.18 所示。

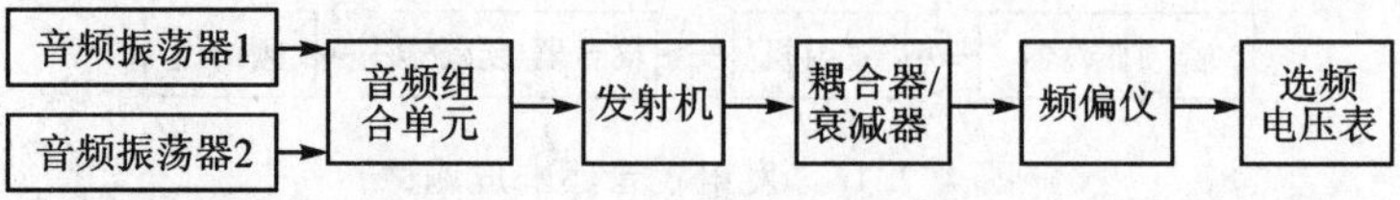

图 4.7.18 发射机相对音频互调产物的衰减测试

② 音频振荡器2没有输出，调整音频振荡器1的频率 $f_1=1$ kHz，调整音频电平使之产生2.3 kHz的频偏，记录音频振荡器1输出电平。

③ 减少音频振荡器1的输出，使之到0。调整音频振荡器2的频率 $f_2=1.6$ kHz，调整音频电平使之产生2.3 kHz的频偏。

④ 根据②的记录，恢复音频振荡器1的输出电平。

⑤ 用选频电压表测量1 kHz、1.6 kHz以及相对互调产物。

⑥ 计算1 kHz或1.6 kHz的音频电平与互调产物电平之差，此值应大于20 dB。

注：频偏仪应该带有6 dB/每倍频程地去加重网络。

10. 残余调制

发射机残余调制是一个比率，用dB来表示。发射机标准测试调制的已调信号解调后产生的音频信号电平与没有调制信号的射频信号解调以后产生的音频杂音电平之差。

(1) 指　标

在一个线性解调器的输出端，残余调制(没有调制信号)电平应该比相对于产生最大允许频偏60%的信号电平低40 dB。

(2) 测试方法

① 发射机的音频输入端接入音频振荡器，发射机天线端接上耦合器衰减器，带有6 dB/倍频程的去加重网络的频偏仪以及带有符合ITU—TP53.A规定的噪声滤波器的有效值电压表，如图4.7.19所示。

② 调整音频振荡器的频率为1 kHz，电平使发射机频偏为3 kHz，记录电压表指示的音频信号电平。

③ 关掉音频振荡器，记录电压表指示残余音频输出信号的电平。

④ 计算②与③之电平差，电平差为残余调制，此值应大于40 dB。

图 4.7.19 发射机残余调制测试

4.7.6 接收机测试

1. 射频灵敏度

在接收机的天线端接入具有接收机标称频率和标准测试调制的最小射频信号电

平，并使音频输出电路端获得最小50%的额定功率和12 dB的信纳比。则信号源输出的最小射频信号电平的电动势为接收机的射频灵敏度。

(1) 指　标

射频灵敏度为0.7～1 μV(电动势)(接收机音频输出端：信纳比=12 dB)。

(2) 测试方法

① 在接收机天线输入端接入具有50 Ω(不平衡)输出阻抗的射频信号源，接收机音频输出端接入非线性测试仪，如图4.7.20所示。

② 调整信号频率为接收机标称频率，调制频率为1 kHz，频偏为3 kHz。

图4.7.20　接收机射频灵敏度测试

③ 调整接收机的音频输出功率，使它不小于50%的额定功率。

④ 调整信号源输出射频电平，使非线性失真仪指示的信纳比为12 dB。

⑤ 读出信号源的电动势即为接收机的射频灵敏度。

2. 同频道抑制

存在不希望已调同频信号的情况下，测量接收机接收希望已调信号不超过给出恶化量的能力，称为同频道抑制。

(1) 指　标

同频道抑制应该低于8 dB。

(2) 测试方法

① 如图4.7.21所示，两个信号源通过组合器加到接收机的天线输入端，接收机的音频输出端接非线性失真仪。

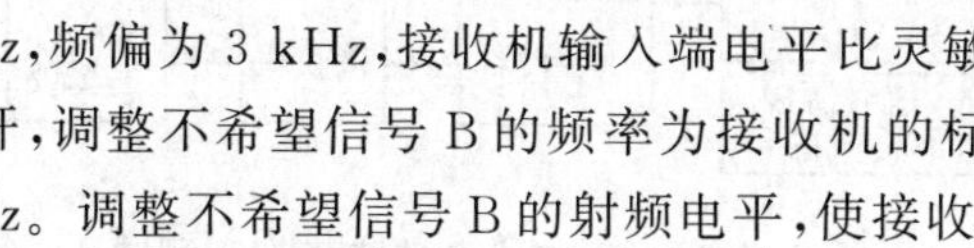

图4.7.21　接收机同频道抑制测试

② 信号源B关上，信号源A打开。调整希望信号A的频率为接收机的标称频率，调制频率为1 kHz，频偏为3 kHz，接收机输入端电平比灵敏度高3 dB。

③ 信号源B打开，调整不希望信号B的频率为接收机的标称频率，调制频率为400 Hz，频偏为3 kHz。调整不希望信号B的射频电平，使接收机音频输出信纳比下降到12 dB，记录接收机输入端不希望信号的射频电平。

④ 计算接收机输入端不希望信号和射频灵敏度电平之差，此值应低于8 dB。

3. 接收机的邻频道选择性

邻频道选择性是由于存在与希望信号频率差等于频道间隔的不希望信号时，测量接收机接收希望调制信号不超过给定恶化量的能力。

(1) 指　标

邻频道选择性应不低于 70 dB(基台、车载台)和 60 dB(手持台)。

(2) 测试方法

① 如图 4.7.22 所示,两个信号源通过组合器加到接收机的天线输入端,接收机的音频输出端接非线性失真仪。

② 关闭信号源 B,打开信号源 A。希望信号 A 调整到接收机标称频率上和标准测试调制,调整信号源 A 的电平,使接收机输入端电平比灵敏度高 3 dB。

③ 打开信号源 B,不希望信号 B 调到接收机标称频率上边的邻频道上,并经 400 Hz 单音调制,频偏为 3 kHz。再调不希望信号 B 电平,使接收机音频输出信纳比下降到 12 dB,并记录接收机输入端不希望信号的电平。

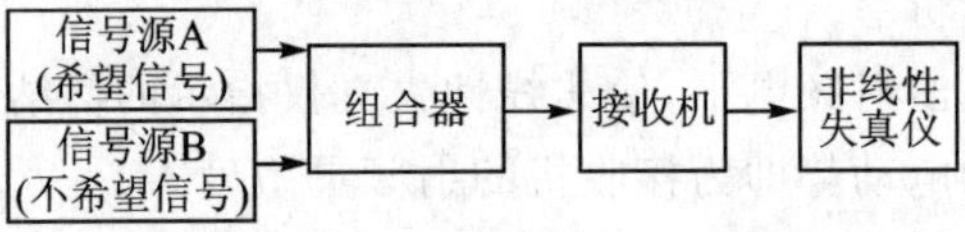

图 4.7.22　接收机邻频道选择性测试

④ 把不希望信号 B 调到接收机标称频率下边的邻频道上重复上述测试。

⑤ 邻频道选择特性用接收机输入端不希望信号对灵敏度的射频电平差来表示,并选两个测试值中较低的一个作为测试结果。

4. 杂散响应抑制

杂散响应抑制是测量接收机鉴别标称频率调制信号与任何其他频率信号(希望信号频道和邻频道频率除外)之间的能力。

(1) 指　标

杂散响应抑制应该不低于 70 dB(基台、车载台)和 60 dB(手持台)。

(2) 测量方法

① 如图 4.7.23 所示,两个信号源通过组合器加到接收机的天线输入端,接收机的音频输出端接非线性失真仪。

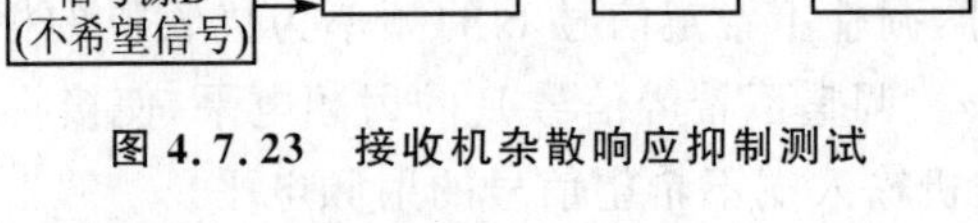

图 4.7.23　接收机杂散响应抑制测试

② 关闭信号源 B,打开信号源 A。

希望信号 A 调整到接收机标称频率上和标准测试调制,再调整希望信号 A 的电平,使接收机输入端电平比灵敏度高 3 dB。

③ 打开信号源 B,以 400 Hz 单音调制,频偏为 3 kHz。再调整不希望信号 B 的

电平，使接收机输入端电平比灵敏度高 70 dB。

④ 改变不希望信号 B 的射频频率，0.1～2 000 MHz 变化（希望信号频道和邻频道频率除外），接收机的音频输出信纳比应不低于 12 dB。

5. 接收机的互调抑制

互调抑制是由于存在两个具有一定关系的不希望高电平信号时，测量接收机接收希望信号不超过给出恶化量的能力。

(1) 指　标

互调抑制应不低于 70 dB（基台、车载台）和 60 dB（手持台）。

(2) 测量方法

① 如图 4.7.24 所示，三个信号源通过组合器加到接收机的天线输入端。希望信号 A 调到接收机标称频率上，并用标准测试音调制。不希望信号 B 调到比接收机标称频率高 50 kHz 的频率上，而且不调制。不希望信号 C 调到比接收机标称频率高 100 kHz 频率上，以 400 Hz 调制，频偏为 3 kHz。

② 调整希望信号 A 电平，使接收机输入端电平比灵敏度高 3 dB，两个不希望信号 B 和 C 保持相同的增加电平，直到接收机音频输出信纳比下降 12 dB。

③ 微调不希望信号 B 和 C 的频率，调到接收机音频输出信纳比最大恶化，再次到 12 dB，并记录接收机输入端不希望信号的电平。

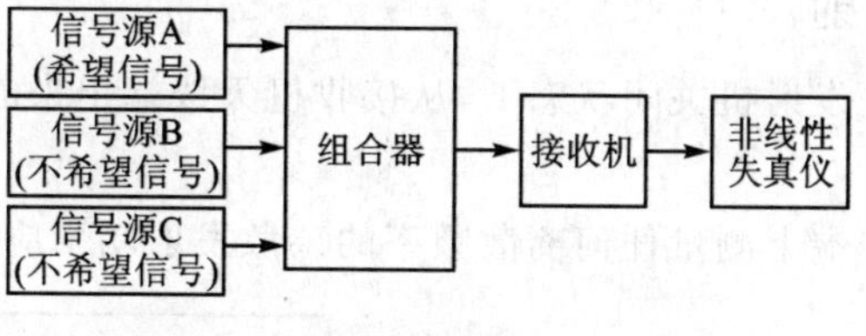

图 4.7.24　接收机互调抑制测试

④ 不希望信号 B 和 C 分别调到比希望信号频率低 50 kHz 和 100 kHz，重复上述测试。

⑤ 互调抑制用信号源 B 或 C 输入到接收机输入端的不希望信号对灵敏度的射频电平差来表示。并选两个测试值中较低的一个作为测试结果。

6. 阻　塞

阻塞是由于另外频率的不希望信号引起希望的音频输出功率变化（一般为减少）或信纳比降低。

(1) 指　标

在标称频率两旁＋1～＋10 MHz、－1～－10 MHz 频率范围内，任何频率的阻塞电平应不低于 90 dB（基台、车载台）和 70 dB（手持台）。

(2) 测试方法

① 如图 4.7.25 所示,两个信号源通过组合器加到接收机的天线输入端。接收机的音频输出端接非线性失真仪。

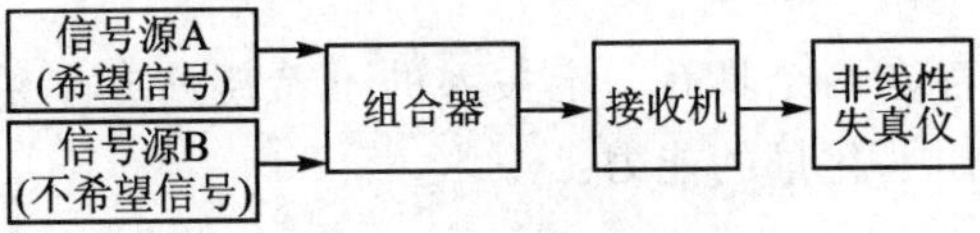

图 4.7.25 接收机阻塞测试

② 关闭信号源 B,打开信号源 A。希望信号 A 调整到接收机的标称频率上和标准测试调制,调整希望信号 A 电平,使接收机输入端电平比灵敏度高 3 dB。希望信号的音频输出功率调到 50%的额定输出功率。

③ 打开信号源 B,不希望信号 B 不调制,频率在标称频率旁±(1～10) MHz 频率范围内变化。不希望信号的电平应该调整到以下情况:

(a) 希望信号的音频输出功率下降 3 dB。

(b) 信纳比下降 12 dB。

④ 计算接收机输入端不希望信号对灵敏度射频电平之差,此值应大于 90 dB 或 70 dB。

7. 传导杂散发射

传导杂散发射是发射机关闭状态下,从接收机天线端出来的任何发射。

(1) 指　标

具有匹配的天线端上测量任何离散频率的杂散发射功率应该不超过 2.0 nW。

(2) 测试方法

① 如图 4.7.26 所示,杂散发射是在收发信机天线端上测量任何离散信号的功率,在天线端连接频谱分析仪或具有 50 Ω 输入阻抗的选频电压表。接收机打开,发射机关闭。

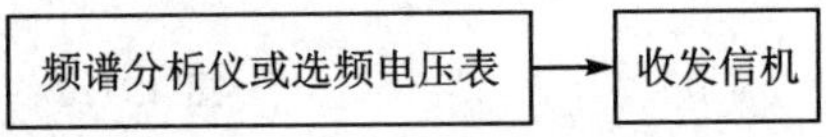

图 4.7.26 接收机传导杂散发射测试

② 频率从 0.1～2 000 MHz 范围内测量杂散发射功率。

③ 如果测量选频电压表没有绝对的功率校正,那么任何检测分量都可用信号发生器替代方法来确定。

8. 谐波失真

谐波失真是指接收机音频输出端全部谐波分量有效值与总信号电压的有效值之比。

(1) 指　标

谐波失真系数应不超过 7%。

(2) 测试方法

图 4.7.27 接收机谐波失真测试

① 如图 4.7.27 所示,射频信号源接到接收机的天线输入端,接收机的音频输出端接入非线性失真仪。

② 整信号源输出电平比灵敏度高 60 dB。频率调整到接收机的标称频率上。音频输出功率等于接收机的额定功率。

③ 测量信号频率依次调到 300 Hz、500 Hz 或 1 kHz。相应的频偏为 0.9 kHz、1.5 kHz 和 3 kHz。

④ 分别记录非线性失真仪指示的值。

⑤ 调整信号源输出电平比灵敏度高为 100 dB,重复上述测试。

⑥ 极限测试,测试频率调到接收机标称频率的±1.0 kHz 的频率上,调制信号仅为 1 kHz 单音,频偏为 3 kHz,测试接收机的谐波失真系数。此值应不超过 7%。

9. 相对音频互调产物电平衰耗

相对音频互调产物电平衰耗是一个比率,用 dB 表示。音频输出端两个希望信号之一的电平与由于接收机中的非线性引起两个调制信号产生不希望信号成分电平之差。

(1) 指　标

相对音频互调产物电平衰耗最少为 20 dB。

(2) 测试方法

① 如图 4.7.28 所示,两个音频振荡器 A 和 B 通过组合器连接到射频信号源的调制输入。射频信号源接到接收机的天线输入端,接收机的音频输入端接选频电压表。

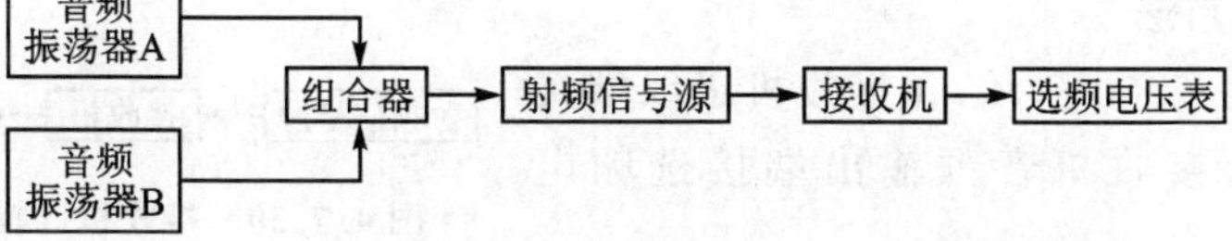

图 4.7.28 接收机相对音频互调产物电平衰耗测试

② 调整射频信号源的频率到接收机的标称频率上,并将电平依次调整到比灵敏度高 20 dB、60 dB、100 dB。

③ 音频振荡器 B 没有输出,调整音频振荡器 A 的频率为 1 kHz ,产生频偏为 2.3 kHz。调整接收机音频输出功率为 50%额定输出功率。记录音频振荡器 A 的输出电平。

④ 减少音频振荡器 A 的输出,使之到 0。调整音频振荡器 B 的频率为1.6 kHz,输出电平产生 2.3 kHz 的频偏。

⑤ 恢复音频振荡器 A 记录的输出电平。测量 1 kHz 成分的电平和音频端的互

调产物电平。

⑥ 计算 1 kHz 信号电平与互调产物电平之差。此值应大于 20 dB。

注：由于接收机在 0.3～3 kHz 范围内具有 6 dB/每倍频程去加重网络，所以测量的电平应减去 6 dB/每倍频程去加重的数值。

10. 接收机限幅器的振幅特性

接收机限幅器的幅度特性是规定已调制射频输入信号电平和接收机输出的音频信号电平之间的相对关系。

(1) 指　标

射频输入功率在规定的变化范围内，其音频输出功率的变化应不超过 3 dB。

(2) 测试方法

① 如图 4.7.29 所示，在接收机天线端接射频信号源，接收机音频输出端接音频电压表。

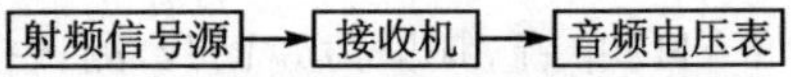

图 4.7.29　接收机限幅器的振幅特性测试

② 调整信号源的频率为接收机的标称频率，调制为标准测试调制，电平比灵敏度高 3 dB。调整接收机音频输出功率为 25%的额定输出功率。

③ 增加射频信号源的输出电平比灵敏度高 100 dB，再一次测量音频输出功率。

④ ②、③ 两次测试的音频功率的变化应不超过 3 dB。

11. 调幅抑制

调幅抑制是接收机抑制幅度调制信号的能力，是音频输出端具有标准测试调制的音频功率对规定幅度调制的音频功率之比，用 dB 表示。

(1) 指　标

调幅抑制应不低于 30 dB。

(2) 测试方法

① 如图 4.7.30 所示，在接收机天线端接射频信号源，接收机音频输出端接选频电压表。

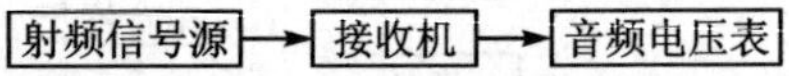

图 4.7.30　接收机调幅抑制测试

② 调整信号源的频率为接收机的标称频率，调制为标准测试调制，电平依次比灵敏度高 20 dB、60 dB。调整接收机音频输出功率为额定的音频输出电平。

③ 标准测试调制改为 1 kHz 单音 30%的幅度调制信号，再一次测量音频输出电平。

④ ②、③ 两次测试的音频电平之差应不低于 30 dB。

12. 噪声和交流声

接收机的噪声和交流声是一个比率，用 dB 表示。这个比率是标称测试调制的强射频信号加入到接收机天线端产生的单频电平对由于电源系统的杂散影响产生的噪声和交流声电平之差。

(1) 指 标

调制频率为 1 kHz,频偏为 3 kHz 的强射频信号产生的音频输出电平对噪声和交流声电平之差应超过 40 dB。

(2) 测试方法

① 如图 4.7.31 所示,射频信号源接到接收机的天线端,接收机的音频输出端接噪声滤波器和有效值电压表。

图 4.7.31 接收机噪声和交流声测试

② 调整信号源的频率为接收机的标称频率,调制为标称测试调制,电平比灵敏度高 30 dB。音频功率调到额定输出功率。

③ 除去调制,反复测量音频输出电平。

④ ②、③ 电平之差应超过 40 dB。

4.8 噪声对测量的影响

在电子技术中,把一切来自设备或系统内部的无关信号称为噪声,把一切来自设备或系统外部的无关信号称为干扰,常将二者统称为噪声。噪声不仅会淹没有用信号,影响被测电路的可靠性和稳定度,降低电子电路的性能,严重时使电路完全不能工作。同时噪声也会影响测量结果的精度和准确度。

4.8.1 噪声产生的原因

1. 内部噪声

内部噪声是来自电子设备或系统内部的无关信号,有热噪声、散弹噪声、接触不良引起的噪声、尖峰或振铃噪声、感应噪声、信号失真引起的噪声、自激振荡等。

产生的原因是:

- 热噪声主要是由导体内部自由电子无规则的热运动所产生的,温度越低噪声越小;
- 散弹噪声是晶体管中载流子通过势垒区不均匀造成电流的微小起伏而引起的;
- 尖峰或振铃噪声是由电路中电流的突变在电感中引起冲击形成衰减振荡而产生的噪声;
- 感应噪声是由于电路元件或布线间的静电感应、磁感应或电磁感应而造成的各电路间的相互干扰所引起的噪声;

- 电路布线的连接不牢靠或接点接触不良会引起的噪声；
- 信号波形在电路中失真畸变会形成噪声；
- 具有放大功能的电路，其输出信号的一部分通过“寄生耦合”以正反馈的方式加到电路的输入端而产生不需要的自激振荡形成噪声。

2. 外部干扰

一切来自设备或系统外部的无关信号称为干扰，有天气干扰、无用电磁波的干扰、交流电、来自其他电气设备的干扰、天体干扰等。

产生的原因是：

- 各种气象现象（如雷电等）产生的电波或空间电位变化所引起的干扰；
- 各种电台发射的电磁波产生的干扰；
- 由于电子设备所需要的直流供电电源一般都是由交流市电整流滤波而得，当滤波不好时，电子设备中就会混入交流市电信号而引起噪声；
- 动力机械、使用整流子的电动机、高频炉、电焊机甚至日光灯火花形成的干扰；
- 太阳和其他星体各种天体辐射的电磁波所产生的干扰。

噪声和干扰的来源和途径是多种多样的，针对不同的噪声和干扰途径可以采用不同的抗干扰措施。

4.8.2 公共阻抗耦合干扰及其抑制

1. 公共接地点耦合干扰及其抑制

在测量中，要求测试仪器与被测电路有公共接地点，如果被测电路地线本身的电阻（地线电阻 R_d）不能被忽略，那么各级电路电流流过公共地线电阻时就可能产生耦合而形成自激振荡和信号串扰，如图 4.8.1(a)所示。最常见的公共阻抗有地线电阻和电感及电源内阻和引线电感。

例如，如图 4.8.1(b)所示，后级电路输出电流流过地线电阻 R_d 所产生的电压，串联接入前级电路的输入端，并且与信号源电压的极性相同，形成正反馈。

地线除了具有电阻外还有电感，当地线的长度大时，电感量会随之增大。信号中的高频分量流过地线会产生可观的电压降，这种电压降造成级间寄生耦合，并能产生一定的相移，当放大器的级数增多，且每级的放大倍数又很大时，即使地线电阻和电感很小，也会形成相当深的反馈，使放大器的性能下降，严重时还会造成自激振荡。

后级电流流过公共地线电阻和电感对输入级产生耦合干扰可以采用一点接地以减小地线电阻和电感的影响。将图 4.8.1(b)所示电路改为如图 4.8.2 所示的输入级一点接地，便可避免地线上干扰加到输入级的输入端。

2. 公共电源耦合干扰及其抑制

当多级电路共用一个供电电源时，由于电源内阻不可能为 0，各级信号电流流过

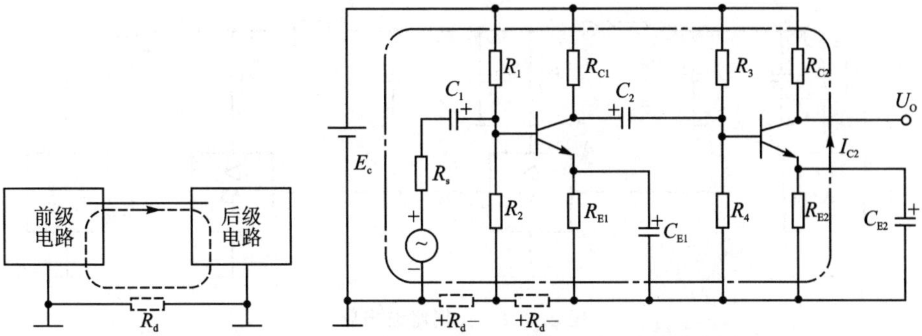

(a) 公共地线电阻 R_d　　(b) 后级电路输出电流流过地线电阻 R_d

图 4.8.1　地电阻耦合

电源时,会在电源内阻和引线电感上产生电压降,这个交流信号电压降会随直流送往其他各级,如图 4.8.3 所示。对于多级级联电路,这种寄生耦合有可能形成寄生正反馈,产生自激振荡。

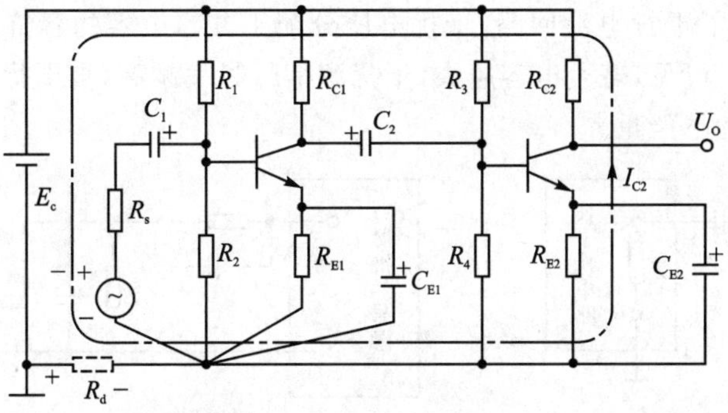

图 4.8.2　输入级一点接地

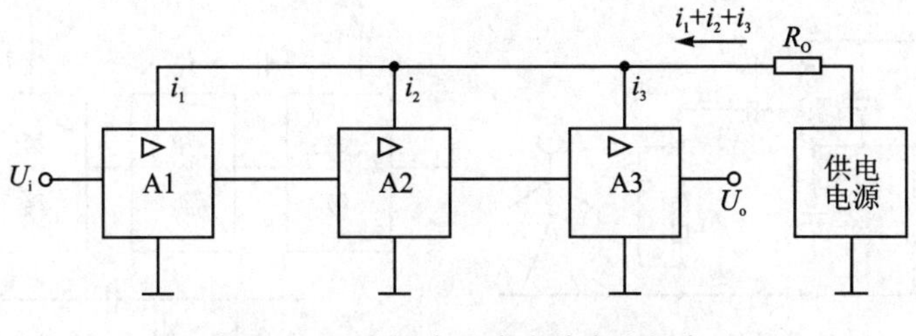

图 4.8.3　电源内阻产生的寄生耦合

采用如图 4.8.4 所示的去耦滤波电路,可以减小这种寄生耦合。图中电解电容并联一个小容量电容是为了消除电解电容的高频寄生电感的影响。

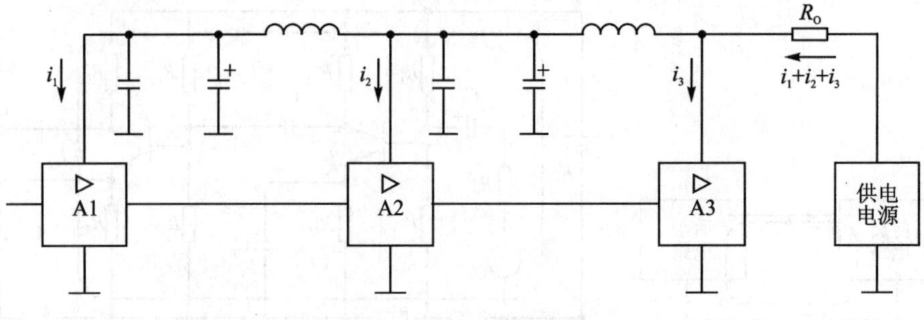

图 4.8.4　去耦滤波电路

4.8.3　空间电磁耦合干扰及其抑制

空间电磁耦合造成的干扰是由存在于电子电路周围的杂散电磁场引起的，干扰的途径有静电感应和电磁感应两种。

1. 静电感应干扰

静电感应的原理如图 4.8.5(a)所示。干扰源与被干扰电路之间存在有分布电容 C_0，从而形成了干扰电流回路，干扰电压分配于分布电容的容抗和被干扰电路对地的阻抗 Z_i 上。可见，寄生电容越大，干扰源信号频率越高，被干扰电路对地的阻抗越大，产生的干扰越严重。

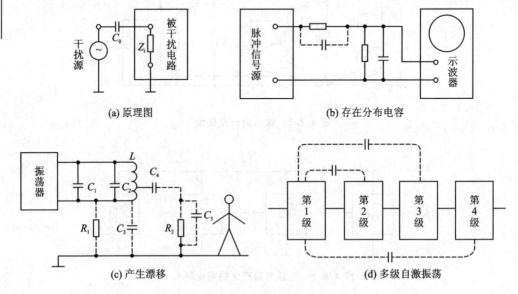

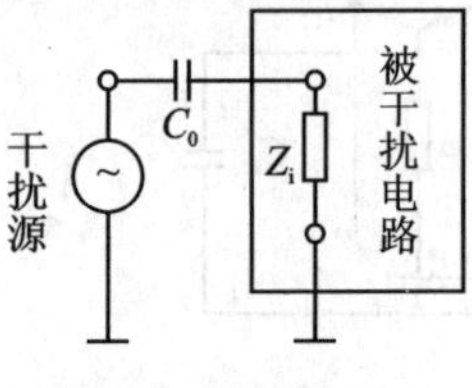

(a) 原理图

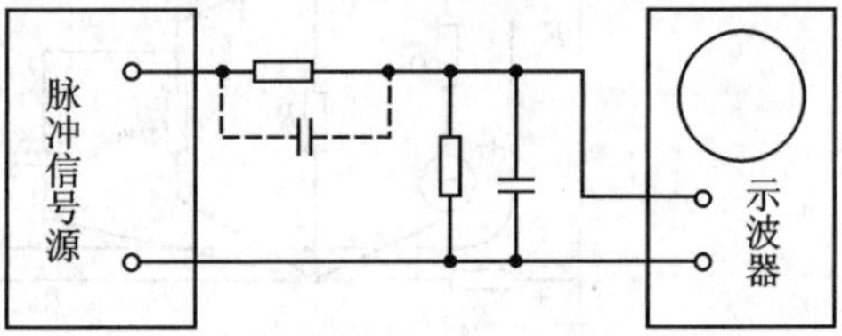

(b) 存在分布电容

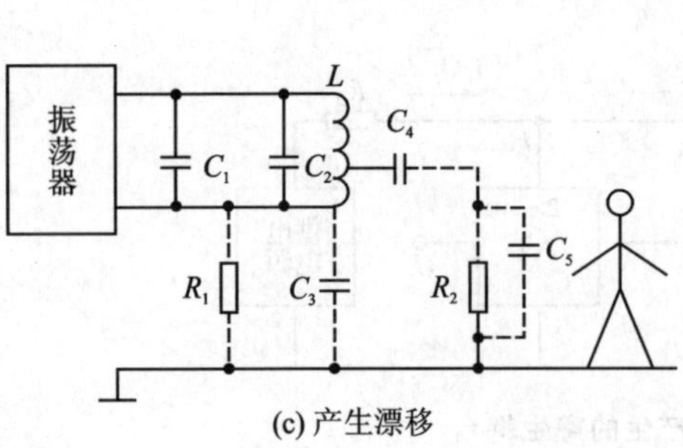

(c) 产生漂移

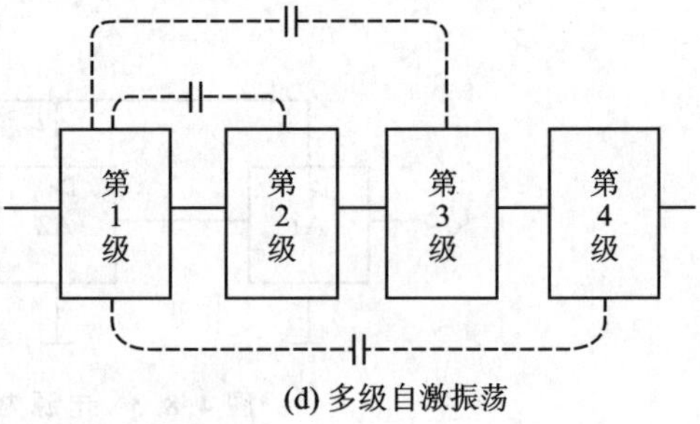

(d) 多级自激振荡

图 4.8.5　分布电容影响示意图

测量系统中的仪器设备、被测电路、元器件、接线、大地和人体等之间，都存在着极为复杂的分布电容，是客观存在的寄生耦合，当工作频率较高时，这些分布电容的影响便不能忽略不计。如图 4.8.5(b)所示,由于分布电容的存在使输入分压装置对不同频率呈现不同的分压比,将造成示波器显示波形的失真。如图 4.8.5(c)所示,C_1、C_2、L 为振荡器的谐振回路,R_1、C_3 为振荡器机壳对地的分布阻抗,R_2、C_5 为人体对地的分布参数,C_4 为人体和谐振回路的寄生耦合电容,这些寄生参数改变了振荡器等效谐振回路的构成,将造成振荡电路振荡频率的漂移。图 4.8.5(d)中,由于分布电容的影响,可能造成多级放大器的自激振荡。

2. 电磁感应干扰

电磁干扰是通过干扰源和被干扰电路之间的互感耦合造成的。杂散电磁场通过互感及电磁耦合对导线的高频分布电感、电感线圈、各类变压器、扼流圈形成干扰。

抑制空间电磁耦合造成的干扰可以采用下列措施。

(1) 合理布局

合理布局被测电路的元器件位置;尽可能减短电路连接线,电路的输入线、输出线、交流、直流、弱信号、强信号等的连线要尽可能分开走线,不得已时要避免平行走线;高增益和高频电路的输入和输出端应彼此远离;电源变压器和滤波电容应远离电路的输入级;将磁芯电感的线圈轴与干扰磁场相垂直;测量时,人体不要太靠近电路的高频部分,以减小分布参数的影响。

(2) 采用屏蔽

屏蔽有静电屏蔽和电磁屏蔽两种。屏蔽的结构可以将干扰源或被干扰电路用屏蔽罩屏蔽起来,也可以将它们隔离。

静电屏蔽采用导电率高的材料制作屏蔽罩,在屏蔽罩接地后干扰电流经屏蔽罩外层短路入地,如图 4.8.6(a)所示。屏蔽罩的妥善接地十分重要,否则不但不能减小干扰,反而会使干扰增大。

电磁屏蔽采用高磁导率材料制作磁屏蔽罩,磁屏蔽罩的磁阻远小于被干扰电路与屏蔽罩之间空气隙的磁阻,使干扰磁场的磁力线大部分通过屏蔽罩而不通过空气隙进入电路,如图 4.8.6(b)所示。

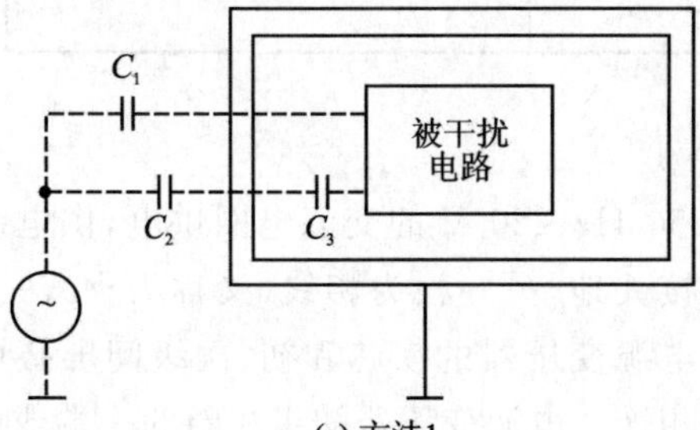

(a) 方法1

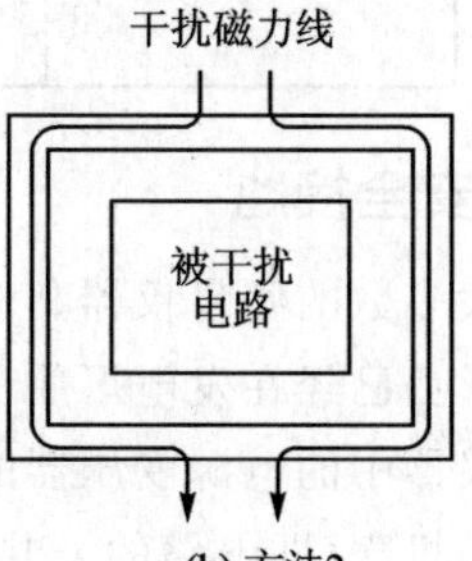

(b) 方法2

图 4.8.6 屏蔽抑制电磁干扰

4.9　接地对测量的影响

4.9.1　接　地

1. 接地的含义

地线的符号及含义如表 4.9.1 所列，一种是接真正的大地即与地球保持等电位，通常局限于实验室所在附近的大地。对于交流供电电网的地线，通常是指三相电力变压器的中线(又称零线)，它是在发电厂接大地的。另一种是指接电子测量仪器、设备、被测电路等的公共连接点。这个公共连接点通常与机壳直接连接在一起，或通过一个大电容(有时还并联一个大电阻——有形或无形的)与机壳相连的(这在交流意义上也相当于短路)。一般来说，由于仪器设备的机壳面积较大，并且绝大多数电子测量仪器所用的电源变压器都固定在与机壳同电位的底板上，因此机壳与大地之间存在着一个较大的分布电容。

接地有两种，一是用来保证实验者人身安全的安全接地，二是用来保证正常实验、测量、抑制噪声的技术接地。

表 4.9.1　地线的符号及含义

名　称	符　号	含　义
真正大地	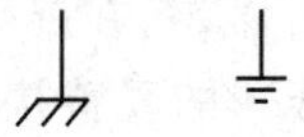	实验室附近大地
中线(或零线)	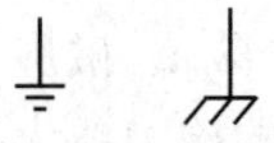	发电厂接大地
电路地线		电路设备的机壳，公共零电位

2. 安全接地

绝大多数的测量仪器和设备都由 50 Hz、220 V 的交流电网供电，供电线路中的中线(零线)已经在发电厂用良好导体接大地，另一根为相线(又称为火线)。供电电压加到仪器中的电源变压器的初级。电源变压器的铁芯和初、次级间屏蔽层均直接与仪器的机壳(即电路的公共连接点)相连。电源变压器初级线圈的一端或中心抽头也与此点相连。因此，在电源变压器的初、次级与机壳，机壳与大地之间便形成了如图 4.9.1 所示的分布电容。

图 4.9.1 中 C_1、R_1 分别表示初级线圈对机壳的分布电容和漏电阻，C_2、R_2 分别

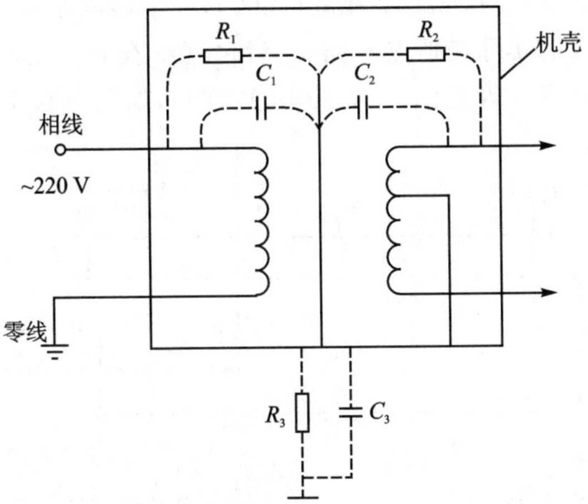

图 4.9.1　机壳与大地之间形成的分布电容

表示次级线圈对机壳的分布电容和漏电阻，C_3、R_3 分别表示机壳对大地的分布电容和漏电阻。如果用阻抗 Z_1、Z_2、Z_3 来分别表示 $R_1//C_1$、$R_2//C_2$ 和 $R_3//C_3$，可得到机壳对大地的电位为

$$U_3 = \frac{Z_3}{Z_1 + Z_2} \times 200\ \text{V}$$

此时，人体若接触机壳就有 U_3 的电压加到人体上，正常情况下，Z_1、Z_3 的值都很大，触电不严重，人体一般感觉不到。但是如果仪器或设备长期处于湿度较高的环境或长期受潮未烘烤、变压器质量低劣等，变压器的绝缘电阻就会明显下降。通电后，如人体接触机壳，就有可能触电。

为了避免触电事故的发生，可在通电后用试电笔检查机壳是否明显带电。一般情况下，电源变压器初级线圈两端的漏电阻抗是不相同的。因此，往往把单相电源插头换个方向插入电源插座中即可削弱甚至消除漏电现象。比较安全的办法是采用三孔插头座，如图 4.9.2 所示。

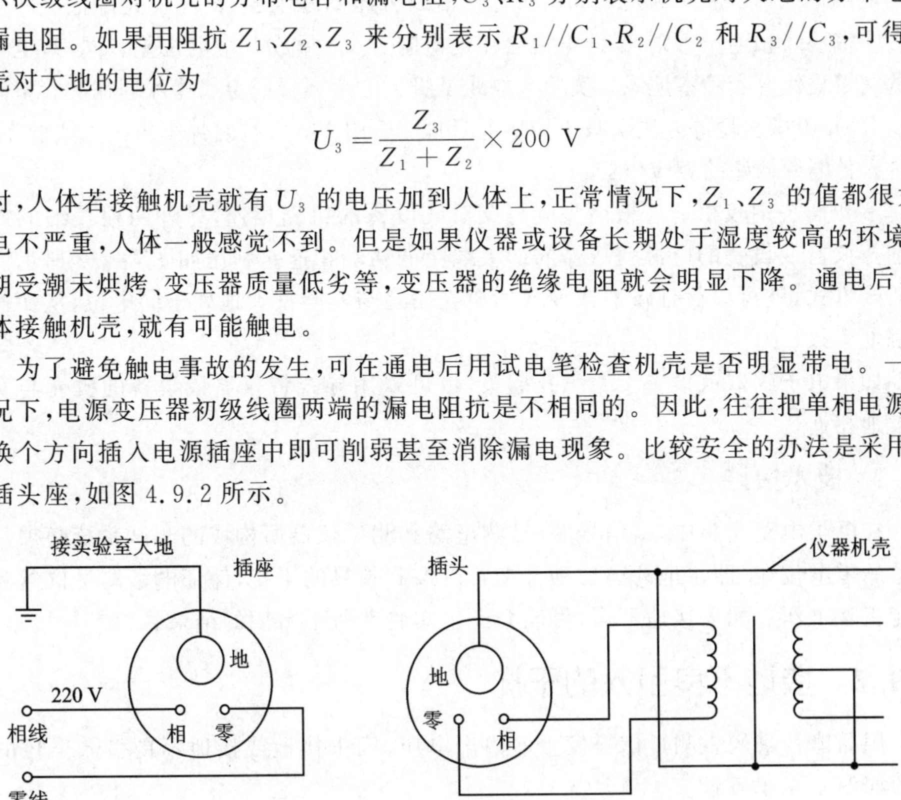

图 4.9.2　三孔插头座的安全接地形式

图 4.9.2 中，三孔插座中间较粗的插孔与本实验室的地线(实验室的大地)相接，

另外两个较细的插孔，一个接220 V相线(火线)，一个接电网零线(中线)。由于实验室的地线与电网中线的实际接地点不同，二者之间存在着一定的大地电阻 R_d(这个电阻还随地区、距离、季节等变化，一般是不稳定的)，如图4.9.3所示。

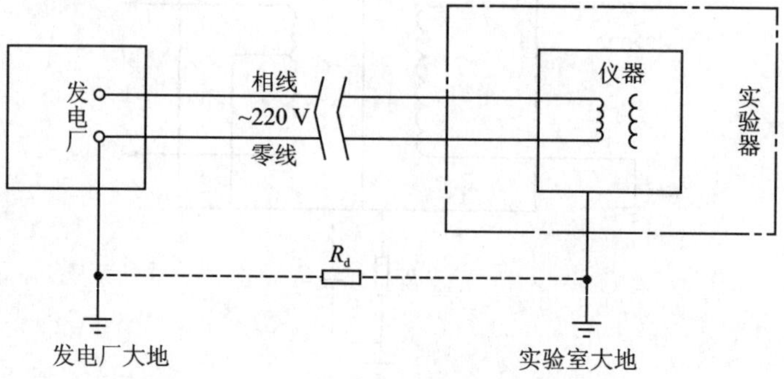

图4.9.3　实验室大地与电网地线间的地电阻

电网零线与实验室大地之间由于存在沿线分布的地电阻，因此不允许把电网中线与实验室地线相连。否则，零线电流会在地电阻 R_d 上形成一个电位差。同理，也不能用电网零线代替实验室地线。实验室地线是将大的金属板或金属棒深埋在实验室附近的地下(并用撒食盐等办法来减小接地电阻)，然后用粗导线与之焊牢再引入实验室，分别接入各电源插座的相应位置。

三孔插头中较粗的一根插头应与仪器或设备的机壳相连，另外两根较细的插头分别与仪器或设备的电源变压器的初级线圈的两端相连。利用如图4.9.2所示的电源插接方式，就可以保证仪器或设备的机壳始终与实验室大地处于同电位，从而避免了触电事故。

如果电子仪器或设备没有三孔插头，也可以用导线将仪器或设备的机壳与实验室大地相连。

3. 技术接地

在电子电路实验中，由信号源、被测电路和测试仪器所构成的测试系统必须具有公共的零电位线(即接地的第二种含义)，以抑制外界的干扰，保证电子测量仪器和设备能正常工作。如果接地不当，可能会产生实验者所不希望的结果。

4.9.2　接地不良引入的干扰

用晶体管毫伏表测量信号发生器输出电压，因未接地或接地不良引入干扰的示意图如图4.9.4所示。

在图4.9.4(a)中，C_1、C_2 分别为信号发生器和晶体管毫伏表的电源变压器的初级线圈对各自机壳(地线)的分布电容，C_3、C_4 分别为信号发生器和晶体管毫伏表的机壳对大地的分布电容。由于图中晶体管毫伏表和信号发生器的地线没有相连，因

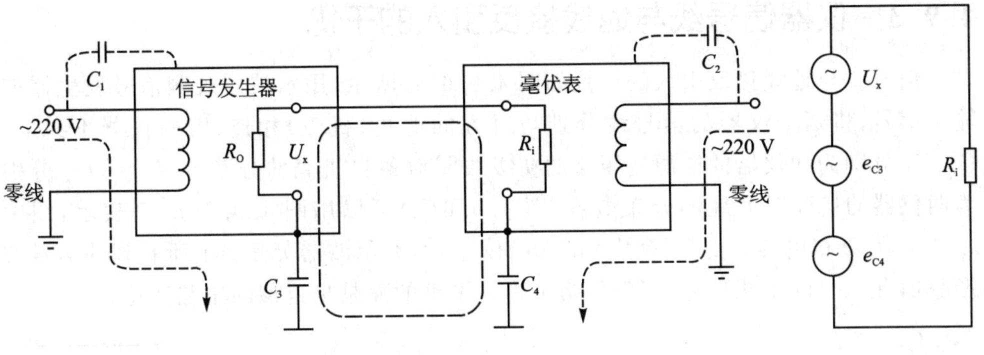

(a) 电路1　　(b) 电路2

图 4.9.4　接地不良引入干扰

此实际到达晶体管毫伏表输入端的电压为被测电压 u_x 与分布电容 C_3、C_4 所引入的 50 Hz 干扰电压 e_{C3}、e_{C4} 之和，如图 4.9.4(b)所示，由于晶体管毫伏表的输入阻抗很高(兆欧级)，故加到它上面的总电压可能很大而使毫伏表过负荷，表现为在小量程挡表头指针超量程而打表。

如果将图 4.9.4(a)中的晶体管毫伏表改为示波器，则会在示波器的荧光屏上看到如图 4.9.5(a)所示的干扰电压波形，将示波器的灵敏度降低可观察到如图 4.9.5(b)所示的一个低频信号叠加一个高频信号的信号波形，并可测出低频信号的频率为 50 Hz。

如果将图 4.9.4(a)中信号发生器和晶体管毫伏表的地线相连(机壳)或两地线(机壳)分别接大地，干扰就可消除。因此，使用高灵敏度、高输入阻抗的电子测量仪器应养成先接好地线再进行测量的习惯。

在实验过程中，如果测量方法正确、被测电路和测量仪器的工作状态也正常，而得到的仪器读数却比预计值大得多或在示波器上看到如图 4.9.5 所示的信号波形，那么，这种现象很可能就是地线接触不良造成的。

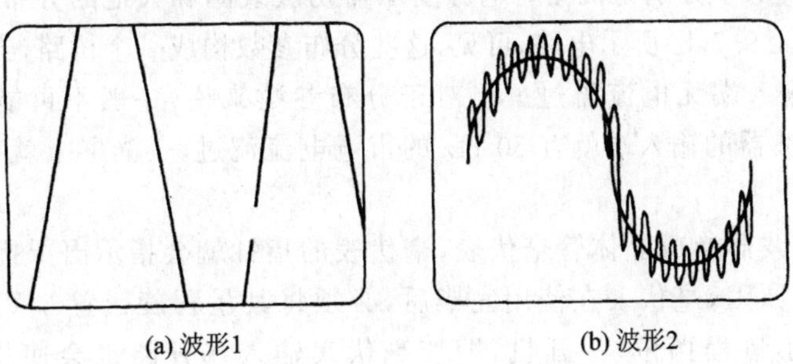

(a) 波形1　　(b) 波形2

图 4.9.5　在示波器上观察 50 Hz 干扰信号波形

4.9.3　仪器信号线与地线接反引入的干扰

信号线与地线接反引入的干扰如图 4.9.6(a)所示，用示波器观测信号发生器的输出信号，将两个仪器的信号线分别与对方的地线（机壳）相连，即两仪器不共地。C_1、C_2 分别为两仪器的电源变压器的初级线圈对各自机壳的分布电容，C_3、C_4 分别为两仪器的机壳对大地的分布电容，图 4.9.6(a)可以用图 4.9.6(b)来表示，图中 e_{C3}、e_{C4} 为分布电容 C_3、C_4 所引入的 50 Hz 干扰，在示波器荧光屏上所看到的信号波形叠加有 50 Hz 干扰信号，因而包络不再是平直的而是呈近似的正弦变化。

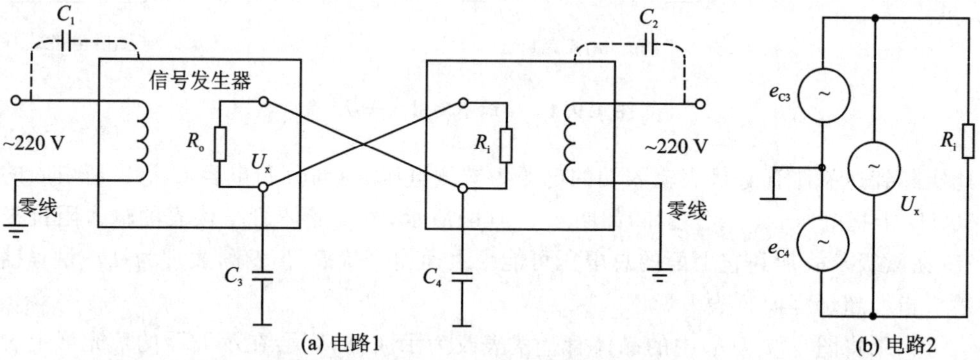

图 4.9.6　信号线与地线接反引入的干扰

如果将信号发生器和示波器的地线（机壳）相连或两地线（机壳）分别与实验室的大地相接，那么在示波器的荧光屏上就观测不到任何信号波形，信号发生器的输出端被短路。

4.9.4　高输入阻抗仪表输入端开路引入的干扰

以示波器为例来说明这个问题。

如图 4.9.7(a)所示，C_1、C_2 分别为示波器输入端对电源变压器初级线圈和大地的分布电容，C_3、C_4 分别为机壳对电源变压器初级线圈和大地的分布电容。此电路可等效为如图 4.9.7(b)所示电路，可见，这些分布参数构成一个桥路，当 $C_1C_4=C_2C_3$ 时，示波器的输入端无电流流过。但对于分布参数来说，一般不可能满足 $C_1C_4=C_2C_3$，因此示波器的输入端就有 50 Hz 的市电电流流过，荧光屏上就有 50 Hz 交流电压信号显示。

如果将示波器换成晶体管毫伏表，毫伏表的指针就会指示出干扰电压的大小。正是由于这个原因，毫伏表在使用完毕后，必须将其量程旋钮置 3 V 以上挡位；否则，如果置于小量程挡位，一开机，即使毫伏表输入端开路也会使指针出现打表现象。

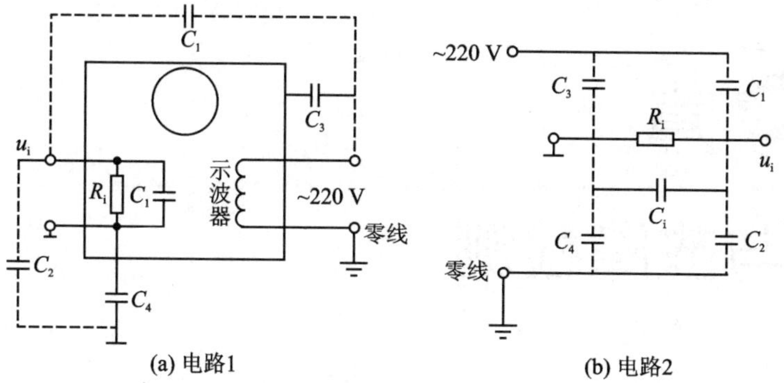

图 4.9.7　示波器输入端开路引入的干扰

4.9.5　接地不当会导致被测电路短路

这个问题在使用双踪示波器时尤其应注意。如图 4.9.8 所示，由于双踪示波器两路输入端的地线都是与机壳相连的，因此，在图 4.9.8(a)中，示波器的第 1 路(CH－1)观测被测电路的输入信号，连接方式是正确的，而示波器的第 2 路(CH－2)观测被测电路的输出信号，连接方式是错误的，导致了被测电路的输出端被短路。在图 4.9.8(b)中，示波器的第 2 路观测被测电路的输出信号，连接方式是正确的，而示波器的第 1 路观测被测电路的输入信号，连接方式是错误的，导致了被测电路的输入端被短路。

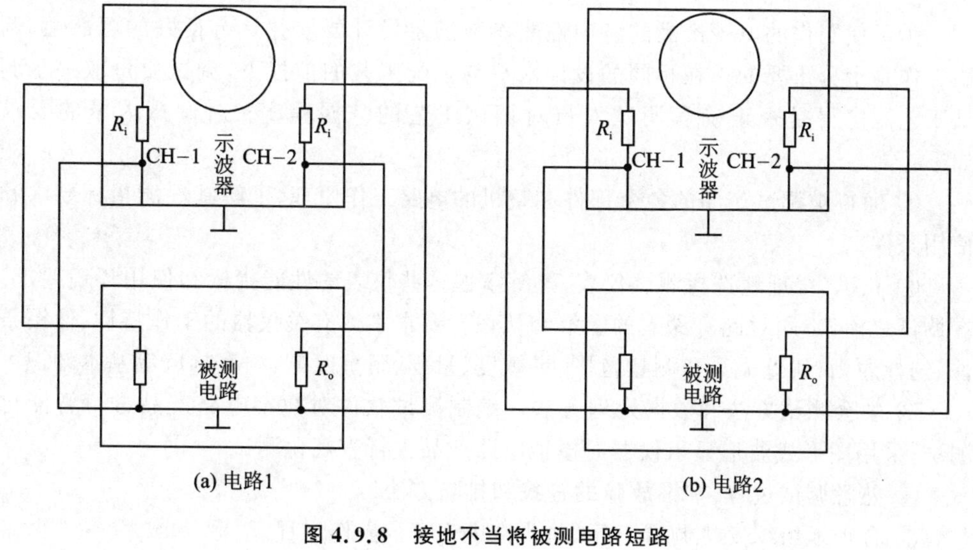

图 4.9.8　接地不当将被测电路短路

第5章

调试与故障检测

5.1 电子产品调试

由于电子产品设计的近似性、元器件参数的离散性和装配工艺的局限性，装配后的整机一般都需要经过调试才能够达到相应的性能指标，所以调试是电子设计竞赛作品制作中一个必不可少、十分重要的环节。

电子整机产品的调试安排在印制电路板装配以后进行。各个部件单元必须通过调试才能进入总体装配工序形成整机。调试工作包括调整和测试两个方面，即用测试仪表测量并调整各个单元电路的参数，使之符合预定的性能指标要求，然后再对整个产品进行系统的测试。

5.1.1 对调试人员的要求

为了使制作的电子产品的各项性能参数满足设计要求并具有良好的可靠性，调试工作是十分重要的。在相同的设计水平与装配工艺的前提下，调试质量取决于调试工艺制定得是否正确和调试人员对调试工艺的掌握程度。对调试人员的要求如下：

① 懂得被调试产品的各个部件和整机的电路工作原理，了解其性能指标要求和使用条件。

② 正确、合理地选择测试仪表，熟练掌握这些仪表的性能指标和使用环境要求。在调试之前，必须对此有深入的了解和认识。要求掌握有关仪器的工作特性、使用条件、选择原则、误差概念和测量范围、灵敏度、量程、阻抗匹配、频率响应等基本知识。

③ 学会测试方法和数据处理方法。编制测试软件对数字电路产品进行智能化测试，采用图形或波形显示仪器对模拟电路产品进行直观化测试。

④ 熟悉调试过程，掌握故障的查找和排除方法。

⑤ 合理地组织安排调试工序，并严格遵守安全操作规程。

5.1.2 制定调试工艺方案

一个完整的调试工艺方案包括：用于调试某产品的具体内容与项目（例如工作

特性、测试点、电路参数等)、步骤与方法、测试条件与测试仪表、数据资料的记录表格、有关注意事项与安全操作规程等。制定调试工艺方案,要求调试内容具体、切实可行,测试条件仔细、清晰,测试仪器和工装选择合理,测试数据尽量表格化(以便从数据中寻找规律)。当然,对于不同产品,调试方案是不同的,但制定调试方案的原则方法是具有共性的。

1. 抓住调试中的关键环节

要使调试工作的质量好、效率高,在制定调试方案时要抓住调试中的关键环节。也就是说,在制定调试方案之前,必须深入了解产品及其各部分的工作原理、性能指标,发现影响产品的关键元器件;否则,所制定出来的调试工艺方案必然是盲目的。

对于影响产品性能起主要作用的元器件和零部件,要详细制定需达到的技术指标、调试步骤、调试方法、调试记录等调试工艺文件。而对于一些对产品性能不起主要作用的部分,在调试方案中也要适当兼顾。

2. 需要细致调试的其他部分

除了关键元器件以外,产品的下述部分也应该作为重点,进行比较细致的调试。

① 对其工作原理和具体性能一定要通过调试才能充分了解的部分。例如,对产品中所采用的某些新型元器件,只有通过反复调试,才能摸清其具体特点,掌握其变化规律。有条件的情况下,可以在竞赛前进行训练。

② 电路设计可能未留有充分余地的部分。由于元器件的参数具有离散性,应该在电路设计时考虑允许关键元器件参数的变动范围适当加宽,在调试中,也应该在较大的范围内变动这些元器件的参数进行试验。

③ 各部件之间相互连接的部分。竞赛中设计人员对部件之间的相互影响往往考虑不足。

④ 调试中可能发生反常现象的部分。

5.1.3 电子产品调试一般方法

根据经验,电子产品调试的一般方法可以归纳为:电路分块隔离,先直流后交流,先调节后固定,正确使用仪器,注意人机安全。

(1) 电路分块隔离

在比较复杂的电子产品中,整机电路通常可以分成若干个功能模块,相对独立地完成某一特定的电气功能。而每一个功能模块,往往又可以进一步细分为几个具体电路。对于分立元件电路来说,可以以某一两只半导体三极管为核心进行电路细分;对于集成元件的电路来说,可以以某个集成电路芯片为核心进行电路细分。例如,自动往返电动小汽车可以分成单片机系统、电动机驱动调速电路、路面黑线检测电路、车速检测电路、显示电路和电源电路等几个功能电路模块。

在调试电路时,对各个功能电路模块分别加电,逐块调试。这样做,可以避免模块之间电信号的相互干扰;当电路工作不正常时,大大缩小了搜寻故障的范围。实际上,有经验的设计者在设计电路时,往往都为各个电路模块设置一定的隔离元件,例如电源插座、跨接导线或接通电路的某一电阻。电路调试时,除了正在调试的电路,其他各部分都被隔离元件断开而不工作,因此不会产生相互干扰和影响。当每个电路模块都调整完毕,再接通各个隔离元件,使整个电路进入工作状态。对于那些没有设置隔离元件的电路,可以在装配的同时逐级调试,调好一级以后再装配下一级。

(2) 先直流后交流(先静态后动态)

直流工作状态是一切电路的工作基础。直流工作点不正常,电路就无法实现其特定的电气功能。在设计的电路原理图上,建议标注直流工作点(晶体管各极的直流电位或工作电流)和集成电路各引脚的工作电压,作为电路调试的参考依据。应该注意,由于元器件的数值都具有一定偏差,并因所用仪表内阻和读数精度的影响,可能会出现测试数据与图标的直流工作点不完全相同的情况,但是一般来说,它们的差值不应该很大,相对误差至多不应该超出±10%。当直流工作状态调试完成之后,再进行交流通路的调试,检查并调整有关的元件,使电路完成其预定的电气功能。

(3) 先调节后固定

在进行上述测试时,可能需要对某些元器件的参数做出调整。调整参数的方法一般有以下两种。

① 选择法。通过替换元件来选择合适的电路参数。设计时可以在电路原理图中,在这种元件的参数旁边通常标注有“*”号,表示需要在调整后才能准确地选定。由于反复替换元件很不方便,一般总是先接入可调元件,待调整确定了合适的元件参数值后,再换上与选定参数值相同的固定元件。

② 调节可调元件法。在电路中已经装有调整元件,如电位器、微调电容器或微调电感器等。其优点是调节方便,并且电路工作一段时间以后,如果状态发生变化,可以随时调整;但可调元件的可靠性差一些,体积也常比固定元件大。可调元件的参数调整确定以后,必须用胶或黏合漆将调整端固定。

(4) 正确使用仪器

正确使用仪器包含两方面的内容,既保障人机安全,又能完成测试任务。例如:初学者错用了万用表的电阻挡或电流挡去测量电压,使万用表被烧毁的事故是常见的。正确使用仪器,才能保证正确的调试结果;否则,错误地接入方式或读数方法会使调机陷入困境。

当示波器接入电路时,为了不影响电路的幅频特性,不要用塑料导线或电缆线直接从电路引向示波器的输入端,而应当采用衰减探头;在测量小信号的波形时,要注意示波器的接地线不要靠近大功率器件,否则波形可能出现干扰。

在使用频率特性测试仪(扫频仪)测量检波器、鉴频器,或者当电路的测试点位于三极管的发射极时,由于这些电路本身已经具有检波作用,就不能使用检波探头,而在测量其他电路时均应使用检波探头。

扫频仪的输出阻抗一般为75 Ω,如果直接接入电路,会短路高阻负载,因此在信号测试点需要接入隔离电阻或电容。

仪器的输出信号幅度不宜太大,否则将使被测电路的某些元器件处于非线性工作状态,造成特性曲线失真。

(5) 注意人机安全

在电路调试时,由于可能接触到危险的高电压,要特别注意人机安全,采取必要的防护措施。特别是近年来一般都采用高压开关电源,由于没有电源变压器的隔离,220 V交流电的火线可能直接与整机底板相通,如果通电调试电路,很可能造成触电事故。为避免这种危险,在调试、维修这些设备时,应该首先检查底板是否带电。必要时,可以在电气设备与电源之间使用变比为1∶1的隔离变压器。例如,在三相正弦波变频电源中,采用220 V交流电供电,调试时稍有不慎,就很容易触碰到高压线路而受到电击。

5.1.4 整机产品调试的步骤

整机产品调试的步骤,应该在调试工艺方案中明确细致地作出规定,使操作者容易理解并遵照执行。在竞赛前需要进行必要的训练。整机调试的大致步骤为:

① 在整机通电调试之前,各部件应该先通过装配检验和分别调试。

② 检查确认产品的供电系统(如电源电路)的开关处于"关"的位置,用万用表等仪表判断并确认电源输入端无短路或输入阻抗正常,然后接上地线和电源线,插好电源插头,打开电源开关通电。

接通电源后,要观察电源指示灯是否点亮,注意有无异样气味,产品中是否有冒烟的现象;对于低压直流供电的产品,可以用手来摸测有无温度超常。若有这些现象,则说明产品内部电路存在短路,必须立即关断电源检查故障;若看起来正常,则可以用仪器仪表(万用表或示波器)检查供电系统的电压和纹波系数。

③ 按照电路的功能模块,在调试方便的前提下,从前往后或者从后往前依次将它们接入电源,分别测量各电路(或电路各级)的工作点和其他工作状态。

注意: 应该在调试完成一部分以后,再接通下一部分进行调试,不要一开始就把电源加到全部电路上。这样,不仅使工作有条理,还能减少因电路接错而损坏元器件,避免扩大事故。对于一些特殊的作品,应为该作品的调试制作专用调试工装,这样能够极大地提高测试的工作效率。例如电动小车、悬挂运动控制系统等。

④ 当各级或各块电路调试完成以后,把它们连接起来,测试相互之间的影响,排除影响性能的不利因素。

⑤ 如果调试高频部件,要采取屏蔽措施,防止工业干扰或其他强电磁场的干扰。

⑥ 测试整机的消耗电流和功率。

⑦ 对整机的其他性能指标进行测试,例如软件运行、图形、图像及声音的效果。

⑧ 有条件时,可以对产品进行必要的老化和环境试验,如适当的改变电源电压、

轻微的冲击和振动等。

5.2 故障检测的一般方法

电子产品在制作过程中出现故障是不可避免的，故障检测和检修是调试工作的一部分。掌握一定的故障检测和检修方法，可以较快地找到产生故障的原因，使检修过程大大缩短。故障检测和检修工作主要是靠实践，一个具有相当电路理论知识、积累了丰富经验的调试人员，往往不需要经过死板、烦琐的检查过程，就能根据现象很快判断出故障的大致部位和原因。而对于一个缺乏理论水平和实践经验的人来说，若不掌握一定的故障检测和检修方法，则会感到如同大海捞针，不知从何入手。因此，在电子设计竞赛中研究和掌握一些故障的查找程序和排除方法，是十分必要的。

电子产品故障发生的概率可以分为三个阶段。

① 早期失效期：指电子产品生产合格后投入使用的前期，在此期间，电子产品的故障率比较高。可以通过对电子产品的老化来解决这一问题，即加速电子产品的早期老化，使早期失效发生在产品出厂之前。

② 老化期：经过早期失效期后，电子产品处于相对稳定的状态，在此期间，电子产品的故障率比较低，出现的故障一般叫做偶然故障。这一期间的长短与电子产品的设计使用寿命相关，以“平均无故障工作时间”作为衡量的指标。

③ 衰老期：电子产品经老化期后进入衰老期，在此期间，故障率会不断持续上升，直至产品失效。

1. 引起故障的原因

电子产品的故障有两类：一类是刚刚装配好而尚未通电调试的故障；另一类是正常工作一段时间后出现的故障。它们在故障检测和检修方法上略有不同，但其基本原则是相同的。一般是由于元器件、线路和装配工艺三方面的因素引起的。常见的引起故障的原因有：

① 焊接工艺不好，虚焊造成焊点接触不良。

② 由于空气潮湿，导致元器件受潮、发霉，或绝缘降低甚至损坏。

③ 元器件筛选检查不严格或由于使用不当、超负荷而失效。

④ 开关或接插件接触不良。

⑤ 可调元件的调整端接触不良，造成开路或噪声增加。

⑥ 连接导线接错、漏焊或由于机械损伤、化学腐蚀而断路。

⑦ 由于电路板排布不当，元器件相碰而短路；焊接连接导线时剥皮过多或因外皮受热后缩，与其他元器件或机壳相碰引起短路。

⑧ 由于某些原因造成产品原先调谐好的电路严重失调。

⑨ 电路设计不完善，允许元器件参数的变动范围过窄。以至元器件的参数稍有

变化,电路就不能正常工作。

⑩ 橡胶或塑料材料制造的结构部件老化引起元件损坏。

以上列举的是电子产品的一些常见故障,也是查找故障时需要重点怀疑的对象。电子产品的任何部分发生故障都会导致其不能正常工作。应该按照一定程序,采取逐步缩小范围的方法,根据电路原理进行分段检测,使故障局限在某一部分之中再进行详细的查测,最后加以排除。

2. 排除故障的一般程序和方法

由于电子产品的种类、型号和电路结构各不相同,故障现象又多种多样,因此这里只能介绍一般性的检修程序和基本的检修方法。排除故障的一般程序可以概括为三个过程:

① 调查研究是排除故障的第一步,应该仔细地摸清情况,掌握第一手资料。

② 进一步对作品进行有计划的检查,并作详细记录,根据记录进行分析和判断。

③ 查出故障原因,修复损坏的元件和线路。

④ 再对电路进行一次全面的调整和测定。

故障检测和检修的一般方法有直观检查法、接触检查法、电阻检查法、熔焊修理法、测量电压电流法、波形观察法、信号输入法、分割测试法、部件替代法、电容旁路法、变动可调元件法、加热检查法等。对于某一产品的调试检修而言,要根据需要灵活选择、组合使用这些方法。

5.2.1　直观检查法

直观检查是一种最基本的检查方法,调试人员凭借视觉、嗅觉和触觉,直接观察作品在静态、动态及故障状态下的具体现象,从而直接发现故障部位或原因,或进一步确定故障现象,为下一步检查提供线索。直观检查法通过观察直接发现故障位置及原因,实施过程按先简后繁、由表及里的原则进行。

1. 断电观察

在不接通电源的情况下,对作品进行观察。使用万用表电阻挡检查有无断线、脱焊、短路及接触不良,检查绝缘情况、保险丝通断、变压器好坏及元器件情况等。观察有无插头及引线脱落现象,有无元器件相碰、烧焦、断脚、两脚扭在一起等现象。如果电路中有改动过的地方,还应该判断这部分的元器件和接线是否正确。

查找故障,一般应该首先应采用断电(不通电)观察。很多故障的发生往往是由于工艺上的原因,特别是刚装配好还未经过调试的产品或者装配工艺质量很差的产品。而这种故障的原因大多数单凭眼睛观察就能发现。盲目地通电检查有时反而会扩大故障范围。

注意: 只有当采用断电观察不能发现问题时,才可以进行通电观察。

2. 通电观察

接通电源进行表面观察，用手接触晶体管等元器件，检查有无烫手的情况；有无冒烟、烧断、烧焦、跳火、发热的现象。若发现异常情况，必须立即切断电源，分析原因，再确定检修部位。如果一时观察不清，可重复开机几次，但每次时间不要太长，以免扩大故障。必要时，断开可疑的部位再行试验，看故障是否已消除。

3. 注意事项

① 直观检查常常要配合拨动一些元器件，但要特别注意在检查电源交流电路部分时要小心，注意人身安全，因为这部分电路中存在 220 V 的交流市电。

② 在用手拨动元器件过程中，拨过的元器件要扶正，不要将元器件搞得歪歪斜斜，避免使它们相碰，特别是一些金属外壳的电解电容（耦合电容）不能碰到机器内部的金属部件上，否则很可能会引起噪声。

③ 对采用直观检查得出的结果有怀疑时，要及时运用其他方法，不可就此放过疑点。

④ 对于一些可调元器件、机械部件不要随便拨动、不可以去硬拉它们，使之变形，造成故障范围的扩大。

⑤ 直观检查方法的运用要灵活，不要什么部件、元器件都去仔细观察一番，要围绕故障现象有重点地对一些元器件进行直观检查，否则检查的工作量很大。

直观检查方法是一种简易、方便、直观、易学但很难掌握和灵活运用的检查方法。直观检查法贯穿在整个故障检测和检修过程中。直观检查法能直接查出一些故障原因，但单独使用直观检查法收效往往是不理想的，与其他检查方法配合使用时效果才更好，使用这一检查法的经验要在实践中不断积累。

5.2.2 接触检查法

接触检查法通过接触所怀疑的元器件、机械零部件时的手感，如烫手、振动、拉力大小、压力大小、平滑程度、转矩大小等情况，来判断所怀疑的元器件是否出了故障，这是一个经验性比较强的检查方法。接触检查法方便直观，操作简单，能够直接找出故障的具体部位，对检查元器件发热故障效果最好。要求手感经验比较丰富，否则很难正确地确定故障部位。

例如，温度接触检查法主要用于检查电动机、功放管、功放集成电路，以及流过大电流的元器件。当用手接触到这些元器件时，若发现有烫手现象便说明有大电流流过这些元器件，也说明故障就在这些元器件所在的电路中。

电动机外壳烫手，是因为转子摩擦定子；晶体管、集成电路、电阻烫手，是因为电流过大；电源变压器烫手，是因为次级负载存在短路故障。烫手的程度也反映了故障的严重程度。

采用接触检查法应注意：

① 检查元器件温度时,要用手指的背面去接触元器件,这样比较敏感。注意温度太高会烫伤手指,第一次接触元器件时要倍加小心。

② 检查电源变压器时要注意人身安全,要在断电的情况下检查。另外要用手背迅速碰一下变压器外壳,以防止烫伤手指。

③ 温度手感检查能够直接确定故障部位,当元器件的温度很高时,说明流过该元器件的电流很大,但该元器件还没有烧成开路。

④ 在进行接触检查时,要注意安全,一般情况下要在断电后进行,对于带交流电的印制板切不可在通电状态下进行接触检查。

5.2.3 电阻检查法

电阻检查法是通过万用表欧姆挡检测元器件质量、线路的通断及电阻值的大小,来判断具体的故障原因。

一个工作正常的电路在常态时(未通电),有些线路应呈通路,有些应呈开路,有的则有一个确切的电阻值。电路工作失常时,这些电路的阻值状态要发生变化,如阻值变大或变小,线路由开路变成通路,线路由通路变成开路等,电阻检查法要查出这些变化,并根据这些变化判断故障部位采用电阻检查法可检测:① 开关件的通路与断路;② 接插件的通路与断路;③ 铜箔线的短路与断路;④ 元器件的质量。

电阻检查法适用于所有电路类故障的检查,但不适合机械类故障的检查,这一检查方法对确定开路、短路故障特别有效。

1. 印制板铜箔线路的通与断检测

铜箔线路布置紧密,较细又薄,常有断裂或短路的故障,而且发生断裂或短路时,肉眼很难发现,可采用电阻检查法测量。当发现某一段铜箔线路短路时,可以划断铜箔线路或者断开元器件引脚采用分段测量,找出短路部位。当发现某一段铜箔线路开路时,先在2/3处划开铜箔线路上的绝缘层,测量两段铜箔线路,找出存在开路的那段,断头一般在元器件引脚焊点附近,或在线路板弯曲处。

用电阻检查法还可以确定铜箔线路的走向,由于一些铜箔线路弯弯曲曲而且很长,凭肉眼不易发现线路从这端走向另外哪一端,此时可用测量电阻的方法确定,电阻为0的是同一段铜箔线路;否则不是同一段铜箔线路。使用数字式万用表检测时,查通路很方便,此时不必查看表头,只需听声音。

2. 元器件质量检测

这是最常用的检测手段,当检测到线路板上某个元器件损坏后,也就找到了故障部位。

3. 注意事项

① 严禁在通电情况下使用电阻检查法。

② 测通路时用 R×1 Ω 或 R×10 Ω。

③ 在线路板上测量时，应测两次，以两次中电阻大的一次为准(或作参考值)，不过在使用数字式万用表时不必测两次。

④ 对检测的元器件质量有怀疑时，可从线路板上拆下该元器件后再测，对多引脚元器件，则要先另用其他方法检查。

⑤ 表笔搭在铜箔线路上时，要注意铜箔线路是涂上绝缘漆的，应找相对应的焊点和元器件引脚进行测量。在找不到测量点的情况下，用刀片刮去铜箔线路的绝缘漆后再进行测量。

⑥ 在检测接触不良故障时，可用夹子夹住表笔及测试点，再摆动线路板，若表针指示断续出现电阻大时，则说明存在接触不良故障。

5.2.4 熔焊修理法

熔焊修理法是一种通过用电烙铁重新熔焊一些焊点来排除故障的修理方法。一些虚焊点、假焊点会造成各种故障现象，这些焊点有的看上去焊点表面不光滑，有的则表面光滑内部虚焊。用熔焊修理法有选择、有目的、有重点地重新熔焊一些焊点，排除虚焊后即可解决问题。

对于一些不稳定因素造成的故障，如时有时无、时好时坏等故障，可以对所要检查电路内的一些重要焊点、怀疑焊点重新熔焊。

熔焊的主要对象是表面不光滑焊点、有毛孔焊点、多引脚元器件的引脚焊点、引脚很粗的元器件引脚焊点、三极管引脚焊点等。

在熔焊时，不要给电路通电，以防熔焊时短接电路。

注意：

① 不可毫无目的地大面积熔焊线路板上的焊点。

② 熔焊时焊点要光滑、细小，不要给焊点增添许多焊锡，以防止相邻的焊点相碰。另外，也不要过多地使用松香，否则线路板上不清洁。

③ 可以在熔焊一些焊点后检查一次，以检验处理效果。

④ 熔焊时要切断机器的电源。

5.2.5 测量电压、电流法

电路中各点的工作电压可以反映出元器件和电路的工作情况，电路在正常工作时，各部分的工作电压值是一定的(也有可能在很小范围内波动)，当电路出现开路、短路、元器件性能参数变化时，电压值必然会作出相应的改变。采用电压表检查出电路电压异常情况，并根据电压的异常情况和电路工作原理做出推断，可以找出具体的故障。

1. 电压检查

电压检查一般主要是测量电路中的直流电压，必要时可以测量交流电压、信号电压等。通常采用直流电压表、交流电压表和真空管毫伏表。

测量电压时，万用表是并联连接，无需对元器件、线路作任何调整，因此操作相当方便。电路中的电压数据很能说明问题，对故障的判断可靠。电压检查方法适用于各种有源电路故障的检查，对其他电路故障也有良好的检查效果。

(1) 交流市电压测量

采用万用表交流 250 V 挡或 500 V 挡，测量电源变压器初级线圈两端，应为 220 V；若没有电源变压器，则测量电源插口两端的电压，应为 220 V。

(2) 交流低电压测量

测量时，选用万用表交流电压挡的适当量程，测量电源变压器次级线圈的两个输出端，若有多个次级线圈时，先要找出所要测量的次级线圈，再进行测量。在交流市电压输入正常的情况下，若没有低电压输出，则绝大多数是电源变压器的初级线圈开路，次级线圈因线径较粗，断线的可能性很小。

(3) 直流工作电压测量

测量直流工作电压时，选用万用表直流电压挡的适当量程，黑表笔接印制电路板地线，红表笔分别接各所要测量的点，整机电路中各关键测试点的正常直流工作电压设计时应明了，不清楚时要根据实际情况进行分析。以下情况测量结果是正确的：

① 整机直流工作电压在空载时比工作时要高出许多(几伏)，越高说明电源的内阻越大。因此，在测量这一直流电压时，要在机器进入工作状态下进行。

② 整流电路输出端直流电压最高，沿 *RC* 滤波、去耦电路逐级降低。

③ 电感线圈两端直流电压应十分接近于 0，否则说明该电感器已经开路。

④ 当电路中有直流工作电压时，电阻器工作时两端应有电压降，否则此电阻器所在电路必有故障。

(4) 测量音频信号电压

音频信号是一个交变量，与交流电相同，但工作频率很高，普通万用表的交流挡是针对 50 Hz 交流电设计的，所以无法用来准确测量音频信号电压，必须使用真空管毫伏表。在检查故障时，通常用真空管毫伏表进行以下项目的测量。

① 测量功率放大器电路的输出信号功率。

② 测量每一级放大器输入、输出信号电压，以检查放大器电路的工作状态。

③ 测量话筒输出信号电压，以检查话筒工作状态。

(5) 注意事项

① 测量交流市电压时注意单手操作，安全第一。测量交流市电压之前，先要检查电压量程，以免损坏万用表。

② 测量前要分清交、直流挡，对直流电压还要分清极性，红、黑表笔接反后表针会反方向偏转，严重时会损坏表头。

③ 在测量很小的音频信号电压时，如测量话筒输出信号电压时，要选择好量程；否则测不到、测不准，影响正确判断。使用真空管毫伏表时要先预热，使用一段时间

后要校零,以保证低电平信号测量的精度。

④ 在有标准电压数据时,可将测得的电压值与标准值对比;在没有标准电压数据时,电压检查法的运用有些困难,要根据各种具体情况进行分析和判断。

2. 电流检查

电流检查方法是通过测量电路中流过某测试点的工作电流的有无及大小来判断故障的部位。采用电流检查法时,一般测量电路中直流电流的大小。

电流检查法在电压检查法、干扰检查法失效时,能够进行故障检查,如对一只推挽管开路的检查等。用电流法可以迅速查出三极管和其他元器件发热的原因。

采用电流检查法,可针对不同故障情况选择测量:

① 测量整机电路的直流工作电流;

② 测量交流电流;

③ 测量三极管集电极的静态直流工作电流;

④ 测量电动机的直流工作电流;

⑤ 测量集成电路的静态直流工作电流等。

(1) 测量整机直流工作电流

通过测量整机直流工作电流的大小,可以判断故障性质。当工作电流很大时,说明电路中存在短路现象;而当工作电流很小时,说明电路中存在开路故障。测量整机工作电流大小应在机器直流工作电压正常的情况下进行。

测量整机直流工作电流的方法是:断开整流稳压电路输出端,如图 5.2.1 所示,整机直流电流大小设计时应有一个基本的估计值。

(2) 测量交流工作电流

测量交流工作电流主要是检查电源变压器空载时的损耗,一般是在重新绕制电源变压器,电源变压器空载发热时才测量,测量时用交流电流表(一般万用表上无此挡)串在交流市电回路,如图 5.2.2 所示,测量交流电流时,表笔没有极性。

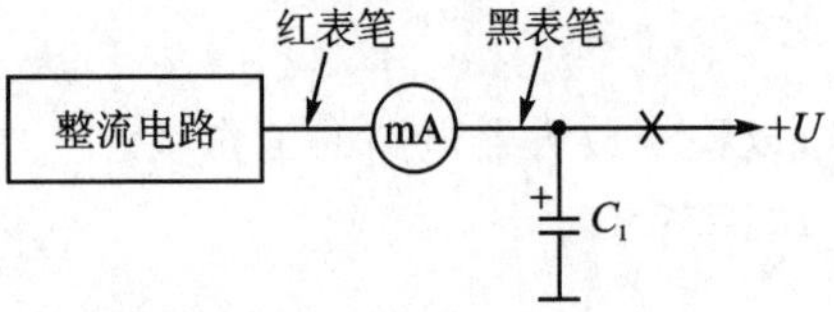

图 5.2.1　测量整机直流电流

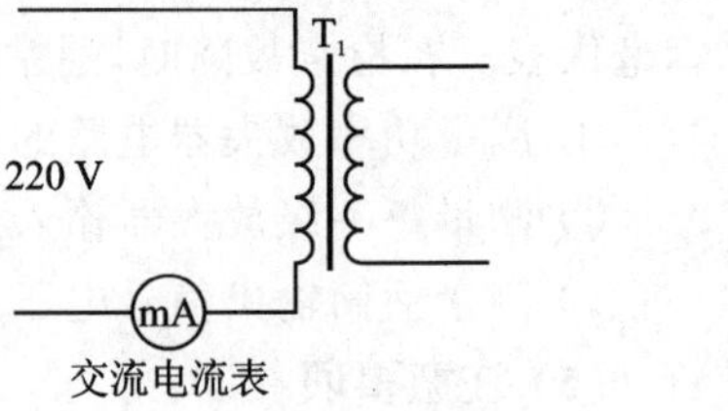

图 5.2.2　测量交流电流

(3) 测量晶体管集电极静态直流工作电流

选用万用表直流电流挡,断开集电极回路,串入万用表,具体接线如图 5.2.3 所示,黑表笔接 VT_1 管的集电极,使电路处于通电状态,在无输入信号情况下,所测得的直流电流为晶体管的静态直流工作电流。

测量晶体管集电极电流应注意：

① 测量电流要在直流工作电压正常的情况下进行。

② 若所测得的电流为0，说明晶体管处在截止状态；若测得的电流很大，说明三极管饱和，两者都是故障，应重点查偏置电路。

③ 应在设计时明了标准工作电流大小，将所测得的电流数据与设计值相比较，电流偏大或偏小均说明测试点所在电路出了故障。

④ 功放推挽管的静态直流工作电流，两个推挽管的直流电流应相同。

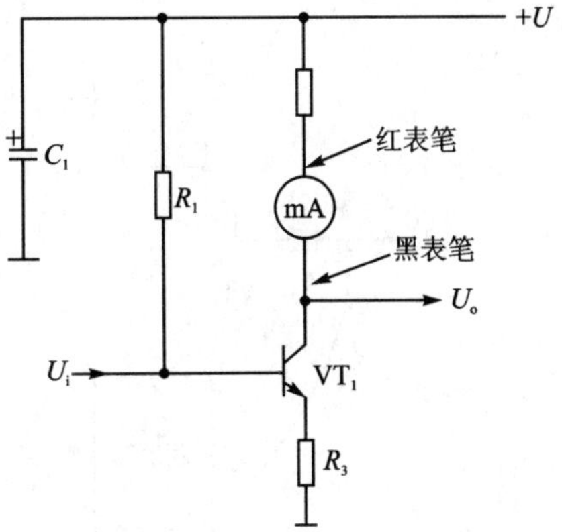

图5.2.3　测量晶体管集电极电流

(4) 注意事项

① 电流表必须是串接在回路中的，所以需要断开测试点线路，操作比较麻烦。因为测量中要断开线路，有时是断开铜箔线路，所以必须记住测量完毕后要及时焊好断口，否则会影响下一步的检查。

② 在测量大电流时要注意万用表的量程，以免损坏万用表。

③ 测量直流电流时要注意表笔的极性，红表笔是流入电流的，在认清电流流向后再串入电表，以免电表反偏转而打弯表针，损坏表头精度。

④ 对于发热、短路故障，测量电流时要注意通电时间越短越好，做好各项准备工作后再通电，以免无意中烧坏元器件。

⑤ 电流测量比电压测量麻烦，应该是先用电压检查法检查，必要时再用电流检查法。

⑥ 电流检查法需要了解一些电流资料，当有准确的电流数据时，则能迅速判断故障的具体位置，没有数据资料时，用这一检查方法确定故障的效果比较差。

5.2.6　波形观察法

波形观察法是用示波器检查整机各级电路的输入和输出波形是否正常，是检修波形变换电路、振荡器及脉冲电路的常用方法。这种方法对于发现寄生振荡、寄生调制或外界干扰及噪声等引起的故障，具有独到之处。波形观察法主要是通过观察电路输出端的输出波形来判断故障性质和部位，也称为示波器检查法。

波形观察法主要适用于振荡器电路不起振、电路信号失真、信号时序纷乱、噪声大等故障的检查。

使用示波器检查音频放大器无声或声音轻、非线性失真、电路噪声大等故障，用一台音频信号发生器作为信号源。根据不同的检查项目，示波器的接线位置不同。检查时，示波器接在某一级放大器的输出端。检查音频放大器的示意图如图5.2.4所示。

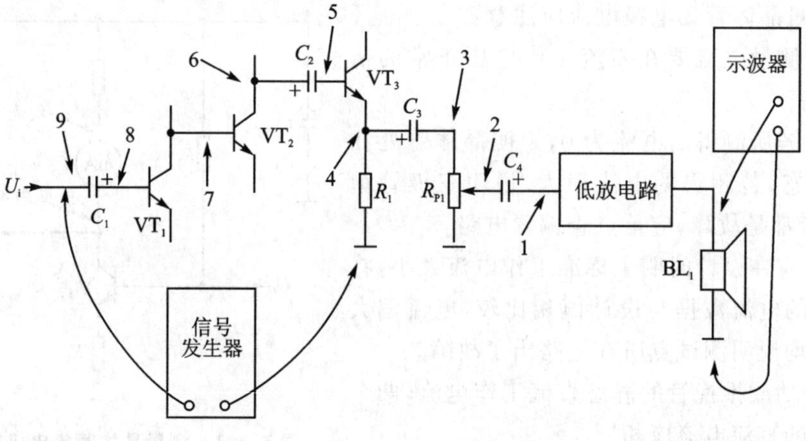

图 5.2.4 检查音频放大器的示意图

(1) 检查无声或声音轻故障

被检查电路的输入端送入标准测试信号，示波器接在某一级放大器电路的输出端，观察输出信号波形。为了查出具体是哪一级电路发生了故障，可将示波器逐点向前移动，见图 5.2.4 中的各测试点，直至查出存在故障的放大级。如在 4 点没有测到信号波形或信号波形太弱，再测 5 点，信号波形显示正常，就说明故障出在 4、5 点之间的电路中，主要是 VT_3 放大级电路。

(2) 检查非线性失真故障

音频放大器电路中的各种信号失真波形图如图 5.2.5 所示。

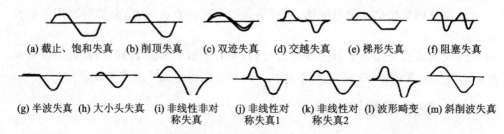

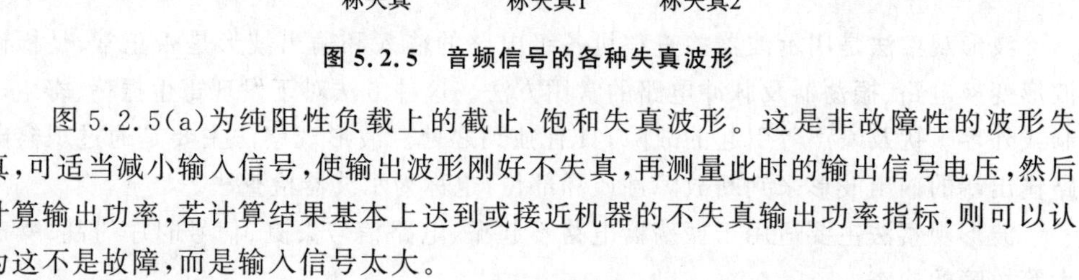

图 5.2.5 音频信号的各种失真波形

图 5.2.5(a)为纯阻性负载上的截止、饱和失真波形。这是非故障性的波形失真，可适当减小输入信号，使输出波形刚好不失真，再测量此时的输出信号电压，然后计算输出功率，若计算结果基本上达到或接近机器的不失真输出功率指标，则可以认为这不是故障，而是输入信号太大。

当计算结果表明是放大器电路的输出功率不足时，要查出失真原因，查出故障出在哪一级放大器电路中。处理方法是更换晶体管、提高放大器电路的直流工作电压等。

图 5.2.5(b)为削顶失真波形。产生削顶失真波形是推动级晶体管的静态直流

工作电流没有调好，或某只放大管静态工作点不恰当。处理方法是用示波器监视失真波形，调整三极管的静态工作电流。

图 5.2.5(c)为双迹失真波形。该失真主要出现在磁带录音机的放音和录音过程中，这是磁带的质量问题，与电路无关。

图 5.2.5(d)为交越失真波形。该失真出现在推挽放大器电路中。处理方法是加大推挽三极管静态直流工作电流。

图 5.2.5(e)为梯形失真波形。该失真是某级放大器电路耦合电容太大，或某只晶体管直流工作电流不正常造成的。处理方法是减小级间耦合电容，或减小晶体管静态直流工作电流。

图 5.2.5(f)为阻塞失真波形。该失真是电路中的某个元器件失效、相碰、晶体管特性不良所造成的。处理方法是用代替法、直观法查出具体故障部位。

图 5.2.5(g)为半波失真波形。该失真是推挽放大器中有一只晶体管开路造成的。当某级放大器中的晶体管没有直流偏置电流，而输入信号较大时，也会出现类似失真，同时信号波形的前沿和后沿还有类似交越失真的特征。处理方法是查各级放大器电路中的晶体管直流工作电流。

图 5.2.5(h)为大小头失真波形。该失真或是上半周幅度大，或是下半周幅度大。处理方法是检查各晶体管的直流工作电流。

图 5.2.5(i)为非线性非对称失真波形。该失真是多级放大器失真重叠而造成的，可用示波器查各级放大器电路的输出信号波形。

图 5.2.5(j)为非线性对称失真波形。处理方法是减小推挽放大器电路三极管的静态直流工作电流。

图 5.2.5(k)为另一种非线性对称失真波形。这是推挽放大器电路中两只三极管直流偏置电流一大一小所造成的。

图 5.2.5(l)为波形畸变。处理方法是更换扬声器。

图 5.2.5(m)为斜削波失真。该失真发生在录音机中，应更换录放磁头。

(3) 检查电路噪声大故障

使用示波器检查电路噪声大故障时，放大器不加输入信号，检测放大器输出噪声波形。各种噪声波形如图 5.2.6 所示。

图 5.2.6(a)为高频噪声波形。该噪声波形在最大提升高音、最大衰减低音后，噪声输出大且幅度整齐，噪声输出大小受音量和高音电位器的控制。这一噪声来自前级放大器电路。

图 5.2.6(b)为低频噪声波形。该噪声波形受音量电位器控制。这一噪声来自前级放大器电路。

图 5.2.6(c)为杂乱噪声波形。该噪声波形受音量电位器控制，关死高音控制器后，以低频噪声为主，出现了更加清晰的低频杂乱状噪声波形。处理方法是用短路法查前级放大管，更换晶体管。

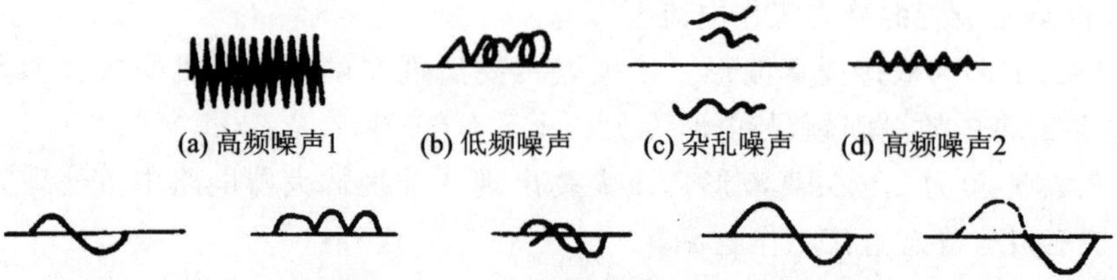

图 5.2.6 各种噪声波形示意图

图 5.2.6(d)为高频噪声波形。该噪声波形不受音量、高音控制器的控制。用电流法查推挽放大器电路中晶体管静态直流工作电流,可减小电流。

图 5.2.6(e)为交流声波形。该波形不受音量电位器控制或所受的影响较小。处理方法是检查整流、滤波电路,加大滤波电容。

图 5.2.6(f)为低频调制波形。该波形在示波器屏幕上滚动,不能稳定,这是不稳定的低频调制。检查去耦电容,减小电源变压器漏感,稳定晶体管的工作。

图 5.2.6(g)为交流调制波形。采用电池供电时无此情况。产生的原因是电源内阻大,可加大滤波电容。

图 5.2.6(h)为高频寄生调制波形。该波形叠加在音频信号上的波形。用电流法查各级晶体管的静态直流工作电流,特别是末级晶体管。另外,可以采用高频负反馈来抑制寄生调制。

图 5.2.6(i)为高频寄生调制另一种形式的波形。该波形表现在音频信号上出现亮点,并中断信号的连续性。处理方法同上。

(4) 注意事项

① 仪器的测试引线要经常检查,因常扭折容易在皮线内部发生断线,会给检查、判断造成差错。

② 信号源的输出信号电压大小调整要恰当,输入信号电压太大将会损坏放大器电路,造成额外故障。

③ 要正确掌握示波器的操作方法,示波器 Y 轴方向幅度表征信号的大小,幅度大,信号强,反之则弱。要注意示波器的衰减挡位置。

5.2.7 信号输入法(干扰检查法)

利用不同的信号源加入待检修作品的有关单元的输入端,替代整机工作时该级的正常输入信号,以判断各级电路的工作情况是否正常,从而可以迅速确定产生故障的原因和所在单元。检测的次序是,从作品的输出端单元电路开始,逐步移向最前面的单元。这种方法适用于各单元电路开环连接的情况,其缺点是需要各种信号源,还必须考虑各级电路之间的阻抗匹配问题。

一个常用的方法是利用人体感应信号作为注入的信号源,通过扬声器有无响声及响声大小或显示屏幕上有无杂波及杂波多少来判断故障的部位,该方法又称为干扰检查法。

1. 干扰检查法举例

以图5.2.7所示多级放大器电路的无声故障为例,说明干扰检查法的实施步骤和具体方法。电路的干扰检查点为1~8,从1到8顺序进行检查,这些点是用来输入人体感应信号。检查时,使放大器电路进入通电工作状态,但不给放大器输入信号。

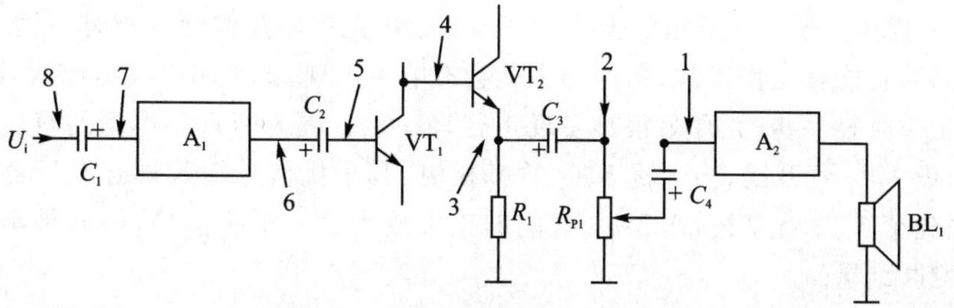

图5.2.7 干扰检查法实施示意图

① 点击第1点,手握螺丝刀断续接触集成电路 A_2 的信号输入引脚,开大音量电位器,扬声器发声,若声轻,表明 A_2 增益不足;若无声,表明干扰点1到扬声器之间存在故障,当 A_2 输出端以后的电路正常时,声轻、无声表明 A_2 有问题。如果点击第1点时,扬声器响声很大,表明第1点以后的电路工作正常,应继续向前干扰检查。

② 点击第1点有声,点击第2点,如果扬声器无声,则说明故障部位出在1与2之间的电路中,可能是耦合电容 C_4 开路,或是1、2之间的铜箔线路存在开路。如果音量电位器关死,干扰2点等于干扰地线,扬声器无声是正常的,在干扰检查中要特别注意这一点,以免产生误判。若干扰2点时扬声器发声大小与干扰1点时大小一样,说明2点之后的电路工作也正常,应继续向前干扰检查。

③ 点击第1、2点有声,点击第3、4点,如果无声,说明故障出在3、4点之间电路中,一般是晶体管开路;若干扰响声与点击第4点时差不多,甚至更小,说明 VT_4 管没有放大能力(可参考多级放大器故障检测)。正常时,点击第4点时的响声比点击第3点时要响许多。第4点检查正常后,逐步向前干扰,直至查出故障部位为止。

干扰检查法主要适用于检查下列故障:一是无声,二是声音很轻,也适于检查没有图像的故障。在通电的情况下实施干扰检查,干扰时只用螺丝刀,无需其他仪表、工具。操作方便,检查的结果能够说明问题。以扬声器响声来判断故障部位,十分方便。若有条件,可在扬声器上接上毫伏表进行观察,比较直观。

2. 应注意的一些问题

① 对于线路板上是带电的(对地存在220 V电压)作品,如采用非隔离的开关电

源,不能用手握住螺丝刀直接去接触线路板,可以采用测量电压的方式用表笔不断接触电路中的测试点。

② 所选择的电路中干扰点应该是放大器的信号输入端,如干扰耦合电容器的两根引脚,不能去干扰地线,若干扰到地线时,扬声器中无响声是正常的。如果操作不当,会产生错误的判断。

③ 干扰检查法最好从后级向前级干扰检查,当然也可以从前向后干扰。

④ 当所检查的电路中存在放大环节时,干扰前级应比干扰后级的响声大;当存在衰减环节时,则干扰后级比前级要响。分别干扰耦合电容的两根引脚时,两次响声应该一样响。

⑤ 干扰如图 5.2.8 所示的推挽功率放大器电路中的晶体管基极时,只要电路中有一只晶体管能够工作正常,扬声器中就会有响声出现,由于响声只是比两只晶体管都正常工作时轻一些,凭耳朵很难发现声音轻一点。因为两只晶体管的直流电路是并联的,设 VT_1 管开路,当干扰 VT_1 管基极时,其干扰信号输入耦合变压器的次级线圈,加到了 VT_2 管基极,而 VT_2 管能够正常放大这一干扰信号,便容易出现上述错误的判断结果。

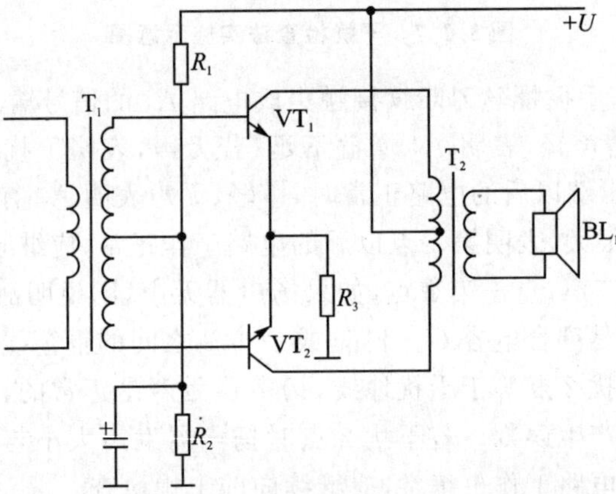

图 5.2.8 推挽功率放大器电路

⑥ 当采用集电极—基极负反馈式偏置电路时,干扰晶体管基极的信号通过基极与集电极之间的偏置电阻传输到下一级放大器电路,如图 5.2.9 所示,所以当该放大管不能工作时,扬声器中也会有干扰响声,但响声低。因此,对这种偏置电路的放大器,一定要求干扰基极时的响声远大于干扰集电极时的响声,否则说明这一级放大器电路有问题。

⑦ 图 5.2.10 是共集电极放大器电路,共集电极放大器电路的输出端是晶体管的发射极而不是集电极。当干扰 VT_1 管集电极时,就是干扰电源端,而电源端对交流而言是接地的,因此干扰集电极时不会有干扰信号输入放大器中,出现无声现象是正常的,应点击发射极。

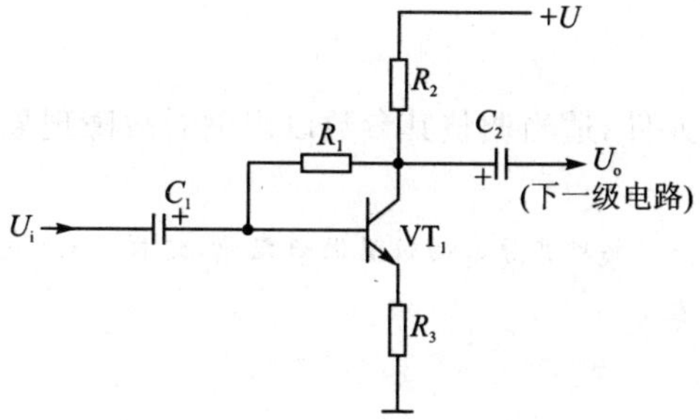

图 5.2.9 集电极—基极负反馈式偏置电路

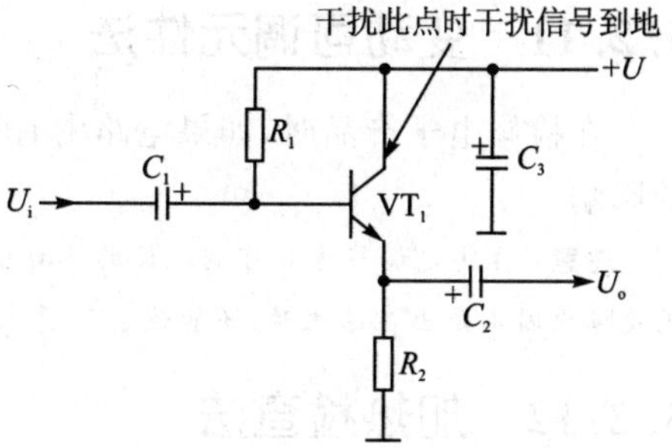

图 5.2.10 共集电极放大器电路

5.2.8 分割测试法

分割测试法逐级断开各级电路的隔离元件或逐块拔掉各块印制电路板,使整机分割成多个相对独立的单元电路,测试其对故障现象的影响。例如,从电源电路上切断它的负载并通电观察,然后逐级接通各级电路测试,这是判断电源本身故障还是某级负载电路故障的常用方法。

例如,用分割检查法检测电路噪声大的故障,将信号传输线路中某一点切断后(如断开级间耦合电容的一根引脚),噪声若消失,则说明噪声的产生部位在这一切割点之前的电路中。若切割后噪声仍然存在,则说明故障出在切割点之后的电路中。通过分段切割电路,逐级检查下去,可以将故障缩小在很小的范围内。

采用分割检查法检查时,对于噪声故障的检查比短路检查法更为准确。但要断开信号的传输线路,有时操作不方便。有时对线路的分割要切断铜箔线路,对线路板有一些损伤。对噪声大故障先用短路检查法,该检查方法不能确定故障部位时,再用分割检查法。对线路切割检查后,要及时将线路恢复原样,以免造成新的故障现象而影响正常检查。在对线路进行分割时,要在断电情况下进行。

5.2.9 部件替代法

利用性能良好的部件(或器件)来替代整机可能产生故障的部分,如果替代后整机工作正常,说明故障就出在被替代的部分。这种方法检查简便,不需要特殊的测试仪器,但用来替代的部件应该尽量选择不需要焊接的可接插件。

5.2.10 电容旁路法

在电路出现寄生振荡或寄生调制的情况下,利用适当容量的电容器,逐级跨接在电路的输入端或输出端上,观察接入电容后对故障现象的影响,可以迅速确定有问题的电路部分。

5.2.11　变动可调元件法

在检修电子产品时,如果电路中有可调元件,适当调整其参数以观测对故障现象的影响。

注意: 在决定调节这些可调元件的参数以前,一定要对其原来的位置做好记录,这样,一旦发现故障原因不是出在这里时,还能恢复到原来的位置上。

5.2.12　加热检查法

采用加热检查方法可直接处理一些如线圈受潮使 Q 值下降,晶体管和电容器等元器件热稳定性差所引起的故障。加热操作可以在机器通电时进行,也可以断电后进行。

当怀疑某个元器件因为工作温度高而导致某种故障时,可以将电烙铁头部放在被加热元器件附近使之受热,或者用电吹风对准加热元器件吹风,以模拟其故障状态,如果加热后出现了相同的故障,则说明是该元器件的热稳定性不良,否则,可排除该元器件出故障的可能性。采用这种加热检查法可以缩短检查时间,因为若是通过通电使该元器件工作温度升高,所需时间较长,通过人为加热可大大缩短检查时间。

采用加热检查方法应注意,用电烙铁加热时,烙铁头部不要碰到元器件,以免烫坏元器件。线路中的其他元器件,可以用一张纸放在线路板上,只在被加热元器件处开个孔。

5.3　模拟电路的调试与故障检测

本节以放大器电路为例,介绍模拟电路的调试与故障检测的基本方法。

5.3.1　单级放大电路的静态工作点调试

1. 晶体管单级放大电路的静态工作点调试

单级晶体管放大电路是放大器的基本电路。根据电路结构的不同,可分为共射、共基和共集三种组态的基本放大电路。分压式电流负反馈偏置的晶体管共射极放大电路如图 5.3.1 所示。

无输入信号时,晶体管的 I_{CQ}、U_{CEQ} 确定晶体管放大电路的静态工作点。硅管的 U_{BEQ} 一般近似为 0.6～0.7 V,锗管的 U_{BEQ} 一般近似为 0.2～0.3 V。调节 I_{BQ} 可以改变 I_{CQ} 的大小,在不同的工作状态,I_{CQ} 的取值是不同的。

(1) 小信号工作

在小信号工作时,非线性失真不是主要矛盾,考虑的是其他因素。希望电流消耗小,I_{CQ} 可以调节得小一些;希望放大倍数大些,I_{CQ} 可以调节大一些。一般小信号放

大器取 $I_{CQ}=0.5\sim2$ mA。

(2) 大信号工作

在大信号工作时，非线性失真是主要矛盾，因此，考虑的因素主要是尽量大的动态范围和尽可能小的失真。此时，应选择一个最佳负载，调节 I_{CQ}，使工作点尽量在负载线的中央。

(3) 静态工作点电流 I_{CQ} 的测量

静态工作点电流 I_{CQ} 的调整，主要通过偏置电路进行调整，如图 5.3.1 所示的电路，通过调节电位器 R_P 来调节偏置电流 I_{BQ}，串联电阻 R 起保护作用。

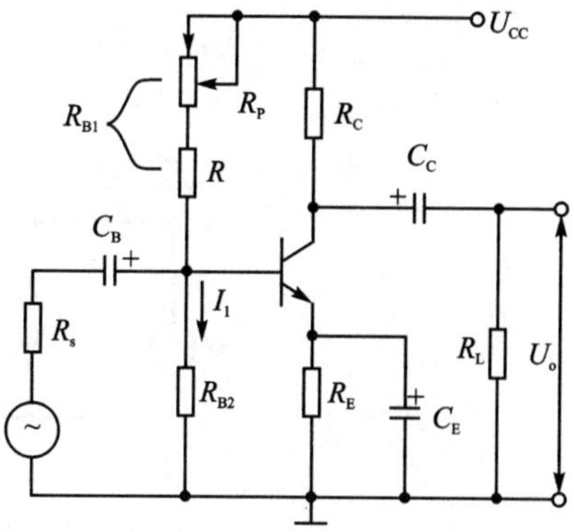

图 5.3.1　晶体管共射极放大电路

I_{CQ} 的测量可以采用以下几种方法：

① 直接测量。将电流表串接在集电极电路直接测出 I_{CQ}。

② 间接测量。用万用表的直流电压挡测电阻 R_C 两端的电压 U_{RC}，然后计算 $I_{CQ}=U_{RC}/R_C$。也可用万用表的直流电压挡测发射极电阻 R_E 两端的电压 $U_{RE}=U_{EQ}$，然后通过计算 $I_{EQ}\approx I_{CQ}=U_{EQ}/R_E$。

直接测量精度较高，但是由于要断开电路，比较麻烦，尤其是焊接的电路。间接测量精度差些，但方法简便，因此常以间接测量为主。

(4) 注意事项

由于电压表输入阻抗的影响，上述两种间接测量方法得到的结果是不同的。

① 电压表接在 R_E 两端测量 U_{EQ} 时，电压表的输入阻抗会减小直流负反馈，从而使 I_E 增大。

② 测量 U_{RC} 算出 I_{CQ} 后，还需进一步检验其他的静态参数，以免出现假象。例如，晶体管发射结因损坏而短路同样可以测出 U_{RC} 值，但此时 I_{CQ} 数值已无实际意义。因此，在测出 I_{CQ} 值后需要测量一下 U_{BEQ} 值或 U_{CEQ} 值以供作出正确的判断。

③ 在测量 U_{BEQ} 时应注意：将万用表直接跨接在晶体管的 B、E 极间测量，而不要采用 $U_{BEQ}=U_{BQ}-U_{EQ}$ 的测量方法，否则可能得到是一个错误的结果。

2. 场效应管单级放大电路的静态工作点调试

一个具有自生反偏压的 N 沟道结型场效应管单级共源极放大电路如图 5.3.2 所示，此电路通过调节源极电阻 R_P 来改变源极电压 U_{SQ}，而 $U_{GQ}=-U_{SQ}$，从而达到调整 I_{DQ} 的目的。

确定场效应管单级放大器的静态工作点所考虑的因素与晶体管单级放大器相似，I_{DQ} 的测量方法也与 I_{CQ} 的测量方法相同。

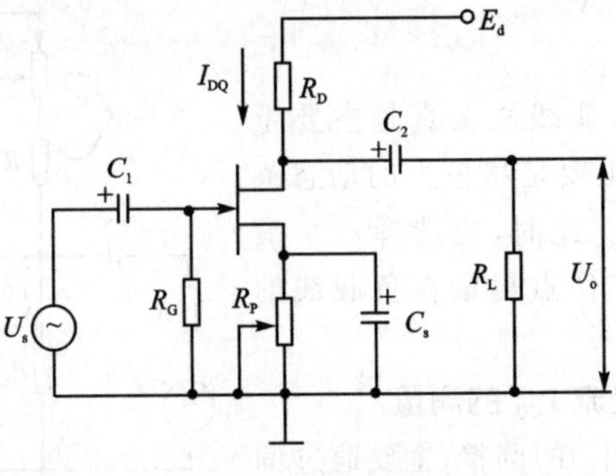

图 5.3.2 场效应管单级共源放大电路

5.3.2 多级放大电路的静态工作点调试

一个 RC 耦合三级交流放大电路如图 5.3.3 所示。多级放大器的静态工作点调节首先需要将输入端对地交流短路,以防产生电路自激。因此在调节多级放大器的静态工作点时,首先应用示波器检测放大电路的输出是否有自激振荡,如有自激振荡,应先设法排除自激振荡,然后再进行调试。

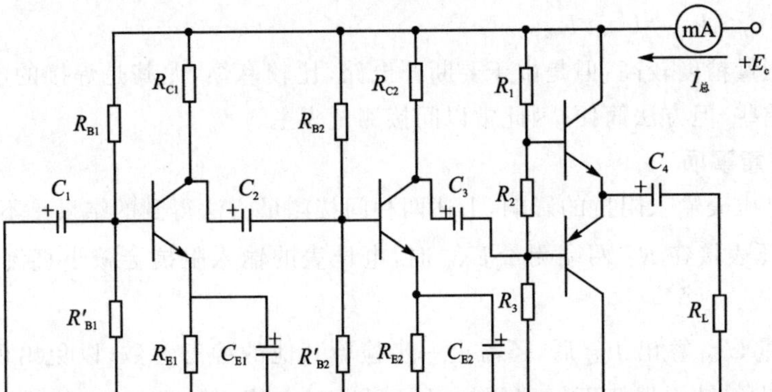

图 5.3.3 多级交流放大器电路

多级交流放大器的各级之间直流通道是分开的,互不影响,因此各级的静态工作点的调试与测量,可以采用单级放大电路的方法单独进行。如图 5.3.3 所示,末级一般发射极往往只有一个很小或干脆没有电阻,而集电极直流负载又几乎等于 0,因此不能用间接测量法来测量和计算其工作点电流,只能用直接测量法,需要将电流表串入集电极电路中测量 I_{CQ}。

通常也可以将电流表串在放大电路的电源回路中,先直接测出放大电路的总静态电流,然后从总电流中减去前面各级的静态电流,即可得到末级的静态电流。

5.3.3 差分放大电路的静态工作点调试

一个具有恒流源偏置的差分放大器的基本电路如图 5.3.4 所示。理想的差分放大器的静态应该是零输入和零输出，即当 VT_1 与 VT_2 的两个基极电位差为零时，VT_1 与 VT_2 的两个集电极的电位差也应为 0。当出现两个基极电位差为 0，两个集电极的电位差不为 0 时，需要设置调零电位器 R_P，进行静态调零。

调零时，将 A、B 端接地，将万用表直流电压挡接在 C、D 端之间，调节 R_P，使电压表指示为 0。

注意： 万用表先用大量程挡，逐渐减小量程，直到最小量程挡指示为 0。

调零完成后，用万用表测出各个晶体管的静态工作点，测试方法参考晶体管单级放大器静态工作点的测试方法。

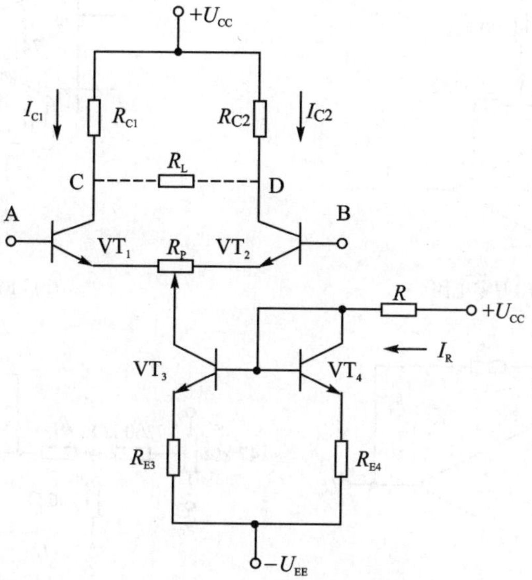

图 5.3.4 具有恒流源偏置的差分放大器电路

5.3.4 集成运算放大器的调零

在需要放大含有直流分量信号的应用场合，集成运算放大器必须进行调零，即对运放本身(主要是差分输入级)的失调进行补偿，以保证运放闭环工作后，输入为 0 时，输出也为 0。

有的运放已经引出有补偿端，只需按照器件手册的规定接入调零电路即可，如 LM318、LM741 的调零电路分别如图 5.3.5(a)、(b)所示。调零必须细心，千万不要使电位器的滑动端与地线或电源线相碰，否则会损坏运放。

对于没有设调零端的运放，反相和放大器调零电路可分别参考图 5.3.5(c)和图

5.3.5(d)所示的调零电路进行调零。调零时,将电路的输入端接地,用万用表直流电流挡或示波器的 DC 耦合挡接在电路的输出端,调节电位器,使输出为 0。在此要指出的是,新设计的运放对称性好,失调小,没有调零端,加有深负反馈时,可以靠深负反馈抑制零点的漂移,失调几乎看不出来,在要求不太高时,可以不调零。还有一些运放(如斩波自稳零运放)是不需要调零的。

当集成运算放大器应用于只需要放大交流信号的场合时,为简化供电电路,运放可以采用单电源(正或负电源)供电,此时可以选用单电源供电的运放(如 LM324),也可以将双电源供电的运放单电源供电应用。此时必须注意,静态时集成放大器的两输入端的静态电位要相等,并且为了使运放的静态工作点处于线性区的中心以获得最大动态范围,应将运放的输入、输出端偏置在供电电源值的一半。

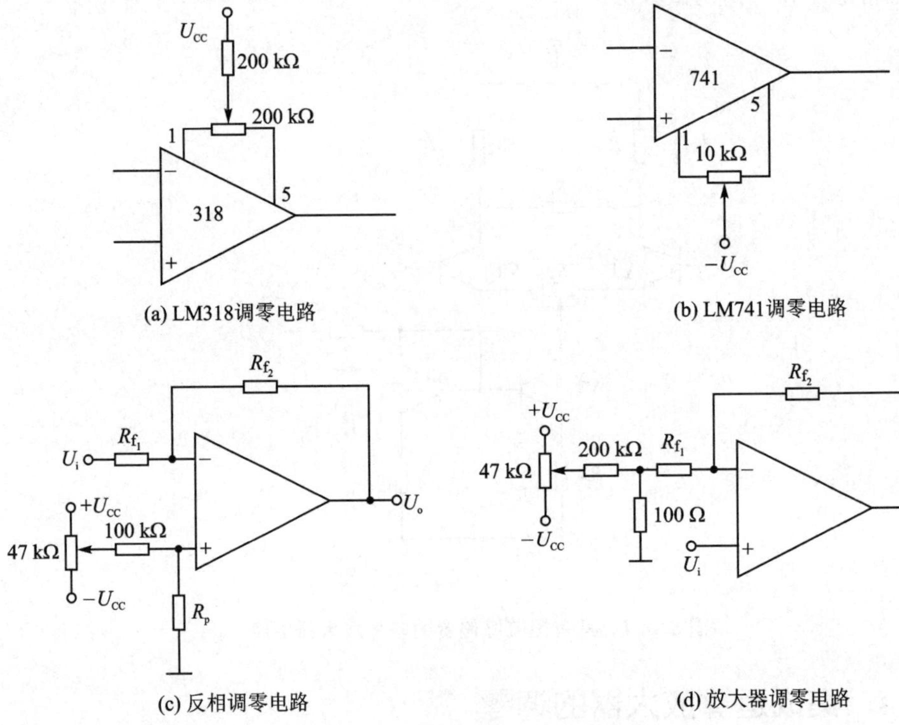

图 5.3.5　运算放大器调零电路

5.3.5　放大器的放大倍数测量

放大器的放大倍数包括电压放大倍数、电流放大倍数和功率放大倍数。

1. 电压放大倍数的测量

放大电路的电压放大倍数为该放大器输出信号电压与输入信号电压之比。

采用毫伏表测量被测放大器的输入信号和输出信号的大小,根据工作频率的高低可选择低频晶体管毫伏表或高频晶体管毫伏表。

输入信号频率应选择在放大器的中频段的某一频率，如音频放大器可选择 1 kHz。同时输入信号幅度不能过大，否则造成输出信号失真。在放大器的输出端采用示波器监视输出波形，保证测试是在输出基本不失真、无振荡和严重干扰的情况下进行。

在连接测试电路时，测试仪表、信号发生器的地线(机壳)应与被测放大电路的参考地相连，以防引入干扰。其测试电路连线图如图 5.3.6 所示。采用毫伏表分别测量输入信号电压有效值 U_i 和输出信号电压有效值 U_o，即可求出电压放大倍数

$$A_U = U_o / U_i$$

也可以采用示波器分别测出输出信号电压峰峰值 U_{OPP} 和输入信号电压峰峰值 U_{IPP}，则电压放大倍数

$$A_U = U_{OPP} / U_{LPP}$$

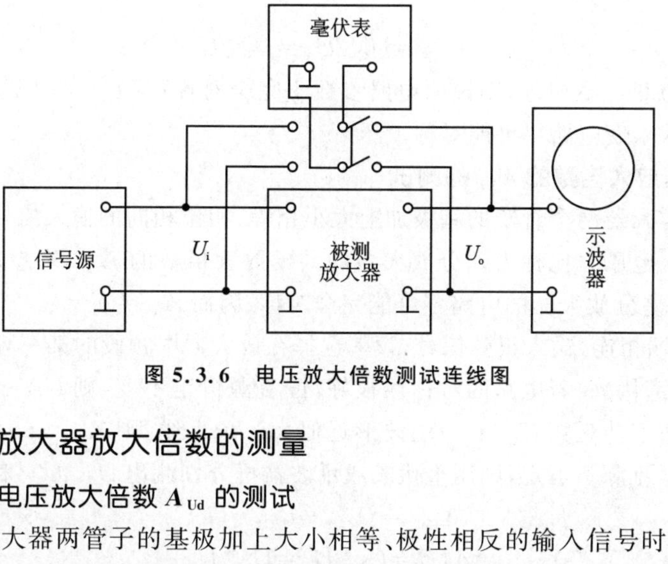

图 5.3.6　电压放大倍数测试连线图

2. 差分放大器放大倍数的测量

(1) 差模电压放大倍数 A_{Ud} 的测试

在差分放大器两管子的基极加上大小相等、极性相反的输入信号时，电路输出电压与输入电压之比称为差分放大器的差模电压放大倍数 A_{Ud}。

由于一般信号源的输出端都是对地不平衡的，而由理论分析可知，差分放大器的 A_{Ud} 与输入方式无关，只与输出方式有关。因此，在测 A_{Ud} 时，可以将差分放大器接成单端输入方式，如图 5.3.7(a)所示。为了不破坏电路的对称性，在 B 端对地接入一个与信号源内阻相等的电阻 R_S。当用交流信号进行测试，信号源输出端有隔直流电容时，可按图 5.3.7(b)所示电路连接，其中 C_1 和 VT_2 的基极对地交流信号短路。

测试时，输入正弦信号，频率选择在放大器中频段的某一频率。用示波器监测 VT_1、VT_2 的集电极输出 U_{C1}，U_{C2} 为大小相等、极性相反的不失真正弦波，用毫伏表或示波器分别测出 U_{C1}、U_{C2} 和 U_{id} 的值，则

$$A_{Ud双} = (|U_{C1}| + |U_{C2}|) / U_{id}$$

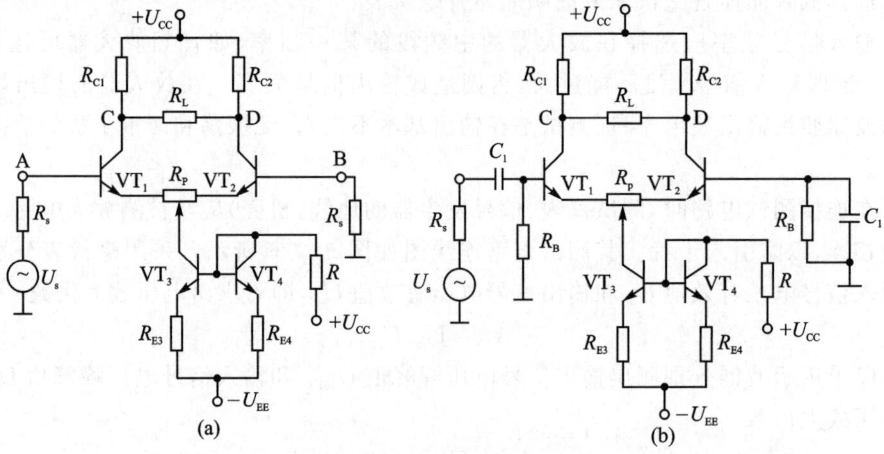

图 5.3.7　差分放大器差模电压放大倍数 A_{Ud} 的测试

$$A_{Ud单}=U_{C1}/U_{id}=U_{C2}/U_{id}$$

若 U_{C1} 与 U_{C2} 不相等，则说明电路参数不完全对称；若 U_{C1} 与 U_{C2} 相差较大，则应重新调接 R_P，使电路尽可能对称。

(2) 共模放大倍数的 A_{Uc} 的测试

在差分放大器两个管子的基极加上大小相等、相位相同的输入信号时，电路的输出电压与输入电压之比称为差分放大器的共模放大倍数的 A_{Uc}，理想差分放大器的 $A_{Uc}=0$，实际差分放大器的电路不可能完全对称，因而 $A_{Uc}\neq0$。

将 A、B 端相连，输入正弦信号，频率选择在放大器中频段的某一频率，输入信号要大(几百个毫伏)。若电路的对称性很好，恒流源恒定不变，则 $U_{C1}\approx U_{C2}\approx0$，用示波器最高灵敏度挡观察 U_{C1}、U_{C2} 的波形近似为一条直线，则 $A_{Uc}\approx0$，如果电路的对称性不好或恒流源不恒定，则用毫伏表或示波器可分别测出 U_{C1}、U_{C2} 和 U_{ic} 的值，则

$$A_{Uc双}=(U_{C1}-U_{C2})/U_{ic}$$

$$A_{Uc单}=U_{C1}/U_{ic}=U_{C2}/U_{ic}$$

(3) 共模抑制比 CMRR 的测试

共模抑制比(CMRR)是差分放大器的重要性能指标之一。用上述方法测出 A_{Ud} 和 A_{Uc} 则

$$\mathrm{CMRR}=|A_{Ud}|/|A_{Uc}|$$

3. 功率放大倍数的测量

放大电路功率放大倍数的测试连线图与电压放大倍数的测试连线图相同。

放大电路功率放大倍数 $K_P=P_o/P_i$。式中，P_o 是负载电阻 R_L 上测得的输出功率，其值为 $P_o=U_o^2/R_L$；P_i 是输入功率，其值为 $P_i=U_i^2/R_i$；U_i 是输入信号电压，R_i 是被测放大器的输入电阻(输入电阻的测试方法见 5.3.6 小节)。因此，只要测得

U_o、U_i、R_i，并已知 R_L 时，便可计算出功率放大倍数，即

$$K_P = P_o/P_i = U_o^2/R_L/U_i^2/R_i$$

5.3.6　放大器的输入阻抗测量

1. 输入电阻 R_i 的测量

对于信号源来说，放大电路的输入阻抗 Z_i 相当于信号源的负载阻抗。在放大器的频段中的中频段，可以认为输入阻抗不随频率变化，因此可用输入电阻 R_i 来表示。

(1) 伏安法

伏安法连接电路如图 5.3.8 所示。

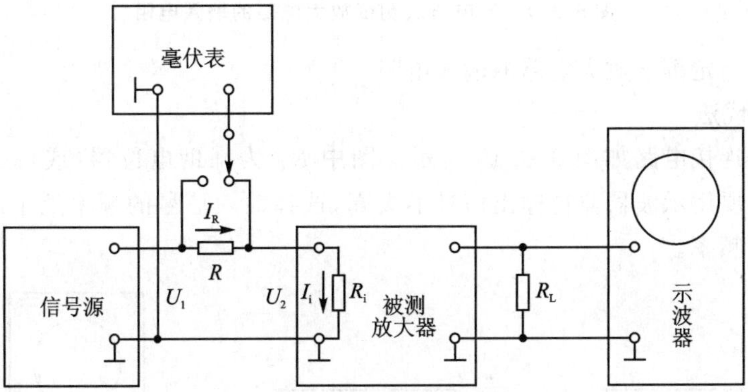

图 5.3.8　伏安法测量放大电路输入电阻

在输入回路串接一个辅助电阻 R，输入信号频率调整在放大电路中频段的某一频率。输入信号的幅度大小调整到输出不失真的情况，输出端连接示波器监视输出波形不失真。用晶体管毫伏表分别测 R 两端对地的电压 U_1 与 U_2，求得 R 两端的电压为 $U_R = U_1 - U_2$，流过电阻 R 的电流 $I_R = U_R/R$。该电流实际就是放大电路的输入电流 I_i，根据输入电阻的定义

$$R_i = \frac{U_i}{I_i} = \frac{U_i}{\dfrac{U_1 - U_2}{R}}$$

辅助电阻 R 取值太小测试结果将会有较大的测试误差，若 R 取得太大，又容易引入干扰，R 的取值应与输入电阻同一数量级。

(2) 半电压法

半电压法连接电路如图 5.3.9 所示，将图 5.3.8 所示的测试电路中辅助电阻换成可变电阻箱或电位器。

测试时，先调节电位器 R_P，使其阻值为 0，测得 $U_2 = U_1$。然后再调节电位器 R_P，使得$U_2 = 0.5U_1$。此时需调节信号发生器，使其输出维持为 U_1 不变。此时电位

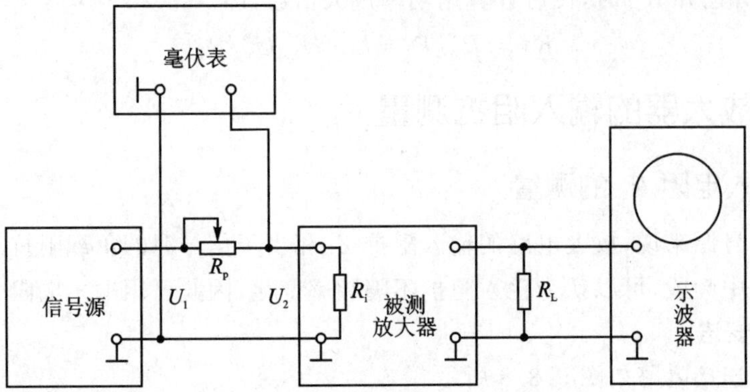

图 5.3.9　半电压法测试放大电路的输入电阻

器的电阻值一定等于放大电路的输入电阻。

(3) 替代法

替代法连接电路如图 5.3.10 所示。图中 R_P 为辅助电位器(或可变电阻箱)。测试时同样要用示波器监视输出信号不失真,选择输入信号的频率处于放大电路中频段的某一频率。

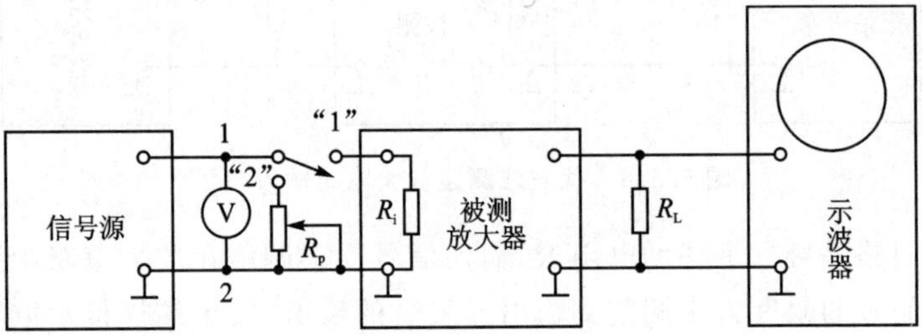

图 5.3.10　替代法测试放大电路的输入电阻

当开关置 1 位置上,用晶体管毫伏表测"1"点对地的电压值。然后将开关置于"2"位置上,调节辅助电位器 R_P 使"2"点对地的电压仍为原来"1"对地的电压值,那么此时电位器的阻值就是被测放大电路的输入电阻值。

2. 高输入阻抗放大电路 Z_i 的测试

下面以场效应管源极跟随器为例,介绍高输入阻抗放大器的输入阻抗的测试办法。高输入阻抗放大器的输入阻抗,往往可以等效成一个输入电阻 R_i 和一个输入电容 C_i 的并联形式,因此,必须分别测出 R_i 和 C_i 的值才能确定输入阻抗 Z_i 的值。

(1) 输入电阻 R_i 的测试

高输入阻抗放大器的输入阻抗很高,若将毫伏表直接接到被测放大电路的输入端,会引起严重的测试误差。而源极跟随器具有高输入阻抗、低输出阻抗的特点,可以不直接测试放大电路输入电压,而是测其输出电压。

如图 5.3.11 所示，测试时先将电阻 R 短路，测出放大器输出电压 $U_{o1}=A_U U_1$。再拆除 R 的短路线，测出输出电压 U_{o2}，此时应调节信号发生器，维持其输出不变仍为 U_1，则

$$U_{o2}=\frac{R_i}{R_i+R}A_U U_1$$

由于在两次测试中 A_U 和 U_1 基本不变，可从上面两式求得放大电路的输入电阻为

$$R_i=\frac{U_{o2}}{U_{o1}-U_{o2}}R$$

在一般情况下进行测试时，通常取 $R=R_i$，但如果放大电路的输入电阻很高，那么 R 也必须取得很高，则很容易引起 50 Hz 市电干扰，影响测试精度。为了避免干扰，最好将被测放大电路置于金属屏蔽盒内，或者将电阻 R 值适当取小一些。另外，为了提高信噪比，输入信号不宜过小。

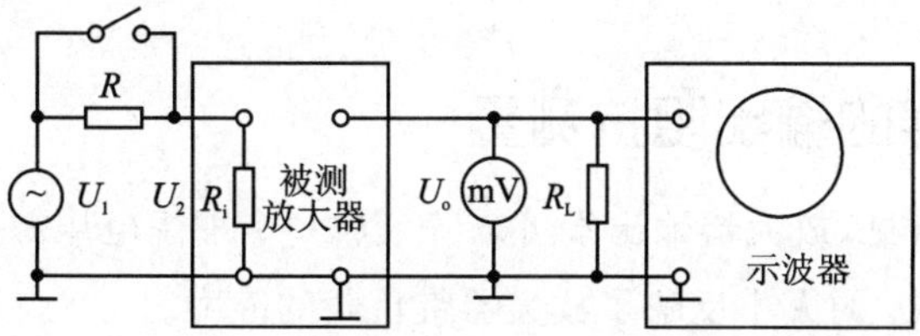

图 5.3.11　高输入电阻的测试连接电路

进行上述测试时，要注意测试频率的选择，为了在测试输入电阻时先忽略输入电容的影响，选择测试频率应满足

$$\frac{1}{2\pi f C_i}>10R_i$$

(2) 输入电容 C_i 的测试

采用电容补偿法测试输入电容 C_i，也就是在图 5.3.11 中的 R 两端并联一个可以调节的已知电容 C，如图 5.3.12 所示。

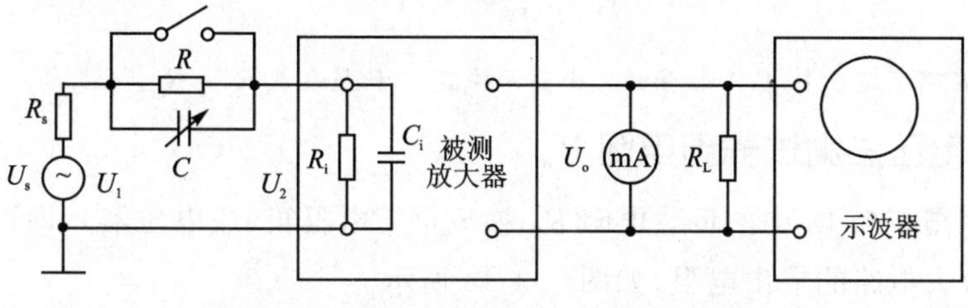

图 5.3.12　输入电容 C_i 的测试连接电路

由图 5.3.11 可知，被测放大器输入端的分压系数 n 为

$$n=\frac{U_2}{U_1}=\frac{Z_i}{Z_i+Z}=\frac{1}{1+\frac{R}{R_i}\cdot\frac{1+j\omega R_iC_i}{1+j\omega RC}}$$

式中,Z 为 R 与 $1/j\omega C$ 的并联值。如果满足 $j\omega R_iC_i=j\omega RC$,则 $R_iC_i=RC$,有

$$n=\frac{R_i}{R_i+R}$$

可见 n 与频率无关,根据这一关系就可以测出 C_i 的值。

前面已经在 $1/2\pi fC_i>10R_i$ 时测出了 R_i,然后将信号频率提高为 $f'_s=100f_s$,并保持输入信号大小不变,调节 C 使放大器输出电压不变,则根据 $R_iC_i=RC$ 可求出

$$C_i=\frac{R}{R_i}C$$

在此要注意,在两个测试频率 f_s 和 f'_s 时,要保持放大器的电压放大倍数 A_U 不变。

5.3.7 放大器的输出阻抗测量

从图 5.3.13 可见,放大器输出端可以等效成一个理想电压源 U_o 和输出电阻 R_o 相串联,输出电阻 R_o 的大小反映了放大器带负载的能力。

1. 伏安法测试输出电阻 R_o

伏安法输出电阻 R_o 测试连接电路如图 5.3.13 所示。输入信号的频率选择在放大电路频段中的某一频率,输入信号的大小调整到确保输出信号不失真,使用示波器监视输出信号的波形不失真。

测试时,首先在不接负载 R_L 的情况下,用毫伏表测得输出电压 U_{o1}。然后在接上 R_L 的情况下,用毫伏表测得输出电压 U_{o2},通过下式便可计算出被测放大电路的输出电阻 R_o。

$$R_o=\left(\frac{U_{o1}}{U_{o2}}-1\right)R_L$$

注意: 在测试过程中,输入信号的大小要保持不变,所接负载 $R_L\approx R_o$。

2. 半电压法测试输出电阻 R_o

如果将图 5.3.13 中的负载电阻 R_L 换成可变电阻箱(或电位器),即可采用半电压法测试放大电路的输出电阻,如图 5.3.14 所示。

测试时先不接电位器,测得输出电压为 U_o,然后接上电位器 R_P,调节电位器 R_P 使输出电压为 0.5 U_o,此时电位器的阻值即为放大器的输出电阻。测试时应保持输入信号大小不变。

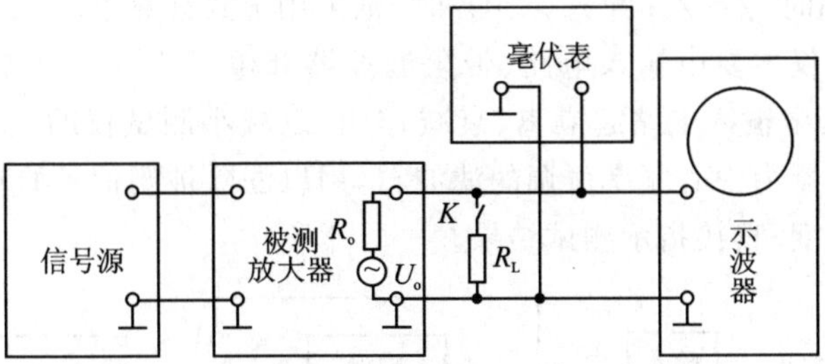

图 5.3.13 伏安法测试放大电路的输出电阻

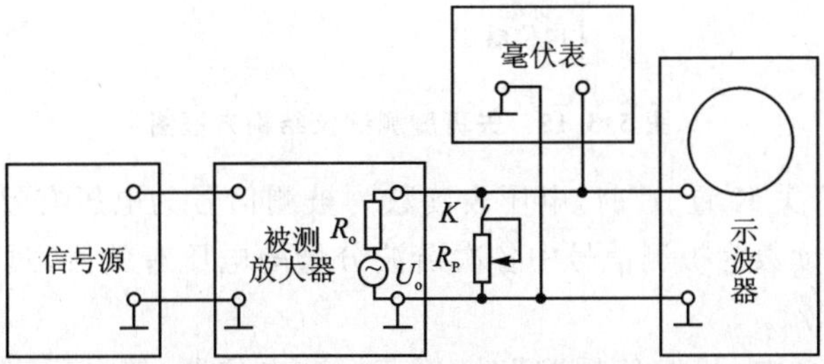

图 5.3.14 半电压法测试放大电路的输出电阻

5.3.8 非线性失真度的测量

信号在传输过程中,可能产生线性和非线性两种失真。线性失真又称为频率失真,是由于器件内部电抗效应和外部电抗元件的存在,使得电路对同一信号中不同的频率分量的传输系数不同或相位移不同而引起的,线性失真不会产生新的频率成分,线性失真用电路的频率特性表示。非线性失真是由器件的非线性引起的,非线性失真使得电路的输出信号中产生了不同于输入信号的新的频率成分。

常用非线性失真系数(失真度)γ 来衡量非线性失真的大小,它的定义为

$$\gamma=\frac{\sqrt{U_2^2+U_3^2+\cdots+U_N^2}}{U_1}\times 100\%$$

式中,U_1 为基波分量电压有效值;U_2、U_3、…、U_N 分别为 2 次、3 次、…、N 次谐波分量电压有效值。

在实际测量中,常用失真度测试仪测试非线性失真系数 γ_o,γ_o 为被测信号中各次谐波电压有效值与被测信号电压有效值之比的百分数

$$\gamma_o=\frac{\sqrt{U_2^2+U_3^2+\cdots+U_N^2}}{\sqrt{U_1^2+U_2^2+\cdots+U_N^2}}\times 100\%$$

γ 与 γ_o 的关系为

$$\gamma=\frac{\gamma_o}{\sqrt{1-\gamma_o^2}}$$

当 $\gamma_o < 30\%$ 时，$\gamma = \gamma_o$；当 $\gamma_o > 30\%$ 时，则采用上式计算 γ。

失真度测试仪主要由输入电路、带阻滤波器和电压表三个基本部分组成，如图 5.3.15 所示。其中输入电路起隔离、衰减作用，以减小测试仪的接入对被测电路的影响。带阻滤波器为中心频率可调的滤波器，用以滤除被测信号的基波分量，电压表直接以失真度刻度，直接指示测试结果。

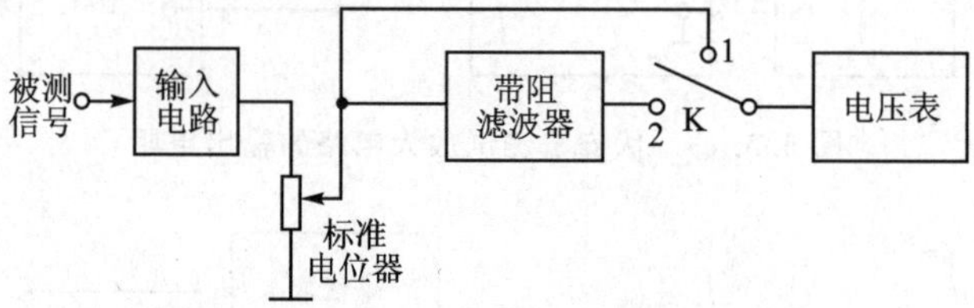

图 5.3.15 失真度测试仪结构方框图

测量时，当开关 K 置“1”时，电压表读数为被测信号的电压有效值，将开关 K 置“2”时，电压表的读数为被测信号中各次谐波分量的电压有效值，两次读数之比即为非线性失真系数 γ_o。

如果每次测量中，开关 K 置“1”时，调节标准电位器，使电压表的读数校正为 1 V，那么开关 K 置“2”时谐波电压的读数就可以直接用失真度 γ_o 来刻度，因此，从电压表上就可以直接读出非线性失真系数 γ_o。

用失真度测试仪测量非线性失真系数用时，应注意以下几点：

① 在测量时，应反复调节带阻滤波器电路中的调谐、微调和相位旋钮，最大限度地滤除基波成分。

② 测量电路的非线性失真系数时，应在被测电路的通频带范围内，选择多个测试频率点进行多次测试。除了应包括上下截止频率外，选择的测试点还应在中间频率段选择几个测试点，逐一进行非线性失真系数的测试，最后取其中最大的一个非线性失真系数值，作为该被测电路的非线性失真系数。

③ 如果测试用信号源输出信号的非线性失真系数不可忽略，则被测电路的实际非线性失真系数可近似等于被测电路输出信号的非线性失真系数减去其输入信号的非线性失真系数。

④ 测量中可以用示波器进行监视，这样，既可以判断失真的情况(是几次谐波为主)，又可以发现有无干扰。

5.3.9 放大器的幅频特性测量

放大器的幅频特性反映了放大器放大倍数随频率变化而变化的规律。放大器幅频特性曲线的测量方法主要有点频法和扫频法两种。

1. 点频法测试放大器幅频特性曲线

点频测试法电路如图 5.3.16 所示。保持输入信号大小不变，改变输入信号的频率,测量相应的输出电压值,求放大倍数。取得不同频率点对应的放大倍数,即可绘制幅频特性曲线。在测试过程中必须用示波器监测输出波形,始终保持输出信号不失真。

测量时,要保持输入电压不变(用晶体管毫伏表监测)。如果改变频率后输入电压变化,必须调节信号发生器使被测放大器输入保持不变。

由于测试点的选择有限,可以先测上下截止频率的大约数值,然后可以在它们附近多测几点,曲线变化比较平坦的地方可以少取测试点。

在用毫伏表测量电压时应注意,在频率高端要考虑毫伏表输入阻抗的电容分量,甚至引线的分布电容也会影响测试的精确度,因此,必要时应换用高频毫伏表。

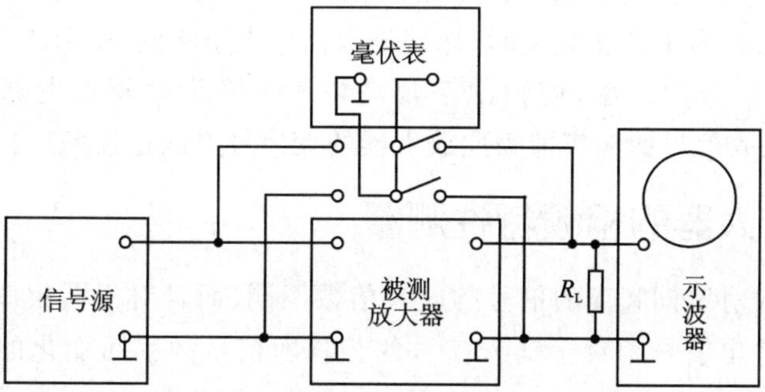

图 5.3.16　点频法测试放大电路的幅频特性

2. 扫频测试法测试放大器幅频特性曲线

点频法测试频率特性的优点是可以采用常用的简单仪器进行测试,测量精度和工作量与测试点的选择数量有关,测试点少,精度不够高;测试点多,工作量大。而且点频法不能反映电路的动态幅频特性。扫频测试法是在点频测试法的基础上发展的一种测试方法,采用扫频仪可以在荧光屏上直接显示出幅频特性曲线,扫频测法的测试电路框图如图 5.3.17 所示。

扫频仪的输出信号的频率从低到高重复变化,并保持输出信号的幅度在任何频率下都不变,这个幅度不变、频率不断重复变化的输出信号被送到被测放大器的输入端,由于被测放大器对不同频率信号的放大倍数不同,因而在被测放大器的输出端得到的信号波形幅度大小是不同的,输出信号波形的包络的变化规律与被测放大器的幅频特性相一致,被测放大器的输出信号输入到扫频仪,经过包络(峰

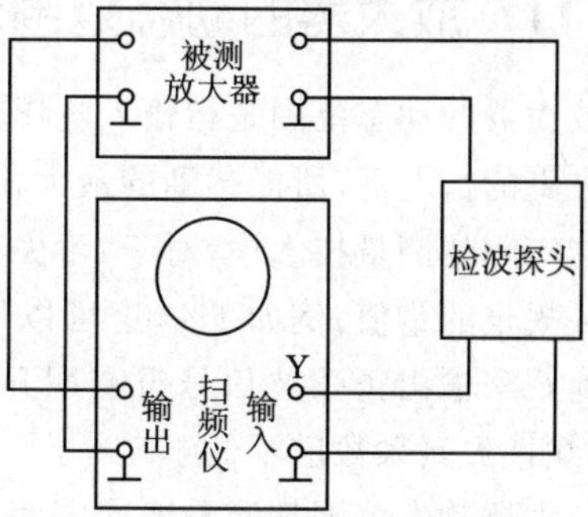

图 5.3.17　扫频仪测试幅频特性的连接电路

值)检波器取出的包络线信号即是被测放大器的幅频特性,这个信号经过垂直放大器放大后加到示波管的垂直偏转板上,荧光屏上显示的图形就是被测放大器的幅频特性曲线,从荧光屏上可以直接读出上下截止频率。

3. 大信号带宽的测试

由运算放大器构成的放大电路,当其输入大信号时,随着输入信号频率的增加,输出信号波形变化速率受到运放电压摆动速率的限制而趋于同一个值,从而在放大器输出端得到三角波信号输出,此时放大器的大信号上截止频率(即放大器的大信号带宽)定义为:输出失真信号的基波分量下降为中频不失真输出信号幅度的 0.707 倍时的输入信号的频率。由于三角波中基波分量的幅度是三角波幅度的 $8/\pi^2$,所以,在测量放大器大信号上截止频率时,保持输入信号大小不变,用示波器观测输出信号波形,增加输入信号的频率,使输出三角波幅度下降为中频不失真正弦波幅度的 0.87 倍,此时输入信号的频率即为此放大器的大信号上截止频率。

5.3.10 放大器的相频特性测量

放大器不仅对不同频率的信号的放大倍数不同,而且对不同频率的信号的相移也不同。这种输出信号相对于输入信号的相移随信号频率而变化的关系称为相频特性。

若输入信号为 $U_i = U_{im}\sin\omega t$

则输出信号为 $U_o = U_{om} = \sin(\omega t + \varphi)$

式中,频率 $\omega = 2\pi f$;相移量 φ 为频率的函数,即 $\varphi = \varphi(f_o)$。

只要测出不同频率上的相位差,就可以得到电路的相频特性曲线。

关于相移量的测量,请参阅 4.5.11 小节。

相频特性曲线最简单的测量方法是用双踪或双线示波器进行,通过改变输入信号的频率,用逐点测量法测出相移量,然后作出相频特性曲线。

5.3.11 放大器的动态范围测量

放大器的动态范围是指输入电压为正弦波条件下,放大器输出电压波形不产生明显失真的情况下,所能达到的最大输出电压峰峰值 U_{OPP}。

在实际的测量技术中,对于"不失真"有两种"约定"。一是非线性失真系数不超过某一规定的量值,例如 1%,这可以用失真度测试仪进行监测;另一种是用示波器定性地观察输出正弦波信号没有明显失真。一般用肉眼可观察出明显的波形失真时,非线性失真系数已不低于 5%了。

放大器动态范围的测量连接电路图如图 5.3.18 所示。将示波器或失真度测试仪接在被测放大器的输出端,监测输出波形,输入信号为正弦波,频率取被测放大器的中频段的某一频率,调节信号源使输出信号逐渐增大,直到被测放大器输出出现明显的限幅失真为止，此时器件已进入了强非线性区(即饱和或截止区)，用示波器测出被测放大器此时输出正弦波的峰峰值，即为动态范围的大小。

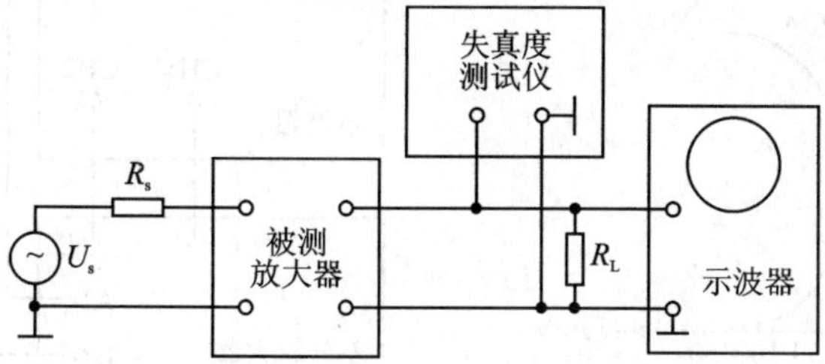

图 5.3.18　放大器动态范围的测试框图

若被测放大器为晶体管单级放大器，在测试过程中出现输出信号上下不对称的限幅失真，则可调节偏置电位器 R_p(参见图 5.3.1)，使输出波形不出现限幅失真，再继续增大输入信号，直到再出现不对称的限幅失真，再调节 R_P 消除失真，如此反复调节，直到得到最大不失真输出。即再增大输入信号，输出波形将上下同时发生限幅失真，用示波器测出被测放大器此时输出正弦波的峰峰值，即为最大动态范围的大小。

5.3.12　电路的传输特性曲线测量

电路的传输特性曲线是电路输出信号与输入信号之间的关系曲线。在此介绍差分放大器的传输特性曲线和电压比较器的传输特性曲线的测试方法。

1. 差分放大器传输特性曲线的测试

差分放大器的传输特性是指差分放大器在差模输入信号 U_{id} 的作用下，输出电流 I_c 随输入电压 U_{id} 变化的规律，如图 5.3.19 所示，在 $U_{id}=U_T=\pm 26$ mV 范围内，电流与电压之间有良好的线性，称为线性区。当 U_{id} 超过 ±50 mV 时，I_C 随 U_{id} 作非线性变化，称为非线性区，增大 R_P(参见图 5.3.7)可加强负反馈作用，扩展线性区，缩小非线性区。U_{id} 超过 ±100 mV 后，I_C 不再随 U_{id} 变化，称为限幅区。

由于 $U_C=U_{CC}-I_C R_C$(参见图 5.3.7)，而 U_{CC}、R_C 是确定的，因此，U_C 与 I_C 的变化规律是完全相同的，而测量 U_C 比测量 I_C 要方便，可用示波器来测量 U_C 随差模输入电压 U_{id} 的变化规律来测量差分放大器的传输特性：

① 将差分放大器接成单端输入－双端输出方式，输入峰峰值 200 mV 左右的三角波或正弦信号，频率选择在放大器中频段的某一频率。

② 将差分放大器的输入信号送到示波器的 X 输入端，双踪示波器的第 1 路接 C 端，第 2 路接 D 端，如图 5.3.20 所示，示波器用 $X—Y$ 工作方式，在示波器的荧光屏上即可显示出差分放大器的传输特性。

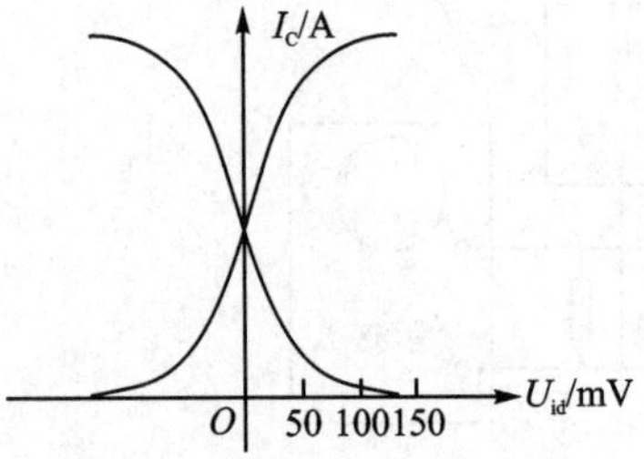

图 5.3.19　传输特性

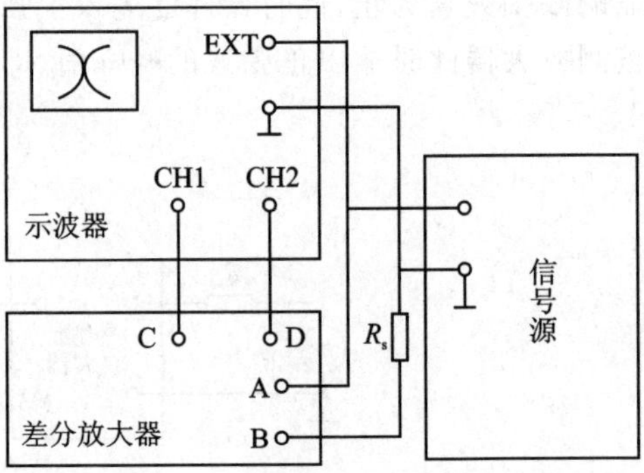

图 5.3.20　测量传输特性接线图

注意：在测试前，应先将示波器的输入耦合开关置 GND 挡，将光点移到荧光屏上的坐标原点，以便于读数。

2. 电压比较器的传输特性曲线测试

无滞后电压比较器和迟滞电压比较器的传输特性曲线如图 5.3.21(a)和(b)所示，反映了电压比较器输出状态随输入信号大小而变化的规律，用示波器可以在荧光屏上直接观测电压比较器的传输特性曲线。

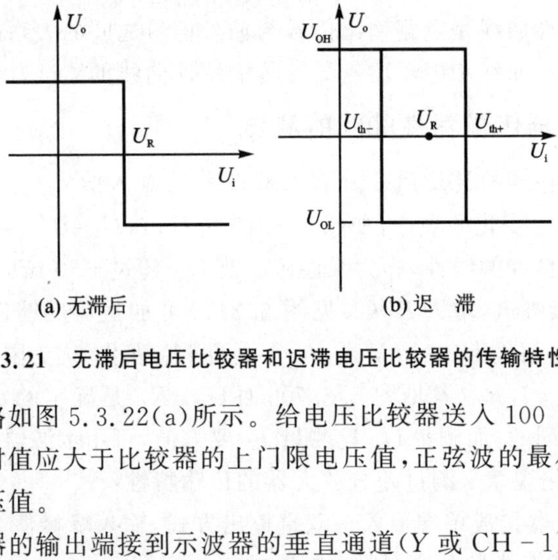

图 5.3.21　无滞后电压比较器和迟滞电压比较器的传输特性曲线

测试连接电路如图 5.3.22(a)所示。给电压比较器送入 100 Hz 以下的正弦波，正弦波的最大瞬时值应大于比较器的上门限电压值，正弦波的最小瞬时值应小于比较器的下门限电压值。

将电压比较器的输出端接到示波器的垂直通道(Y 或 CH－1)，比较器的输入端接到示波器的水平通道(X 或 CH－2)，示波器置 X—Y 工作方式，将两个通道的偏转灵敏度置合适挡位，先将示波器两个输入耦合开关置 GND 挡，调节示波器的水平和垂直位移旋钮，将光点移至荧光屏的坐标原点，然后将两个输入耦合开关置 DC 挡，在荧光屏上就可以看到类似图 5.3.22(b)所示的电压比较器的传输特性曲线，由此曲线可以得到被测电压比较器的两个输出电平 U_{OH}、U_{OL} 和两个门限电压

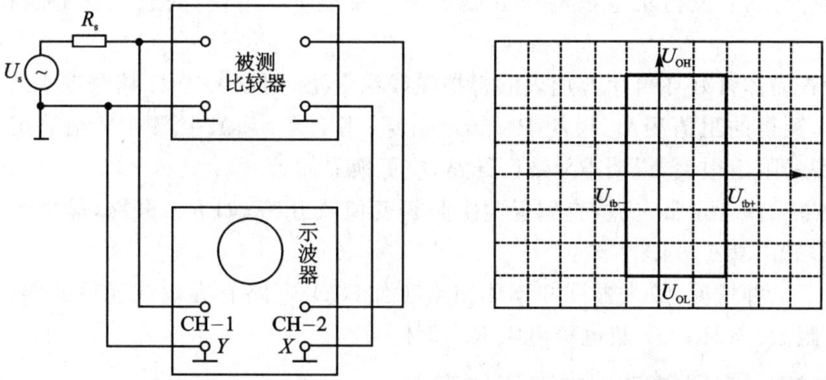

(a) 电　路　　　(b) 传输特性曲线

图 5.3.22　用示波器观测迟滞电压比较器的传输特性曲线

U_{th+}、U_{th-}。

$$U_{OH}=3\cdot S_y \qquad U_{OL}=-3\cdot S_y$$
$$U_{th+}=2\cdot S_y \qquad U_{th-}=-S_x$$

式中，S_y、S_x 分别为示波器垂直和水平两个通道的偏转灵敏度。

5.3.13　单级放大器的故障查找方法

单级放大器常见故障有：无信号输出，输出信号幅度小和输出信号失真。下面以图 5.3.23 所示的共发射极放大器为例，讨论常见故障查找方法。图中，1—1′是放大器信号输入端，2—2′是放大器信号输出端，R_{b1}、R_{b2} 是基极分压式偏置电阻，R_c 是集电极电阻，R_e是发射极电阻，C_1 是直流电源去耦电容，C_2、C_3 是耦合电容，C_4 是发射极旁路电容，U_{CC} 是放大管直流电源。

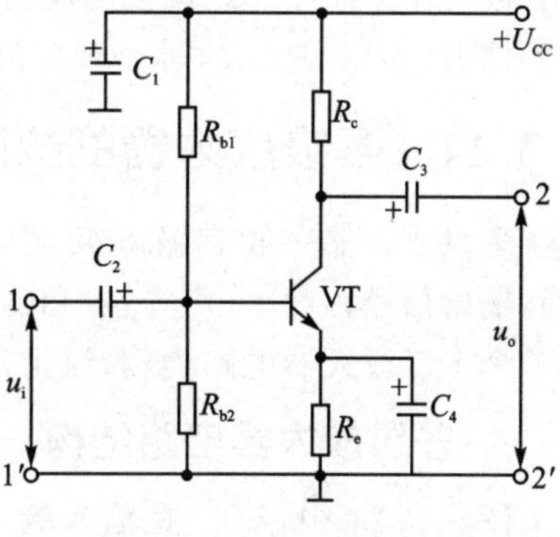

图 5.3.23　共发射极放大电路

1. 无信号输出故障查找方法

① 首先检查信号源 u_i、连接线和示波器探头是否良好，如有故障，应先排除。

② 测量放大器直流供电电压。测量的方法是：用万用表直流电压挡，并选择合适的挡位，$+U_{CC}$ 电压是 12 V，应选择 50 V 挡。测量时万用表红表笔接$+V_{CC}$ 的正极，黑表笔接地(公共端)。如测得的电压为 0 或很低，说明放大器供电电压不正常，应当查供电电源和去耦电容。

③ 直流供电电压正常后，测量晶体管各电极的工作点电压。

首先测量集电极电压，若测得集电极电压近似等于电源电压，检查晶体管是截止,还是开路;若测得集电极电压近似等于 0 或小于 1 V,检查放大管是饱和,还是击穿。

检查晶体管好坏可用万用表欧姆挡在线测量法,用 R×10 Ω 挡测 PN 结的正反向电阻,测得的阻值很小,说明 PN 结已击穿;用 R×10 kΩ 挡测 PN 结的正反向电阻,测得的阻值很大,说明 PN 结已开路,应更换晶体管。

如果晶体管正常,应检查偏置电阻是否变值或开路,如 R_{b1} 开路,晶体管没有偏置电压,晶体管不工作。

以下三种情况,放大器同样不能正常工作:(a) 电路有虚焊或元件开路;(b) 发射极电阻 R_e 损坏;(c) 集电极电阻 R_c 损坏。

2. 输出信号幅度小故障查找方法

在信号输入正常时,放大器输出信号幅度小,主要是放大器的电压放大倍数过小引起。先检查晶体管的性能是否良好,确认晶体管正常后,再检查晶体管的工作点是否合适。

如工作点正常,着重检查 C_4 是否开路。C_4 开路会使放大器的交流负反馈量增大,导致放大器倍数下降,信号输出幅度下降。

3. 非线性失真故障查找方法

放大器输出波形出现非线性失真,说明放大器没有工作在线性放大区,是工作在饱和区或截止区,使输出信号波形的顶部或底部出现失真。

放大器工作在非线性区的原因主要是偏置元件的参数发生了变化,主要检查偏置元件 R_{b1}、R_{b2}、R_c、R_e 等是否变值。

5.3.14 多级放大器的故障查找方法

多级放大器一般有输入级、中间级和输出级组成,常见故障有无信号输出(无声),输出信号幅度小(声音轻)和输出信号失真(声音失真)。下面以图 5.3.24 所示的一个多级放大器电路为例,讨论常见故障查找方法。

1. 多级放大器电路结构

图 5.3.24 中,VT_1 是输入级,射级跟随器结构,作为信号缓冲和阻抗变换级;VT_2 是中间级,进行电压放大;VT_3 是输出级,为功率放大器;T 是输出变压器,用来与负载的阻抗匹配,R_1~R_8、C_1~C_5 的作用与图 5.3.23 中的元件作用类同。

输入信号 u_i 通过 C_1 加到 VT_1 管基极,经过 VT_1 管缓冲后,从发射极输出,直接加到 VT_2 管基极上,经 VT_2 管放大,由 VT_2 管集电极输出,经 C_3 耦合到 VT_3 管基极,经 VT_3 功率放大,最后通过变压器耦合,将输出信号 u_o 送到负载上。

2. 多级放大器的故障查找方法

① 由于 VT_1 和 VT_2 两级放大器之间采用直接耦合形式,两级放大器中有一级

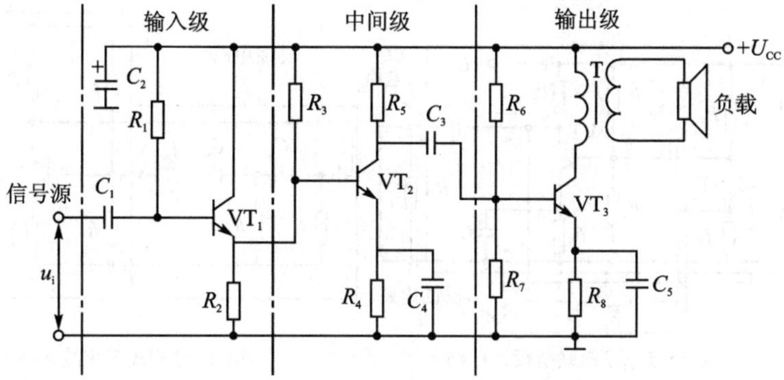

图 5.3.24 多级放大器电路图

出现故障,将会影响两级电路的直流工作点,所以在检测时要把两级电路视为一个整体综合进行检查。

② VT_2 和 VT_3 之间采用阻容耦合,它们的工作点彼此独立,可分级查找故障。即分别检测它们工作点电压,哪一级工作点电压不正常,故障就在这一级。

③ 如果多级放大器中含有频率补偿电路或分频电路,可采用电路分割法,将这一部分电路割开后再进行检查。

④ 由集成电路组成的多级放大器,应先找到集成电路的信号输入引脚和输出引脚。然后将信号加到集成电路的信号输入端,观察输出端是否有信号。若无信号输出,则不能立即判定集成电路损坏,此时应测量集成电路各引脚的工作电压是否正常。如测得某一个引脚工作电压不正常时,同样不能判定集成电路是坏的,还要检测这个引脚端的外围元件,如果外围元件是好的,则说明集成块已损坏,应更换。如果外围元件是坏的,则应更换外围元件后再测量。

5.3.15 反馈放大电路的故障查找方法

在模拟电路中反馈放大电路有两种:一种是负反馈放大电路,另一种是正反馈电路。反馈放大电路常见故障有:

① 负反馈电路损坏,负反馈作用消失,输出信号幅度增大,输出信号失真,严重时还会产生自激振荡现象。

② 负反馈作用加强,输出信号幅度减小。

③ 正弦振荡器停振。

④ 输出信号频率变高或变低。

下面以图 5.3.25 所示的基本反馈电路,来讨论常见故障的查找方法。

图 5.3.25(a)是一个交流电压串联负反馈电路,由两个部分组成:一部分是两级阻容耦合放大电路;另一部分是反馈电路,电路中用点划线表示的是交流电压串联负反馈电路。两个部分电路形成一个闭环控制环路。电路中 R_8 具有直流负反馈作

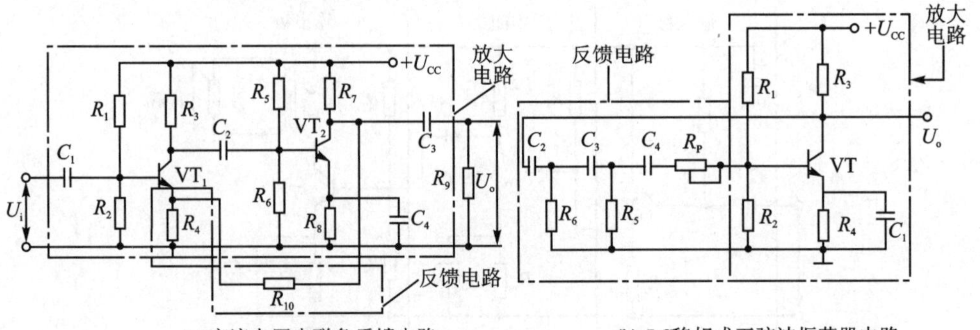

(a) 交流电压串联负反馈电路 (b) RC移相式正弦波振荡器电路

图 5.3.25 反馈放大电路基本结构

用,用来稳定放大器的工作点。其他元器件的作用与图 5.3.23 中的元件作用类同。

图 5.3.25(b)是一个 RC 移相式正弦波振荡器电路,基本放大电路由 R_1、R_2、R_3、R_4、VT_1、C_1 组成,反馈电路由 C_2、C_3、C_4、R_5、R_6、R_P 及输入电阻组成。利用 RC 移相电路具有的选频作用,构成一个 RC 移相式正弦波振荡器。

1. 交流电压串联负反馈电路输出信号幅度增大和失真

出现这种故障现象的主要原因是,放大电路中负反馈元件损坏,负反馈作用消失,使放大器的增益变大,导致输出信号幅度增大。此时应重点检查电路中的负反馈元件是否出现开路、虚焊、电阻变值等现象。

在图 5.3.25(a)中的 R_{10} 开路或虚焊,R_4 阻值变小,就会出现这种现象。可以测量 VT_2 的集电极电压和 VT_1 的发射极电压,如果发射极电压下降,则说明负反馈电路不正常或负反馈作用已经消失。

如果输出信号出现失真,说明放大器已工作在非线性区(饱和或截止状态),应重点测量放大器的工作点电压,查找电路中的电阻是否正常、放大管的参数是否发生变化。

2. 输出信号幅度小

交流电压串联负反馈电路输出信号幅度变小的主要原因:一是放大电路中负反馈作用增强,二是放大电路中元器件的参数发生变化。这两种情况都会引起放大器增益下降,导致输出信号幅度减小。

在工作点正常情况下,检查发射极旁路电容是否开路、失效、容量变小。在图 5.3.25(a)中,如果 C_4 开路或失效,对交流信号就失去了旁路作用,使放大器反馈的性质发生了变化,由直流负反馈变为交直流负反馈,使第二级放大器的放大倍数下降,输出信号幅度减小。可以采用短路法,用一只好的电容将 C_4 短路,同时观察输出信号是否增大,如输出信号幅度增大,则 C_4 损坏。

若交流旁路电容正常,则说明电路中其他元器件参数发生了变化,可参照 5.3.13

小节的方法进行查找。

3. 振荡器停振

出现这种故障的主要原因有三个方面：一是正反馈电路的元件损坏；二是振荡电路中的起振元件损坏；三是晶体管损坏。

先测量振荡器的晶体管的直流工作点是否正常，它是振荡器工作的必要条件。工作点电压不正常，振荡器就不起振，且有无信号输出；在工作点电压正常情况下，再查找正反馈电路中的元件是否损坏、断路等。如果正反馈电路中的某个元件损坏，正反馈条件就不满足，振荡器同样会停振。

在图 5.3.25(b)中，偏置电路中 R_1 开路或虚焊，振荡管基极没有工作电压，电路就无法振荡。同样，R_3、R_4 开路或虚焊，电路也无法工作。又如正反馈电路电容 C_2、R_6、R_P 损坏，电路正反馈相位条件不满足，也不会起振。检测方法用直流电压测量法测量工作点、用电阻测量法判断元器件好坏。

4. 振荡器输出信号频率发生变化

振荡器的输出信号频率发生变化，主要原因是选频回路中的元件参数发生变化。图 5.3.25(b)中要重点检查 $R_5 \sim R_7$、R_P、$C_2 \sim C_4$ 是否良好或开路，这些元件中只要有一个元件的参数发生变化，其振荡频率就会变化。

如果振荡回路是由 *LC* 或石英晶体组成，这些元件损坏的现象是：电感量发生变化（如磁芯松动、破损）或电感线圈开路、石英晶体性能不良等。查找方法与技巧是用电阻测量法和替代法。应注意的是，振荡器元件更换后，电路需重新调试。

5.3.16 *LC* 调谐放大器的故障查找方法

LC 调谐放大器有单调谐放大器和双调谐放大器两种形式，常见故障有无信号输出和输出信号幅度小。下面以图 5.3.26 所示的单调谐放大器和双调谐放大器为例，讨论常见故障的查找方法。

单调谐放大器选频回路是单调谐结构，如图 5.3.26(a)所示，C_3 和 T_2 的次线圈组成一个单调谐回路。双调谐放大器的选频回路是双调谐回路结构，如图 5.3.26(b)所示，C_4、C_5、T_2 组成双调谐回路，R_4 是阻尼电阻，用来展宽频带，C_6 是耦合电容。

LC 调谐放大器的增益，由 *LC* 回路的谐振频率决定。当 *LC* 回路的谐振频率等于信号的频率时，放大器的增益最大；偏离信号的频率时，增益变小。调谐放大器的选择性、通频带与 *LC* 回路的 *Q* 值有关，其特性曲线如图 5.3.27 所示。从图 5.3.27(a)中可以看出，*Q* 值越大，曲线越尖，选择性好，通频带窄；*Q* 值越小，曲线平坦，选择性差、通频带宽。从图 5.3.27(b)可以看出，曲线 b 呈单峰，曲线 a 呈双峰，并略有下凹。曲线的形状与 *LC* 双调谐回路的耦合程度有关，弱耦合呈单峰，大于临界耦合呈双峰。

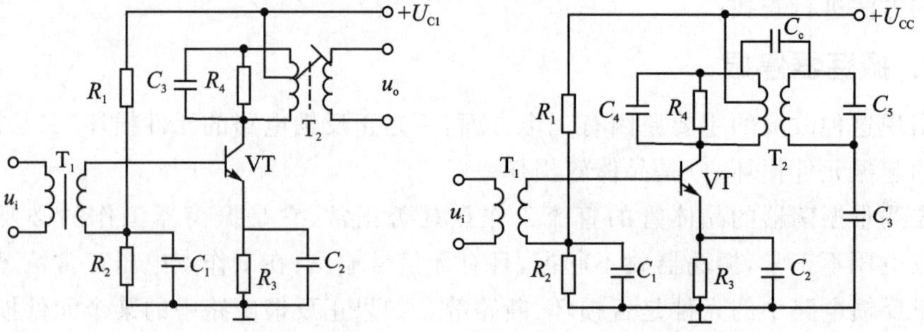

(a) 单调谐放大器电路　　(b) 双调谐放大器电路

图 5.3.26　*LC* 调谐放大器

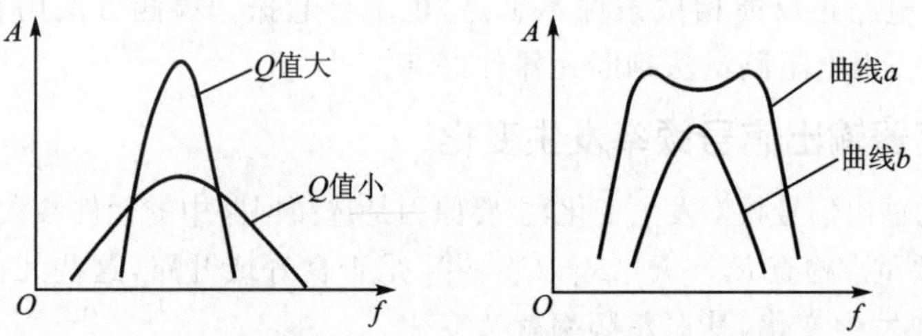

(a) 单调谐放大器幅频特性　　(b) 双调谐放大器幅频特性

图 5.3.27　调谐放大器幅频特性曲线

1. 无信号输出

首先进行常规检查和测试(直流工作电压、元器件好坏及虚焊点等)。在直流工作电压正常情况下,用扫频仪测试调谐放大器的幅频特性曲线(也可用示波器观察信号的幅度),如曲线不好或曲线偏离中心谐振点(频率偏离信号无),使用无感起子调节 T_2,使谐振回路在所设计的频点上谐振。要重点检查槽路电容和变压器 T_2 的磁芯是否良好。

对于双调谐回路,还要检查耦合电容是否良好,因为槽路(回路)中容量变化、磁芯松动、破碎都会引起谐振频率的偏移。还要查找槽路中的元件接触是否良好,有无断路等。元件故障确认后应更换,修复后还要重新调试。

2. 信号输出幅度小

造成信号输出幅度小的原因是放大器的增益下降。主要查找与增益有关的元件,测量放大器的特性曲线,方法同上。

5.3.17　*RC* 选频放大电路的故障查找方法

RC 选频放大器的常见故障的现象有无信号输出和信号失真(声音变调)。以

图 5.3.28 所示的双 T 型 *RC* 选频放大器为例，来讨论其常见故障的查找方法。

图 5.3.28 中，R_4、R_5、R_P、C_2～C_4 组成双 T 型选频网络，它在二级放大器中作为一个反馈电路，对不同频率的信号具有不同的负反馈量，使放大器对不同信号频率的增益也不同，这样就实现了放大器的选频功能。这种电路广泛应用在音调控制电路中。

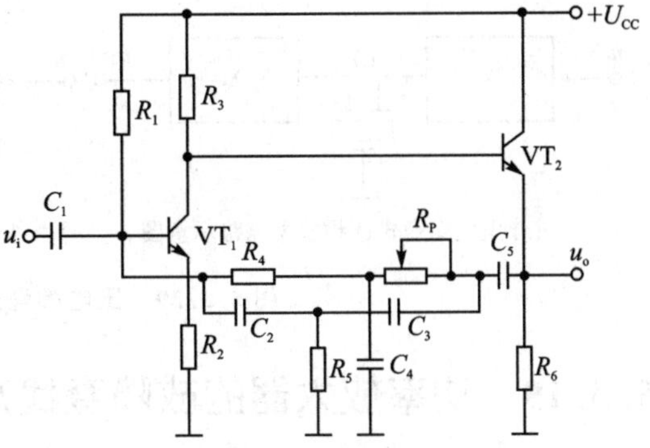

图 5.3.28 *RC* 选频放大器

1. 无信号输出

首先检测 VT_1、VT_2 的工作点电压是否正常。工作点电压正常后，一般可以断开 *RC* 选频电路，再观察输出端是否有信号输出，如果有信号输出，说明故障在 *RC* 选频电路中，应重点查 *RC* 选频网络的电容是否损坏，电阻是否开路、变值。

工作点电压不正常应检查 VT_1、VT_2 及偏置电路。

2. 输出信号失真

出现输出信号的原因有两种：一是基本放大电路工作状态发生了变化，工作点进入非线性区；二是放大电路中选频有故障，使其他谐波信号也被放大，造成输出信号失真。

故障查找时，应着重检查 *RC* 选频网络中的元器件，并测量工作电压。C_2、C_3 损坏输出信号中的低频分量增加，C_4 损坏输出信号中的高频分量增加。在有专用设备的情况下，可进行 *RC* 选频网络的特性测试，通过特性测试来排除故障的方法更为有效。

5.3.18 压电陶瓷式和声表面滤波选频放大电路的故障查找方法

压电陶瓷式和声表面滤波(SAW)选频放大电路常见的故障有无信号输出、信号失真和信号输出幅度小。

压电陶瓷式选频放大电路由两个基本放大器(A_1，A_2)与一个三端陶瓷滤波器(LT)组成的如图 5.3.29(a)所示。由 SAW 与基本放大器组成的选频放大电路图 5.3.29(b)所示。压电陶瓷式选频放大电路的特点是放大器的特性曲线不需调整。

当压电陶瓷式和 SAW 选频放大电路出现故障时，首先要判断故障在基本放大器，还是压电陶瓷(SAW)损坏。判断的方法可以用干扰法、交流短路法及电压测量法。可直接用替换法检查压电陶瓷是否损坏。

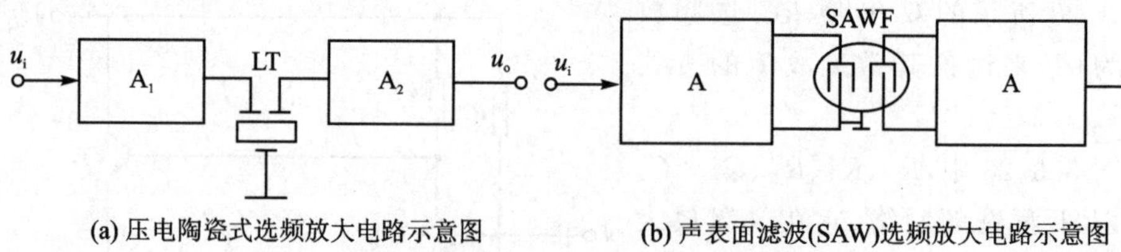

图 5.3.29 压电陶瓷式选频放大电路

5.3.19 功率放大器的故障查找方法

集成电路功率放大器常见的故障现象有:无声,声音轻,有交流声,失真。下面以BA535集成电路组成的OTL功率放大电路为例,讨论其常见故障的查找方法。

一个由BA535集成电路组成的OTL功率放大电路如图5.3.30所示。它是采用带有散热片的12个引出脚,单排直插塑料封装结构。其中,BA535集成电路外围元件C_1、C_2是输入耦合电容;R_1、C_3、R_2、C_4是负反馈元件,它们的大小可以改变放大器的增益;C_7、C_{10}是自举电容;C_5、C_6是滤波电容,用来滤除交流纹波;C_9、C_{12}是输出端的耦合电容;C_8、C_{11}是消振电容,主要是用来消除寄生振荡;B_1、B_2是扬声器。

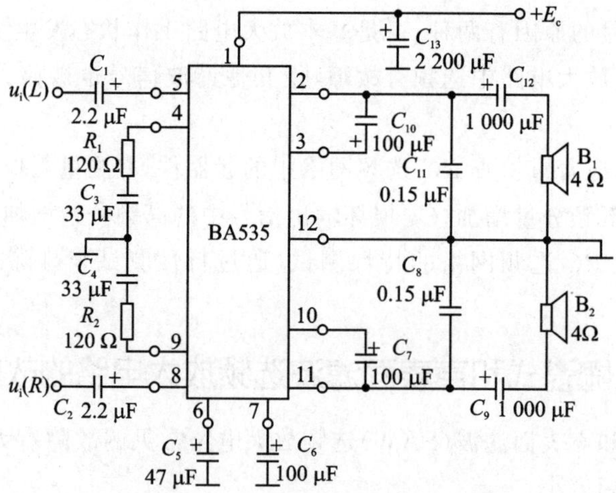

图 5.3.30 BA535集成电路OTL功率放大电路

BA535集成电路引脚功能如下:引脚端1为电源电压输入;引脚端2为左声道输出端;引脚端3为左声道自举;引脚端4为左声道负反馈;引脚端5为左声道输入端;引脚端6为左声道滤波;引脚端7为右声道滤波;引脚端8为右声道输入端;引脚端9为右声道负反馈;引脚端10为右声道自举;引脚端11为右声道输出端;引脚端12为地。

在左声道，输入信号 u_i 由电容 C_1 耦合输入 BA535 集成电路引脚端 5，经内部激励放大、功率放大后，再由其引脚端输出，经 C_{12} 耦合去推动左声道扬声器发声。右声道完全对称。

1. 集成电路功率放大器的故障查找的一般步骤

① 找出输入、输出、音量控制端、电源等关键引脚端，熟悉集成电路各引脚端作用。

② 用触摸法检查集成电路是否发烫，还是环境温度(常温)，判断集成电路是否有故障。因为末级功率放大器，工作的电压、电流较大，正常时集成电路有一定的温度，集成电路发烫和冰冷都是不正常现象。

③ 测量关键引脚端的工作电压是否正常，检查该引脚端的外围元件。

2. 无声故障查找方法

① 先用干扰法确定故障的大致部位。先用万用表欧姆挡的 R×1 kΩ 挡，红表笔接地，用黑表笔先点触扬声器，两只扬声器分别查找，同时听扬声器中是否发出“喀啦”声，如无此声，则故障在扬声器；如有声，再点触集成电路的引脚端 5，听扬声器中是否发出“喀啦”声，如无此声，则故障在集成电路到扬声器的电路中。当故障确认后，应重点检查集成电路的工作电压和外围元件：C_1～C_{13} 是否开路、损坏，扬声器引出线是否断。

② 万用表直流电压挡测量集成电路引脚端电压。

首先测量引脚端 1 电压是否正常，引脚端 1 电压不正常，断开 C_{13} 后，再测量引脚端 1 电压是否恢复。如果电压恢复正常，说明 C_{13} 损坏，应予调换；如果还不正常，查直流供电电路。

引脚端 1 电压正常后，再测量引脚端 1 与引脚端 2 之间的电压或引脚端 1 与引脚端 11 之间的电压，正常时是电源电压的一半。如果偏低，断开 C_{12}、C_{10}、C_9、C_7 后，再测量引脚端 1 与引脚端 2 之间的电压，看引脚端 1 与引脚端 8 之间的电压是否恢复正常，断开后恢复正常，说明 C_{12}、C_{10}、C_9、C_7 电容漏电引起；若电压仍然不正常，则集成电路内部损坏，需调换。

如引脚端 1 与引脚端 2 脚之间的电压或引脚端 1 与引脚端 8 之间电压正常，故障还不能排除，则应测量其他相关引脚，方法同上。

注意：集成电路得到引脚电压不正常时，不能马上断定是集成电路损坏，要测量与其相关的外围元件是否损坏后，才能下结论。

3. 声音轻故障查找方法

出现声音轻故障应重点检查电源电压是否偏低，C_{13} 漏电会造成电源电压偏低。电源电压正常后，应检查交流负反馈元件，如 C_3、C_4 开路会引起交流负反馈增大使输出信号幅度变小，声音变轻。自举电容性能不好，也会出现这个现象。

4. 有交流声故障查找方法

有交流声重点查找电源电路中的滤波电容是否失效,容量是否变小。C_{13} 滤波电容失效,开路时会出现交流声,原因是交流电中的纹波叠加在信号中出现交流声。

5. 失真故障查找方法

失真的原因现象很多,扬声器纸盒破损,会出现失真,集成电路的性能不良也会出现失真。

5.4 数字电路的故障检测方法

对于不同类型的电路,应当采取不同的检查方法和仪器仪表,例如,对于模拟电路要注意检测电路中各点的电压数值,而对于数字电路故障检测应当注意各点之间的逻辑关系。对于组合逻辑电路使用万用表或逻辑笔检测就可以了,而对于时序逻辑电路则需要有示波器的配合,有条件时可以使用逻辑分析仪检测。

5.4.1 数字电路的常见故障

组装完成的数字电路或者应用中的数字电路都有可能出现故障,熟练而快速地查找到电路的故障所在,并迅速地加以修复,不仅需要电子技术人员对电路的基本理论、工作原理十分熟悉,还需要具有一定的分析判断能力和实际工作经验。

数字电路出现故障的原因主要有元器件损坏、印制电路板本身故障、安装焊接的故障、连接线路损坏和工作环境恶化引起的故障。

1. 元器件损坏

元器件损坏是数字电路出现故障的主要原因,而造成元器件损坏的原因一般有:

① 工作温度过高或过低。工作温度过高会使元器件的损坏概率成倍提高,工作温度过低也会使元器件失去正常功能。

② 湿度过大。在湿度过大的环境下工作的元器件会受到腐蚀,造成元器件故障。

③ 机械冲击。过大的振动或撞击会使元器件出现机械损伤而出现故障。

④ 电源电压波动。电源电压波动过大,产生的电浪涌会加速元器件损坏。

2. 印制电路板故障

电路中各器件通过印制电路板是连接,印制电路板故障也是常见电路故障之一。质量不高特别是手工制作的印制电路板主要有电路断裂、电路间毛刺造成短路、过孔不通等故障,如图 5.4.1 所示。

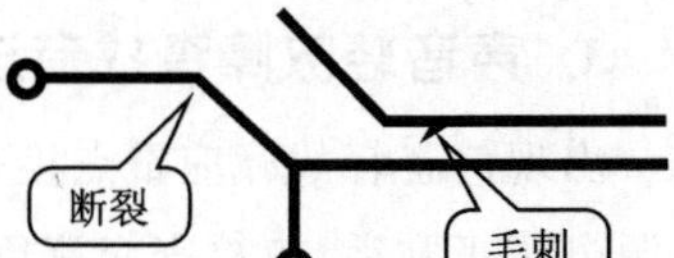

图 5.4.1 印制电路板本身故障

3. 安装焊接故障

虚焊、漏焊、错焊、桥接是常见的电路故障。手工焊接的电路容易出现漏焊现象，长时间工作过的电路中发热量较大的元器件断裂和体积较大、质量较大的器件易发生虚焊现象。

4. 连接线路损坏

数字电路内部或与外部的连接线，在工作过程中如果处于活动状态，则这些连接线为故障多发点。因此，处于活动状态的连接线必须采用多股软线，而不能使用单股硬线。

5. 工作环境恶化引起的故障

工作环境温度过高或过低，电磁干扰过大等原因可造成电路工作不正常。

5.4.2 数字电路的故障分析方法

1. 通电前的"目测"检查

查找电路故障，首先应当在断电状态下仔细观察电路及其元器件的外观状态，对电路进行"目测"检查，新组装的电路与使用后出现故障的电路"目测"检查的重点有所不同。

(1) 新安装的电路

首先，注意观察电路中元器件安装是否正确，特别是集成电路安装方向是否正确；集成电路的输入引脚是否有悬空；晶体管、二极管、电解电容极性是否正确；外部连接线是否正常。

然后，使用数字万用表检查电路连接是否正确。用数字万用表的"短路"检测挡(挡位上有一个蜂鸣器标志)检查各个集成电路的接地端是否与地连通，各个集成电路的正电源端是否与电源正端连通，应当连通的集成电路引脚是否连通。同时检查电源正端与电源负端是否短路，如图5.4.2所示。正常时由于电源两端有滤波电容存在，测量时蜂鸣器会响一声后停止。对于比较复杂的电路可根据电原理图，按元件引脚顺序检查每一条连接线都应连接良好。

(2) 使用后出现故障的电路

应当注意观察：

① 电路中是否有烧焦、变色的元件或线路。

② 是否有外界因素造成的损伤，如水、油、灰尘、机械损伤、连接线折断等。

③ 是否有人为因素造成的故障，如缺少元件，接插件脱落，可调元件被随意调动，跳线器及设置开关设置错误等；开关、插接件在工作过程中有机械运动，比较容易出现故障，检查电路前应当保证其状态良好；连接线，特别是工作过程中需要移动的连接线，是电路故障多发地带，应当重点关注。

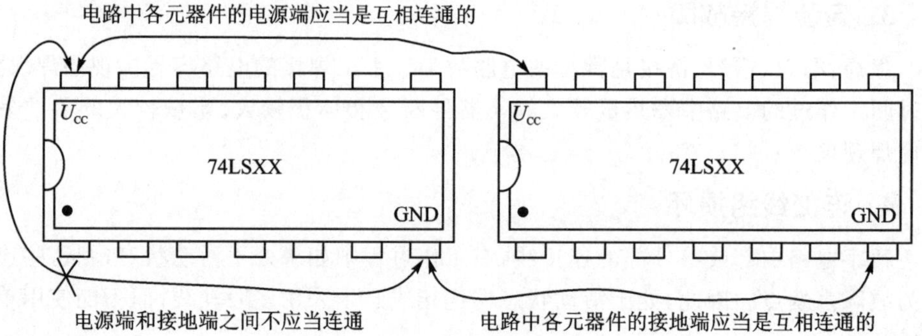

图 5.4.2 检测集成电路电源端

④ 还应当注意，是否有已经检修过，但检修人员未能修好故障反而制造出新故障的情况经常发生。

2. 通电检查

经“目测”检查后未发现问题的电路可以通电检查，但在接通电源以前必须先考虑到切断电源的方法，并做好随时关闭电源的准备。通电后首先观察电路是否有异常现象，如出现异味，元器件异常发热、冒烟甚至打火等。

通电后表面上未出现异常现象时，可以进行电路功能检查。当电路功能出现异常时，要注意观察故障现象，例如，在 LED 数码管显示电路中，是所有 LED 数码管显示异常还是某一只 LED 数码管显示异常；某只 LED 数码管中是所有笔画显示异常还是某一个笔画显示异常；是该亮没亮、该灭未灭还是半亮半灭；显示状态是否随输入信号变化等。了解清楚故障现象对分析故障原因有很大的帮助。

提倡在检修过程中作出检修记录，它能帮助在检修过程中理清思路，更重要的是积累经验、总结教训。

5.4.3 数字集成电路的非在线和在线检测

数字电路广泛使用了集成电路，往往由于一块集成电路损坏，导致一部分或几个部分不能正常工作。由于集成电路内部电路结构较为复杂，故正确选择检测方法尤为重要。

1. 非在线测量

非在线测量是指器件安装到电路板上以前或将器件从电路板上取出后对器件进行检测。

① 使用集成电路检测仪。专用的集成电路检测仪能比较全面地检测集成电路器件的质量，但是专用集成电路检测仪成本较高。目前市面上的“编程器”与计算机配合工作，一般都具有检测常见数字集成电路器件的功能，低价位的在百元左右。不但能检测集成电路的功能是否正常，还能探测无标记集成电路的型号。

② 使用万用表。一般使用指针式万用表，检测器件各个引脚对接地引脚的内阻，由于集成电路为半导体器件，需要检测正反两个方向的电阻。这是一种简易的检测方法，它并不能准确地判断集成电路器件的逻辑功能是否正常，但能检测出许多有故障的器件。

使用不同型号的万用表或检测不同公司的器件，检测结果可能不太一致，下面以使用万用表检测 74LS00 和 74HC00 各引脚的内阻为例，讨论判断器件是否损坏的方法。

① 74LS00 内部共有 4 个二“与非”门，每个门有 2 个相同的输入端，因此这 8 个输入端(1、2、4、5、9、10、12、13)的内阻应当基本相同，4 个输出端(3、6、8、11)的内阻也应当基本相同。如果出现某个引脚内阻与本器件中其他同类引脚内阻相差过大，则说明该引脚有故障，如图 5.4.3 所示。

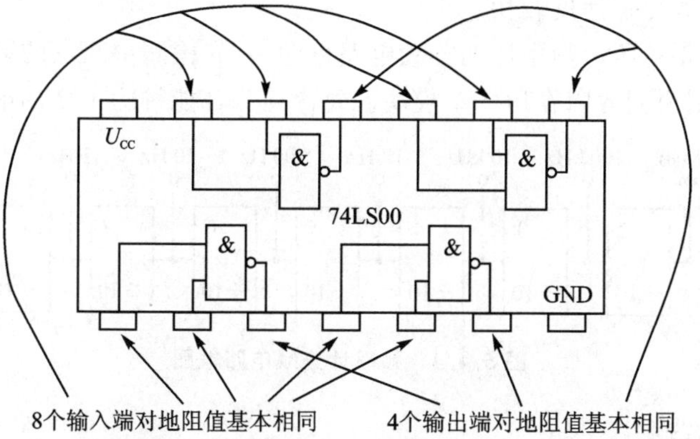

图 5.4.3 用万用表检测 74LS00 的同类引脚端

② 检测一片良好的器件的内阻，与本器件内阻进行比较，若差别达到 20%以上，则可判断器件有故障。

③ 搭建一个专用测试电路。大批量检测某一种器件时，可以搭建一个专用测试电路对器件的性能进行检测。

2. 在线测量

在线测量法是利用电压测量法、电阻测量法及电流测量法等，通过在电路上测量集成电路的各引脚电压值、电阻值和电流值是否正常，来判断该集成电路是否损坏。对于时序电路，还要使用示波器检测电路中的信号波形，根据波形判断器件是否工作正常。组合数字电路中一般采用电压测量法检测。

3. 代换法

代换法是用已知完好的同型号、同规格集成电路来代换被测集成电路，可以判断出该集成电路是否损坏。

5.4.4 数字电路的故障检测顺序

1. 正向和逆向顺序检测

检测数字电路故障的流程可顺着信号流程，从输入端向输出端检测，也可逆着信号流程方向，从输出端向输入端检测。电路故障往往是从输出端反映出来的，从故障表现点入手顺藤摸瓜，逆信号流程方向查找是较为直观和方便的查找方法。例如，某发光二极管应当灭但实际亮了。查找故障时，从发光二极管开始从后向前，找到使发光二极管亮的原因就找到了故障。

2. 对分法检测

从信号流程中的中点入手，每次可以排除一半电路。此方法适用于串行结构的电路检测，检测故障点速度较快。

例如，图 5.4.4 所示频率计的分频电路框图，首先检测中间点的频率 1 kHz 是否正常，若正常，则说明故障在后 4 个模块。每次检测都能排除 1/2 的电路。

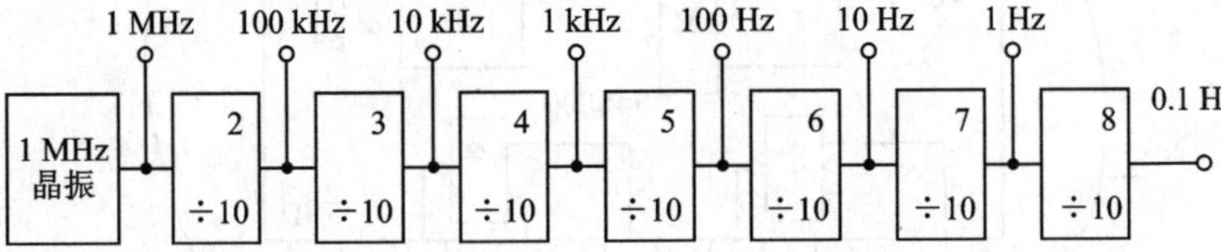

图 5.4.4 频率计分频电路框图

3. 模块检测

对于网状结构的数字电路，中间点往往较多，并且不易判断。可以将系统分成若干个模块，由于模块之间的信号线比较清晰，可以使用此方法判断出故障所在的模块，然后再在故障模块中查找。

4. 按流程图检测

具体故障查找顺序可以用一种流程图来表示，常见故障的检测流程图是根据电路工作原理、各个元器件的功能、检测关键点参数设计的。故障检测流程图不是唯一的，也不一定能表达出所有故障原因。流程图仅说明了查找故障的思路，查找故障时并不一定要画出流程图，但头脑中应当有一张清晰的“流程图”。

例如，图 5.4.5 的表决器电路，按下 SA、SB 两个按钮开关时，发光二极管应当亮，但实际不亮。

检查程序如下：

① 接通电源后首先检查电路中电源连接是否正常，IC_1 的引脚端 7 是否为 0 V 电位，引脚端 14 是否为+5 V。

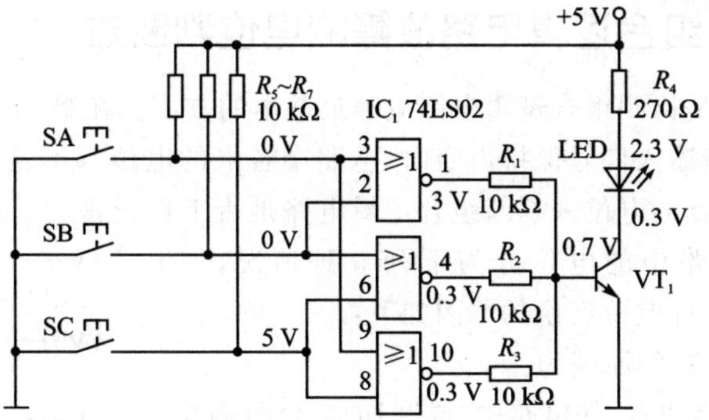

图 5.4.5　表决器电路

② 排除电源连接故障后，开始检测电路工作状态，故障检测流程如图 5.4.6 所示。

流程图的入口需要根据故障现象来决定。图 5.4.6 中，如果故障为发光二极管长亮，说明发光二极管所在支路电位正常，晶体管集电极也为低电位，因此可以直接从晶体管基极电位入手。

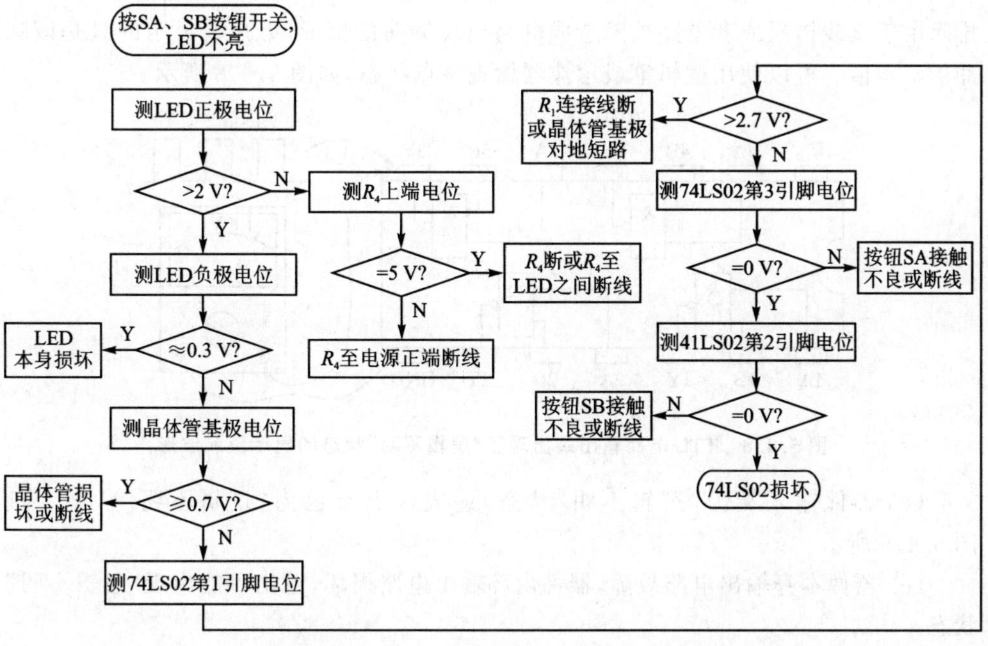

图 5.4.6　表决器按 SA、SB 按钮发光二极管不亮故障检测流程图

5.4.5 检测组合逻辑电路故障的电位判断法

电位判断法是检测组合逻辑电路故障最基本的方法。在组合逻辑电路中，当输入信号保持不变时，电路中各点的电位都不发生变化。因此，可以根据电路中各点的电位来判断组合逻辑电路是否工作正常。下面以 TTL 逻辑电路为例，TTL 电路中的电位分为下列 5 种情况，如图 5.4.7 所示，各种电位产生的原因如下：

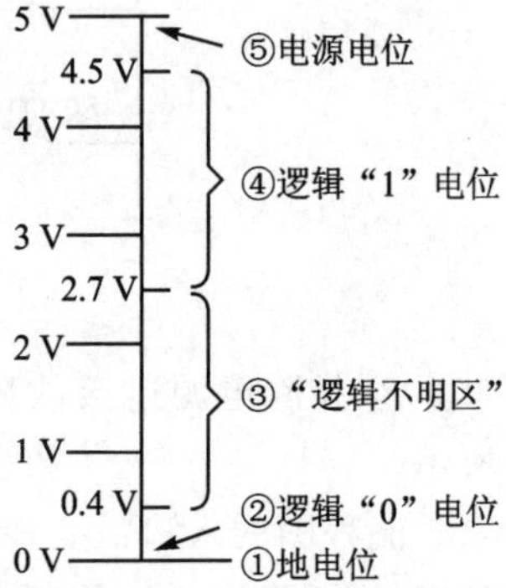

图 5.4.7 TTL 电路中的电位

① 电压为 0 V 的原因为：

(a) 该点为接地点，如电路中“或”门的空余引脚及直接接地的使能端等。

(b) 该点对地短路。当检测到电路中出现短路现象时，应当立即切断电源，检查短路点。短路点有可能在集成电路内部，也可能在集成电路外部。

② 电位在 0～0.4 V 之间为正常逻辑“0”电平(低电平)。

③ 电位在 0.4～2.7 V 之间时，出现了所谓的“逻辑不明”状态，原因有：

(a) 该处(输出端)为脉冲状态，尽管组合逻辑电路中不应当出现这种状态，但不排除由于接线错误或者电路故障造成电路出现振荡的情况，万用表显示的只是该脉冲的平均值。可以使用逻辑笔或示波器检查该点状态，如图 5.4.8 所示。

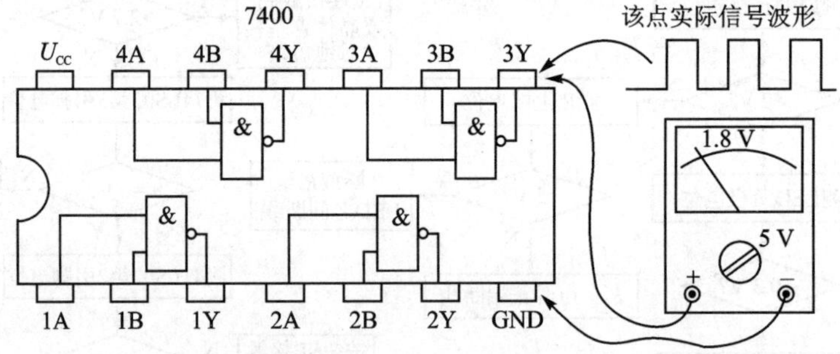

图 5.4.8 TTL 电路输出端出现了“逻辑不明”状态的显示值和波形

(b) 器件输入端为“逻辑不明”状态，造成输出端也为“逻辑不明”状态。如图 5.4.9 所示。

(c) 器件本身输出电路故障，器件内部输出电路损坏，输出可能出现“逻辑不明”状态。

(d) 负载过重(负载电流过大)是电路中出现“逻辑不明”状态的常见原因之一，如图 5.4.10 所示。出现这种情况，应当重新核算电路的带负载能力，修正错误。

(e) 两个电路的输出端被并接在一起后，若两者都输出“0”，则输出电位为“0”；若两者都输出“1”，则输出电位为“1”；但是若一个输出为“0”，另一个输出为“1”，则会

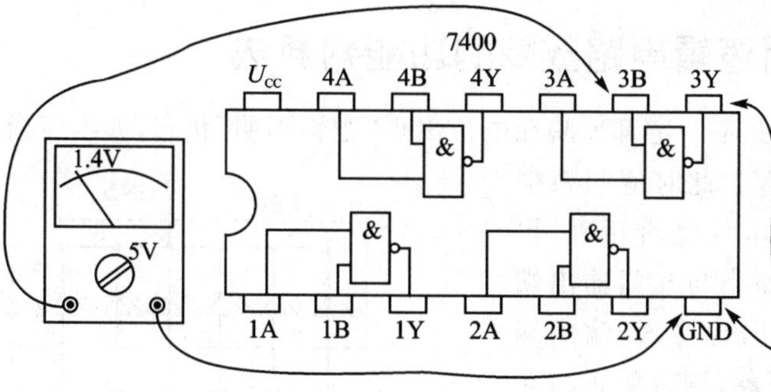

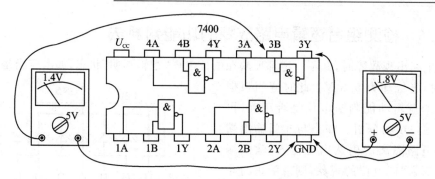

图 5.4.9　TTL 电路输入端“逻辑不明”状态引起输出端的“逻辑不明”状态的显示值

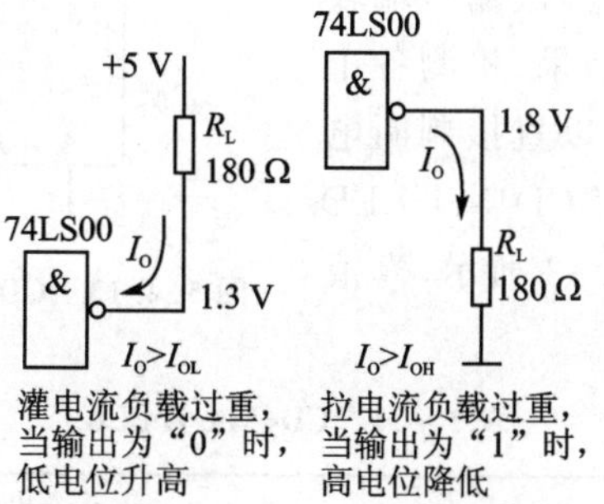

图 5.4.10　负载过重(负载电流过大)引起电路中出现“逻辑不明”状态

出现“逻辑不明”现象，如图 5.4.11 所示。

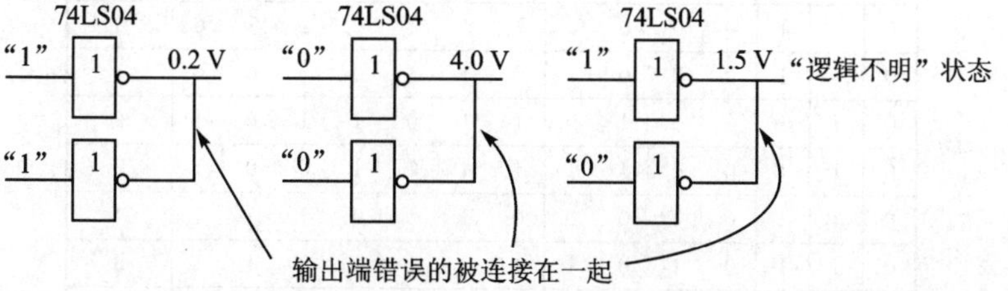

图 5.4.11　两个电路的输出端被错误地并接在一起，引起电路中出现“逻辑不明”状态

④ 电位在 2.7～4.5 V 之间为正常逻辑“1”电平(高电平)。

⑤ 电位为电源电压 5 V 的原因有：

(a) 该点为接电源正极端，如电路中“与非”门的空余引脚及直接接“1”的使能端等。

(b) 该点对电源正极短路，当检测到电路中出现短路现象时，应当立即切断电源，检查短路点。

(c) 有上拉电阻时，OC 门输出为“1”，则电阻中无电流，使输出电位等于或接近电源电压，如图 5.4.12 所示。

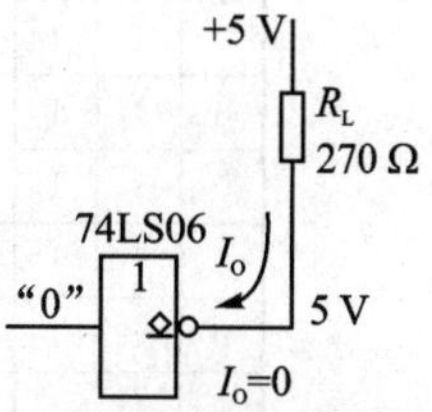

图 5.4.12　OC 门输出为“1”时，输出开路，$I_O=0$

5.4.6　检测组合逻辑电路故障的功能判断法

电路出现故障时，并不一定都反映在电位出现“逻辑不明”状态，如本应当是逻辑“1”时，电位却为 0.3 V。此时应当根据电路的逻辑功能判断电位是否正确，再进行进一步的分析。如当与非门输出端与外电路隔离后仍然出现输入、输出端同时都为“1”电位的现象，则说明该与非门损坏。

对于组合电路，由于输入、输出端较多，注意观察电路的输出结果，检测各个输入端的逻辑状态经常可以直接判断电路的故障所在。例如，使用 CD4511 LED 数码管驱动电路如图 5.4.13 所示，真值表如表 5.4.1 所列。

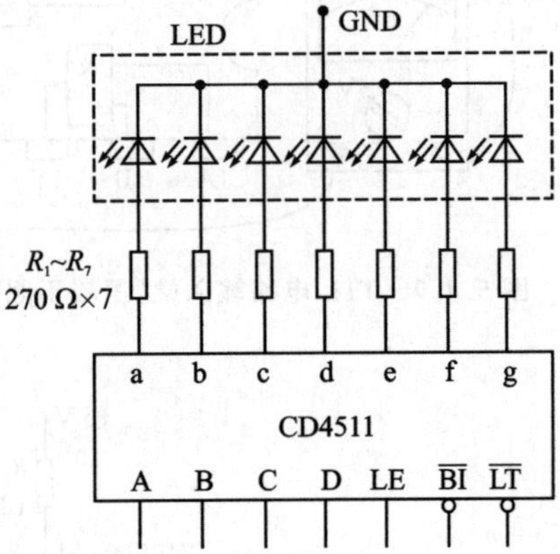

图 5.4.13　CD4511 LED 数码管驱动电路

表 5.4.1　CD4511 真值表

输入							输出							
LE	$\overline{BI}$	$\overline{LT}$	D	C	B	A	a	b	c	d	e	f	g	显示
X	X	0	X	X	X	X	1	1	1	1	1	1	1	8
X	0	1	X	X	X	X	0	0	0	0	0	0	0	
0	1	1	0	0	0	0	1	1	1	1	1	1	0	0
0	1	1	0	0	0	1	0	1	1	0	0	0	0	1
0	1	1	0	0	1	0	1	1	0	1	1	0	1	2
0	1	1	0	0	1	1	1	1	1	1	0	0	1	3
0	1	1	0	1	0	0	0	1	1	0	1	1	1	4
0	1	1	0	1	0	1	1	0	1	1	0	1	1	5
0	1	1	0	1	1	0	0	0	1	1	1	1	1	6
0	1	1	0	1	1	1	1	1	1	0	0	0	0	7
0	1	1	1	0	0	0	1	1	1	1	1	1	1	8
0	1	1	1	0	0	1	1	1	1	0	0	1	1	9
0	1	1	1	0	1	0	0	0	0	0	0	0	0	
0	1	1	1	0	1	1	0	0	0	0	0	0	0	
0	1	1	1	1	0	0	0	0	0	0	0	0	0	
0	1	1	1	1	0	1	0	0	0	0	0	0	0	
0	1	1	1	1	1	0	0	0	0	0	0	0	0	
0	1	1	1	1	1	1	0	0	0	0	0	0	0	
1	1	1	X	X	X	X	—							—

从真值表分析 CD4511 的逻辑功能，可见：

① 当试灯端 $\overline{\text{LT}}$ 有效时（“0”电位），无论其他引脚处于什么状态，LED 数码管都应当显示“8”。

② 灭灯端 $\overline{\text{BI}}$ 有效时（“0”电位），无论 $\overline{\text{LT}}$ 端及数据输入端处于什么状态，LED 数码管应当没有显示。

③ 保持端(LE)有效时（“1”电位），LED 数码管保持原显示数字不变。

④ 正常情况下，无论输入端为何种状态，LED 数码管只会出现 0～9 这 10 个数字符号和全灭共 11 种状态，不会显示 0～9 数字以外的任何符号。

分析清楚逻辑功能以后，根据故障现象和检测集成电路引脚电位来区分故障在集成电路内部还是在外围电路。

数字显示电路故障分析如下：

1. LED 数码管固定显示“8”

情况 1：当 $\overline{\text{LT}}$ 端“0”电位时，LED 数码管显示“8”。

情况 2：当输入数据为“1000”时，LED 数码管显示“8”。检测 A、B、G、D 端电位是否出现 A=B=C=0，D=1。

2. LED 数码管始终不显示

情况 1：灭灯端 $\overline{\text{BI}}$ 端有效，$\overline{\text{BI}}$ 端为“0”电位时，LED 数码管应当不显示。

情况 2：检测 A、B、C、D 端电位，输入为 0000～1001 以外的状态，即输入数据无效时，LED 数码管不显示。

情况 3：检测 LED 数码管接地端电位，LED 数码管公共端未接地时，不显示。两个公共端有一个接地即可。

情况 4：将 $\overline{\text{LT}}$ 端对地短路，LED 数码管应当显示“8”，若 LED 数码管仍不显示，则说明 CD4511 损坏（$\overline{\text{LT}}$ 端直接接正电源时，须先断开）。

3. LED 数码管某个笔画始终显示

CD4511 对应笔画输出端对电源正极短路，例如：当 a 输出端对电源短路时，LED 数码管 a 段始终显示，说明 CD4511 中该笔画的驱动电路损坏，如图 5.4.14 所示。

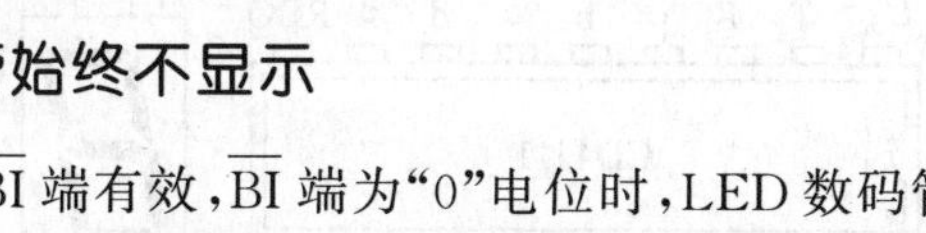

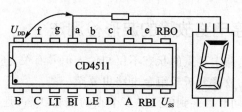

图 5.4.14　LED 数码管 a 段始终显示的故障

4. LED 数码管某个笔始终不显示

当试灯端 $\overline{LT}$ 有效时,若该笔画仍不亮,可能的故障原因有 LED 数码管损坏、限流电阻及其连接线损坏,检查该段对应输出引脚电位,如图 5.4.15 所示。

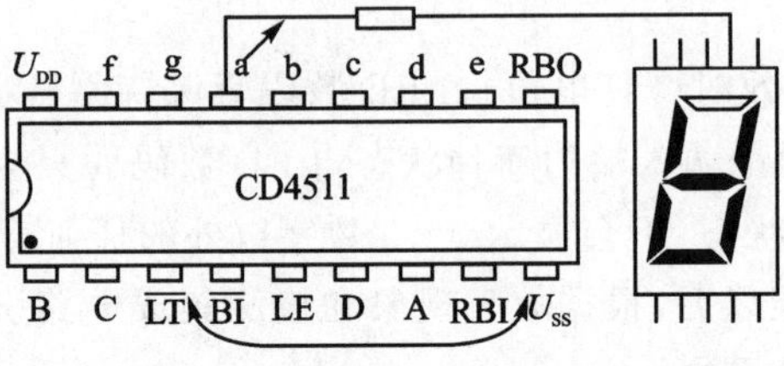

图 5.4.15 LED 数码管 a 段始终不亮的故障

5. LED 数码管显示不停地变化,但总在 0～9 范围内

有可能故障并不在本电路,而是输入数据本身就在不停地变化,需要对输入数据进行检测,如图 5.4.16 所示。

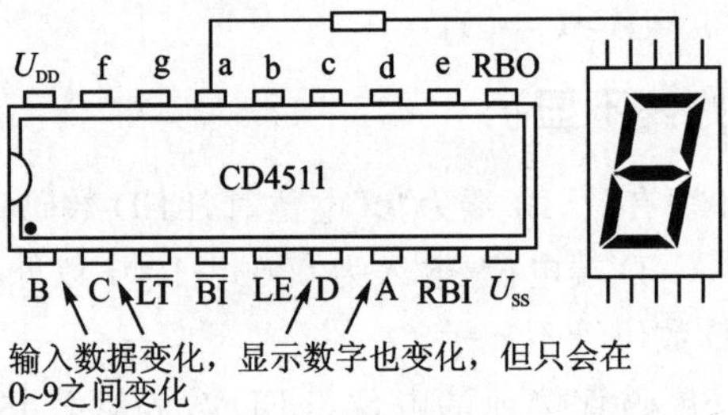

图 5.4.16 LED 数码管在 0～9 范围内不停变化显示

6. LED 数码管保持显示某个数字不变

情况 1：检查 LE 端电位,LE 端为“1”时,CD4511 保持原显示数字不变。

情况 2：检查数据输入端状态,数据输入端数据本身保持不变,显示数字不变。

情况 3：若 LE 端电位为“0”,输入端状态与显示数字不同,则说明 CD4511 损坏。

5.4.7 检测时序电路故障的波形检测法

在时序电路中,电路中各点的状态不仅与输入信号有关,还与电路此前的状态有关。因此,时序电路的故障分析较组合电路更复杂一些。

逻辑分析仪可以同时观察到电路中多个点的逻辑状态,是检测时序电路最有效的工具之一。但是其价格过高,许多学校没有,本节不作介绍,需要时请参考有关资料。

在时序电路故障检测中,波形检测法是最基本的故障检测方法,它使用示波器观察电路中的波形,根据波形分析电路工作状态是否正常。

1. 观察脉冲波形

观察时序电路中某点的波形,往往并不能确定该点的波形是否正常。特别是数字电路中的信号经常不是周期性信号,使用示波器观察不到稳定的波形。但是某一点是否有脉冲波形往往能反映出该点是否存在故障。

例如,74LS160 为集成计数器,4 个输出端 Q_A、Q_C、Q_D 均应有脉冲波形输出,如图 5.4.17 所示。如果某一个输出端无脉冲波形输出,显然此处有故障,若断开该引脚端外部电路后有脉冲波形输出,则为外部电路故障;若仍无脉冲波形输出,则为计数器损坏。

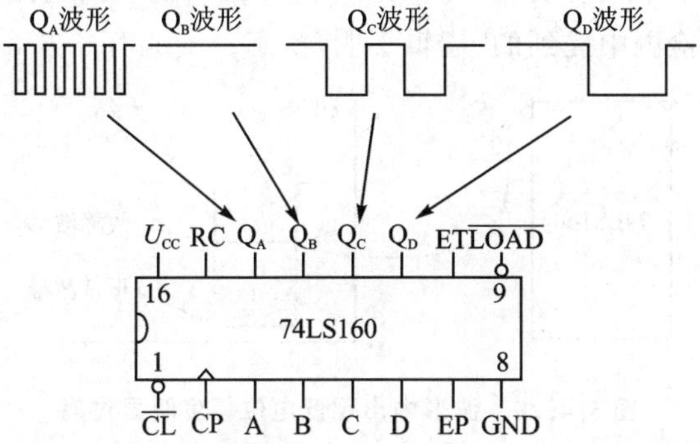

图 5.4.17　74LS160 集成计数器电路输出故障示意图

例如,74LS06 为 OC 输出的反相器,如图 5.4.18 所示,输入端有正常的脉冲波形,输出端无波形或波形中高电位很低。OC 门输出必须有上拉电阻,无上拉电阻时,就会出现这种情况。

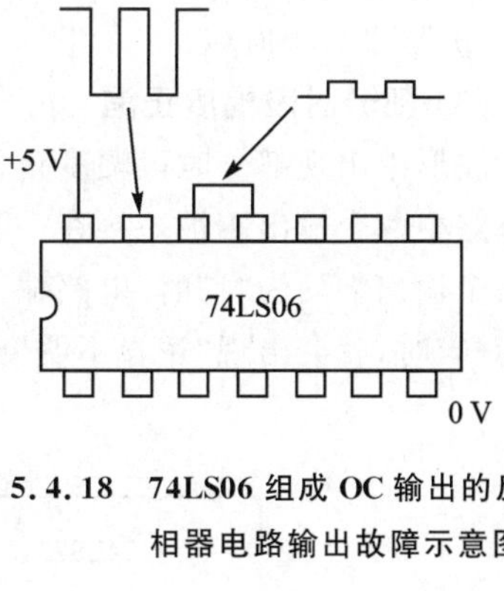

图 5.4.18　74LS06 组成 OC 输出的反相器电路输出故障示意图

2. 观察波形幅度

尽管电路中各处波形的频率、时序非常复杂,检测时不易判断是否正常,但是波形的幅度应当是标准的,即高电平应当为逻辑“1”电位,低电平应当为逻辑“0”。

(1) 高电平幅度明显不够

若波形中出现高电平幅度明显不够(见图 5.4.19),说明当电路输出为“1”时,出现了在组合电路故障检测中提到的“逻辑不明”状态。可能有三方面原因:

① 输入端波形幅度不正常。

② 拉电流负载太大。

③ 器件本身损坏。

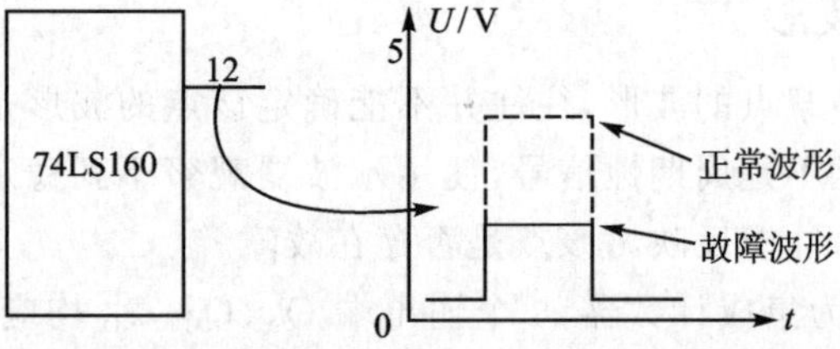

图 5.4.19 波形中出现高电位幅度明显不够

(2) 低电平幅度明显过高

波形中出现低电平幅度明显过高(见图 5.4.20),说明当电路输出为“0”时,出现了在组合电路故障检测中提到的“逻辑不明”状态。可能有三方面原因:

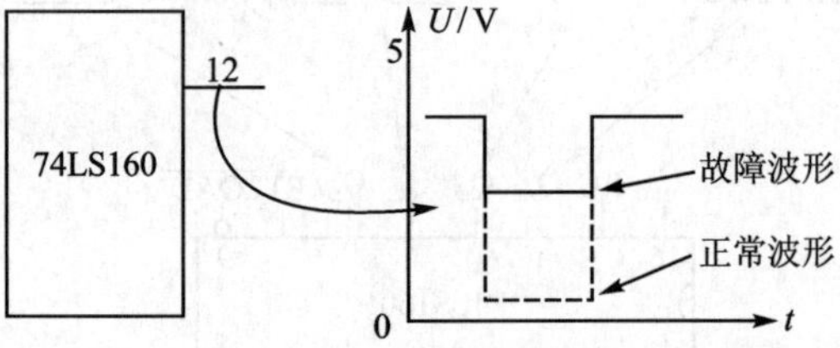

图 5.4.20 波形中出现低电位幅度明显过高

① 输入端波形幅度不正常。

② 灌电流负载太大。

③ 器件本身损坏。

(3) 部分时段幅度正常

波形中出现部分时段幅度正常,部分时段出现半高幅度,见图 5.4.21,这常是由于电路中两个输出端被短接在一起,当两个输出端均为“0”时,电路输出为“0”电位;当两个输出端均为“1”时,电路输出为“1”电位。但是当两个输出端一个为“1”,另一个为“0”时,就会出现“逻辑不明”电位。当器件内部损坏时,可能会出现这种现象。

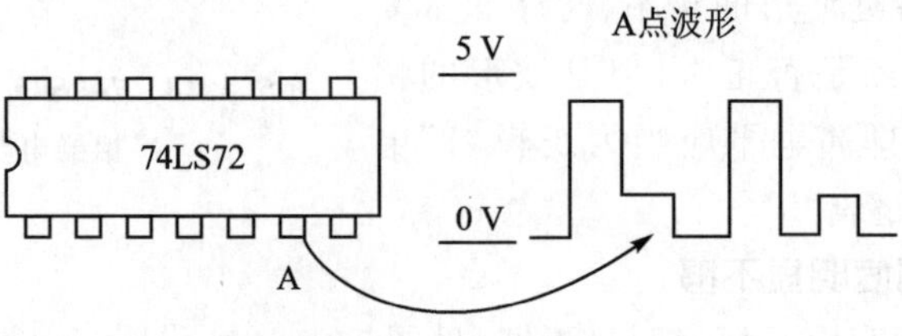

图 5.4.21 波形中出现部分时段幅度正常,部分时段出现半高幅度

3. 观察两波形间的时序关系

在时序电路中,两波形间的时序关系非常重要,一般要求输入信号必须在时钟脉

冲有效前出现，而输出变化发生在时钟脉冲有效之后。

观察两个波形间的时序关系，必须使用双踪示波器，并且要设置好同步选择。

例如，D触发器在方波的触发下，应当在第1、3、5个触发脉冲作用下置1，在第2、4个脉冲作用下清零。但实际上D触发器始终为“0”。

用双踪示波器同时观察CP和D两个波形，使用D信号下降沿同步，设置方式为同步选择：D信号输入端；同步极性为“－”。

屏幕显示波形如图5.4.22中所示。同步沿(D信号下降沿)基本上看不见，CP脉冲上升清晰可见，说明CP脉冲比D信号下降沿略晚一点。因此当CP脉冲有效时，D信号已经降为“0”，故未能使D触发器置“1”。即使时钟脉冲上升沿与D信号下降沿完全同时，D触发器也不能正常置“1”。D信号必须保持到时钟脉冲有效后5 ns(74LS74的参数 t_{hold})。

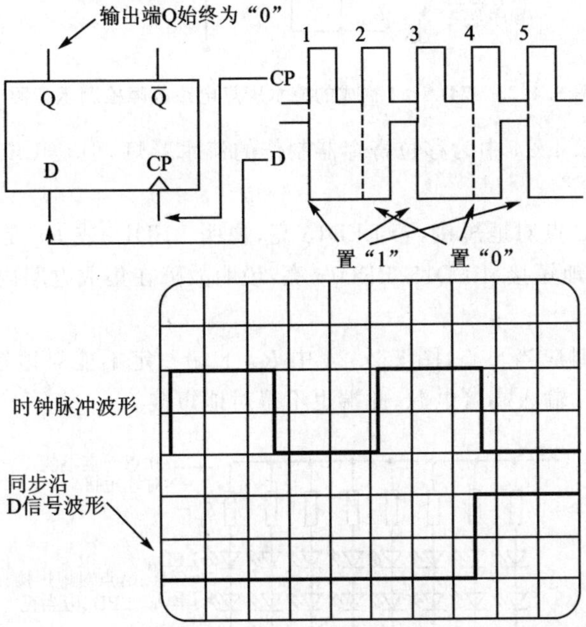

图5.4.22 D触发器输入波形

5.4.8 检测时序电路故障的短路法

数字集成电路允许短暂地(1 s以内)将电路中某一信号点对地或对电源短路，通过人为地将输入端接为“0”或“1”，观察电路输出的变化，能快捷地查找故障位置。

注意：如果电路中的电源和某些点对地短路会造成元器件损坏，这些点一定不能使用短路法。

【例1】 如流水彩灯显示不正常，可将图5.4.23中A点对地短接，相当于输入全“0”信号，发光二极管顺序全亮。将A点对电源短接，相当于输入全“1”信号，发光二极管顺序全灭。说明时钟脉冲及本电路工作正常，故障在数据输入电路中。

若 A 对地短接后,出现一部分能亮,一部分灭,则说明 74LS164 或输出支路有故障。

若 A 对地短接后,电路无反应,则说明时钟脉冲可能有故障。

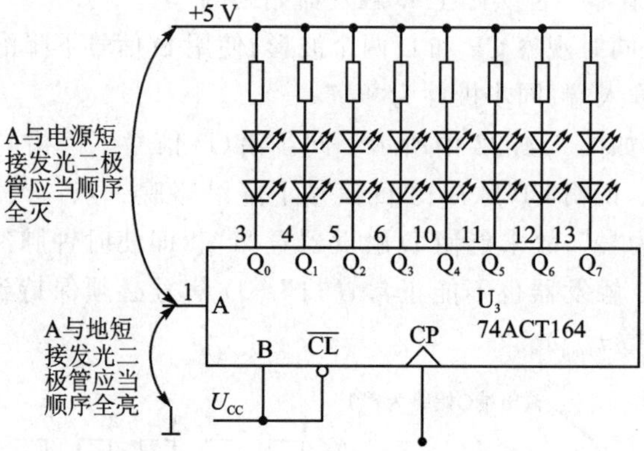

图 5.4.23　74LS164 构成的流水彩灯电路故障检测示意图 1

【例 2】　图 5.4.24 中为移位寄存器制作的流水彩灯,但是 LED15、LED16 始终不亮。

检测时:将 B 点对地短接,若 LED15 亮,说明 LED15 或 R_S 是好的;否则,说明坏了。将 A 点对地短接,LED15、LED16 亮,说明故障在集成电路内部;若不亮,则是 LED16 坏了。

使用短路法时应当小心,图 5.4.24 中 R_S 上端一定不能对地短接。74ACT164 的 B 输入端和 CL 输入端接电源,此端也不得对地短接。

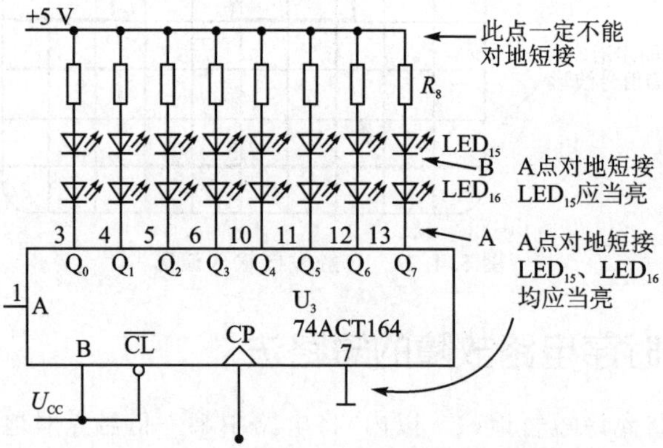

图 5.4.24　74LS164 构成的流水彩灯电路故障检测示意图 2

5.4.9　检测时序电路故障的隔离分析法

在时序电路中,如移位寄存器、计数器等串行传送数据的电路,可能会出现一个器件损坏造成整个电路工作不正常或部分电路工作不正常的现象。使用隔离分析法,就是将整个串行电路分隔开,观察剩余部分电路的工作情况,判断故障位置。

【例1】 如图5.4.25所示流水彩灯电路,出现前面一部分正常,而后面一部分不正常,则问题可能在显示正常与不正常之间的数据线上,或显示不正常的第一个器件上。

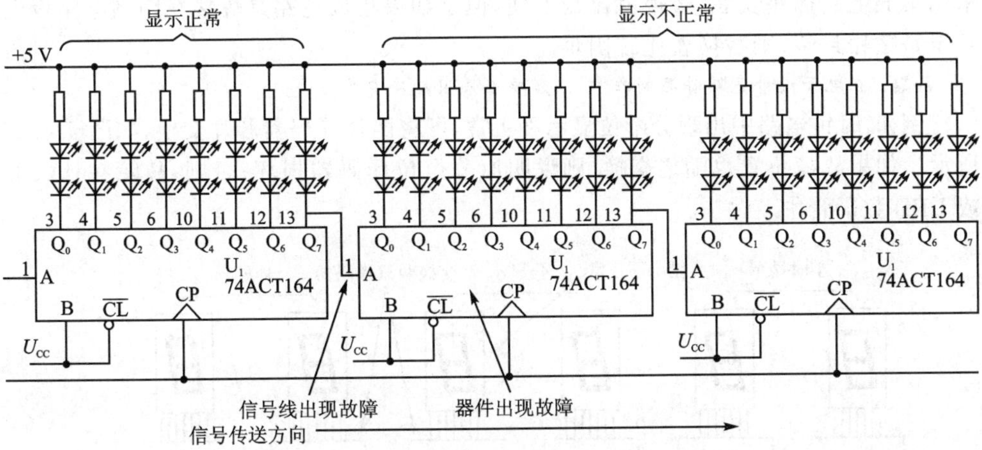

图5.4.25 74LS164构成的流水彩灯电路故障检测示意图3

【例2】 使用74HC595的发光二极管屏驱动电路如图5.4.26所示,在信号传送方向上,如果出现前级工作不正常,而后级正常,说明故障应当在显示不正常器件中,而整个电路的时钟脉冲、选通脉冲和数据信号均正常。

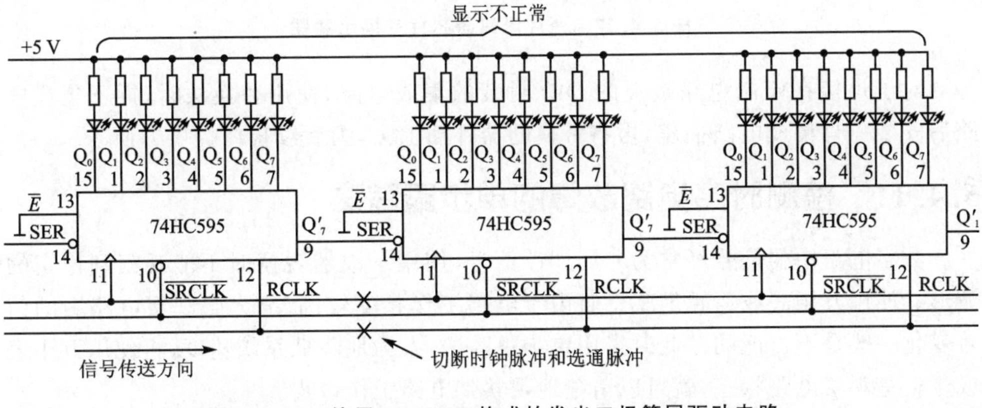

图5.4.26 使用74HC595构成的发光二极管屏驱动电路

使用移位寄存器方式传送数据的通路中,若某一个器件的时钟端或选通端出现故障使整个电路的时钟脉冲或选通脉冲不正常,将造成整个电路无显示。此时在某一位置处切断时钟脉冲和选通脉冲,如果切断后前级正常,说明故障器件在切断点的后方,切断点的选择可使用对分法。

如果器件使用集成电路插座安装,则可以按从后向前顺序拔下集成电路,拔到某一电路后前级显示正常,则该集成电路有故障。

5.4.10 检测时序电路故障的替换法

替换法就是使用同型号的集成电路替换怀疑有故障的集成电路。如果集成电路采用集成电路插座安装,替换就比较方便,但是如果集成电路是焊接在印制电路板上甚至是贴片封装,则替换就比较困难。

注意: *在电子设计竞赛作品制作中,强烈要求采用插座安装。*

例如,时钟电路中出现分个位显示不正常,可将两片译码器芯片交换,如图 5.4.27 所示。如果故障位置也随之交换,则说明原分个位译码器损坏;否则,故障在计数器或 LED 数码管中。

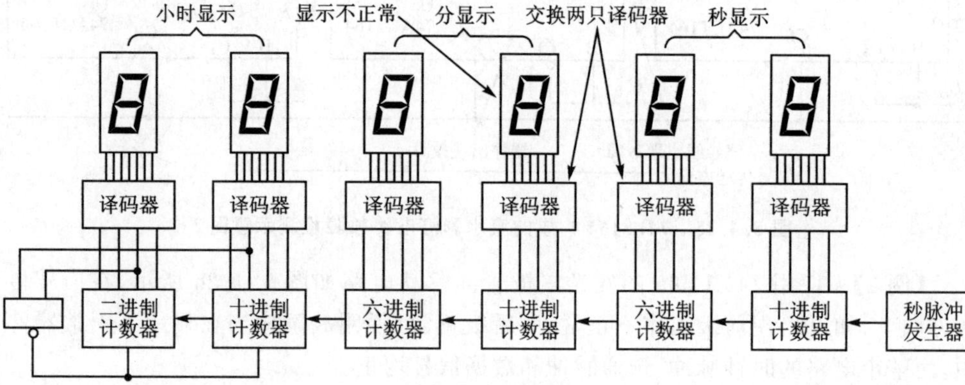

图 5.4.27 两片译码器芯片交换示意图

对于焊接在印制电路板上的 DIP 封装的集成电路,使用替换法时,拆下集成电路后安装一只集成电路插座,再将替换的器件插上去,为后续检修提供方便。

5.4.11 检测时序电路故障的单步跟踪法

数字电路中的信号经常为非周期性信号,使用示波器观察时不能观察到稳定的波形。使用万用表或逻辑笔观察时由于电路工作频率较高,靠人眼观察电路中的信号变化一般是不可能的。此时采用单步跟踪法,人为地降低系统速度,再使用万用表或逻辑笔观察电路状态,就可以清楚地观察到电路工作过程。

单步跟踪法一般采用开关替代电路中的时钟脉冲和输入信号,根据需要人为产生时钟脉冲的上升和下降、输入信号的高低。但是时序电路中的输入开关一定要进行防抖动处理。

【例 1】 如图 5.4.28 所示的键控旋转灯电路,要求每按一次开关,灯光旋转一个点,但是实际组装后发现每次接通开关时灯光出现无规则跳动。

采用单步跟踪法检测:将开关 S 换接为防抖动开关,测试一切正常,因此故障出在开关抖动上,开关无防抖动功能时,开关每接通一次会随机产生多个脉冲,使 CD4017 多次计数,由于速度较快人眼,无法观察到,只能感觉灯光出现无规则跳动。

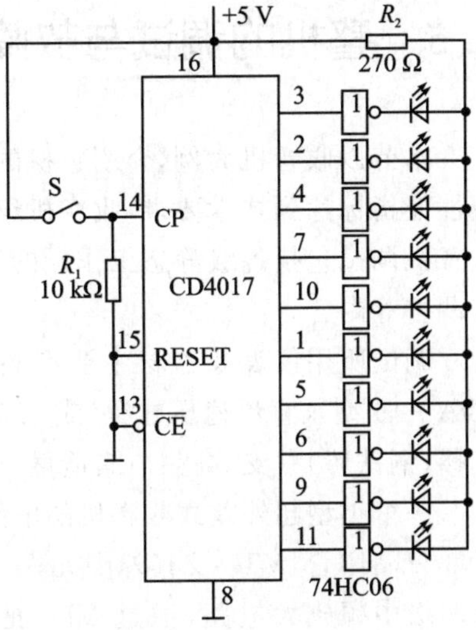

图 5.4.28　键控旋转灯电路

【例 2】　图 5.4.29 所示为十一进制计数器,用于 11 分频,当时钟脉冲频率为 11 kHz 时,Q_3 的输出频率应当为 1 kHz,但实测为 1.22 kHz。

使用单步跟踪法,将 CLK 引脚端连接到无抖动开关的输出端,手动产生时钟脉冲。开关每动作一次产生一个时钟脉冲,同时检测并记录计数器输出状态,画出状态图,结果发现当计数器状态为"1111"时,在下一个时钟脉冲作用下,计数器状态跳变为"0111",而不是正常的"0101"。因此可以判断为计数器装入数据时出现错误。

错误出现在装入数据 P_1 端,应当装入"0",实际装入"1",经检查发现 P_1 端接地线断路。

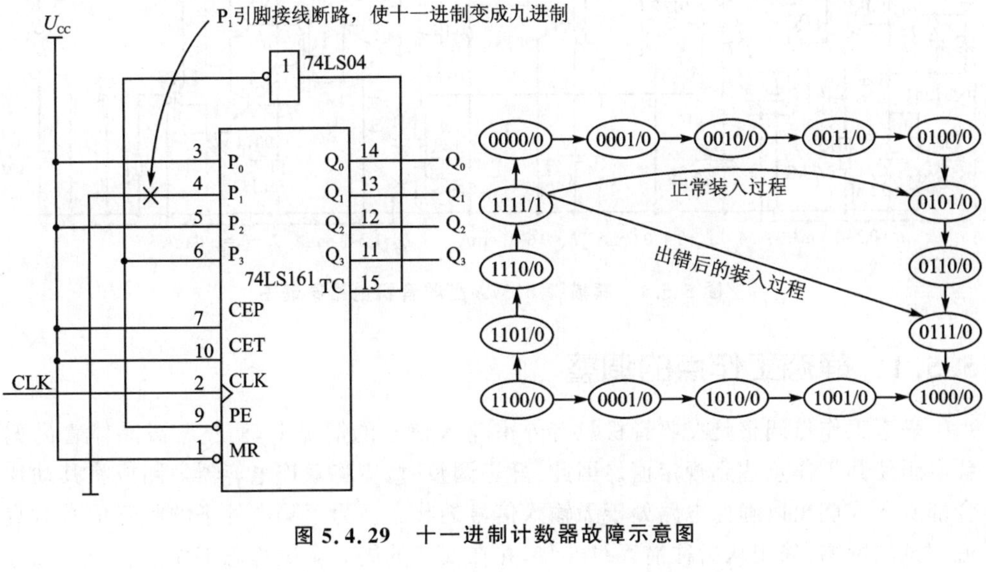

图 5.4.29　十一进制计数器故障示意图

5.5 整机的调试与故障检测

本节以收音机为例，介绍整机的调试与故障检测的基本方法。要保证收音机各项性能指标达到技术要求，收音机组装或维修后都应当按照调试工艺规程进行调试。收音机调试包括各级静态工作点的调整、各级中周的调整、频率范围的调整和同步跟踪调整等内容。

调试所用仪表及器材主要有高频信号发生器(配有环形天线)、晶体管毫伏表(DA－16型)、直流稳压电源(或1.5 V干电池)、万用电表各一台，无感起子一把，调试棒(铜铁棒)一支，高频白蜡适量。

一个小型超外差式收音机的电路原理图如图5.5.1所示，在这个电路中，共使用了6只晶体管，VT_1 及其外围元件组成变频电路，完成高放、本振和混频；VT_2、VT_3 是两级中频放大电路，通过 VD_3 把音频信号检波出来；VT_4 为前置低频放大级；VT_5、VT_6 组成乙类推挽功率放大器，由变压器推动喇叭发声。本机是袖珍机型，元器件密度较大，采用立式装配方式。

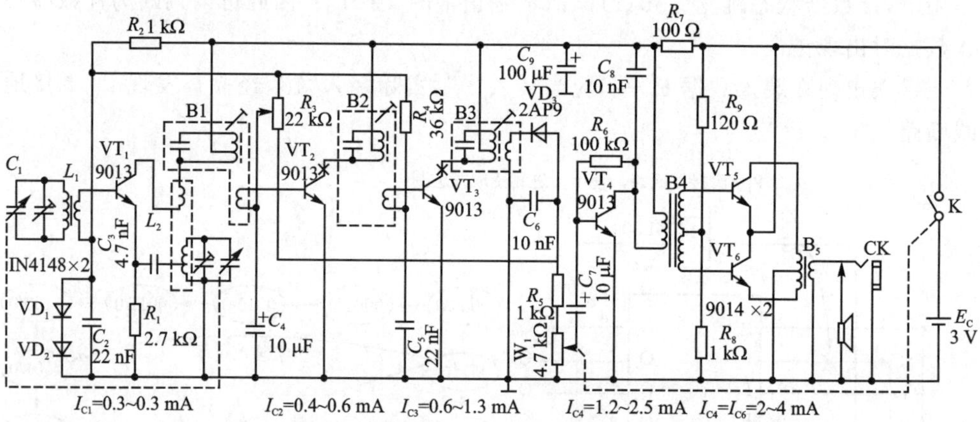

图5.5.1 熊猫牌B737A型收音机电路原理图

5.5.1 静态工作点的调整

静态工作点调整是在收音机没有外来输入信号的情况下，调整各级晶体管的偏置电阻使其工作点达到规定值。因此，静态调整时，应将双连电容器短路或将其动片全部旋入或旋出以确保电路处于无输入信号的状态。为了隔离外来的收音信号对直流调试的影响，采用从后往前逐级安装，并在安装的同时调试静态工作点。

首先安装电池卡子、可变电容器和电位器等需要机械固定的元件；然后，除了6只晶体管以外，将其他元器件全部装焊好。为了防止焊接短路或虚焊，并为后面的调机打下测量基础，先检查一下此时的总电流：断开电源开关K，装上电池，用电流表跨接在 K 的两端,应测得总电流约为 2.5 mA。

从图 5.5.1 可以计算出,流过 R_8、R_9 的电流为

$$I' = \frac{E_c}{R_8 + R_9} = \frac{3\ \text{V}}{1\ \text{k}\Omega + 0.12\ \text{k}\Omega} \approx 2.7\ \text{mA}$$

通过 R_2、R_7 的电流

$$I'' = \frac{E_c - (U_{D1} + U_{D2})}{R_2 + R_7} = \frac{3\ \text{V} - (0.7\ \text{V} + 0.7\ \text{V})}{1\ \text{k}\Omega + 0.1\ \text{k}\Omega} \approx 2.7\ \text{mA}$$

两者相加约为 4.2 mA。

装焊上 VT_5 和 VT_6,再按同样方法测量电流。因为 I_{C5} 和 I_{C6} 范围为 2~4 mA,所以这时总电流约为 6.2~8.2 mA。如果电流偏大,可以加大 R_9 的阻值;如果电流偏小,可以减小 R_9 的阻值。若改变后 I_{C5} 和 I_{C6} 不能发生变化,则应检查 B_4 次级、B_5 初级和 VT_5、VT_6 是否损坏或者装焊错误。

然后,装焊 VT_4,这时总电流应在原基础上加大 1.2~2.5 mA。若电流偏小,则减小 R_6 的阻值;若电流偏大,则加大 R_6 的阻值。如果 $I_{C4}=0$,则应检查 B4 初级、R_6 和 VT_4。接下来装配 VT_3 和 VT_2。

本机在设计印制电路板时,VT_2 和 VT_3 的集电极支路都留有断口,用于测量 I_{C2} 和 I_{C3}。闭合并关 K,把电流表串联在相应的断口处,调整 R_4,使 I_{C3} 范围为 0.6~1.3 mA,调整 R_3,使 I_{C3} 范围为 0.4~0.6 mA。调好后,焊接连通断口。

如果 I_{C3} 不可调,则应该检查 B_2、B_3、C_5 和 VT_3;如果 I_{C2} 不可调,则应检查 B_1、B_2、R_3、C_4 和 VT_2。最后,装焊 VT_1,用电压表测量 R_1 上的电压 $U_{e1} \approx R_1 \times I_{C1} = 2.7\ \text{k}\Omega \times (0.3 \sim 0.6)\ \text{mA} = 0.8 \sim 1.6\ \text{V}$。如果电压不对,则可以调整 R_1 的阻值或检查 B1、L_2、L_1 及 VT_1 是否损坏或虚焊。

各级电流调好之后,可在 K 的两端检查整机总电流,应在 9~14 mA 的范围内。这样就完成了整机直流工作状态的调试,可以进行交流调试:调整中频频率覆盖范围和灵敏度等参数。

具体调整时,可用一个 100 kΩ 的电位器和一个 10 kΩ 左右的电阻串联后代替上偏置电阻,然后调节电位器,使相应三极管的集电极电流或发射极电压达到规定值。再拆下电位器和与之串联的电阻,用欧姆挡测出电位器和电阻的串联阻值,换上等值固定电阻。这样就完成了这一级静态工作点的调整。

在调整各级静态工作点时,可能出现下列异常情况:

① 若 I_C 为 0,可能是晶体管损坏,集电极无电压,发射极没有接地(虚焊),上偏置电阻损坏,基极对地短路等原因造成的。

② I_C 偏小且调不上去,可能是三极管集电极和发射极装反,发射极电阻变大(组装时也可能是错装),基极旁路电容漏电以及三极管的 β 值太小等原因造成的。

③ I_C 太大,可能是下偏置电阻开路,发射极旁路电容击穿,三极管击穿或 β 值太大等原因造成的。

5.5.2 中频频率的调整

只有收音机中频变压器(中周)的每个谐振回路都谐振于 465 kHz,才能保证整机具有良好的选择性和灵敏度。

1. 用信号发生器调整中频

按图 5.5.2 接线,调节高频信号发生器,使其输出频率为 465 kHz 的调幅信号,电压输出指示为 1 V,调制度 M%指示在 30%(以下调制信号除频率外,其余要求相同)。再将被调收音机双连电容的动片全部旋入,调节信号发生器输出信号的强度,使收音机收到信号发生器的信号。用合适的无感起子从后向前逐级调整中周的磁帽,直至交流毫伏表的指示为最大(此时收音机发出的声音也为最大)。在调试过程中,注意调节收音机音量电位器,控制音量的大小,使调整更准确。如此操作,反复调整几次,可使各级中周谐振于 465 kHz。

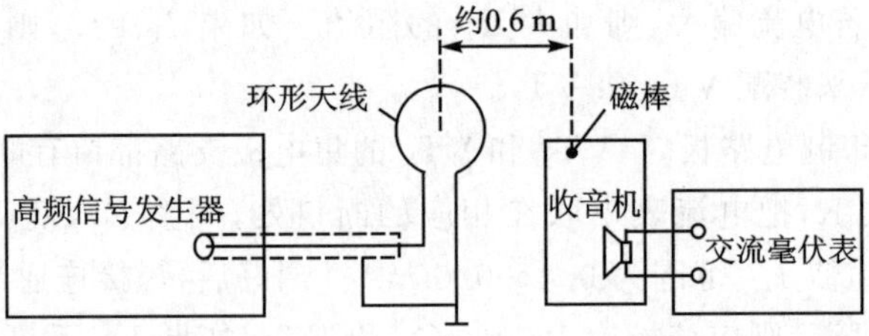

图 5.5.2 中频调整接线图

2. 采用样机调整中频

在没有信号发生器的情况下,可采用一台调整准确的收音机作为样机来调整被调收音机的中频。首先用导线将样机和被调机的地相连,并使样机在低端收到某一电台。再从样机的检波输入端引出一根短导线,串联一只 0.01～0.047 μF 的电容后,分别接到被调机的各中放管、变频管的基极,反复调整各中周,使被调机声音最响,这样就可调好被调机的中频。

3. 利用电台信号调整中频

如果收音机能收到电台,但是灵敏度低,收台少,声音小,可以在低端收到一个电台,从后级往前级依次调整各中周,使收到的声音最大。再改收弱电台或改变收音机的方向,反复调几次也可以使各中周基本谐振于 465 kHz。

中频调好以后,可以在磁帽上滴几滴白蜡加以固定。

4. 中频调试中可能出现的问题

① 如果用普通起子调整中周,当起子接近中周时,收音机发出的声音变小,说明中周已调好;否则说明调试不当,需要再调整。

② 调节时，若音量不变化或变化迟钝，可能是中周初级线圈局部短路或受潮，也可能是槽路电容漏电、失效、脱焊或中放管静态电流太大等原因造成的。此时应先排除故障，再作调试。

③ 如果声音达到最大时，收音机出现啸叫，可能是中放管静态电流太大，中周谐振频率偏高而引起中频自激。

④ 中周磁帽破碎，使调整达不到最佳状态。因此，调整时要小心，不可用力过猛，所用起子大小要合适。对于磁帽与尼龙骨架结合较紧的中周，可用电烙铁在中周外壳适度加热，让尼龙骨架变软，从而使磁帽转动灵活。

5.5.3 调整频率范围

无线电广播的每一个波段都有一定的频率范围，中波段的频率范围为 525～1 605 kHz。调整频率范围的目的就是要让收音机覆盖整个波段，并使调谐指针所对的频率刻度与接收到的电台频率对应(对刻度)。调整时一般先调低端频率，再调高端频率。

1. 用信号发生器调整频率范围

调节信号发生器，使其输出频率为 525 kHz 的调幅信号，被调机双连电容器的动片全部旋入，使调谐指针指向刻度板最低端，调节振荡线圈的磁帽，改变振荡频率，使交流毫伏表的指示为最大。然后，调节信号发生器，使其输出频率为 1 605 kHz 的调幅信号，将被调机双连电容器的动片全部旋出，使调谐指针指向刻度板最高端，调节本机振荡电路中的微调电容，使交流毫伏表为最大指示。这样反复调几次，频率范围就调好了。

2. 采用样机调整频率范围

用频率范围正确的收音机作为样机调整频率范围时，先将样机在低端收到一个电台，并将被调机的调谐指针调至与样机相同的频率刻度位置，调节振荡线圈的磁帽，直至被调机接收到与样机相同的电台。然后再将样机在高端选择一电台，被调机的调谐指针也调至相应的频率刻度位置，调节本机振荡电路中的微调电容，使被调机收到与样机相同的电台。反复调整，就可调好频率覆盖范围。

3. 根据已知电台频率调整频率范围

如果知道当地能收到广播信号高低端电台的频率，例如低端有 540 kHz 的中央台，高端有 1 530 kHz 的浙江台，也可以直接让被调收音机的调谐指针对准电台频率位置，分别调整振荡线圈和微调电容，使收音机接收到高、低端相应电台的广播。

4. 频率范围调整过程中可能出现的问题

① 如果收音机收不到电台，可能是本振电路没有起振或振荡频率偏差太大造成的，如振荡线圈短路、断线、受潮，垫枕电容、交连电容开路、失效，补偿电容短路，双连

电容器的振荡连开路或短路等。

判断本振电路是否起振的方法：用万用表小量程直流电压挡监测变频管的基极和发射极极之间的电压或发射极电阻两端的电压，然后用镊子短路双连电容器的振荡连，观察电压是否有变化。如果有变化，说明电路起振；否则说明电路停振。

② 如果低端收不到电台，说明振荡器低端的振荡频率偏高，可能是振荡线圈匝数太少，磁芯、磁帽破碎，垫枕电容或交连电容容量小，双连电容器的振荡连在低频端碰片等原因造成的。

③ 如果高端收不到电台，则说明振荡器高端的振荡频率偏低或过高，可能是补偿电容开路(使高端频率太高)，双连电容器的振荡连在高频端碰片，交连电容容量太大(使高端自激)，变频管工作频率低(在频率高端放大能力下降)等原因造成的。

5.5.4　三点统调

超外差式收音机的本机振荡频率与接收信号频率应保持相差 465 kHz，这就是所谓的“同步”。但在实际电路中，要在整个波段内保持同步是很难的，通常取 600 kHz、1 000 kHz、1 500 kHz 三个频率点上同步，这就是“三点统调”。由于在电路设计时就考虑了 1 000 kHz 处的同步，所以通常只调 600 kHz 和 1 500 kHz 两点，而将 1 000 kHz 这一点作为检验点。统调是在频率范围调好之后进行的，一般也是先调低端，后调高端。

1. 用信号发生器统调

调节高频信号发生器送出 600 kHz 的调幅信号，旋转被调机双连电容，使之接收到该信号。然后调节天线线圈在磁棒上的位置，使交流毫伏表为最大指示(扬声器声音最大)。再调整高频信号发生器输出 1 500 kHz 的调幅信号，同样旋转双连电容，使收音机收到该信号，调节输入回路中的补偿电容使交流毫伏表为最大指示。如此反复多调几次，直至两个统调点跟踪为止。

600 kHz 和 1 500 kHz 两点调好后，可对 1 000 kHz 处的同步情况进行校验。如果该点失谐严重，可能是双连电容的两连不同步引起的。

2. 接收电台进行统调

在低端 600 kHz 附近接收一个电台，调整天线线圈在磁棒上的位置，使声音最大。再在高端 1 500 kHz 附近接收一个电台，调节补偿电容，使声音最大。统调完毕后用白蜡将天线线圈固定在磁棒上。

3. 三点统调中可能遇到的问题

① 由于高低端相互影响，需要反复调整。统调的好坏可采用调试棒(又称铜铁棒)来检验。可选用一根 50～100 mm 长的绝缘管，在其一端嵌入长度为 20 mm 左右的铜棒或铝棒，另一端嵌入同样长度的一段磁棒制成调试棒。在检验低端

(600 kHz 处)跟踪情况时,先让收音机接收到信号发生器输出的 600 kHz 信号,如果将调试棒的铜头靠近天线,收音机的音量增加,则说明输入回路的电感量太大,需要将天线线圈向磁棒外侧移动。如果将调试棒的磁头靠近天线,收音机的音量增加,则说明输入回路电感量不足,应将天线线圈向中间移动。如果两端分别靠近天线时,收音机音量都有所减小,则说明电感量合适,该点跟踪良好。对高端(1 500 kHz 处)跟踪情况的检验方法与低端相同,不过它是通过调整输入回路中的补偿电容来校正的。

② 如果调节天线线圈而音量没有明显的变化,可能是磁棒质量差,天线线圈断股、受潮等原因造成的。

③ 如果调节补偿电容,统调达不到最佳点,可能是补偿电容开路,使高端频率太高等原因造成的。

5.5.5　调频部分的调整

① 将低压直流稳压电源用导线与收音机连接好,调整电源。注意,供电电压正负极性要连接正确。波段开关打在 FM 端。

② 测量整机静态工作电流。

③ 测量集成块各脚对地的静态工作电压值。

④ 将示波器(或晶体管毫伏表)接在扬声器两端,并调整好示波器(或晶体管毫伏表)的各旋钮,使之能正常指示。

⑤ 统调:将高频信号发生器频率调到 88 MHz,调制信号 1 kHz,频偏指示 22.5 kHz,输出电压幅度适当。把高频信号发生器发出的调频信号送入收音机接收天线,将接通电源的收音机频率刻度调整到 88 MHz 附近,接收到高频信号发生器发出的调频信号后,调整高放谐振回路中的线圈,使示波器显示波形幅度最大(或晶体管毫伏表指示最大)。将高频信号发生器频率调到 108 MHz,调制信号 1 kHz,频偏指示为 22.5 kHz,输出电压幅度适当。把高频信号发生器发出的调频信号送入收音机接收天线,将接通电源的收音机频率刻度调整到 108 MHz 附近,接收高频信号发生器发出的信号,用无感螺钉旋具调整高放谐振回路中的补偿电容器,使示波器显示波形幅度最大(或晶体管毫伏表指示最大)。上述过程重复三次。

5.5.6　信噪比的测量

收音机的性能指标包括的内容很多,有中频频率、频率范围、灵敏度(mV/m)、选择性等等,具体请参考 SJ/T11179—1998、GB/T2846—1988、GB/T9374—1988、GB/T2019—1987、GB/T2018—1987、GB8898—1997、GB/T9384—1997 等系列国家标准。下面只介绍几项主要性能指示及其测量方法。

信噪比是指在一定的输入信号电平下,收音机输出端的信号电压与噪声电压之比。

1. 测量仪器及要求

① 高频信号发生器:根据收音机的类别选择。一般选用载波频率、载波电压和调制度三种重要参数均可调的高频信号发生器。同时要注意其频率范围、频率刻度误差、输出电压与阻抗等参数应满足测量要求。推荐使用 XFG－7 型高频信号发生器。

② 电压表:测量范围、频率响应及测量误差等参数满足测量要求,推荐采用 DA－16 型毫伏表。

③ 1 000 Hz 带通滤波器:中心频率为 1 000 Hz,3 dB 带宽约为 200 Hz。1/3 倍频程 800 Hz 和 1 250 Hz 处的衰减大于 15 dB。一个倍频程 500 Hz 和 2 000 Hz 处的衰减大于 40 dB。输入阻抗不大于 50 W。

④ A 计权滤波器:A 计权特性符合 IEC 651 标准规定。

2. 测量电路

信噪比测量连线示意图如图 5.5.3 所示。

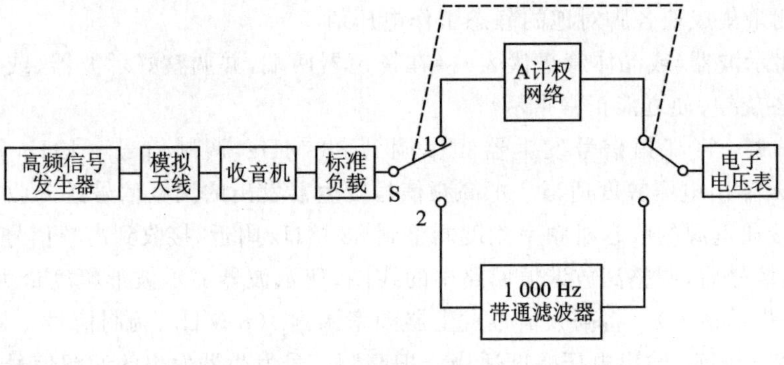

图 5.5.3　信噪比测量连线示意图

3. 噪声比测量方法和步骤

① 按图 5.5.3 连接好所需使用的仪器;

② 收音机置于标准条件下,音调控制器在平直位置,宽带控制在宽带位置。

③ 调节高频信号发生器,输出信号电平为 10 mV/m,输出信号频率为标准测量频率 1 000 kHz,调制度为 80%,调制频率为 1 000 Hz。

④ 将开关 S 打向 2,先用较低输入信号电平,按音频输出最大调谐法调谐,然后增大输出信号电平到规定值,调节音量控制器使收音机输出为额定输出功率,记录此时电压表的读数。

⑤ 将高频信号发生器去调制(即输出未调制),将开关 S 打向 1,测量收音机的噪声输出电压,记录此时电压表读数。

4. 注意事项

① 音频输出最大调谐法指的是用 1 000 Hz 调制的高频信号,输入规定电平值,加到收音机输入端,并调谐收音机。然后微调高频信号发生器频率,使收音机 1 000 Hz 音频输出达到最大值,作为收音机的调谐点。

② 若无 A 计权滤波器,可暂用 0.3～15 kHz 带通滤波器或 0.2～15 kHz 带通滤波器。

5. 结果表达

额定输出功率时相应的电压与去调制时的噪声电压之比,即为信噪比。

6. 标准结果的比较

将测量结果与国家标准进行比较,根据国家标准规定 C 类收音机信噪比不小于 34 dB,磁性天线≤55 mm 的 C 类机要求 30 dB。

5.5.7 噪限灵敏度的测量

1. 测量仪器及要求

同 5.5.6 小节。

2. 测量电路

同图 5.5.3。

3. 测量方法和步骤

① 按图 5.5.3 连接电路。

② 收音机置于标准条件下,音调控制器在平直位置,宽带控制在宽带位置。

③ 调节高频信号发生器,输出信号电平为 10 mV/m,输出信号频率为标准测量频率 1 000 kHz,调制度为 80%,调制频率为 1 000 Hz。

④ 反复调节高频信号发生器的输出电平和收音机音量控制器位置,使收音机的信噪比为 26 dB,输出为标准输出功率。

具体做法是:先调节收音机音量控制器位置,使输出为标准输出功率;再将信号去调制,测量信噪比,反复调节高频信号发生器的输出电平,同时调节收音机音量控制器的位置(保证输出为标准输出功率),使收音机的信噪比为 26 dB。

⑤ 记录此时的高频信号发生器的输出电平,即为收音机的噪限灵敏度。

⑥ 调节高频信号发生器,使输入信号频率分别为 630 kHz 和 1.4 MHz,用步骤④的方法,测量收音机在这两个频率点的噪限灵敏度。

4. 注意事项

测试点分别取 630 kHz、1 000 kHz 和 1.4 MHz。

5. 标准结果的比较

将测量结果与国家标准进行比较,根据国家标准规定C类收音机噪限灵敏度不大于6.0 mV/m。

5.5.8 频率范围(中波)的测量

1. 测量仪器及要求

① 高频信号发生器:要求同5.5.6小节。

② 电压表:要求同5.5.6小节。

2. 测量电路

频率范围测量连线示意图如图5.5.4所示。

图5.5.4 频率范围测量连线示意图

3. 测量方法和步骤

① 按图5.5.4连接电路。

② 收音机基本达到温度稳定状态后,将收音机调谐指针调到中波波段起始位置上。

③ 调节高频信号发生器,使收音机输入1 000 Hz,调制度为30%的高频信号。输入信号电平为额定噪限灵敏度,按音频输出最大调谐。

④ 调节音量控制器,使收音机输出不大于额定输出功率。

⑤ 调谐高频信号发生器,按以上要求得到中波波段起始位置时的频率。记录此时高频信号发生器的输出频率。

⑥ 将收音机调谐指针调到中波波段截止位置,重复上述步骤,记录高频信号发生器的输出频率。

4. 注意事项

实际测试中,为了监听输出信号,标准负载直接用扬声器代替,有时还可接上示波器观察波形。

5. 结果表达

收音机中波波段起始和截止位置对应的高频信号发生器的输出频率,即为收音机中波波段频率范围。

6. 标准结果的比较

将测量结果与国家标准进行比较,根据国家标准规定,调幅收音机中波波段只设

1个,频率范围为526.5～1 606.5 kHz。

5.5.9 整机电压谐波失真的测量

1. 测量仪器及要求

① 高频信号发生器:同5.5.6小节。

② 失真度测量仪:要求失真度测量时的频率范围、失真度范围以及输入信号电压范围符合测量要求。推荐采用具有失真因子数字显示器的自动失真度测量仪。

③ 电压表:同5.5.6小节。

2. 测量电路

整机电压谐波失真测量连线示意图如图5.5.5所示。

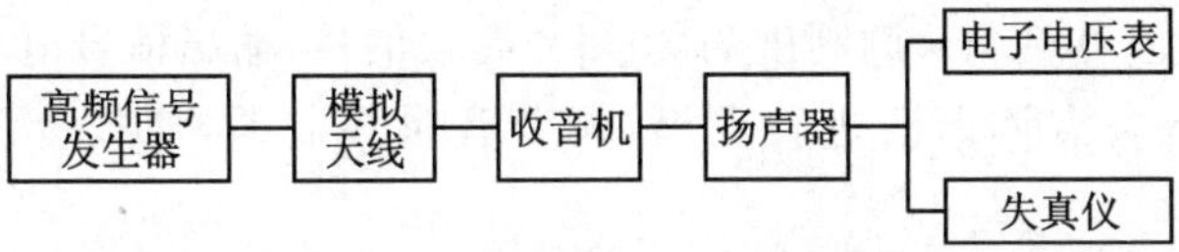

图5.5.5 整机电压谐波失真测量连线示意图

3. 测量方法和步骤

① 按图5.5.5连接电路。

② 将收音机置于标准测量条件下,调节高频信号发生器,使其输出频率为1 000 kHz,调制频率为1 000 Hz,调制度为80%的高频信号,输出信号电平为10 mV/m。

③ 按14 dB谷点调谐法进行调谐,调节音量控制器,使收音机输出标准输出功率。

④ 测量整机电压谐波失真度,读此时的失真度仪的读数。

4. 注意事项

① 标准负载由扬声器代替。

② 14 dB谷点调谐法的具体实施参考国家标准。

5. 结果表达

失真度仪测量的读数即为整机电压谐波失真值。

6. 标准结果的比较

将测量结果与国家标准进行比较,根据国家标准规定,C类收音机整机电压谐波失真不大于15%。

5.5.10 最大有用功率测量

整机电压谐波失真为10%时的输出功率称为最大有用功率。

1. 测量仪器及要求

高频信号发生器、失真度测量仪及电压表的技术要求同5.5.9小节。

2. 测量电路

同图5.5.5。

3. 测量方法和步骤

① 按图5.5.5连接电路。

② 将收音机置于标准测试条件下，调节高频信号发生器，使其输出频率为1 000 kHz，调制频率为1 000 Hz，调制度为30%的高频信号，输出信号电平为10 mV/m。

③ 按14 dB谷点调谐法进行调谐，调节音量控制器，使收音机输出标准输出功率。

④ 调节音量控制器增加输出功率，监测失真仪的指示，当电压谐波失真为10%时的输出功率即为最大有用功率，记录此时的电压表读数。

4. 注意事项

若无音量控制器或音量控制器达最大位置电压谐波失真仍达不到10%，则增大调制度至产生10%失真为止。

5. 结果表达

若电压表读数为U，标准负载阻值为R，则最大有用功率为：

$$P=\frac{U^2}{R}$$

6. 标准结果的比较

将测量结果与国家标准进行比较，根据国家标准规定，最大有用功率劣于产品标准规定值，大于10%，为A类不合格；劣于产品标准规定值，不大于10%，为B类不合格。

5.5.11 收音机的故障检测方法

收音机的故障检测有很多有效的检测方法。在检测时，要求按照先表面，后内部；先电源，后电路；先低频，后高频；先电压，后电流；先调试，后替代的原则，灵活运用不同的检修方法，迅速查找出故障。

① 直观检查法虽然简单，但对许多故障的检修往往很有效。是在不使用仪器的情况下，通过视觉、听觉、嗅觉及经验检查收音机的故障，如电路连接线、磁性天线线

圈是否脱焊、断线，磁棒是否断裂，元件有无松动、假焊、断脚、烧焦或相碰短路，印制板铜箔有无断裂，调谐机构的拉线是否有毛头、绞线、打滑，指针是否翘起、卡住，扬声器是否完好等。

② 采用电阻测量检查法，通过检测元器件的阻值可判断收音机的许多故障，如判断电容是否漏电、击穿，中周的初次级、振荡线圈、天线线圈等是否断路，晶体管是否损坏，电路的焊点是否短路等。测量时，可把元件从印制电路板上拆下或焊下一端，也可以在断开电源的情况下进行在线测量。

③ 干扰检查法是一种简单又实用的信号注入检查法。因为收音机由多级放大电路组成，如果某级出现故障，一般不会影响其他各级电路的工作。因此，可以手握镊子或小起子的金属部分，由后级向前级逐级触碰各三极管的基极和集电极(注入人体感应信号)，如果碰触点以后的部分正常，则扬声器会发出"喀喀"响声，越往前级，响声越大。如果触碰到某级后声音反而减小或无声，则故障可能就在该级。

为了增强干扰信号的强度，也可以用万用表的 R×10 Ω 挡来注入信号，将一支表笔接地，另一表笔去触碰各级测试点。

使用干扰法时，注意区分不同频率电路的响声区别，比如音频部分的各级电路和中频部分的各级电路在注入干扰信号时，扬声器的声响强度可能就不同。

④ 信号注入检查法的基本操作与干扰检查法相同，它只是利用信号发生器输出的信号作为检测信号源，收音机各三极管的基极和集电极仍为信号注入点(测试点)。如果电路正常，则扬声器应发出"嘟嘟"声音。

采用信号注入检查法时应当根据信号注入点的不同来选择不同频率的检测信号。在变频级以前要用高频信号(一般为 500～1 700 kHz 已调信号)；在变频级与检波级之间的中频电路，应注入 465 kHz 的中频信号；在检波级至扬声器之间应注入低频信号(多为 400 kHz 或 1 000 kHz)。使用时将信号发生器的地线与收音机的地线相连，为了避免信号发生器对被测电路直流工作点造成影响，可在信号发生器的信号输出端串接一只隔直电容。中频及高频部分可选用 0.01～0.1 μF 的电容，低频部分应选用 1 μF 以上的电容。

⑤ 电压测量检查法是利用万用表直流电压挡测量电路各关键点电压，并将被测电压与正常值进行比较而分析判断故障的快捷方法。

首先测量电源电压，判断电源电压是否正常。在电源电压正常的情况下，测量三极管的各极电压，可判断三极管的工作状态，如果与正常的工作状态不符，则应检查三极管本身及其偏置电路。对于集成电路，测量其各脚电压，与图纸标注电压比较，若差异较大，应先检查其外围电路，再考虑集成块本身是否损坏。

⑥ 电流测量检查法在怀疑直流通道出现故障时应用，测量各级静态电流也可以判断三极管是否正常。测量集电极电流时，需要在印制电路板上制作相应的开口，以串入电流表进行测量。直接测量集电极电流比较麻烦，如果发射极串有直流负反馈电阻，也可以通过测量该电阻上的压降来估算集电极电流。

⑦ 短路检查法是将某级放大电路人为制造短路来检查故障的方法。此法对查找收音机啃叫、汽船、杂音及噪声大等故障较为有效。检修时,用镊子或一根短导线将各级集电极负载或基极输入端对地短接,使该级无信号输入或无信号输出。此时,如果故障现象消失,则故障出在短路点以前;如果现象依旧,则故障出在短路点以后。

例如,某收音机噪声很大,影响收听。检查时可先将音量电位器的滑动端对地短路,使低放和功放无信号输入。如果噪声仍然很大,则故障出在电位器以后的低频电路;如果噪声消失,则故障出在电位器以前的中、高频部分。此时可根据具体情况变换短路点逐级查找,最终找到并排除故障。

短路天线线圈的初级可以判断收音机的杂音是本机故障引起的还是外界干扰引起的。如果短路后,杂音消失,则杂音是外界干扰造成的;如果杂音仍存在,说明本机有故障,需要进一步检查。

⑧ 断路检查法又称割断检查法,是在印制电路板上将某级电路的输入或输出连接铜箔割断,使电路互为独立,从而缩小故障查找范围。根据需要,割断法可以用于查找短路故障、噪声、自激故障以及测量电流和元器件的阻值等。

⑨ 替代检查法多用于怀疑交流通道出现故障的情况下。交流通道除晶体管外,多数都是电容、电感元件,怀疑这些元件可能损坏而又不便检测时,可用同型号的元器件替代试之,如果故障排除,则说明原来的元件确已损坏。

判断电容器是否开路或失效,可在其两端并联一个同型号的电容器做试验,而不必先将原来的电容器拆下。而判断直流电阻很小的电感器是否短路时,则需要将它从电路板上焊下,再用同型号的电感器替代检查。

应当指出,三极管损坏、电容器漏电或短路、电感器断路等一般都会影响直流工作点,因此在测量工作点时就会发现。

5.5.12　调频、调幅收音机故障查找实例

1. 电路组成及工作原理

由 CXA1019 集成电路与外围元器件组成单片调频、调幅收音机方框图如图 5.5.6 所示,电路原理图如图 5.5.7 所示。

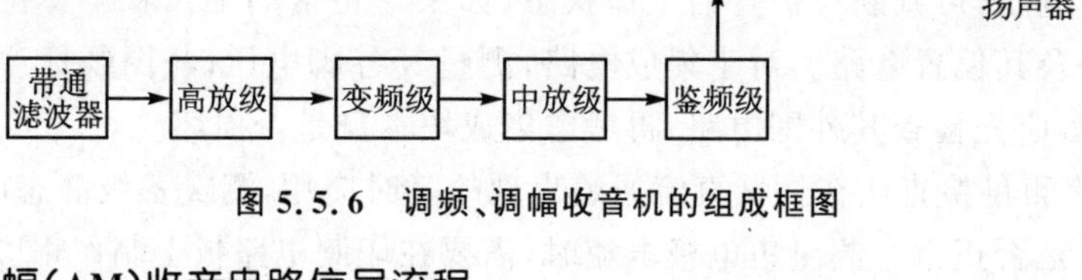

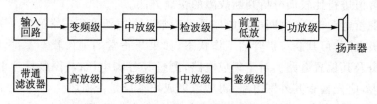

图 5.5.6　调频、调幅收音机的组成框图

(1) 调幅(AM)收音电路信号流程

磁性天线接收到调幅(AM)广播信号,经过线圈 L_1、可变电容器 C_6、微调电容器

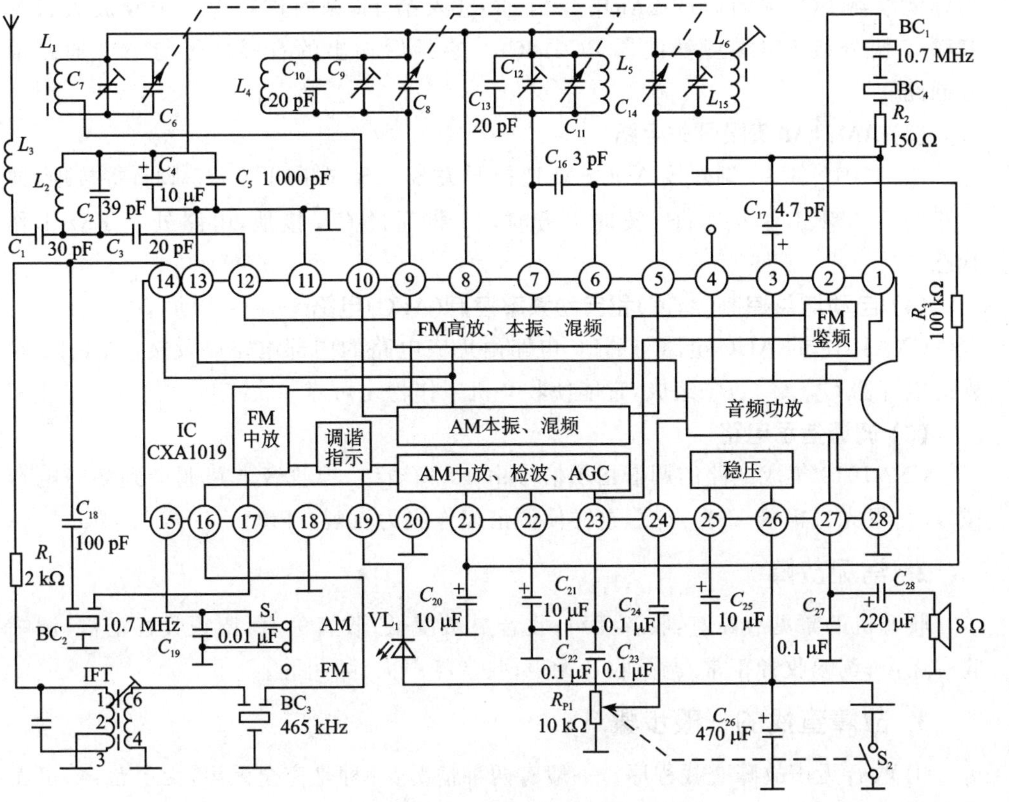

图 5.5.7 调频、调幅收音机电路原理图

C_7 组成的输入回路,选取所要接收的高频调幅广播信号,送到 CXA1019 集成电路的 10 脚。由振荡线圈 L_6、可变电容器 C_{14}、微调电容器 C_{15} 组成的 LC 回路和 CXA1019 的 5 脚所连集成块内的电路一起组成的本机振荡器。本机振荡器产生高频等幅信号,与 10 脚送入的广播信号在集成电路内部进行混频。混频后的信号由 CXA1019 的 14 脚输出,经中频变压器 IFT 和 465 kHz 的陶瓷滤波器 BC_3 选频后,得到的 465 kHz 中频信号送到 16 脚内进行中频放大。放大后的中频信号在集成电路内部的检波器中进行检波,检出的音频信号由 23 脚输出,并经音量电位器 R_{P_1} 调节后,经 C_{24} 耦合至 24 脚进入音频功率放大器。放大后的音频信号由 27 脚输出,经 C_{28} 耦合送到扬声器还原成声音。

(2) 调频(FM)收音电路信号流程

天线接收到的调频(FM)广播信号,经过由 L_3、C_1、L_2 和 C_2 组成的 88～108 MHz 带通滤波器,抑制掉频带范围以外的信号,让频带内的 FM 广播信号顺利进入集成电路 12 脚进行高频选频放大,9 脚外接(线圈 L_4 和可变电容器 C_8、微调电容器 C_9 组成)选频回路。放大后的 FM 广播信号再与本机振荡信号混频,由 14 脚输出,7 脚外接(L_5、C_{11}、C_{12}、C_{13} 组成)FM 本振回路。14 脚输出混频信号,经过 10.7 MHz

陶瓷滤波器 BC_2 选频后的FM中频信号，进入第17脚内进行FM中频放大、FM鉴频，2脚外接FM鉴频滤波器 BC_1、BC_4。鉴频后输出的音频信号与AM通路信号同路。

(3) AM/FM波段开关电路

CXA1019的15脚外接AM/FM选择开关 S_1。S_1 拨向下方，15脚直接接地，使电路处于AM工作状态；S_1 拨向上方时，15脚通过 C_{19} 接地，电路处于FM工作状态。

(4) 自动增益控制(AGC)和自动频率控制(AFC)电路

CXA1019的AGC电路与AFC电路由集成电路的内部电路以及接于21、22脚外的电容器 C_{20}、C_{21}、R_3 组成，它能使收音机工作稳定可靠。

(5) 调谐指示电路

CXA1019集成电路的调谐指示信号由19脚输出，当收音电路调谐到某一电台位置时，发光二极管 VD_1 点亮，这样使调谐操作更为直观、准确。

2. 常见故障

收音机的常见故障有：收音无声；收音灵敏度低；收音失真；调频收音正常，调幅收音无声；调幅收音正常，调频收音无声；收音噪声大、啸叫等。

3. 故障查找的一般步骤

① 收音无声故障查找程序。一般有两种情况：一种是完全无声，无电台声，也无噪声；另一种是无电台声，有噪声。收音完全无声故障查找程序如图5.5.8所示。收音无电台声，有噪声故障查找程序如图5.5.9所示。

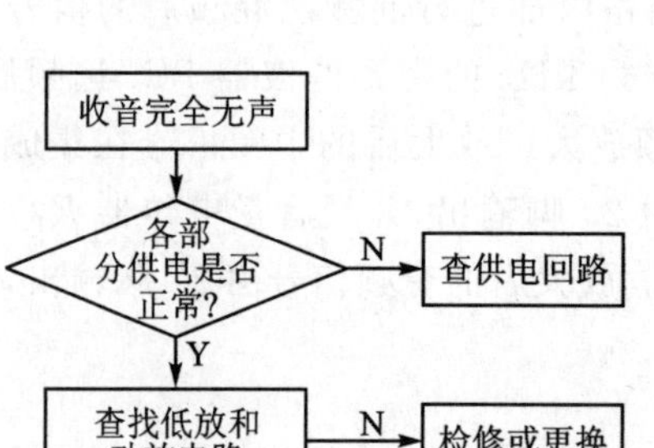

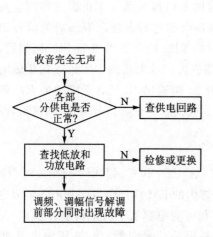

图5.5.8 收音完全无声故障查找流程图

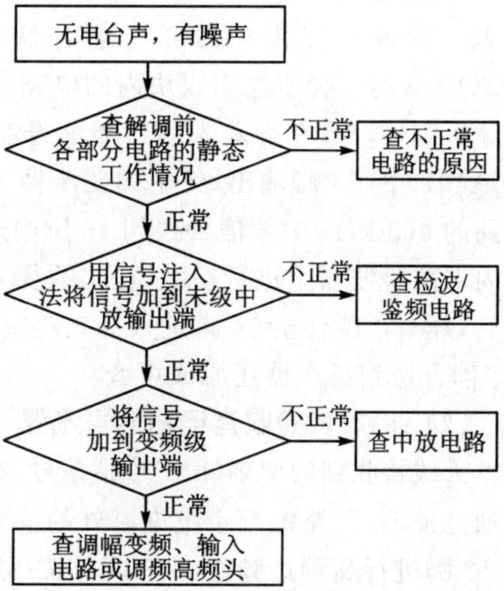

图5.5.9 收音无电台声、有噪声故障查找流程图

② 收音灵敏度低故障查找程序如图 5.5.10 所示。

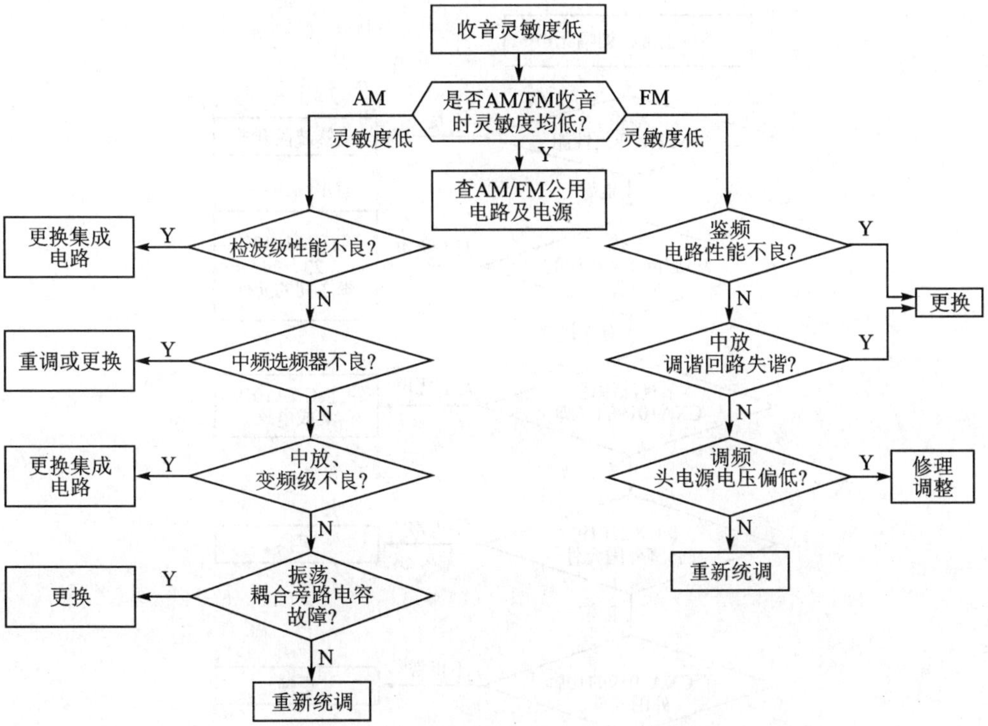

图 5.5.10　收音灵敏度低故障查找流程图

③ 收音失真故障查找程序如图 5.5.11 所示。

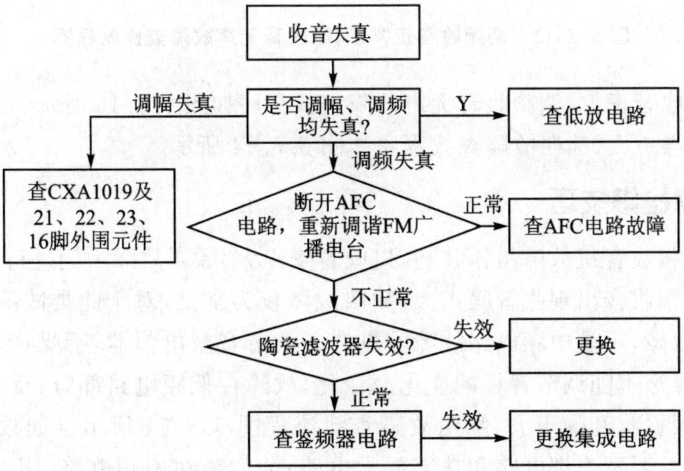

图 5.5.11　收音失真故障查找流程图

④ 调频收音正常,调幅收音无声故障查找程序如图 5.5.12 所示。

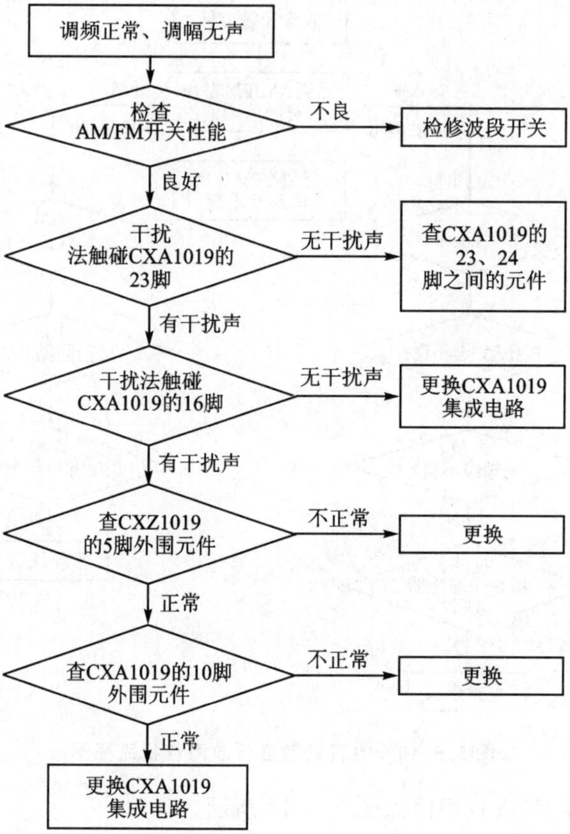

图 5.5.12　调频收音正常、调幅收音无声故障查找流程图

⑤ 调幅收音正常,调频收音无声故障查找程序如图 5.5.13 所示。

⑥ 收音噪声大、啸叫故障查找程序如图 5.5.14 所示。

4. 故障检修技巧

调频、调幅收音机故障检修技巧,以收音噪声大、啸叫故障为例进行说明。

调频、调幅收音出现收音噪声大、啸叫故障较为常见,对于此类故障应先区分出是低频电路故障,还是中频电路故障。方法是调节音量电位器,听噪声、啸叫的变化情况。如果噪声不随调节音量的变化而变化,故障在低频电路部分;反之,故障不在低频电路。根据收音噪声大、啸叫故障查找流程图 5.5.14 所示。如故障在低频电路,主要检测电源及去耦电路和功率放大电路;如故障在中频电路,用一只 0.01 μF 左右的电容器,由后向前逐级进行交流短路(电容器一端接地,另一端接信号端)。当短路到某一级噪声消失,说明故障就在该级,然后利用第 3 章查找故障的方法,进一步确定故障部件,重点检测谐振回路、电容器、陶瓷滤波器和集成电路。这样能快速找到质量差的元器件,解决噪声大、啸叫的故障。

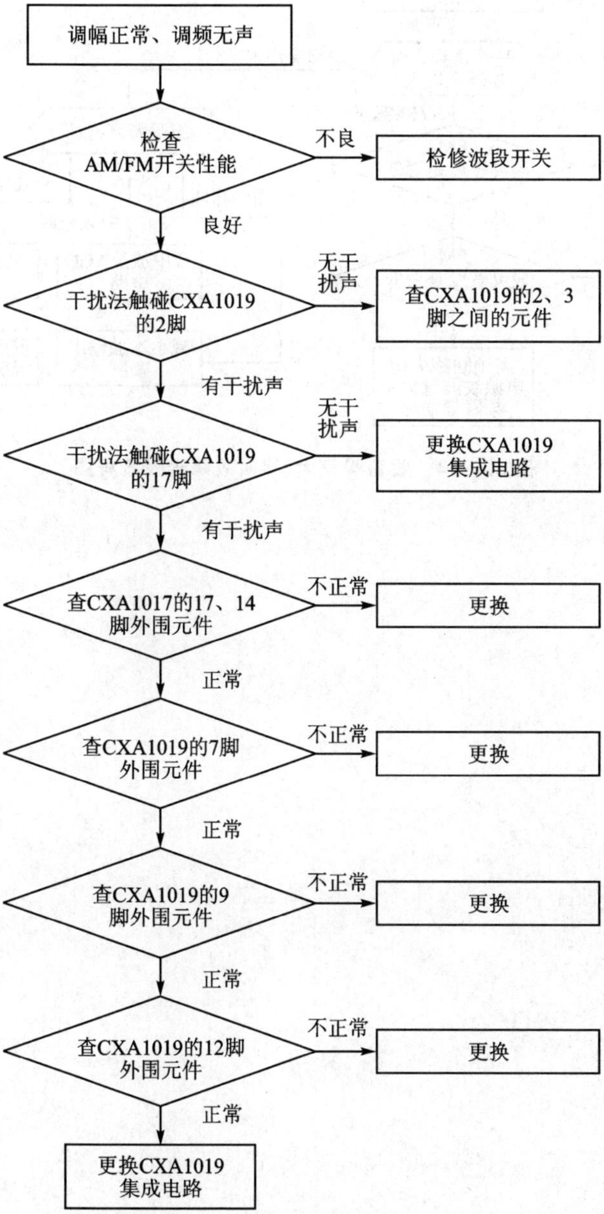

图5.5.13 调幅收音正常、调频收音无声故障查找流程图

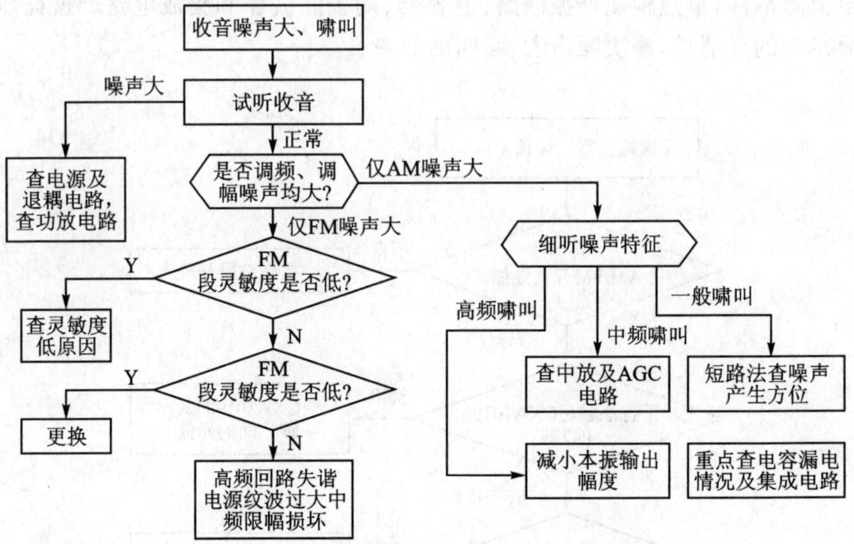

图 5.5.14 收音噪声大、啸叫故障查找流程图

第6章 设计总结报告写作

6.1 设计总结报告的评分标准

设计总结报告是电子设计竞赛作品的一个重要组成部分。设计总结报告的评分是一个独立环节，评分过程是在作品通过专家测试后进行的。学生的设计总结报告以密封的形式提供给专家组，专家参照由全国大学生电子设计竞赛组委会提供的评分标准进行评分。

在2009年前，全国大学生电子设计竞赛作品成绩由基本制作部分、发挥制作部分和设计总结报告3部分组成，总分150分。设计总结报告是电子设计竞赛作品的一个重要组成部分，占总分的1/3，即50分。从2007年开始，竞赛分为本科组和高职高专组分别出题进行比赛，高职高专组的设计总结报告为20分。

在2009年，全国大学生电子设计竞赛作品成绩由基本制作部分(50分)、发挥制作部分(50分)、设计总结报告和复测4部分组成，总分150分，其中设计总结报告修改为30分，剩余的20分放在了复测部分。

复测包括基础知识测验和作品测试。其中基础知识测验成绩按候选队3人的平均分计算，并计入该队评审总成绩。其中：

(1) 基础知识测验：候选队3人同时参加测验(闭卷笔答)，分为本科与专科两组独立作答，测验时间1小时。测验内容主要涉及技术基础和专业基础类课程的基本知识点及其应用，同时涉及简单系统分析、设计计算。

(2) 设计作品测试：基本方式与赛区测试类似，全国评审专家担任测试工作，测试中候选队员须回答测试专家提出的相关问题。测试专家根据测试情况酌情掌握测试时间，原则上每队测试时间在20分钟以内。

从2011年开始，全国大学生电子设计竞赛作品成绩由基本制作部分(50分)、发挥制作部分(50分)、设计总结报告和综合测评4部分组成，总分150分，其中设计总结报告修改为20分，综合测评部分为30分。

"综合测评"是全国大学生电子设计竞赛评审工作中的重要环节，是"一次竞赛二级评审"工作中全国专家组评审工作的一部分。"综合测评"成绩由全国专家组按统一的标准确定，按满分30分计入全国评审总分。

设计总结报告的评分项目通常由方案设计与论证、理论计算、算法分析、电路图及设计文件、测试方法与数据、结果分析、设计总结报告的工整性等几个方面组成。从 2007 年开始，不同赛题的设计总结报告的写作内容和写作要求，以及评分项目和评分标准是不同的，例如表 6.1.1～表 6.1.3 所列。

表 6.1.1　单相 AC－DC 变换电路(2013 年，本科组，A 题)设计报告写作要求与评分标准

	项　目	主要内容	满　分
设计报告	方案论证	比较与选择 方案描述	3
	理论分析与计算	提高效率的方法 功率因数调整方法 稳压控制方法	6
	电路与程序设计	主回路与器件选择 控制电路与控制程序 保护电路	6
	测试方案与测试结果	测试方案及测试条件 测试结果及其完整性 测试结果分析	3
	设计报告结构及规范性	摘要、设计报告正文结构、公式、图表的规范性	2
	总分		20

表 6.1.2　简易频率特性测试仪(2013 年，E 题，本科组)设计报告写作要求与评分标准

	项　目	主要内容	满　分
设计报告	方案论证	比较与选择 方案描述	2
	理论分析与计算	系统原理 滤波器设计 ADC 设计 被测网络设计 特性曲线显示	7
	电路与程序设计	电路设计 程序设计	6
	测试方案与测试结果	测试方案及测试条件 测试结果完整性 测试结果分析	3

续表 6.1.2

	项 目	主要内容	满 分
设计报告	设计报告结构及规范性	摘要 设计报告正文的结构 图表的规范性	2
	总分		20

表 6.1.3 直流稳压电源及漏电保护装置(2013 高职高专组,L 题)设计报告写作要求与评分标准

	项 目	主要内容	满 分
设计报告	系统方案	总体方案设计	2
	理论分析与计算	稳压电源分析计算 漏电检测分析计算 关断保护分析计算	9
	电路与程序设计	总体电路图;工作流程图	4
	测试方案与测试结果	调试方法与仪器 测试数据完整性 测试结果分析	3
	设计报告结构及规范性	摘要;设计报告正文的结构 图表的规范性	2
	总分		20

6.2 设计总结报告的基本要求

6.2.1 设计总结报告的组成

设计总结报告是每个参赛小组都必须提供的文件,写作的基本要求应遵守国家标准 GB 7713—87(科学技术报告、学位论文和学术论文的编写格式)中的有关规定。但电子设计竞赛的设计总结报告是在特定条件和环境下的一个设计总结报告,有其不同的要求和应注意的问题。

电子设计竞赛的设计总结报告由前置部分、主体部分和附录部分共 3 个部分组成,如图 6.2.1 所示。

注意: 不同赛题的设计总结报告的主体部分的写作内容和写作要求是不同的,需要根据赛题的要求进行写作。例如表 6.1.1~表 6.1.3 所列需要拟写的项目内容,必须完整,不可以缺项。

- 前置部分
  - 题名
  - 中文摘要
  - 中文关键词
  - 英文摘要
  - 英文关键词
  - 目录
- 主体部分
  - 系统方案比较与设计
  - 单元电路设计与计算
  - 系统控制方案和算法
  - 程序设计
  - 系统测试
  - 结论
  - 参考文献
- 附录部分
  - 系统操作说明
  - 元器件明细表
  - 仪器设备清单
  - 电原理图
  - PCB图
  - 程序清单

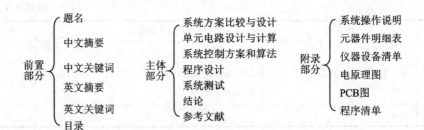

图 6.2.1　设计总结报告的 3 个组成部分

6.2.2　前置部分写作的基本要求

1. 题　名

题名(题目名称)是选择的设计作品的名称,例如 2013 年本科组赛题有:单相 AC-DC 变换电路(A 题),四旋翼自主飞行器(B 题),简易旋转倒立摆及控制装置(C 题),射频宽带放大器(D 题),简易频率特性测试仪(E 题),红外光通信装置(F 题),手写绘图板(G 题);2013 年高职高专组赛题有:电磁控制运动装置(J 题),简易照明线路探测仪(K 题),直流稳压电源及漏电保护装置(L 题)。

应注意的是:题名必须与全国大学生电子设计竞赛组委会发给的题名相同,不能改变。题名后面不能提供参赛设计者的姓名、学校的名称和指导教师的姓名,以及与参赛队有关的一些标记。

2. 摘　要

摘要是设计总结报告内容浓缩的精华,应包含设计总结报告的全部信息。摘要是放在设计总结报告的前面,而摘要的编写则应在设计总结报告定稿后才能够进行。

(1) 摘要的四要素

目的、方法、结果和结论是摘要的四要素,设计总结报告的摘要也应包含有这四个要素。在一般的科技论文中,四个要素所包含的内容如下:

① 目的:目的用来说明做什么,为什么要做此课题,包含研究、研制、调查等工作的前提、目的与任务,所涉及的主题范围。

② 方法:方法用来说明怎样做,包含所采用的原理、理论、条件、对象、材料、工艺、结构、手段、装备、程序等。

③ 结果:结果用来说明做后得到了什么,包含实验的、研究的结果,数据,被确定的关系,观察的结果,得到的效果性能等。

④ 结论:结论包含对结果的分析、研究、比较、评价、应用,提出的问题,今后的课题、假设、启发、建议、预测等内容。

注意: 在电子设计竞赛的设计总结报告编写时,对四个要素所包含的内容应做适当的调整与删减,例如:目的部分对说明做什么、为什么要做、研究、研制、调查等工作的前提内容，以及结论部分对提出的问题，今后的课题、假设、启发、建议、预测等内容，可根据作品的实际情况进行适当的调整与删减。

(2) 摘要编写的一般格式

摘要编写的一般格式如下：

摘要：(目的)××。(方法)××。(结果)××。(结论)××。

注：在(目的)、(方法)、(结果)、(结论)括号及括号内的文字不出现在摘要中。

在设计总结报告中，也可以将结果与结论合并在一起，编写的格式如下：

摘要：(目的)××。(方法)××。(结果和结论)××。

为了强调设计总结报告的结果，四要素也可以按结果、结论、目的、方法顺序排列，格式如下：

摘要：(结果)××。(结论)××。(目的)××。(方法)××。

设计总结报告要求有与中文摘要相应的英文摘要，英文摘要编写的一般格式如下：

Abstract：(Purpose)××。(Methods)××。(Results)×××××××××××××××××××××××××××××××××××××××。(Conclusion)××。

应注意的是，而对于“目的”的英文用词，有 Objective，Aim，Purpose 3 种用法，国家标准对此也没有规定，在各期刊上的用词可能会不一致。

(3) 摘要写作的一些基本要求与应注意的问题

摘要写作的一些基本要求与应注意的问题如下：

- 在设计总结报告中，摘要的位置是固定的，它位于设计总结报告的题名位之下。
- 中文摘要一般不宜超过 200～300 字；外文摘要不宜超过 250 个实词。如遇特殊需要字数可以略多。
- 摘要的全文不分段落，应当结构严谨，首尾连贯，语气流畅，表述简明，一气呵成。
- 摘要的内容应该繁简适度。摘要的内容过简，可能会忽略摘要四要素中的某些要素的表述。当然，摘要内容也不能过繁。如果撰写的内容超过四要素的要求，如在摘要中解释专业名词，有的把过多的实验数据写入摘要之中等等，就会出现摘要内容过繁的问题。

  摘要采用第三人称的写法。不使用"本人""作者""本文""我们""我们竞赛小组""我们课题组"等作为主语。

  摘要一般采用的是省略主语的句型，如："对……(研究对象)进行了研究"，"报道了……(研究对象)现状"，"进行了……(研究对象)调查"等表述方法。
- 摘要中应采用规范化的名词术语。一些新术语可用原文或外文译出后加括号注明。
- 摘要中的缩略语、略称、代号，除了相邻专业的读者能清楚理解以外，在首次出现处应加以说明。
- 摘要中应采用国家颁布的法定计量单位，一般不得出现数学公式和化学结构。
- 除了实在无变通办法可用以外，摘要中不用图、表、化学结构式、非公知公用的符号和术语。
- 摘要应采用简短陈述的风格，应不加注释和评论，一切不实之词、自我夸张词语都应删除，如："最先进……"；"……具有显著的经济效益和社会效益"；"……具有重要的推广价值"；"……具有国际领先水平"等。

3. 关键词

(1) 国家标准 GB 7713—87 中关键词的定义

关键词是科技论文的重要组成部分，它具有表示论文的主题内容以及文献标引的功能。在国家标准 GB 7713－87 中对关键词有明确的定义：

- 关键词是为了文献标引工作从报告、论文中选取出来用以表示全文主题内容信息款目的单词或术语。

● 每篇报告、论文选取 3～8 个词作为关键词，以显著的字符另起一行，排在摘要的左下方。如有可能，尽量用《汉语主题词表》等词表提供的规范词。

● 为了国际交流，应标注与中文对应的英文关键词。

应注意的是，关键词不能够写成关键字，词与字是不同的，在此不能混用。

(2) 关键词的位置

关键词在科技论文内的位置是相对固定不变的，安排在论文的摘要下方。

(3) 关键词的选择原则

关键词对于科技论文的传播有十分重要的作用。在期刊网络化迅速发展的今天，运用关键词可以准确、快速、大量地检索到所需的文献资料。选择好关键词，使关键词与论文的内容很好的匹配，有利于论文的标引，使论文能够顺利进入期刊的网络系统，使论文在浩瀚的文献海洋之中，容易被检索，迅速地传播。

关键词的选择原则如下：

● 关键词应包含论文的核心思想和主题内容。挑选关键词时，首先选取的是能揭示论文的核心思想与主题内容的词语，其次是主要研究的事或物的名称、方法等。

● 关键词应具有专指性。关键词应能够表示一个专指的概念，不能够选用概念含糊的泛指词。选用的术语或单词应尽可能为规范的术词或单词。注意：有些术词还要通过组配才能成为只表示一个单一概念的关键词。

● 关键词的数量为 3～8 个。关键词的数量过少，不能够反映论文所包含的全部内容，使论文的某一部分内容不能进入文献数据库和检索系统，影响论文的传播与扩散的面。关键词的数量也不能过多，关键词越多，则每个关键词所承载的信息量越少，关键词的数量不能够超过 8 个。

● 关键词的排列应当是有序的，而不应是无序的堆积。最常用的一种排列方法是按照关键词在文中的重要性的次序，由最重要的开始排起，依次排列。也有按照研究的对象、问题(性质)、方法、结果等顺序排列的。

一些杂志刊物对关键词排列有一定的要求，如《光学学报》2005，25 (7)刊登的征稿简则中，对关键词排列次序要求如下：

第 1 关键词：该论文所属学科的名称；

第 2 关键词：该论文的成果的名称；

第 3 关键词：该论文所用方法的名称；

第 4 关键词：前 3 个关键词上未提及的主要研究的事或物的名称；

第 5，6 关键词：有利于检索与文献利用的名称。

(4) 关键词的来源

关键词可以从论文的题名、《汉语主题词表》和《中国分类主题词表》中的相应主题词表中选取。

题名反映了科技论文中最重要的、最核心内容，题名中可包含若干个关键词。题名和关键词都承载了报道论文的主题信息方面的任务,具有相同的功能。但二者在报道的形式上是不同的,题名是以一个完整的短语或短句形式出现的,而关键词是以若干个(3～8)单词或专业术语的形式来表述。

题名是关键词的词源之一。在拟定关键词时,可从论文的题名中选取研究对象、研究方法、研究范围、研究目标等单词或专业术语,作为关键词。

关键词可以从层次标题的题名中选取。层次标题的题名也是科技论文主题内容的一个重要组成部分,从层次标题中选择关键词,也能够反映论文的主题内容。

《汉语主题词表》是由中国科学技术情报研究所、北京图书馆主编的一部大型的综合性中文叙词表,它包括了人类知识的所有门类,分3卷10个分册出版,共收叙词11万条。该词表主要供电子计算机系统存储和检索文献用,亦可用来组织卡片式主题目录和书本式主题索引。

《中国分类主题词表》我国20世纪80年代末90年代初对情报检索语言进行应用研究的产物,是我国文献信息资源组织整序的主要工具。新版《中国分类主题词表》(2005)包括印刷版和适应计算机检索环境的电子版。《中国分类主题词表》在文献标引和检索等各个领域都起到了权威性工具的作用。

应注意的是:在电子设计竞赛的设计总结报告中关键词的选择,也应根据上述原则进行,选择3～8个关键词,安排在设计总结报告摘要的下方。

4. 目 录

目录包括设计总结报告的章节标题、附录的内容,以及章节标题、附录的内容所对应的页码。应注意的是:虽然目录是放在设计总结报告的前面,但它的成型和整理确是在设计总结报告完成之后进行。

章节标题的排列建议按如下格式进行:

1××××××××××(第1级)

1.1××××××××××(第2级)

1.1.1 ××××××××××(第3级)

(1)××××××××××(第4级)

① ××××××××××(第5级)

a. ××××××××××(第6级)

……………………。

注意:在目录中,只需要列出3级标题。

6.2.3 主体部分写作的基本要求

主体部分是设计总结报告的核心。设计总结报告主体部分通常包含有:系统方案比较与设计、单元电路设计与计算、系统控制方案和算法、程序设计、系统测试、结论、参考文献等内容。

注意：不同赛题的设计总结报告的主体部分的写作内容和写作要求是不同的，需要根据赛题的要求进行写作。

1. 系统方案设计与比较

在系统方案设计与比较这一章节中，主要介绍系统设计思路与总体方案的可行性论证，各功能块的划分与组成，介绍系统的工作原理或工作过程，确定所采用的系统结构。

应注意的是：在总体方案的可行性论证中，应提出几种(2～3种)总体设计方案进行分析与比较，总体设计方案的选择既要考虑它的先进性，又要考虑它的实现的可能性。在电子设计竞赛中，可行性是必须优先考虑的。

例如：2001年题：波形发生器(A题)。

方案1：采用集成函数发生器产生要求的波形。

利用函数发生器(如ICL8038)产生频率可变的正弦波、方波、三角波三种周期性波形。此方案实现电路复杂，难于调试，实现合成波形难度大，且要保证技术要求的指标困难，故采用此方案不理想。

方案2：采用单片机控制合成各种波形。

波形的选择、生成及频率控制均由单片机编程实现。此方法产生的波形的频率范围、步进值取决于所采用的每个周期的输出点数及单片机执行指令的时间。此方案的优点是硬件电路简单，所用器件少，且实现各种波形相对容易，在低频区基本上能实现要求的功能；缺点是控制较复杂，精度不易满足，生成波形频率范围小，特别是难以生成高频波形。

方案3：采用带存储电路的单片机控制方案。

采用带存储电路的单片机控制方案将波形和频率数据存储在存储器中，按要求将存储器中的数据读至DAC，实现任意波形的合成，也可以得到较高的频率分辨率。此电路方案能实现基本要求和扩展部分的功能，电路较简单，调试方便，是一个优秀的可实现的方案。

方案4：采用DDS技术直接合成。

采用DDS技术，将所需生成的波形写入RAM中，按照相位累加原理合成任意波形。此方案理论上可得到很高的分频率的周期波形；也可以合成任意波形。采用专用的DDS芯片，电路简单，调试也方便，是一个优秀的、可行的方案。

应注意的是：对上述方案应仔细介绍系统设计思路和系统的工作原理，对各方案进行分析比较，对选定的方案中的各功能块的工作原理也应介绍。各方案最好能够采用方框图的形式进行表述。

2. 单元电路设计与计算

在单元电路设计与计算中不需要进行多个方案的比较与选择，只须对已确定的各单元电路的工作原理进行介绍，对各单元电路进行分析和设计，并对电路中的有关参数进行计算及元器件的选择等。

应注意的是：在单元电路设计中，理论的分析和计算是必不可少的。在理论计算时，要注意公式的完整性，参数和单位的匹配，计算的正确性；注意计算值与实际选择的元器件参数值的差别。电路图可以采用手画，也可以采用 Protel 或其他软件工具绘画，应注意元器件符号、参数标注、图纸页面的规范化。如果采用仿真工具进行分析，可以将仿真分析结果表示出来。

3. 系统控制方案和算法

"系统控制方案和算法"是控制类赛题的重点，对于不同的赛题，控制目的和要求都是不相同的，其"系统控制方案和算法" 设计也都是不相同的。而"系统控制方案和算法" 设计往往决定控制类赛题能否成功的关键之一。

4. 程序设计

在许多竞赛作品中，会使用到单片机、FPGA、ARM、DSP 等需要编程的器件，程序设计是作品的重要组成部分。

应注意介绍程序设计的平台、开发工具和实现方法，应详细地介绍程序的流程方框图、实现的功能以及程序清单等。通常在正文部分仅介绍程序的流程方框图和实现的功能，程序清单通常在附录中列出。

5. 系统测试

系统测试包括测试方案与测试结果，包含有测试设备、功能测试、性能测试、整机测试的测试方法与测试数据，以及数据的分析与处理(包括误差分析与改善措施等)。应详细介绍系统的性能指标或功能的测试方法、步骤，所用仪器设备名称、型号，测试记录的数据和绘制图表、曲线。

测试方法可以采用方框图与文字结合的方法进行介绍。所用仪器设备可以采用表格的形式进行汇总。测试的数据要以表、图或者曲线的形式表现出来。测试的数据可以采用表格形式记录，对一些数据可以采用绘图的形式来表达，一目了然，绘图可以利用 MATLAB 等软件完成。对一些数据，有时候需要采用计算公式进行计算，例如电源的效率等。

应注意的是：要根据竞赛题目的技术要求和所制作的作品，正确的选择测试仪器仪表和测试方法。例如：作品是一个采用高频开关电源方式的数控电源，如果选择的示波器是低频示波器，所测试的一些参数是会有问题的。

应对作品的测试的结果和数据进行分析和计算，这些测试结果是对作品的最好表述；也可以利用 MATLAB 等软件工具制作一些图表，对利用各种仪器设备获得的测试数据以及得到各种图谱要进行分析解读，例如指出产生误差的原因等。

6. 结　论

“结论”是在科技论文正文中的最后标题。在科技论文正文中对“结论”的拟写有明确的要求，在国家标准 GB 7713－87 中，对“结论”的拟写要求如下：

- 报告、论文的结论是最终的、总体的结论，不是正文中各段的小结的简单重复。结论应该准确、完整、明确、精练。
- 如果不可能导出应有的结论，也可以没有结论而进行必要的讨论。
- 可以在结论或讨论中提出建议、研究设想、仪器设备改进意见、尚待解决的问题等。

在电子设计竞赛的设计总结报告中的结论部分，必须对整个作品作一个完整的、结论性评价，也就是说要有一个结论性的意见。但也可以在结论中，报道在作品设计与制作过程中的经验或教训以及不足，指出需要加以改进的地方，提出建议及研究设想。

应注意的是：结论的内容与摘要有很多相似之处，一是文字表述不要完全重复雷同，二是注意不要前后矛盾，特别是一些数据和结果。

“结论”这个栏目标题在整个设计总结报告中只能出现一次，其位置固定在正文的末尾、参考文献之前，不能再在文中的其他地方出现。一些错例如表 6.2.1～6.2.3 所列。

在示例 1 中的错误是：“结论”一词不能够出现在前面的章节中。

在示例 2 中的错误是：在结论中出现“建议”小标题是不必要的，因为在结论中已经包含有建议的成分，增设小标题属多余的、重复的，应当删除。

在示例 3 中的错误是：在结论部分，其内容已属于对整个设计总结报告的总结，没有不必再作展开，不必要大篇幅介绍，宜采用(1)，(2)，……格式进行。

表 6.2.1　结论写作错误示例 1

错　例	修　改
6. ××××	6. ××××
6.1××××××××	6.1××××××××
6.2××××××××	6.2××××××××
6.3 本章结论	6.3 小结
7. ××××	7. ××××
7.1××××××××	7.1××××××××
7.2××××××××	7.2××××××××
7.3 本章结论	7.3 小结
8.结论	8.结论

表 6.2.2 结论写作错误示例 2

错 例	修 改
8.结论	8.结论
(1)××××××××	(1)××××××××
(2)××××××××	(2)××××××××
(3)××××××××	(3)××××××××
建议	(4)××××××××
(1)××××××××	(5)××××××××
(2)××××××××	(6)××××××××
(3)××××××××	

表 6.2.3 结论写作错误示例 3

错 例	修 改
8.结论	8.结论
8.1××××××××	(1)××××××××
8.1.1××××××××	(2)××××××××
8.1.2 ××××××××	(3)××××××××
8.2 ××××××××	(4)××××××××
8.2.1××××××××	(5)××××××××
8.2.2××××××××	(6)××××××××

7. 参考文献

在设计总结报告中,参考文献是必不可少的组成部分,其要求与科技论文中对参考文献的要求是完全相同的。参考文献部分应列出在设计过程中参考的主要书籍、刊物、杂志等。

参考文献的著录的一般原则如下:

- 著录的文献要精选,只著录作者亲自阅读过并在论文中直接引用的文献。
- 著录最新的文献。
- 只著录国际标准和国家标准中规定可以著录的文献。
- 采用国际标准和国家标准规范化的著录格式。

常见的参考文献的格式如下:

(1) 杂 志

[1] 倪巍,王宗欣.基于接收信号强度测量的室内定位算法[J].复旦学报(自然科学版).2004 年 2 月第 43 卷第 1 期,P72-P76.

[2] 王文峰,耿力,基于射频识别的实时定位系统技术研究[J].集成电路,2007

年第7期,P21～P24.

(2) 图　书

[1] 黄智伟.全国大学生电子设计竞赛制作实训(第2版)[M].北京航空航天大学出版社,2007.

[2] 黄智伟.全国大学生电子设计竞赛技能训练(第2版)[M].北京航空航天大学出版社,2007.

(3) 网络电子文献

[1] Texas Instruments Incorporated. CC1110Fx/CC111Fx Low-power sub-1GHz RF System-on-Chip (SoC) with MCU[EB/OL].[2009.6.14]. focus.ti.com.cn/cn/docs/toolsw/folders/print/ cc1110～cc1111dk.html.

[2] Samsung Electronics. S3C2410A - 200MHz & 266MHz 32-Bit RISC Microprocessor USER'SMANUAL Revision 1.0.[EB/OL].[2009.6.14]. http://www.samsung.com.

参考文献类型和电子文献载体标志代码如表6.2.4和6.2.5所列。

表6.2.4　文献类型和标志代码

文献类型	标志代码	文献类型	标志代码	文献类型	标志代码
普通图书	M	会议录	C	汇编	G
报纸	N	期刊	J	学位论文	D
报告	R	标准	S	专利	P
数据库	DB	计算机程序	CP	电子公告	EB

表6.2.5　电子文献载体和标志代码

载体类型	标志代码	载体类型	标志代码
磁带(magnetic tape)	MT	磁盘(disk)	DK
光盘(CD-ROM)	CD	联机网络(online)	OL

有关参考文献的规范要求的更多内容请参考国家标准GB/T-7714-2005。GB/T-7714-2005《文后参考文献著录规则》是一项专门供著者和编辑编撰文后参考文献使用的国家标准,非等效采用ISO 690《文献工作 文后参考文献 内容、形式与结构》和ISO 690-2《信息与文献参考文献 第2部分:电子文献部分》两项国际标准。

6.2.4　附录部分写作的基本要求

附录通常包括元器件明细表、仪器设备清单、电原理图、PCB图、程序清单、系统操作说明等。

应注意的是:

● 仪器设备清单、电原理图等如果在正文中已经有表述,可以不重新列在附录中。

- 元器件明细表的栏目应包含有：①序号、②名称、型号及规格(例如：电阻器 RJ14-0.25W-510Ω±5%)、③数量、④备注(元器件位号)。
- 仪器设备清单的栏目应包含有：①序号、②名称、型号及规格、③主要技术指标、④数量、⑤备注(仪器仪表生产厂家)。
- 电路图、PCB图图纸要注意选择合适的图幅大小、标注栏(注意：图纸上不能够有任何反映参赛队信息的标记)。
- 程序清单要有注释，总的功能和分段的功能说明等。程序清单可以只列出主要的部分。

注意：在有些赛题中对附录有明确要求，选择该赛题的设计报告需要按照其赛题要求进行附录写作与整理。

6.3 设计总结报告写作应注意的一些问题

6.3.1 图

图是工程师的语言，是一种简明的、形象的、直观地表述论文内容的方法，是毕业论文的核心内容之一，有着十分重要、不可替代的作用。在国家标准 GB 7713－87 中对图的一些基本要求如下：

- 图包括曲线图、构造图、示意图、图解、框图、流程图、记录图、布置图、地图、照片、图版等。
- 图应具有"自明性"，即只看图、图题和图例，不阅读正文，就可理解图意。
- 图应编排序号。
- 每一图应有简短确切的题名，连同图号置于图下。必要时，应将图上的符号、标记、代码，以及实验条件等，用最简练的文字，横排于图题下方，作为图例说明。
- 曲线图的纵横坐标必须标注"量、标准规定符号、单位"。此三者只有在不必要标明(如无量纲等)的情况下方可省略。坐标上标注的量的符号和缩略词必须与正文中一致。
- 照片图要求主题和主要显示部分的轮廓鲜明，便于制版。如用放大缩小的复制品，必须清晰，反差适中。照片上应该有表示目的物尺寸的标度。

在设计总结报告中，图能够起到非常重要的作用，一些复杂的系统结构，一些电路，其间存在的复杂关系，往往很难直接用语言表述清楚，而采用图来显示，往往可以"一目了然"，有"一图胜千言"之功效，如图 6.3.1 所示。

应注意的是：

- 在设计总结报告中，对图的数量没有明确的规定。

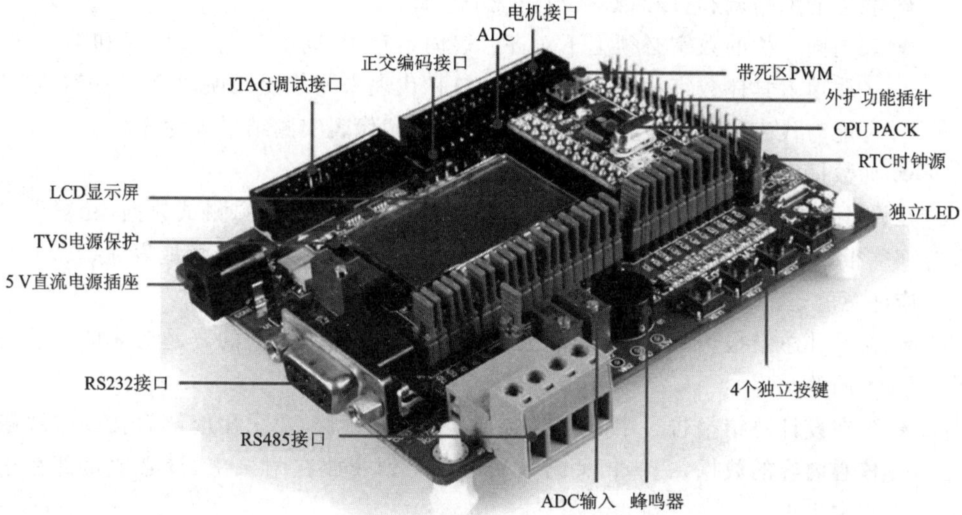

图 6.3.1　示例图

- 列在设计总结报告中的图要经过仔细挑选，要采用能够直接反映赛题核心内容的图，一些相关的图可以放在附录中，没必要全部在正文中出现。
- 图在设计总结报告中的位置要求是“先见文、后见图，图随文走”。要先见文字的叙述，然后出现图，即不能先列出图，再见文字说明。
- 图的题名和图号置于图的下方，采用中文形式。

6.3.2 表

表也是一种简明的、形象的、直观地表述论文内容的方法，通常用来表述观察、测试、统计、计算的一些数据，也是设计总结报告的核心内容之一。在国家标准 GB 7713-87 中对表的一些基本要求如下：

- 表的编排，一般是内容和测试项目由左至右横读，数据依序竖排。表应有自明性。
- 表应编排序号。
- 每一表应有简短确切的题名，连同表号置于表上。必要时应将表中的符号、标记、代码，以及需要说明事项，以最简练的文字，横排于表题下，作为表注，也可以附注于表下。
- 附注序号的编排。表内附注的序号宜用小号阿拉伯数字并加圆括号置于被标注对象的右上角，如：×××[1]，不宜用星号“*”，以免与数学上共轭和物质转移的符号相混。
- 表的各栏均应标明“量或测试项目、标准规定符号、单位”。只有在无必要标注的情况下方可省略。

- 表中的缩略调和符号，必须与正文中一致。
- 表内同一栏的数字必须上下对齐。表内不宜用“同上”“同左”“，，”和类似词，一律填入具体数字或文字。表内“空白”代表未测或无此项，“-”或“…”(因“-”可能与代表阴性反应相混)代表未发现，“0”代表实测结果确为零。
- 如数据已绘成曲线图，可不再列表。

在设计总结报告中，表也能够起到非常重要的作用，大量的测试数据、元器件参数等往往很难直接用语言表述清楚，而采用列表方式，往往可以清楚地表述。

应注意的是：

- 在设计总结报告中，对表的数量没有明确的规定。不同的赛题对表的要求是不同的。
- 列在设计总结报告表中的数据也要经过仔细挑选，要采用能够直接反映赛题核心内容的数据，一些相关的数据可以另列表放在附录中，没必要全部在正文中出现。
- 表在设计总结报告中的位置要求也是“先见文、后见表，表随文走”。要先见文字的说明叙述，然后出现表。
- 表的题名和表号置于表的上方，通常采用中文形式。通常不要求采用中英文的表的题名并用，或采用英文题名。
- 图与表都是设计总结报告的重要组成部分，也是表述设计总结报告内容的有效方法。在实验、测试中获得的各种数据，可以采用列表的形式来表述，也可以通过作图的方法，绘制成插图的形式来表述。注意：一组数据，只能用一种表述形式，或者是选用表格形式，或者是选择作图形式。要反映数据的具体值可以采用列表形式。对于反映研究对象变化规律性的数据，采用作图的形式来表述，其效果要比列表的形式好。采用图与表来表述研究结果，各有特色，选择的基本原则是要能够将所研究的问题阐述清楚、明了。

6.3.3 数　字

在国家标准 GB/T 15835-1995 中对数字的使用有明确的规定。

1. 一般原则

- 使用阿拉伯数字或是汉字数字，有的情形选择是唯一而确定的。
- 统计表中的数值，如正负整数、小数、百分比、分数、比例等，必须使用阿拉伯数字。

示例：48，302，－125.03，34.05％，63％～68％，1/4，2/5，1：500

- 定型的词、词组、成语、惯用语、缩略语或具有修辞色彩的词语中作为语素的数字、必须使用汉字。

示例：一律，一方面，十滴水，星期五，四氧化三铁，一〇五九(农药内吸磷)，二〇九师，七上八下，不管三七二十一，第三季度，十三届四中全会。

- 使用阿拉伯数字或是汉字数字，有的情形，如年月日、物理量、非物理量、代码、代号中的数字，目前体例尚不统一。

对这种情形，要求凡是可以使用阿拉伯数字而且又很得体的地方，特别是当所表示的数目比较精确时，均应使用阿拉伯数字。遇特殊情形，或者是避免歧解，可以灵活变通，但全篇体例应相对统一。

2. 时间(世纪、年代、年、月、日、时刻)

(1) 要求使用阿拉伯数字的情况

- 公历世纪、年代、年、月、日

示例：公元前 8 世纪　20 世纪 80 年代　公元前 440 年　公元 7 年　1994 年 10 月 1 日

- 年份一般不用简写。如 1990 年不应简写作“九〇年”或“90 年”。
- 引文著录、行文注释、表格、索引、年表等，年月日的标记可按 GB/T 7408—94 的 5.2.1.1 中的扩展格式。如：1994 年 9 月 30 日、1994 年 10 月 1 日可分别写作 1994-09-30 和 1994-10-01，仍读作 1994 年 9 月 30 日、1994 年 10 月 1 日。年月之间使用半字线“-”。但月和日是个位数时，在十位上加“0”。
- 时、分、秒

示例：4 时；15 时 40 分(下午 3 点 40 分)；14 时 12 分 36 秒。

注：*必要时，可按 GB/T　7408-94 的 5.3.1.1 中的扩展格式。该格式采用每日 24 小时计时制，时、分、秒的分隔符为冒号“：”。*

示例：04:00(4 时)；15:40(15 时 40 分)；14:12:36(14 时 12 分 36 秒)。

(2) 要求使用汉字的情况

- 中国干支纪年和夏历月日。

示例：丙寅年十月十五日；腊月二十三日；正月初五；八月十五中秋节。

- 中国清代和清代以前的历史纪年、各民族的非公历纪年。这类纪年不应与公历月日混用，并应采用阿拉伯数字括注公历。

示例：秦文公四十四年(公元前 722 年)，太平天国庚申十年九月二十四日(清咸丰十年九月二十日，公元 1860 年 11 月 2 日)，藏历阳木龙年八月二十六日(1964 年 10 月 1 日)

- 含有月日简称表示事件、节日和其他意义的词组。如果涉及一月、十一月、十二月，应用间隔号“·”将表示月和日的数字隔开，并外加引号，避免歧义。涉及其他月份时，不用间隔号，是否使用引号，视事件的知名度而定。

示例 1：“一·二八”事变(1 月 28 日)；“一二·九”运动(12 月 9 日)；“一·一七”批示(1 月 17 日)；“一一·一〇”案件(11 月 10 日)。

示例 2：五四运动；七七事变；五一国际劳动节；“五二〇”声明；“九一三”事件。

3. 物理量

物理量(physical quantity)用于定量地描述物理现象的量,即科学技术领域里使用的表示长度、质量、时间、电流、热力学温度、物质的量和发光强度的量。使用的单位应是法定计量单位。

物理量量值必须用阿拉伯数字,并正确使用法定计量单位。小学和初中教科书、非专业科技书刊和计量单位可使用中文符号。

示例:8 736.80 km(8 736.80 千米);600 g(600 克);100 kg～150 kg(100 千克～150 千克);12.5 m²(12.5 平方米);外形尺寸是 400 mm×200 mm×300 mm(400 毫米×200 毫米×300 毫米);34 ℃～39 ℃(34 摄氏度～39 摄氏度);0.59 A(0.59 安〔培〕)。

4. 非物理量

非物理量(non-physical quantity)是指日常生活中使用的量,使用的是一般量词。如 30 元、45 天、67 根等。

① 一般情况下应使用阿拉伯数字。

示例:21.35 元;45.6 万元;270 美元;48 岁;11 个月;1 480 人;4.6 万册;600 幅;550 名。

② 整数一至十,如果不是出现在具有统计意义的一组数字中,可以用汉字,但要照顾到上下文,求得局部体例上的一致。

示例 1:一个人;三本书;四种产品;六条意见;读了十遍;五个百分点。

示例 2:截止 1984 年 9 月;我国高等学校有新闻系 6 个;新闻专业 7 个;新闻班 1 个;新闻教育专职教员 274 个;在校学生 1561 个。

5. 多位整数和小数

① 阿拉伯数字书写的多位整数和小数的分节。

- 专业性科技出版物的分节法:从小数点起,向左和向右每三位数字一组,组间空四分之一个汉字(二分之一个阿拉伯数字)的位置。

示例:2 748 456;3.141 592 65

- 非专业性科技出版物如排版留四分空有困难,可仍采用传统的以千分撇“,”分节的办法。小数部分不分节。四位以内的整数也可以不分节。

示例:2,748,456;3.14159265;8703

② 阿拉伯数字书写的纯小数必须写出小数点前定位的“0”。小数点是齐底线的黑圆点“.”。

示例:0.46 不得写成 .46。

③ 尾数有多个“0”的整数数值的写法。

- 专业性科技出版物根据 GB 8170-87 关于数值修约的规则处理。

● 非科技出版物中的数值一般可以“万”、“亿”作单位。

示例：三亿四千五百万可写成345,000,000，也可写成34,500万或3.45亿，但一般不得写作3亿4千5百万。

④ 数值巨大的精确数字，为了便于定位读数或移行，作为特例可以同时使用“亿、万”作单位。

示例：我国1982年人口普查人数为10亿817万5288人；1990年人口普查人数为11亿3368万2501人。

⑤ 一个用阿拉伯数字书写的数值应避免断开移行。

⑥ 阿拉伯数字书写的数值在表示数值的范围时，使用浪纹式连接号“～”。

示例：150千米～200千米；－36℃～－8℃；2 500元～3 000元。

6. 概数和约数

① 相邻的两个数字并列连用表示概数，必须使用汉字，连用的两个数字之间不得用顿号“、”隔开。

示例：二三米；一两个小时；三五天；三四个月；十三四吨；一二十个；四十五六岁；七八十种；二三百架次；一千七八百元；五六万套。

② 带有“几”字的数字表示约数，必须使用汉字。

示例：几千年；十几天；一百几十次；几十万分之一。

③ 用“多”“余”“左右”“上下”“约”等表示的约数一般用汉字。如果文中出现一组具有统计和比较意义的数字，其中既有精确数字，也有用“多”、“余”等表示的约数时，为保持局部体例上的一致，其约数也可以使用阿拉伯数字。

示例1：这个协会举行全国性评奖十余次，获奖作品有一千多件。协会吸收了约三千名会员，其中三分之二是有成就的中青年。另外，在三十个省、自治区、直辖市还设有分会。

示例2：该省从机动财力中拿出1 900万元，调拨钢材3 000多吨、水泥2万多吨、柴油1 400吨，用于农田水利建设。

7. 代号、代码和序号

部队番号、文件编号、证件号码和其他序号，用阿拉伯数字。序数词即使是多位数也不能分节。

示例：84062部队；国家标准GB 2312－80；国办发[1987]9号文件；总3147号；国内统一刊号CN11－1399；21/22次特别快车；85号汽油；维生素B_{12}。

8. 引文标注

引文标注中的版次、卷次、页码，除古籍应与所据版本一致外，一般均使用阿拉伯数字。

示例1：列宁：《新生的中国》，见《列宁全集》，中文2版，第22卷，208页，北京，人民出版社，1990。

示例2：刘少奇：《论共产党员的修养》，修订2版，76页，北京，人民出版社，1962。

示例3：李四光：《地壳构造与地壳运动》，载《中国科学》，1973(4)，400～429页。

示例4：许慎：《说文解字》，影印陈昌治本，126页，北京，中华书局，1963。

示例5：许慎：《说文解字》，四部丛刊书，卷六上，九页。

9. 横排标题中的数字

横排标题涉及数字时，可以根据版面的实际需要和可能作恰当的处理。

10. 竖排文章中的数字

提倡横排。如文中多处涉及物理量，更应横排。竖排文字中涉及的数字除必须保留的阿拉伯数字外，应一律用汉字。必须保留的阿拉伯数字、外文字母和符号均按顺时针方向转90度。

11. 字　体

出版物中的阿拉伯数字，一般应使用正体二分字身，即占半个汉字位置。

注意：在科技论文中，量的符号都要用外文斜体字母，单位符号均采用正体，用小写字母表示。单位名称若源于人名，则第一个字母用大写字母表示。数用正体。

6.3.4　数学、物理和化学式

数学、物理和化学式的表示方法的一般要求如下：

- 公式一般另行或录排在文稿的中央(居中放置)。
- 形式简单的公式也可以串文书写，叠式(如分数)等可将其改写，如：$\frac{a}{b}$改写为a/b，使之不加大行距。
- 较长的公式转行时，最好在紧靠其中记号＋，－，±，×等后断开，而在下一行开头不应重复这一记号。
- 公式的序号可以分篇、分章独立编写，也可以全文统一编号。公式的序号用圆括号括起，一律写在公式同行的右端。正文中引用公式序号时，序号也要加圆括号。公式的序号可以采用“(2. 1)”、“(2－1)”、“(2. 1. 1)”等形式。全文应采用统一格式编号。
- 数学乘式中，字母符号之间、字母符号同前面的数字之间以及括号之间不加乘号，直接连写。
- 数字之间、字母符号与后面的数字之间以及分式之间要加乘号“×”(仅限于标量)，不能用“·”代替。
- 应注意区别各种字符，如：拉丁文、希腊文、俄文、德文花体、草体；罗马数字和阿拉伯数字；字符的正斜体、黑白体、大小写、上下角标(特别是多层次，如“三踏步”)、上下偏差等。

示例：I,l,l,i;C,c;K,k,κ;0,o,(°);S,s,5;Z,z,2;B,β;W,w,ω。

6.3.5　量与单位

在设计总结报告中，为了表述设计的过程和成果，往往会涉及量与单位，正确使用量与单位是论文规范化的基本要求之一。

1. 我国的法定计量单位

国的法定计量单位(以下简称法定单位)包括：

① 国际单位制的基本单位：见表6.3.1；

表6.3.1　国际单位制的基本单位

量的名称	单位名称	单位符号
长度	米	m
质量	千克(公斤)	kg
时间	秒	s
电流	安〔培〕	A
热力学温度	开〔尔文〕	K
物质的量	摩〔尔〕	mol
发光强度	坎〔德拉〕	cd

② 国际单位制的辅助单位：见表6.3.2；

表6.3.2　国际单位制的辅助单位

量的名称	单位名称	单位符号
平面角	弧　度	rad
立体角	球面度	sr

③ 国际单位制中具有专门名称的导出单位：见表6.3.3；

表6.3.3　国际单位制中具有专门名称的导出单位

量的名称	单位名称	单位符号	其他表示实例
频率	赫〔兹〕	Hz	s^{-1}
力，重力	牛〔顿〕	N	$kg \cdot m/s^2$
压力，压强；应力	帕〔斯卡〕	Pa	N/m^2
能量；功；热	焦〔尔〕	J	$N \cdot m$
功率；辐射通量	瓦〔特〕	W	J/s

续表 6.3.3

量的名称	单位名称	单位符号	其他表示实例
电荷量	库〔仑〕	C	A·s
电位;电压;电动势	伏〔特〕	V	W/A
电容	法〔拉〕	F	C/V
电阻	欧〔姆〕	Ω	V/A
电导	西〔门子〕	S	A/V
磁通量	韦〔伯〕	Wb	V·s
磁通量密度;磁感应强度	特〔斯拉〕	T	Wb/m^2
电感	亨〔利〕	H	Wb/A
摄氏温度	摄氏度	℃	
光通量	流〔明〕	lm	cd·sr
光照度	勒〔克斯〕	lx	lm/m^2
放射性活度	贝可〔勒尔〕	Bq	s^{-1}
吸收剂量	戈〔瑞〕	Gy	J/kg
剂量当量	希〔沃特〕	Sv	J/kg

④ 国家选定的非国际单位制单位：见表 6.3.4；

表 6.3.4 国家选定的非国际单位制单位

量的名称	单位名称	单位符号	换算关系和说明
时 间	分	min	1 min=60 s
	〔小〕时	h	1 h=60 min=3 600 s
	天〔日〕	d	1 d=24 h=86 400 s
平面角	〔角〕秒	(″)	1″=(π/648 000) rad(π 为圆周率)
	〔角〕分	(′)	1′=60″=(π/10 800) rad
	度	(°)	1°=60′=(π/180) rad
旋转速度	转每分	r/min	1 r/min=(1/60) s^{-1}
长 度	海里	n mile	1 n mile=1 852 m (只用于航程)
速 度	节	kn	1 kn=1 n mile/h=(1 852/3 600) m/s(只用于航程)
质 量	吨	t	1 t=10^3 kg
	原子质量单位	u	1 u≈1.660 565 5×10^{-27} kg
体 积	升	L,(l)	1 L=1 dm^3=10^{-3} m^3
能	电子伏	eV	1 eV≈1.602 189 2×10^{-19} J
级 差	分贝	dB	
线密度	特〔克斯〕	tex	1 tex=1 g/km

⑤ 由以上单位构成的组合形式的单位；

⑥ 由词头和以上单位构成的十进倍数和分数单位(词头见表 6.3.5)。

法定单位的定义、使用方法等，由国家计量局另行规定。

表 6.3.5 用于构成十进倍数和分数单位的词头

所表示的因数	词头名称	词头符号
10^{18}	艾〔可萨〕	E
10^{15}	拍〔它〕	P
10^{12}	太〔拉〕	T
10^{9}	吉〔咖〕	G
10^{6}	兆	M
10^{3}	千	k
10^{2}	百	h
10^{1}	十	da
10^{-1}	分	d
10^{-2}	厘	c
10^{-3}	毫	m
10^{-6}	微	μ
10^{-9}	纳〔诺〕	n
10^{-12}	皮〔可〕	p
10^{-15}	飞〔母托〕	f
10^{-18}	阿〔托〕	a

注：① 周、月、年(年的符号为 a)为一般常用时间单位。

② ()内的字，是在不致混淆的情况下，可以省略的字。

③ ()内的字为前者的同义语。

④ 角度单位度分秒的符号不处于数字后时，用括弧。

⑤ 升的符号中，小写字母 l 为备用符号。

⑥ r 为“转”的符号。

⑦ 人民生活和贸易中，质量习惯称为重量。

⑧ 公里为千米的俗称，符号为 km。

⑨ 10^4 称为万，10^8 称为亿，10^{12} 称为万亿，这类数词的使用不受词头名称的影响，但不应与词头混淆。

说明：法定计量单位的使用，可查阅 1984 年国家计量局公布的《中华人民共和国法定计量单位使用方法》。

2. 国际单位制

国际单位制是我国法定计量单位的基础 一切属于国际单位制的单位都是我国的法定计量单位。国际单位制(Le Système International d'Unités)及其国际简称 SI

是在 1960 年第 11 届国际计量大会上通过的。

(1) 国际单位制的构成

国际单位制的构成如图 6.3.2 所示。

- 国际单位制(SI)
  - SI单位
    - SI基本单位(见表6.3.6)
    - SI导出单位
      - 包括SI辅助单位在内的具有专门名称的SI导出单位(见表6.3.7、表6.3.8)
      - 组合形式的SI导出单位
  - SI单位的倍数单位

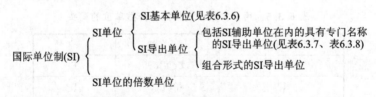

图 6.3.2　国际单位制的构成

(2) 国际单位制的基本单位

国际单位制的基本单位以表 6.3.6 中的 7 个基本单位为基础。

表 6.3.6　SI 基本单位

量的名称	单位名称	单位符号
长度	米	m
质量	千克(公斤)	kg
时间	秒	s
电流	安[培]	A
热力学温度	开[尔文]	K
物质的量	摩[尔]	mol
发光强度	坎[德拉]	cd

注：① 圆括号中的名称,是它前面名称的同义词,下同。

② 无方括号的量的名称与单位名称均为全称。方括号中的字,在不致引起混淆、误解的情况下,可以省略。去掉方括号中的字即为其名称的简称,下同。

③ 本标准所称的符号,除特殊指明外,均指我国法定计量单位中所规定的符号以及国际符号,下同。

④ 人民生活和贸易中,质量习惯称为重量。

(3) 导出单位

导出单位是用基本单位以代数形式表示的单位。这种单位符号中的乘和除采用数学符号。例如速度的 SI 单位为米每秒(m/s)。属于这种形式的单位称为组合单位。

某些 SI 导出单位具有国际计量大会通过的专门名称和符号,见表 6.3.7 和表 6.3.8。使用这些专门名称并用它们表示其他导出单位,往往更为方便、准确。如热和能量的单位通常用焦耳(J)代替牛顿米(N·m)。电阻率的单位通常用欧姆米(Ω·m)代替伏特米每安培(V·m/A)。

SI 单位弧度和球面度称为 SI 辅助单位,它们是具有专门名称和符号的量纲一

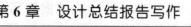

的量的导出单位。在多实际情况中用专门名称弧度(rad)和球面度(sr)分别代替数字1是方便的。例如角速度的SI单位可写成弧度每秒(rad/s)。

表6.3.7 包括SI辅助单位在内的具有专门名称的SI导出单位

量的名称	SI导出单位		
	名 称	符 号	用SI基本单位和SI导出单位表示
[平面]角	弧 度	rad	1 rad=1 m/m=1
立体角	球面度	sr	1 sr=1 m^2/m^2=1
频率	赫[兹]	Hz	1 Hz=1 s^{-1}
力	牛[顿]	N	1 N=1 kg·m/s^2
压力,压强,应力	帕[斯卡]	Pa	1 Pa=1 N/m^2
能[量],功,热量	焦[耳]	J	1 J=1 N·m
功率,辐[射能]通量	瓦[特]	W	1 W=1 J/s
电荷[量]	库[仑]	C	1 C=1 A·s
电压,电动势,电位,(电势)	伏[特]	V	1 V=1 W/A
电容	法[拉]	F	1 F=1 C/V
电阻	欧[姆]	Ω	1 Ω=1 V/A
电导	西[门子]	S	1 S=1 Ω^{-1}
磁通[量]	韦[伯]	Wb	1 Wb=1 V·s
磁通[量]密度,磁感应强度	特[斯拉]	T	1 T=1 Wb/m^2
电感	亨[利]	H	1 H=1 Wb/A
摄氏温度	摄氏度	℃	1 ℃=1 K
光通量	流[明]	lm	1 lm=1 cd·sr
[光]照度	勒[克斯]	lx	1 lx=1 lm/m^2

表6.3.8 由于人类健康安全防护上的需要而确定的具有专门名称的SI导出单位

量的名称	SI导出单位		
	名 称	符 号	用SI基本单位和SI导出单位表示
[放射性]活度	贝可[勒尔]	Bq	1 Bq=1 s^{-1}
吸收剂量 比授[予]能 比释动能	戈[瑞]	Gy	1 Gy=1 J/kg
剂量当量	希[沃特]	Sv	1 Sv=1 J/kg

用SI基本单位和具有专门名称的SI导出单位或(和)SI辅助单位以代数形式表示的单位称为组合形式的SI导出单位

(4) SI单位的倍数单位

表6.3.9给出了SI词头的名称简称及符号(词头的简称为词头的中文符号)。词头用于构成倍数单位(十进倍数单位与分数单位),但不得单独使用。

词头符号与所紧接的单位符号应作为一个整体对待,它们共同组成一个新单位(十进倍数或分数单位),并具有相同的幂次,而且还可以和其他单位构成组合单位。这里的单位符号一词仅指基本单位和导出单位而不是组合单位整体。

例1：$1\ cm^3=(10^{-2}\ m)^3=10^{-6}\ m^3$

例2：$1\ \mu s^{-1}=(10^{-6}\ s)^{-1}=10^6\ s^{-1}$

例3：$1\ mm^2/s=(10^{-3}\ m)^2/s=10^{-6}\ m^2/s$

例4 10^{-3} tex：可写为mtex

不得使用重叠词头,如只能写nm而不能写mμm。

注：由于历史原因,质量的SI单位名称“千克”中,已包含SI词头“千”,所以质量的十进倍数单位由词头加在“克”前构成。如用毫克(mg)而不得用微千克(μkg)。

表6.3.9　表词头

因　数	词头名称		符　号
	英　文	中　文	
10^{24}	yotta	尧[它]	Y
10^{21}	zetta	泽[它]	Z
10^{18}	exa	艾[可萨]	E
10^{15}	peta	拍[它]P	
10^{12}	TERA	太[拉]	T
10^{9}	giga	吉[咖]	G
10^{6}	mega	兆	M
10^{3}	kilo	千	k
10^{2}	hecto	百	h
10^{1}	deca	十	da
10^{-1}	deci	分	d
10^{-2}	centi	厘	c
10^{-3}	milli	毫	m
10^{-6}	micro	微	μ
10^{-9}	mano	纳[诺]	n
10^{-12}	pico	皮[可]	p
10^{-15}	fernto	飞[母托]	f
10^{-18}	atto	阿[托]	a
10^{-21}	zepto	仄[普托]	z
10^{-24}	yocto	幺[科托]	y

(5) SI 单位及其倍数单位的应用

SI 单位的倍数单位根据使用方便的原则选取。通过适当的选择。可使数值处于实用范围内。倍数单位的选取。一般应使量的数值处于 0.1～1 000 之间。

例 1：1.2×10^4 N 可写成 12 kN

例 2：0.003 94 m 可写成 3.94 m

例 3：1 401 Pa 可写成 1.401 kPa

例 4：3.1×10^{-8} s 可写成 31 ns

在某些情况下,习惯使用的单位可以不受上述限制。

如大部分机械制图使用的单位用毫米,导线截面积单位用平方毫米,领土面积用平方千米。

SI 单位及其倍数单位的应用还应该注意：

- 在同一量的数值表中,或叙述同一量的文章里,为对照方便使用相同的单位时,数值范围不受限制。
- 组合单位的倍数单位一般只用一个词头,并尽量用于组合单位中的第一个单位。
- 通过相乘构成的组合单位的词头通常加在第一个单位之前。

例如：力矩的单位 kN·m 不宜写成 N·km

- 通过相除构成的组合单位,或通过乘和除构成的组合单位,其词头一般都应加在分子的第一个单位之前,分母中一般不用词头,但质量单位 kg 在分母中时例外。
- 当组合单位分母是长度、面积和体积单位时,分母中可以选用某些词头构成倍数单位。

一般不在组合单位的分子分母中同时采用词头。

- 在计算中,为了方便,建议所有量均用 SI 单位表示,将词头用 10 的幂代替。
- 有些国际单位制以外的单位,可以按习惯用 SI 词头构成倍数单位,如 MeV,mCi、mL 等,但它们不属于国际单位制。
- 摄氏温度单位摄氏度,角度单位度、分、秒与时间单位日、时、分等不得用 SI 词头构成倍数单位。

(6) 单位名称

单位名称使用时应注意：

- 组合单位的名称与其符号表示的顺序一致,符号中的乘号没有对应的名称,除号的对应名称为“每”字,无论分母中有几个单位,“每”字只出现一次。
- 乘方形式的单位名称,其顺序应为指数名称在前,单位名称在后,指数名称由相应的数字加次方二字构成。
- 当长度的二次和三次幂分别表示面积和体积时,则相应的指数名称分别为“平方”和“立方”,其他情况均应分别为“二次方”和“三次方”。

● 书写组合单位的名称时，不加乘或和除的符号或和其他符号。

(7) 单位符号

单位符号和单位使用时应注意：

● 单位和词头的符号用于公式、数据表、曲线图、刻度盘和产品铭牌等需要明了的地方也用于叙述性文字中。

● 只在小学初中教科书和普通书刊中在有必要时使用。

● 单位符号没有复数形式，符号上不得附加任何其他标记或符号。

● 摄氏度的符号℃可以作为中文符号使用。

● 不应在组合单位中同时使用单位符号和中文符号，例如：速度单位不得写作km/小时。

● 单位符号一律用正体字母，除来源于人名的单位符号第一字母要大写外，其余均为小写字母(升的符号L例外)

● 当组合单位是由两个或两个以上的单位相乘而构成时其组合单位的写法可采用下列形式之一：

N·m；N m。

● 当用单位相除的方法构成组合单位时，其符号可采用下列形式之一：

$\mathrm{m/s;m\cdot s^{-1};\frac{m}{s}}$。

除加括号避免混淆外，单位符号中的斜线不得超过一条，在复杂的情况下也可以使用负指数。

● 由两个或两个以上单位相乘所构成的组合单位，其中文符号形式为两个单位符号之间加居中圆点，例如牛·米。

● 单位相除构成的组合单位，其中文符号可采用下列形式之一：

$\text{米/秒;米}\cdot\text{秒}^{-1};\frac{\text{米}}{\text{秒}}$

● 单位符号应写在全部数值之后，并与数值间留适当的空隙。

● SI词头符号一律用正体字母，SI词头符号与单位符号之间，不得留空隙。

● 单位名称和单位符号都必须作为一个整体使用，不得拆开。如摄氏度的单位符号为℃。摄氏度不得写成或读成摄氏20度或20度，也不得写成20℃只能写成20 ℃。

(8) 可与国际单位制单位并用的我国法定计量单位

由于实用上的广泛性和重要性，可与国际单位制单位并用的我国法定计量单位列于表6.3.10中。

表 6.3.10 可与国际单位制单位并用的我国法定计量单位

量的名称	单位名称	单位符号	与 SI 单位的关系
时间	分	min	1 min=60 s
	[小]时	h	1 h=60 min=3 600 s
	日,(天)	d	1 d=24 h=86 400 s
[平面]角	度	°	1°=(π/180) rad
	[角]分	′	1′=(1/60)°=(π/10 800) rad
	[角]秒	″	1″=(1/60)′=(π/7648 000) rad
体积	升	L,(l)	1 L=1 $dm^3=10^{-3}$ m^3
质量	吨 原子质量单位	t u	1 t=10^3 kg 1 u≈1.660 540×10^{-27} kg
旋转速度	转每分	r/min	1 r/min=(1/60) s^{-1}
长度	海里	n mile	1 n mile=1 852m (只用于航行)
速度	节	kn	1 kn=1 n mile/h=(1 852/3 600) m/s (只用于航行)
能	电子伏	eV	1 eV≈1.602 177×10^{-19} J
级差	分贝	dB	
线密度	特[克斯]	tex	1 tex=10^{-6} kg/m
面积	公顷	hm^2	1 $hm^2=10^4$ m^2

注:

1. 平面角单位度、分、秒的符号,在组合单位中应采用(°)、(′)、(″)的形式。
   例如,不用°/s 而用(°)/s。
2. 升的符号中,小写字母 l 为备用符号。
3. 公顷的国际通用符号为 ha。

6.3.6 装订格式及打印规范

设计总结报告以 A4 标准页面排版(21×29.7 cm^2),1.5 倍行距,字体、字号等要求如下:

1. 字体要求

一级标题:小二号黑体,居中占五行,标题与题目之间空一个汉字的空。

二级标题:三号标宋,居中占三行,标题与题目之间空一个汉字的空。

三级标题:四号黑体,顶格占二行。标题与题目之间空一个汉字的空。

四级标题:小四号粗楷体,顶格占一行。标题与题目之间空一个汉字的空。

四级标题下的分级标题的标题字号为五宋。

标题和正文中的英文字体均采用 Times New Roman 体，字号同标题字号。

2. 图和表

所有文中图和表要先有说明再有图表。图要清晰、并与文中的叙述要一致，对图中内容的说明尽量放在文中。图序、图题(必须有)为小五号宋体，居中排于图的正下方。图中的英文字体均采用 Times New Roman 体。

表序、表题为小五号黑体，居中排于表的正上方；图和表中的文字为小五号宋体；表格四周封闭，表跨页时另起表头。表中的英文字体均采用 Times New Roman 体。

图和表中的注释、注脚为小五号宋体；数学公式居中排，公式中字母正斜体和大小写前后要统一。

图号的编写以二级标题为开始，例如：图 1.1.1，图 1.1.2，……，图 1.2.1，图 1.2.2……

表号的编写以二级标题为开始，例如：表 1.1.1，表 1.1.2，……，表 1.2.1，表 1.2.2……

3. 公　式

公式另行居中，公式末不加标点，有编号时可靠右侧顶边线；若公式前有文字，如例、解等，文字顶格写，公式仍居中；公式中的外文字母之间、运算符号与各量符号之间应空半个数字的间距；若对公式有说明，可接排，如：式中，A－XX（双字线）；B－XX　，当说明较多时则另起行顶格写“式中　A－XX”；回行与 A 对齐写“B－XX”；公式中矩阵要居中且行列上下左右对齐。

公式的编写以二级标题为开始，例如：(1.1.1)，(1.1.2)，……，(1.2.1)，(1.2.2)……

4. 物理量符号

一般物理量符号用斜体(如：$f(x)$、a、b 等)；矢量、张量、矩阵符号一律用黑斜体；计量单位符号、三角函数、公式中的缩写字符、温标符号、数值等一律用正体；下角标若为物理量一律用斜体，若是拉丁、希腊文或人名缩写用正体。

物理量及技术术语全文统一，要采用国际标准。

5. 装订顺序

① 封面页：首页为封面，题名写在封面上；

② 中文摘要和关键词页：摘要的字数在 200 至 300 字之间，关键词在 3～8 个之间；

③ 英文摘要和关键词页：根据中文摘要和关键词翻译；

④ 目录页：应有小节对应的页码，目录列出第 3 级标题；

⑤ 正文页；

⑥ 参考文献页；

⑦ 附录页。

注意：装订格式及打印规范在有些赛题中有明确要求，选择该赛题的设计报告需要按照其赛题要求进行打印和装订。

6. 页　码

设计总结报告的前面部分的中英文摘要页、目录页用小写ⅰ、ⅱ、ⅲ、ⅳ顺序编页。正文必须打上页码，页码格式为"第 X 页，共 X 页"；居中打印（5号宋体）。

第7章 赛前准备和赛后综合测评

7.1 赛前培训

7.1.1 理论课程培训

对于本科院校来讲，参赛的学生是大三的学生，从课程安排来讲有些课程如单片机、可编程逻辑器件、传感与检测技术等是需要提前的。我们的组织方法是提前一个学年开始培训，基本的安排如下：

第1个学期进行理论课程培训，用20周的星期六与星期日，每周8个学时，20×8=160学时。其中：单片机基础与编程32学时，ARM嵌入式系统基础与编程40学时，可编程逻辑器件与编程40学时，Protel电路设计软件12学时，EWB/Multisim电路设计仿真软件12学时，传感与检测技术24学时。单片机和可编程逻辑器件课程按基础知识和实际编程两部分进行，以应用为导向，对理论知识不作全面的展开，特别是单片机指令和VHDL语言用多少学多少，根据实际编程需要讲解。特别注重软件开发工具的使用，接口电路的学习与训练。传感与检测技术按必需和够用的原则来安排课程内容，尽可能地利用现有的实验设备多做实验。

理论课程培训表如表7.1.1所列。

表7.1.1 理论课程培训表

课程名称	主要内容(知识点)	教学建议	学时数
单片机基础与编程	单片机内部结构与工作原理	引脚端、内部存储器、中断、I/O、T/C、指令系统，介绍基本结构与工作原理，注重从应用的角度出发，采用"Black Box"方法，不过多的涉及内部的电路。指令的应用在程序设计与开发系统使用中加深了解	6
	单片机接口电路	键盘、显示器、D/A、A/D接口电路工作原理与编程	6

续表 7.1.1

课程名称	主要内容(知识点)	教学建议	学时数
单片机基础与编程	单片机程序设计	指令应用、程序结构,通过实际应用例分析指令特点,讲解程序设计方法	6
	单片机开发系统	开发工具使用、程序汇编、实验系统使用,建议将实验系统提供给学生,利用课余时间多进行训练	14
ARM 嵌入式系统基础与编程	ARM 嵌入式系统内部结构与工作原理	引脚端、内部存储器、中断、I/O、T/C、指令系统,介绍基本结构与工作原理,注重从应用的角度出发,采用"Black Box"方法,不过多的涉及内部的电路。指令的应用在程序设计与开发系统使用中加深了解	6
	ARM 嵌入式系统接口电路	键盘、显示器、D/A、A/D 接口电路工作原理与编程	6
	ARM 嵌入式系统程序设计	指令应用、程序结构,通过实际应用例分析指令特点,讲解程序设计方法	6
	ARM 嵌入式系统开发系统	开发工具使用、程序汇编、实验系统使用,建议将实验系统提供给学生,利用课余时间多进行训练	22
可编程逻辑器件与编程	FPGA 内部结构与工作原理	引脚端、CLB、IOB、内部存储器、互联资源,介绍基本结构与工作原理,注重从应用的角度出发,采用"Black Box"方法,不过多的涉及内部的电路	4
	VHDL 语言	VHDL 语言的程序结构、语言元素、基本语句、属性、子程序、基本数字电路的 VHDL 描述,通过实际应用例讲解 VHDL 语言,分析其特点,讲解程序设计方法	8
	FPGA 接口电路设计	参考单片机接口电路设计,重点讲解电路结构与编程	4
	FPGA 开发系统	开发工具使用、编程、实验系统使用,建议将实验系统提供给学生,利用课余时间多进行训练	24
Protel 电路设计软件	原理图设计	Protel/sch 环境设置、画图工具的使用、层次电路图设计、报表生成等,通过实际电路设计例讲解,在计算机多媒体教室讲授	6
	PCB 设计	PCB 基础、环境设置、网络表的引入与管理、组件管理、报表输出等,通过实际电路设计例讲解,在计算机多媒体教室讲授	6
	电路仿真分析	仿真元器件、仿真分析、参数设置,通过实际电路设计例讲解,在计算机多媒体教室讲授。用多少讲多少,如仿真分析不要全部都讲。如果讲授 EWB/Multisim,此部分内容也可以不讲	6

续表 7.1.1

课程名称	主要内容(知识点)	教学建议	学时数
EWB/Multisim 电路设计仿真软件	EWB/Multisim 基本操作	文件的操作、仪器的使用、电路的创建等，通过实际电路设计例讲解，在计算机多媒体教室讲授	4
	EWB/Multisim 电路仿真和分析	讲解电路仿真和分析方法，用多少讲多少，通过实际电路设计例讲解，在计算机多媒体教室讲授	8
传感与检测技术	电子测量方法与原理	测量方法、数据分析与处理，测量误差等	4
	传感器工作原理	传感器基本特性、材料、声光电等传感器工作原理，传感器信号处理等，按必须和够用的原则讲解，尽可能地利用现有的实验室设备进行	20

7.1.2 实践培训

1. 实践培训安排

第 2 个学期进行实践课程培训，也用 20 周的星期六与星期日，每周 8 个学时，20×8=160 学时。按照基础训练、仪器仪表使用、单元电路训练、单片机系统训练、ARM 嵌入式系统训练，可编程逻辑器件系统训练一步一步的进行。以实际动手能力的培训为主。训练课时和内容看可以根据学生的学习进度进行适当的调整。

基础训练主要训练装配工具及使用方法、装配工艺、元器件识别、印制电路板设计与制作等内容。

仪器仪表使用主要训练数字万用表、示波器、逻辑分析仪、LC 测试仪、频谱分析仪、信号发生器等仪器仪表的使用。

单元电路训练包括电源电路、基本放大电路、射频功率放大器电路、正弦波发生器电路、非正弦波发生器电路、比较器电路、限幅器电路、检波电路、电压/频率变换电路、电压/电流变换电路、光电、红外、超声、金属传感器电路、电机驱动电路、LED 和 LCD 显示与驱动电路、A/D 电路、D/A 电路等。所有电路训练都要求按照工作原理、电原理图、印制板图、装配图、电路调试进行实际制作和整理资料(设计报告)。

单片机、ARM 嵌入式系统和可编程逻辑器件系统训练包括最小系统设计制作、AD/DA 接口电路与程序设计、LED 数码管接口电路与程序设计、LCD 接口电路与程序设计、其他接口电路与程序设计以及编程技巧、容易混淆的几个概念、常见错误类型及原因分析等内容。所有训练都要求按照工作原理、电原理图、印制板图、装配图、电路调试、程序设计进行实际制作和整理资料(设计报告)。

实践培训课程表如表 7.1.2 所列。

表 7.1.2　实践培训课程表

课程名称	主要内容(知识点)	教学建议	学时数
基础训练	装配工具及使用方法、装配工艺	通过实际操作演示与学生实际操作练习完成	1
	元器件识别	利用实际的元器件进行教学	2
	印制电路板设计与制作方法,注意事项	利用多媒体教学软件介绍印制电路板的基本设计方法,演示实际印制板制作过程	2
仪器仪表使用	稳压电源	提醒学生注意电源的操作过程与步骤(如电压的调节、电源开/关机的循序等)	1
	数字万用表	挡位调节,测量原理与方法,结合实际电路测量进行讲解	1
	示波器	面板操作,测量原理与方法,结合实际电路测量进行讲解	1
	频率计	面板操作,测量原理与方法,结合实际电路测量进行讲解	1
	函数发生器	面板操作,工作原理,结合实际电路测量进行讲解	1
其他仪器仪表使用	频谱分析仪,LC参数测量议等	面板操作,测量原理与方法,根据学生所选择的训练题目要求,进行单独的训练,结合实际电路测量进行讲解	4
单元电路训练	电源电路	集成稳压电源、开关电源,要求学生完成电原理图、印制板图、装配图、实际制作、电路调试、设计总结报告(以下训练,要求相同)	2
	放大电路	测量放大器、功率放大器(低频、高频)	4
	运算放大器电路	线性应用电路、非线性应用电路	8
	传感器电路	光电、红外、超声、金属传感器电路,非电量与电量的转换电路,信号形式,与放大器、微控制器的接口电路设计与制作	8
	驱动电路	继电器、电机、LED、LCD等驱动,与微控制器的接口电路形式设计与制作,部分电路可以结合单片机、ARM和FPGA系统训练进行	8
	A/D与D/A电路、	与微控制器的接口电路形式,编程,可以结合单片机和FPGA系统训练进行	6

续表 7.1.2

课程名称	主要内容(知识点)	教学建议	学时数
单片机系统训练	单片机最小系统电路板硬件设计	单片机最小系统制作,要求学生完成电原理图、印制板图、装配图、实际制作、电路调试、设计报告(以下训练,要求相同)	6
	单片机最小系统电路板测试程序设计	单片机最小系统电路板测试程序编制	4
	接口电路与程序设计	A/D、D/A、LCD、LED、键盘、驱动电路设计与制作,部分内容可以与单元电路训练结合起来训练	8
	编程技巧	分析一些程序例,结合电路进行讲解	4
ARM 嵌入式系统训练	ARM 最小系统电路板硬件设计	单片机最小系统制作,要求学生完成电原理图、印制板图、装配图、实际制作、电路调试、设计报告(以下训练,要求相同)	6
	ARM 最小系统电路板测试程序设计	单片机最小系统电路板测试程序编制	4
	ARM 系统接口电路与程序设计	A/D、D/A、LCD、LED、键盘、驱动电路设计与制作,部分内容可以与单元电路训练结合起来训练	8
	ARM 系统编程技巧	分析一些程序例,结合电路进行讲解	4
可编程逻辑器件系统训练	FPGA 最小系统设计与制作	FPGA 最小系统电路、印制板、电源电路的设计,要求学生完成电原理图、印制板图、装配图、实际制作、电路调试、设计报告(以下训练,要求相同)	12
	FPGA 最小系统配置电路的设计	PC 并行口配置、单片机配置、Spartan－Ⅱ器件的配置、各种模式的配置方式	2
	Modelsim 仿真工具的使用	设计流程,功能仿真和时序仿真步骤,时序仿真步骤、查错分析注意基本操作方法	8
	FPGA 的最小系统板的下载	设计的实现过程,使用 iMPACT 配置 FPGA 最小系统板的过程,通过实例进行教学分析	2
	常见错误及其原因分析	语法错误、信号与变量、IF—ELSE 语句特点、CASE 语句特点、多时钟源的解决方案、执行时端口丢失等问题,通过实例进行教学分析	6
	编程技巧	程序优化、状态机优化、片内资源的开发利用、毛刺与抗干扰、宏功能模块和 IP 核复用等,通过实例进行教学分析	6

2. 数字/模拟子系统(电路)设计步骤

数字/模拟子系统(电路)的设计过程其步骤大致分为：明确设计要求，确定设计方案和进行电路设计制作、调试等步骤。在电子设计竞赛中，数字子系统多采用单片机或者大规模可编程逻辑器件实现，但也可以 74/40 等系列的数字集成电路实现，本节讨论的数字子系统是基于 74/40 等系列数字集成电路的。从竞赛题目分析可见，模拟与数字混合的题目占多数。模拟子系统也是作品的重要组成部分，设计制作通常包含有模拟输入信号的处理，模拟输出信号、与数字子系统、单片机、可编程器件子系统之间的接口等电路。

(1) 明确设计要求

① 对于数字子系统，需要明确的设计要求有：

a. 子系统的输入和输出？数量？

b. 信号形式？模拟？TTL？CMOS？

c. 负载？微控制器？可编程器件？功率驱动？输出电流？

d. 时钟？毛刺？冒险竞争？

e. 实现器件？

② 对于模拟子系统，需要明确的设计要求有：

a. 输入信号的波形和幅度、频率等参数？

b. 输出信号的波形和幅度、频率等参数？

c. 系统的功能和各项性能指标？如增益、频带、宽度、信噪比、失真度等？

d. 技术指标的精度、稳定性？

e. 测量仪器？

f. 调试方法？

g. 实现器件？

(2) 确定设计方案

对于数字电路占主体的系统，我们的建议是采用单片机、ARM 或者可编程逻辑器件，不要大量地采用中、小规模的数字集成电路，中、小规模数字集成电路制作作品时非常麻烦，可靠性也差。

模拟子系统的设计方案与所选择的元器件有很大关系。我们的建议是：

a. 根据技术性能指标、输入输出信号关系等确定系统方框图；

b. 在子系统中，合理的分配技术指标，如增益、噪声、非线性等。将指标分配到方框图中的各模块，技术参数指标要定性和定量。

c. 要注意各功能单元的静态指标与动态指标、精度及其稳定性，应充分考虑元器件的温度特性、电源电压波动、负载变化及干扰等因素的影响。

d. 要注意各模块之间的耦合形式、级间的阻抗匹配、反馈类型、负载效应及电源内阻、地线电阻、温度等对系统指标的影响。

e. 合理的选择元器件，应尽量选择通用、新型、熟悉的元器件。应注意元器件参数的分散性，设计时应留有余地。

f. 要事先确定参数调试与测试方法、仪器仪表、调试与测试点，以及相关的数据记录与处理方法。

(3) 设计制作

设计主要包括电路设计与印制板设计。

① 电路设计

电路设计建议根据所确定的设计方案，选择好元器件，按照技术指标要求，参考元器件厂商提供的设计参考(评估板)以及参考资料提供的电路，完成设计。

② 印制板设计

PCB 设计时应遵守 PCB 设计的基本规则，注意数字电路与模拟电路的分隔、高频电路与低频电路的分隔、电源线与接地板的设计等问题。元器件布置不以好看为要求，而以满足性能指标为标准，特别是在高频电路设计时要注意。为了方便测试，PCB 设计时应设置相关的测试点。

③ EDA 工具的使用

在设计过程中，EDA 工具是必不可少的。

a. 对于数字子系统，采用单片机或者可编程逻辑器件，配套的开发工具是不可缺少的。

b. 对于模拟子系统，仿真软件可以选择 Multisim(或 EWB)、PSPICE、System-View 等。

c. 如果设计中用到了在系统可编程模拟器件(ispPAC)，配套的开发工具也是不可缺少的，如 PAC－Designer。

d. 印制板设计可以采用 Protel 等计算机绘图排版软件。

EDA 工具软件的使用需要在竞赛前进行培训。

在竞赛中作品的制作主要通过手工装配进行，采用合适的工具，按照装配工艺的要求完成作品的制作。工具的使用、装配工艺、应注意的问题等需要在竞赛前进行培训。

3. 单片机、ARM 与可编程逻辑器件子系统设计步骤

在电子设计竞赛中，作为微控制器，单片机、ARM 嵌入式系统与可编程逻辑器件应用非常普遍，其设计过程如图 7.1.1 所示，可以分为明确设计要求、系统设计、硬件设计与调试、软件设计与调试、系统集成等步骤。

设计的第 1 步是明确设计要求，确定系统功能与性能指标。一般情况下，单片机与可编程逻辑器件最小系统是整个系统的核心，须要确定最小系统板的功能、输入/输出信号特征等；需要考虑与信号输入电路、控制电路、显示电路、键盘等电路的接口和信号关系。

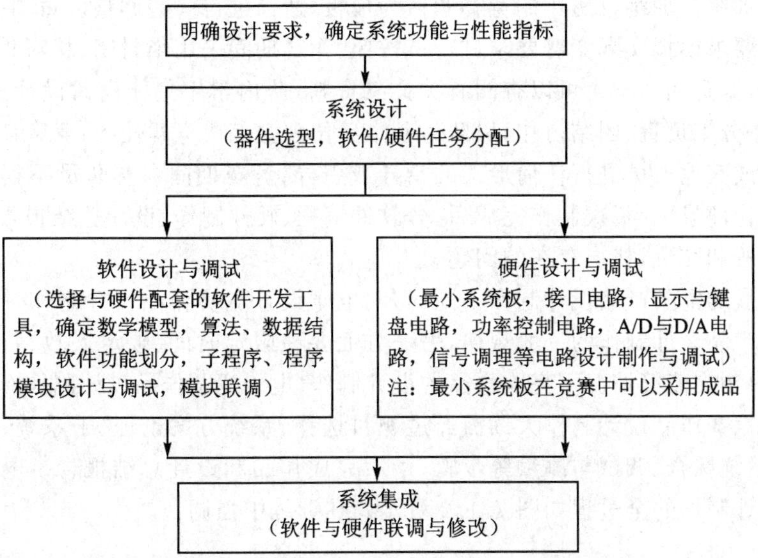

图 7.1.1　单片机、ARM 与可编程逻辑器件设计过程

最小系统板在竞赛中可以采用成品板，但接口电路，功率控制电路，A/D 与 D/A 电路，信号调理等电路须要自己设计制作。为了使作品的整体性更好一点，建议将控制器与外围电路设计在一块电路板上，这一部分内容可以在竞赛前进行设计与制作，在竞赛中根据需要进行修改。

软件开发工具需要与所选择的硬件配套，软件设计须要对软件功能进行划分，须要确定数学模型，算法、数据结构、子程序等程序模块。软件开发工具的使用需要在竞赛前进行培训。常用的一些程序如系统检测、显示器驱动、A/D、D/A、接口通信、延时等程序，可以在竞赛前进行编程和调试，在竞赛中根据需要进行修改。

系统集成完成软件与硬件联调与修改。在软件与硬件联调过程中，须要认真分析出现的问题，软件设计人员与硬件设计人员需要进行良好的沟通，一些问题如非线性补偿、数据计算、码型变换等用软件解决问题会容易很多。采用不同的硬件电路，软件编程将会完全不同，在软件设计与硬件设计之间须要寻找一个平衡点。

在训练的第 2 阶段的后半部分，即单片机、ARM 和可编程逻辑器件系统训练阶段，组织学生进行分组，分组原则按自愿组合进行。

每组 3 人，按照软件编程、硬件制作、设计总结报告写作 3 部分进行分工，每个队员各有侧重，分工合作。

每次制作完成后，分软件编程、硬件制作、设计总结报告 3 部分进行分析比较和交流，找出存在的问题。

7.1.3　系统训练

系统训练在暑假中进行，按 6 周进行。训练目标是模拟电子设计竞赛的全过程，进行系统训练。训练以历年的竞赛题目为模板，适当进行一些调整。每周一个题目，全部训练要求模拟实际竞赛要求进行。按照“竞赛期间采用半封闭、相对集中的组织方式进行，竞赛期间学生可以查阅有关文献资料，队内学生集体商讨设计思想，确定设计方案，分工负责、团结协作，以队为基本单位独立完成竞赛任务；竞赛期间不允许任何教师或其他人员进行任何形式的指导或引导；竞赛期间参赛队员不得与队外任何人员讨论商量”。每次制作完成后，分软件编程、硬件制作、设计总结报告 3 部分进行分析比较和交流，找出存在的问题。

与一般的电子产品设计制作不同的是，电子设计竞赛作品设计制作一方面需要遵守电子产品设计制作的一般规律，另一方面要在限定时间、限定人数、限制设计制作条件、限制交流等情况下完成作品的设计制作，电子竞赛作品设计制作有自己的规律。电子竞赛作品设计制作大约需经过题目选择、系统方案论证、子系统、部件设计与制作、系统综合、调试与测量等步骤，最后完成作品和设计总结报告。电子设计竞赛作品设计制作的全过程如图 7.1.2 所示。在训练中强调：

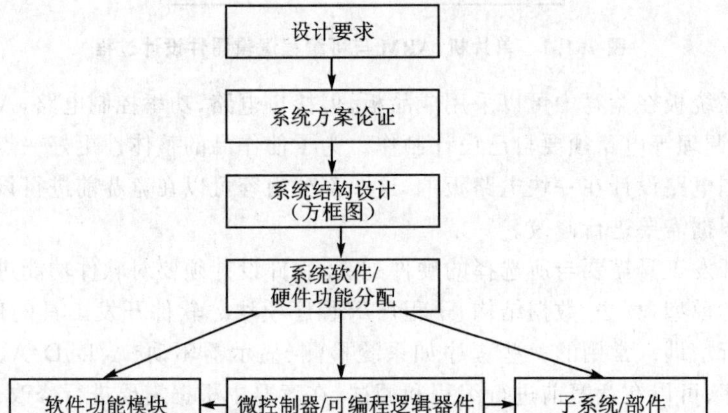

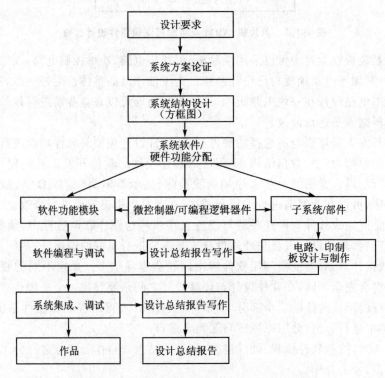

图 7.1.2　电子设计竞赛作品设计制作的全过程

1. 题目选择

全国大学生电子设计竞赛作品设计制作时间是 4 天 3 晚，3 人一组。竞赛题目一般为 5～7 题，题目在竞赛开始时(第 1 天的 8.00)开始。以 2013 年第 11 届为例共有10题：本科组赛题有：单相AC-DC变换电路(A题)，四旋翼自主飞行器(B题)，简易旋转倒立摆及控制装置(C题)，射频宽带放大器(D题)，简易频率特性测试仪(E题)，红外光通信装置(F题)，手写绘图板(G题)；高职高专组赛题有：电磁控制运动装置(J题)，简易照明线路探测仪(K题)，直流稳压电源及漏电保护装置(L题)。

正确地选择竞赛题目是保证竞赛成功的关键。参赛队员应仔细阅读所有的竞赛题目，根据自己组3个队员的训练情况，选择相应的题目进行参赛制作。

选择题目按照如下原则进行：

(1) 明确设计任务，即"做什么？"。

选择题目应注意题目中不应该有知识盲点，即要能够看懂题目要求。如果不能看懂题目要求，原则上该题目是不可选择的。因为时间是非常紧张的，没有更多的时间让你去重新学习，另外根据竞赛纪律，也不可以去请教老师。

(2) 明确系统功能和指标，即"做到什么程度？"。

注意题目中的设计要求一般分基本要求和发挥部分两部分，各占50分。应注意的是基本部分的各项分值题目中是没有给出的，但在发挥部分往往会给出的各小项的分值。选择时要仔细分析各项要求，综合两方面的要求，以取得较好的成绩。

(3) 要确定是否具有完成该设计的元器件、最小系统、开发工具、测量仪器仪表等条件。

在没有对竞赛题目进行充分分析之前，一定不能够进行设计。题目一旦选定，原则上是应保证不要中途更改。因为竞赛时间只有4天3晚，时间上不允许返工重来。

2. 系统方案论证

题目选定后，需要考虑的问题是如何实现题目的各项要求，完成作品的制作，即需要进行方案论证。方案论证可以分为总体实现方案论证、子系统实现方案论证、部件实现方案论证几个层次进行。

(1) 确定设计的可行性

方案论证最重要的一点是要确定设计的可行性，需要考虑的问题有：

① 原理的可行性？解决同一个问题，可以有许多种方法，但有的方法是不能够达到设计要求的，千万要注意。

② 元器件的可行性？如采用什么器件？微控制器？可编程逻辑器件？能否采购得到？

③ 测试的可行性？有无所需要的测量仪器仪表？

④ 设计、制作的可行性？如难度如何？本组队员是否可以完成？

⑤ 时间的可行性？4天3晚能否完成？

设计的可行性需要查阅有关资料，充分地进行讨论、分析比较后才能确定。在方案设计过程中要提出几种不同的方案，从能够完成的功能、能够达到的技术性能指标、元器件材料采购的可能性和经济性、采用元器件、设计技术的先进性以及完成时间等方面进行比较,要敢于创新,敢于采用新器件新技术,对上述问题经过充分、细致的考虑和分析比较后,拟订较切实可行的方案。

(2) 明确方案的内容

拟订的方案要明确以下内容:

① 系统的外部特性

a. 系统具有的主要功能?

b. 引脚数量? 功能?

c. 输入信号和输出信号形式(电压? 电流? 脉冲? 等)、大小(量级?)、相互之间的关系?

d. 输入信号和输出信号相互之间的关系? 函数表达式? 线性? 非线性?

e. 测量仪器仪表与方法?

② 系统的内部特性

a. 系统的基本工作原理?

b. 系统的实现方法? 数字方式? 模拟方式? 数字模拟混合方式?

c. 系统的方框图?

d. 系统的控制算法和流程?

e. 系统的硬件结构?

f. 系统的软件结构?

g. 系统中各子系统、部件之间的关系? 接口? 尺寸? 安装方法?

③ 系统的测量方法和仪器仪表

作品设计制作是否成功是通过能够实现的功能和达到的技术性能指标来表现的。在拟订方案时,应认真讨论系统功能和技术性能指标的测量方法和测量用仪器仪表。需要考虑的问题有:

a. 仪器仪表的种类?

b. 仪器仪表的精度?

c. 测量参数形式?

d. 测量方法?

e. 测试点?

f. 测量数据的记录与处理? 表格形式? 数据处理工具? matlab?

3. 安装制作与调试

安装制作与调试是保证设计是否成功的重要环节。竞赛成绩总共有 150 分,其中的 100 分取决于作品的实测结果,20 分取决于设计总结报告,30 分由综合测评决定。

(1) 安装制作须要考虑的问题有:

a. 安装工具？

b. 元器件选择与采购？

c. 最小系统的采用？微控制器？可编程逻辑器件？

d. 印制板设计与制作？低频？高频？数字？模拟？数模混合？地？EMC？

e. 子系统、部件安装制作的顺序？

(2) 调试须要考虑的问题有：

a. 调试参数？

b. 调试方法？

c. 调试需要的仪器与仪表？

d. 软件/硬件的协同？修改软件？修改硬件？

e. 测量数据的记录与处理？

建议的安装制作与调试步骤如图7.1.3所示。

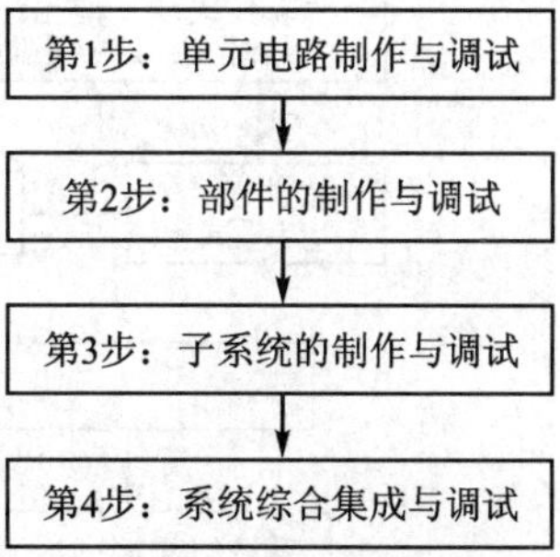

图7.1.3 作品安装制作与调试步骤

4. 竞赛时间安排

整个竞赛时间是4天3晚，以2013年第11届为例：从2013年9月4日8:00竞赛正式开始，到2013年9月7日20:00竞赛结束。建议的竞赛时间安排是：

第1天8:00开始：确定竞赛题目2小时；确定设计方案6小时；设计电路原理图、印制板图，控制方案和算法设计、程序方框图设计、功能模块程序设计，设计总结报告整体结构布置可以协同进行，到24.00，应可以完成部分模块的设计。

第2天继续完成设计和开始进行单元模块电路的制作。

第3天应该开始整机的组装和调试。调试时首先应该完成的是功能的调试，然后进行指标的调试。

第4天主要是进行系统的功能和指标调试。最后完成竞赛。

竞赛题目在竞赛开始时(8:00)打开。参赛队员应仔细阅读所有的竞赛题目，根据自已组3个队员的训练情况，选择相应的题目进行参赛制作。确定竞赛题目的时间不要超过2小时。确定竞赛题目后，参赛小组的3个队员应认真的讨论和确定设计方案，从时间上考虑，确定方案的时间不应该超过6小时。应尽快地拿出元器件清单，确定元器件库中没有的元器件，提出采购清单。元器件采购清单应提供元器件的名称、型号及规格(例如：电阻器RJ14-0.25W-510Ω±5%)、数量、替代型号及规格。

在竞赛过程中，各队学生可以按照在训练中的分工，按照软件编程、硬件制作、设计总结报告写作3部分分头进行，每个队员各有侧重，注意分工合作。

设计制作过程中，可以分模块设计、安装、调试，一步一步的进行。3人之间要注意多沟通，多交流。遇到问题，不要慌张，要冷静处理。在设计、安装、调试的每一步，

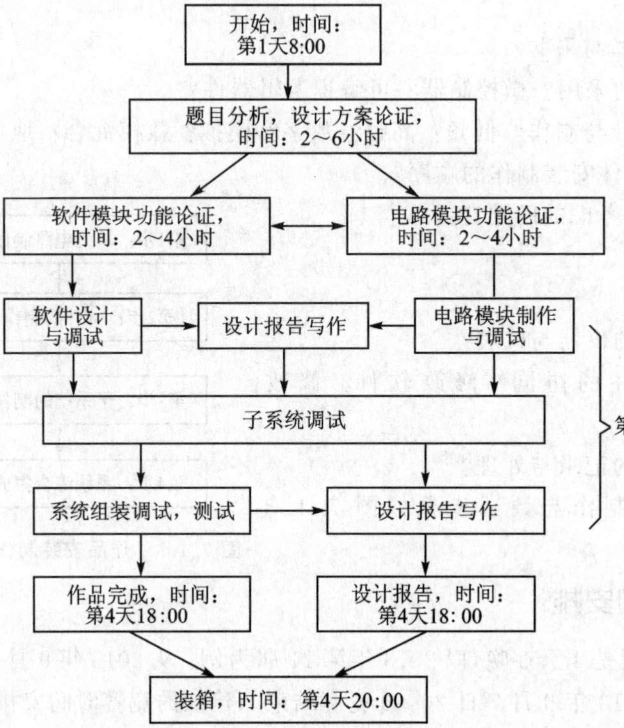

图 7.1.4　电子设计竞赛时间安排

都需要两人以上进行核对和检查。特别是到总装调试阶段，一定要格外的小心，通电前一定要两人以上进行核对和检查。不要懵懵懂懂的，一通电，就烧掉了。

作品应该在第 4 天的下午全部完成。根据多次竞赛总结的经验，到第 4 天的下午没有完成的功能和指标，也就不要再做了。很有可能的是，为了追求更好的指标，或者更完全的功能，结果将已经完成的部分给弄坏了。几乎在每次竞赛中都有这样的参赛组，最后一步，前功尽弃。

负责设计总结报告写作的队员，要根据软件和硬件设计队员提供的电路设计图纸、程序清单等设计资料，按照设计总结报告写作要求进行整理。到第 4 天的上午，设计总结报告应该可以全部完成，有缺省的应该是测试数据部分，因为作品此时可能还在调试过程中。测试数据部分可以在作品调试完毕，竞赛结束前补充到设计总结报告中去。

竞赛第 4 天 20:00 竞赛结束，上交设计报告、制作实物及《登记表》，由赛场巡视员封存。封存时应注意文件完整，作品要妥善包装。注意在作品和设计总结报告中，一定不能够出现参赛队学校名称、参赛队员和指导教师的姓名以及相关标记。包装要防振，要能够防止运输和搬运过程的冲击和振动。

系统训练可以根据本校的实际情况进行，需要考虑的主要问题有：经费？竞赛选题方向？是全面展开？还是集中在某几个方向？

注意：根据大赛组委会规定，对于同一题目，同一所学校获得全国一、二等奖的总队数合计不超过4个。

7.2 赛题解析

由国家教委高教司倡导并组织的全国大学生电子设计竞赛从1994年的首届试点到2013年已经成功地举办了11届。从11届电子设计竞赛的试题来看，可以归纳成7类，即：电源类10题，信号源类5题，高频无线电类赛题7题，放大器类赛题11题，仪器仪表类赛题16题，数据采集与处理类赛题7题，控制类赛题14题。

7.2.1 历届电源类赛题简介

1. 单相AC-DC变换电路(第11届,2013年A题,本科组)

设计并制作一个单相AC-DC变换电路，输入交流电压U_S=24 V、输出直流电压U_O=36 V，输出电流I_O=2 A，输入侧功率因数不低于0.98，AC-DC变换效率不低于95%。

2. 直流稳压电源及漏电保护装置(第11届,2013年L题,高职高专组)

设计并制作一台直流稳压电源和一个漏电保护装置。直流稳压电源输入电压为5.5～7 V，输出电压5 V，输出电流为1 A，制作一个功率测量与显示电路。制作一个动作电流为30mA的漏电保护装置。

3. 开关电源模块并联供电系统(第10届,2011年A题,本科组)

设计并制作一个由两个额定输出功率均为16 W的8 V DC/DC模块构成的并联供电系统。

输入电压U_{IN}=24 V，输出电压U_O=8.0±0.4 V，使负载电流I_O在1.5～3.5 A，具有负载短路保护及自动恢复功能，保护阈值电流为4.5 A。

4. 光伏并网发电模拟装置(第9届,2009年A题,本科组)

设计并制作一个光伏并网发电模拟装置，用直流稳压电源U_S和电阻R_S模拟光伏电池，U_S=60 V，R_S=30～36 Ω；u_{REF}为模拟电网电压的正弦参考信号，其峰峰值为2 V，频率f_{REF}为45～55 Hz；T为工频隔离变压器，变比为$n_2:n_1=2:1$、$n_3:n_1=1:10$，将u_F作为输出电流的反馈信号；负载电阻R_L=30～36 Ω。DC-AC变换器的效率为$\eta\geqslant80\%$，输出电压失真度$THD\leqslant1\%$，具有频率跟踪功能，输入欠压、输出过流保护功能。

5. 电能收集充电器(第9届,2009年E题,本科组)

设计并制作一个电能收集充电器，该充电器的核心为直流电源变换器，它从一直流电源中吸收电能，以尽可能大的电流充入一个可充电池。直流电源的输出功率有限，其电动势 E_S 在一定范围内缓慢变化，当 E_S 为不同值时，直流电源变换器的电路结构，参数可以不同。监测和控制电路由直流电源变换器供电。由于 E_S 的变化极慢，监测和控制电路应该采用间歇工作方式，以降低其能耗。可充电池的电动势 $E_C=3.6$ V，内阻 $R_C=0.1\ \Omega$。在 $R_S=100\ \Omega$，$E_S=10\sim20$ V时，充电电流 I_C 大于 $(E_S-E_C)/(R_S+R_C)$。

6. 开关稳压电源(第8届，2007年E题，本科组)

设计并制作一个开关稳压电源。输出电压 U_O 可调，范围为30～36 V。最大输出电流 I_{Omax} 为2 A，电压调整率 $S_U\leqslant0.2\%(I_O=2\ A)$，负载调整率 $S_I\leqslant0.5\%(U_2=18\ V)$，效率 $\eta\geqslant85\%(U_2=18\ V, U_O=36\ V, I_O=2\ A)$，具有过流保护功能，能对输出电压进行键盘设定和步进调整，步进值1 V，同时具有输出电压、电流的测量和数字显示功能。

7. 三相正弦波变频电源(第7届，2005年，G题)

设计并制作一个三相正弦波变频电源，输出频率范围为20～100 Hz，输出线电压有效值为36 V，最大负载电流有效值为3 A，负载为三相对称阻性负载(Y接法)。

8. 数控直流电流源(第7届，2005年，F题)

设计并制作一个数控直流电流源。输入交流200～240 V，50 Hz；输出直流电压≤10 V，输出电流范围：200～2 000 mA。

9. 直流稳压电源(第3届，1997年，A题)

设计并制作一个交流变换为直流的稳定电源，在输入电压220 V/50 Hz，电压变化范围+15%～−20%条件下，输出电压可调范围为+9～+12 V，最大输出电流为1.5 A。

10. 简易数控直流电源(第1届，1994年)

设计并制作一个输出电压范围0～+9.9 V，输出电流500 mA的数控电源。

7.2.2 历届信号源类赛题简介

1. 信号发生器(第8届，2007年，H题，高职高专组)

设计并制作一台信号发生器，使之能产生正弦波、方波和三角波信号，信号发生器能产生正弦波、方波和三角波三种周期性波形；输出信号频率范围为10 Hz～1 MHz，输出信号频率可分段调节：在10 Hz～1 kHz范围内步进间隔为10 Hz；在1 kHz～1 MHz范围内步进间隔为1 kHz。输出信号频率值可通过键盘进行设置；在50 Ω负载条件下，输出正弦波信号的电压峰-峰值 V_{opp} 在0～5 V范围内可调，调节步进间隔为0.1 V，输出信号的电压值可通过键盘进行设置；可实时显示输出信号的类型、幅度、频率和频率步进值;自制稳压电源。

2. 正弦信号发生器(第7届,2005年,A题)

设计制作一个输出频率范围为1 kHz～10 MHz,在50 Ω负载电阻上的输出电压峰-峰值V_{opp}≥1 V的正弦信号发生器。

3. 电压控制LC振荡器(第6届,2003年,A题)

设计并制作一个电压控制LC振荡器,振荡器输出为正弦波,输出频率范围为15～35 MHz,输出电压峰-峰值$V_{p-p}=1\pm0.1$ V。

4. 波形发生器(第5届,2001年,A题)

设计制作一个波形发生器,该波形发生器能产生正弦波、方波、三角波和由用户编辑的特定形状波形,输出波形的频率范围为100 Hz～20 kHz,输出波形幅度范围0～5 V(峰-峰值)。

5. 实用信号源(第2届,1995年)

在给定±15 V电源电压条件下,设计并制作一个正弦波和脉冲波信号源,信号频率为20 Hz～20 kHz,在负载为600 Ω时输出幅度为3 V。

7.2.3 历届高频无线电类赛题简介

1. 无线环境监测模拟装置(第9届,2009年,D题,本科组)

设计并制作一个无线环境监测模拟装置,实现对周边温度和光照信息的探测。该装置由1个监测终端和不多于255个探测节点组成(实际制作2个)。监测终端和探测节点均含一套无线收发电路,要求具有无线传输数据功能,收发共用一个天线。探测节点有编号预置功能,编码预置范围为00000001B～11111111B。探测节点能够探测其环境温度和光照信息。温度测量范围为0～100 ℃,绝对误差小于2 ℃;光照信息仅要求测量光的有无。探测节点采用两节1.5 V干电池串联,单电源供电。每个探测节点增加信息的转发功能,在监测终端电源供给功率≤1 W,无线环境监测模拟装置探测时延不大于5 s的条件下,使探测距离$D+D_1$达到50 cm。

2. 无线识别装置(第8届,2007年,B题,本科组)

设计制作一套无线识别装置。该装置由阅读器、应答器和耦合线圈组成,阅读器能识别应答器的有无、编码和存储信息。装置中阅读器、应答器均具有无线传输功能,频率和调制方式自由选定。不得使用现有射频识别卡或用于识别的专用芯片。两个耦合线圈最接近部分的间距定义为D。阅读器用外接单电源供电,电源供给功率≤2 W。应答器所需电源能量全部从耦合线圈获得(通过对耦合到的信号进行整流滤波得到能量),不允许使用电池及内部含有电池的集成电路。阅读器能正确读出并显示应答器上预置的四位二进制编码。显示正确率≥80%,响应时间≤5 s,耦合

线圈间距 $D \geqslant 5$ cm。

3. 单工无线呼叫系统(第7届,2005年,D题)

设计并制作一个单工无线呼叫系统,实现主站至从站间的单工语音及数据传输业务。设计并制作一个主站,传送一路语音信号,其发射频率在30~40 MHz之间自行选择,发射峰值功率不大于20 mW,射频信号带宽及调制方式自定,主站传送信号的输入采用话筒和线路输入两种方式;主、从站室内通信距离不小于5 m;主、从站收发天线采用拉杆天线或导线,长度小于等于1 m。

4. 调频收音机(第5届,2001年,F题)

用SONY公司提供的FM/AM收音机集成芯片CXA1019和锁相频率合成调谐集成芯片BU2614,制作一台调频收音机,接收FM信号频率范围88~108 MHz,调制信号频率范围100~15 000 Hz,最大频偏75 kHz,最大不失真输出功率≥100 mW(负载阻抗8 Ω),接收机灵敏度≤1 mV。

5. 短波调频接收机(第4届,1999年,D题)

设计并制作一个短波调频接收机,接收频率(f_0)范围为8~10 MHz;接收信号为20~1 000 Hz音频调频信号,频偏为3 kHz;最大不失真输出功率≥100 mW(8 W);接收灵敏度≤5 mV;通频带:$f_0 \pm 4$ kHz为−3 dB;选择性:$f_0 \pm 10$ kHz为−30 dB;镜像抑制比≥20 dB。

6. 调幅广播收音机(第3届,1997年,D题)

利用SONY公司所提供的调幅收音机单片机集成电路(带有小功率放大器)CXA1600P/M和元器件,制作一个中波广播收音机,接收频率范围为540~1 600 kHz,手动电调谐,输出功率≥100 mW。

7. 简易无线电遥控系统(第2届,1995年)

设计并制作一个无线电遥控发射机和接收机。工作频率:f_o=6~10 MHz中任选一种频率;调制方式:AM、FM或FSK任选一种;输出功率:不大于20 mW(在标准75 Ω假负载上);遥控对象:8个,被控设备用LED分别代替,LED发光表示工作;接收机距离发射机不小于10 m。

7.2.4 历届放大器类赛题简介

1. 射频宽带放大器(第11届,2013年,D题,本科组)

设计并制作一个射频宽带放大器。放大器输入阻抗50 Ω,输出阻抗50 Ω。电压增益$A_V \geqslant 60$ dB,输入电压有效值≤1 mV。在电压增益$A_V \geqslant 60$ dB时,输出噪声电压$V_{ONPP} \leqslant 100$ mV。输出电压$V_O \geqslant 1$ V。放大器$BW_{-3\,dB}$的下限频率$f_L \leqslant$ 0.3 MHz,上限频率$f_H \geqslant 100$ MHz。

2. LC 谐振放大器(第 10 届,2011 年, D 题,本科组)

设计并制作一个低压、低功耗 *LC* 谐振放大器。在放大器的输入端插入一个 40 dB 固定衰减器。衰减器指标：衰减量 40±2 dB,特性阻抗 50 Ω,频带与放大器相适应。

放大器谐振频率：f_0＝15 MHz;允许偏差±100 kHz;增益：大于等于 80 dB;－3 dB 带宽 $2\Delta f0.7$＝300 kHz;带内波动不大于 2 dB;输入电阻 R_{in}＝50 Ω;负载电阻为 200 Ω,输出电压 1 V 时,波形无明显失真。*LC* 谐振放大器的典型特性曲线如图 7.2.1 所示,矩形系数 $Kr_{0.1}=\dfrac{2\Delta f_{0.1}}{2\Delta f_{0.7}}$。

放大器使用 3.6 V 稳压电源供电(电源自备)。最大不允许超过 360 mW,尽可能减小功耗。

设计一个自动增益控制(AGC)电路。AGC 控制范围大于 40 dB。AGC 控制范围为 $20\log(V_{omin}/V_{imin})-20\log(V_{omax}/V_{imax})$(dB)。

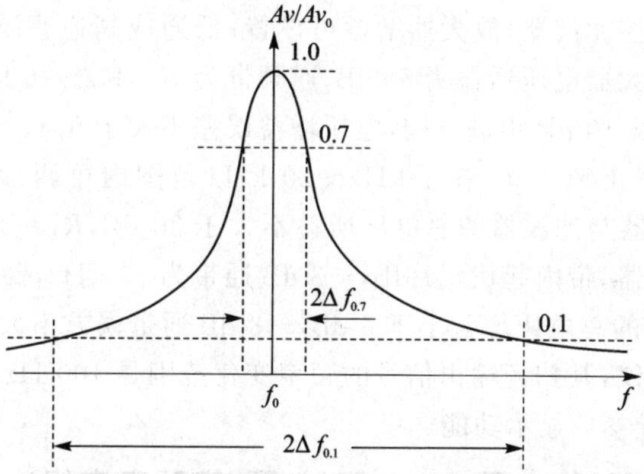

图 7.2.1　*LC* 谐振放大器的典型特性曲线

3. 宽带直流放大器(第 9 届,2009 年, C 题,本科组)

设计并制作一个宽带直流放大器及所用的直流稳压电源。放大器的输入电阻≥50 Ω,负载电阻(50±2) Ω。最大电压增益 A_V≥60 dB,输入电压有效值 V_i≤10 mV。在 A_V＝60 dB 时,输出端噪声电压的峰-峰值 V_{ONPP}≤0.3 V。3 dB 通频带 0～10 MHz;在 0～9 MHz 通频带内增益起伏≤1 dB。最大输出电压正弦波有效值 V_o≥10 V,输出信号波形无明显失真。电压增益 A_V 可预置并显示,预置范围为 0～60 dB,步距为 5 dB(也可以连续调节);放大器的带宽可预置并显示(至少 5 MHz、10 MHz 两点)。

4. 数字幅频均衡功率放大器(第 9 届,2009 年, F 题,本科组)

设计并制作一个数字幅频均衡功率放大器。该放大器包括前置放大、带阻网络、数字幅频均衡和低频功率放大电路。前置放大电路电压放大倍数不小于400倍(输入正弦信号电压有效值小于10 mV),−1 dB通频带为20 Hz~20 kHz,输出电阻为600 Ω。制作功率放大电路,对数字均衡后的输出信号进行功率放大,要求末级功放管采用分立的大功率MOS晶体管。当输入正弦信号电压有效值为5 mV、功率放大器接8 Ω电阻负载时,要求输出功率≥10 W,输出电压波形无明显失真。功率放大电路的−3 dB通频带为20 Hz~20 kHz。功率放大电路的效率≥60%。

5. 低频功率放大器(第9届,2009年,G题,高职高专组)

设计并制作一个低频功率放大器,要求末级功放管采用分立的大功率MOS晶体管。输入电阻为600 Ω,通频带为10 Hz~50 kHz。当输入正弦信号电压有效值为5 mV时,在8 Ω电阻负载(一端接地)上,输出功率≥5 W,输出波形无明显失真。在通频带内低频功率放大器失真度小于1%。设计一个带阻滤波器,阻带频率范围为40~60 Hz。在50 Hz频率点输出功率衰减≥6 dB。

6. 程控滤波器(第8届,2007年,D题,本科组)

设计并制作程控滤波器,放大器增益可设置;低通或高通滤波器通带、截止频率等参数可设置。放大器电压增益为60 dB,通频带为100 Hz~40 kHz,输入信号电压振幅为10 mV;增益10 dB步进可调,电压增益误差不大于5%。低通滤波器和高通滤波器其−3 dB截止频率 f_c 在1 kHz~20 kHz范围内可调,调节的频率步进为1 kHz,$2f_c$ 处放大器与滤波器的总电压增益不大于30 dB,$R_L=1\ k\Omega$。制作一个四阶椭圆形低通滤波器,带内起伏≤1 dB,−3 dB通带为50 kHz,要求放大器与低通滤波器在200 kHz处的总电压增益小于5 dB,−3 dB通带误差不大于5%。制作一个简易幅频特性测试仪,其扫频输出信号的频率变化范围是100 Hz~200 kHz,频率步进10 kHz。有设置参数显示功能。

7. 可控放大器(第8届,2007年,I题,高职高专组)

设计并制作一个可控放大器,放大器的增益可设置;低通滤波器、高通滤波器、带通滤波器的通带、截止频率等参数可设置。放大器电压增益为60 dB,输入正弦信号电压振幅为10 mV,增益10 dB步进可调,通频带为100 Hz~100 kHz。低通滤波器和高通滤波器其−3 dB截止频率 f_c 在1 kHz~20 kHz范围内可调,调节的频率步进为1 kHz,$2f_c$ 处放大器与滤波器的总电压增益不大于30 dB,$R_L=1\ k\Omega$。制作一个带通滤波器,中心频率50 kHz,通频带10 kHz,在40 kHz和60 kHz频率处,要求放大器与带通滤波器的总电压增益不大于45 dB。带通滤波器中心频率可设置,设置范围40 kHz~60 kHz,步进为2 kHz。

8. 宽带放大器(第6届,2003年,B题)

设计并制作一个宽带放大器,输入阻抗≥1 kΩ;单端输入,单端输出;放大器负载电阻600 Ω;3 dB通频带10 kHz~6 MHz,在20 kHz~5 MHz频带内增益起伏≤1 dB;最大增益≥40 dB,增益调节范围 10～40 dB(增益值 6 级可调,步进间隔 6 dB,增益预置值与实测值误差的绝对值≤2 dB),需显示预置增益值;最大输出电压有效值≥3 V,数字显示输出正弦电压有效值。

9. 高效率音频功率放大器(第 5 届,2001 年,D 题)

设计并制作一个高效率音频功率放大器及其参数的测量、显示装置。功率放大器的电源电压为+5 V(电路其他部分的电源电压不限),负载为 8 Ω 电阻。

功率放大器 3 dB 通频带为 300～3 400 Hz,输出正弦信号无明显失真,最大不失真输出功率≥1 W,在输出功率 500 mW 时测量的功率放大器效率(输出功率/放大器总功耗)≥50%。输入阻抗>10 kΩ,电压放大倍数 1～20 连续可调。

10. 测量放大器(第 4 届,1999 年,A 题)

设计并制作一个测量放大器及所用的直流稳压电源。输入信号 V_I 取自桥式测量电路的输出。当 $R_1=R_2=R_3=R_4$ 时,$V_I=0$。R_2 改变时,产生 $V_I\neq0$ 的电压信号。测量电路与放大器之间有 1 m 长的连接线。

测量放大器差模电压放大倍数 $A_{VD}=1\sim500$,可手动调节;最大输出电压为 ±10 V,非线性误差<0.5%;在输入共模电压+7.5～−7.5 V 范围内,共模抑制比 $K_{CMR}>10^5$;在 $A_{VD}=500$ 时,输出端噪声电压的峰-峰值小于 1 V;频带 0～10 Hz;直流电压放大器的差模输入电阻≥2 MΩ。

设计并制作上述放大器所用的直流稳压电源。由单相 220 V 交流电压供电。交流电压变化范围为+10%～−15%。

11. 实用低频功率放大器(第 2 届,1995 年)

设计并制作一个具有弱信号放大能力的低频功率放大器,正弦信号输入电压幅度为(5～700)mV,等效负载电阻 R_L 为 8 Ω 下,额定输出功率 $P_{OR}\geq10$ W;带宽 BW≥(50～10 000)Hz;在 P_{OR} 下和 BW 内的非线性失真系数≤3%;在 P_{OR} 下的效率≥55%;在前置放大级输入端交流短接到地时,$R_L=8$ Ω 上的交流声功率≤10 mW。自行设计并制作满足本设计任务要求的稳压电源。

7.2.5　历届仪器仪表类赛题简介

1. 简易频率特性测试仪(第 11 届,2013 年, E 题,本科组)

根据零中频正交解调原理,设计制作一个双端口网络频率特性测试仪,包括幅频特性和相频特性。设计制作一个正交扫频信号源,频率范围为 1 MHz～40 MHz,频率稳定度≤10^{-4},频率可以设置,最小设置单位为 100 kHz。频率特性测试仪输入阻抗 50 Ω,输出阻抗 50 Ω。可以进行点频测量,幅频测量误差的绝对值≤0.5dB,相频测量误差的绝对值≤5°。制作一个 RLC 串联谐振电路作为被测网络。

2. 简易照明线路探测仪(第 11 届,2013 年, K 题,高职高专组)

设计并制作具有显示器的简易照明线路探测仪,能够在厚度为 5 mm 的五合板正面探测出北美 2 根照明电缆的位置。

3. 简易数字信号传输性能分析仪(第 10 届,2011 年, E 题,本科组)

设计并制作一个简易数字信号传输性能分析仪,实现数字信号传输性能测试;同时,设计三并制作个低通滤波器和一个伪随机信号发生器用来模拟传输信道。

设计并制作一个数字信号发生器:数字信号 V_1 为 $f_1(x)=1+x^2+x^3+x^4+x^8$ 的 m 序列,其时钟信号为 $V_{1\text{-clock}}$;数据率为 10～100 kbps,按 10 kbps 步进可调。输出信号为 TTL 电平。

设计并制作三个低通滤波器,用来模拟传输信道的幅频特性:每个滤波器带外衰减不少于 40 dB/十倍频程;三个滤波器的截止频率分别为 100 kHz、200 kHz、500 kHz;滤波器的通带增益 A_F 在 0.2～4.0 范围内可调。

设计并制作一个伪随机信号发生器用来模拟信道噪声:伪随机信号 V_3 为 $f_{2(}x)=1+x+x^4+x^5+x^{12}$ 的 m 序列;数据率为 10 Mbps,输出信号峰峰值为 100 mV,利用数字信号发生器产生的时钟信号 $V_{1\text{-clock}}$ 进行同步,显示数字信号 V_{2a} 的信号眼图,并测试眼幅度。

4. 简易自动电阻测试仪(第 10 届,2011 年, G 题,高职高专组)

设计并制作一台简易自动电阻测试仪。测量量程为 100 Ω、1 kΩ、10 kΩ、10 MΩ 四档。测量准确度为±(1%读数+2 字)。3 位数字显示(最大显示数必须为 999),能自动显示小数点和单位,测量速率大于 5 次/s。100 Ω、1 kΩ、10 kΩ 三档量程具有自动量程转换功能。具有自动电阻筛选功能。即在进行电阻筛选测量时,用户通过键盘输入要求的电阻值和筛选的误差值。设计并制作一个能自动测量和显示电位器阻值随旋转角度变化曲线的辅助装置。

5. 音频信号分析仪(第 8 届,2007 年,A 题,本科组)

设计、制作一个可分析音频信号频率成分,并可测量正弦信号失真度的仪器。输入阻抗为 50 Ω,输入信号电压范围(峰－峰值)为 100 mV～5 V,输入信号包含的频率成分范围:200 Hz～10 kHz,频率分辨力为 20 Hz(可正确测量被测信号中,频差不小于 100 Hz 的频率分量的功率值。)检测输入信号的总功率和各频率分量的频率和功率,检测出的各频率分量的功率之和不小于总功率值的 95%;各频率分量功率测量的相对误差的绝对值小于 10%,总功率测量的相对误差的绝对值小于 5%。分析时间为 5 s,信号各频率分量应按功率大小依次存储并可回放显示,同时实时显示信号总功率和至少前两个频率分量的频率值和功率值,并设暂停键保持显示的数据。

6. 数字示波器(第 8 届,2007 年,C 题,本科组)

设计并制作一台具有实时采样方式和等效采样方式的数字示波器,被测周期信号的频率范围为10 Hz～10 MHz，仪器输入阻抗为1 MΩ，显示屏的刻度为8 div×10 div，垂直分辨率为8 bits，水平显示分辨率≥20点/div。垂直灵敏度要求含1 V/div、0.1 V/div、2 mV/div三档。电压测量误差≤5%。实时采样速率≤1 MSa/s，等效采样速率≥200 MSa/s；扫描速度要求含20 ms/div、2 μs /div、100 ns/div三档，波形周期测量误差≤5%。仪器的触发电路采用内触发方式，要求上升沿触发，触发电平可调。具有单次触发功能，即按动一次"单次触发"键，仪器能对满足触发条件的信号进行一次采集与存储(被测信号的频率范围限定为10 Hz～50 kHz)。具有存储/调出功能，即按动一次"存储"键，仪器即可存储当前波形，并能在需要时调出存储的波形予以显示。能提供频率为100 kHz的方波校准信号，要求幅度值为0.3(1±5%)V(负载电阻≥1 MΩ时)，频率误差≤5%。

7. 积分式直流数字电压表(第8届，2007年，G题，高职高专组)

在不采用专用A/D转换器芯片的前提下，设计并制作积分型直流数字电压表。测量范围为1 mV～2 V，量程为200 mV和2 V，显示范围为十进制数0～19 999，测量分辨率为0.1 mV(2 V档)，测量误差≤±0.05%±5个字，采样速率≥2次/s，输入电阻≥1 MΩ，具有自动校零、自动量程转换、抑制工频干扰功能功能。

8. 集成运放测试仪(第7届，2005年，B题)

设计并制作一台能测试通用型集成运算放大器参数的测试仪。

9. 简易频谱分析仪(第7届，2005年，C题)

采用外差原理设计并实现频谱分析仪，频率测量范围为10～30 MHz；频率分辨力为10 kHz，输入信号电压有效值为20 mV±5 mV，输入阻抗为50 Ω；可设置中心频率和扫频宽度；借助示波器显示被测信号的频谱图，并在示波器上标出间隔为1 MHz的频标。

10. 简易逻辑分析仪(第6届，2003年，D题)

设计并制作一个8路数字信号发生器与简易逻辑分析仪。

11. 低频数字式相位测试仪(第6届，2003年，C题)

设计并制作一个低频相位测量系统，包括相位测量仪、数字式移相信号发生器和移相网络三部分。相位测量仪：频率范围从20 Hz～20 kHz，输入阻抗≥100 kΩ，允许两路输入正弦信号峰－峰值可分别在1～5 V范围内变化，相位测量绝对误差≤2°，具有频率测量及数字显示功能，相位读数为0～359.9°，分辨力为0.1°。移相网络：输入信号频率为100 Hz、1 kHz和10 kHz，连续相移范围从－45°～＋45°。A′、B′输出的正弦信号峰－峰值可分别在0.3～5 V范围内变化。数字式移相信号发生器：频率范围从20 Hz～20 kHz，频率步进为20 Hz，输出频率可预置；A、B输出的正弦信号峰－峰值可分别在0.3～5 V范围内变化；相位差范围为0°～359°，相位差步进为1°,相位差值可预置;数字显示预置的频率、相位差值。

12. 简易数字存储示波器(第5届,2001年,B题)

设计并制作一台用普通示波器显示被测波形的简易数字存储示波器,要求仪器的输入阻抗大于100 kΩ,垂直分辨率为32级/div,水平分辨率为20点/div;设示波器显示屏水平刻度为10 div,垂直刻度为8 div;要求设置0.2 s/div、0.2 ms/div、20 μs/div三档扫描速度,仪器的频率范围为DC～50 kHz,误差≤5%;要求设置0.1 V/div、1 V/div二档垂直灵敏度,误差≤5%;仪器的触发电路采用内触发方式,要求上升沿触发、触发电平可调;观测波形无明显失真。

13. 数字式工频有效值多用表(第4届,1999年,B题)

设计并制作一个能同时对一路工频交流电(频率波动范围为50±1 Hz、有失真的正弦波)的电压有效值、电流有效值、有功功率、无功功率、功率因数进行测量的数字式多用表。测量功能及量程范围:交流电压从0～500 V;有功功率从0～25 kW;无功功率从0～25 kvar;功率因数(有功功率/视在功率)从0～1。

14. 频率特性测试仪(第4届,1999年,C题)

设计并制作一个频率特性测试系统,包含测试信号源、被测网络、检波及显示三部分,幅频特性测试:频率范围从100～100 kHz;频率步进为10 Hz;频率稳定度为10^{-4};测量精度5%;能在全频范围和特定频率范围内自动步进测量,可手动预置测量范围及步进频率值;LED显示,频率显示为5位,电压显示为3位,并能打印输出。

15. 简易数字频率计(第3届,1997年,B题)

设计并制作一台数字显示的简易频率计。频率、周期测量范围:信号为方波、正弦波;幅度从0.5～5 V;频率从1 Hz～1 MHz;测量误差≤0.1%。脉冲宽度测量范围:幅度:0.5～5 V;脉冲宽度≥100 μs,测量误差≤1%。

16. 简易电阻、电容和电感测试仪(第2届,1995年)

设计并制作一台数字显示的电阻、电容和电感参数测试仪,测量范围:电阻100 Ω～1 MΩ;电容100 pF～10 000 pF;电感100 μH～10 mH。测量精度为±5%。制作4位数码管显示器,显示测量数值,并用发光二极管分别指示所测元件的类型和单位。

7.2.6 历届数据采集与处理类赛题简介

1. 红外光通信装置(第11届,2013年,F题,本科组)

设计并制作一个红外光通信装置。利用红外发光管和红外接收器作为收发器件,用来定向传输语音信号,语音信号频率范围为300～3 400 kHz,传输距离为2 m。实时传输发射端的环境温度,并能够在接收端显示。设计并制作一个红外光通信中继转发点,一改变通信方向90°,延长通信距离2 m。

2. 手写绘图板(第11届,2013年,G题,本科组)

利用普通PCB覆铜板设计和制作手写绘图板输入设备。系统构成方框图如图7.2.2所示。普通PCB覆铜板尺寸为15 cm×10 cm,其四角用导线连接到电路,同时,一根带导线的普通表笔连接到电路。表笔可以与覆铜板表面任意位置接触,电路应能够检测表笔与铜箔的接触,并测量触点位置,进而实现手写绘图功能。

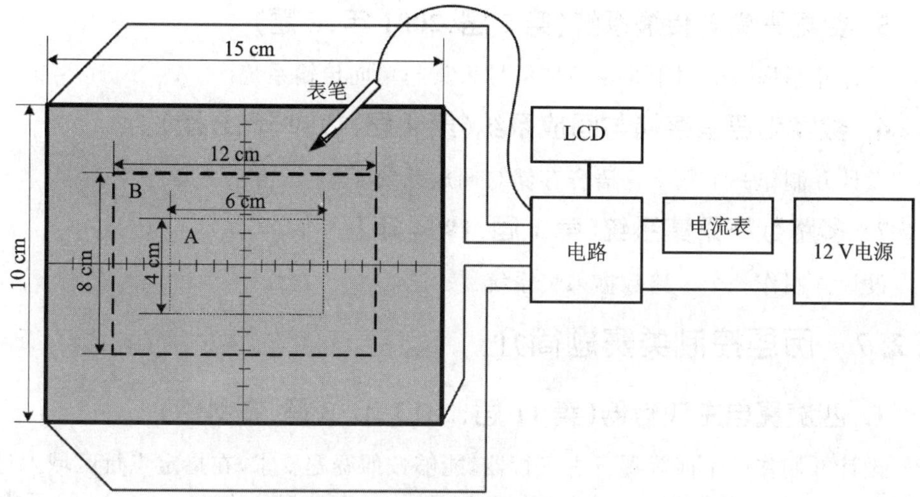

图7.2.2 手写绘图板系统方框图

3. 波形采集、存储与回放系统(第10届,2011年,H题,高职高专组)

设计并制作一个波形采集、存储与回放系统。该系统能同时采集两路周期信号波形,要求系统断电恢复后,能连续回放已采集的信号,显示在示波器上。

能完成对A通道单极性信号(高电平约4 V、低电平接近0 V)、频率约1 kHz信号的采集、存储与连续回放。要求系统输入阻抗不小于10 kΩ,输出阻抗不大于1 kΩ。可同时采集、存储与连续回放A、B两路信号,并分别测量和显示A、B两路信号的周期。B通道原信号与回放信号幅度峰峰值之差的绝对值≤10 mV,周期之差的绝对值≤5%。A、B两路信号的周期不相同时,以两信号最小公倍周期连续回放信号。可以存储两次采集的信号,回放时用按键或开关选择显示指定的信号波形。

本系统处理的正弦波信号频率范围限定在10 Hz～10 kHz,三角波信号频率范围限定在10 Hz～2 kHz,方波信号频率范围限定在10 Hz ～1 kHz。

4. LED点阵书写显示屏(第9届,2009年,高职高专组)

设计并制作一个基于32×32点阵LED模块的书写显示屏。在控制器的管理下,LED点阵模块显示屏工作在人眼不易觉察的扫描微亮和人眼可见的显示点亮模式下;当光笔触及LED点阵模块表面时,先由光笔检测触及位置处LED点的扫描微亮以获取其行列坐标,再依据功能需求决定该坐标处的LED是否点亮至人眼可见的显示状态,从而在屏上实现"点亮、划亮、反显、整屏擦除、笔画擦除、连写多字、对象拖移"等书写显示功能。在"划亮"功能下,当光笔在屏上快速划过时,能同步点亮划过的各点LED,其速度要求2 s内能划过并点亮40点LED。当光笔连续未接触屏面的时间超过1～5 min时(此时间可由控制器设定),能自动关闭屏上显示,并使整个系统进入休眠状态,此时系统工作电流应不大于5 mA。

5. 数据采集与传输系统(第5届,2001年,E题)

设计并制作一个用于8路模拟信号采集与单向传输系统。

6. 数字化语音存储与回放系统(第4届,1999年,E题)

设计并制作一个数字化语音存储与回放系统。

7. 多路数据采集系统(第1届,1994年)

设计并制作一个8路数据采集系统。

7.2.7　历届控制类赛题简介

1. 四旋翼自主飞行器(第11届,2013年,B题,本科组)

设计并制作一个四旋翼自主飞行器,能够按照赛题要求,在指定飞行区域内进行飞行。四旋翼自主飞行器一键式从A区飞向B区降落并停机,飞行时间不大于45 s。一键式从B区飞向A区降落并停机,飞行时间不大于45 s。

飞行器摆在A区,飞行器下面放置一个铁片,一键式启动,飞行器拾起铁片,并从A区飞向B区,保持一定高度,并将铁片投向B区,并返回A区降落并停机,飞行时间不大于30 s。

2. 简易旋转倒立摆及控制装置(第11届,2013年,C题,本科组)

设计并制作一个简易旋转倒立摆及控制装置。旋转倒立摆的结构如图7.2.3所示。电动机A固定在支架B上,通过转轴F驱动旋转臂C旋转。摆杆E通过转轴D固定在旋转臂C的一端,当旋转臂C在电动机A驱动下作往复旋转运动时,带动摆杆E在垂直于旋转臂C的平面作自由旋转。

3. 电磁控制运动装置(第11届,2013年,J题,高职高专组)

设计并制作一个电磁控制运动装置。该装置由电磁控制装置、摆杆等组成。能够控制摆杆在10°～45°的范围内摆动摆杆摆角幅度可以预置。摆杆的摆动周期可以在0.5 s～2 s范围内预置。带声光提示。

4. 基于自由摆的平板控制系统(第10届,2011年,B题,本科组)

设计并制作一个自由摆上的平板控制系统。摆杆的一端通过转轴固定在一支架上，另一端固定安装一台电机，平板固定在电机转轴上；当摆杆如图 7.2.4 摆动时，驱动电机可以控制平板转动。

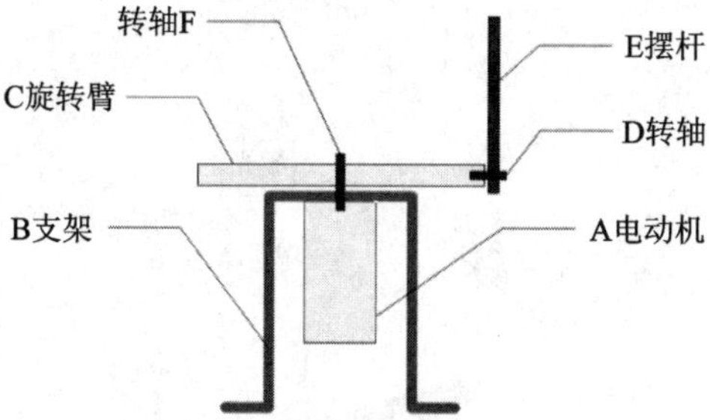

图 7.2.3 旋转倒立摆的结构

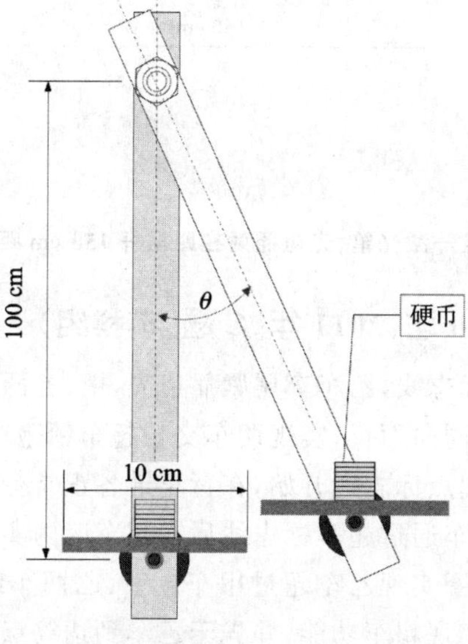

图 7.2.4 摆杆摆动时驱动电机可以控制平板转动

用手推动摆杆至一个角度 θ(θ 在 45°～60°间)，在平板中心稳定叠放 8 枚 1 元硬币，见图 7.2.4；启动后放开摆杆让其自由摆动。在摆杆摆动过程中，要求控制平板状态使硬币在摆杆的 5 个摆动周期中不从平板上滑落，并保持叠放状态。

如图 7.2.5 所示，在平板上固定一激光笔，光斑照射在距摆杆 150 cm 距离处垂直放置的靶子上。摆杆垂直静止且平板处于水平时，调节靶子高度，使光斑照射在靶纸的某一条线上，标识此线为中心线。用手推动摆杆至一个角度 θ(θ 在 30°～60°间)，启动后，系统应在 15 s 钟内控制平板尽量使激光笔照射在中心线上(偏差绝对值<1 cm)，完成时以 LED 指示。

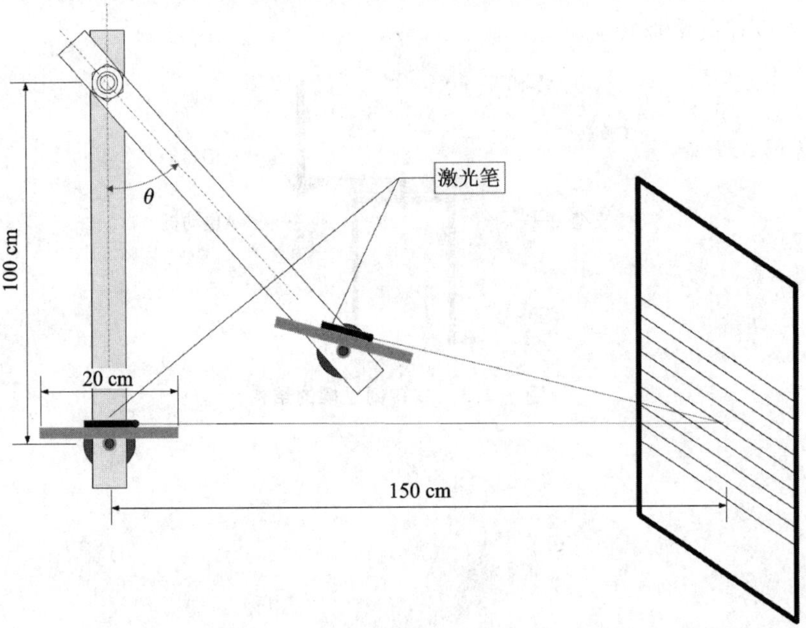

图 7.2.5 在平板上固定一激光笔,光斑照射在距摆杆 150 cm 距离处垂直放置的靶子上

5. 智能小车(第10届,2011年,C题,本科组)

甲车车头紧靠起点标志线,乙车车尾紧靠边界,甲、乙两辆小车同时起动,先后通过起点标志线,在行车道同向而行,实现两车交替超车领跑功能。

甲车和乙车分别从起点标志线开始,在行车道各正常行驶一圈。甲、乙两车按赛题要求位置同时起动,乙车通过超车标志线后在超车区内实现超车功能,并先于甲车到达终点标志线,即第一圈实现乙车超过甲车。甲、乙两车继续行驶第二圈,要求甲车通过超车标志线后要实现超车功能,并先于乙车到达终点标志线,即第二圈完成甲车超过乙车,实现了交替领跑。甲、乙两车继续行驶第三圈和第四圈,并交替领跑。在完成上述功能后,重新设定甲车起始位置(在离起点标志线前进方向 40 cm 范围内任意设定),实现甲、乙两车四圈交替领跑功能。

6. 帆板控制系统(第10届,2011年,F题,高职高专组)

设计并制作一个帆板控制系统,通过对风扇转速的控制,调节风力大小,改变帆板转角 θ。用手转动帆板时,能够数字显示帆板的转角 θ。显示范围为 0～60°,分辨率为 2°,绝对误差≤5°。

当间距 $d=10$ cm 时,通过操作键盘控制风力大小,使帆板转角 θ 能够在 0°～60°范围内变化,并要求实时显示 θ。通过操作键盘控制风力大小,使帆板转角 θ 稳定在 45°±5°范围内。要求控制过程在 10 s 内完成,实时显示 θ,并由声光提示,以便进行测试。

间距 d 在 7～15 cm 范围内任意选择，通过键盘设定帆板转角，范围为 0°～60°。要求 θ 在 5 s 内达到设定值，并实时显示 θ。最大误差的绝对值不超过 5°。

7. 声音导引系统(第 9 届，2009 年，B 题，本科组)

设计并制作一声音导引系统。声音导引系统有一个可移动声源 S，三个声音接收器 A、B 和 C，声音接收器之间可以有线连接。声音接收器能利用可移动声源和接收器之间的不同距离，产生一个可移动声源离 Ox 线(或 O′y 线)的误差信号，并用无线方式将此误差信号传输至可移动声源，引导其运动。平均速度大于 10 cm/s。定位误差小于 1 cm。

8. 模拟路灯控制系统(第 9 届，2009 年，I 题，高职高专组)

设计并制作一套模拟路灯控制系统。支路控制器有时钟功能，能设定、显示开关灯时间，并控制整条支路按时开灯和关灯。支路控制器应能根据环境明暗变化，自动开灯和关灯。支路控制器应能根据交通情况自动调节亮灯状态：当可移动物体 M 由左至右到达 S 点时，灯 1 亮；当物体 M 到达 B 点时，灯 1 灭，灯 2 亮；若物体 M 由右至左移动时，则亮灯次序与上相反。支路控制器能分别独立控制每只路灯的开灯和关灯时间。当路灯出现故障时(灯不亮)，支路控制器应发出声光报警信号，并显示有故障路灯的地址编号。单元控制器具有调光功能，路灯驱动电源输出功率能在规定时间按设定要求自动减小，该功率应能在 20%～100%范围内设定并调节，调节误差≤2%。

9. 电动车跷跷板(第 8 届，2007 年，F 题，本科组)

设计并制作一个电动车跷跷板，在跷跷板起始端 A 一侧装有可移动的配重。配重的位置可以在从始端开始的 200 mm～600 mm 范围内调整，调整步长不大于 50 mm；配重可拆卸。将电动车放置在地面距离跷跷板起始端 A 点 300 mm 以外、90°扇形区域内某一指定位置(车头朝向跷跷板)，电动车能够自动驶上跷跷板，电动车在跷跷板上取得平衡，给出明显的平衡指示，保持平衡 5 秒钟以上。

第 8 届高职高专组也有类似题目(2007 年，J 题，高职高专组)，功能要求低一些。

10. 悬挂运动控制系统(第 7 届，2005，E 题)

设计并制作一个电机控制系统，控制物体在倾斜(仰角≤100°)的板上运动。在一白色底板上固定两个滑轮，两只电机(固定在板上)通过穿过滑轮的吊绳控制一物体在板上运动，运动范围为 80 cm×100 cm。物体的形状不限，质量大于 100 g。物体上固定有浅色画笔，以便运动时能在板上画出运动轨迹。

11. 简易智能电动车(第 6 届，2003 年，E 题)

设计并制作一个简易智能电动车。

12. 液体点滴速度监控装置(第6届,2003年,F题)

设计并制作一个液体点滴速度监测与控制装置。

13. 自动往返电动小汽车(第5届,2001年,C题)

设计并制作一个能自动往返于起跑线与终点线间的小汽车。允许用玩具汽车改装,但不能用人工遥控(包括有线和无线遥控)。

14. 水温控制系统(第3届,1997年,C题)

设计并制作一个水温自动控制系统,控制对象为1 L净水,容器为搪瓷器皿。温度设定范围为40～90 ℃,最小区分度为1 ℃,标定温度≤1 ℃。环境温度降低时(例如用电风扇降温)温度控制的静态误差≤1 ℃。用十进制数码管显示水的实际温度。

从以上赛题可见,赛题具有实用性强、综合性强、技术水平发挥余地大的特点。题目涉及的内容是一个课程群,而非单一的一门课程。涉及的电子信息类专业的课程有低频电路、高频电路、数字电路、微机原理、电子测量、单片机、ARM嵌入式系统、可编程逻辑器件、EDA设计、自动控制原理和控制算法等。涉及的实践性教学环节有电子线路实验课、微机原理实验课、自动控制原理实验课、课程设计、生产实习等。可选用的器件有晶体管、集成电路、大规模集成电路、单片机、可编程逻辑器件、传感器、控制电机等。设计手段必须采用现代电子设计方法与开发工具,如VHDL语言、Xilinx Foundation Series EDA工具、单片机和ARM嵌入式系统编程器等。电子设计竞赛的试题既反映了电子技术的先进水平,又能够引导高校在教学改革中注重培养学生的工程实践能力和创新设计能力。

全国大学生电子设计竞赛既不是单纯的理论设计竞赛也不仅仅是实验竞赛,而是在一个半封闭、相对集中环境和限定时间内,由一个参赛队共同设计、制作完成一个有特定工程背景的作品。既强调理论设计,更强调工程实现。考核学生综合运用基础知识的能力,更注重考查学生的创新意识。要求竞赛队员掌握系统方案分析、单元电路设计、集成电路芯片选择的基本设计方法,具备制作、装配、调试与检测等实际动手能力,能够顺利地完成电子设计竞赛作品的设计与制作。

7.2.8 赛前题目分析

1. 赛前公布的基本仪器和主要元器件清单

全国大学生电子设计竞赛组委会专家组在电子设计竞赛开始的前一周都会在网上公布本次全国大学生电子设计竞赛需要的基本仪器和主要元器件清单,以便参赛学校做好准备。通过对所公布的基本仪器和主要元器件清单进行分析,可以得到一些竞赛题目的信息。

以下是"2013年全国大学生电子设计竞赛基本仪器和主要元器件清单"。

(该文件请从竞赛官方下载站 ftp://ftp.nuedc.com.cn/2013 目录下载。)

(1) 基本仪器清单

60 MHz 双通道数字示波器

100 MHz 双通道数字示波器

低频信号发生器(1 Hz～1 MHz)

标准高频信号发生器(1 MHz～100 MHz,可输出 1 mV 小信号)

函数发生器(10 MHz,DDS)

低频毫伏表

高频毫伏表

100 MHz 频率计

数字式单相电参数测量仪

秒表

量角器

温度计

五位半数字万用表

单片机开发系统及 PLD 开发系统

(2) 主要元器件清单

单片机最小系统板

R5F100LEA(瑞萨 MCU),已下发到赛区组委会

A/D、D/A 转换器

AD9854ASVZ(与 AD9854ASQ 等同)

运算放大器、电压比较器、乘法器

可编程逻辑器件及其下载板

显示器件

小型继电器

小型电机

带防撞圈的四旋翼飞行器(外形尺寸：长度≤50 cm,宽度≤50 cm;续航时间大于 10 min)

滑线变阻器(50 Ω/2 A)

变容二极管(30 pF～100 pF)

光电传感器

角度传感器

超声传感器

红外收发管

全国大学生电子设计竞赛组委会专家组

2013 年 8 月 28 日公布

2. 分析方法

分析方法可以采用基本要素组合法,一是分析所需要的仪器仪表,二是分析所需要的元器件,将两者结合进行综合分析。

以2013年公布的全国大学生电子设计竞赛基本仪器和主要元器件清单为例:

从信号发生器和示波器的频率范围可见,信号频率范围不会超过100 MHz。信号波形为正弦波,要求调频调幅及外调制功能。

使用低频信号发生器(1 Hz～1 MHz),表示作品制作时需要低频信号。

使用函数发生器(10 MHz,DDS),表示作品制作时需要函数信号。

使用双踪示波器,表示作品制作时需要同时观测两路信号。使用数字示波器,表示作品制作时需要直接读取一些数据。

使用频率计,表示作品制作时需要测量频率,频率范围不会超过100 MHz。

使用低频毫伏表,表示作品制作时需要测量低频信号电压。

使用高频毫伏表,表示作品制作时需要测量高频信号电压。

使用数字式单相电参数测量仪,表示表示作品制作时需要测量单相电参数(交流电压、电流和功率因数)。

使用51/2位数字万用表,表示作品制作时需要精确测量电压值。

使用单片机开发系统及EDA开发系统、单片机最小系统板(仅含单片机芯片、键盘与显示装置、存储器)和可编程逻辑器件下载板(仅含可编程芯片、下载电路、配置存储器),表示作品制作时需要使用单片机或者可编程逻辑器件才可以完成。

使用R5F100LEA(瑞萨MCU),表示作品制作时需要使用指定微控制器芯片。

需要秒表,表示作品制作时需要对时间进行测量。

需要量角器,表示作品制作时需要对角度进行测量。

使用A/D、D/A变换器,表示作品制作时需要将模拟信号转换为数字信号,也需要将数字信号转换为模拟信号。

使用DDS集成芯片AD9854ASVZ(与AD9854ASQ等同),表示作品制作时需要采用数字频率合成技术,产生正弦波等信号。

使用运算放大器、电压比较器 ,表示作品制作时需要对信号进行放大和比较。

需要带防撞圈的四旋翼飞行器(外形尺寸:长度≤50 cm,宽度≤50 cm;续航时间大于10 min),表示有采用四旋翼飞行器作为控制对象的赛题。

使用滑线变阻器(50 Ω/2 A),表示作品制作时需要有一个负载。

使用变容二极管(30 pF～100 pF),表示作品制作时需要对调谐回路进行调整。

使用光电传感器,表示作品制作时需要对光信号进行检测。

使用角度传感器,表示作品制作时需要对角度信号进行检测。

使用超声波传感器,表示作品制作时需要对距离、障碍物等信号进行检测。

使用小型电动机,表示作品制作时需要有一个驱动力。

使用小型继电器，表示作品制作时需要对一定功率的电信号进行控制。

3. 题目组合

如图 7.2.6 所示，将以上的一些基本要素进行组合，结合历届的竞赛试题，可以得到可能出现的一些题目和作品应完成的功能。

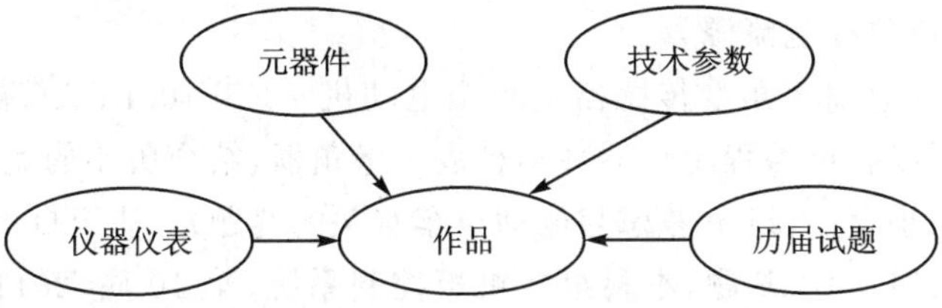

图 7.2.6 基本要素组合法

例 1：查找 DDS AD9854ASVZ(与 AD9854ASQ 等同)芯片资料可知，在微控制器的控制下，DDS AD9854ASVZ(与 AD9854ASQ 等同)芯片可以产生正弦波/余弦波信号输出，实现 AM/FM/FSK 调制等功能。DDS 芯片＋单片机最小系统板或者可编程逻辑器件＋低频信号发生器(1 Hz～1 MHz)＋高频信号发生器(1 MHz～100 MHz)具有调频调幅及外调制功能＋低频毫伏表＋高频毫伏表＋频率计，结合信号源和仪器仪表类赛题：

DDS 作为信号源已经在以前的赛题中出现过，例如电压控制 LC 振荡器(第六届，2003 年)、波形发生器(第五届，2001 年)、实用信号源(第二届，1995 年)分析，一般以出现过的试题不会重复出现，可能出现的题目和功能是：

作为测量仪器仪表中的信号源，以 DDS 芯片为核心，在单片机最小系统板或者可编程逻辑器件的控制下，产生正弦波/余弦波信号输出，或者 AM/FM/FSK 调制信号输出的信号发生器。

DDS AD9854ASVZ(与 AD9854ASQ 等同)芯片在"简易频率特性测试仪"赛题中作为信号源使用。

例 2：单片机最小系统板或者可编程逻辑器件＋低频信号发生器(1 Hz～1 MHz)＋高频信号发生器(1 MHz～100 MHz)具有调频调幅及外调制功能＋低频毫伏表＋高频毫伏表，，结合无线电和放大器类赛题分析，一般已出现过的试题不会重复出现，可能出现的题目和功能是：

频率在 100 MHz 以下，调频或者调幅的无线数字/语音传输系统？射频放大器？

例 3：数字式单相电参数测量仪＋51/2 位数字万用表＋低频毫伏表＋小型继电器＋滑线变阻器(50Ω/2A)＋单片机最小系统板或者可编程逻辑器件，一般会有电源类赛题，结合历年的竞赛题目：开关电源模块并联供电系统(第 10 届，2011 年 A 题，本科组)、光伏并网发电模拟装置(第 9 届，2009 年 A 题，本科组)、电能收集充电器(第 9 届，2009 年 E 题，本科组)、开关稳压电源(第 8 届，2007 年 E 题，本科组)、三相正弦波变频电源(第 7 届,2005 年,G 题)、数控直流电流源(第 7 届,2005 年,F 题)、直流稳压电源(第 3 届,1997 年,A 题)、简易数控直流电源(第 1 届,1994 年)进行分析,一般已出现过的试题不会重复出现,可能出现的题目和功能是:

对单相电参数(交流电压、电流和功率因数)有一定要求,功率 200 W(滑线变阻器 50 Ω/2 A),51/2 位数字万用表测量电压和电流精度,AC－DC 稳压电源,或者变频电源,或者直流数控电流源等。

例 4: 光电传感器＋角度传感器＋小型电动机＋R5F100LEA(瑞萨 MCU)＋单片机最小系统板或者可编程逻辑器件＋秒表＋量角器,结合历年的竞赛题目(元器件清单中没有电动小车,可以不考虑与电动小车有关的赛题):基于自由摆的平板控制系统(第 10 届,2011 年, B 题,本科组)、帆板控制系统(第 10 届,2011 年,F 题,高职高专组)、电动车跷跷板(第 8 届,2007 年,F 题,本科组)、悬挂运动控制系统(第 7 届,2005,E 题)进行分析,一般已出现过的试题不会重复出现,可能出现的题目和功能是:

可利用光电传感器和角度传感器检测信号的摆动运动控制系统。

例 5: 带防撞圈的四旋翼飞行器＋超声波传感器＋光电传感器＋角度传感器＋R5F100LEA(瑞萨 MCU)＋单片机最小系统板或者可编程逻辑器件＋秒表＋量角器,结合历年的元器件清单和赛题,元器件清单中有电动小车,一定会有与电动小车有关的赛题,元器件清单中有带防撞圈的四旋翼飞行器,一定会出现与带防撞圈的四旋翼飞行器有关的赛题。

7.3 赛前准备工作

通过对所公布的基本仪器和主要元器件清单进行分析,结合历届的竞赛试题,可以得到一些可能出现的赛题和作品应完成的功能。参赛队员可以根据自己的训练情况,选择一两个赛题方向进行准备。

7.3.1 仪器的准备

根据公布的基本仪器清单,和选择的赛题方向,准备好仪器。熟悉所需要的仪器的使用方法。

例如选择无线电类的竞赛队员应该熟悉高频信号发生器、数字示波器、电感、电容测试仪、频率特性测量仪、高频毫伏表的使用方法。当然选择控制类的竞赛队员则可以不需要熟悉这些仪器的使用。

有些仪器仪表实验室可能没有,如果选择了该方向的赛题则需要提前购买,一些仪器仪表不是常用的实验室仪器,需要培训学生,掌握使用方法,例如,2013 年的数字式单相电参数测量仪等。

7.3.2 元器件的准备

根据公布的元器件清单和选择的赛题方向，准备好一些元器件，建立元器件库。熟悉所需要的元器件资料包括技术参数、引脚功能、内部结构、应用电路、使用方法，建立相应的电子文档。参赛队员应知道元器件库中已有的元器件。

一些已经在元器件清单中公布的元器件，例如2013年的DDS AD9854ASVZ(与AD9854ASQ等同)芯片、R5F100LEA(瑞萨MCU)。DDS AD9854ASVZ(与AD9854ASQ等同)芯片选择仪器仪表赛题方向的同学，需要提前购买和制作该芯片模块，掌握使用方法。R5F100LEA(瑞萨MCU)芯片，根据往年竞赛的经验，通常会在控制类赛题中使用，选择控制类赛题方向的同学，就需要提前阅读该芯片资料、掌握该芯片开发工具的使用方法。

元器件采购是保证竞赛顺利进行的基础，没有元器件，作品是不可能制作成功的。因为竞赛题目事先是不可能知道的，学生作出的设计方案也是各有不同，需要的元器件也会是多种多样的。可以事先准备一些元器件，但不可能完全备齐。竞赛中采购是必需的。不同的院校处在不同的城市，元器件的供应商情况是不同的。以南华大学为例，要保证能够采购到所有竞赛需要的元器件，保险的做法是到深圳电子市场去采购。因此，我们在竞赛开始前两天，派1～2名老师先去深圳，找好元器件供应商。竞赛开始后，竞赛学生不断地将需要的元器件清单发送到深圳，由老师去购买。注意：我们要求学生应尽快地拿出元器件清单，可以分多次提出，最迟的时间是竞赛开始当天的下午4点钟(16:00)。因为采购元器件的老师需要当天晚上乘车返回学校(第2天清早返回学校)。

7.3.3 最小系统的准备

在竞赛中，可以使用单片机、ARM嵌入式开发系统及EDA开发系统、单片机、ARM最小系统板(仅含单片机芯片、键盘与显示装置、存储器)和可编程逻辑器件下载板(仅含可编程芯片、下载电路、配置存储器)。准备好单片机、ARM嵌入式开发系统和单片机、ARM最小系统板、EDA开发系统和可编程逻辑器件下载板，熟悉软件和硬件的使用方法。准备好相关的资料如文字说明、电原理图、基本功能程序段等(写设计总结报告需要使用)显然是必要的。

7.3.4 单元电路的准备

根据公布的元器件清单，和选择的题目方向，准备好元器件和单元电路(包括文字说明、电原理图、基本操作控制程序等)。

例如选择电动玩具车的竞赛队员可以准备好单片机最小系统板或者可编程逻辑器件最小系统板、电机正反转控制电路与控制程序、光电传感器检测电路、超声传感器检测电路、金属探测传感器检测电路、红外传感器检测电路以及相关的数据处理程序。

例如选择无线电类的竞赛队员可以制作一些电感、制作高频变容二极管应用电路如调频电路、VCO 电路等，进行必要的参数测试。

例如选择仪器仪表类的竞赛队员可以编制一些波形发生的程序、比较器电路、DDS 芯片、A/D、D/A 变换器电路以及与单片机最小系统板或者可编程逻辑器件最小系统的连接电路、相关的数据处理和控制程序等，以及制作相关的小板电路，如 DDS 小板。

7.3.5　资料的准备

竞赛期间，可使用各种图书资料和网络资源。准备好相关的图书资料，放在竞赛场地。各组的计算机应该能上网。各小组根据所选择的题目方向，准备好写设计总结报告需要使用的相关资料，如最小系统、单元电路、元器件的文字说明，电原理图，基本程序段等显然是必要的。

7.3.6　场地的准备

参赛学校应将参赛学生相对集中在一个或几个实验室内进行竞赛，便于组织人员巡查。要保证有足够的空间，例如电动小车就需要较大的实验和测试场地。

要保证竞赛期间的水电供应，印制板制作需要水，电是一定要保证的。停电就非常麻烦了。

因为竞赛时间是在 9 月，例如 2013 年是从 2013 年 9 月 4 日 8:00 竞赛正式开始，到 2013 年 9 月 7 日 20:00 竞赛结束(4 天 3 晚)。而且在许多地方天气还是很炎热，要注意防暑降温的条件，如空调。

另外，在竞赛期间，许多队员都是通宵达旦的工作，中间的休息睡眠时间是不固定和不统一的，一般情况下都不可能回到宿舍去休息睡眠。因此需要在竞赛场地附近安排临时休息的场所。

7.4　赛后综合测评

7.4.1　综合测评实施办法

“综合测评”是全国大学生电子设计竞赛评审工作中的重要环节，是“一次竞赛二级评审”工作中全国专家组评审工作的一部分。例如，2013 年的“综合测评”的实施办法如下：

① 全国竞赛组委会委托各赛区竞赛组委会实施“综合测评”，并在全国专家组指导下完成组织和评测工作，届时全国专家组将委派专家参加。

② 综合测评的测试对象为赛区推荐上报全国评奖的优秀参赛队全体队员，以队

为单位在各赛区以全封闭方式进行,测试现场必须相对集中。

③ 综合测评采用设计制作方式,测评题目与评分标准由全国专家组统一制定。各队设计制作时间为 9 月 16 日 8:00～15:00。

④ 综合测评使用的电路板及器件由全国竞赛组委会统一提供;电阻、电容、电位器等元件由各赛区实验室准备。

⑤ 综合测评现场各队不能上网、不能使用手机。

⑥ 各队综合测评作品在测试完毕后必须统一封存在赛区,以备复测。

⑦ "综合测评"成绩由全国专家组按统一的标准确定,按满分 30 分计入全国评审总分。

⑧ 综合测评题目将在 9 月 16 日 7:30 发到各赛区联系人的电子邮箱中,请注意接收。题目下载打印后复制,于 8:00 发给参加综合测试的各队。

综合测评需要的主要物品由全国竞赛组委会提前邮到各赛区组委会指定接收人,所寄主要物品必须在 9 月 16 日综合测试开始前 1 小时拆封,拆封前需由全国专家组委派专家负责查验.综合测评参赛队设计制作结束后,各赛区专家组组织的综合测评专家组立即按综合测评题目和要求进行严格的测试记录。

各赛区组委会必须于 9 月 17 日 17:00 点之前(以邮戳为准)将各队综合测评记录、电路图等材料以特快专递方式寄出或派专人报送全国竞赛组委会秘书处指定地址和收件人。

⑨ 全国专家组委派专家要按照"综合测评实施办法"、"综合测评纪律与规定"和"全国大学生电子设计竞赛全国专家组工作规程"的各项要求,实时监督检查与记录,并作为综合测评的评分依据之一。

注:该文件可从竞赛官网下载站 ftp://ftp.nuedc.com.cn/2013/2013files\目录下载。

7.4.2　综合测评纪律与规定

① 各赛区推荐的优秀参赛队(以下简称推荐队)全体队员必须按统一时间参加综合测评,按时开始和结束综合测评。综合测评期间,参赛队学生可以自带并使用纸质图书资料,但不得携带电子资料,不得使用计算机网络资源,不得以任何方式与队外人员进行讨论交流。如发现教师参与、他人代做、抄袭及被抄袭、队与队之间交流、不按规定时间结束综合测评的,将取消其测评与全国评奖资格。

② 在综合测评期间,推荐队员的个人计算机、移动式存储介质、开发装置或仿真器、"单片机最小系统板"、元器件和测试仪器等一律不得带入综合测评现场,否则取消测试资格。

注:该文件可从竞赛官网下载站 ftp://ftp.nuedc.com.cn/2013/2013files\目录下载。

在全国大学生电子设计竞赛全国专家组工作规程规定:

① 综合测评原则上在一天内完成，其全程包括：发题、学生制作、专家测试、记录封存四个环节。委派专家应忠于职守，全程监控四个环节，必须监督赛区对综合测评记录的封存并签字，并监督赛区对全部综合测评作品进行集中封存并签字。

② 委派专家应严格执行全国专家组综合测评标准，不负责解释综合测评的题意、测试方法等问题。委派专家不得无故离开综合测评现场，确需离开的不得超过 20 min，与学生一同用餐。

7.4.3 综合测评题

“综合测评”是从 2011 年(第 10 届)开始的，目前已经进行了 2 届。

1. 2011 年全国大学生电子设计竞赛综合测评题

2011 年全国大学生电子设计竞赛综合测评题如下：

综合测评注意事项

(1) 综合测评于 2011 年 9 月 13 日 8:00 正式开始，9 月 13 日 15:00 结束。

(2) 本科组和高职高专组优秀参赛队共用此题。

(3) 综合测评以队为单位采用全封闭方式进行，现场不能上网、不能使用手机。

(4) 综合测评结束时，制作的实物及《综合测评测试记录与评分表》，由全国专家组委派的专家封存，交赛区保管。

集成运算放大器的应用

使用一片通用四运放芯片 LM324 组成电路框图见图 1(a)，实现下述功能：

使用低频信号源产生 $u_{i1}=0.1\sin 2\pi f_0 t$(V)，$f_0=500$ Hz，的正弦波信号，加至加法器的输入端，加法器的另一输入端加入由自制振荡器产生的信号 u_{o1}，u_{o1} 如图 1(b)所示，$T_1=0.5$ ms，允许 T_1 有±5%的误差。

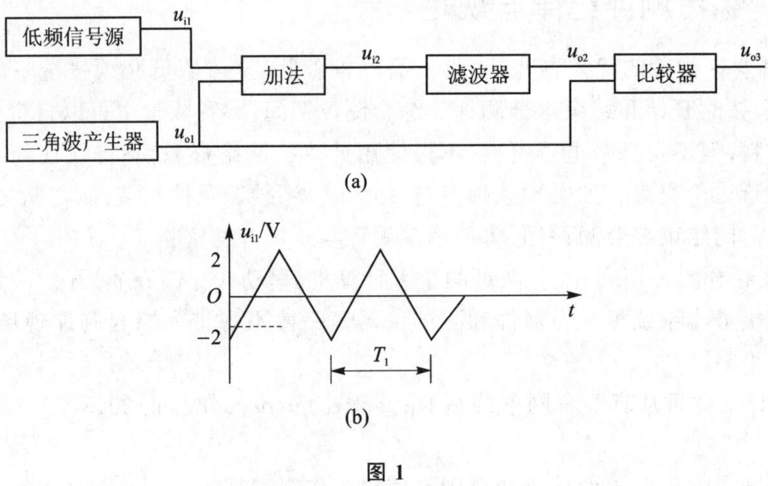

图 1

图 1 中要求加法器的输出电压 $u_{i2}=10u_{i1}+u_{o1}$。u_{i2} 经选频滤波器滤除 u_{o1} 频率分量，选出 f_0 信号为 u_{o2}，u_{o2} 为峰峰值等于 9 V 的正弦信号，用示波器观察无明显失真。u_{o2} 信号再经比较器后在 1 kΩ 负载上得到峰峰值为 2 V 的输出电压 u_{o3}。

电源只能选用＋12 V 和＋5 V 两种单电源，由稳压电源供给。不得使用额外电源和其他型号运算放大器。

要求预留 u_{i1}、u_{i2}、u_{o1}、u_{o2} 和 u_{o3} 的测试端子。

说明：

(1) 综合测评应在模数实验室进行，实验室应能提供常规仪器仪表和电阻、电容等；

(2) 电路板检查后发给参赛队，原则上不允许参赛队更换电路板；

(3) 若电路板上已焊好的 LM324 被损坏，允许提供新的 LM324 芯片，自行焊接，但要酌情扣分；

(4) 提供 LM324 使用说明书。

图 7.4.1　2011 年全国大学生电子设计竞赛综合测评实物图

2. 2013 年全国大学生电子设计竞赛综合测评题

2013 年全国大学生电子设计竞赛综合测评题如下：

综合测评注意事项

(1) 综合测评于 2013 年 9 月 16 日 8:00 正式开始，9 月 16 日 15:00 结束。

(2) 本科组和高职高专组优秀参赛队共用此题。

(3) 综合测评以队为单位采用全封闭方式进行，现场不能上网、不能使用手机。

(4) 综合测评结束时，制作的实物及《综合测评测试记录与评分表》，由全国专家组委派的专家封存，交赛区保管。

波形发生器

使用题目指定的综合测试板上的555芯片和一片通用四运放324芯片，设计制作一个频率可变的同时输出脉冲波、锯齿波、正弦波Ⅰ、正弦波Ⅱ的波形产生电路。给出设计方案、详细电路图和现场自测数据波形(一律手写、3个同学签字、注明综合测试板编号)，与综合测试板一同上交。

设计制作要求如下：

(1) 同时四通道输出、每通道输出脉冲波、锯齿波、正弦波Ⅰ、正弦波Ⅱ中的一种波形，每通道输出的负载电阻均为600 Ω。

(2) 4种波形的频率关系为1∶1∶1∶3(3次谐波)：脉冲波、锯齿波、正弦波Ⅰ输出频率范围为8 kHz～10 kHz，输出电压幅度峰峰值为1 V；正弦波Ⅱ输出频率范围为24 kHz～30 kHz，输出电压幅度峰峰值为9 V；脉冲波、锯齿波和正弦波输出波形应无明显失真(使用示波器测量时)。频率误差不大于10%；通带内输出电压幅度峰峰值误差不大于5%。脉冲波占空比可调整。

(3) 电源只能选用+10 V单电源，由稳压电源供给。不得使用额外电源。

(4) 要求预留脉冲波、锯齿波、正弦波Ⅰ、正弦波Ⅱ和电源的测试端子。

(5) 每通道输出的负载电阻600 Ω应标示清楚、置于明显位置，便于检查。

注意： 不能外加555和324芯片，不能使用除综合测试板上的芯片以外的其他任何器件或芯片。

说明：

(1) 综合测评应在模数实验室进行，实验室应能提供常规仪器仪表、常用工具和电阻、电容、电位器等。

(2) 综合测评电路板检查后发给参赛队，原则上不允许参赛队更换电路板。

(3) 若综合测评电路板上已焊好的324和555芯片被损坏，允许提供新的324和555芯片，自行焊接，但要记录并酌情扣分。

(4) 提供324和555芯片使用说明书。

7.4.4　综合测评题分析

2011年全国大学生电子设计竞赛综合测评题分析如下：

(1) LM324芯片功能

综合测评题要求使用一片LM324完成综合测评题所要求的所有功能。从LM324的数据表可以看到，LM324是一个四路运算放大器，芯片内封装有4个独立的运算放大器。引脚端封装形式如图7.4.2所示，工作电压可以使用单电源3～

32 V,或者双电源±1.5 V～±16 V。

(2) 运放的供电方式

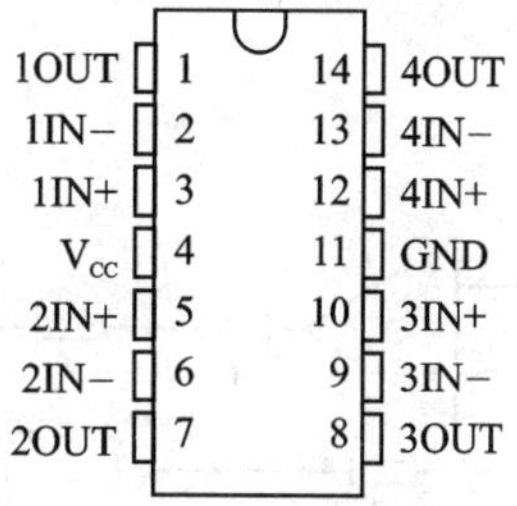

图 7.4.2　LM324 引脚端封装形式

如图 7.4.3(a)所示,一个双电源供电的运放是由一个正电源和一个相等电压的负电源组成(例如±15 V、±12 V、±5 V)。输入电压 u_i 和输出电压 u_o 都是参考电源地给出。对于由单电源供电的电路运放的电源脚连接到正电源和地。

如图 7.4.3(b)所示,将正电源电压分成一半后的电压作为虚地接到运放的输入引脚上,这时运放的输出电压 u_o 也是该虚地电压,运放的输出电压 u_o 以虚地为中心变化。

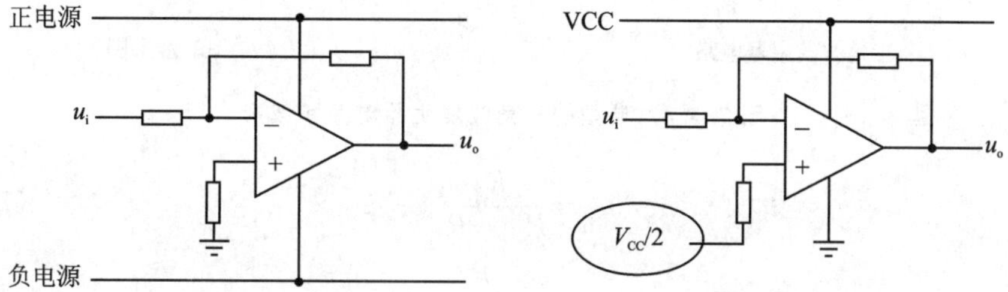

(a) 双电源供电的运放　　(b) 单电源供电的运放

图 7.4.3　运放的单电源供电方式

(3) 电路功能模块

从综合测评题的方框图可以看到,有 5 个电路功能模块,其中低频信号源可以使用低频信号发生器,其余 4 个功能模块需要自己设计制作。4 个功能模块需要使用 4 个运算放大器。

① 自制一个三角波振荡器,产生一个三角波信号 u_{o1}。u_{o1} 是一个以电压 V_O 为基准,幅度为±2 V,周期为 $T_1=0.5$ ms(根据 $f=1/T$,$f_1=2$ kHz)的三角波信号。允许 T_1 有±5%的误差。由于电源只能选用+12 V 和+5 V 两种单电源供电,V_O 的电压值应设置在+2 V 以上。

一个经典的三角波发生器电路和波形如图 7.4.4 所示,电路由 A_1 构成的同相滞回比较器(基准信号和比较信号均加到同相输入端)和 A_2 构成的单时间常数有源积分器组成。因而 A_2 输出三角波 $u_o(t)$,A_1 输出对称方波 $u_{o1}(t)$。由于图 2.4.38 所示电路需要使用 2 个运算放大器,所以不能够采用该电路形式。

一个采用单运算放大器构成的方波发生器电路和波形如图 7.4.5 所示,电路由运放 A 及 R_1、R_2 构成的滞回比较器和 R_F、C 构成的无源积分器所组成。图 7.4.5(b)中,稳压管 D_Z 及限流电阻 R 起限幅作用,使输出电压 $u_o(t)$的幅度限于 $-V_Z$ 与 $+V_Z$(设稳压管正向导通压降 $V_D \ll V_Z$,可忽略)。

由图 7.4.5 可知,运放 A 同相输入端的基准电压为

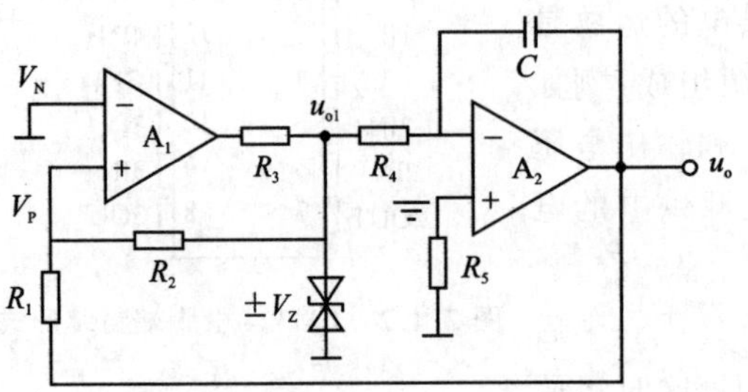

(a) 三角波发生器电路

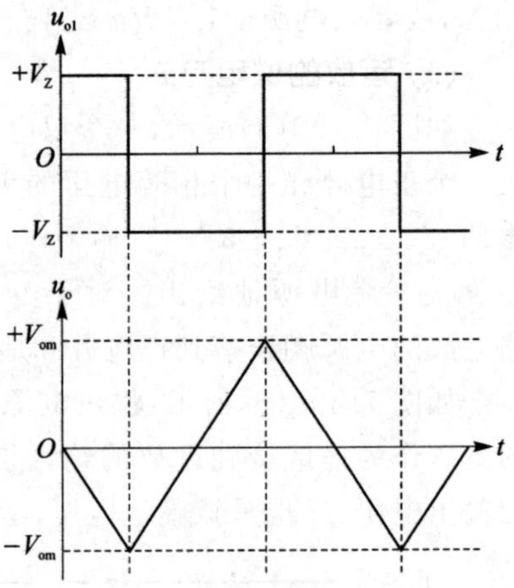

(b) 波形图

图 7.4.4 典型的三角波发生器电路和波形

$$u_+ = \frac{R_2}{R_1 + R_2} U_Z \tag{7.4.1}$$

$$u_+ = -\frac{R_2}{R_1 + R_2} U_Z \tag{7.4.2}$$

式中，$R_2/(R_1+R_2)=F_V$ 为正反馈系数。

运放 A 反相输入端的比较电压为积分电容 C 上的电压 $u_C(t)$。

当比较器输出 $u_o(t)$ 为高电平，$u_o(t) = +V_Z$ 期间，$u_+ = F_V V_Z$，$+V_Z$ 通过 R_F 对 C 充电，待 $u_C(t) = u_+ = F_V V_Z$ 时，比较器翻转 $u_o(t)$ 跳变为低电平，$u_o(t) = -V_Z$，而 $u_+ = -F_V \cdot V_Z$。此后，首先 C 经 R_F 对 $-V_Z$ 放电至零，然后 $-V_Z$ 又经 R_F 对 C 反方向充电，$u_C(t)$ 极性变为上负下正，即 $u_C(t) < 0$，待 $u_C(t) = u_+ = -F_V V_Z$ 时，比较器又翻转，输出 $u_o(t)$ 又跳变为高电平 $u_o(t) = +V_Z$，$u_+ = F_V V_Z$，$+V_Z$ 又通过 R_F 对 C 充电。如此周而复始形成振荡。当电路稳定后，输出端 $u_o(t)$ 为方波信号，而 $u_c(t)$ 为锯齿波信号，其波形如图 7.4.5(c)所示。

方波和锯齿波的周期 T_o 取决于电容 C 充放电时间常数 $\tau = R_F C$ 和 $u_o(t)$ 的正、负幅值。

当 $u_o(t)$ 的正、负幅值相等时，则 T_o 仅与 τ 有关。根据电容充放电规律，有

$$u_C(t) = [u_C(0) - u_C(\infty)] e^{-\frac{t}{\tau}} + u_C(\infty) \tag{7.4.3}$$

$$u_C(0) = +\frac{R_2}{R_1 + R_2} U_Z \tag{7.4.4}$$

$$u_C(\infty) = -U_Z \tag{7.4.5}$$

$$\tau = R_f C \tag{7.4.6}$$

$$u_C(t) = \left[\frac{R_2}{R_1 + R_2} U_Z + U_Z\right] e^{-\frac{t}{R_f C}} - U_Z \tag{7.4.7}$$

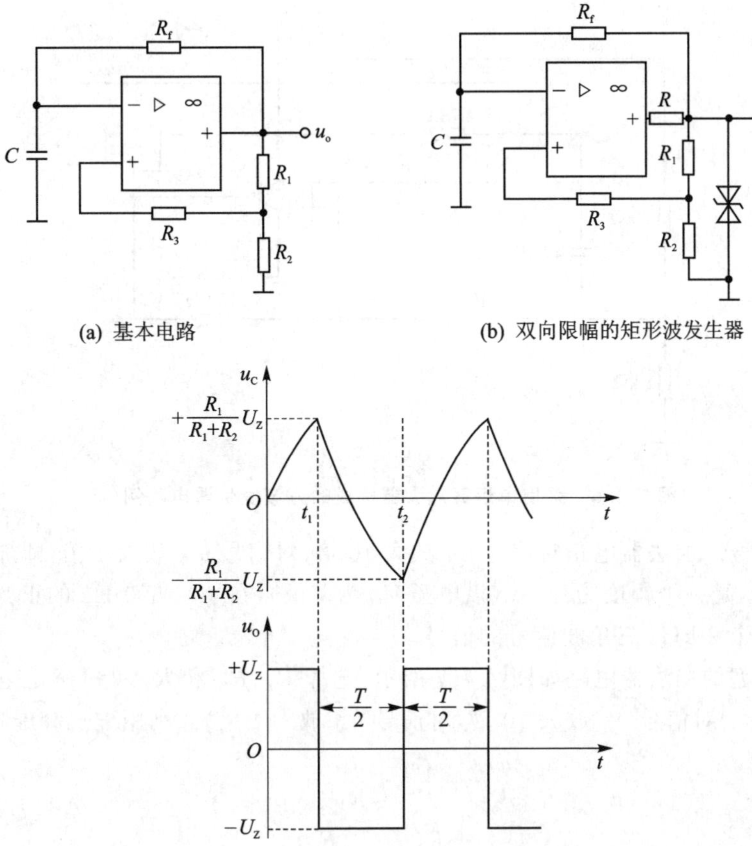

(a) 基本电路　　(b) 双向限幅的矩形波发生器

(c) 电路波形

图 7.4.5　方波发生器基本电路和波形

$$t=\frac{T}{2}\text{ 时},u_C(t)=-\frac{R_2}{R_1+R_2}U_Z \tag{7.4.8}$$

$$T=2R_fC\ln\left(1+2\frac{R_2}{R_1}\right) \tag{7.4.9}$$

从图 7.4.5(c)可见,电容器上的电压波形是一个三角波。因此可以采用图 7.4.5 所示电路,从电容器两端输出一个三角波信号。

一个采用单运算放大器构成的方波发生器电路例如图 7.4.6 所示,

注意:图 7.4.5 所示电路是一个采用±电源电压供电的电路,综合测评题要求电源只能选用+12 V 和+5 V 两种单电源,运算放大器的正电源端采用+12 V 电源供电,运算放大器的负电源端接地,负输入端偏置在+6 V(采用 12 V 电源电压分压)。

② 自制一个加法器电路,加法器的输出电压 $u_{i2}=10u_{i1}+u_{o1}$,其中:$u_{i1}=0.1\sin 2\pi f_0t$(V),$f_0=500$ Hz;u_{o1} 是一个以电压 V_O 为基准,幅度为±2 V,$f_1=2$ kHz

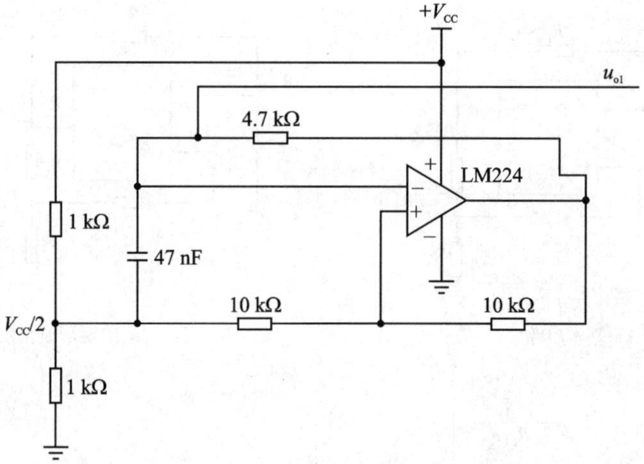

图 7.4.6　采用单运算放大器构成的方波发生器电路例

的三角波信号。加法器电路对信号 u_{i1} 放大 10 倍，对信号 u_{o1} 放大 1 倍，即加法器的输出电压 u_{i2} 是一个幅度为±2 V(以电压 V_O 为基准)，在 f_0=500 Hz 的正弦波信号上调制了一个 2 kHz 三角波信号的信号。

一个典型的加法器电路如图 7.4.7 所示，选择 R_F、R_1 和 R_2 可以确定电路的放大倍数(注意：对信号 u_{i1} 放大 10 倍，对信号 u_{o1} 放大 1 倍)。利用虚短和虚断，有：

$$\frac{u_{S1}}{R_1}+\frac{u_{S2}}{R_2}+\frac{u_O}{R_F}=0 \tag{7.4.10}$$

$$u_O=-\frac{R_F}{R_1}u_{S1}-\frac{R_F}{R_2}u_{S2} \tag{7.4.11}$$

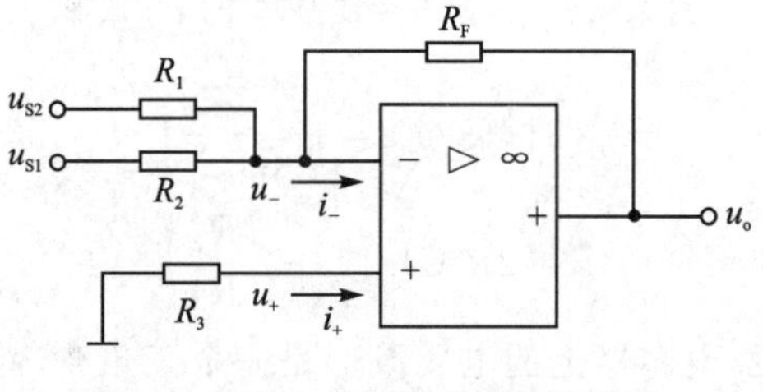

图 7.4.7　一个典型的加法器电路

一个加法器电路如图 7.4.8 所示。

③ 自制一个滤波器电路，u_{i2} 经选频滤波器滤除 u_{o1} 频率分量(2 kHz)，选出 f_0 信号为 u_{o2}，u_{o2} 为峰峰值等于 9 V 的正弦信号(f_0=500 Hz)，用示波器观察无明显失真。由于 f_0=5 00Hz，f_1=2 kHz，选频滤波器可以选择低通滤波器或者带阻滤波器。

一个二阶有源低通滤波器电路和幅频特性如图 7.4.9 所示。一个二阶有源低通滤波器电路如图 7.4.10 所示。

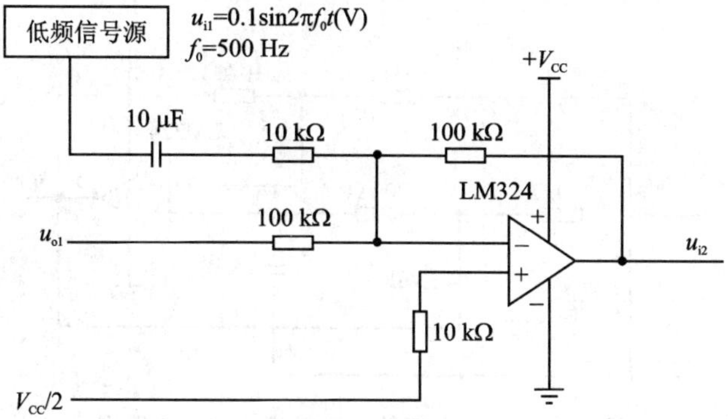

图 7.4.8　一个加法器电路例

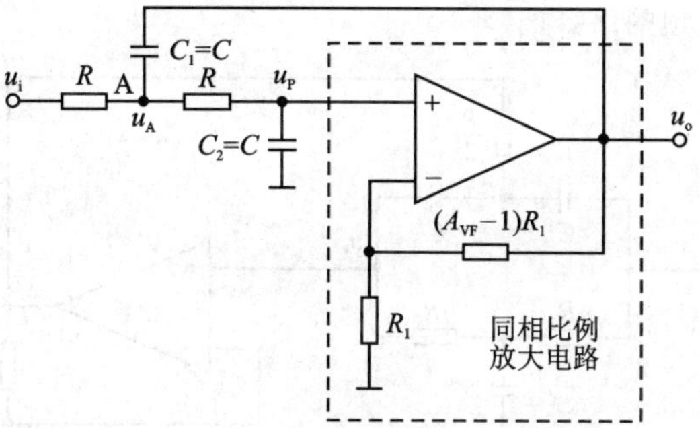

(a) 二阶有源低通滤波器电路

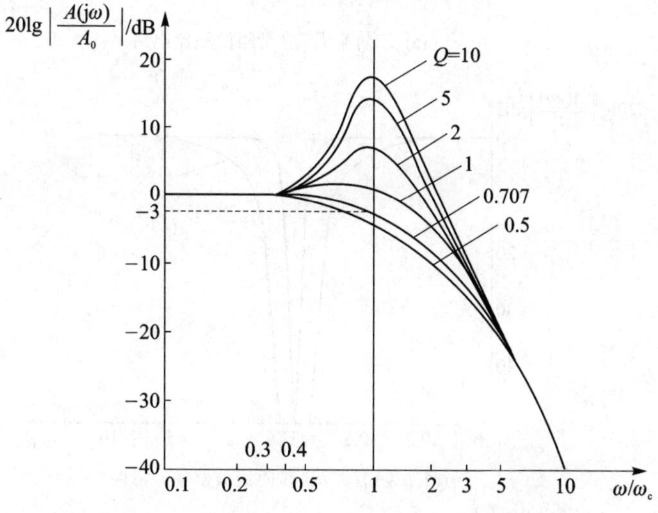

(b) 归一化的二阶有源低通滤波器幅频特性

图 7.4.9　一个二阶有源低通滤波器电路和幅频特性

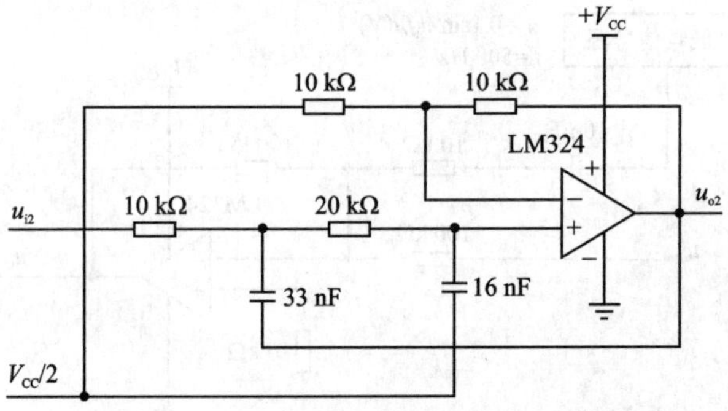

图 7.4.10　一个二阶有源低通滤波器电路例

一个二阶有源带阻滤波器电路和幅频特性如图 7.4.11 所示。电阻 R 和电容器 C 构成一个双 T 选频网络。

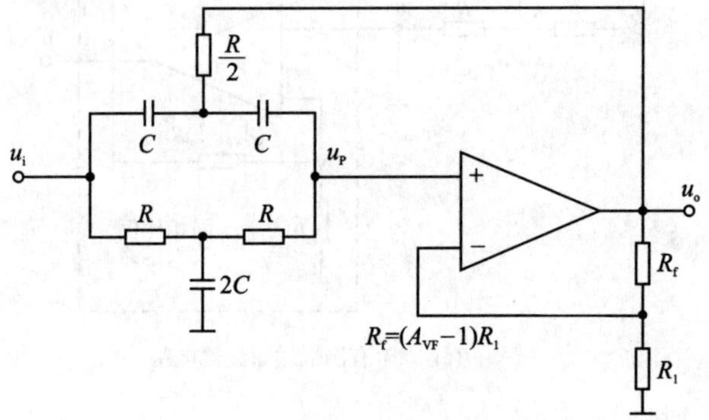

(a) 二阶有源双T带阻滤波器电路

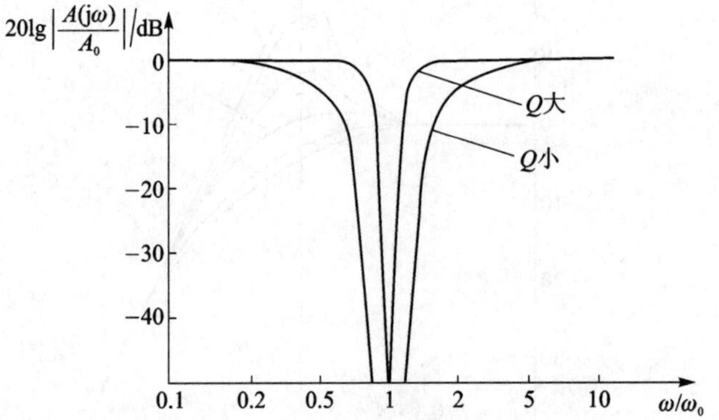

(b) 二阶有源双T带阻滤波器幅频特性

图 7.4.11　二阶有源双 T 带阻滤波器电路和幅频特性

选频滤波器也可以选择带阻滤波器。

④ 自制一个比较器电路，u_{o2} 信号再经比较器后在 1 kΩ 负载上得到峰峰值为 2 V 的输出电压 u_{o3}。比较器的输出为一个方波信号。

为提高抗干扰能力，采用迟滞比较器电路。一个迟滞比较器电路如图 7.4.12 所示，u_P 为门限电压，$u_i > u_P$ 时，$u_o = V_{OL}$（低电平）。$u_i < u_P$ 时，$u_o = V_{OH}$（高电平）。

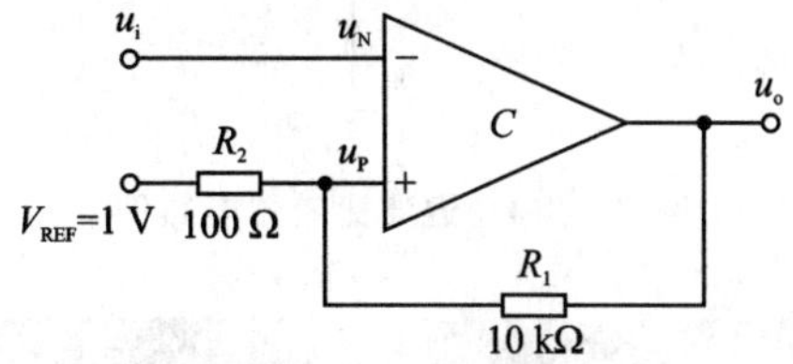

图 7.4.12　迟滞比较器

u_P 门限电压分为上门限电压 V_{T+} 和下门限电压 V_{T-}。上门限电压 V_{T+} 为：

$$V_{T+} = \frac{R_1 V_{REF}}{R_1 + R_2} + \frac{R_2 V_{OH}}{R_1 + R_2} \tag{7.4.12}$$

下门限电压 V_{T-} 为：

$$V_{T-} = \frac{R_1 V_{REF}}{R_1 + R_2} + \frac{R_2 V_{OL}}{R_1 + R_2} \tag{7.4.13}$$

回差电压为：

$$\Delta V_T = V_{T+} - V_{T-} = \frac{R_2 (V_{OH} - V_{OL}}{R_1 + R_2} \tag{7.4.14}$$

迟滞比较器输入电压与输出的关系如图 7.4.13 所示。

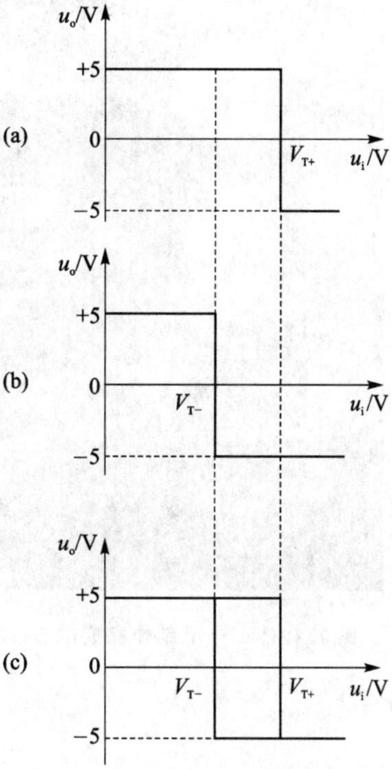

图 7.4.13　迟滞比较器输入电压与输出的关系

一个迟滞比较器电路如图 7.4.14 所示。

(4) 制作完成的 2011 年全国大学生电子设计竞赛综合测评题实物

一个制作完成的 2011 年全国大学生电子设计竞赛综合测评题实物如图 7.4.15 所示。

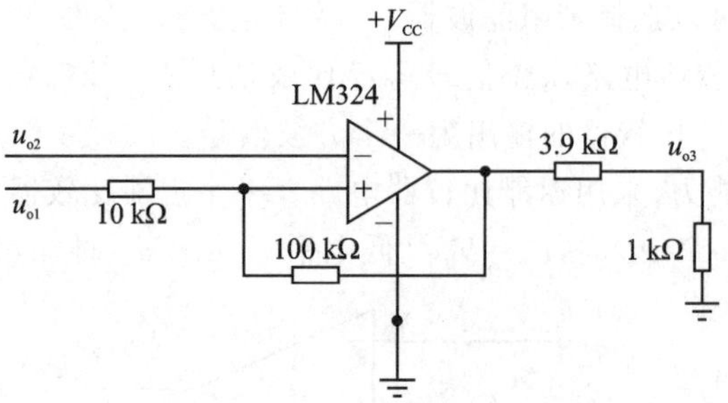

图 7.4.14　迟滞比较器电路例

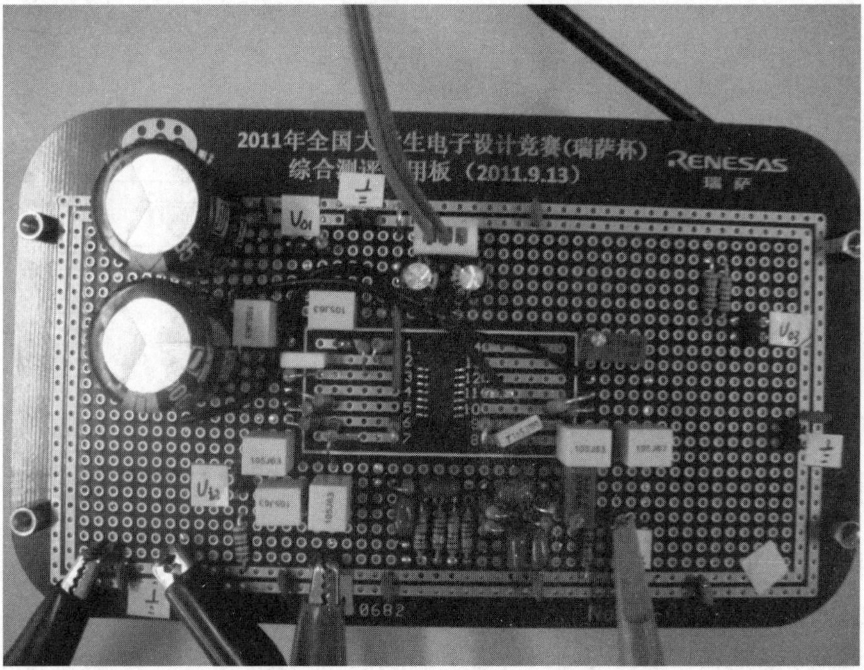

图 7.4.15　一个制作完成的 2011 年全国大学生电子设计竞赛综合测评题实物例

参考文献

[1] 孙余凯等.模拟电路基础与技能实训教程[M].北京:电子工业出版社,2006.
[2] 韩雪涛等.电子仪表应用技术技能实训教程[M].北京:电子工业出版社,2006.
[3] 韩广兴等.电子产品装配技术与技能实训教程[M].北京:电子工业出版社,2006.
[4] 孙余凯等.数字电路基础与技能实训教程[M].北京:电子工业出版社,2006.
[5] 孙余凯等.电子产品制作技术与技能实训教程[M].北京:电子工业出版社,2006.
[6] 李银华. 电子线路设计指导[M].北京:北京航空航天大学出版社,2005.
[7] 杨承毅.模拟电子技能实训[M].北京:人民邮电出版社,2005.
[8] 杨承毅.电子元器件的识别与检测[M].北京:人民邮电出版社,2005.
[9] 肖晓萍.电子测量实训教程[M].北京:机械工业出版社,2005.
[10] 杜志勇等.电子测量[M].北京:人民邮电出版社,2005.
[11] 张锡鹤. 印制电路板电路设计实训教材[M]. 北京:科学出版社,2005.
[12] 张爱民.怎样选用电子元器件[M].北京:中国电力出版社,2005.
[13] 胡斌.无线电元器件检测与修理技术[M].北京:人民邮电出版社,2005.
[14] 李忠国.数字电子技能实训[M].北京:人民邮电出版社,2006.
[15] 黄仁欣.电子技术实践与训练[M].北京:清华大学出版社,2004.
[16] 刘德旺. 电子制作实训[M].北京:中国水利水电出版社,2004.
[17] 张翠霞. 电子工艺实训教材[M]. 北京:科学出版社,2004.
[18] 刘南平. 现代电子设计与制作技术[M].北京:电子工业出版社,2003.
[19] 张大彪.电子技术技能训练[M].北京:电子工业出版社,2002.
[20] 文国电.电子测量技术[M].北京:机械工业出版社,2005.
[21] 刘国林等.电子测量[M].北京:机械工业出版社,2003.
[22] 朱永金.电子技术实训指导[M].北京:清华大学出版社,2005.
[23] 刘午平等.用万用表检测电子元器件与电路[M].北京:国防工业出版社,2003.
[24] 管莉等.电子产品检验实习[M].北京:电子工业出版社,2002.
[25] 杨海洋.电子电路故障查找技巧[M].北京:机械工业出版社,2004.
[26] 张咏梅等.电子测量与电子电路实验[M].北京:北京邮电大学出版社,2000.

[27] 谭克清等. 电子技能实训[M]. 北京:人民邮电出版社,2006.
[28] 孙青等. 电子元器件可靠性工程[M]. 北京:电子工业出版社,2002.
[29] 汤元信等. 电子工艺及电子工程设计[M]. 北京:北京航空航天大学出版社,2001.
[30] 王卫平. 电子产品制造技术[M]. 北京:清华大学出版社,2005.
[31] 林占江. 电子测量技术[M]. 北京:电子工业出版社,2003.
[32] 陈尚松等. 电子测量与仪器[M]. 北京:电子工业出版社,2003.
[33] 周惠潮. 常用电子元件及典型应用[M]. 北京:电子工业出版社,2005.
[34] 黄永定. 电子实验综合实训教程[M]. 北京:机械工业出版社,2004.
[35] 全国大学生电子设计竞赛组织委员会. 综合测评实施办法[EB/OL]. http://www. nuedc. com. cn/news. asp? bid=5,2014. 3
[36] 康华光. 电子技术基础一模拟部分(第 5 版)[M]. 北京:高等教育出版社,2005.
[37] 童诗白,华成英主编. 模拟电子技术基础[M]. 北京:高等教育出版社,2007.
[38] 吴运昌. 模拟集成电路原理与应用 [M]. 广州:华南理工大学出版社,2004.
[39] [美]赛尔吉欧. 基于运算放大器和模拟集成电路的电路设计 [M]. 西安:西安交通大学出版社,2009.
[40] [日]松井邦彦. OP 放大器应用技巧 100 例 [M]. 北京:科学出版社,2006.
[41] [日]内山明治. 运算放大器电路 [M]. 北京:科学出版社,2009.
[42] [日]稻叶. 模拟技术应用技巧 101 例[M]. 北京:科学出版社,2006.
[43] [日]远坂俊昭. 测量电子电路设计—滤波器篇 [M]. 北京:科学出版社,2006.
[44] [日]远坂俊昭. 测量电子电路设计—模拟篇 [M]. 北京:科学出版社,2006.
[45] [日]冈村迪夫. OP 放大器设计 [M]. 北京:科学出版社,2004.
[46] 大学生电子设计联盟. 2011 年 NUEDC 部分题目解析[EB/OL]. http://www. nuedc. net. cn.
[47] 黄智伟. LED 驱动电路设计[M]. 北京:电子工业出版社,2014.
[48] 黄智伟. 电源电路设计[M]. 北京:电子工业出版社,2014.
[49] 黄智伟. 嵌入式系统中的模拟电路设计(第 2 版)[M]. 北京:电子工业出版社,2014.
[50] 黄智伟. 理解放大器的参数一放大器电路设计入门[M]. 北京:北京航空航天大学出版社,2019.
[51] 黄智伟. 基于 TI 器件的模拟电路设计[M]. 北京:北京航空航天大学出版社,2014.
[52] 黄智伟. 印制电路板(PCB)设计技术与实践(第 2 版). 电子工业出版社,2013.
[53] 黄智伟等. ARM9 嵌入式系统基础教程(第 2 版)[M]. 北京:北京航空航天大学出版社,2013.
[54] 黄智伟. 高速数字电路设计入门[M]. 北京:电子工业出版社,2012.

[55] 黄智伟、王兵、朱卫华. STM32F 32 位微控制器应用设计与实践[M]. 北京:北京航空航天大学出版社,2012.

[56] 黄智伟. 低功耗系统设计—原理、器件与电路[M]. 北京:电子工业出版社,2011.

[57] 黄智伟. 超低功耗单片无线系统应用入门[M]. 北京:北京航空航天大学出版社,2011.

[58] 黄智伟等. 32 位 ARM 微控制器系统设计与实践 [M]. 北京:北京航空航天大学出版社,2010.

[59] 黄智伟. 基于 NI mulitisim 的电子电路计算机仿真设计与分析(修订版)[M]. 北京:电子工业出版社,2011.

[60] 黄智伟. 全国大学生电子设计竞赛 系统设计(第 2 版)[M]. 北京:北京航空航天大学出版社,2011.

[61] 黄智伟. 全国大学生电子设计竞赛 电路设计(第 2 版)[M]. 北京:北京航空航天大学出版社,2011.

[62] 黄智伟. 全国大学生电子设计竞赛 技能训练(第 2 版)[M]. 北京:北京航空航天大学出版社,2011.

[63] 黄智伟. 全国大学生电子设计竞赛 制作实训(第 2 版)[M]. 北京:北京航空航天大学出版社,2011.

[64] 黄智伟. 全国大学生电子设计竞赛 常用电路模块制作 [M]. 北京:北京航空航天大学出版社,2011.

[65] 黄智伟等. 全国大学生电子设计竞赛 ARM 嵌入式系统应用设计与实践 [M]. 北京:北京航空航天大学出版社,2011.

[66] 黄智伟. 全国大学生电子设计竞赛培训教程(修订版)[M]. 北京:电子工业出版社,2010.

[67] 黄智伟. 射频小信号放大器电路设计 [M]. 西安:西安电子科技大学出版社,2008.

[68] 黄智伟. 锁相环与频率合成器电路设计 [M]. 西安:西安电子科技大学出版社,2008.

[69] 黄智伟. 混频器电路设计 [M]. 西安:西安电子科技大学出版社,2009.

[70] 黄智伟. 射频功率放大器电路设计 [M]. 西安:西安电子科技大学出版社,2009.

[71] 黄智伟. 调制器与解调器电路设计 [M]. 西安:西安电子科技大学出版社,2009.

[72] 黄智伟. 单片无线发射与接收电路设计 [M]. 西安:西安电子科技大学出版社,2009.

[73] 黄智伟. 无线发射与接收电路设计(第 2 版) [M]. 北京:北京航空航天大学出

版社,2007.
[74] 黄智伟. GPS 接收机电路设计 [M]. 北京:国防工业出版社,2005.
[75] 黄智伟. 单片无线收发集成电路原理与应用 [M]. 北京:人民邮电出版社,2005.
[76] 黄智伟. 无线通信集成电路 [M]. 北京:北京航空航天大学出版社,2005.
[77] 黄智伟. 蓝牙硬件电路 [M]. 北京:北京航空航天大学出版社,2005.
[78] 黄智伟. 射频电路设计 [M]. 北京:电子工业出版社,2006.
[79] 黄智伟. 通信电子电路 [M]. 北京:机械工业出版社,2007.
[80] 黄智伟. FPGA 系统设计与实践 [M]. 北京:电子工业出版社,2005.
[81] 黄智伟. 凌阳单片机课程设计 [M]. 北京:北京航空航天大学出版社,2007.
[82] 黄智伟. 单片无线数据通信 IC 原理应用 [M]. 北京:北京航空航天大学出版社,2004.
[83] 黄智伟. 射频集成电路原理与应用设计 [M]. 北京:电子工业出版社,2004.
[84] 黄智伟. 无线数字收发电路设计 [M]. 北京:电子工业出版社,2004.